40년의 열정, 40년의 노력, 40년의 경험

정부가 위촉한 대한민국 산업현장 교수!
안전수험서 판매량 1위 교재 집필자인
정재수 안전공학박사가 제안하는
과목별 **321** 공부법!!

[되고 법칙]

돈이 없으면 벌면 되고 잘못이 있으면 고치면 되고 안되는 것은 되게 하면 되고, 모르면 배우면 되고, 부족하면 메우면 되고, 잘 안되면 될때까지 하면 되고, 길이 안보이면 길을 찾을때까지 찾으면 되고, 길이 없으면 길을 만들면 되고, 기술이 없으면 연구하면 되고, 생각이 부족하면 생각을 하면 된다.

*수험정보나 일정에 대하여 궁금하시면 세화홈페이지(www.sehwapub.co.kr)에 접속하여 내려받으시고 게시판에 질문을 남기시거나 궁금한 점이 있으시면 언제든지 아래의 번호로 전화하세요.

1 필기 합격

3 단계	합격 단계	• 합격날개 • 과목별 필수요점 및 문제
2 단계	기본 단계	• 필수문제 • 최근 3개년 3단계 과년도
1 단계	만점 단계	• 알짬QR • 1주일에 끝나는 합격요점

2 필기 과년도 33년치 3주 합격

3 단계	합격 단계	• 기사–공개문제 22개년도 (2003~2024년)기출문제 • 산업기사–공개문제 23개년도 (2002~2024년)기출문제
2 단계	기본 단계	• 기사–미공개문제 11개년도 (1992~2002년)기출문제 • 산업기사–미공개문제 10개년도 (1992~2001년)기출문제
1 단계	만점 단계	• 알짬QR • · 1주일에 끝나는 계산문제총정리 · 미공개 문제 및 지난과년도

산업안전 우수 숙련 기술자 (숙련 기술장려법 제10조)

정/직한 수험서!
재/수있는 수험서!
수/석예감 수험서!

• 특허 제 10-2687805호 •

자격증 취득은 기초부터 차근차근 다져나가는 것이 중요합니다. 필기에서는 과목별 요점정리와 출제예상 문제를, 과년도에서는 최근 기출문제와 계산문제 총정리를, 실기 필답형에서는 합격예상작전과 과년도 기출문제를, 실기 작업형에서는 최근 기출문제 풀이 중심으로 공부하시면 됩니다.

필기시험 합격자에게는 2년간 실기시험 수험의 응시가 주어지고, 최종 실기시험 합격자는 21C 유망 녹색자격증 취득의 기쁨이 주어지게 됩니다.

일품 필기 → 일품 필기 과년도 → 일품 실기 필답형 → 일품 실기 작업형

3 실기 필답형 4주 합격

3단계 합격단계 — 과목별 필수요점 및 출제예상문제

↓

2단계 기본단계
- 기본 : 과년도 출제문제 (1991~2000년)
- 필수 : 과년도 출제문제 (2001~2024년)

↓

1단계 만점단계 • 알짬QR •
- 실기필답형 1주일 최종정리
- 1991~2010년 기출문제

4 실기 작업형 1주 합격

3단계 합격단계 — 과년도 출제문제 (2017~2024년)

↓

2단계 기본단계 — 각 과목별 필수 요점 및 문제

↓

1단계 만점단계 • 알짬QR •
- 2000~2016년 기출문제

*산재사고로 피해를 입으신 근로자 및 유가족들에게
심심한 조의와 유감을 표합니다.

2026
개정6판 총7쇄

ISO 9001:2015
koita 한국산업기술진흥협회
▸ISO 9001:2015 인증
▸안전연구소 인정

녹색자격증
녹색직업

세계유일무이
365일 저자상담직통전화
010-7209-6627

NCS기준을 적용한 백과사전식 14개년 기출문제 해설

ONLY ONE 합격교재 *안전관리 수험분야 NO.1*

산업 안전/보건 지도사

[Ⅰ] 산업안전보건법령 과년도

대한민국 산업현장교수/기술지도사
안전공학박사/명예교육학박사 정재수 지음

자문/산업안전지도사 심상민
산업보건지도사 임근택 · 김관오

동영상 강의
에듀피디 에어클래스
이패스코리아 한솔아카데미

1차 필기

「산업안전 우수 숙련기술자 선정」

지도사 · 건설안전기사 · 산업안전기사 · 기능장 · 기술사 등 관련자격 및 의문사항에 대하여
365일 성심 성의껏 답변해 드리고 있습니다. 저자와 상담 후 교재를 구입하세요.
www.sehwapub.co.kr

대한민국 최초, 최다, 최고, 최상, 최적 적중률의 안전관리 완벽합격!

PATENT 특허 제10-2687805호

• 특허 제10-2687805호 •
명칭 : 국가직무능력표준에 따른 자격사 교육 콘텐츠 생성 자동화 방법, 장치 및 시스템

도서출판 세화

머리말

PREFACE

2026년 산업안전(보건)지도사를 취득해야 하는 이유가 있다. 건강, 장수, 재산이다. 건강하고 장수하고 부자가 되려면 산업안전(보건)지도사에 합격하면 성취가 가능하다. 대한민국 1[%] 이내 부자도 될 수 있다. 보통사람들이 소망하는 성공과도 동일하다.

본 산업안전(보건)지도사 교재는 합격을 위한 수험서이다. 산업안전(보건)지도사는 기계안전분야·전기안전분야·화공안전분야·건설안전분야 등으로 구분되어 있다. 공통필수 1차 필기 3과목은 동일하다. 지도사는 2025년 3월 29일 제15회 1차시험을 실시하여 ○○○명이 합격하여 현재 안전분야 최고의 안전전문가 또는 CEO로 활동하고 있다.

정부에서도 박사·기술사만이 응시하는 것을 대한민국 국민이면 남녀노소·학력·성별 제한 없이 누구나 응시가 가능하도록 하였다.

「되고법칙」

돈이 없으면 돈은 벌면 되고, 잘못이 있으면 잘못은 고치면 되고, 안 되는 것은 되게 하면 되고, 모르면 배우면 되고, 부족하면 메우면 되고, 잘 안되면 될 때까지 하면 되고, 길이 안보이면 길을 찾을 때까지 찾으면 되고, 길이 없으면 길을 만들면 되고, 기술이 없으면 연구하면 되고, 생각이 부족하면 생각을 하면 된다.

지도사는 공부하면 합격된다.

교재를 만나는 순간 산업안전(보건)지도사 합격의 기쁨이 올 것이다.

본서는 연구용도 참고용도 아니며 오로지 산업안전(보건)지도사 합격을 위하여 꼭 필요한 내용으로만 구성하였다.

본서의 특징은 산업안전(보건)지도사 자격증 취득을 대비해 이렇게 구성하였다.

① 본서의 내용은 과년도풀이집으로 알짜배기만으로 구성했다.
② 문제 1회에서 이해하지 못했다면 다음 기출문제에서 반드시 이해할 수 있도록 하였다.
③ 한 문제(1항목)를 이해하면 열 문제(10항목)를 해결할 수 있게 상세풀이로 구성하였다.
④ 본서는 과년도문제를 빠짐없이 수록하여 어떤 교재와도 차별화가 되도록 구성하였다.
⑤ 산업안전(보건)지도사 자격 취득의 결론은 본서의 해설과 기출문제 등으로 합격이 가능할 수 있도록 엮었다.

⑥ 보충학습에 최근 개정된 예규와 법 등을 수록하여 답의 확신과 신뢰를 주었다.
⑦ 문제마다 중요점을 강조하여 반드시 합격이 가능할 수 있도록 구성하였다.

본 산업안전(보건)지도사가 세상에 출간되기까지 밤잠을 설쳐가며 인고의 고통을 함께 한 세화출판사의 박 용 사장님을 비롯한 임직원께 고맙게 생각하며 오늘이 있기까지 변함없이 153의 은혜와 사랑을 주시는 나의 하나님께 진정으로 감사드린다.

저자 씀

안내
INFORMATION

원서접수방법 및 유의사항

산업안전(보건)지도사 시험은 인터넷을 통해서만 접수가 가능합니다.

① 한국산업인력공단 인터넷 원서 접수 사이트(www.q-net.or.kr)로 접속합니다.

② 회원가입을 해야만 접수할 수 있습니다. 오른쪽 상단에 있는 (회원가입)아이콘을 클릭하면 회원가입 동의를 묻는 회원가입 약관 창이 나옵니다.

③ 회원가입 약관 창에서(동의)를 클릭하시고 인적사항 입력 창에서 성명, 주민등록번호, 우편번호, 주소 등을 입력하고 원서와 자격증에 부착할 사진을 지정하여 올립니다. 입력항목 중에서 * 표시가 있는 항목은 반드시 입력합니다.

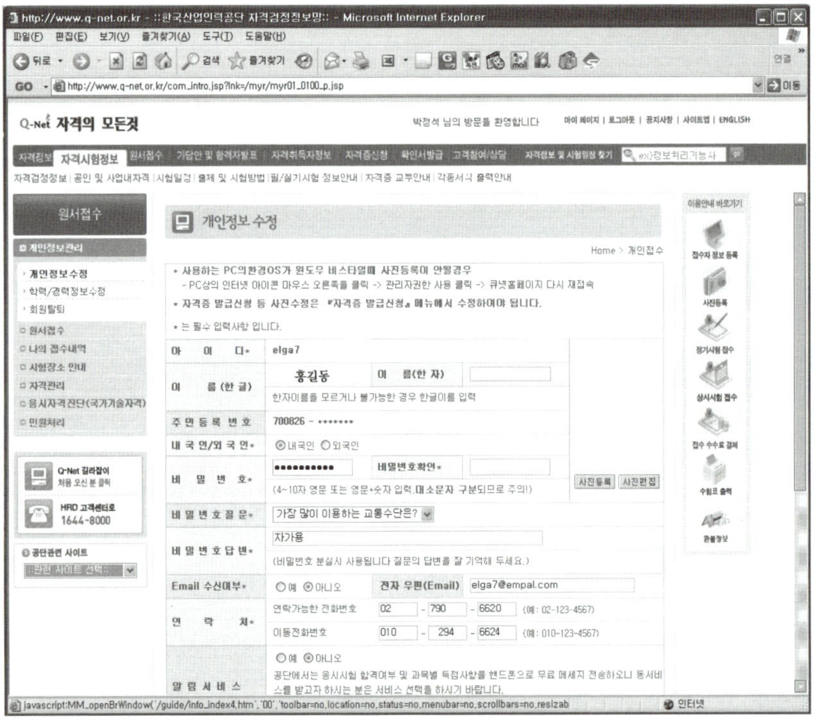

※ 알림서비스를 (예)로 선택하시면 응시한 시험의 합격 여부 및 과목별 득점 내역을 핸드폰 메시지로 무료 전송해주므로 편리합니다.

④ 회원가입 화면에서 필수 항목을 모두 입력하고 (확인)을 클릭하면 가입이 완료됩니다.

⑤ 접수를 하려면 먼저 로그인을 하셔야 합니다. 주민등록번호와 비밀번호를 입력하고 로그인하면 원서 접수창이 열립니다.

⑥ 왼쪽 상단에 있는 '원서 접수'를 클릭하면 현재 접수할 수 있는 자격시험이 정기와 상시로 구분되어 나타납니다. 지도사는 정기시험만 있습니다.

⑦ 응시 시험을 선택하면 응시 시험에서 선택할 수 있는 응시 종목이 나타납니다. 원하는 종목을 클릭하면 이제 까지 입력한 정보에 맞게 수검원서가 나타납니다. (다음)을 클릭하면 시험장을 선택할 수 있는 화면이 나타납니다.

⑧ 시험장을 선택하면 시험일자와 시간을 선택하는 화면이 나타납니다.

⑨ 응시할 시험장소를 클릭하세요 수검 비용을 결제하는 화면이 나타납니다. (카드결제)와 (계좌이체)중에서 선택하세요.

⑩ 결제를 성공적으로 마친 후(결제성공)을 클릭하면 수험표가 나타납니다. 이 수험표는 시험 볼 때 꼭 필요하므로 반드시 인쇄하여 보관해야 합니다. 아울러 정확한 시험 날짜 및 장소를 확인하세요.

※ 자세한 사항은 www.q-net.or.kr에 접속하여 Q-Net 길라잡이를 이용하세요.

안내
INFORMATION

전국 한국 산업인력공단 시험안내 전화번호

지사명	주소	검정안내 전화번호
한국산업인력공단	44538 울산광역시 중구 종가로 345	1644-8000
서울지역본부	02512 서울 동대문구 장안벚꽃로 279	02-2137-0590
서울서부지사	03302 서울 은평구 진관3로 36	02-2024-1700
서울남부지사	07225 서울 영등포구 버드나루로 110	02-876-8322
서울강남지사	06193 서울 강남구 테헤란로 412 T412빌딩 15층	02-2161-9100
인천지역본부	21634 인천 남동구 남동서로 209	032-820-8600
경기지사	16626 경기도 수원시 권선구 호매실로 46-68	031-249-1201
경기북부지사	11780 경기도 의정부시 바대논길 21, 해인프라자 3~5층	031-850-9100
경기동부지사	13313 경기도 성남시 수정구 성남대로 1217	031-750-6200
경기서부지사	14488 경기도 부천시 길주로 463번길 69	032-719-0800
경기남부지사	17561 경기도 안성시 공도읍 공도로 51-23	031-615-9000
강원지사	24408 강원도 춘천시 동내면 원창고개길 135	033-248-8500
강원동부지사	25440 강원도 강릉시 사천면 방동길 60	033-650-5700
부산지역본부	46519 부산 북구 금곡대로 441번길 26	051-330-1910
부산남부지사	48518 부산 남구 신선로 454-18	051-620-1910
경남지사	51519 경남 창원시 성산구 두대로 239	055-212-7200
경남서부지사	52733 경남 진주시 남강로 1689	055-791-0700
울산지사	44538 울산광역시 중구 종가로 347	052-220-3224
대구지역본부	42704 대구 달서구 성서공단로 213	053-580-2300
경북지사	36616 경북 안동시 서후면 학가산 온천길 42	054-840-3000
경북동부지사	37580 경북 포항시 북구 법원로 140번길 9	054-230-3200
경북서부지사	39371 경북 구미시 산호대로 253	054-713-3000
광주지역본부	61008 광주광역시 북구 첨단벤처로 82	062-970-1700
전북지사	54852 전북 전주시 덕진구 유상로 69	063-210-9200
전남지사	57948 전남 순천시 순광로 35-2	061-720-8500
전남서부지사	58604 전남 목포시 영산로 820	061-288-3300
대전지역본부	35000 대전광역시 중구 서문로 25번길 1	042-580-9100
충북지사	28456 충북 청주시 흥덕구 1순환로 394번길 81	043-279-9000
충남지사	31081 충남 천안시 서북구 천일고1길 27	041-620-7600
세종지사	30128 세종특별자치시 한누리대로 296	044-410-8000
제주지사	63220 제주 제주시 복지로 19	064-729-0701

자격시험 안내사항

1. 시험일정 정보

시험관련 상세정보는 산업안전(보건)지도사 홈페이지(www.q-net.or.kr/site/indusafe)와 산업보건지도사(www.q-net.or.kr/site/indusani)참조

2. 시험과목 및 시험방법

가. 시험과목

구분	교시	시험과목			시험시간	배점
제1차 시험	1	공통 필수 (3)	· 공통필수 I (산업안전보건법령) · 공통필수 II(산업안전일반6범위/산업위생일반5범위) · 공통필수III(기업진단·지도)		90분 - 5지 택일형 : 과목당 25문제	과목당 100점
제2차 시험	1	전공 필수 (택1)	산업안전 지도사	· 기계안전공학	100분 -주관식 논술형 4개(필수 2/ 택1) -주관식 단답형 5문제(전항 작성)	-주관식 논술형 : 75점(25점*3문제) -주관식 단답형 : (5점*5문제)
				· 전기안전공학		
				· 화공안전공학		
				· 건설안전공학		
	1	전공 필수 (택1)	산업보건 지도사	· 직업환경의학		
				· 산업위생공학		
제3차 시험	-	-	· 면접시험		1인당 20분 내외	10점

나. 과목별 출제범위

1) 제1차시험(3과목)

	산업안전지도사		산업보건지도사		시험방법
	과 목	출제범위	과 목	출제범위	
1차 공통 필수	산업안전보건법령 (I)	「산업안전보건법」, 같은 법 시행령, 같은 법 시행규칙, 「산업안전보건기준에 관한 규칙」	산업안전보건법령 (I)	산업안전지도사와 동일	객관식 5지택일형
	산업안전일반 6범위 (II)	산업안전교육론, 안전관리 및 손실방지론, 신뢰성공학, 시스템안전공학, 인간공학, 산업재해 조사 및 원인 분석 등	산업위생일반 5범위 (II)	산업위생개론, 작업관리, 산업위생보호구, 건강관리, 산업재해 조사 및 원인 분석 등	
	기업진단지도 (III)	경영학(인적자원관리, 조직관리, 생산관리), 산업심리학, 산업위생개론	기업진단지도 (III)	경영학(인적자원관리, 조직관리, 생산관리), 산업심리학, 산업안전개론	

2) 제2차시험(택 1과목)

구분		산업안전지도사				산업보건지도사	
		기계안전분야	전기안전분야	화공안전분야	건설안전분야	작업환경의학분야	산업위생분야
과목		기계안전공학	전기안전공학	화공안전공학	건설안전공학	직업환경의학	산업위생공학
전공필수	시험범위	-기계·기구·설비의 안전 등(위험기계·양중기·운반기계·압력용기 포함) -공장자동화설비의 안전기술 등 -기계·기구·설비의 설계·배치·보수·유지기술 등	-전기기계·기구 등으로 인한 위험방지 등(전기방폭설비 포함) -정전기 및 전자파로 인한 재해예방 등 -감전사고 방지기술 등 -컴퓨터·계측제어 설비의 설계 및 관리기술 등	-가스·방화 및 방폭설비 등, 화학장치·설비안전 및 방식기술 등 -정성·정량적 위험성 평가, 위험물 누출·확산 및 피해 예측 등 -유해위험물질 화재폭발 방지론, 화학공정 안전관리 등	-건설공사용 가설구조물·기계·기구 등의 안전기술 등 -건설공법 및 시공방법에 대한 위험성 평가 등 -추락·낙하·붕괴·폭발 등 재해요인별 안전대책 등 -건설현장의 유해·위험요인에 대한 안전기술 등	-직업병의 종류 및 인체발병경로, 직업병의 증상 판단 및 대책 등 -역학조사의 연구방법, 조사 및 분석방법, 직종별 산업의학적 관리대책 등 -유해인자별 특수건강진단 방법, 판정 및 사후관리대책 등 -근골격계질환, 직무스트레스 등 업무상 질환의 대책 및 작업관리방법 등	-산업환기설비의 설계, 시스템의 성능검사·유지관리기술 등 -유해인자별 작업환경측정 방법, 산업위생통계 처리 및 해석, 공학적 대책수립기술 등 -유해인자별 인체에 미치는 영향·대사 및 축적, 인체의 방어기전등 -측정시료의 전처리 및 분석 방법, 기기분석 및 정도관리기술 등

3. 시험과목

가. 제2차 시험

1) 산업안전지도사

구분	과목명(응시분야)	출제범위
제2차 시험	기계안전공학	○기계·기구·설비의 안전 등(위험기계·양중기·운반기계·압력용기 포함) ○공장자동화설비의 안전기술 등 ○기계·기구·설비의 설계·배치·보수·유지기술 등
	전기안전공학	○전기기계·기구 등으로 인한 위험 방지 등(전기방폭설비 포함) ○정전기 및 전자파로 인한 재해예방 등 ○감전사고 방지기술 등 ○컴퓨터·계측제어 설비의 설계 및 관리기술 등
	화공안전공학	○가스·방화 및 방폭설비 등, 화학장치·설비안전 및 방식기술 등 ○정성·정량적 위험성 평가, 위험물 누출·확산 및 피해 예측 등 ○유해위험물질 화재폭발 방지론, 화학공정 안전관리 등
	건설안전공학	○건설공사용 가설구조물·기계·기구 등의 안전기술 등 ○건설공법 및 시공방법에 대한 위험성 평가 등 ○추락·낙하·붕괴·폭발 등 재해요인별 안전대책 등 ○건설현장의 유해·위험요인에 대한 안전기술 등

2) 산업보건지도사

구분	과목명(응시분야)	출제범위
제2차 시험	산업의학	○직업병의 종류 및 인체발병경로, 직업병의 증상 판단 및 대책 등 ○역학조사의 연구방법, 조사 및 분석방법, 직종별 산업의학적 관리대책 등 ○유해인자별 특수건강진단 방법, 판정 및 사후관리대책 등 ○근골격계질환, 직무스트레스 등 업무상 질환의 대책 및 작업관리 방법 등
	산업위생공학	○산업환기설비의 설계, 시스템의 성능검사·유지관리기술 등 ○유해인자별 작업환경측정 방법, 산업위생통계 처리 및 해석, 공학적 대책 수립기술 등 ○유해인자별 인체에 미치는 영향·대사 및 축적, 인체의 방어기전 등 ○측정시료의 전처리 및 분석 방법, 기기 분석 및 정도관리기술 등

4. 출제영역

가. 산업안전지도사(I과목)

과목명	주요항목	세부항목
산업 안전 보건 법령	1. 산업안전보건법 2. 산업안전보건법 시행령 3. 산업안전보건법 시행규칙 4. 산업안전보건기준에 관한 규칙	1. 총칙 등에 관한 사항 2. 안전·보건관리체제 등에 관한 사항 3. 안전보건관리규정에 관한 사항 4. 유해·위험 예방조치에 관한 사항(산업안전보건기준에 관한 규칙 포함) 5. 근로자의 보건관리에 관한 사항 6. 감독과 명령에 관한 사항 7. 산업안전지도사 및 산업보건지도사에 관한 사항 8. 보칙 및 벌칙에 관한 사항

산업안전지도사(II과목)

과목명	주요항목	세부항목
산업 안전 일반	1. 산업안전교육론	1. 교육의 필요성과 목적 2. 안전·보건교육의 개념 3. 학습이론 4. 근로자 정기안전교육 등의 교육내용 5. 안전교육방법(TWI, OJT, OFF.J.T 등) 및 교육평가 6. 교육실시방법(강의법, 토의법, 실연법, 시청각교육법 등)
	2. 안전관리 및 손실방지론	1. 안전과 위험의 개념 2. 안전관리 제이론 3. 안전관리의 조직 4. 안전관리 수립 및 운용 5. 위험성평가 활동 등 안전활동 기법
	3. 신뢰성공학	1. 신뢰성의 개념 2. 신뢰성 척도와 계산 3. 보전성과 유용성 4. 신뢰성 시험과 추정 5. 시스템의 신뢰도

안내
INFORMATION

과목명	주요항목	세부항목
산업 안전 일반	4. 시스템안전공학	1. 시스템 위험분석 및 관리 2. 시스템 위험분석기법(PHA, FHA, FMEA, ETA, CA 등) 3. 결함수분석 및 정성적, 정량적 분석 4. 안전성평가의 개요 5. 신뢰도 계산 6. 위해위험방지계획
	5. 인간공학	1. 인간공학의 정의 2. 인간-기계체계 3. 체계설계와 인간요소 4. 정보입력표시(시각적, 청각적, 촉각, 후각 등의 표시장치) 5. 인간요소와 휴먼에러 6. 인간계측 및 작업공간 7. 작업환경의 조건 및 작업환경과 인간공학 8. 근골격계 부담 작업의 평가
	6. 산업재해조사 및 원인분석	1. 재해조사의 목적 2. 재해의 원인분석 및 조사기법 3. 재해사례 분석절차 4. 산재분류 및 통계분석 5. 안전점검 및 진단

산업안전지도사(III과목)

과목명	주요항목	세부항목
기업 진단 · 지도	1. 경영학(인적자원관리, 조직관리, 생산관리)	1. 인적자원관리의 개념 및 관리방안에 관한 사항 2. 노사관계관리에 관한 사항 3. 조직관리의 개념에 관한 사항 4. 조직행동론에 관한 사항 5. 생산관리의 개념에 관한 사항 6. 생산시스템의 설계, 운영에 관한 사항 7. 생산관리 최신이론에 관한 사항
	2. 산업심리학	1. 산업심리 개념 및 요소 2. 직무수행과 평가 3. 직무태도 및 동기 4. 작업집단의 특성 5. 산업재해와 행동 특성 6. 인간의 특성과 직무환경 7. 직무환경과 건강 8. 인간의 특성과 인간관계
	3. 산업위생개론	1. 산업위생의 개념 2. 작업환경노출기준 개념 3. 작업환경 측정 및 평가 4. 산업환기 5. 건강검진과 근로자건강관리 6. 유해인자의 인체영향

나. 산업보건지도사(I과목)

<table>
<tr><th>과목명</th><th>주요항목</th><th>세부항목</th></tr>
<tr><td rowspan="4">산업
안전
보건
법령</td><td>1. 산업안전보건법</td><td rowspan="4">1. 총칙 등에 관한 사항
2. 안전·보건관리체제 등에 관한 사항
3. 안전보건관리규정에 관한 사항
4. 유해·위험 예방조치에 관한 사항(산업안전보건기준에 관한 규칙 포함)
5. 근로자의 보건관리에 관한 사항
6. 감독과 명령에 관한 사항
7. 산업안전지도사 및 산업보건지도사에 관한 사항
8. 보칙 및 벌칙에 관한 사항</td></tr>
<tr><td>2. 산업안전보건법 시행령</td></tr>
<tr><td>3. 산업안전보건법 시행규칙</td></tr>
<tr><td>4. 산업안전보건기준에 관한 규칙</td></tr>
</table>

산업보건지도사(II과목)

과목명	주요항목	세부항목
산업 위생 일반	1. 산업위생개론	1. 산업위생의 정의, 목적 및 역사 2. 작업환경노출기준 3. 산업위생통계 4. 작업환경측정 및 평가 5. 산업환기 6. 물리적(온열조건 이상기압, 소음진동 등) 유해인자의 관리 7. 입자상물질의 종류, 발생, 성질 및 인체영향 8. 유해화학물질의 종류, 발생, 성질 및 인체영향 9. 중금속의 종류, 발생, 성질 및 인체영향
	2. 작업관리	1. 업무적합성 평가 방법 2. 근로자의 적정배치 및 교대제 등 작업시간 관리 3. 근골격계 질환예방관리 4. 작업개선 및 작업환경관리
	3. 산업위생보호구	1. 보호구의 개념 이해 및 구조 2. 보호구의 종류 및 선정방법
	4. 건강관리	1. 인체 해부학적 구조와 기능 2. 순환계, 호흡계 및 청각기관구조와 기능 3. 유해물질의 대사 및 생물학적 모니터링 4. 직무스트레스 등 뇌심혈관질환 예방 및 관리 5. 건강진단 및 사후 관리
	5. 산업재해 조사 및 원인 분석	1. 재해조사의 목적 2. 재해의 원인분석 및 조사기법 3. 재해사례 분석절차 4. 산재분류 및 통계분석 5. 역학조사 종류 및 방법

산업보건지도사(III과목)

과목명	주요항목	세부항목
기업 진단 · 지도	1. 경영학(인적자원관리, 조직관리, 생산관리)	1. 인적자원관리의 개념 및 관리방안에 관한 사항 2. 노사관계관리에 관한 사항 3. 조직관리의 개념에 관한 사항 4. 조직행동론에 관한 사항 5. 생산관리의 개념에 관한 사항 6. 생산시스템의 설계, 운영에 관한 사항 7. 생산관리 최신이론에 관한 사항
	2. 산업심리학	1. 산업심리 개념 및 요소 2. 직무수행과 평가 3. 직무태도 및 동기 4. 작업집단의 특성 5. 산업재해와 행동 특성 6. 인간의 특성과 직무환경 7. 직무환경과 건강 8. 인간의 특성과 인간관계
	3. 산업안전개론	1. 안전관리의 개념 및 이론 2. 기계, 화학설비의 위험관리 개요 3. 전기, 건설작업의 위험관리 개요 4. 안전보건경영시스템 개요 5. 위험성 평가 등 안전활동기법 6. 안전보호구 및 방호장치

제9장 산업안전지도사 및 산업보건지도사

제142조(산업안전지도사 등의 직무) ① 산업안전지도사는 다음 각 호의 직무를 수행한다.

1. 공정상의 안전에 관한 평가 · 지도
2. 유해 · 위험의 방지대책에 관한 평가 · 지도
3. 제1호 및 제2호의 사항과 관련된 계획서 및 보고서의 작성
4. 그 밖에 산업안전에 관한 사항으로서 대통령령으로 정하는 사항

② 산업보건지도사는 다음 각 호의 직무를 수행한다.

1. 작업환경의 평가 및 개선 지도
2. 작업환경 개선과 관련된 계획서 및 보고서의 작성
3. 근로자 건강진단에 따른 사후관리 지도
4. 직업성 질병 진단(「의료법」 제2조에 따른 의사인 산업보건지도사만 해당한다) 및 예방 지도
5. 산업보건에 관한 조사 · 연구
6. 그 밖에 산업보건에 관한 사항으로서 대통령령으로 정하는 사항

③ 산업안전지도사 또는 산업보건지도사(이하 "지도사"라 한다)의 업무 영역별 종류 및 업무 범위, 그 밖에 필요한 사항은 대통령령으로 정한다.

제143조(지도사의 자격 및 시험) ① 고용노동부장관이 시행하는 지도사 자격시험에 합격한 사람은 지도사의 자격을 가진다.

② 대통령령으로 정하는 산업 안전 및 보건과 관련된 자격의 보유자에 대해서는 제1항에 따른 지도사 자격시험의 일부를 면제할 수 있다.

③ 고용노동부장관은 제1항에 따른 지도사 자격시험 실시를 대통령령으로 정하는 전문기관에 대행하게 할 수 있다. 이 경우 시험 실시에 드는 비용을 예산의 범위에서 보조할 수 있다.

④ 제3항에 따라 지도사 자격시험 실시를 대행하는 전문기관의 임직원은 「형법」 제129조부터 제132조까지의 규정을 적용할 때에는 공무원으로 본다.

⑤ 지도사 자격시험의 시험과목, 시험방법, 다른 자격 보유자에 대한 시험 면제의 범위, 그 밖에 필요한 사항은 대통령령으로 정한다.

제144조(부정행위자에 대한 제재) 고용노동부장관은 지도사 자격시험에서 부정한 행위를 한 응시자에 대해서는 그 시험을 무효로 하고, 그 처분을 한 날부터 5년간 시험응시자격을 정지한다.

제145조(지도사의 등록) ① 지도사가 그 직무를 수행하려는 경우에는 고용노동부령으로 정하는 바에 따라 고용노동부장관에게 등록하여야 한다.

② 제1항에 따라 등록한 지도사는 그 직무를 조직적 · 전문적으로 수행하기 위하여 법인을 설립할 수 있다.

③ 다음 각 호의 어느 하나에 해당하는 사람은 제1항에 따른 등록을 할 수 없다.

1. 피성년후견인 또는 피한정후견인
2. 파산선고를 받고 복권되지 아니한 사람

3. 금고 이상의 실형을 선고받고 그 집행이 끝나거나(집행이 끝난 것으로 보는 경우를 포함한다) 집행이 면제된 날부터 2년이 지나지 아니한 사람
4. 금고 이상의 형의 집행유예를 선고받고 그 유예기간 중에 있는 사람
5. 이 법을 위반하여 벌금형을 선고받고 1년이 지나지 아니한 사람
6. 제154조에 따라 등록이 취소(이 항 제1호 또는 제2호에 해당하여 등록이 취소된 경우는 제외한다)된 후 2년이 지나지 아니한 사람

④ 제1항에 따라 등록을 한 지도사는 고용노동부령으로 정하는 바에 따라 5년마다 등록을 갱신하여야 한다.

⑤ 고용노동부령으로 정하는 지도실적이 있는 지도사만이 제4항에 따른 갱신등록을 할 수 있다. 다만, 지도실적이 기준에 못 미치는 지도사는 고용노동부령으로 정하는 보수교육을 받은 경우 갱신등록을 할 수 있다.

⑥ 제2항에 따른 법인에 관하여는 「상법」 중 합명회사에 관한 규정을 적용한다.

제146조(지도사의 교육) 지도사 자격이 있는 사람(제143조제2항에 해당하는 사람 중 대통령령으로 정하는 실무경력이 있는 사람은 제외한다)이 직무를 수행하려면 제145조에 따른 등록을 하기 전 1년의 범위에서 고용노동부령으로 정하는 연수교육을 받아야 한다.

제147조(지도사에 대한 지도 등) 고용노동부장관은 공단에 다음 각 호의 업무를 하게 할 수 있다.

1. 지도사에 대한 지도 · 연락 및 정보의 공동이용체제의 구축 · 유지
2. 제142조제1항 및 제2항에 따른 지도사의 직무 수행과 관련된 사업주의 불만 · 고충의 처리 및 피해에 관한 분쟁의 조정
3. 그 밖에 지도사 직무의 발전을 위하여 필요한 사항으로서 고용노동부령으로 정하는 사항

제148조(손해배상의 책임) ① 지도사는 직무 수행과 관련하여 고의 또는 과실로 의뢰인에게 손해를 입힌 경우에는 그 손해를 배상할 책임이 있다.

② 제145조제1항에 따라 등록한 지도사는 제1항에 따른 손해배상책임을 보장하기 위하여 대통령령으로 정하는 바에 따라 보증보험에 가입하거나 그 밖에 필요한 조치를 하여야 한다.

제149조(유사명칭의 사용 금지) 제145조제1항에 따라 등록한 지도사가 아닌 사람은 산업안전지도사, 산업보건지도사 또는 이와 유사한 명칭을 사용해서는 아니 된다.

제150조(품위유지와 성실의무 등) ① 지도사는 항상 품위를 유지하고 신의와 성실로써 공정하게 직무를 수행하여야 한다.

② 지도사는 제142조제1항 또는 제2항에 따른 직무와 관련하여 작성하거나 확인한 서류에 기명 · 날인하거나 서명하여야 한다.

제151조(금지 행위) 지도사는 다음 각 호의 행위를 해서는 아니 된다.

1. 거짓이나 그 밖의 부정한 방법으로 의뢰인에게 법령에 따른 의무를 이행하지 아니하게 하는 행위
2. 의뢰인에게 법령에 따른 신고 · 보고, 그 밖의 의무를 이행하지 아니하게 하는 행위
3. 법령에 위반되는 행위에 관한 지도 · 상담

제152조(관계 장부 등의 열람 신청) 지도사는 제142조제1항 및 제2항에 따른 직무를 수행하는 데 필요하면 사업주에게 관계 장부 및 서류의 열람을 신청할 수 있다. 이 경우 그 신청이 제142조제1항 또는 제2항에 따른 직무의 수행을 위한 것이면 열람을 신청받은 사업주는 정당한 사유 없이 이를 거부해서는 아니 된다.

제153조(자격대여행위 및 대여알선행위 등의 금지) ① 지도사는 다른 사람에게 자기의 성명이나 사무소의 명칭을 사용하여 지도사의 직무를 수행하게 하거나 그 자격증이나 등록증을 대여해서는 아니 된다.

② 누구든지 지도사의 자격을 취득하지 아니하고 그 지도사의 성명이나 사무소의 명칭을 사용하여 지도사의 직무를 수행하거나 자격증·등록증을 대여받아서는 아니 되며, 이를 알선하여서도 아니 된다.

제154조(등록의 취소 등) 고용노동부장관은 지도사가 다음 각 호의 어느 하나에 해당하는 경우에는 그 등록을 취소하거나 2년 이내의 기간을 정하여 그 업무의 정지를 명할 수 있다. 다만, 제1호부터 제3호까지의 규정에 해당할 때에는 그 등록을 취소하여야 한다.

1. 거짓이나 그 밖의 부정한 방법으로 등록 또는 갱신등록을 한 경우
2. 업무정지 기간 중에 업무를 수행한 경우
3. 업무 관련 서류를 거짓으로 작성한 경우
4. 제142조에 따른 직무의 수행과정에서 고의 또는 과실로 인하여 중대재해가 발생한 경우
5. 제145조제3항제1호부터 제5호까지의 규정 중 어느 하나에 해당하게 된 경우
6. 제148조제2항에 따른 보증보험에 가입하지 아니하거나 그 밖에 필요한 조치를 하지 아니한 경우
7. 제150조제1항을 위반하거나 같은 조 제2항에 따른 기명·날인 또는 서명을 하지 아니한 경우
8. 제151조, 제153조제1항 또는 제162조를 위반한 경우

안내

INFORMATION

산업안전보건법 시행령

제9장 산업안전지도사 및 산업보건지도사

제101조(산업안전지도사 등의 직무) ① 법 제142조제1항제4호에서 "대통령령으로 정하는 사항"이란 다음 각 호의 사항을 말한다.

1. 법 제36조에 따른 위험성평가의 지도
2. 법 제49조에 따른 안전보건개선계획서의 작성
3. 그 밖에 산업안전에 관한 사항의 자문에 대한 응답 및 조언

② 법 제142조제2항제6호에서 "대통령령으로 정하는 사항"이란 다음 각 호의 사항을 말한다.

1. 법 제36조에 따른 위험성평가의 지도
2. 법 제49조에 따른 안전보건개선계획서의 작성
3. 그 밖에 산업보건에 관한 사항의 자문에 대한 응답 및 조언

제102조(산업안전지도사 등의 업무 영역별 종류 등) ① 법 제145조제1항에 따라 등록한 산업안전지도사의 업무 영역은 기계안전 · 전기안전 · 화공안전 · 건설안전 분야로 구분하고, 같은 항에 따라 등록한 산업보건지도사의 업무 영역은 직업환경의학 · 산업위생 분야로 구분한다.

② 법 제145조제1항에 따라 등록한 산업안전지도사 또는 산업보건지도사(이하 "지도사"라 한다)의 해당 업무 영역별 업무 범위는 별표 31과 같다.

제103조(자격시험의 실시 등) ① 법 제143조제1항에 따른 지도사 자격시험(이하 "지도사 자격시험"이라 한다)은 필기시험과 면접시험으로 구분하여 실시한다.

② 지도사 자격시험 중 필기시험의 업무 영역별 과목 및 범위는 별표 32와 같다.

③ 지도사 자격시험 중 필기시험은 제1차 시험과 제2차 시험으로 구분하여 실시하고 제1차 시험은 선택형, 제2차 시험은 논문형을 원칙으로 하되, 각각 주관식 단답형을 추가할 수 있다.

④ 지도사 자격시험 중 제1차 시험은 별표 32에 따른 공통필수 Ⅰ, 공통필수 Ⅱ 및 공통필수 Ⅲ의 과목 및 범위로 하고, 제2차 시험은 별표 32에 따른 전공필수의 과목 및 범위로 한다.

⑤ 지도사 자격시험 중 제2차 시험은 제1차 시험 합격자에 대해서만 실시한다.

⑥ 지도사 자격시험 중 면접시험은 필기시험 합격자 또는 면제자에 대해서만 실시하되, 다음 각 호의 사항을 평가한다.

1. 전문지식과 응용능력
2. 산업안전 · 보건제도에 관한 이해 및 인식 정도
3. 상담 · 지도능력

⑦ 지도사 자격시험의 공고, 응시 절차, 그 밖에 시험에 필요한 사항은 고용노동부령으로 정한다.

제104조(자격시험의 일부면제) ① 법 제143조제2항에 따라 지도사 자격시험의 일부를 면제할 수 있는 자격 및 면제의 범위는 다음 각 호와 같다.

1. 「국가기술자격법」에 따른 건설안전기술사, 기계안전기술사, 산업위생관리기술사, 인간공학기술사, 전기안전기술사, 화공안전기술사 : 별표 32에 따른 전공필수 · 공통필수 Ⅰ 및 공통필수 Ⅱ 과목

2. 「국가기술자격법」에 따른 건설 직무분야(건축 중 직무분야 및 토목 중 직무분야로 한정한다), 기계 직무분야, 화학 직무분야, 전기 · 전자 직무분야(전기 중 직무분야로 한정한다)의 기술사 자격 보유자 : 별표 32에 따른 전공필수 과목
3. 「의료법」에 따른 직업환경의학과 전문의 : 별표 32에 따른 전공필수 · 공통필수 I 및 공통필수II 과목
4. 공학(건설안전 · 기계안전 · 전기안전 · 화공안전 분야 전공으로 한정한다), 의학(직업환경의학 분야 전공으로 한정한다), 보건학(산업위생 분야 전공으로 한정한다) 박사학위 소지자 : 별표 32에 따른 전공필수 과목
5. 제2호 또는 제4호에 해당하는 사람으로서 각각의 자격 또는 학위 취득 후 산업안전 · 산업보건 업무에 3년 이상 종사한 경력이 있는 사람 : 별표 32에 따른 전공필수 및 공통필수II 과목
6. 「공인노무사법」에 따른 공인노무사 : 별표 32에 따른 공통필수 I 과목
7. 법 제143조제1항에 따른 지도사 자격 보유자로서 다른 지도사 자격 시험에 응시하는 사람 : 별표 32에 따른 공통필수 I 및 공통필수III 과목
8. 법 제143조제1항에 따른 지도사 자격 보유자로서 같은 지도사의 다른 분야 지도사 자격 시험에 응시하는 사람 : 별표 32에 따른 공통필수 I , 공통필수II 및 공통필수III 과목

② 제103조제3항에 따른 제1차 필기시험 또는 제2차 필기시험에 합격한 사람에 대해서는 다음 회의 자격시험에 한정하여 합격한 차수의 필기시험을 면제한다.

③ 제1항에 따른 지도사 자격시험 일부 면제의 신청에 관한 사항은 고용노동부령으로 정한다.

제105조(합격자의 결정 등) ① 지도사 자격시험 중 필기시험은 매 과목 100점을 만점으로 하여 40점 이상, 전과목 평균 60점 이상 득점한 사람을 합격자로 한다.

② 지도사 자격시험 중 면접시험은 제103조제6항 각 호의 사항을 평가하되, 10점 만점에 6점 이상인 사람을 합격자로 한다.

③ 고용노동부장관은 지도사 자격시험에 합격한 사람에게 고용노동부령으로 정하는 바에 따라 지도사 자격증을 발급하고 관리해야 한다. 〈신설 2023. 6. 27.〉[제목개정 2023. 6. 27.]

제106조(자격시험 실시기관) ① 법 제143조제3항 전단에서 "대통령령으로 정하는 전문기관"이란 「한국산업인력공단법」에 따른 한국산업인력공단(이하 "한국산업인력공단"이라 한다)을 말한다.

② 고용노동부장관은 법 제143조제3항에 따라 지도사 자격시험의 실시를 한국산업인력공단에 대행하게 하는 경우 필요하다고 인정하면 한국산업인력공단으로 하여금 자격시험위원회를 구성 · 운영하게 할 수 있다.

③ 자격시험위원회의 구성 · 운영 등에 필요한 사항은 고용노동부장관이 정한다.

제107조(연수교육의 제외 대상) 법 제146조에서 "대통령령으로 정하는 실무경력이 있는 사람"이란 산업안전 또는 산업보건 분야에서 5년 이상 실무에 종사한 경력이 있는 사람을 말한다.

제108조(손해배상을 위한 보증보험 가입 등) ① 법 제145조제1항에 따라 등록한 지도사(같은 조 제2항에 따라 법인을 설립한 경우에는 그 법인을 말한다. 이하 이 조에서 같다)는 법 제148조제2항에 따라 보험금액이 2천만원(법 제145조제2항에 따른 법인인 경우에는 2천만원에 사원인 지도사의 수를 곱한 금액) 이상인 보증보험에 가입해야 한다.

② 지도사는 제1항의 보증보험금으로 손해배상을 한 경우에는 그 날부터 10일 이내에 다시 보증보험에 가입해야 한다.

③ 손해배상을 위한 보증보험 가입 및 지급에 관한 사항은 고용노동부령으로 정한다.

[별표 31]

지도사의 업무 영역별 업무 범위
(제102조제2항 관련)

1. 법 제145조제1항에 따라 등록한 산업안전지도사(기계안전 · 전기안전 · 화공안전 분야)
   가. 유해위험방지계획서, 안전보건개선계획서, 공정안전보고서, 기계 · 기구 · 설비의 작업계획서 및 물질안전보건자료 작성 지도
   나. 다음의 사항에 대한 설계 · 시공 · 배치 · 보수 · 유지에 관한 안전성 평가 및 기술 지도
      1) 전기
      2) 기계 · 기구 · 설비
      3) 화학설비 및 공정
   다. 정전기 · 전자파로 인한 재해의 예방, 자동화설비, 자동제어, 방폭전기설비 및 전력시스템 등에 대한 기술 지도
   라. 인화성 가스, 인화성 액체, 폭발성 물질, 급성독성 물질 및 방폭설비 등에 관한 안전성 평가 및 기술 지도
   마. 크레인 등 기계 · 기구, 전기작업의 안전성 평가
   바. 그 밖에 기계, 전기, 화공 등에 관한 교육 또는 기술 지도

2. 법 제145조제1항에 따라 등록한 산업안전지도사(건설안전 분야)
   가. 유해위험방지계획서, 안전보건개선계획서, 건축 · 토목 작업계획서 작성 지도
   나. 가설구조물, 시공 중인 구축물, 해체공사, 건설공사 현장의 붕괴우려 장소 등의 안전성 평가
   다. 가설시설, 가설도로 등의 안전성 평가
   라. 굴착공사의 안전시설, 지반붕괴, 매설물 파손 예방의 기술 지도
   마. 그 밖에 토목, 건축 등에 관한 교육 또는 기술 지도

3. 법 제145조제1항에 따라 등록한 산업보건지도사(산업위생 분야)
   가. 유해위험방지계획서, 안전보건개선계획서, 물질안전보건자료 작성 지도
   나. 작업환경측정 결과에 대한 공학적 개선대책 기술 지도
   다. 작업장 환기시설의 설계 및 시공에 필요한 기술 지도
   라. 보건진단결과에 따른 작업환경 개선에 필요한 직업환경의학적 지도
   마. 석면 해체 · 제거 작업 기술 지도
   바. 갱내, 터널 또는 밀폐공간의 환기 · 배기시설의 안전성 평가 및 기술 지도
   사. 그 밖에 산업보건에 관한 교육 또는 기술 지도

4. 법 제145조제1항에 따라 등록한 산업보건지도사(직업환경의학 분야)
   가. 유해위험방지계획서, 안전보건개선계획서 작성 지도
   나. 건강진단 결과에 따른 근로자 건강관리 지도
   다. 직업병 예방을 위한 작업관리, 건강관리에 필요한 지도
   라. 보건진단 결과에 따른 개선에 필요한 기술 지도
   마. 그 밖에 직업환경의학, 건강관리에 관한 교육 또는 기술 지도

[별표 32]

지도사 자격시험 중 필기시험의 업무 영역별 과목 및 범위
(제103조제2항 관련)

구분		산업안전지도사				산업보건지도사	
		기계안전 분야	전기안전 분야	화공안전 분야	건설안전 분야	직업환경의학 분야	산업위생 분야
과목		기계안전공학	전기안전공학	화공안전공학	건설안전공학	직업환경의학	산업위생공학
전공필수	시험범위	-기계·기구·설비의 안전 등(위험기계·양중기·운반기계·압력용기 포함) -공장자동화설비의 안전기술 등 -기계·기구·설비의 설계·배치·보수·유지기술 등	-전기기계·기구 등으로 인한 위험방지 등(전기방폭설비 포함) -정전기 및 전자파로인한 재해예방 등 -감전사고 방지기술 등 -컴퓨터·계측제어 설비의 설계 및 관리기술 등	-가스·방화 및 방폭설비 등, 화학장치·설비안전 및 방식기술 등 -정성·정량적 위험성 평가, 위험물 누출·확산 및 피해 예측 등 -유해위험물질 화재폭발 방지론, 화학공정 안전관리 등	-건설공사용 가설구조물·기계·기구 등의 안전기술 등 -건설공법 및 시공방법에 대한 위험성 평가 등 -추락·낙하·붕괴·폭발 등 재해요인별 안전대책 등 -건설현장의 유해·위험요인에 대한 안전기술 등	-직업병의 종류 및 인체발병경로, 직업병의 증상 판단 및 대책 등 -역학조사의 연구방법, 조사 및 분석방법, 직종별 산업의학적 관리대책 등 -유해인자별 특수건강진단 방법, 판정 및 사후관리 대책 등 -근골격계 질환, 직무스트레스 등 업무상 질환의 대책 및 작업관리방법 등	-산업환기설비의 설계, 시스템의 성능검사·유지관리기술 등 -유해인자별 작업환경측정 방법, 산업위생통계 처리 및 해석, 공학적 대책 수립기술 등 -유해인자별 인체에 미치는 영향·대사 및 축적, 인체의 방어기전 등 -측정시료의 전처리 및 분석방법, 기기 분석 및 정도관리기술 등
공통필수 I		산업안전보건법령					
	시험범위	「산업안전보건법」, 「산업안전보건법 시행령」, 「산업안전보건법 시행규칙」, 「산업안전보건기준에 관한 규칙」					
공통필수 II		산업안전 일반				산업위생 일반	
	시험범위	산업안전교육론, 안전관리 및 손실방지론, 신뢰성공학, 시스템안전공학, 인간공학, 위험성평가, 산업재해 조사 및 원인 분석 등				산업위생개론, 작업관리, 산업위생보호구, 위험성평가, 산업재해 조사 및 원인 분석 등	
공통필수 III		기업진단·지도					
	시험범위	경영학(인적자원관리, 조직관리, 생산관리), 산업심리학, 산업위생개론				경영학(인적자원관리, 조직관리, 생산관리), 산업심리학, 산업안전개론	

안내
INFORMATION

산업안전보건법 시행규칙

제9장 산업안전지도사 및 산업보건지도사

제225조(자격시험의 공고) 「한국산업인력공단법」에 따른 한국산업인력공단(이하 "한국산업인력공단"이라 한다)이 지도사 자격시험을 시행하려는 경우에는 시험 응시자격, 시험과목, 일시, 장소, 응시 절차, 그 밖에 자격시험 응시에 필요한 사항을 시험 실시 90일 전까지 일간신문 등에 공고해야 한다.

제226조(응시원서의 제출 등) ① 영 제103조제1항에 따른 지도사 자격시험에 응시하려는 사람은 별지 제89호서식의 응시원서를 작성하여 한국산업인력공단에 제출해야 한다.

② 한국산업인력공단은 제1항에 따른 응시원서를 접수하면 별지 제90호서식의 자격시험 응시자 명부에 해당 사항을 적고 응시자에게 별지 제89호서식 하단의 응시표를 발급해야 한다. 다만, 기재사항이나 첨부서류 등이 미비된 경우에는 그 보완을 명하고, 보완이 이루어지지 않는 경우에는 응시원서의 접수를 거부할 수 있다.

③ 한국산업인력공단은 법 제166조제1항제12호에 따라 응시수수료를 낸 사람이 다음 각 호의 어느 하나에 해당하는 경우에는 다음 각 호의 구분에 따라 응시수수료의 전부 또는 일부를 반환해야 한다.

1. 수수료를 과오납한 경우 : 과오납한 금액의 전부
2. 한국산업인력공단의 귀책사유로 시험에 응하지 못한 경우 : 납입한 수수료의 전부
3. 응시원서 접수기간 내에 접수를 취소한 경우 : 납입한 수수료의 전부
4. 응시원서 접수 마감일 다음 날부터 시험시행일 20일 전까지 접수를 취소한 경우 : 납입한 수수료의 100분의 60
5. 시험시행일 19일 전부터 시험시행일 10일 전까지 접수를 취소한 경우 : 납입한 수수료의 100분의 50

④ 한국산업인력공단은 제227조제2호에 따른 경력증명서를 제출받은 경우 「전자정부법」 제36조제1항에 따른 행정정보의 공동이용을 통하여 신청인의 국민연금가입자가입증명 또는 건강보험자격득실확인서를 확인해야 한다. 다만, 신청인이 확인에 동의하지 않는 경우에는 해당 서류를 제출하도록 해야 한다.

제227조(자격시험의 일부 면제의 신청) 영 제104조제1항 각 호의 어느 하나에 해당하는 사람이 지도사 자격시험의 일부를 면제받으려는 경우에는 제226조제1항에 따라 응시원서를 제출할 때에 다음 각 호의 서류를 첨부해야 한다.

1. 해당 자격증 또는 박사학위증의 발급기관이 발급한 증명서(박사학위증의 경우에는 응시분야에 해당하는 박사학위 소지를 확인할 수 있는 증명서) 1부
2. 경력증명서(영 제104조제1항제5호에 해당하는 사람만 첨부하며, 박사학위 또는 자격증 취득일 이후 산업안전 · 산업보건 업무에 3년 이상 종사한 경력이 분명히 적힌 것이어야 한다) 1부

제228조(합격자의 공고) 한국산업인력공단은 영 제105조에 따라 지도사 자격시험의 최종합격자가 결정되면 모든 응시자가 알 수 있는 방법으로 공고하고, 합격자에게는 합격사실을 알려야 한다.

제228조의2(지도사 자격증의 발급 신청 등) ① 영 제105조제3항에 따라 지도사 자격증을 발급받으려는 사람은 별지 제90호의2서식의 지도사 자격증 발급 · 재발급 신청서에 다음 각 호의 서류를 첨부하여 지방고용노동관서의 장에게 제출해야 한다.

1. 주민등록증 사본 등 신분을 증명할 수 있는 서류
2. 신청일 전 6개월 이내에 찍은 모자를 쓰지 않은 상반신 명함판 사진 1장(디지털 파일로 제출하는 경우를 포함한다)
3. 이전에 발급 받은 지도사 자격증(재발급인 경우만 해당하며, 자격증을 잃어버린 경우는 제외한다)

② 영 제105조제3항에 따른 지도사의 자격증은 별지 제90호의3서식에 따른다..

제229조(등록신청 등) ① 법 제145조제1항 및 제4항에 따라 지도사의 등록 또는 갱신등록을 하려는 사람은 별지 제91호서식의 등록ㆍ갱신 신청서에 다음 각 호의 서류를 첨부하여 주사무소를 설치하려는 지역(사무소를 두지 않는 경우에는 주소지를 말한다)을 관할하는 지방고용노동관서의 장에게 제출해야 한다. 이 경우 등록신청은 이중으로 할 수 없다.
1. 신청일 전 6개월 이내에 촬영한 탈모 상반신의 증명사진(가로 3센티미터 × 세로 4센티미터) 1장
2. 제232조제4항에 따른 지도사 연수교육 이수증 또는 영 제107조에 따른 경력을 증명할 수 있는 서류(법 제145조제1항에 따른 등록의 경우만 해당한다)
3. 지도실적을 확인할 수 있는 서류 또는 제231조제4항에 따른 지도사 보수교육 이수증(법 제145조제4항에 따른 등록의 경우만 해당한다)

② 지방고용노동관서의 장은 제1항에 따라 등록ㆍ갱신 신청서를 접수한 경우에는 법 제145조제3항에 적합한지를 확인하여 해당 신청서를 접수한 날부터 30일 이내에 별지 제92호서식의 등록증을 신청인에게 발급해야 한다.

③ 지도사는 제2항에 따른 등록사항이 변경되었을 때에는 지체 없이 별지 제91호서식의 등록사항 변경신청서를 지방고용노동관서의 장에게 제출해야 한다.

④ 지도사는 제2항에 따라 발급받은 등록증을 잃어버리거나 그 등록증이 훼손된 경우 또는 제3항에 따라 등록사항의 변경 신고를 한 경우에는 별지 제93호서식의 등록증 재발급신청서에 등록증(등록증을 잃어버린 경우는 제외한다)을 첨부하여 지방고용노동관서의 장에게 제출하고 등록증을 다시 발급받아야 한다.

⑤ 지방고용노동관서의 장은 제2항부터 제4항까지의 규정에 따라 등록증을 발급하거나 재발급하는 경우에는 별지 제94호서식의 등록부와 별지 제95호서식의 등록증 발급대장에 각각 해당 사실을 기재해야 한다. 이 경우 등록부와 등록증 발급대장은 전자적 처리가 불가능한 특별한 사유가 있는 경우를 제외하고는 전자적 방법으로 관리해야 한다.

제230조(지도실적 등) ① 법 제145조제5항 본문에서 "고용노동부령으로 정하는 지도실적"이란 법 제145조제4항에 따른 지도사 등록의 갱신기간 동안 사업장 또는 고용노동부장관이 정하여 고시하는 산업안전ㆍ산업보건 관련 기관ㆍ단체에서 지도하거나 종사한 실적을 말한다.

② 법 제145조제5항 단서에서 "지도실적이 기준에 못 미치는 지도사"란 제1항에 따른 지도ㆍ종사 실적의 기간이 3년 미만인 지도사를 말한다. 이 경우 지도사가 둘 이상의 사업장 또는 기관ㆍ단체에서 지도하거나 종사한 경우에는 각각의 지도ㆍ종사 기간을 합산한다.

제231조(지도사 보수교육) ① 법 제145조제5항 단서에서 "고용노동부령으로 정하는 보수교육"이란 업무교육과 직업윤리교육을 말한다.

② 제1항에 따른 보수교육의 시간은 업무교육 및 직업윤리교육의 교육시간을 합산하여 총 20시간 이상으로 한다. 다만, 법 제145조제4항에 따른 지도사 등록의 갱신기간 동안 제230조제1항에 따른 지도실적이 2년 이상인 지도사의 교육시간은 10시간 이상으로 한다.

③ 공단이 보수교육을 실시하였을 때에는 그 결과를 보수교육이 끝난 날부터 10일 이내에 고용노동부장관에게 보고해야 하며, 다음 각 호의 서류를 5년간 보존해야 한다.

1. 보수교육 이수자 명단
2. 이수자의 교육 이수를 확인할 수 있는 서류
④ 공단은 보수교육을 받은 지도사에게 별지 제96호서식의 지도사 보수교육 이수증을 발급해야 한다.
⑤ 보수교육의 절차 · 방법 및 비용 등 보수교육에 필요한 사항은 고용노동부장관의 승인을 거쳐 공단이 정한다.

제232조(지도사 연수교육) ① 법 제146조에 따른 "고용노동부령으로 정하는 연수교육"이란 업무교육과 실무수습을 말한다.
② 제1항에 따른 연수교육의 기간은 업무교육 및 실무수습 기간을 합산하여 3개월 이상으로 한다.
③ 공단이 연수교육을 실시하였을 때에는 그 결과를 연수교육이 끝난 날부터 10일 이내에 고용노동부장관에게 보고해야 하며, 다음 각 호의 서류를 3년간 보존해야 한다.
1. 연수교육 이수자 명단
2. 이수자의 교육 이수를 확인할 수 있는 서류
④ 공단은 연수교육을 받은 지도사에게 별지 제96호서식의 지도사 연수교육 이수증을 발급해야 한다.
⑤ 연수교육의 절차 · 방법 및 비용 등 연수교육에 필요한 사항은 고용노동부장관의 승인을 거쳐 공단이 정한다.

제233조(지도사 업무발전 등) 법 제147조제3호에서 "고용노동부령으로 정하는 사항"이란 다음 각 호와 같다.
1. 지도결과의 측정과 평가
2. 지도사의 기술지도능력 향상 지원
3. 중소기업 지도 시 지원
4. 불성실 · 불공정 지도행위를 방지하고 건실한 지도 수행을 촉진하기 위한 지도기준의 마련

제234조(손해배상을 위한 보험가입·지급 등) ① 영 제108조제1항에 따라 손해배상을 위한 보험에 가입한 지도사(법 제145조제2항에 따라 법인을 설립한 경우에는 그 법인을 말한다. 이하 이 조에서 같다)는 가입한 날부터 20일 이내에 별지 제97호서식의 보증보험가입 신고서에 증명서류를 첨부하여 해당 지도사의 주된 사무소의 소재지(사무소를 두지 않는 경우에는 주소지를 말한다. 이하 이 조에서 같다)를 관할하는 지방고용노동관서의 장에게 제출해야 한다.
② 지도사는 해당 보증보험의 보증기간이 만료되기 전에 다시 보증보험에 가입하고 가입한 날부터 20일 이내에 별지 제97호서식의 보증보험가입 신고서에 증명서류를 첨부하여 해당 지도사의 주된 사무소의 소재지를 관할하는 지방고용노동관서의 장에게 제출해야 한다.
③ 법 제148조제1항에 따른 의뢰인이 손해배상금으로 보증보험금을 지급받으려는 경우에는 별지 제98호서식의 보증보험금 지급사유 발생확인신청서에 해당 의뢰인과 지도사 간의 손해배상 합의서, 화해조서, 법원의 확정판결문 사본, 그 밖에 이에 준하는 효력이 있는 서류를 첨부하여 해당 지도사의 주된 사무소의 소재지를 관할하는 지방고용노동관서의 장에게 제출해야 한다. 이 경우 지방고용노동관서의 장은 별지 제99호서식의 보증보험금 지급사유 발생확인서를 지체 없이 발급해야 한다.

차례

차례

CONTENTS

안전관리헌장

개정 : 안전행정부고시 제2014-7호

재난 및 안전관리기본법 제7조에 의하여 안전관리헌장을 다음과 같이 개정 고시합니다.

2014년 1월 29일

안전행정부장관

안전은 재난, 안전사고, 범죄 등의 각종 위험에서 국민의 생명과 건강 그리고 재산을 지키는 가장 중요한 근본이다.

모든 국민은 안전할 권리가 있으며, 안전문화를 정착시키는 일은 국민의 행복과 국가의 미래를 위해 반드시 필요하다.

이에 우리는 다음과 같이 다짐한다.

Ⅰ. 모든 국민은 가정, 마을, 학교, 직장 등 사회 각 분야에서 안전수칙을 준수하고 안전 생활을 적극 실천한다.

Ⅰ. 국가와 지방자치단체는 국민의 안전기본권을 보장하는 안전종합대책을 수립하고, 안전을 위한 투자에 최우선의 노력을 하며, 어린이, 장애인, 노약자는 특별히 배려한다.

Ⅰ. 자원봉사기관, 시민단체, 전문가들은 사고 예방 및 구조 활동, 안전 관련 연구 등에 적극 참여하고 협력한다.

Ⅰ. 유치원, 학교 등 교육 기관은 국민이 바른 안전 의식을 갖도록 교육하고, 특히 어릴 때부터 안전 습관을 들이도록 지도한다.

Ⅰ. 기업은 안전제일 경영을 실천하고, 위험 요인을 없애 사고가 발생하지 않도록 적극 노력한다.

안내
INFORMATION

국가직무능력표준(NCS)

▶NCS 자격검정 활용

가. 자격종목

1) 개념

자격종목은 국가기술자격의 등급을 직종별로 구분한 것으로 국가기술자격 취득의 기본단위를 말함(국가기술자격별 2조). 자격종목 개편은 국가기술자격 종목 신설의 필요성, 기존 자격종목의 직무내용, 범위 및 난이도, 산업현장 적합도 등을 고려하여 새로운 국가기술자격을 신설하거나 기존의 국가기술자격을 통합, 폐지하는 것을 의미함

2) 구성요소

자격종목 개편은

① 자격종목 ② 직무내용
③ 검토대상 능력군 ④ 검정필요여부
⑤ 출제기준과 비교 ⑥ 검토의견
⑦ 추가·삭제가 포함되어야 함.

구성요소	세부 내용
자격종목	검토대상 국가기술자격 종목 제시
직무내용	자격종목의 직무내용 제시
검토대상 능력군	검토대상 능력군의 능력단위, 능력단위요소, 수행준거 제시
검정필요여부	수행준거 중 자격검정에 필요한 부분 제시
출제기준과 비교	검정이 필요한 수행준거와 출제기준을 비교
검토의견	비교를 통해 현행 국가기술자격의 출제기준 검토
추가·삭제	출제기준 검토를 통해 추가나 삭제가 필요한 부분 제시

나. 출제기준

1) 개념

출제기준은 자격검정의 대상이 되는 종목의 과목별 출제의 대상범위를 나타낸 것으로 출제문제 작성방법과 시험내용범위의 기준을 의미함(국가기술자격법 시행규칙 제38조)

2) 구성요소

출제기준은

① 직무분야 ② 자격종목
③ 적용기간 ④ 직무내용
⑤ 필기검정방법 ⑥ 문제수
⑦ 시험기간 ⑧ 필기과목명
⑨ 필기과목 출제 문제수 ⑩ 실기검정방법
⑪ 시험기간 ⑫ 실기과목명
⑬ 필기, 실기과목별 주요항목 ⑭ 세부항목
⑮ 세세항목이 포함되어야 함

<table>
<tr><th colspan="2">구성요소</th><th>세부 내용</th></tr>
<tr><td colspan="2">직무분야</td><td>해당 자격이 활용되는 직무분야</td></tr>
<tr><td colspan="2">자격종목</td><td>국가기술자격의 등급을 직종별로 구분한 것
국가기술자격 취득의 기본단위</td></tr>
<tr><td colspan="2">적용기간</td><td>작성된 출제기준이 개정되기 전까지 실제 자격검정에 적용되는 기간</td></tr>
<tr><td colspan="2">직무내용</td><td>자격을 부여하기 위하여 개인의 능력의 정도를 평가해야 할 내용</td></tr>
<tr><td rowspan="5">필기과목</td><td>필기검정방법</td><td>필기시험의 검정방법
현행 국가기술자격에서는 객관식, 단답형 또는 주관식 논문형이 있음</td></tr>
<tr><td>문제수</td><td>필기시험의 전체 문제수 제시</td></tr>
<tr><td>시험기간</td><td>필기시험 시간</td></tr>
<tr><td>필기과목명</td><td>기술자격의 종목별 필기시험과목</td></tr>
<tr><td>출제 문제수</td><td>필기시험의 문제수</td></tr>
</table>

[대한민국 헌법 제34조]

- 국가는 재해를 예방하고 그 위험으로부터 국민을 보호하기 위하여 노력하여야 한다. -

산업안전(보건)지도사(과년도)

(Ⅰ) 산업안전보건법령

2012년 6월 23일 산업안전(보건)지도사
2013년 4월 20일 산업안전(보건)지도사
2014년 4월 12일 산업안전(보건)지도사
2015년 4월 20일 산업안전(보건)지도사
2016년 5월 11일 산업안전(보건)지도사
2017년 3월 25일 산업안전(보건)지도사
2018년 3월 24일 산업안전(보건)지도사
2019년 3월 30일 산업안전(보건)지도사
2020년 7월 25일 산업안전(보건)지도사
2021년 3월 13일 산업안전(보건)지도사
2022년 3월 19일 산업안전(보건)지도사
2023년 4월 1일 산업안전(보건)지도사
2024년 3월 30일 산업안전(보건)지도사
2025년 3월 29일 산업안전(보건)지도사

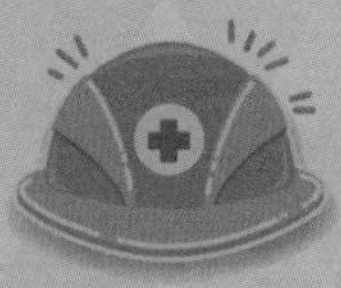

2012년도 6월 23일 필기문제 : 근거 저자응시 단독 복기문제

산업안전(보건)지도사 자격시험
제1차 시험문제지

1. 산업안전보건법령 2. 산업안전일반 3. 기업진단·지도	총 시험시간 : 90분 (과목당 30분)	문제형별 A

수험번호	20120623	성 명	도서출판 세화

【수험자 유의사항】

1. 시험문제지 표지와 시험문제지 내 **문제형별의 동일여부** 및 시험문제지의 **총면수·문제번호 일련순서·인쇄상태** 등을 확인하시고, 문제지 표지에 수험번호와 성명을 기재하시기 바랍니다.
2. 답은 각 문제마다 요구하는 **가장 적합하거나 가까운 답 1개**만 선택하고, 답안카드 작성 시 시험문제지 **형별누락, 마킹착오**로 인한 불이익은 전적으로 **수험자에게 책임**이 있음을 알려 드립니다.
3. 답안카드는 국가전문자격 공통 표준형으로 문제번호가 1번부터 125번까지 인쇄되어 있습니다. 답안 마킹 시에는 반드시 **시험문제지의 문제번호와 동일한 번호**에 마킹하여야 합니다.
4. **감독위원의 지시에 불응하거나 시험 시간 종료 후 답안카드를 제출하지 않을 경우** 불이익이 발생할 수 있음을 알려 드립니다.
5. 시험문제지는 시험 종료 후 가져가시기 바랍니다.

【안 내 사 항】

1. 수험자는 **QR코드를 통해 가답안을 확인**하시기 바랍니다.
   (※ 사전 설문조사 필수)
2. 시험 합격자에게 **'합격축하 SMS(알림톡) 알림 서비스'**를 제공하고 있습니다.

▲ 가답안 확인

- 수험자 여러분의 합격을 기원합니다 -

2012년 산업안전보건법규 출제문제 분석표(NCS기준)

법령명(대분류)	단원(중분류)	세부내용(소분류)	출제년월일
산업안전보건법	제1장 총칙	제3조 적용범위	12.6.23
		제2조 정의	12.6.23
	제2장 안전보건관리체제 등	제15조 안전보건관리책임자	12.6.23
		제17조 안전관리자	12.6.23
		제25조 안전보건관리규정의 작성	12.6.23
	제3장 안전보건교육	제31조 건설업 기초안전보건교육	12.6.23
	제4장 유해 위험 방지 조치	제44조 공정안전보고서의 작성·제출	12.6.23
		제49조 안전보건개선계획의 수립·시행 명령	12.6.23
	제5장 도급 시 산업재해 예방		
	제6장 유해 위험기계 등에 대한 조치		
	제7장 유해 위험물질에 대한 조치	제108조 신규화학물질의 유해성·위험성 조사	12.6.23
		제124조 석면농도기준의 준수	12.6.23
	제8장 근로자 보건관리	제125조 작업환경측정	12.6.23
		제139조 유해·위험작업에 대한 근로시간 제한 등	12.6.23
	제9장 산업안전지도사 및 산업보건지도사	제145조 지도사의 등록	12.6.23
	제10장 근로감독관 등		
	제11장 보칙		
	제12장 벌칙		
소계		52% 출제	13문제 출제

법령명(대분류)	단원(중분류)	세부내용(소분류)	출제년월일
산업안전보건법 시행령	제1장 총칙		
	제2장 안전보건관리체제 등	제14조 안전보건관리책임자의 선임 등	12.6.23
	제3장 안전보건교육		
	제4장 유해 위험 방지 조치		
	제5장 도급 시 산업재해 예방		
	제6장 유해 위험기계 등에 대한 조치		
	제7장 유해 위험물질에 대한 조치	제87조 제조 등이 금지되는 유해물질	12.6.23

법령명(대분류)	단원(중분류)	세부내용(소분류)	출제년월일
산업안전보건법 시행령	제8장 근로자 보건관리		
	제9장 산업안전지도사 및 산업보건지도사		
	제10장 보칙		
	제11장 벌칙		
소계		8% 출제	2문제 출제

법령명(대분류)	단원(중분류)	세부내용(소분류)	출제년월일
산업안전보건법 시행규칙	제1장 총칙		
	제2장 안전보건관리체제 등		
	제3장 안전보건교육	[별표4] 안전보건교육 교육과정별 교육시간(제26조 1항 등 관련)	12.6.23
	제4장 유해 위험 방지 조치		
	제5장 도급 시 산업재해 예방		
	제6장 유해 위험기계 등에 대한 조치	제110조 안전인증 심사의 종류 및 방법	12.6.23
	제7장 유해 위험물질에 대한 조치	제168조 물질안전보건자료대상물질의 관리 요령 게시	12.6.23
	제8장 근로자 보건관리	제205조 수시건강진단 대상 근로자 등	12.6.23
	제9장 산업안전지도사 및 산업보건지도사		
	제10장 근로감독관 등		
	제11장 보칙		
소계		16% 출제	4문제 출제

법령명(대분류)	단원(중분류)	세부내용(소분류)	출제년월일
산업안전보건기준에 관한 규칙	제1편 총칙	제8조 조도	12.6.23
		제14조 낙하물에 의한 위험의 방지	12.6.23
	제2편 안전기준	제121조 사출성형기 등의 방호장치	12.6.23
	제3편 보건기준	제428조 유기화합물의 설비 특례	12.6.23
		제495조 석면해체·제거작업 시의 조치	12.6.23
		제517조 청력보존 프로그램 시행 등	12.6.23
소계		24% 출제	6문제 출제

1. 산업안전보건법령

01 다음 중 산업안전보건법령상 안전보건관리규정에 관한 설명으로 옳지 않은 것은 어느 것인가?

① 안전보건관리규정은 해당 사업장에 적용되는 단체협약 및 취업규칙에 반할 수 없습니다.

② 상시근로자 100명 이상을 사용하는 사업은 별표 2와 같다.

③ 안전보건관리규정을 작성하거나 변경할 때에는 산업안전보건위원회의 심의·의결을 거쳐야 합니다.

④ 안전보건관리규정은 소방·가스·전기·교통분야 등 다른 법령에서 정하는 안전관리에 관한 규정과 별도로 작성하여야 합니다.

⑤ 안전보건관리규정은 산업안전보건법에서 규정한 것을 제외하고는 그 성질에 반하지 않는 범위에서 근로기준법의 취업규칙에 관한 규정을 준용해야 합니다.

답 ④

해설

1. 안전보건관리규정

제25조(안전보건관리규정의 작성) ① 사업주는 사업장의 안전 및 보건을 유지하기 위하여 다음 각 호의 사항이 포함된 안전보건관리규정을 작성하여야 한다.

1. 안전 및 보건에 관한 관리조직과 그 직무에 관한 사항
2. 안전보건교육에 관한 사항
3. 작업장의 안전 및 보건 관리에 관한 사항
4. 사고 조사 및 대책 수립에 관한 사항
5. 그 밖에 안전 및 보건에 관한 사항

② 제1항에 따른 안전보건관리규정(이하 "안전보건관리규정"이라 한다)은 단체협약 또는 취업규칙에 반할 수 없다. 이 경우 안전보건관리규정 중 단체협약 또는 취업규칙에 반하는 부분에 관하여는 그 단체협약 또는 취업규칙으로 정한 기준에 따른다.

③ 안전보건관리규정을 작성하여야 할 사업의 종류, 사업장의 상시근로자 수 및 안전보건관리규정에 포함되어야 할 세부적인 내용, 그 밖에 필요한 사항은 고용노동부령으로 정한다.

제26조(안전보건관리규정의 작성·변경 절차) 사업주는 안전보건관리규정을 작성하거나 변경할 때에는 산업안전보건위원회의 심의·의결을 거쳐야 한다. 다만, 산업안전보건위원회가 설치되어 있지 아니한 사업장의 경우에는 근로자대표의 동의를 받아야 한다.

제27조(안전보건관리규정의 준수 등) 사업주와 근로자는 안전보건관리규정을 지켜야 한다.

제28조(다른 법률의 준용) 안전보건관리규정에 관하여는 이 법에서 규정한 것을 제외하고는 그 성질에 반하지 아니하는 범위에서 "근로기준법"의 취업규칙에 관한 규정을 준용한다.

정보제공

산업안전보건법

2. 안전보건관리규정 작성

제25조(안전보건관리규정의 작성) ① 법제25조제3항에 따라 안전보건관리규정을 작성해야 할 사업의 종류 및 상시근로자 수는 별표 2와 같다.

② 제1항에 따른 사업의 사업주는 안전보건관리규정을 작성해야 할 사유가 발생한 날부터 30일 이내에 별표 3의 내용을 포함한 안전보건관리규정을 작성해야 한다. 이를 변경할 사유가 발생한 경우에도 또한 같다.

③ 사업주가 제2항에 따라 안전보건관리규정을 작성할 때에는 소방·가스·전기·교통 분야 등의 다른 법령에서 정하는 안전관리에 관한 규정과 통합하여 작성할 수 있다.

참고

산업안전보건법 시행규칙

[표] 안전보건관리규정을 작성해야 할 사업의 종류 및 상시근로자 수

사업의 종류	상시근로자 수
1. 농업 2. 어업 3. 소프트웨어 개발 및 공급업 4. 컴퓨터 프로그래밍, 시스템 통합 및 관리업 4의2. 영상·오디오물 제공 서비스업 5. 정보서비스업 6. 금융 및 보험업 7. 임대업 : 부동산 제외 8. 전문, 과학 및 기술 서비스업(연구개발업은 제외한다) 9. 사업지원 서비스업 10. 사회복지 서비스업	300명 이상
11. 제1호부터 제4호까지, 제4호의2 및 제5호부터 제10호 까지의 사업을 제외한 사업	100명 이상

참고

산업안전보건법 시행규칙 [별표 2]

3. 안전보건관리규정의 세부 내용

(1) 총칙
① 안전보건관리규정 작성의 목적 및 적용 범위에 관한 사항
② 사업주 및 근로자의 재해 예방 책임 및 의무 등에 관한 사항
③ 하도급 사업장에 대한 안전·보건관리에 관한 사항

(2) 안전보건 관리조직과 그 직무
① 안전보건 관리조직의 구성방법, 소속, 업무 분담 등에 관한 사항
② 안전보건관리책임자(안전보건총괄책임자), 안전관리자, 보건관리자, 관리감독자의 직무 및 선임에 관한 사항
③ 산업안전보건위원회의 설치·운영에 관한 사항
④ 명예산업안전감독관의 직무 및 활동에 관한 사항
⑤ 작업지휘자 배치 등에 관한 사항

(3) 안전보건교육
① 근로자 및 관리감독자의 안전보건교육에 관한 사항
② 교육계획의 수립 및 기록 등에 관한 사항

(4) 작업장 안전관리
① 안전·보건관리에 관한 계획의 수립 및 시행에 관한 사항
② 기계·기구 및 설비의 방호조치에 관한 사항
③ 유해·위험기계 등에 대한 자율검사프로그램에 의한 검사 또는 안전검사에 관한 사항
④ 근로자의 안전수칙 준수에 관한 사항
⑤ 위험물질의 보관 및 출입 제한에 관한 사항
⑥ 중대재해 및 중대산업사고 발생, 급박한 산업재해 발생의 위험이 있는 경우 작업중지에 관한 사항
⑦ 안전표지·안전수칙의 종류 및 게시에 관한 사항과 그 밖에 안전관리에 관한 사항

(5) 작업장 보건관리
① 근로자 건강진단, 작업환경측정의 실시 및 조치절차 등에 관한 사항
② 유해물질의 취급에 관한 사항
③ 보호구의 지급 등에 관한 사항
④ 질병자의 근로 금지 및 취업 제한 등에 관한 사항
⑤ 보건표지·보건수칙의 종류 및 게시에 관한 사항과 그 밖에 보건관리에 관한 사항

(6) 사고 조사 및 대책 수립
① 산업재해 및 중대산업사고의 발생 시 처리 절차 및 긴급조치에 관한 사항
② 산업재해 및 중대산업사고의 발생원인에 대한 조사 및 분석, 대책 수립에 관한 사항
③ 산업재해 및 중대산업사고 발생의 기록·관리 등에 관한 사항

(7) 위험성평가에 관한 사항
① 위험성평가의 실시 시기 및 방법, 절차에 관한 사항
② 위험성 감소대책 수립 및 시행에 관한 사항

(8) 보칙
① 무재해운동 참여, 안전·보건 관련 제안 및 포상·징계 등 산업재해 예방을 위하여 필요하다고 판단하는 사항
② 안전·보건 관련 문서의 보존에 관한 사항
③ 그 밖의 사항
사업장의 규모·업종 등에 적합하게 작성하며, 필요한 사항을 추가하거나 그 사업장에 관련되지 않는 사항은 제외할 수 있다.

참고

산업안전보건법 시행규칙 [별표 3]

02 산업안전보건법상 산업안전보건위원회의 심의·의결사항이 아닌 것은?

① 근로자의 안전보건교육에 관한 사항

② 산업재해 예방계획의 수립에 관한 사항

③ 근로자의 건강진단 등 건강관리에 관한 사항

④ 산업재해에 관한 통계의 기록 및 유지에 관한 사항

⑤ 산업재해의 원인조사 및 재발방지대책 수립에 관한 사항

답 ⑤

해설

안전보건 관리체제

제15조(안전보건관리책임자) ① 사업주는 사업장을 실질적으로 총괄하여 관리하는 사람에게 해당 사업장의 다음 각 호의 업무를 총괄하여 관리하도록 하여야 한다.

1. 사업장의 산업재해 예방계획의 수립에 관한 사항
2. 제25조 및 제26조에 따른 안전보건관리규정의 작성 및 변경에 관한 사항
3. 제29조에 따른 안전보건교육에 관한 사항
4. 작업환경측정 등 작업환경의 점검 및 개선에 관한 사항
5. 제129조부터 제132조까지에 따른 근로자의 건강진단 등 건강관리에 관한 사항
6. 산업재해의 원인 조사 및 재발 방지대책 수립에 관한 사항
7. 산업재해에 관한 통계의 기록 및 유지에 관한 사항
8. 안전장치 및 보호구 구입 시 적격품 여부 확인에 관한 사항
9. 그 밖에 근로자의 유해·위험 방지조치에 관한 사항으로서 고용노동부령으로 정하는 사항

② 제1항 각 호의 업무를 총괄하여 관리하는 사람(이하 "안전보건관리책임자"라 한다)은 제17조에 따른 안전관리자와 제18조에 따른 보건관리자를 지휘·감독한다.

③ 안전보건관리책임자를 두어야 하는 사업의 종류와 사업장의 상시근로자 수, 그 밖에 필요한 사항은 대통령령으로 정한다.

제24조(산업안전보건위원회) ① 사업주는 사업장의 안전 및 보건에 관한 중요 사항을 심의·의결하기 위하여 사업장에 근로자위원과 사용자위원이 같은 수로 구성되는 산업안전보건위원회를 구성·운영하여야 한다.

② 사업주는 다음 각 호의 사항에 대해서는 제1항에 따른 산업안전보건위원회(이하 "산업안전보건위원회"라 한다)의 심의·의결을 거쳐야 한다.

1. 제15조제1항제1호부터 제5호까지 및 제7호에 관한 사항
2. 제15조제1항제6호에 따른 사항 중 중대재해에 관한 사항
3. 유해하거나 위험한 기계·기구·설비를 도입한 경우 안전 및 보건 관련 조치에 관한 사항
4. 그 밖에 해당 사업장 근로자의 안전 및 보건을 유지·증진시키기 위하여 필요한 사항

③ 산업안전보건위원회는 대통령령으로 정하는 바에 따라 회의를 개최하고 그 결과를 회의록으로 작성하여 보존하여야 한다.

④ 사업주와 근로자는 제2항에 따라 산업안전보건위원회가 심의·의결한 사항을 성실하게 이행하여야 한다.

⑤ 산업안전보건위원회는 이 법, 이 법에 따른 명령, 단체협약, 취업규칙 및 제25조에 따른 안전보건관리규정에 반하는 내용으로 심의·의결해서는 아니 된다.

⑥ 사업주는 산업안전보건위원회의 위원에게 직무 수행과 관련한 사유로 불리한 처우를 해서는 아니 된다.

⑦ 산업안전보건위원회를 구성하여야 할 사업의 종류 및 사업장의 상시근로자 수, 산업안전보건위원회의 구성·운영 및 의결되지 아니한 경우의 처리방법, 그 밖에 필요한 사항은 대통령령으로 정한다.

정보제공

산업안전보건법

03 산업안전보건법령상 안전보건총괄책임자, 안전관리자 및 보건관리자의 업무에 관한 설명으로 옳은 것은?

① 보건관리자는 물질안전보건자료를 작성하여 게시하여야 한다.

② 안전관리자는 해당 사업장의 안전교육계획 수립 및 실시를 건의하여야 한다.

③ 의사 및 간호사인 보건관리자는 근로자의 건강장해의 원인조사와 재발방지를 위한 의학적 조치를 하여야 한다.

④ 안전보건총괄책임자는 안전인증대상 기계·기구 등과 자율안전확인대상 기계·기구 등의 사용여부를 확인하여야 한다.

⑤ 안전관리자는 사업장 순회점검·지도 및 안전조치를 하여야 한다.

답 ④

해설

1. 안전관리자·보건관리자·안전보건총괄책임자

제17조(안전관리자) ① 사업주는 사업장에 제15조제1항 각 호의 사항 중 안전에 관한 기술적인 사항에 관하여 사업주 또는 안전보건관리책임자를 보좌하고 관리감독자에게 지도·조언하는 업무를 수행하는 사람(이하 "안전관리자"라 한다)을 두어야 한다.

② 안전관리자를 두어야 하는 사업의 종류와 사업장의 상시근로자 수, 안전관리자의 수·자격·업무·권한·선임방법, 그 밖에 필요한 사항은 대통령령으로 정한다.

③ 고용노동부장관은 산업재해 예방을 위하여 필요한 경우로서 고용노동부령으로 정하는 사유에 해당하는 경우에는 사업주에게 안전관리자를 제2항에 따라 대통령령으로 정하는 수 이상으로 늘리거나 교체할 것을 명할 수 있다.

④ 대통령령으로 정하는 사업의 종류 및 사업장의 상시근로자 수에 해당하는 사업장의 사업주는 제21조에 따라 지정받은 안전관리 업무를 전문적으로 수행하는 기관(이하 "안전관리전문기관"이라 한다)에 안전관리자의 업무를 위탁할 수 있다.

제18조(보건관리자) ① 사업주는 사업장에 제15조제1항 각 호의 사항 중 보건에 관한 기술적인 사항에 관하여 사업주 또는 안전보건관리책임자를 보좌하고 관리감독자에게 지도·조언하는 업무를 수행하는 사람(이하 "보건관리자"라 한다)을 두어야 한다.

② 보건관리자를 두어야 하는 사업의 종류와 사업장의 상시근로자 수, 보건관리자의 수·자격·업무·권한·선임방법, 그 밖에 필요한 사항은 대통령령으로 정한다.

③ 고용노동부장관은 산업재해 예방을 위하여 필요한 경우로서 고용노동부령으로 정하는 사유에 해당하는 경우에는 사업주에게 보건관리자를 제2항에 따라 대통령령으로 정하는 수 이상으로 늘리거나 교체할 것을 명할 수 있다.

④ 대통령령으로 정하는 사업의 종류 및 사업장의 상시근로자 수에 해당하는 사업장의 사업주는 제21조에 따라 지정받은 보건관리 업무를 전문적으로 수행하는 기관(이하 "보건관리전문기관"이라 한다)에 보건관리자의 업무를 위탁할 수 있다.

제62조(안전보건총괄책임자) ① 도급인은 관계수급인 근로자가 도급인의 사업장에서 작업을 하는 경우에는 그 사업장의 안전보건관리책임자를 도급인의 근로자와 관계수급인 근로자의 산업재해를 예방하기 위한 업무를 총괄하여 관리하는 안전보건총괄책임자로 지정하여야 한다. 이 경우 안전보건관리책임자를 두지 아니하여도 되는 사업장에서는 그 사업장에서 사업을 총괄하여 관리하는 사람을 안전보건총괄책임자로 지정하여야 한다.

② 제1항에 따라 안전보건총괄책임자를 지정한 경우에는 「건설기술 진흥법」제64조제1항제1호에 따른 안전총괄책임자를 둔 것으로본다.

③ 제1항에 따라 안전보건총괄책임자를 지정하여야 하는 사업의 종류와 사업장의 상시근로자 수, 안전보건총괄책임자의 직무·권한, 그 밖에 필요한 사항은 대통령령으로 정한다.

참고

산업안전보건법

2. 업무

제18조(안전관리자의 업무 등) ① 안전관리자의 업무는 다음 각 호와 같다.

1. 법 제24조제1항에 따른 산업안전보건위원회(이하 "산업안전보건위원회"라 한다) 또는 법 제75조제1항에 따른 안전 및 보건에 관한 노사협의체(이하 "노사협의체"라 한다)에서 심의·의결한 업무와 법 제25조제1항에 따른 안전보건관리규정(이하 "안전보건관리규정"이라 한다) 및 취업규칙에서 정한 업무
2. 법 제36조에 따른 위험성평가에 관한 보좌 및 지도·조언
3. 법 제84조제1항에 따른 안전인증대상 기계 등(이하 "안전인증대상 기계 등"이라 한다)과 법 제89조제1항 각 호 외의 부분 본문에 따른 자율안전확인대상 기계 등(이하 "자율안전확인대상 기계 등"이라 한다) 구입 시 적격품의 선정에 관한 보좌 및 지도·조언
4. 해당 사업장 안전교육계획의 수립 및 안전교육 실시에 관한 보좌 및 지도·조언
5. 사업장 순회점검·지도 및 조치의 건의
6. 산업재해 발생의 원인 조사·분석 및 재발 방지를 위한 기술적 보좌 및 지도·조언
7. 산업재해에 관한 통계의 유지·관리·분석을 위한 보좌 및 지도·조언
8. 법 또는 법에 따른 명령으로 정한 안전에 관한 사항의 이행에 관한 보좌 및 지도·조언
9. 업무수행 내용의 기록·유지
10. 그 밖에 안전에 관한 사항으로서 고용노동부장관이 정하는 사항

② 사업주가 안전관리자를 배치할 때에는 연장근로·야간근로 또는 휴일근로 등 해당 사업장의 작업 형태를 고려하여야 한다.

③ 사업주는 안전관리 업무의 원활한 수행을 위하여 외부전문가의 평가·지도를 받을 수 있다.

④ 안전관리자는 제1항 각 호에 따른 업무를 수행할 때에는 보건관리자와 협력하여야 한다.

⑤ 안전관리자에 대한 지원에 관하여는 제14조제2항을 준용한다. 이 경우 "안전보건관리책임자"는 "안전관리자"로, 법 제15조제1항은 1항으로 본다.

제22조(보건관리자의 업무 등) ① 보건관리자의 업무는 다음 각 호와 같다.

1. 산업안전보건위원회 또는 노사협의체에서 심의·의결한 업무와 안전보건관리규정 및 취업규칙에서 정한 업무
2. 안전인증대상 기계 등과 자율안전확인대상 기계 등 중 보건과 관련된 보호구(保護具) 구입 시 적격품 선정에 관한 보좌 및 지도·조언
3. 법 제36조에 따른 위험성평가에 관한 보좌 및 지도·조언
4. 법 제110조에 따라 작성된 물질안전보건자료의 게시 또는 비치에 관한 보좌 및 지도·조언
5. 제31조제1항에 따른 산업보건의의 직무(보건관리자가 별표 6 제2호에 해당하는 사람인 경우로 한정한다)
6. 해당 사업장 보건교육계획의 수립 및 보건교육 실시에 관한 보좌 및 지도·조언
7. 해당 사업장의 근로자를 보호하기 위한 다음 각 목의 조치에 해당하는 의료행위(보건관리자가 별표 6 제2호 또는 제3호에 해당하는 경우로 한정한다)
   가. 자주 발생하는 가벼운 부상에 대한 치료
   나. 응급처치가 필요한 사람에 대한 처치
   다. 부상·질병의 악화를 방지하기 위한 처치
   라. 건강진단 결과 발견된 질병자의 요양 지도 및 관리
   마. 가목부터 라목까지의 의료행위에 따르는 의약품의 투여
8. 작업장 내에서 사용되는 전체 환기장치 및 국소 배기장치 등에 관한 설비의 점검과 작업방법의 공학적 개선에 관한 보좌 및 지도·조언
9. 사업장 순회점검·지도 및 조치의 건의
10. 산업재해 발생의 원인 조사·분석 및 재발 방지를 위한 기술적 보좌 및 지도·조언
11. 산업재해에 관한 통계의 유지·관리·분석을 위한 보좌 및 지도·조언
12. 법 또는 법에 따른 명령으로 정한 보건에 관한 사항의 이행에 관한 보좌 및 지도·조언
13. 업무수행 내용의 기록·유지
14. 그 밖에 보건과 관련된 작업관리 및 작업환경관리에 관한 사항으로서 고용노동부장관이 정하는 사항

② 보건관리자는 제1항 각 호에 따른 업무를 수행할 때에는 안전관리자와 협력하여야 한다.

③ 사업주는 보건관리자에게 제1항에 따른 업무를 원활하게 수행할 수 있도록 권한·시설·장비·예산, 그 밖의 업무수

행에 필요한 지원을 하여야 한다. 이 경우 보건관리자가 별표 6 제2호 또는 제3호에 해당하면 고용노동부령으로 정하는 시설 및 장비를 지원하여야 한다.

④ 보건관리자의 배치 및 평가·지도에 관하여는 제18조제2항 및 제3항을 준용한다. 이 경우 "안전관리자"는 "보건관리자"로, "안전관리"는 "보건관리"로 본다.

제53조(안전보건총괄책임자의 직무 등) ① 안전보건총괄책임자의 직무는 다음 각 호와 같다.

1. 법 제36조에 따른 위험성평가의 실시에 관한 사항
2. 법 제51조 및 제54조에 따른 작업의 중지
3. 법 제64조에 따른 도급 시 산업재해 예방조치
4. 법 제72조 제1항에 따른 산업안전보건관리비의 관계수급인 간의 사용에 관한 협의·조정 및 그 집행의 감독
5. 안전인증대상기계등과 자율안전확인대상기계 등의 사용 여부 확인

② 안전보건총괄책임자에 대한 지원에 관하여는 제14조제2항을 준용한다. 이 경우 "안전보건관리책임자"는 "안전보건총괄책임자"로, "법 제15조제1항"은 "제1항"으로 본다.

③ 사업주는 안전보건총괄책임자를 선임하였을 때에는 그 선임 사실 및 법 제1항 각 호의 직무의 수행내용을 증명할 수 있는 서류를 갖춰 두어야 한다.

참고

산업안전보건법 시행령

04 산업안전보건법은 유해·위험의 정도, 사업의 종류, 사업장의 상시근로자 수 등을 고려하여 법의 전부 또는 일부를 적용하지 아니할 수 있다. 다음 중 옳은 것은?

① 상시근로자 4명을 사용하는 공사금액 30억원의 상가신축공사 사업의 사업주는 안전·보건조치를 하지 않아 중대재해가 발생하더라도 안전·보건진단기관의 안전·보건진단을 받지 않아도 된다.

② 상시근로자 10명을 사용하여 실제 공장에서 봉제의복을 제조하는 사업주는 관리감독자를 포함하여 모든 근로자에게 안전·보건교육을 실시하지 않아도 된다.

③ 원자력안전법의 적용을 받는 발전업으로서 상시근로자 5명을 사용하여 원자력발전설비를 이용하여 전기를 생산하는 사업장의 사업주는 방사선에 의한 중대재해가 발생하였을 때 즉시 작업을 중지시키고 근로자를 작업장소로부터 대피시키는 등 필요한 안전·보건조치를 하지 않아도 된다.

④ 사무직 근로자만 30명을 사용하는 선박 및 보트건조업의 사업주는 작업환경측정 대상물질에 대한 작업환경측정을 실시하지 않아도 된다.

⑤ 상시근로자 5명을 사용하는 금융업의 사업주는 중량물 취급으로 인하여 발생하는 위험을 방지하기 위한 안전조치를 하지 않아도 된다.

답 ③

해설

산업안전보건법 적용범위

제3조(적용 범위) 이 법은 모든 사업에 적용한다. 다만, 유해·위험의 정도, 사업의 종류, 사업장의 상시근로자 수(건설공사의 경우에는 건설공사 금액을 말한다. 이하 같다) 등을 고려하여 대통령령으로 정하는 종류의 사업 또는 사업장에는 이 법의 전부 또는 일부를 적용하지 아니할 수 있다.

참고

산업안전보건법

제2조(적용범위 등) ① 「산업안전보건법」(이하 "법"이라 한다) 제3조 단서에 따라 법의 전부 또는 일부를 적용하지 아니하는 사업 또는 사업장의 범위 및 해당 사업 또는 사업장에 적용되지 아니하는 법 규정은 별표 1과 같다.
② 이 영에서 사업의 분류는 「통계법」에 따라 통계청장이 고시한 한국표준산업분류에 따른다.

참고

산업안전보건법 시행령

[별표 1] 법의 일부를 적용하지 않는 사업 또는 사업장 및 적용 제외 법 규정

대상 사업 또는 사업장	적용 제외 규정
1. 다음 각 목의 어느 하나에 해당하는 사업 가. 「광산안전법」 적용 사업(광업 중 광물의 채광·채굴·선광 또는 제련 등의 공정으로 한정하며, 제조공정은 제외한다) 나. 「원자력안전법」 적용 사업(발전업 중 원자력 발전설비를 이용하여 전기를 생산하는 사업장으로 한정한다) 다. 「항공안전법」 적용 사업(항공기, 우주선 및 부품 제조업과 창고 및 운송관련 서비스업, 여행사 및 기타 여행보조 서비스업 중 항공 관련 사업은 각각 제외한다) 라. 「선박안전법」 적용 사업(선박 및 보트 건조업은 제외한다)	제15조부터 제17조까지, 제20조제1호, 제21조(다른 규정에 따라 준용되는 경우는 제외한다), 제24조(다른 규정에 따라 준용되는 경우는 제외한다), 제2장제2절, 제29조(보건에 관한 사항은 제외한다), 제30조(보건에 관한 사항은 제외한다), 제31조, 제38조, 제51조(보건에 관한 사항은 제외한다), 제52조(보건에 관한 사항은 제외한다), 제53조(보건에 관한 사항은 제외한다), 제54조(보건에 관한 사항은 제외한다), 제55조, 제58조부터 제60조까지, 제62조, 제63조, 제64조(제1항제6호는 제외한다), 제65조, 제66조, 제72조, 제75조, 제88조, 제103조부터 제107조까지, 제160조(제21조제4항 및 제88조제5항과 관련되는 과징금으로 한정한다)

대상 사업 또는 사업장	적용 제외 규정
2. 다음 각 목의 어느 하나에 해당하는 사업 가. 소프트웨어 개발 및 공급업 나. 컴퓨터 프로그래밍, 시스템 통합 및 관리업 다. 정보서비스업 라. 금융 및 보험업 마. 기타 전문서비스업 바. 건축기술, 엔지니어링 및 기타 과학기술 서비스업 사. 기타 전문, 과학 및 기술 서비스업(사진 처리업은 제외한다) 아. 사업지원 서비스업 자. 사회복지 서비스업	제29조(제3항에 따른 추가교육은 제외한다), 제30조
3. 다음 각 목의 어느 하나에 해당하는 사업으로서 상시 근로자 50명 미만을 사용하는 사업장 가. 농업 나. 어업 다. 환경 정화 및 복원업 라. 소매업 : 자동차 제외 마. 영화, 비디오물, 방송프로그램 제작 및 배급업 바. 녹음시설운영업 사. 방송업 아. 부동산업(부동산 관리업은 제외한다) 자. 임대업 : 부동산 제외 차. 연구개발업 카. 보건업(병원은 제외한다) 타. 예술, 스포츠 및 여가관련 서비스업 파. 협회 및 단체 하. 기타 개인 서비스업(세탁업은 제외한다)	
4. 다음 각 목의 어느 하나에 해당하는 사업 가. 공공행정(청소, 시설관리, 조리 등 현업업무에 종사하는 사람으로서 고용노동부장관이 정하여 고시하는 사람은 제외한다), 국방 및 사회보장 행정 나. 교육서비스업 중 초등·중등·고등 교육기관, 특수학교·외국인학교 및 대안학교(청소, 시설관리, 조리 등 현업업무에 종사하는 사람으로서 고용노동부장관이 정하여 고시하는 사람은 제외한다)	제2장제1절·제2절 및 제3장(다른 규정에 따라 준용되는 경우는 제외한다.)
5. 다음 각 목의 어느 하나에 해당하는 사업 가. 초등·중등·고등 교육기관, 특수학교·외국인학교 및 대안학교 외의 교육서비스업(청소년수련시설 운영업은 제외함) 나. 국제 및 외국기관 다. 사무직에 종사하는 근로자만을 사용하는 사업장(사업장이 분리된 경우로서 사무직에 종사하는 근로자만을 사용하는 사업장을 포함한다)	제2장제1절·제2절, 제3장 및 제5장제2절(제64조제1항제6호는 제외한다.) 다만, 다른 규정에 따라 준용되는 경우는 해당 규정을 적용한다.
6. 상시 근로자 5명 미만을 사용하는 사업장	제2장제1절·제2절, 제3장(제29조제3항에 따른 추가교육은 제외한다), 제47조, 제49조, 제50조, 제159조(다른 규정에 따라 준용되는 경우는 제외한다)

비고 : 제1호부터 제6호까지의 사업에 둘 이상 해당하는 사업의 경우에는 각각의 호에 따라 적용이 제외되는 규정은 모두 적용하지 아니한다.

참고

산업안전보건법 시행령 [별표 1]

05 산업안전보건법령상의 내용에 관한 설명으로 옳은 것은?

① H회사에서 판매업무에 직접 종사하는 근로자 "甲"에 대하여 사업주는 매월 2시간 이상 또는 매분기 6시간 이상 정기적으로 안전·보건에 관한 교육을 실시하여야 한다.

② 전년도에 2명의 사망재해가 발생한 사업장의 사업주 S는 고용노동부장관이 실시하는 안전·보건에 관한 직무교육을 받아야 한다.

③ 같은 사업장 내에서 납을 제련하는 작업공정의 일부분을 도급하는 경우 도급을 받고자 하는 수급인 사업주 H는 도급인가 신청서와 도급대상 작업 공정도, 도급계획서를 관할 지방고용노동관서에 제출하여야 한다.

④ 같은 장소에서 행하여지는 사업의 일부를 분리하여 도급을 주어 하는 사업의 사업주 S는 그가 사용하는 근로자와 그의 수급인 H가 사용하는 근로자가 같은 장소에서 작업을 할 때에 생기는 산업재해를 예방하기 위하여 경보의 운영과 수급인인 사업주 H 및 그의 근로자에 대한 경보운영상황 통보, 작업환경측정 등의 조치를 하여야 한다.

⑤ 위 ④의 도급인 사업주 S는 그가 사용하는 근로자, 그의 수급인 H 및 그의 수급인이 사용하는 근로자와 함께 작업장에 대한 안전보건점검을 하여야 하며, 이 경우 점검반은 도급인인 사업주 S, 수급인인 사업주 H, 도급인 및 수급인의 모든 근로자로 구성한다.

답 ③

해설

1. 안전보건교육 교육대상자별 교육시간

<table>
<tr><th>교육과정</th><th colspan="2">교육대상</th><th>교육시간</th></tr>
<tr><td rowspan="4">가. 정기교육</td><td colspan="2">사무직 종사 근로자</td><td>매반기 6시간 이상</td></tr>
<tr><td rowspan="2">사무직 종사 근로자 외의 근로자</td><td>판매업무에 직접 종사하는 근로자</td><td>매반기 6시간 이상</td></tr>
<tr><td>판매업무에 직접 종사하는 근로자 외의 근로자</td><td>매반기 12시간 이상</td></tr>
<tr><td colspan="2">관리감독자의 지위에 있는 사람</td><td>연간 16시간 이상</td></tr>
<tr><td rowspan="2">나. 채용 시의 교육</td><td colspan="2">일용근로자</td><td>1시간 이상</td></tr>
<tr><td colspan="2">일용근로자를 제외한 근로자</td><td>8시간 이상</td></tr>
<tr><td rowspan="2">다. 작업내용 변경 시의 교육</td><td colspan="2">일용근로자</td><td>1시간 이상</td></tr>
<tr><td colspan="2">일용근로자를 제외한 근로자</td><td>2시간 이상</td></tr>
<tr><td rowspan="3">라. 특별교육</td><td colspan="2">별표 5 제1호라목 각 호(제39호는 제외한다)의 어느 하나에 해당하는 작업에 종사하는 일용근로자</td><td>2시간 이상</td></tr>
<tr><td colspan="2">별표 5 제1호라목 제39호의 타워크레인 신호작업에 종사하는 일용근로자</td><td>8시간 이상</td></tr>
<tr><td colspan="2">별표 5 제1호라목 각 호의 어느 하나에 해당하는 작업에 종사하는 일용근로자를 제외한 근로자</td><td>-16시간 이상(최초 작업에 종사하기 전 4시간 이상 실시하고 12시간은 3개월 이내에서 분할하여 실시가능)
-단기간 작업 또는 간헐적 작업인 경우에는 2시간 이상</td></tr>
<tr><td>마. 건설업 기초안전보건 교육</td><td colspan="2">건설 일용근로자</td><td>4시간 이상</td></tr>
</table>

[비고]
1. 상시 근로자 50명 미만의 도매업과 숙박 및 음식점업은 위 표의 가목부터 라목까지의 규정에도 불구하고 해당 교육과정별 교육시간의 2분의 1이상을 실시하여야 한다.
2. 근로자(관리감독자의 지위에 있는 사람은 제외한다)가 「화학물질관리법 시행규칙」 제37조제4항에 따른 유해화학물질 안전교육을 받은 경우에는 그 시간만큼 가목에 따른 해당 분기의 정기교육을 받은 것으로 본다.
3. 방사선작업종사자가 「원자력안전법 시행령」 제148조제1항에 따라 방사선작업종사자 정기교육을 받은 때에는 그 해당 시간만큼 가목에 따른 해당 분기의 정기교육을 받은 것으로 본다.
4. 방사선 업무에 관계되는 작업에 종사하는 근로자가 「원자력안전법 시행령」 제148조제1항에 따라 방사선작업종사자 신규교육 중 직장교육을 받은 때에는 그 시간만큼 라목 중 별표 5 제1호라목 33에 따른 해당 근로자에 대한 특별교육을 받은 것으로 본다.

참고

산업안전보건법 시행규칙 [별표 4]

보충학습

산업안전보건법

2. 도급의 제한

제59조(도급의 승인) ① 사업주는 자신의 사업장에서 안전 및 보건에 유해하거나 위험한 작업 중 급성 독성, 피부 부식성 등이 있는 물질의 취급 등 대통령령으로 정하는 작업을 도급하려는 경우에는 고용노동부장관의 승인을 받아야 한다. 이 경우 사업주는 고용노동부령으로 정하는 바에 따라 안전 및 보건에 관한 평가를 받아야 한다.

② 제1항에 따른 승인에 관하여는 제58조제4항부터 제8항까지의 규정을 준용한다.

제60조(도급의 승인 시 하도급 금지) 제58조제2항제2호에 따른 승인, 같은 조 제5항 또는 제6항(제59조제2항에 따라 준용되는 경우를 포함한다)에 따른 연장승인 또는 변경승인 및 제59조제1항에 따른 승인을 받은 작업을 도급받은 수급인은 그 작업을 하도급할 수 없다.

제61조(적격 수급인 선정 의무) 사업주는 산업재해 예방을 위한 조치를 할 수 있는 능력을 갖춘 사업주에게 도급하여야 한다.

3. 도급인의 안전조치 및 보건조치

제62조(안전보건총괄책임자) ① 도급인은 관계수급인 근로자가 도급인의 사업장에서 작업을 하는 경우에는 그 사업장의 안전보건관리책임자를 도급인의 근로자와 관계수급인 근로자의 산업재해를 예방하기 위한 업무를 총괄하여 관리하는 안전보건총괄책임자로 지정하여야 한다. 이 경우 안전보건관리책임자를 두지 아니하여도 되는 사업장에서는 그 사업장에서 사업을 총괄하여 관리하는 사람을 안전보건총괄책임자로 지정하여야 한다.

② 제1항에 따라 안전보건총괄책임자를 지정한 경우에는 「건설기술 진흥법」제64조제1항제1호에 따른 안전총괄책임자를 둔 것으로본다.

③ 제1항에 따라 안전보건총괄책임자를 지정하여야 하는 사업의 종류와 사업장의 상시근로자 수, 안전보건총괄책임자의 직무·권한,그 밖에 필요한 사항은 대통령령으로 정한다.

제63조(도급인의 안전조치 및 보건조치) 도급인은 관계수급인 근로자가 도급인의 사업장에서 작업을 하는 경우에 자신의 근로자와 관계수급인 근로자의 산업재해를 예방하기 위하여 안전 및 보건 시설의 설치 등 필요한 안전조치 및 보건조치를 하여야 한다. 다만, 보호구 착용의 지시 등 관계수급인 근로자의 작업행동에 관한 직접적인 조치는 제외한다.

제64조(도급에 따른 산업재해 예방조치) ① 도급인은 관계수급인 근로자가 도급인의 사업장에서 작업을 하는 경우 다음 각 호의 사항을 이행하여야 한다.

1. 도급인과 수급인을 구성원으로 하는 안전 및 보건에 관한 협의체의 구성 및 운영
2. 작업장 순회점검
3. 관계수급인이 근로자에게 하는 제29조제1항부터 제3항까지의 규정에 따른 안전보건교육을 위한 장소 및 자료의 제공 등 지원
4. 관계수급인이 근로자에게 하는 제29조제3항에 따른 안전보건교육의 실시 확인
5. 다음 각 목의 어느 하나의 경우에 대비한 경보체계 운영과 대피방법 등 훈련
   가. 작업 장소에서 발파작업을 하는 경우
   나. 작업 장소에서 화재·폭발, 토사·구축물 등의 붕괴 또는 지진 등이 발생한 경우

6. 위생시설 등 고용노동부령으로 정하는 시설의 설치 등을 위하여 필요한 장소의 제공 또는 도급인이 설치한 위생시설 이용의 협조

② 제1항에 따른 도급인은 고용노동부령으로 정하는 바에 따라 자신의 근로자 및 관계수급인 근로자와 함께 정기적으로 또는 수시로 작업장의 안전 및 보건에 관한 점검을 하여야 한다.

③ 제1항에 따른 안전 및 보건에 관한 협의체 구성 및 운영, 작업장 순회점검, 안전보건교육 지원, 그 밖에 필요한 사항은 고용노동부령으로 정한다.

제65조(도급인의 안전 및 보건에 관한 정보 제공 등) ① 다음 각 호의 작업을 도급하는 자는 그 작업을 수행하는 수급인 근로자의 산업재해를 예방하기 위하여 고용노동부령으로 정하는 바에 따라 해당 작업 시작 전에 수급인에게 안전 및 보건에 관한 정보를 문서로 제공하여야 한다.

1. 폭발성·발화성·인화성·독성 등의 유해성·위험성이 있는 화학물질 중 고용노동부령으로 정하는 화학물질 또는 그 화학물질을 함유한 혼합물을 제조·사용·운반 또는 저장하는 반응기·증류탑·배관 또는 저장탱크로서 고용노동부령으로 정하는 설비를 개조·분해·해체 또는 철거하는 작업
2. 제1호에 따른 설비의 내부에서 이루어지는 작업
3. 질식 또는 붕괴의 위험이 있는 작업으로서 대통령령으로 정하는 작업

② 도급인이 제1항에 따라 안전 및 보건에 관한 정보를 해당 작업 시작 전까지 제공하지 아니한 경우에는 수급인이 정보 제공을 요청할 수 있다.

③ 도급인은 수급인이 제1항에 따라 제공받은 안전 및 보건에 관한 정보에 따라 필요한 안전조치 및 보건조치를 하였는지를 확인하여야 한다.

④ 수급인은 제2항에 따른 요청에도 불구하고 도급인이 정보를 제공하지 아니하는 경우에는 해당 도급 작업을 하지 아니할 수 있다. 이 경우 수급인은 계약의 이행 지체에 따른 책임을 지지 아니한다.

06 산업안전보건법령상의 석면해체·제거작업에 관한 내용으로 옳지 않은 것은?

① 공장건축물의 연면적 합계가 100[m^2]이면서 그 건축물의 철거·해체하려는 부분의 면적 합계가 70[m^2]인 A회사의 사업주는 고용노동부장관이 지정하는 석면조사기관 B에게 석면함유여부, 함유된 석면의 종류 및 함유량 등을 조사토록 하였다.

② 위 ①의 석면조사 결과 철거·해체하려는 바닥재 등에 석면이 1.5[%] 함유되어 있고 그 자재의 면적이 합이 51[m^2]이기에 A회사의 사업주는 고용노동부장관에게 등록한 석면해체·제거업자 C를 통해 철거·해체작업을 하도록 하였다.

③ 위 ②의 C는 철거·해체작업을 하기 위해 석면해체·제거작업 시작 7일 전에 석면해체·제거 작업장 소재지 관할 지방고용노동관서에 석면해체·제거작업 신고서를 제출하였다.

④ 위 ②의 C는 고용노동부령으로 정하는 작업기준을 준수하여 석면해체·제거작업을 하였다.

⑤ 위 ①의 A회사의 사업주는 석면해체·제거작업이 완료된 후 해당 작업장의 공기중 석면 농도가 1[m^3]당 0.01개 이하가 되도록 하고 그 증명자료를 고용노동부장관에게 제출하였다.

답 ⑤

해설

석면해체·제거작업

제124조(석면농도기준의 준수) ① 석면해체·제거업자는 제122조의 제1항에 따른 석면해체·제거작업이 완료된 후 해당 작업장의 공기 중 석면농도가 고용노동부령으로 정하는 기준 이하가 되도록 하고, 그 증명자료를 고용노동부장관에게 제출하여야 한다.

② 제1항에 따른 공기 중 석면농도를 측정할 수 있는 자의 자격 및 측정 방법에 관한 사항은 고용노동부령으로 정한다.

③ 건축물·설비소유주 등은 석면해체·제거작업 완료 후에도 작업장의 공기 중 석면농도가 제1항의 기준을 초과한 경우 해당 건축물이나 설비를 철거하거나 해체해서는 아니 된다.

참고

산업안전보건법

제182조(석면해체·제거작업 완료 후의 석면농도기준) 법 제124조 제1항에서 "고용노동부령으로 정하는 기준"이란 1세제곱센티미터당 0.01개를 말한다.

참고

산업안전보건법 시행규칙

07 산업안전보건법령상 안전인증 심사에 관한 내용으로 옳지 않은 것은?

① 안전인증 심사의 종류는 예비심사, 서면심사, 기술능력 및 생산체계 심사, 제품심사로 구분한다.

② 안전인증대상 기계 등을 제조하는 자는 안전인증기관의 심사를 거쳐 안전인증을 받아야 한다.

③ 안전인증대상 기계 등을 수입하려는 경우에는 수입하는 자가 안전인증을 받을 수 있다.

④ 안전인증 심사의 기간은 예비심사는 7일, 서면심사는 15일, 개별 제품심사는 30일 이내이다.

⑤ 안전인증기관은 제조자가 안전인증기준을 지키는지를 매년 확인하여야 한다.

답 ④

해설

안전인증 심사

제110조(안전인증 심사의 종류 및 방법) ① 유해·위험기계 등이 안전인증기준에 적합한지를 확인하기 위하여 안전인증기관이 하는 심사는 다음 각 호와 같다.

1. 예비심사 : 기계 및 방호장치·보호구가 유해·위험기계 등 인지를 확인하는 심사(법 제84조제3항에 따라 안전인증을 신청한 경우만 해당한다)
2. 서면심사 : 유해·위험기계 등의 종류별 또는 형식별로 설계도면 등 유해·위험기계 등의 제품기술과 관련된 문서가 안전인증기준에 적합한지에 대한 심사
3. 기술능력 및 생산체계 심사 : 유해·위험기계 등의 안전성능을 지속적으로 유지·보증하기 위하여 사업장에서 갖추어야 할 기술능력과 생산체계가 안전인증기준에 적합한지에 대한 심사. 다만, 다음 각 목의 어느 하나에 해당하는 경우에는 기술능력 및 생산체계 심사를 생략한다.
   가. 영 제74조제1항제2호 및 제3호에 따른 방호장치 및 보호구를 고용노동부장관이 정하여 고시하는 수량 이하로 수입하는 경우
   나. 제4호가목의 개별 제품심사를 하는 경우
   다. 안전인증(제4호나목의 형식별 제품심사를 하여 안전인증을 받은 경우로 한정한다)을 받은 후 같은 공정에서 제조되는 같은 종류의 안전인증대상 기계 등에 대하여 안전인증을 하는 경우
4. 제품심사 : 유해·위험기계 등이 서면심사 내용과 일치하는지와 유해·위험기계 등의 안전에 관한 성능이 안전인증기준에 적합한지에 대한 심사. 다만, 다음 각 목의 심사는 유해·위험기계 등별로 고용노동부장관이 정하여 고시하는 기준에 따라 어느 하나만을 받는다.
   가. 개별 제품심사 : 서면심사 결과가 안전인증기준에 적합할 경우에 유해·위험기계 등 모두에 대하여 하는 심사(안전인증을 받으려는 자가 서면심사와 개별 제품심사를 동시에 할 것을 요청하는 경우 병행할 수 있다)
   나. 형식별 제품심사 : 서면심사와 기술능력 및 생산체계 심사 결과가 안전인증기준에 적합할 경우에 유해·위험기계 등의 형식별로 표본을 추출하여 하는 심사(안전인증을 받으려는 자가 서면심사, 기술능력 및 생산체계 심사와 형식별 제품심사를 동시에 할 것을 요청하는 경우 병행할 수 있다)

② 제1항에 따른 유해·위험기계 등의 종류별 또는 형식별 심사의 절차 및 방법은 고용노동부장관이 정하여 고시한다.

③ 안전인증기관은 제108조제1항에 따라 안전인증 신청서를 제출받으면 다음 각 호의 구분에 따른 심사 종류별 기간 내에 심사해야 한다. 다만, 제품심사의 경우 처리기간 내에 심사를 끝낼 수 없는 부득이한 사유가 있을 때에는 15일의 범위에서 심사기간을 연장할 수 있다.

1. 예비심사 : 7일
2. 서면심사 : 15일(외국에서 제조한 경우는 30일)
3. 기술능력 및 생산체계 심사 : 30일(외국에서 제조한 경우는 45일)
4. 제품심사
   가. 개별 제품심사 : 15일
   나. 형식별 제품심사 : 30일(영 제74조제1항제2호사목의 방호장치와 같은 항 제3호가목부터 아목까지의 보호구는 60일)

④ 안전인증기관은 제3항에 따른 심사가 끝나면 안전인증을 신청한 자에게 별지 제45호서식의 심사결과 통지서를 발급해야 한다. 이 경우 해당 심사 결과가 모두 적합한 경우에는 별지 제46호서식의 안전인증서를 함께 발급해야 한다.
⑤ 안전인증기관은 안전인증대상 기계 등이 특수한 구조 또는 재료로 제조되어 안전인증기준의 일부를 적용하기 곤란할 경우 해당 제품이 안전인증기준과 같은 수준 이상의 안전에 관한 성능을 보유한 것으로 인정(안전인증을 신청한 자의 요청이 있거나 필요하다고 판단되는 경우를 포함한다)되면 「산업표준화법」 제12조에 따른 한국산업표준 또는 관련 국제규격 등을 참고하여 안전인증기준의 일부를 생략하거나 추가하여 제1항제2호 또는 제4호에 따른 심사를 할 수 있다.
⑥ 안전인증기관은 제5항에 따라 안전인증대상 기계 등이 안전인증기준과 같은 수준 이상의 안전에 관한 성능을 보유한 것으로 인정되는지와 해당 안전인증대상 기계 등에 생략하거나 추가하여 적용할 안전인증기준을 심의·의결하기 위하여 안전인증심의위원회를 설치·운영해야 한다. 이 경우 안전인증심의위원회의 구성·개최에 걸리는 기간은 제3항에 따른 심사기간에 산입하지 않는다.
⑦ 제6항에 따른 안전인증심의위원회의 구성·기능 및 운영 등에 필요한 사항은 고용노동부장관이 정하여 고시한다.

참고

산업안전보건법 시행규칙

08 산업안전보건법령상 유해물질의 제조 등의 금지·허가에 관한 설명으로 옳지 않은 것은?

① 함유된 용량의 비율이 5[%]인 백연을 함유한 페인트를 제조·수입·양도·제공 또는 사용하여서는 아니된다.

② 위 ①의 경우 시험·연구를 목적으로 하는 경우에도 고용노동부장관의 승인을 받아 제조·수입 또는 사용하여야 한다.

③ 베릴륨을 제조하거나 사용하려는 자는 고용노동부장관의 허가를 받아야 한다.

④ 위 ③에 따라 허가를 받은 사항을 변경할 때에는 고용노동부장관에게 신고하는 것으로 변경허가를 갈음할 수 있다.

⑤ 고용노동부장관은 유해물질 제조·사용자가 거짓이나 그 밖의 부정한 방법으로 허가를 받은 경우라면 반드시 그 허가를 취소하여야 한다.

답 ④

해설

유해물질의 제조 등의 금지·허가

제87조(제조 등이 금지되는 유해물질) 법 제117조제1항에서 "대통령령으로 정하는 물질"이란 다음 각 호의 물질을 말한다.

1. β-나프틸아민[91-59-8]과 그 염(β-Naphthylamine and its salts)
2. 4-니트로디페닐[92-93-3]과 그 염(4-Nitrodiphenyl and its salts)
3. 백연[1319-46-6]을 함유한 페인트(함유된 중량의 비율이 2퍼센트 이하인 것은 제외한다)
4. 벤젠[71-43-2]을 함유하는 고무풀(함유된 중량의 비율이 5퍼센트 이하인 것은 제외한다)
5. 석면(Asbestos : 1332-21-4 등)
6. 폴리클로리네이티드 터페닐(Polychlorinated terphenyls : 61788-33-8 등)
7. 황린(黃燐)[12185-10-3] 성냥(Yellow phosphorus match)
8. 제1호, 제2호, 제5호 또는 제6호의 어느 하나에 해당하는 물질을 함유한 혼합물(함유된 중량의 비율이 1퍼센트 이하인 것은 제외한다)
9. 「화학물질관리법」제2조제5호에 따른 금지물질(「같은 법」제3조제1항제1호부터 제12호까지의 규정에 해당하는 화학물질은 제외한다.)
10. 그 밖에 보건상 해로운 물질로서 산업재해보상보험 및 예방심의위원회의 심의를 거쳐 고용노동부장관이 정하는 유해물질

제88조(허가대상 유해물질) 법 제118조제1항 전단에서 "대체물질이 개발되지 아니한 물질 등 대통령령으로 정하는 물질"이란 다음 각 호의 물질을 말한다.

1. α-나프틸아민[134-32-7] 및 그 염(α-naphthylamine and its salts)
2. 디아니시딘[119-90-4] 및 그 염(Dianisidine and its salts)
3. 디클로로벤지딘[91-94-1] 및 그 염(Dichlorobenzidine and its salts)
4. 베릴륨(Beryllium : 7440-41-7)
5. 벤조트리클로라이드(Benzotrichloride : 98-07-7)
6. 비소[7440-38-2] 및 그 무기화합물(Arsenic and its inorganic compounds)
7. 염화비닐(Vinyl chloride : 75-01-4)
8. 콜타르피치[65996-93-2] 휘발물(Coal tar pitch volatiles)
9. 크롬광 가공(열을 가하여 소성 처리하는 경우만 해당한다)(Chromite ore processing)
10. 크롬산 아연(Zinc chromates : 13530-65-9 등)
11. o-톨리딘[119-93-7] 및 그 염(o-Tolidine and its salts)
12. 황화니켈류(Nickel sulfides : 12035-72-2, 16812-54-7)
13. 제1호부터 제4호까지 또는 제6호부터 제12호까지의 어느 하나에 해당하는 물질을 함유한 혼합물(함유된 중량의 비율이 1퍼센트 이하인 것은 제외한다)

14. 제5호의 물질을 함유한 혼합물(함유된 중량의 비율이 0.5퍼센트 이하인 것은 제외한다)
15. 그 밖에 보건상 해로운 물질로서 산업재해보상보험 및 예방심의위원회의 심의를 거쳐 고용노동부장관이 정하는 유해물질

참고

산업안전보건법 시행령

제173조(제조 등 허가의 신청 및 심사) ① 법 제118조제1항에 따른 유해물질(이하 "허가대상물질"이라 한다)의 제조허가 또는 사용허가를 받으려는 자는 별지 제72호서식의 제조·사용허가신청서에 다음 각 호의 서류를 첨부하여 관할 지방고용노동관서의 장에게 제출하여야 한다.

1. 사업계획서(제조·사용의 목적·양 등에 관한 사항을 포함하여야 한다)
2. 산업보건 관련 조치를 위한 시설·장치의 명칭·구조·성능 등에 관한 서류
3. 해당 사업장의 전체 작업공정도, 각 공정별로 취급하는 물질의 종류·취급량 및 공정별 종사 근로자 수에 관한 서류

② 지방고용노동관서의 장은 제1항에 따라 제조·사용허가신청서가 접수된 때에는 다음 각 호의 사항을 심사하여 신청서가 접수된 날부터 20일 이내에 별지 제73호서식의 허가증을 신청인에게 발급하거나 불허가 사실을 알려야 한다.

1. 제1항에 따른 신청서 및 첨부서류의 내용이 적정한지 여부
2. 제조·사용 설비 등이 안전보건규칙 제33조, 제35조제1항(같은 규칙 별표 2 제16호 및 제17호에 해당하는 경우로 한정한다) 및 같은 규칙 제453조부터 제486조까지의 규정에 적합한지 여부

③ 지방고용노동관서의 장은 제2항에 따라 제조·사용허가신청서를 심사하기 위하여 필요한 경우 공단에 신청서 및 첨부서류의 검토 등을 요청할 수 있다.

④ 공단은 제3항에 따라 요청을 받은 경우에는 요청받은 날부터 10일 이내에 그 결과를 지방고용노동관서의 장에게 보고하여야 한다.

⑤ 허가대상물질의 제조·사용허가증의 재발급, 허가증의 반납에 관하여는 제172조제3항과 제4항을 준용한다. 이 경우 "승인"은 "허가"로, "승인서"는 "허가증"으로 본다.

참고

산업안전보건법 시행규칙

09 산업안전보건법령상 물질안전보건자료에 관한 설명으로 옳은 것은?

① 사업주는 대상화학물질을 취급하는 작업공정별로 관리요령을 게시하여야 하며, 작업공정별 관리요령은 유해성·위험성이 유사한 화학물질의 그룹별로 작성하여 게시할 수 있다.

② 화학물질로 인하여 근로자에게 직업병 발생 등 중대한 건강상의 장해가 발생하여 해당 근로자의 가족이 정보제공을 요구하는 것이 필요하다고 판단하여 사업주에게 물질안전보건자료에 기재하지 않은 정보를 제공할 것을 요구할 때에는 영업비밀이라도 사업주는 해당 자료를 제공하여야 한다.

③ 사업주는 근로자에 대하여 물질안전보건자료에 관한 교육을 실시한 때에는 교육시간 및 내용 등을 기록하여 근로자대표의 확인을 받아 보관하여야 한다.

④ 물질안전보건자료에 기재되어야 할 사항은 화학물질의 명칭·구성성분 및 안전보건상의 취급주의사항, 인체 및 환경에 미치는 영향, 제조공정, 독성에 관한 정보 및 그 밖에 고용노동부장관이 정하는 사항이다.

⑤ 사업주는 화학물질 또는 화학물질을 함유한 제제를 취급하는 근로자의 안전보건을 위하여 이를 담은 포장 또는 용기에 명칭, 그림문자, 유해·위험문구 중 포장 또는 용기크기에 따라 필요한 사항을 선택하여 경고표시를 하여야 한다.

답 ①

해설

물질안전보건자료

제168조(물질안전보건자료대상물질의 관리 요령 게시) ① 법 제114조제2항에 따른 작업공정별 관리 요령에 포함되어야 할 사항은 다음 각 호와 같다.

1. 제품명
2. 건강 및 환경에 대한 유해성, 물리적 위험성
3. 안전 및 보건상의 취급주의 사항
4. 적절한 보호구
5. 응급조치 요령 및 사고 시 대처방법

② 작업공정별 관리 요령을 작성할 때에는 법 제114조제1항에 따른 물질안전보건자료에 적힌 내용을 참고하여야 한다.

③ 작업공정별 관리 요령은 유해성·위험성이 유사한 물질안전보건자료대상물질의 그룹별로 작성하여 게시할 수 있다.

참고

산업안전보건법 시행규칙

10 산업안전보건법령상 안전보건교육에 관한 설명으로 옳지 않은 것은?

① 안전보건총괄책임자는 해당 직위에 선임된 후 3개월 이내에 직무를 수행하는 데 필요한 신규교육을 받아야 한다.

② 작업내용 변경시의 교육은 일용근로자를 제외한 근로자는 2시간 이상 교육을 받아야 한다.

③ 근로자에 대한 안전·보건교육을 사업주가 자체적으로 실시할 경우에 안전보건관리책임자가 교육을 실시할 수 있다.

④ 건설업의 사업주가 건설 일용근로자를 채용할 때 실시하는 건설업 기초안전·보건교육은 고용노동부장관에게 등록한 기관에서 실시하는 교육을 이수하여야 한다.

⑤ 사업장의 유해·위험기계 등의 안전에 관한 성능검사를 담당하는 검사원의 양성교육은 28시간 이상 이수하면 된다.

답 ①

해설

안전보건교육

제31조(건설업 기초안전보건교육) ① 건설업의 사업주는 건설 일용근로자를 채용할 때에는 그 근로자로 하여금 제33조에 따른 안전보건 교육기관이 실시하는 안전보건교육을 이수하도록 하여야 한다. 다만, 건설 일용근로자가 그 사업주에게 채용되기 전에 안전보건교육을 이수한 경우에는 그러하지 아니하다.

② 제1항 본문에 따른 안전보건교육의 시간·내용 및 방법, 그 밖에 필요한 사항은 고용노동부령으로 정한다.

제32조(안전보건관리책임자 등에 대한 직무교육) ① 사업주(제5호의 경우는 같은 호 각 목에 따른 기관의 장을 말한다)는 다음 각 호에 해당하는 사람에게 제33조에 따른 안전보건교육기관에서 직무와 관련한 안전보건교육을 이수하도록 하여야 한다. 다만, 다음 각 호에 해당하는 사람이 다른 법령에 따라 안전 및 보건에 관한 교육을 받는 등 고용노동부령으로 정하는 경우에는 안전보건교육의 전부 또는 일부를 하지 아니할 수 있다.

1. 안전보건관리책임자
2. 안전관리자
3. 보건관리자
4. 안전보건관리담당자
5. 다음 각 목의 기관에서 안전과 보건에 관련된 업무에 종사하는 사람
   가. 안전관리전문기관
   나. 보건관리전문기관
   다. 제74조에 따라 지정받은 건설재해예방전문지도기관
   라. 제96조에 따라 지정받은 안전검사기관
   마. 제100조에 따라 지정받은 자율안전검사기관
   바. 제120조에 따라 지정받은 석면조사기관

② 제1항 각 호 외의 부분 본문에 따른 안전보건교육의 시간·내용 및 방법, 그 밖에 필요한 사항은 고용노동부령으로 정한다.

보충학습

산업안전보건법

제29조(안전보건관리책임자 등에 대한 직무교육) ① 법 제32조제1항 각 호 외의 부분 본문에 따라 다음 각 호의 어느 하나에 해당하는 사람은 해당 직위에 선임(위촉의 경우를 포함한다. 이하 같다)되거나 채용된 후 3개월(보건관리자가 의사인 경우는 1년) 이내에 직무를 수행하는 데 필요한 신규교육을 받아야 하며, 신규교육을 이수한 후 매 2년이 되는 날을 기준으로 전후 6개월 사이에 고용노동부장관이 실시하는 안전보건에 관한 보수교육을 받아야 한다.

1. 법 제15조제1항에 따른 안전보건관리책임자

2. 법 제17조제1항에 따른 안전관리자(「기업활동 규제완화에 관한 특별조치법」 제30조제3항에 따라 안전관리자로 채용된 것으로 보는 사람을 포함한다)
3. 법 제18조제1항에 따른 보건관리자
4. 법 제19조제1항에 따른 안전보건관리담당자
5. 법 제21조제1항에 따른 안전관리전문기관 또는 보건관리전문기관에서 안전관리자 또는 보건관리자의 위탁 업무를 수행하는 사람
6. 법 제74조제1항에 따른 건설재해예방전문지도기관에서 지도업무를 수행하는 사람
7. 법 제96조제1항에 따라 지정받은 안전검사기관에서 검사업무를 수행하는 사람
8. 법 제100조제1항에 따라 지정받은 자율안전검사기관에서 검사업무를 수행하는 사람
9. 법 제120조제1항에 따른 석면조사기관에서 석면조사 업무를 수행하는 사람

② 제1항에 따른 신규교육 및 보수교육(이하 "직무교육"이라 한다)의 교육시간은 별표 4와 같고, 교육내용은 별표 5와 같다.

③ 직무교육을 실시하기 위한 집체교육, 현장교육, 인터넷원격교육 등의 교육 방법, 직무교육 기관의 관리, 그 밖에 교육에 필요한 사항은 고용노동부장관이 정하여 고시한다.

보충학습

산업안전보건법 시행규칙

[표] 검사원 성능검사교육

교육과정	교육대상	교육시간
성능검사교육	-	28시간 이상

11 근로자의 위험을 예방하기 위하여 산업안전보건기준에 관한 규칙에서 규정된 내용으로 옳은 것은?

① 높이가 5[m] 초과하는 계단에 높이 5[m] 이내마다 너비 1.2[m] 이상의 계단참을 설치하여야 한다.

② 정격전부하전류가 50[A] 이상인 전기기계·기구에 접속되는 누전차단기는 정격감도전류는 200[mA] 이하로 하고 작동시간은 0.1초 이내로 할 수 있다.

③ 풍속이 초당 5[m] 이상이거나 강우량이 시간당 1[mm] 이상인 경우 철골작업을 중지하여야 한다.

④ 근로자가 상시 작업하는 모든 장소의 작업면 조도를 150럭스(lux) 이상 되도록 하여야 한다.

⑤ 항타기 또는 항발기의 권상용 와이어로프의 안전계수가 2 이상이 아니면 이를 사용하여서는 아니 된다.

답 ②

해설

제8조(조도) 사업주는 근로자가 상시 작업하는 장소의 작업면 조도(照度)를 다음 각 호의 기준에 맞도록 하여야 한다. 다만, 갱내(坑內) 작업장과 감광재료(感光材料)를 취급하는 작업장은 그러하지 아니하다.

1. 초정밀작업 : 750럭스(lux) 이상
2. 정밀작업 : 300럭스 이상
3. 보통작업 : 150럭스 이상
4. 그 밖의 작업 : 75럭스 이상

제28조(계단참의 높이) 사업주는 높이가 3미터를 초과하는 계단에 높이 3미터 이내마다 너비 1.2미터 이상의 계단참을 설치하여야 한다.

제211조(권상용 와이어로프의 안전계수) 사업주는 항타기 또는 항발기의 권상용 와이어로프의 안전계수가 5 이상이 아니면 이를 사용해서는 아니 된다.

제304조(누전차단기에 의한 감전방지) ① 사업주는 다음 각 호의 전기기계·기구에 대하여 누전에 의한 감전위험을 방지하기 위하여 해당 전로의 정격에 적합하고 감도가 양호하며 확실하게 작동하는 감전방지용 누전차단기를 설치하여야 한다.

1. 대지전압이 150볼트를 초과하는 이동형 또는 휴대형 전기기계·기구
2. 물 등 도전성이 높은 액체가 있는 습윤장소에서 사용하는 저압(1,500볼트 이하 직류전압이나 1,000볼트 이하의 교류전압을 말한다)용 전기기계·기구
3. 철판·철골 위 등 도전성이 높은 장소에서 사용하는 이동형 또는 휴대형 전기기계·기구
4. 임시배선의 전로가 설치되는 장소에서 사용하는 이동형 또는 휴대형 전기기계·기구

② 사업주는 제1항에 따라 감전방지용 누전차단기를 설치하기 어려운 경우에는 작업시작 전에 접지선의 연결 및 접속부 상태 등이 적합한지 확실하게 점검하여야 한다.

③ 다음 각 호의 어느 하나에 해당하는 경우에는 제1항과 제2항을 적용하지 아니한다.

1. 「전기용품안전관리법」에 따른 이중절연구조 또는 이와 동등 이상으로 보호되는 전기기계·기구
2. 절연대 위 등과 같이 감전위험이 없는 장소에서 사용하는 전기기계·기구
3. 비접지방식의 전로

④ 사업주는 제1항에 따라 전기기계·기구를 사용하기 전에 해당 누전차단기의 작동상태를 점검하고 이상이 발견되면 즉시 보수하거나 교환하여야 한다.

⑤ 사업주는 제1항에 따라 설치한 누전차단기를 접속하는 경우에 다음 각 호의 사항을 준수하여야 한다.

1. 전기기계·기구에 설치되어 있는 누전차단기는 정격감도전류가 30밀리암페어 이하이고 작동시간은 0.03초 이내일 것. 다만, 정격전부하전류가 50암페어 이상인 전기기계·기구에 접속되는 누전차단기는 오작동을 방지하기 위하여 정격감도전류는 200밀리암페어 이하로, 작동시간은 0.1초 이내로 할 수 있다.
2. 분기회로 또는 전기기계·기구마다 누전차단기를 접속할 것. 다만, 평상시 누설전류가 매우 적은 소용량부하의 전로에는 분기회로에 일괄하여 접속할 수 있다.
3. 누전차단기는 배전반 또는 분전반 내에 접속하거나 꽂음접속기형 누전차단기를 콘센트에 접속하는 등 파손이나 감전사고를 방지할 수 있는 장소에 접속할 것

4. 지락보호전용 기능만 있는 누전차단기는 과전류를 차단하는 퓨즈나 차단기 등과 조합하여 접속할 것

제383조(작업의 제한) 사업주는 다음 각 호의 어느 하나에 해당하는 경우에 철골작업을 중지하여야 한다.

1. 풍속이 초당 10미터 이상인 경우
2. 강우량이 시간당 1밀리미터 이상인 경우
3. 강설량이 시간당 1센티미터 이상인 경우

참고

산업안전보건기준에 관한 규칙

12 근로자의 건강장해 예방과 관련하여 산업안전보건기준에 관한 규칙에서 규정된 내용으로 옳은 것은?

① "산소결핍"이란 공기 중의 산소농도가 20[%] 미만인 상태를 말한다.

② 분진작업으로 인하여 근로자에게 건강장해가 발생할 우려가 있는 사업장은 호흡기보호 프로그램을 수립하여 시행하여야 한다.

③ 전체환기장치가 설치된 유기화합물 취급작업장으로서 오염원이 이동성(移動性)이 있는 경우에는 밀폐설비나 국소배기장치를 설치하지 아니하여도 된다.

④ 근로자가 컴퓨터단말기의 조작업무를 하는 경우 컴퓨터단말기와 키보드를 설치하는 책상과 의자는 작업에 종사하는 근로자에 따라 그 높낮이를 조절할 수 있는 구조로 하여야 한다.

⑤ 근로자가 3[kg] 이상의 중량물을 들어올리는 작업을 하는 경우 주로 취급하는 물품에 대하여 근로자가 쉽게 알 수 있도록 물품의 중량과 무게중심에 대하여 작업장 주변에 안내표시를 하여야 한다.

답 ④

해설

제428조(유기화합물의 설비 특례) 사업주는 전체환기장치가 설치된 유기화합물 취급작업장으로서 다음 각 호의 요건을 모두 갖춘 경우에 제422조에 따른 밀폐설비나 국소배기장치를 설치하지 아니할 수 있다.

1. 유기화합물의 노출기준이 100피피엠(ppm) 이상인 경우
2. 유기화합물의 발생량이 대체로 균일한 경우
3. 동일한 작업장에 다수의 오염원이 분산되어 있는 경우
4. 오염원이 이동성(移動性)이 있는 경우

제605조(정의) 이 장에서 사용하는 용어의 뜻은 다음과 같다.

1. "분진"이란 근로자가 작업하는 장소에서 발생하거나 흩날리는 미세한 분말 상태의 물질[황사, 미세먼지(PM-10, PM-2.5)를 포함한다.]을 말한다.
2. "분진작업"이란 별표 16에서 정하는 작업을 말한다.
3. "호흡기보호 프로그램"이란 분진노출에 대한 평가, 분진노출기준 초과에 따른 공학적 대책, 호흡용 보호구의 지급 및 착용, 분진의 유해성과 예방에 관한 교육, 정기적 건강진단, 기록·관리 사항 등이 포함된 호흡기질환 예방·관리를 위한 종합적인 계획을 말한다.

제616조(호흡기보호 프로그램 시행 등) 사업주는 다음 각 호의 어느 하나에 해당하는 경우에 호흡기보호 프로그램을 수립하여 시행하여야 한다.

1. 법 제125조에 따른 분진의 작업환경 측정 결과 노출기준을 초과하는 사업장
2. 분진작업으로 인하여 근로자에게 건강장해가 발생한 사업장

제618조(정의) 이 장에서 사용하는 용어의 뜻은 다음과 같다.

1. "밀폐공간"이란 산소결핍, 유해가스로 인한 질식·화재·폭발 등의 위험이 있는 장소로서 별표 18에서 정한 장소를 말한다.
2. "유해가스"란 탄산가스·일산화탄소·황화수소 등의 기체로서 인체에 유해한 영향을 미치는 물질을 말한다.
3. "적정공기"란 산소농도의 범위가 18퍼센트 이상 23.5퍼센트 미만, 이산화탄소의 농도가 1.5퍼센트 미만, 일산화탄소의 농도가 30피피엠 미만, 황화수소의 농도가 10피피엠 미만인 수준의 공기를 말한다.
4. "산소결핍"이란 공기 중의 산소농도가 18퍼센트 미만인 상태를 말한다.
5. "산소결핍증"이란 산소가 결핍된 공기를 들이마심으로써 생기는 증상을 말한다.

제665조(중량의 표시 등) 사업주는 근로자가 5킬로그램 이상의 중량물을 들어올리는 작업을 하는 경우에 다음 각 호의 조치를 하여야 한다.

1. 주로 취급하는 물품에 대하여 근로자가 쉽게 알 수 있도록 물품의 중량과 무게중심에 대하여 작업장 주변에 안내표시를 할 것
2. 취급하기 곤란한 물품은 손잡이를 붙이거나 갈고리, 진공빨판 등 적절한 보조도구를 활용할 것

제667조(컴퓨터 단말기 조작업무에 대한 조치) 사업주는 근로자가 컴퓨터 단말기의 조작업무를 하는 경우에 다음 각 호의 조치를 하여야 한다.

1. 실내는 명암의 차이가 심하지 않도록 하고 직사광선이 들어오지 않는 구조로 할 것
2. 저휘도형(低輝度型)의 조명기구를 사용하고 창·벽면 등은 반사되지 않는 재질을 사용할 것
3. 컴퓨터 단말기와 키보드를 설치하는 책상과 의자는 작업에 종사하는 근로자에 따라 그 높낮이를 조절할 수 있는 구조로 할 것
4. 연속적으로 컴퓨터 단말기 작업에 종사하는 근로자에 대하여 작업시간 중에 적절한 휴식시간을 부여할 것

참고

산업안전보건기준에 관한 규칙

13 산업안전보건법령상 건강진단에 관한 설명으로 옳은 것은?

① 수시건강진단이란 특수건강진단 대상업무로 인하여 해당 유해인자에 의한 직업성 천식, 직업성 피부염, 그 밖에 건강장해를 의심하게 하는 증상을 보이거나 의학적 소견이 있는 근로자에 대하여 사업주가 실시하는 건강진단을 말한다.

② 건강진단 실시에 있어 사무직에 종사하는 근로자란 공장 또는 공사현장에서 서무·인사·경리·판매·설계 등의 사무업무에 종사하는 근로자를 말하며 판매업무에 직접 종사하는 근로자는 제외한다.

③ 작업환경측정 결과 노출기준 이상인 작업공정에서 해당 유해인자에 노출되는 모든 근로자에 대하여는 다음 회부터 관련 유해인자별로 특수건강진단 실시주기를 2분의 1로 단축하여야 한다.

④ 다른 사업장에서 해당 유해인자에 대하여 배치전 건강진단을 받고 1년이 지나지 않은 근로자로서 건강진단 결과를 적은 서류를 제출한 근로자는 배치전 건강진단을 실시하지 아니한다.

⑤ 특수건강진단기관은 근로자에 대한 배치전 건강진단을 실시한 경우에는 건강진단을 실시한 날부터 30일 이내에 건강진단 결과표를 지방고용노동관서의 장에게 제출하여야 한다.

답 ①

해설

근로자 건강진단

제205조(수시건강진단 대상 근로자 등) ① 법 제130조제3항에서 "고용노동부령으로 정하는 근로자"란 특수건강진단대상업무로 인하여 해당 유해인자로 인한 것이라고 의심되는 직업성 천식, 직업성 피부염, 그 밖에 건강장해 증상을 보이거나 의학적 소견이 있는 근로자로 다음 각 호의 어느 하나에 해당하는 근로자를 말한다. 다만, 사업주가 직전 특수건강진단을 실시한 특수건강진단기관의 의사로부터 수시건강진단이 필요하지 않다는 소견을 받은 경우는 제외한다.

1. 산업보건의, 보건관리자, 보건관리 업무를 위탁받은 기관이 필요하다고 판단하여 사업주에게 수시건강진단을 건의한 근로자
2. 해당 근로자나 근로자대표 또는 법 제23조에 따라 위촉된 명예산업안전감독관이 사업주에게 수시건강진단을 요청한 근로자

② 사업주는 제1항에 해당하는 근로자에 대해서는 지체 없이 수시건강진단을 실시하여야 한다.

③ 제1항 및 제2항에서 정한 사항 외에 수시건강진단의 실시방법, 그 밖에 필요한 사항은 고용노동부장관이 정한다.

참고

산업안전보건법 시행규칙

보충학습

산업안전보건법 시행규칙 제209조(건장진단 결과의 보고 등)

14 산업안전보건법령상의 내용에 관한 설명으로 옳은 것은?

① 작업환경측정 결과 직업성 질환에 걸렸는지 여부의 판단이 곤란한 근로자의 질병에 대하여 보건관리자 또는 산업보건의가 역학조사를 요청하는 경우 한국산업안전보건공단은 역학조사를 할 수 있다.

② 사업주 또는 근로자대표가 역학조사를 요청하는 경우에는 산업안전보건위원회의 의결을 거치거나 각각 상대방의 심의를 거쳐야 한다.

③ 건강관리수첩 소지자가 산업재해보상보험법에 따라 요양급여를 신청하는 경우에는 수첩을 제출함으로써 해당 재해에 관한 의사의 초진소견서의 제출을 갈음할 수 있다.

④ 사업주는 정신분열증에 걸린 사람에게 근로를 금지하거나 근로를 다시 시작하도록 하는 경우에는 미리 의사 또는 간호사인 보건관리자의 의견을 들어야 한다.

⑤ 사업주는 잠함(潛艦) 또는 잠수작업 등 높은 기압에서 하는 작업에 종사하는 근로자에게는 1일 6시간, 1주 36시간을 초과하여 근로하게 하여서는 아니 된다.

답 ③

해설

제139조(유해·위험작업에 대한 근로시간 제한 등) ① 사업주는 유해하거나 위험한 작업으로서 높은 기압에서 하는 작업 등 대통령령으로 정하는 작업에 종사하는 근로자에게는 1일 6시간, 1주 34시간을 초과하여 근로하게 해서는 아니 된다.
② 사업주는 대통령령으로 정하는 유해하거나 위험한 작업에 종사하는 근로자에게 필요한 안전조치 및 보건조치 외에 작업과 휴식의 적정한 배분 및 근로시간과 관련된 근로조건의 개선을 통하여 근로자의 건강 보호를 위한 조치를 하여야 한다.

참고

산업안전보건법

질병자의 근로금지 등

제220조(질병자의 근로금지) ① 법 제138조제1항에 따라 사업주는 다음 각 호의 어느 하나에 해당하는 사람에 대해서는 근로를 금지하여야 한다.
1. 전염될 우려가 있는 질병에 걸린 사람. 다만, 전염을 예방하기 위한 조치를 한 경우에는 제외한다.
2. 조현병, 마비성 치매에 걸린 사람
3. 심장·신장·폐 등의 질환이 있는 사람으로서 근로에 의하여 병세가 악화될 우려가 있는 사람
4. 제1호부터 제3호까지의 규정에 준하는 질병으로서 고용노동부장관이 정하는 질병에 걸린 사람

② 사업주는 제1항에 따라 근로를 금지하거나 근로를 다시 시작하도록 하는 경우에는 미리 보건관리자(의사인 보건관리자만 해당한다), 산업보건의 또는 건강진단을 실시한 의사의 의견을 들어야 한다.

제221조(질병자 등의 근로 제한) ① 사업주는 법 제129조부터 제130조에 따른 건강진단 결과 유기화합물·금속류 등의 유해물질에 중독된 사람, 해당 유해물질에 중독될 우려가 있다고 의사가 인정하는 사람, 진폐의 소견이 있는 사람 또는 방사선에 피폭된 사람을 해당 유해물질 또는 방사선을 취급하거나 해당 유해물질의 분진·증기 또는 가스가 발산되는 업무 또는 해당 업무로 인하여 근로자의 건강을 악화시킬 우려가 있는 업무에 종사하도록 하여서는 아니 된다.
② 사업주는 다음 각 호의 어느 하나에 해당하는 질병이 있는 근로자를 고기압 업무에 종사하도록 하여서는 아니 된다.
1. 감압증이나 그 밖에 고기압에 의한 장해 또는 그 후유증
2. 결핵, 급성상기도감염, 진폐, 폐기종, 그 밖의 호흡기계의 질병
3. 빈혈증, 심장판막증, 관상동맥경화증, 고혈압증, 그 밖의 혈액 또는 순환기계의 질병
4. 정신신경증, 알코올중독, 신경통, 그 밖의 정신신경계의 질병
5. 메니에르씨병, 중이염, 그 밖의 이관협착을 수반하는 귀 질환

6. 관절염, 류마티스, 그 밖의 운동기계의 질병
7. 천식, 비만증, 바세도우씨병, 그 밖에 알레르기성·내분비계·물질대사 또는 영양장해 등과 관련된 질병

제222조(역학조사의 대상 및 절차 등) ① 공단은 법 제141조제1항에 따라 다음 각 호의 어느 하나에 해당하는 경우에는 역학조사를 할 수 있다.

1. 법 제125조에 따른 작업환경측정 또는 법 제129조부터 제131조에 따른 건강진단의 실시 결과만으로 직업성 질환에 걸렸는지를 판단하기 곤란한 근로자의 질병에 대하여 사업주·근로자대표·보건관리자(보건관리전문기관을 포함한다) 또는 건강진단기관의 의사가 역학조사를 요청하는 경우
2. 「산업재해보상보험법」 제10조에 따른 근로복지공단이 고용노동부장관이 정하는 바에 따라 업무상 질병 여부의 결정을 위하여 역학조사를 요청하는 경우
3. 공단이 직업성 질환의 예방을 위하여 필요하다고 판단하여 제224조제1항에 따른 역학조사평가위원회의 심의를 거친 경우
4. 그 밖에 직업성 질환에 걸렸는지 여부로 사회적 물의를 일으킨 질병에 대하여 작업장 내 유해요인과의 연관성 규명이 필요한 경우 등으로서 지방고용노동관서의 장이 요청하는 경우

② 제1항제1호에 따라 사업주 또는 근로자대표가 역학조사를 요청하는 경우에는 산업안전보건위원회의 의결을 거치거나 각각 상대방의 동의를 받아야 한다. 다만, 관할 지방고용노동관서의 장이 역학조사의 필요성을 인정하는 경우에는 그렇지 않다.

③ 제1항에서 정한 사항외에 역학조사의 방법 등에 필요한 사항은 고용노동부장관이 정하여 고시한다.

참고

산업안전보건법 시행규칙

15 **산업안전보건법령상 공정안전보고서에 관한 설명으로 옳지 않은 것은?**

① 공정안전보고서에는 공정안전자료, 공정위험성 평가서, 안전운전계획, 비상조치계획 등의 사항이 포함되어야 한다.

② 사업주가 공정안전보고서를 제출한 경우에는 해당 유해하거나 위험한 설비에 관하여 유해·위험방지계획서를 제출한 것으로 본다.

③ 고용노동부장관은 공정안전보고서 심사 완료 후 1년 이내에 이행상태 평가를 실시하고 이후 사업주의 요청이 없으면 4년마다 이행상태 평가를 실시하여야 한다.

④ 신규로 설치될 유해하거나 위험한 설비에 대해 공정안전보고서를 제출하여 심사를 받은 사업주는 설치 과정 및 설치완료 후 시운전단계에서 각 1회씩 한국산업안전보건공단의 확인을 받아야 한다.

⑤ 심사 결과가 적합으로 통보된 공정안전보고서를 사업장에 갖추어 둔 사업주가 공정안전보고서의 내용을 변경할 사유가 발생한 경우에는 지체없이 이를 보완하고 그 내용을 한국산업안전보건공단에 제출하여야 한다.

답 ⑤

해설

공정안전보고서

제44조(공정안전보고서의 작성·제출) ① 사업주는 사업장에 대통령령으로 정하는 유해하거나 위험한 설비가 있는 경우 그 설비로부터의 위험물질 누출, 화재 및 폭발 등으로 인하여 사업장 내의 근로자에게 즉시 피해를 주거나 사업장 인근 지역에 피해를 줄 수 있는 사고로서 대통령령으로 정하는 사고(이하 "중대산업사고"라 한다)를 예방하기 위하여 대통령령으로 정하는 바에 따라 공정안전보고서를 작성하고 고용노동부장관에게 제출하여 심사를 받아야 한다. 이 경우 공정안전보고서의 내용이 중대산업사고를 예방하기 위하여 적합하다고 통보받기 전에는 관련된 유해하거나 위험한 설비를 가동해서는 아니 된다.

② 사업주는 제1항에 따라 공정안전보고서를 작성할 때 산업안전보건위원회의 심의를 거쳐야 한다. 다만, 산업안전보건위원회가 설치되어 있지 아니한 사업장의 경우에는 근로자대표의 의견을 들어야 한다.

참고

산업안전보건법

제44조(공정안전보고서의 내용) ① 법 제44조제1항 전단에 따른 공정안전보고서에는 다음 각 호의 사항이 포함되어야 한다.

1. 공정안전자료　　2. 공정위험성 평가서
3. 안전운전계획　　4. 비상조치계획
5. 그 밖에 공정상의 안전과 관련하여 고용노동부장관이 필요하다고 인정하여 고시하는 사항

② 제1항제1호부터 제4호까지의 규정에 따른 사항에 관한 세부 내용은 고용노동부령으로 정한다.

참고

산업안전보건법 시행령

제53조(공정안전보고서의 확인 등) ① 공정안전보고서를 제출하여 심사를 받은 사업주는 법 제46조제2항에 따라 다음 각 호의 시기별로 공단의 확인을 받아야 한다. 다만, 화공안전 분야 산업안전지도사 또는 대학에서 조교수 이상으로 재직하고 있는 사람으로서 화공 관련 교과를 담당하고 있는 사람, 그 밖에 자격 및 관련 업무 경력 등을 고려하여 고용노동부장관이 정하여 고시하는 요건을 갖춘 사람에게 제50조제3호아목에 따른 자체감사를 하게 하고 그 결과를 공단에 제출한 경우에는 공단의 확인을 생략할 수 있다.

1. 신규로 설치될 유해하거나 위험한 설비에 대해서는 설치 과정 및 설치 완료 후 시운전 단계에서 각 1회

2. 기존에 설치되어 사용 중인 유해하거나 위험한 설비에 대해서는 심사 완료 후 3개월 이내
3. 유해하거나 위험한 설비와 관련한 공정의 중대한 변경의 경우에는 변경 완료 후 1개월 이내
4. 유해하거나 위험한 설비 또는 이와 관련된 공정에 중대한 사고 또는 결함이 발생한 경우에는 1개월 이내
   다만, 법 제47조에 따른 안전보건진단을 받은 사업장 등 고용노동부장관이 정하여 고시하는 사업장의 경우에는 공단의 확인을 생략할 수 있다.

② 공단은 사업주로부터 확인요청을 받은 날부터 1개월 이내에 제50조제1호부터 제4호까지의 내용이 현장과 일치하는지 여부를 확인하고, 확인한 날부터 15일 이내에 그 결과를 사업주에게 통보하고 지방고용노동관서의 장에게 보고해야 한다.

③ 제1항 및 제2항에 따른 확인의 절차 등에 관하여 필요한 사항은 고용노동부장관이 정하여 고시한다.

제54조(공정안전보고서 이행 상태의 평가) ① 법 제46조 제4항에 따라 고용노동부장관은 같은 조 제2항에 따른 공정안전보고서의 확인(신규로 설치되는 유해하거나 위험한 설비의 경우에는 설치 완료 후 시운전 단계에서의 확인을 말한다) 후 1년이 경과한 날부터 2년 이내에 공정안전보고서 이행상태의 평가(이하 "이행상태평가"라 한다)를 하여야 한다.

② 고용노동부장관은 제1항에 따른 이행상태평가 후 4년마다 이행상태평가를 하여야 한다. 다만, 다음 각 호의 어느 하나에 해당하는 경우에는 1년 또는 2년마다 이행상태평가를 할 수 있다.

1. 이행상태평가 후 사업주가 이행상태평가를 요청하는 경우
2. 법 제155조에 따라 사업장에 출입하여 검사 및 안전·보건점검 등을 실시한 결과 제50조제1항 제3호사목에 따른 변경요소 관리계획 미준수로 공정안전보고서 이행상태가 불량한 것으로 인정되는 경우 등 고용노동부장관이 정하여 고시하는 경우

③ 이행상태평가는 제50조제1항 각 호에 따른 공정안전보고서의 세부 내용에 관하여 실시한다.

④ 이행상태평가의 방법 등 이행상태평가에 필요한 세부적인 사항은 고용노동부장관이 정한다.

참고

산업안전보건법 시행규칙

16 **산업안전보건법령상 안전보건개선계획에 관한 설명으로 옳지 않은 것은?**

① 지방고용노동관서의 장은 산업재해율이 같은 업종의 규모별 평균 산업재해율보다 높은 사업장에 대하여 안전보건개선계획의 수립을 명할 수 있다.

② 안전보건개선계획서에는 시설, 안전·보건관리체제, 안전·보건교육, 산업재해 예방 및 작업환경의 개선을 위하여 필요한 사항이 포함되어야 한다.

③ 안전보건개선계획의 수립·시행명령을 받은 사업주는 안전보건개선계획서를 작성하여 그 명령을 받은 날부터 60일 이내에 관할 지방고용노동관서의 장에게 제출하여야 한다.

④ 지방고용노동관서의 장은 산업재해발생률이 같은 업종의 평균 산업재해발생률의 2배 이상인 사업장에 대하여는 안전·보건진단을 받아 안전보건개선계획의 수립을 명할 수 있다.

⑤ 사업주가 안전보건개선계획을 수립할 때에는 산업안전보건위원회의 심의를 거쳐야 하며, 산업안전보건위원회가 설치되어 있지 아니한 사업장의 경우에는 근로자대표의 동의를 얻어야 한다.

답 ⑤

해설

안전보건개선계획

제49조(안전보건개선계획의 수립 · 시행 명령) ① 고용노동부장관은 다음 각 호의 어느 하나에 해당하는 사업장으로서 산업재해 예방을 위하여 종합적인 개선조치를 할 필요가 있다고 인정되는 사업장의 사업주에게 고용노동부령으로 정하는 바에 따라 그 사업장, 시설, 그 밖의 사항에 관한 안전 및 보건에 관한 개선계획(이하 "안전보건개선계획"이라 한다)을 수립하여 시행할 것을 명할 수 있다. 이 경우 대통령령으로 정하는 사업장의 사업주에게는 제47조에 따라 안전보건진단을 받아 안전보건개선계획을 수립하여 시행할 것을 명할 수 있다.

1. 산업재해율이 같은 업종의 규모별 평균 산업재해율보다 높은 사업장
2. 사업주가 필요한 안전조치 또는 보건조치를 이행하지 아니하여 중대재해가 발생한 사업장
3. 대통령령으로 정하는 수 이상의 직업성 질병자가 발생한 사업장
4. 제106조에 따른 유해인자의 노출기준을 초과한 사업장

② 사업주는 안전보건개선계획을 수립할 때에는 산업안전보건위원회의 심의를 거쳐야 한다. 다만, 산업안전보건위원회가 설치되어 있지 아니한 사업장의 경우에는 근로자대표의 의견을 들어야 한다.

참고

산업안전보건법

17 산업안전지도사 및 산업보건지도사(이하 '지도사'라 함)에 관한 설명으로 옳지 않은 것은?

① 지도사는 안전보건개선계획서의 작성 업무를 수행할 수 있다.

② 산업안전보건법을 위반하여 벌금형을 선고받고 1년이 지난 자는 지도사로 등록할 수 있다.

③ 금고 이상의 실형을 선고받고 그 집행이 끝나고 1년 6개월이 지난 자는 지도사로 등록할 수 있다.

④ 지도사가 업무수행과 관련하여 과실로 의뢰인에게 손실을 입힌 경우에도 그 손해를 배상할 책임이 있다.

⑤ 지도사 시험에서 부정행위를 한 응시자는 그 시험을 무효로 하고, 해당 시험 시행일부터 5년간 시험 응시자격을 정지한다.

답 ③

해설

지도사

제145조(지도사의 등록) ① 지도사가 그 직무를 수행하려는 경우에는 고용노동부령으로 정하는 바에 따라 고용노동부장관에게 등록하여야 한다.

② 제1항에 따라 등록한 지도사는 그 직무를 조직적·전문적으로 수행하기 위하여 법인을 설립할 수 있다.

③ 다음 각 호의 어느 하나에 해당하는 사람은 제1항에 따른 등록을 할 수 없다.

1. 피성년후견인 또는 피한정후견인
2. 파산선고를 받고 복권되지 아니한 사람
3. 금고 이상의 실형을 선고받고 그 집행이 끝나거나(집행이 끝난 것으로 보는 경우를 포함한다) 집행이 면제된 날부터 2년이 지나지 아니한 사람
4. 금고 이상의 형의 집행유예를 선고받고 그 유예기간 중에 있는 사람
5. 이 법을 위반하여 벌금형을 선고받고 1년이 지나지 아니한 사람
6. 제154조에 따라 등록이 취소(이 항 제1호 또는 제2호에 해당하여 등록이 취소된 경우는 제외한다)된 후 2년이 지나지 아니한 사람

④ 제1항에 따라 등록을 한 지도사는 고용노동부령으로 정하는 바에 따라 5년마다 등록을 갱신하여야 한다.

⑤ 고용노동부령으로 정하는 지도실적이 있는 지도사만이 제4항에 따른 갱신등록을 할 수 있다. 다만, 지도실적이 기준에 못 미치는 지도사는 고용노동부령으로 정하는 보수교육을 받은 경우 갱신등록을 할 수 있다.

⑥ 제2항에 따른 법인에 관하여는 「상법」 중 합명회사에 관한 규정을 적용한다.

제148조(손해배상의 책임) ① 지도사는 직무 수행과 관련하여 고의 또는 과실로 의뢰인에게 손해를 입힌 경우에는 그 손해를 배상할 책임이 있다.

② 제145조제1항에 따라 등록한 지도사는 제1항에 따른 손해배상책임을 보장하기 위하여 대통령령으로 정하는 바에 따라 보증보험에 가입하거나 그 밖에 필요한 조치를 하여야 한다.

참고

산업안전보건법

제101조(산업안전지도사 등의 직무) ① 법 제142조제1항제4호에서 "대통령령으로 정하는 사항"이란 다음 각 호의 사항을 말한다.

1. 법 제36조에 따른 위험성평가의 지도
2. 법 제49조에 따른 안전보건개선계획서의 작성
3. 그 밖에 산업안전에 관한 사항의 자문에 대한 응답 및 조언

② 법 제142조제2항제6호에서 "대통령령으로 정하는 사항"이란 다음 각 호의 사항을 말한다.

1. 법 제36조에 따른 위험성평가의 지도
2. 법 제49조에 따른 안전보건개선계획서의 작성
3. 그 밖에 산업보건에 관한 사항의 자문에 대한 응답 및 조언

참고

산업안전보건법 시행령

18 산업안전보건법에 규정된 용어에 관한 설명으로 옳지 않은 것은?

① "근로자"란 직업의 종류와 관계없이 임금을 목적으로 사업이나 사업장에 근로를 제공하는 자를 말한다.

② "역학조사"란 직업성 질환의 진단 및 예방, 발생원인의 규명을 위하여 근로자의 질병과 작업장의 유해요인의 상관관계에 관한 조사를 말한다.

③ "작업환경측정"이란 작업환경 실태를 파악하기 위하여 해당 유해인자에 대하여 사업주가 측정계획을 수립한 후 시료를 채취하고 분석·평가하는 것을 말한다.

④ "안전·보건진단"이란 산업재해를 예방하기 위하여 잠재적 위험성을 발견하고 그 개선대책을 수립할 목적으로 고용노동부장관이 지정한 자가 하는 조사·평가를 말한다.

⑤ "근로자대표"란 근로자의 과반수로 조직된 노동조합이 있는 경우에는 그 노동조합을, 근로자의 과반수로 조직된 노동조합이 없는 경우에는 근로자의 과반수를 대표하는 자를 말한다.

답 ③

해설

1. 산업안전보건법의 용어 정의

제2조(정의) 이 법에서 사용하는 용어의 뜻은 다음과 같다.

1. "산업재해"란 노무를 제공하는 사람이 업무에 관계되는 건설물·설비·원재료·가스·증기·분진 등에 의하거나 작업 또는 그 밖의 업무로 인하여 사망 또는 부상하거나 질병에 걸리는 것을 말한다.
2. "중대재해"란 산업재해 중 사망 등 재해 정도가 심하거나 다수의 재해자가 발생한 경우로서 고용노동부령으로 정하는 재해를 말한다.
3. "근로자"란 「근로기준법」 제2조제1항제1호에 따른 근로자를 말한다.
4. "사업주"란 근로자를 사용하여 사업을 하는 자를 말한다.
5. "근로자대표"란 근로자의 과반수로 조직된 노동조합이 있는 경우에는 그 노동조합을, 근로자의 과반수로 조직된 노동조합이 없는 경우에는 근로자의 과반수를 대표하는 자를 말한다.
6. "도급"이란 명칭에 관계없이 물건의 제조·건설·수리 또는 서비스의 제공, 그 밖의 업무를 타인에게 맡기는 계약을 말한다.
7. "도급인"이란 물건의 제조·건설·수리 또는 서비스의 제공, 그 밖의 업무를 도급하는 사업주를 말한다. 다만, 건설공사발주자는 제외한다.
8. "수급인"이란 도급인으로부터 물건의 제조·건설·수리 또는 서비스의 제공, 그 밖의 업무를 도급받은 사업주를 말한다.
9. "관계수급인"이란 도급이 여러 단계에 걸쳐 체결된 경우에 각 단계별로 도급받은 사업주 전부를 말한다.
10. "건설공사발주자"란 건설공사를 도급하는 자로서 건설공사의 시공을 주도하여 총괄·관리하지 아니하는 자를 말한다. 다만, 도급받은 건설공사를 다시 도급하는 자는 제외한다.
11. "건설공사"란 다음 각 목의 어느 하나에 해당하는 공사를 말한다.
    가. 「건설산업기본법」 제2조제4호에 따른 건설공사
    나. 「전기공사업법」 제2조제1호에 따른 전기공사
    다. 「정보통신공사업법」 제2조제2호에 따른 정보통신공사
    라. 「소방시설공사업법」에 따른 소방시설공사
    마. 「문화재수리 등에 관한 법률」에 따른 문화재수리공사
12. "안전보건진단"이란 산업재해를 예방하기 위하여 잠재적 위험성을 발견하고 그 개선대책을 수립할 목적으로 조사·평가하는 것을 말한다.
13. "작업환경측정"이란 작업환경 실태를 파악하기 위하여 해당 근로자 또는 작업장에 대하여 사업주가 유해인자에 대한 측정계획을 수립한 후 시료(試料)를 채취하고 분석·평가하는 것을 말한다.

제141조(역학조사) ① 고용노동부장관은 직업성 질환의 진단 및 예방, 발생 원인의 규명을 위하여 필요하다고 인정할 때에는 근로자의 질환과 작업장의 유해요인의 상관관계에 관한 역학조사(이하 "역학조사"라 한다)를 할 수 있다. 이 경우 사업주 또는 근로자대표, 그 밖에 고용노동부령으로 정하는 사람이 요구할 때 고용노동부령으로 정하는 바에 따라 역학조사에 참석하게 할 수 있다.
② 사업주 및 근로자는 고용노동부장관이 역학조사를 실시하는 경우 적극 협조하여야 하며, 정당한 사유 없이 역학조사를 거부·방해하거나 기피해서는 아니 된다.
③ 누구든지 제1항 후단에 따라 역학조사 참석이 허용된 사람의 역학조사 참석을 거부하거나 방해해서는 아니 된다.
④ 제1항 후단에 따라 역학조사에 참석하는 사람은 역학조사 참석과정에서 알게 된 비밀을 누설하거나 도용해서는 아니 된다.
⑤ 고용노동부장관은 역학조사를 위하여 필요하면 제129조부터 제131조까지의 규정에 따른 근로자의 건강진단 결과, 「국민건강보험법」에 따른 요양급여기록 및 건강검진 결과, 「고용보험법」에 따른 고용정보, 「암관리법」에 따른 질병정보 및 사망원인 정보 등을 관련 기관에 요청할 수 있다. 이 경우 자료의 제출을 요청받은 기관은 특별한 사유가 없으면 이에 따라야 한다.
⑥ 역학조사의 방법·대상·절차, 그 밖에 필요한 사항은 고용노동부령으로 정한다.

2. 근로기준법의 용어 정의

제2조(정의) ① 이 법에서 사용하는 용어의 뜻은 다음과 같다.
1. "근로자"란 직업의 종류와 관계없이 임금을 목적으로 사업이나 사업장에 근로를 제공하는 사람을 말한다.
2. "사용자"란 사업주 또는 사업 경영 담당자, 그 밖에 근로자에 관한 사항에 대하여 사업주를 위하여 행위하는 자를 말한다.
3. "근로"란 정신노동과 육체노동을 말한다.
4. "근로계약"이란 근로자가 사용자에게 근로를 제공하고 사용자는 이에 대하여 임금을 지급하는 것을 목적으로 체결된 계약을 말한다.
5. "임금"이란 사용자가 근로의 대가로 근로자에게 임금, 봉급, 그 밖에 어떠한 명칭으로든지 지급하는 모든 금품을 말한다.
6. "평균임금"이란 이를 산정하여야 할 사유가 발생한 날 이전 3개월 동안에 그 근로자에게 지급된 임금의 총액을 그 기간의 총일수로 나눈 금액을 말한다. 근로자가 취업한 후 3개월 미만인 경우도 이에 준한다.
7. "1주"란 휴일을 포함한 7일을 말한다.
8. "소정(所定)근로시간"이란 제50조, 제69조 본문 또는 「산업안전보건법」 제139조제1항에 따른 근로시간의 범위에서 근로자와 사용자 사이에 정한 근로시간을 말한다.
9. "단시간근로자"란 1주 동안의 소정근로시간이 그 사업장에서 같은 종류의 업무에 종사하는 통상 근로자의 1주 동안의 소정근로시간에 비하여 짧은 근로자를 말한다.

② 제1항제6호에 따라 산출된 금액이 그 근로자의 통상임금보다 적으면 그 통상임금액을 평균임금으로 한다.

참고

산업안전보건법, 근로기준법

19 다음 경우에서 산업안전보건법령의 적용에 관한 설명으로 옳은 것은?

- 상시근로자 40명을 고용하여 전자부품제조업을 영위하는 S사는 같은 생산설비를 사용하는 H사를 사내 협력업체로 두고 있다.
- 전자부품제조업을 영위하는 H사는 상시근로자 10명을 고용하여 부품세척작업을 위하여 벤젠을 사용하고 있다.

① S사는 안전보건관리책임자를 두어야 한다.

② H사는 부품세척작업을 하는 근로자에 대하여 배치 후 2개월 이내에 첫 번째 특수건강진단을 실시하고, 이후 매 6개월마다 실시하여야 한다.

③ S사는 안전보건총괄책임자를 지정하여야 한다.

④ 부품세척작업에 종사한 H사 소속 근로자에게 건강관리수첩을 발급하여야 한다.

⑤ S사는 H사가 실시하는 작업환경측정을 지원하여야 한다.

답 ②

해설

제14조(안전보건관리책임자의 선임 등) ① 법 제15조제2항에 따른 안전보건관리책임자(이하 "안전보건관리책임자"라 한다)를 두어야 하는 사업의 종류 및 사업장의 상시근로자 수(건설공사의 경우에는 건설공사 금액을 말한다. 이하 같다)는 별표 2와 같다.

② 사업주는 안전보건관리책임자가 법 제15조제1항에 따른 업무를 원활하게 수행할 수 있도록 권한·시설·장비·예산, 그 밖에 필요한 지원을 해야 한다.

③ 사업주는 안전보건관리책임자를 선임했을 때에는 그 선임 사실 및 법 제15조제1항 각 호에 따른 업무의 수행내용을 증명할 수 있는 서류를 갖추어 두어야 한다.

제52조(안전보건총괄책임자 지정 대상사업) 법 제62조제1항에 따른 안전보건총괄책임자(이하 "안전보건총괄책임자"라 한다)를 지정해야 하는 사업의 종류 및 사업장의 상시근로자 수는 관계수급인에게 고용된 근로자를 포함한 상시근로자가 100명(선박 및 보트 건조업, 1차 금속 제조업 및 토사석 광업의 경우에는 50명) 이상인 사업이나 관계수급인의 공사금액을 포함한 해당 공사의 총공사금액이 20억원 이상인 건설업으로 한다.

참고

산업안전보건법 시행령

[별표 23] 특수건강진단의 시기 및 주기

구분	대상 유해인자	시기 배치 후 첫 번째 특수건강진단	주기
1	N, N-디메틸아세트아미드 디메틸포름아미드	1개월 이내	6개월
2	벤젠	2개월 이내	6개월
3	1,1,2,2-테트라클로로에탄 사염화탄소 아크릴로니트릴 염화비닐	3개월 이내	6개월
4	석면, 면 분진	12개월 이내	12개월
5	광물성 분진 나무 분진 소음 및 충격소음	12개월 이내	24개월
6	제1호부터 제5호까지의 규정의 대상 유해인자를 제외한 별표 22의 모든 대상 유해인자	6개월 이내	12개월

[별표 25] 건강관리카드의 발급대상

발급대상업무	대상 근로자
가. 벤젠을 제조하거나 사용하는 업무(석유화학 업종만 해당한다) 나. 벤젠을 제조하거나 사용하는 석유화학설비를 유지·보수하는 업무	6년 이상 종사한 사람

참고

산업안전보건법 시행규칙 [별표 23, 24]

20 산업안전보건법령의 내용에 관한 설명으로 옳지 않은 것은?

① 백석면을 제조하거나 사용하는 경우에는 고용노동부장관의 허가를 받아야 한다.

② 트리클로로에틸렌은 작업장 내의 노출농도를 시간가중평균값 50[ppm] 이하로 유지하여야 한다.

③ 일반 소비자의 생활용으로 제공하기 위하여 신규화학물질을 수입하는 경우에는 신규화학물질의 유해성·위험성 조사보고서를 제출하지 않는다.

④ 신규화학물질의 수입을 대행하는 자가 따로 있는 경우에는 그 수입을 대행하는 자가 신규화학물질을 유해성·위험성 조사보고서를 제출하여야 한다.

⑤ 고용노동부장관에게 등록한 석면해체·제거업자가 아닌 자가 석면 함유 건축물을 철거하는 경우에도 산업안전보건기준에 관한 규칙에서 정하는 석면해체·제거의 작업기준을 준수하여야 한다.

답 ⑤

해설

제108조(신규화학물질의 유해성 · 위험성 조사) ① 대통령령으로 정하는 화학물질 외의 화학물질(이하 "신규화학물질"이라 한다)을 제조하거나 수입하려는 자(이하 "신규화학물질제조자 등"이라 한다)는 신규화학물질에 의한 근로자의 건강장해를 예방하기 위하여 고용노동부령으로 정하는 바에 따라 그 신규화학물질의 유해성 · 위험성을 조사하고 그 조사보고서를 고용노동부장관에게 제출하여야 한다. 다만, 다음 각 호의 어느 하나에 해당하는 경우에는 그러하지 아니하다.

1. 일반 소비자의 생활용으로 제공하기 위하여 신규화학물질을 수입하는 경우로서 고용노동부령으로 정하는 경우
2. 신규화학물질의 수입량이 소량이거나 그 밖에 위해의 정도가 적다고 인정되는 경우로서 고용노동부령으로 정하는 경우

② 신규화학물질제조자 등은 제1항 각 호 외의 부분 본문에 따라 유해성·위험성을 조사한 결과 해당 신규화학물질에 의한 근로자의 건강장해를 예방하기 위하여 필요한 조치를 하여야 하는 경우 이를 즉시 시행하여야 한다.

③ 고용노동부장관은 제1항에 따라 신규화학물질의 유해성·위험성 조사보고서가 제출되면 고용노동부령으로 정하는 바에 따라 그 신규화학물질의 명칭, 유해성·위험성, 근로자의 건강장해 예방을 위한 조치 사항 등을 공표하고 관계 부처에 통보하여야 한다.

④ 고용노동부장관은 제1항에 따라 제출된 신규화학물질의 유해성·위험성 조사보고서를 검토한 결과 근로자의 건강장해 예방을 위하여 필요하다고 인정할 때에는 신규화학물질제조자 등에게 시설·설비를 설치·정비하고 보호구를 갖추어 두는 등의 조치를 하도록 명할 수 있다.

⑤ 신규화학물질제조자 등이 신규화학물질을 양도하거나 제공하는 경우에는 제4항에 따른 근로자의 건강장해 예방을 위하여 조치하여야 할 사항을 기록한 서류를 함께 제공하여야 한다.

참고

산업안전보건법

제94조(석면해체 · 제거업자를 통한 석면해체 · 제거 대상) ① 법 제122조제1항 본문에서 "대통령령으로 정하는 함유량과 면적 이상의 석면이 함유되어 있는 경우"란 다음 각 호의 어느 하나에 해당하는 경우를 말한다.

1. 철거·해체하려는 벽체재료, 바닥재, 천장재 및 지붕재 등의 자재에 석면이 중량비율 1퍼센트를 초과하여 함유되어 있고 그 자재의 면적의 합이 50제곱미터 이상인 경우
2. 석면이 중량비율 1퍼센트를 초과하여 함유된 분무재 또는 내화피복재를 사용한 경우
3. 석면이 중량비율 1퍼센트를 초과하여 함유된 제89조제1항제3호 각 목의 어느 하나(다목 및 라목은 제외한다)에 해당하는 자재의 면적의 합이 15제곱미터 이상 또는 그 부피의 합이 1세제곱미터 이상인 경우
4. 파이프에 사용된 보온재에서 석면이 중량비율 1퍼센트를 초과하여 함유되어 있고 그 보온재 길이의 합이 80미터 이상인 경우

② 법 제122조제1항 단서에서 "석면해체·제거업자와 동등한 능력을 갖추고 있는 경우 등 대통령령으로 정하는 사유에 해당할 경우"란 석면해체·제거작업을 스스로 하려는 자가 제92조 및 별표 28에 따른 인력·시설 및 장비를 갖추고 고용노동부령으로 정하는 바에 따라 이를 증명하는 경우를 말한다.

참고

산업안전보건법 시행령

21 산업안전보건기준에 관한 규칙상 위험예방을 위한 조치에 관한 설명으로 옳은 것은?

① 주형조형기에 근로자의 신체 일부가 말려들어갈 우려가 있는 경우 게이트가드 또는 반발예방방지장치 등에 의한 방호장치를 하여야 한다.

② ①의 게이트가드는 닫지 아니하면 기계가 작동되지 아니하는 연동구조여야 한다.

③ 산화에틸렌 또는 산화프로필렌을 탱크로리, 드럼 등에 주입하는 작업을 하는 경우에는 미리 그 내부의 가스나 증기를 활성가스로 바꾸는 등 안전한 상태로 되어 있는지를 확인한 후에 해당 작업을 하여야 한다.

④ 가스집합용접장치 전용 가스장치실의 지붕과 천장에는 난연성 재료를 사용해야 한다.

⑤ 충전전로 인근에서 차량, 기계장치 등의 작업이 있는 경우에는 차량 등을 충전전로의 충전부로부터 200[cm] 이상 이격시켜 유지하여야 한다.

답 ②

해설

위험예방 조치

제121조(사출성형기 등의 방호장치) ① 사업주는 사출성형기(射出成形機)·주형조형기(鑄型造形機) 및 형단조기(프레스 등은 제외한다) 등에 근로자의 신체 일부가 말려들어갈 우려가 있는 경우 게이트가드(gate guard) 또는 양수조작식 등에 의한 방호장치, 그 밖에 필요한 방호 조치를 하여야 한다.

② 제1항의 게이트가드는 닫지 아니하면 기계가 작동되지 아니하는 연동구조(連動構造)여야 한다.

③ 사업주는 제1항에 따른 기계의 히터 등의 가열 부위 또는 감전 우려가 있는 부위에는 방호덮개를 설치하는 등 필요한 안전 조치를 하여야 한다.

제229조(산화에틸렌 등의 취급) ① 사업주는 산화에틸렌, 아세트알데히드 또는 산화프로필렌을 별표 7의 화학설비, 탱크로리, 드럼 등에 주입하는 작업을 하는 경우에는 미리 그 내부의 불활성가스가 아닌 가스나 증기를 불활성가스로 바꾸는 등 안전한 상태로 되어 있는 지를 확인한 후에 해당 작업을 하여야 한다.

② 사업주는 산화에틸렌, 아세트알데히드 또는 산화프로필렌을 별표 7의 화학설비, 탱크로리, 드럼 등에 저장하는 경우에는 항상 그 내부의 불활성가스가 아닌 가스나 증기를 불활성가스로 바꾸어 놓는 상태에서 저장하여야 한다.

제292조(가스장치실의 구조 등) 사업주는 가스장치실을 설치하는 경우에 다음 각 호의 구조로 설치하여야 한다.

1. 가스가 누출된 경우에는 그 가스가 정체되지 않도록 할 것
2. 지붕과 천장에는 가벼운 불연성 재료를 사용할 것
3. 벽에는 불연성 재료를 사용할 것

제322조(충전전로 인근에서의 차량·기계장치 작업) ① 사업주는 충전전로 인근에서 차량, 기계장치 등(이하 이 조에서 "차량 등"이라 한다)의 작업이 있는 경우에는 차량 등을 충전전로의 충전부로부터 300센티미터 이상 이격시켜 유지시키되, 대지전압이 50킬로볼트를 넘는 경우 이격시켜 유지하여야 하는 거리(이하 이 조에서 "이격거리"라 한다)는 10킬로볼트 증가할 때마다 10센티미터씩 증가시켜야 한다. 다만, 차량 등의 높이를 낮춘 상태에서 이동하는 경우에는 이격거리를 120센티미터 이상(대지전압이 50킬로볼트를 넘는 경우에는 10킬로볼트 증가할 때마다 이격거리를 10센티미터씩 증가)으로 할 수 있다.

② 제1항에도 불구하고 충전전로의 전압에 적합한 절연용 방호구 등을 설치한 경우에는 이격거리를 절연용 방호구 앞면까지로 할 수 있으며, 차량 등의 가공 붐대의 버킷이나 끝부분 등이 충전전로의 전압에 적합하게 절연되어 있고 유자격자가 작업을 수행하는 경우에는 붐대의 절연되지 않은 부분과 충전전로 간의 이격거리는 제321조제1항의 표에 따른 접근 한계거리까지로 할 수 있다.

③ 사업주는 다음 각 호의 경우를 제외하고는 근로자가 차량 등의 그 어느 부분과도 접촉하지 않도록 방책을 설치하거나 감시인 배치 등의 조치를 하여야 한다.

1. 근로자가 해당 전압에 적합한 제323조제1항의 절연용 보호구 등을 착용하거나 사용하는 경우
2. 차량 등의 절연되지 않은 부분이 제321조제1항의 표에 따른 접근 한계거리 이내로 접근하지 않도록 하는 경우

④ 사업주는 충전전로 인근에서 접지된 차량 등이 충전전로와 접촉할 우려가 있을 경우에는 지상의 근로자가 접지점에 접촉하지 않도록 조치하여야 한다.

참고

산업안전보건기준에 관한 규칙

22 다음 사업장에서 산업안전보건법령에 따라 지켜야 할 사항으로 규정되어 있지 않은 것은?

- S사는 상시근로자 85명을 사용하여 금속가공제품제조업을 운영하고 있다.
- 작업설비로는 프레스, 단조기, 용광로 등이 있다.
- 2012년 동 사업장의 작업환경측정결과 소음이 85[dB]이었다.
- 2012년에 9명의 근로자가 산업재해보상보험법에 따라 근골격계질환관련 업무상 질병으로 인정받았다.

① S사는 보건관리자 1명을 선임하여야 한다.

② S사는 청력보존 프로그램을 수립하여 시행하여야 한다.

③ 근로자를 용광로 금속제련작업에 새로 배치할 경우에는 고열에 순응할 때까지 고열작업시간을 매일 단계적으로 증가시키는 등 필요한 조치를 하여야 한다.

④ S사는 근골결계질환 예방관리 프로그램을 수립하여 시행하여야 한다.

⑤ ④의 근골격계질환 예방관리 프로그램을 작성·시행하는 경우 노사협의를 거쳐야 한다.

답 ②

해설

제517조(청력보존 프로그램 시행 등) 사업주는 다음 각 호의 어느 하나에 해당하는 경우에 청력보존 프로그램을 수립하여 시행하여야 한다.

1. 법 제125조에 따른 소음의 작업환경 측정 결과 소음수준이 90데시벨을 초과하는 사업장
2. 소음으로 인하여 근로자에게 건강장해가 발생한 사업장

제562조(고열장해 예방 조치) 사업주는 근로자가 고열작업을 하는 경우에 열경련·열탈진 등의 건강장해를 예방하기 위하여 다음 각 호의 조치를 하여야 한다.

1. 근로자를 새로 배치할 경우에는 고열에 순응할 때까지 고열작업시간을 매일 단계적으로 증가시키는 등 필요한 조치를 할 것
2. 근로자가 온도·습도를 쉽게 알 수 있도록 온도계 등의 기기를 작업장소에 상시 갖추어 둘 것

제662조(근골격계질환 예방관리 프로그램 시행) ① 사업주는 다음 각 호의 어느 하나에 해당하는 경우에 근골격계질환 예방관리 프로그램을 수립하여 시행하여야 한다.

1. 근골격계질환으로 「산업재해보상보험법 시행령」 별표 3 제2호가목·라목 및 제12호라목에 따라 업무상 질병으로 인정받은 근로자가 연간 10명 이상 발생한 사업장 또는 5명 이상 발생한 사업장으로서 발생 비율이 그 사업장 근로자 수의 10퍼센트 이상인 경우
2. 근골격계질환 예방과 관련하여 노사 간 이견(異見)이 지속되는 사업장으로서 고용노동부장관이 필요하다고 인정하여 근골격계질환 예방관리 프로그램을 수립하여 시행할 것을 명령한 경우

② 사업주는 근골격계질환 예방관리 프로그램을 작성·시행할 경우에 노사협의를 거쳐야 한다.

③ 사업주는 근골격계질환 예방관리 프로그램을 작성·시행할 경우에 인간공학·산업의학·산업위생·산업간호 등 분야별 전문가로부터 필요한 지도·조언을 받을 수 있다.

참고

산업안전보건기준에 관한 규칙

[별표 5] 보건관리자를 두어야 할 사업의 종류, 사업장의 상시근로자 수, 보건관리자의 수 및 선임방법

사업의 종류	사업장의 상시근로자 수	보건관리자의 수	보건관리자의 선임방법
1. 광업(광업 지원 서비스업은 제외한다) 2. 섬유제품 염색, 정리 및 마무리 가공업 3. 모피제품 제조업 4. 그 외 기타 의복액세서리 제조업(모피 액세서리에 한정한다) 5. 모피 및 가죽 제조업(원피가공 및 가죽 제조업은 제외한다) 6. 신발 및 신발부분품 제조업 7. 코크스, 연탄 및 석유정제품 제조업 8. 화학물질 및 화학제품 제조업 : 의약품 제외 9. 의료용 물질 및 의약품 제조업 10. 고무 및 플라스틱제품 제조업 11. 비금속 광물제품 제조업 12. 1차 금속 제조업 13. 금속가공제품 제조업 : 기계 및 가구 제외 14. 기타 기계 및 장비 제조업 15. 전자부품, 컴퓨터, 영상, 음향 및 통신장비 제조업 16. 전기장비 제조업 17. 자동차 및 트레일러 제조업 18. 기타 운송장비 제조업 19. 가구 제조업 20. 해체, 선별 및 원료 재생업 21. 자동차 종합 수리업, 자동차 전문 수리업 22. 제89조 각 호의 어느 하나에 해당하는 유해물질을 제조하는 사업과 그 유해물질을 사용하는 사업 중 고용노동부장관이 특히 보건관리를 할 필요가 있다고 인정하여 고시하는 사업	상시근로자 500명 미만	1명 이상	별표 6 각 호의 어느 하나에 해당하는 사람을 선임해야 한다.
	상시근로자 500명 이상 2,000명 미만	2명 이상	별표 6 각 호의 어느 하나에 해당하는 사람을 선임하여야 한다.
	상시근로자 2,000명 이상	2명 이상	별표 6 각 호의 어느 하나에 해당하는 사람을 선임하되, 같은 표 제2호 또는 제3호에 해당하는 사람이 1명 이상 포함되어야 한다.
23. 제2호부터 제22호까지의 사업을 제외한 제조업	상시근로자 50명 이상 1,000명 미만	1명 이상	별표 6 각 호의 어느 하나에 해당하는 사람을 선임해야 한다.
	상시근로자 1,000명 이상 3,000명 미만	2명 이상	별표 6 각 호의 어느 하나에 해당하는 사람을 선임하여야 한다.
	상시근로자 3,000명 이상	2명 이상	별표 6 각 호의 어느 하나에 해당하는 사람을 선임하되 같은 표 제2호 또는 제3호에 해당하는 사람이 1명 이상 포함되어야 한다.
24. 농업, 임업 및 어업 25. 전기, 가스, 증기 및 공기조절공급업 26. 수도, 하수 및 폐기물 처리, 원료 재생업(제20호에 해당하는 사업은 제외한다) 27. 운수 및 창고업 28. 도매 및 소매업	상시근로자 50명 이상 5,000명 미만. 다만, 제35호의 경우에는 상시근로자 100명 이상 5,000명 미만으로 한다.	1명 이상	별표 6 각 호의 어느 하나에 해당하는 사람을 선임하여야 한다.

사업의 종류	사업장의 상시근로자 수	보건관리자의 수	보건관리자의 선임방법
29. 숙박 및 음식점업 30. 서적, 잡지 및 기타 인쇄물 출판업 31. 방송업 32. 우편 및 통신업 33. 부동산업 34. 연구개발업 35. 사진 처리업 36. 사업시설 관리 및 조경 서비스업 37. 공공행정(청소, 시설관리, 조리 등 현업업무에 종사하는 사람으로서 고용노동부장관이 정하여 고시하는 사람으로 한정한다) 38. 교육서비스업 중 초등·중등·고등 교육기관, 특수학교·외국인학교 및 대안학교(청소, 시설관리, 조리 등 현업업무에 종사하는 사람으로서 고용노동부장관이 정하여 고시하는 사람으로 한정한다) 39. 청소년 수련시설 운영업 40. 보건업 41. 골프장 운영업 42. 개인 및 소비용품수리업(제21호에 해당하는 사업은 제외한다) 43. 세탁업	상시근로자 5,000명 이상	2명 이상	별표 6 각 호의 어느 하나에 해당하는 사람을 선임하되, 같은 표 제2호 또는 제3호에 해당하는 사람이 1명 이상이 포함되어야 한다.
44. 건설업	공사금액 800억원 이상(「건설산업기본법 시행령」 별표 1의 종합공사를 시공하는 업종의 건설업종란 제1호에 따른 토목공사업에 속하는 공사의 경우에는 1천억 이상) 또는 상시근로자 600명 이상	1명 이상[공사금액 800억원(「건설산업기본법 시행령」 별표 1의 종합공사를 시공하는 업종의 건설업종란 제1호에 따른 토목공사업은 1,000억원)을 기준으로 1,400억원이 증가할 때마다 또는 상시근로자 600명을 기준으로 600명이 추가될 때마다 1명씩 추가한다]	별표 6 각 호의 어느 하나에 해당하는 사람을 선임하여야 한다. [건설업 년도별 선임 기준] ① 공사금액 80억원 이상 100억원 미만 공사의 경우 : 2021년 7월 1일 ② 공사금액 60억원 이상 80억원 미만 공사의 경우 : 2022년 7월 1일 ③ 공사금액 50억원 이상 60억원 미만 공사의 경우 : 2023년 7월 1일

참고

산업안전보건법 시행령 [별표 5]

23 석면해체·제거작업 시 조치기준에 관한 설명으로 옳은 것은?

① 석면함유 지붕재 해체·제거작업 시 반드시 습식으로 작업하여야 한다.

② 석면함유 천장재 해체·제거작업 시 작업장소는 반드시 음압을 유지하여야 한다.

③ 석면이 함유된 보온재 해체·제거작업 시 반드시 해당 장소를 밀폐하고 음압을 유지하여야 한다.

④ 석면해체·제거작업 시 발생한 석면함유 잔재물은 반드시 고성능필터가 장착된 진공청소기로만 청소하여야 한다.

⑤ 석면해체·제거작업에 종사하는 근로자에게 보호복 및 보호신발 외에 반드시 보호장갑도 지급·착용토록 하여야 한다.

답 ①

해설

석면해체·제거작업 시 조치기준

제495조(석면해체·제거작업 시의 조치) 사업주는 석면해체·제거작업에 근로자를 종사하도록 하는 경우에 다음 각 호의 구분에 따른 조치를 하여야 한다. 다만, 사업주가 다른 조치를 한 경우로서 지방고용노동관서의 장이 다음 각 호의 조치와 같거나 그 이상의 효과를 가진다고 인정하는 경우에는 다음 각 호의 조치를 한 것으로 본다.

1. 분무(噴霧)된 석면이나 석면이 함유된 보온재 또는 내화피복재(耐火被覆材)의 해체·제거작업
   가. 창문·벽·바닥 등은 비닐 등 불침투성 차단재로 밀폐하고 해당 장소를 음압(陰壓)으로 유지하고 그 결과를 기록·보존할 것(작업장이 실내인 경우에만 해당한다)
   나. 작업 시 석면분진이 흩날리지 않도록 고성능 필터가 장착된 석면분진 포집장치를 가동하는 등 필요한 조치를 할 것(작업장이 실외인 경우에만 해당한다)
   다. 물이나 습윤제(濕潤劑)를 사용하여 습식(濕式)으로 작업할 것
   라. 평상복 탈의실, 샤워실 및 작업복 탈의실 등의 위생설비를 작업장과 연결하여 설치할 것(작업장이 실내인 경우에만 해당한다)
2. 석면이 함유된 벽체, 바닥타일 및 천장재의 해체·제거작업{천공(穿孔)작업 등 석면이 적게 흩날리는 작업을 하는 경우에는 나목의 조치로 한정한다}
   가. 창문·벽·바닥 등은 비닐 등 불침투성 차단재로 밀폐할 것
   나. 물이나 습윤제를 사용하여 습식으로 작업할 것
   다. 작업장소를 음압으로 유지하고 그 결과를 기록·보존할 것(석면함유 벽체·바닥타일·천장재를 물리적으로 깨거나 기계 등을 이용하여 절단하는 작업인 경우에만 해당한다)
3. 석면이 함유된 지붕재의 해체·제거작업
   가. 해체된 지붕재는 직접 땅으로 떨어뜨리거나 던지지 말 것
   나. 물이나 습윤제를 사용하여 습식으로 작업할 것(습식작업 시 안전상 위험이 있는 경우는 제외한다)
   다. 난방이나 환기를 위한 통풍구가 지붕 근처에 있는 경우에는 이를 밀폐하고 환기설비의 가동을 중단할 것
4. 석면이 함유된 그 밖의 자재의 해체·제거작업
   가. 창문·벽·바닥 등은 비닐 등 불침투성 차단재로 밀폐할 것(작업장이 실내인 경우에만 해당한다)
   나. 석면분진이 흩날리지 않도록 석면분진 포집장치를 가동하는 등 필요한 조치를 할 것(작업장이 실외인 경우에만 해당한다)
   다. 물이나 습윤제를 사용하여 습식으로 작업할 것

참고

산업안전보건기준에 관한 규칙

24 산업안전보건기준에 관한 규칙의 내용으로 옳은 것은?

① 사다리식 통로(고정식 제외)의 기울기는 80[°] 이하로 하여야 한다.

② 콘크리트를 타설하는 경우에는 지지강도가 높게 나오게 중앙부위에 집중적으로 타설하여야 한다.

③ 양중기의 경우 근로자가 탑승하는 운반구를 지지하는 달기와이어로프 또는 달기체인에 대한 안전계수는 5 이상으로 하여야 한다.

④ 안전방망의 설치위치는 가능하면 바닥면으로부터 가까운 지점에 설치하여야 하며, 바닥면으로부터 망의 설치지점까지의 수직거리는 10[m]를 초과하지 아니하여야 한다.

⑤ 낙하물 방지망을 설치하는 경우 높이 10[m] 이내마다 설치하고, 내민 길이는 벽면으로부터 2[m] 이상으로 하여야 하며, 수평면과의 각도는 20[°] 이상 30[°] 이하를 유지하여야 한다.

답 ⑤

해설

제14조(낙하물에 의한 위험의 방지) ① 사업주는 작업장의 바닥, 도로 및 통로 등에서 낙하물이 근로자에게 위험을 미칠 우려가 있는 경우 보호망을 설치하는 등 필요한 조치를 하여야 한다.

② 사업주는 작업으로 인하여 물체가 떨어지거나 날아올 위험이 있는 경우 낙하물 방지망, 수직보호망 또는 방호선반의 설치, 출입금지구역의 설정, 보호구의 착용 등 위험을 방지하기 위하여 필요한 조치를 하여야 한다.

③ 제2항에 따라 낙하물 방지망 또는 방호선반을 설치하는 경우에는 다음 각 호의 사항을 준수하여야 한다.

1. 높이 10미터 이내마다 설치하고, 내민 길이는 벽면으로부터 2미터 이상으로 할 것
2. 수평면과의 각도는 20도 이상 30도 이하를 유지할 것

제24조(사다리식 통로 등의 구조) ① 사업주는 사다리식 통로 등을 설치하는 경우 다음 각 호의 사항을 준수하여야 한다.

1. 견고한 구조로 할 것
2. 심한 손상·부식 등이 없는 재료를 사용할 것
3. 발판의 간격은 일정하게 할 것
4. 발판과 벽과의 사이는 15센티미터 이상의 간격을 유지할 것
5. 폭은 30센티미터 이상으로 할 것
6. 사다리가 넘어지거나 미끄러지는 것을 방지하기 위한 조치를 할 것
7. 사다리의 상단은 걸쳐놓은 지점으로부터 60센티미터 이상 올라가도록 할 것
8. 사다리식 통로의 길이가 10미터 이상인 경우에는 5미터 이내마다 계단참을 설치할 것
9. 사다리식 통로의 기울기는 75도 이하로 할 것. 다만, 고정식 사다리식 통로의 기울기는 90도 이하로 하고, 그 높이가 7미터 이상인 경우에는 다음 각 목의 구분에 따른 조치를 할 것
   가. 등받이울이 있어도 근로자 이동에 지장이 없는 경우: 바닥으로부터 높이가 2.5미터 되는 지점부터 등받이울을 설치할 것
   나. 등받이울이 있으면 근로자가 이동이 곤란한 경우: 한국산업표준에서 정하는 기준에 적합한 개인용 추락 방지 시스템을 설치하고 근로자로 하여금 한국산업표준에서 정하는 기준에 적합한 전신안전대를 사용하도록 할 것
10. 접이식 사다리 기둥은 사용 시 접혀지거나 펼쳐지지 않도록 철물 등을 사용하여 견고하게 조치할 것

② 잠함(潛函) 내 사다리식 통로와 건조·수리 중인 선박의 구명줄이 설치된 사다리식 통로(건조·수리작업을 위하여 임시로 설치한 사다리식 통로는 제외한다)에 대해서는 제1항제5호부터 제10호까지의 규정을 적용하지 아니한다.

제42조(추락의 방지) ① 사업주는 근로자가 추락하거나 넘어질 위험이 있는 장소[작업발판의 끝·개구부(開口部) 등을 제외한다] 또는 기계·설비·선박블록 등에서 작업을 할 때에 근로자가 위험해질 우려가 있는 경우 비계(飛階)를 조립하는 등의 방법으로 작업발판을 설치하여야 한다.

② 사업주는 제1항에 따른 작업발판을 설치하기 곤란한 경우 다음 각 호의 기준에 맞는 추락방호망을 설치하여야 한다. 다만, 추락방호망을 설치하기 곤란한 경우에는 근로자에게 안전대를 착용하도록 하는 등 추락위험을 방지하기 위하여 필요한 조치를 하여야 한다.

1. 추락방호망의 설치위치는 가능하면 작업면으로부터 가까운 지점에 설치하여야 하며, 작업면으로부터 망의 설치지점까지의 수직거리는 10미터를 초과하지 아니할 것
2. 추락방호망은 수평으로 설치하고, 망의 처짐은 짧은 변 길이의 12퍼센트 이상이 되도록 할 것
3. 건축물 등의 바깥쪽으로 설치하는 경우 망의 내민 길이는 벽면으로부터 3미터 이상 되도록 할 것. 다만, 그물코가 20밀리미터 이하인 추락방호망을 사용한 경우에는 제14조제3항에 따른 낙하물 방지망을 설치한 것으로 본다.

③ 사업주는 추락방호망을 설치하는 경우에는 한국산업표준에서 정하는 성능기준에 적합한 추락방호망을 사용하여야 한다.

④ 사업주는 제1항 및 제2항에도 불구하고 작업발판 및 추락방호망을 설치하기 곤란한 경우에는 근로자로 하여금 3개 이상의 버팀대를 가지고 지면으로부터 안정적으로 세울 수 있는 구조를 갖춘 이동식 사다리를 사용하여 작업을 하게 할 수 있다. 이 경우 사업주는 근로자가 다음 각 호의 사항을 준수하도록 조치해야 한다.

1. 평탄하고 견고하며 미끄럽지 않은 바닥에 이동식 사다리를 설치할 것
2. 이동식 사다리의 넘어짐을 방지하기 위해 다음 각 목의 어느 하나 이상에 해당하는 조치를 할 것
   가. 이동식 사다리를 견고한 시설물에 연결하여 고정할 것
   나. 아웃트리거(outrigger, 전도방지용 지지대)를 설치하거나 아웃트리거가 붙어있는 이동식 사다리를 설치할 것
   다. 이동식 사다리를 다른 근로자가 지지하여 넘어지지 않도록 할 것
3. 이동식 사다리의 제조사가 정하여 표시한 이동식 사다리의 최대사용하중을 초과하지 않는 범위 내에서만 사용할 것
4. 이동식 사다리를 설치한 바닥면에서 높이 3.5미터 이하의 장소에서만 작업할 것
5. 이동식 사다리의 최상부 발판 및 그 하단 디딤대에 올라서서 작업하지 않을 것. 다만, 높이 1미터 이하의 사다리는 제외한다.
6. 안전모를 착용하되, 작업 높이가 2미터 이상인 경우에는 안전모와 안전대를 함께 착용할 것
7. 이동식 사다리 사용 전 변형 및 이상 유무 등을 점검하여 이상이 발견되면 즉시 수리하거나 그 밖에 필요한 조치를 할 것

제163조(와이어로프 등 달기구의 안전계수) ① 사업주는 양중기의 와이어로프 등 달기구의 안전계수(달기구 절단하중의 값을 그 달기구에 걸리는 하중의 최대값으로 나눈 값을 말한다)가 다음 각 호의 구분에 따른 기준에 맞지 아니한 경우에는 이를 사용해서는 아니 된다.

1. 근로자가 탑승하는 운반구를 지지하는 달기와이어로프 또는 달기체인의 경우 : 10 이상
2. 화물의 하중을 직접 지지하는 달기와이어로프 또는 달기체인의 경우 : 5 이상
3. 훅, 샤클, 클램프, 리프팅 빔의 경우 : 3 이상
4. 그 밖의 경우 : 4 이상

② 사업주는 달기구의 경우 최대허용하중 등의 표식이 견고하게 붙어 있는 것을 사용하여야 한다.

제335조(콘크리트 타설장비 사용 시의 준수사항) 사업주는 콘크리트 타설작업을 하기 위하여 콘크리트 플레이싱 붐(placing boom), 콘크리트 분배기, 콘크리트 펌프카 등(이하 이 조에서 "콘크리트타설장비"라 한다)을 사용하는 경우에는 다음 각 호의 사항을 준수해야 한다.

1. 작업을 시작하기 전에 콘크리트타설장비를 점검하고 이상을 발견하였으면 즉시 보수할 것
2. 건축물의 난간 등에서 작업하는 근로자가 호스의 요동・선회로 인하여 추락하는 위험을 방지하기 위하여 안전난간 설치 등 필요한 조치를 할 것
3. 콘크리트타설장비의 붐을 조정하는 경우에는 주변의 전선 등에 의한 위험을 예방하기 위한 적절한 조치를 할 것
4. 작업 중에 지반의 침하나 아웃트리거 등 콘크리트타설장비 지지구조물의 손상 등에 의하여 콘크리트타설장비가 넘어질 우려가 있는 경우에는 이를 방지하기 위한 적절한 조치를 할 것

참고

산업안전보건기준에 관한 규칙

25 다음 중 산업안전보건법령의 규정에 따라 바르게 실시한 것을 모두 고른 것은?

상시근로자 85명을 고용하여 스티렌, 톨루엔 등을 사용하여 화학제품을 제조하는 공장이 2013년 1월 1일 신규로 가동되었다.

ㄱ. 사업주 甲은 2013년 3월 1일 공장에 대한 작업환경측정을 지정측정기관인 乙에게 의뢰하였다.

ㄴ. 乙은 작업환경측정을 지역시료 채취방식으로 실시하고 지역시료 채취방식으로 곤란한 작업장에 대하여는 개인시료 채취방법으로 실시하였다.

ㄷ. 乙은 2013년 3월 20일 시료채취를 완료하였으나, 시료분석 및 평가에 상당한 시간이 걸리게 되자 2013년 4월 10일 지방고용노동관서의 장에게 신고하여 작업환경측정 결과표 제출기간을 연장받았다.

ㄹ. 乙은 2013년 5월 10일 작업환경측정 결과표를 사업주에게 제출하고 동시에 한국산업안전보건공단에 전산으로 제출하였다.

① ㄴ, ㄹ
② ㄷ
③ ㄱ, ㄷ, ㄹ
④ ㄴ, ㄷ, ㄹ
⑤ ㄱ, ㄴ, ㄷ, ㄹ

답 ②

해설

작업환경측정

제125조(작업환경측정) ① 사업주는 유해인자로부터 근로자의 건강을 보호하고 쾌적한 작업환경을 조성하기 위하여 인체에 해로운 작업을 하는 작업장으로서 고용노동부령으로 정하는 작업장에 대하여 고용노동부령으로 정하는 자격을 가진 자로 하여금 작업환경측정을 하도록 하여야 한다.

② 제1항에도 불구하고 도급인의 사업장에서 관계수급인 또는 관계수급인의 근로자가 작업을 하는 경우에는 도급인이 제1항에 따른 자격을 가진 자로 하여금 작업환경측정을 하도록 하여야 한다.

③ 사업주(제2항에 따른 도급인을 포함한다. 이하 이 조 및 제127조에서 같다)는 제1항에 따른 작업환경측정을 제126조에 따라 지정받은 기관(이하 "작업환경측정기관"이라 한다)에 위탁할 수 있다. 이 경우 필요한 때에는 작업환경측정 중 시료의 분석만을 위탁할 수 있다.

④ 사업주는 근로자대표(관계수급인의 근로자대표를 포함한다. 이하 이 조에서 같다)가 요구하면 작업환경측정 시 근로자대표를 참석시켜야 한다.

⑤ 사업주는 작업환경측정 결과를 기록하여 보존하고 고용노동부령으로 정하는 바에 따라 고용노동부장관에게 보고하여야 한다. 다만, 제3항에 따라 사업주로부터 작업환경측정을 위탁받은 작업환경측정기관이 작업환경측정을 한 후 그 결과를 고용노동부령으로 정하는 바에 따라 고용노동부장관에게 제출한 경우에는 작업환경측정 결과를 보고한 것으로 본다.

⑥ 사업주는 작업환경측정 결과를 해당 작업장의 근로자(관계수급인 및 관계수급인 근로자를 포함한다. 이하 이 항, 제127조 및 제175조 제5항제15호에서 같다)에게 알려야 하며, 그 결과에 따라 근로자의 건강을 보호하기 위하여 해당 시설·설비의 설치·개선 또는 건강 진단의 실시 등의 조치를 하여야 한다.

⑦ 사업주는 산업안전보건위원회 또는 근로자대표가 요구하면 작업환경측정 결과에 대한 설명회 등을 개최하여야 한다. 이 경우 제3항에 따라 작업환경측정을 위탁하여 실시한 경우에는 작업환경측정기관에 작업환경측정 결과에 대하여 설명하도록 할 수 있다.

⑧ 제1항 및 제2항에 따른 작업환경측정의 방법·횟수, 그 밖에 필요한 사항은 고용노동부령으로 정한다.

참고

산업안전보건법

제188조(작업환경측정 결과의 보고) ① 사업주는 법 제125조제1항에 따라 작업환경측정을 한 경우에는 별지 제82호서식의 작업환경측정 결과보고서에 별지 제83호서식의 작업환경측정 결과표를 첨부하여 제189조제1항제3호에 따른 시료채취방법으로 시료채취(이하 이 조에서 "시료채취"라 한다)를 마친 날부터 30일 이내에 관할 지방고용노동관서의 장에게 제출하여야 한다. 다만, 시료분석 및 평가에 상당한 시간이 걸려 시료채취를 마친 날부터 30일 이내에 보고하는 것이 어려운 사업장의 사업주는 고용노동부장관이 정하여 고시하는 바에 따라 그 사실을 증명하여 관할 지방고용노동관서의 장에게 신고하면 30일의 범위에서 제출기간을 연장할 수 있다.

② 법 제125조제5항 단서에 따라 작업환경측정기관이 작업환경측정을 한 경우에는 시료채취를 마친 날부터 30일 이내에 작업환경측정 결과표를 전자적 방법으로 지방고용노동관서의 장에게 제출하여야 한다. 다만, 시료분석 및 평가에 상당한 시간이 걸려 시료채취를 마친 날부터 30일 이내에 보고하는 것이 어려운 작업환경측정기관은 고용노동부장관이 정하여 고시하는 바에 따라 그 사실을 증명하여 관할 지방고용노동관서의 장에게 신고하면 30일의 범위에서 제출기간을 연장할 수 있다.

③ 사업주는 작업환경측정 결과 노출기준을 초과한 작업공정이 있는 경우에는 법 제125조제6항에 따라 해당 시설·설비의 설치·개선 또는 건강진단의 실시 등 적절한 조치를 하고 시료채취를 마친 날부터 60일 이내에 해당 작업공정의 개선을 증명할 수 있는 서류 또는 개선 계획을 관할 지방고용노동관서의 장에게 제출하여야 한다.

④ 제1항 및 제2항에 따른 작업환경측정 결과의 보고내용, 방식 및 절차에 관한 사항은 고용노동부장관이 정하여 고시한다.

제189조(작업환경측정방법) ① 사업주는 법 제125조제1항에 따른 작업환경측정을 할 때에는 다음 각 호의 사항을 지켜야 한다.

1. 작업환경측정을 하기 전에 예비조사를 할 것
2. 작업이 정상적으로 이루어져 작업시간과 유해인자에 대한 근로자의 노출 정도를 정확히 평가할 수 있을 때 실시할 것
3. 모든 측정은 개인시료 채취방법으로 하되, 개인시료 채취방법이 곤란한 경우에는 지역시료 채취방법으로 실시(이 경우 그 사유를 별지 제83호서식의 작업환경측정 결과표에 분명하게 밝혀야 한다)할 것
4. 법 제125조제3항에 따라 작업환경측정기관에 위탁하여 실시하는 경우에는 해당 작업환경측정기관에 공정별 작업내용, 화학물질의 사용실태 및 물질안전보건자료 등 작업환경측정에 필요한 정보를 제공할 것

② 사업주는 근로자대표 또는 해당 작업공정을 수행하는 근로자가 요구하면 제1항제1호에 따른 예비조사에 참석시켜야 한다.

③ 제1항에 따른 측정방법 외에 유해인자별 세부 측정방법 등에 관하여 필요한 사항은 고용노동부장관이 정한다.

제190조(작업환경측정 주기 및 횟수) ① 사업주는 작업장 또는 작업공정이 신규로 가동되거나 변경되는 등으로 제186조에 따른 작업환경측정 대상 작업장이 된 경우에는 그 날부터 30일 이내에 작업환경측정을 하고, 그 후 반기(半期)에 1회 이상 정기적으로 작업환경을 측정하여야 한다. 다만, 작업환경측정 결과가 다음 각 호의 어느 하나에 해당하는 작업장 또는 작업공정은 해당 유해인자에 대하여 그 측정일부터 3개월에 1회 이상 작업환경측정을 하여야 한다.

1. 별표 21 제1호에 해당하는 화학적 인자(고용노동부장관이 정하여 고시하는 물질만 해당한다)의 측정치가 노출기준을 초과하는 경우
2. 별표 21 제1호에 해당하는 화학적 인자(고용노동부장관이 정하여 고시하는 물질은 제외한다)의 측정치가 노출기준을 2배 이상 초과하는 경우

② 제1항에도 불구하고 사업주는 최근 1년간 작업공정에서 공정 설비의 변경, 작업방법의 변경, 설비의 이전, 사용 화학물질의 변경 등으로 작업환경측정 결과에 영향을 주는 변화가 없는 경우로서 다음 각 호의 어느 하나에 해당하는 경우에는 해당 유해인자에 대한 작업환경측정을 연(年) 1회 이상 할 수 있다. 다만, 고용노동부장관이 정하여 고시하는 물질을 취급하는 작업공정은 그러하지 아니하다.

1. 작업공정 내 소음의 작업환경측정 결과가 최근 2회 연속 85데시벨(dB) 미만인 경우
2. 작업공정 내 소음 외의 다른 모든 인자의 작업환경측정 결과가 최근 2회 연속 노출기준 미만인 경우

참고

산업안전보건법 시행규칙

2013년도 4월 20일 필기문제

산업안전(보건)지도사 자격시험
제1차 시험문제지

1. 산업안전보건법령 2. 산업안전일반 3. 기업진단·지도	총 시험시간 : 90분 (과목당 30분)	문제형별 A

수험번호	20130420	성 명	도서출판 세화

【수험자 유의사항】

1. 시험문제지 표지와 시험문제지 내 **문제형별의 동일여부** 및 시험문제지의 **총면수·문제번호 일련순서·인쇄상태** 등을 확인하시고, 문제지 표지에 수험번호와 성명을 기재하시기 바랍니다.
2. 답은 각 문제마다 요구하는 **가장 적합하거나 가까운 답 1개**만 선택하고, 답안카드 작성 시 시험문제지 **형별누락, 마킹착오**로 인한 불이익은 전적으로 **수험자에게 책임**이 있음을 알려 드립니다.
3. 답안카드는 국가전문자격 공통 표준형으로 문제번호가 1번부터 125번까지 인쇄되어 있습니다. 답안 마킹 시에는 반드시 **시험문제지의 문제번호와 동일한 번호**에 마킹하여야 합니다.
4. **감독위원의 지시에 불응하거나 시험 시간 종료 후 답안카드를 제출하지 않을 경우** 불이익이 발생할 수 있음을 알려 드립니다.
5. 시험문제지는 시험 종료 후 가져가시기 바랍니다.

【안 내 사 항】

1. 수험자는 **QR코드를 통해 가답안을 확인**하시기 바랍니다.
(※ 사전 설문조사 필수)
2. 시험 합격자에게 **'합격축하 SMS(알림톡) 알림 서비스'**를 제공하고 있습니다.

▲ 가답안 확인

- 수험자 여러분의 합격을 기원합니다 -

2013년 산업안전보건법규 출제문제 분석표(NCS기준)

법령명(대분류)	단원(중분류)	세부내용(소분류)	출제년월일
산업안전보건법	제1장 총칙	제2조 정의	13.4.20
	제2장 안전보건관리체제 등	제15조 안전보건관리책임자	13.4.20
		제25조 안전보건관리규정의 작성	13.4.20
	제3장 안전보건교육		
	제4장 유해 위험 방지 조치	제34조 법령 요지 등의 게시 등	13.4.20
	제5장 도급 시 산업재해 예방		
	제6장 유해 위험기계 등에 대한 조치		
	제7장 유해 위험물질에 대한 조치		
	제8장 근로자 보건관리		
	제9장 산업안전지도사 및 산업보건지도사		
	제10장 근로감독관 등		
	제11장 보칙		
	제12장 벌칙		
소계		16% 출제	4문제 출제

법령명(대분류)	단원(중분류)	세부내용(소분류)	출제년월일
산업안전보건법 시행령	제1장 총칙		
	제2장 안전보건관리체제 등	제16조 안전관리자의 선임 등	13.4.20
		제32조 명예산업안전감독관 위촉 등	13.4.20
		제35조 산업안전보건위원회의 구성	13.4.20
	제3장 안전보건교육		
	제4장 유해 위험 방지 조치	제42조 유해위험방지계획서 제출 대상	13.4.20
	제5장 도급 시 산업재해 예방		
	제6장 유해 위험기계 등에 대한 조치	제78조 안전검사대상기계 등	13.4.20
	제7장 유해 위험물질에 대한 조치	제87조 제조 등이 금지되는 유해물질	13.4.20
	제8장 근로자 보건관리		
	제9장 산업안전지도사 및 산업보건지도사	[별표 31] 지도사의 업무 영역별 업무 범위(제102조 제2항 관련)	13.4.20
	제10장 보칙		
	제11장 벌칙		
소계		28% 출제	7문제 출제

법령명(대분류)	단원(중분류)	세부내용(소분류)	출제년월일
산업안전보건법 시행규칙	제1장 총칙		
	제2장 안전보건관리체제 등		
	제3장 안전보건교육	제29조 안전보건관리책임자 등에 대한 직무교육	13.4.20
	제4장 유해 위험 방지 조치	제67조 중대재해 발생 시 보고	13.4.20
	제5장 도급 시 산업재해 예방		
	제6장 유해 위험기계 등에 대한 조치		
	제7장 유해 위험물질에 대한 조치	제182조 석면해체·제거작업 완료 후의 석면농도기준	13.4.20
		제156조 물질안전보건자료의 작성방법 및 기재사항	13.4.20
	제8장 근로자 보건관리	제197조 일반건강진단의 주기 등	13.4.20
		제186조 작업환경측정 대상 작업장 등	13.4.20
		제220조 질병자의 근로금지	13.4.20
	제9장 산업안전지도사 및 산업보건지도사		
	제10장 근로감독관 등		
	제11장 보칙		
소계		28% 출제	7문제 출제

법령명(대분류)	단원(중분류)	세부내용(소분류)	출제년월일
산업안전보건 기준에 관한 규칙	제1편 총칙	제13조 안전난간의 구조 및 설치요건	13.4.20
		제42조 추락의 방지	13.4.20
	제2편 안전기준	제234조 가스 등의 용기	13.4.20
		제334조 콘크리트의 타설작업	13.4.20
	제3편 보건기준	제512조 정의	13.4.20
		제657조 유해요인 조사	13.4.20
		제618조 정의	13.4.20
소계		28% 출제	7문제 출제

1. 산업안전보건법령

01 산업안전보건기준에 관한 규칙상 안전난간과 추락방호망의 설치요건에 관한 설명이다. (   )안에 들어 갈 숫자로 옳은 것은?

· 안전난간 중 상부 난간대를 120[cm] 이상 지점에 설치하는 경우에는 중간 난간대를 (A) 단 이상으로 균등하게 설치하고 난간의 상하 간격은 (B)[cm] 이하가 되도록 할 것
· 추락방호망은 수평으로 설치하고, 망의 처짐은 짧은 변 길이의 (C)[%] 이상이 되도록 할 것

① A : 2, B : 60, C : 10
② A : 2, B : 60, C : 12
③ A : 2, B : 75, C : 10
④ A : 3, B : 75, C : 10
⑤ A : 3, B : 75, C : 12

답 ②

해설

제13조(안전난간의 구조 및 설치요건) 사업주는 근로자의 추락 등의 위험을 방지하기 위하여 안전난간을 설치하는 경우 다음 각 호의 기준에 맞는 구조로 설치해야 한다.

1. 상부 난간대, 중간 난간대, 발끝막이판 및 난간기둥으로 구성할 것. 다만, 중간 난간대, 발끝막이판 및 난간기둥은 이와 비슷한 구조와 성능을 가진 것으로 대체할 수 있다.
2. 상부 난간대는 바닥면·발판 또는 경사로의 표면(이하 "바닥면 등"이라 한다)으로부터 90센티미터 이상 지점에 설치하고, 상부 난간대를 120센티미터 이하에 설치하는 경우에는 중간 난간대는 상부 난간대와 바닥면 등의 중간에 설치하여야 하며, 120센티미터 이상 지점에 설치하는 경우에는 중간 난간대를 2단 이상으로 균등하게 설치하고 난간의 상하 간격은 60센티미터 이하가 되도록 할 것. 다만, 난간기둥 간의 간격이 25센티미터 이하인 경우에는 중간 난간대를 설치하지 않을 수 있다.
3. 발끝막이판은 바닥면 등으로부터 10센티미터 이상의 높이를 유지할 것. 다만, 물체가 떨어지거나 날아올 위험이 없거나 그 위험을 방지할 수 있는 망을 설치하는 등 필요한 예방 조치를 한 장소는 제외한다.
4. 난간기둥은 상부 난간대와 중간 난간대를 견고하게 떠받칠 수 있도록 적정한 간격을 유지할 것
5. 상부 난간대와 중간 난간대는 난간 길이 전체에 걸쳐 바닥면 등과 평행을 유지할 것
6. 난간대는 지름 2.7센티미터 이상의 금속제 파이프나 그 이상의 강도가 있는 재료일 것
7. 안전난간은 구조적으로 가장 취약한 지점에서 가장 취약한 방향으로 작용하는 100킬로그램 이상의 하중에 견딜 수 있는 튼튼한 구조일 것

정답확인

산업안전보건기준에 관한 규칙 제13조 2호

제42조(추락의 방지) ① 사업주는 근로자가 추락하거나 넘어질 위험이 있는 장소[작업발판의 끝·개구부(開口部) 등을 제외한다] 또는 기계·설비·선박블록 등에서 작업을 할 때에 근로자가 위험해질 우려가 있는 경우 비계(飛階)를 조립하는 등의 방법으로 작업발판을 설치하여야 한다.
② 사업주는 제1항에 따른 작업발판을 설치하기 곤란한 경우 다음 각 호의 기준에 맞는 추락방호망을 설치하여야 한다. 다만, 추락방호망을 설치하기 곤란한 경우에는 근로자에게 안전대를 착용하도록 하는 등 추락위험을 방지하기 위

하여 필요한 조치를 하여야 한다.
1. 추락방호망의 설치위치는 가능하면 작업면으로부터 가까운 지점에 설치하여야 하며, 작업면으로부터 망의 설치지점까지의 수직거리는 10미터를 초과하지 아니할 것
2. 추락방호망은 수평으로 설치하고, 망의 처짐은 짧은 변 길이의 12퍼센트 이상이 되도록 할 것
3. 건축물 등의 바깥쪽으로 설치하는 경우 추락방호망의 내민 길이는 벽면으로부터 3미터 이상 되도록 할 것. 다만, 그물코가 20밀리미터 이하인 추락방호망을 사용한 경우에는 제14조제3항에 따른 낙하물방지망을 설치한 것으로 본다.

③ 사업주는 추락방호망을 설치하는 경우에는 「산업표준화법」에 따른 한국산업표준에서 정하는 성능기준에 적합한 추락방호망을 사용하여야 한다.

④ 사업주는 제1항 및 제2항에도 불구하고 작업발판 및 추락방호망을 설치하기 곤란한 경우에는 근로자로 하여금 3개 이상의 버팀대를 가지고 지면으로부터 안정적으로 세울 수 있는 구조를 갖춘 이동식 사다리를 사용하여 작업을 하게 할 수 있다. 이 경우 사업주는 근로자가 다음 각 호의 사항을 준수하도록 조치해야 한다.
1. 평탄하고 견고하며 미끄럽지 않은 바닥에 이동식 사다리를 설치할 것
2. 이동식 사다리의 넘어짐을 방지하기 위해 다음 각 목의 어느 하나 이상에 해당하는 조치를 할 것
   가. 이동식 사다리를 견고한 시설물에 연결하여 고정할 것
   나. 아웃트리거(outrigger, 전도방지용 지지대)를 설치하거나 아웃트리거가 붙어있는 이동식 사다리를 설치할 것
   다. 이동식 사다리를 다른 근로자가 지지하여 넘어지지 않도록 할 것
3. 이동식 사다리의 제조사가 정하여 표시한 이동식 사다리의 최대사용하중을 초과하지 않는 범위 내에서만 사용할 것
4. 이동식 사다리를 설치한 바닥면에서 높이 3.5미터 이하의 장소에서만 작업할 것
5. 이동식 사다리의 최상부 발판 및 그 하단 디딤대에 올라서서 작업하지 않을 것. 다만, 높이 1미터 이하의 사다리는 제외한다.
6. 안전모를 착용하되, 작업 높이가 2미터 이상인 경우에는 안전모와 안전대를 함께 착용할 것
7. 이동식 사다리 사용 전 변형 및 이상 유무 등을 점검하여 이상이 발견되면 즉시 수리하거나 그 밖에 필요한 조치를 할 것

정답확인

산업안전보건기준에 관한 규칙 제42조 2항 2호

유사문제 출제

2012년 6월 23일(문제 24번)

02 산업안전보건기준에 관한 규칙상 폭발·화재 및 위험물누출에 의한 위험방지에 관한 설명으로 옳은 것만을 모두 고른 것은?

ㄱ. 사업주는 금속의 용접·용단 또는 가열에 사용되는 가스 등의 용기를 취급하는 경우에는 용기의 온도를 섭씨 40도 이하로 유지해야 한다.
ㄴ. 사업주는 위험물질을 제조하거나 취급하는 경우 적절한 방호조치를 하지 않고 급성 독성물질을 누출시키는 등으로 인체에 접촉시키는 행위를 해서는 아니된다.
ㄷ. 사업주는 고열의 금속찌꺼기를 물로 처리하는 피트에 대하여 수증기 폭발을 방지하기 위해 작업용수 또는 빗물 등이 내부로 새어드는 것을 방지할 수 있는 격벽 등의 설비를 주위에 설치하여야 한다.
ㄹ. 폭발·화재 및 위험물누출에 의한 위험방지를 하여야 할 조치의 내용은 사업장 규모별로 다르게 규정되어 있다.

① ㄱ, ㄴ ② ㄱ, ㄷ
③ ㄱ, ㄹ ④ ㄴ, ㄷ
⑤ ㄷ, ㄹ

답 ①

해설

제234조(가스 등의 용기) 사업주는 금속의 용접·용단 또는 가열에 사용되는 가스 등의 용기를 취급하는 경우에 다음 각 호의 사항을 준수하여야 한다.

1. 다음 각 목의 어느 하나에 해당하는 장소에서 사용하거나 해당 장소에 설치·저장 또는 방치하지 않도록 할 것
   가. 통풍이나 환기가 불충분한 장소
   나. 화기를 사용하는 장소 및 그 부근
   다. 위험물 또는 제236조에 따른 인화성 액체를 취급하는 장소 및 그 부근
2. 용기의 온도를 섭씨 40도 이하로 유지할 것
3. 전도의 위험이 없도록 할 것
4. 충격을 가하지 않도록 할 것
5. 운반하는 경우에는 캡을 씌울 것
6. 사용하는 경우에는 용기의 마개에 부착되어 있는 유류 및 먼지를 제거할 것
7. 밸브의 개폐는 서서히 할 것
8. 사용 전 또는 사용 중인 용기와 그 밖의 용기를 명확히 구별하여 보관할 것
9. 용해아세틸렌의 용기는 세워 둘 것
10. 용기의 부식·마모 또는 변형상태를 점검한 후 사용할 것

정답확인

산업안전보건기준에 관한 규칙 제234조 2호

제225조(위험물질 등의 제조 등 작업 시의 조치) 사업주는 별표 1의 위험물질(이하 "위험물"이라 한다)을 제조하거나 취급하는 경우에 폭발·화재 및 누출을 방지하기 위한 적절한 방호조치를 하지 아니하고 다음 각 호의 행위를 해서는 아니 된다.

1. 폭발성 물질, 유기과산화물을 화기나 그 밖에 점화원이 될 우려가 있는 것에 접근시키거나 가열하거나 마찰시키거나 충격을 가하는 행위
2. 물반응성 물질, 인화성 고체를 각각 그 특성에 따라 화기나 그 밖에 점화원이 될 우려가 있는 것에 접근시키거나 발화를 촉진하는 물질 또는 물에 접촉시키거나 가열하거나 마찰시키거나 충격을 가하는 행위

3. 산화성 액체·산화성 고체를 분해가 촉진될 우려가 있는 물질에 접촉시키거나 가열하거나 마찰시키거나 충격을 가하는 행위
4. 인화성 액체를 화기나 그 밖에 점화원이 될 우려가 있는 것에 접근시키거나 주입 또는 가열하거나 증발시키는 행위
5. 인화성 가스를 화기나 그 밖에 점화원이 될 우려가 있는 것에 접근시키거나 압축·가열 또는 주입하는 행위
6. 부식성 물질 또는 급성 독성물질을 누출시키는 등으로 인체에 접촉시키는 행위
7. 위험물을 제조하거나 취급하는 설비가 있는 장소에 인화성 가스 또는 산화성 액체 및 산화성 고체를 방치하는 행위

정답확인

산업안전보건기준에 관한 규칙 제225조 6호

제251조(고열의 금속찌꺼기 물처리 등) 사업주는 고열의 금속찌꺼기를 물로 처리하거나 폐기하는 작업을 하는 경우에는 수증기 폭발을 방지하기 위하여 배수가 잘되는 장소에서 작업을 하여야 한다. 다만, 수쇄(水碎)처리를 하는 경우에는 그러하지 아니하다.

정답확인

산업안전보건기준에 관한 규칙 제251조

제232조(폭발 또는 화재 등의 예방) ① 사업주는 인화성 액체의 증기, 인화성 가스 또는 인화성 고체가 존재하여 폭발이나 화재가 발생할 우려가 있는 장소에서 해당 증기·가스 또는 분진에 의한 폭발 또는 화재를 예방하기 위하여 통풍·환기 및 분진 제거 등의 조치를 하여야 한다.

② 사업주는 제1항에 따른 증기나 가스에 의한 폭발이나 화재를 미리 감지하기 위하여 가스 검지 및 경보 성능을 갖춘 가스 검지 및 경보 장치를 설치하여야 한다. 다만, 「산업표준화법」의 한국산업표준에 따른 0종 또는 1종 폭발위험장소에 해당하는 경우로서 제311조에 따라 방폭구조 전기기계·기구를 설치한 경우에는 그러하지 아니하다.

정답확인

산업안전보건기준에 관한 규칙 제232조 2항

03 산업안전보건법령상 건강진단에 관한 설명으로 옳지 않은 것은?

① 사무직 종사 근로자 외의 근로자는 1년에 1회 이상 일반건강진단을 실시하여야 한다.

② 상시 사용하는 근로자 중 사무직에 종사하는 근로자란 공장 또는 공사현장과 같은 구역에서 서무·인사·경리·판매·설계 등의 사무업무에 종사하는 근로자를 말하며, 판매업무에 직접 종사하는 근로자는 제외한다.

③ 학교보건법에 따른 건강검사를 받은 근로자는 산업안전보건법 시행규칙에 따른 일반건강진단을 실시한 것으로 본다.

④ 사업주는 본인의 동의 없이는 개별 근로자의 건강진단 결과를 공개하여서는 아니 된다.

⑤ 사업주는 일반건강진단 또는 특수건강진단을 정기적으로 실시하도록 하되, 건강진단의 실시시기를 안전보건관리규정 또는 취업규칙에 명기하여야 한다.

답 ②

해설

제197조(일반건강진단의 주기 등) ① 사업주는 상시 사용하는 근로자 중 사무직에 종사하는 근로자(공장 또는 공사현장과 같은 구역에 있지 않은 사무실에서 서무·인사·경리·판매·설계 등의 사무업무에 종사하는 근로자를 말하며, 판매업무 등에 직접 종사하는 근로자는 제외한다)에 대해서는 2년에 1회 이상, 그 밖의 근로자에 대해서는 1년에 1회 이상 일반건강진단을 실시하여야 한다.

② 법 제129조제1항에 따른 일반건강진단을 실시하여야 할 사업주는 일반건강진단 실시 시기를 안전보건관리규정 또는 취업규칙에 규정하는 등 일반건강진단이 정기적으로 실시되도록 노력하여야 한다.

정답확인

산업안전보건법 시행규칙

04 산업안전보건법령상 석면에 관한 설명으로 옳지 않은 것은?

① 석면해체·제거작업의 완료 후 해당 작업장의 공기 중 석면농도는 1[cm^3]당 0.01개 이하이어야 한다.

② 석면을 사용하는 작업장소의 바닥재료는 불침투성재료를 사용하고 청소하기 쉬운 구조로 하여야 한다.

③ 근로자가 석면을 뿜어서 칠하는 작업을 할 경우 사업주는 석면이 흩날리지 않도록 습기를 유지하거나 밀폐 또는 국소배기장치설치 등 필요한 대책을 강구해야 한다.

④ 석면 취급작업을 마친 근로자의 오염된 작업복은 석면 전용 탈의실에서만 벗도록 하여야 한다.

⑤ 석면을 사용하는 장소는 다른 작업장소와 격리하여야 한다.

답 ③

해설

제182조(석면해체·제거작업 완료 후의 석면농도기준) 법 제124조 제1항에서 "고용노동부령으로 정하는 기준"이란 1세제곱센티미터당 0.01개를 말한다.

정답확인

산업안전보건법 시행규칙

제477조(격리) 사업주는 석면분진이 퍼지지 않도록 석면을 사용하는 장소를 다른 작업장소와 격리하여야 한다.

제478조(바닥) 사업주는 석면을 사용하는 작업장소의 바닥재료는 불침투성 재료를 사용하고 청소하기 쉬운 구조로 하여야 한다.

제481조(석면분진의 흩날림 방지 등) ① 사업주는 석면을 뿜어서 칠하는 작업에 근로자를 종사하도록 해서는 아니 된다.

② 사업주는 석면을 사용하거나 석면이 붙어 있는 물질을 이용하는 작업을 하는 경우에 석면이 흩날리지 않도록 습기를 유지하여야 한다. 다만, 작업의 성질상 습기를 유지하기 곤란한 경우에는 다음 각 호의 조치를 한 후 작업하도록 하여야 한다.

1. 석면으로 인한 근로자의 건강장해 예방을 위하여 밀폐설비나 국소배기장치의 설치 등 필요한 보호대책을 마련할 것
2. 석면을 함유하는 폐기물은 새지 않도록 불침투성 자루 등에 밀봉하여 보관할 것

제483조(작업복 관리) ① 사업주는 석면 취급작업을 마친 근로자의 오염된 작업복은 석면 전용의 탈의실에서만 벗도록 하여야 한다.

② 사업주는 석면에 오염된 작업복을 세탁·정비·폐기 등의 목적으로 탈의실 밖으로 이송할 경우에 관계근로자가 아닌 사람이 취급하지 않도록 하여야 한다.

③ 사업주는 석면에 오염된 작업복의 석면분진이 공기 중으로 날리지 않도록 뚜껑이 있는 용기에 넣어서 보관하고 석면으로 오염된 작업복임을 표시하여야 한다.

정답확인

산업안전보건기준에 관한 규칙

05 산업안전보건기준에 관한 규칙상 소음에 의한 건강장해예방조치를 규정한 내용으로 옳지 않은 것은?

① "소음작업"이란 1일 8시간 작업을 기준으로 85데시벨 이상의 소음이 발생하는 작업을 말한다.

② 100데시벨 이상의 소음이 1일 2시간 이상 발생하는 작업은 "강렬한 소음작업"이다.

③ 소음이 1초 이상의 간격으로 발생하는 작업으로서 120데시벨을 초과하는 소음이 1일 1만회 이상 발생하는 작업은 "충격소음작업"이다.

④ 사업주는 근로자가 소음작업, 강렬한 소음작업 또는 충격소음작업에 종사하는 경우 청력보호구를 지급하고 착용하도록 하여야 한다.

⑤ 소음의 작업환경측정 결과 소음수준이 85데시벨을 초과하는 사업장의 사업주는 청력보존 프로그램을 수립하여 시행하여야 한다.

답 ⑤

해설

제512조(정의) 이 장에서 사용하는 용어의 뜻은 다음과 같다.

1. "소음작업"이란 1일 8시간 작업을 기준으로 85데시벨 이상의 소음이 발생하는 작업을 말한다.
2. "강렬한 소음작업"이란 다음 각목의 어느 하나에 해당하는 작업을 말한다.
   가. 90데시벨 이상의 소음이 1일 8시간 이상 발생하는 작업
   나. 95데시벨 이상의 소음이 1일 4시간 이상 발생하는 작업
   다. 100데시벨 이상의 소음이 1일 2시간 이상 발생하는 작업
   라. 105데시벨 이상의 소음이 1일 1시간 이상 발생하는 작업
   마. 110데시벨 이상의 소음이 1일 30분 이상 발생하는 작업
   바. 115데시벨 이상의 소음이 1일 15분 이상 발생하는 작업
3. "충격소음작업"이란 소음이 1초 이상의 간격으로 발생하는 작업으로서 다음 각 목의 어느 하나에 해당하는 작업을 말한다.
   가. 120데시벨을 초과하는 소음이 1일 1만회 이상 발생하는 작업
   나. 130데시벨을 초과하는 소음이 1일 1천회 이상 발생하는 작업
   다. 140데시벨을 초과하는 소음이 1일 1백회 이상 발생하는 작업
4. "진동작업"이란 다음 각 목의 어느 하나에 해당하는 기계·기구를 사용하는 작업을 말한다.
   가. 착암기(鑿巖機)
   나. 동력을 이용한 해머
   다. 체인톱
   라. 엔진 커터(engine cutter)
   마. 동력을 이용한 연삭기
   바. 임팩트 렌치(impact wrench)
   사. 그 밖에 진동으로 인하여 건강장해를 유발할 수 있는 기계·기구
5. "청력보존 프로그램"이란 소음노출 평가, 소음노출 기준 초과에 따른 공학적 대책, 청력보호구의 지급과 착용, 소음의 유해성과 예방에 관한 교육, 정기적 청력검사, 기록·관리 사항 등이 포함된 소음성 난청을 예방·관리하기 위한 종합적인 계획을 말한다.

정답확인

산업안전보건기준에 관한 규칙 제512조

제516조(청력보호구의 지급 등) ① 사업주는 근로자가 소음작업, 강렬한 소음작업 또는 충격소음작업에 종사하는 경우에 근로자에게 청력보호구를 지급하고 착용하도록 하여야 한다.

② 제1항에 따른 청력보호구는 근로자 개인 전용의 것으로 지급하여야 한다.

③ 근로자는 제1항에 따라 지급된 보호구를 사업주의 지시에 따라 착용하여야 한다.

제517조(청력보존 프로그램 시행 등) 사업주는 다음 각 호의 어느 하나에 해당하는 경우에 청력보존 프로그램을 수립하여 시행하여야 한다.

1. 법 제125조에 따른 소음의 작업환경 측정 결과 소음수준이 90데시벨을 초과하는 사업장
2. 소음으로 인하여 근로자에게 건강장해가 발생한 사업장

참고

2012년 6월 23일(문제 22번)

06 다음 내용 중 산업안전보건법령상 산업보건지도사가 타인의 의뢰를 받아 수행할 수 있는 업무인 것은 모두 몇 개인가?

· 유해위험의 방지계획서 작성·지도
· 공정상의 안전에 관한 평가·지도
· 작업환경 측정 결과에 대한 공학적 개선대책 기술 지도
· 기술환경의 평가 및 개선 지도
· 안전보건개선계획서의 작성 지도

① 1개
② 2개
③ 3개
④ 4개
⑤ 5개

답 ③

해설

산업보건지도사 업무

(1) 산업보건지도사(산업위생 분야)
㉮ 유해위험방지계획서, 안전보건개선계획서, 물질안전보건자료 작성 지도
㉯ 작업환경측정 결과에 대한 공학적 개선대책 기술 지도
㉰ 작업장 환기시설의 설계 및 시공에 필요한 기술 지도
㉱ 보건진단결과에 따른 작업환경 개선에 필요한 직업환경의학적 지도
㉲ 석면 해체·제거 작업 기술 지도
㉳ 갱내, 터널 또는 밀폐공간의 환기·배기시설의 안전성 평가 및 기술 지도
㉴ 그 밖에 산업보건에 관한 교육 또는 기술 지도
(2) 산업보건지도사(직업환경의학 분야)
㉮ 유해위험방지계획서, 안전보건개선계획서 작성 지도
㉯ 건강진단 결과에 따른 근로자 건강관리 지도
㉰ 직업병 예방을 위한 작업관리, 건강관리에 필요한 지도
㉱ 보건진단 결과에 따른 개선에 필요한 기술 지도
㉲ 그 밖에 직업환경의학, 건강관리에 관한 교육 또는 기술 지도

정답확인

산업안전보건법 시행령 [별표 31]
지도사의 업무 영역별 업무 범위

보충학습

산업안전지도사 업무

(1) 법 제145조제1항에 따라 등록한 산업안전지도사(기계안전·전기안전·화공안전 분야)
① 유해위험방지계획서, 안전보건개선계획서, 공정안전보고서, 기계·기구·설비의 작업계획서 및 물질안전보건자료 작성 지도
② 다음의 사항에 대한 설계·시공·배치·보수·유지에 관한 안전성 평가 및 기술 지도
㉮ 전기
㉯ 기계·기구·설비
㉰ 화학설비 및 공정
③ 정전기·전자파로 인한 재해의 예방, 자동화설비, 자동제어, 방폭전기설비 및 전력시스템 등에 대한 기술 지도
④ 인화성 가스, 인화성 액체, 폭발성 물질, 급성독성 물질 및 방폭설비 등에 관한 안전성 평가 및 기술 지도

⑤ 크레인 등 기계·기구, 전기작업의 안전성 평가
⑥ 그 밖에 기계, 전기, 화공 등에 관한 교육 또는 기술 지도

(2) 산업안전지도사(건설안전 분야)
① 유해위험방지계획서, 안전보건개선계획서, 건축·토목 작업계획서 작성 지도
② 가설구조물, 시공 중인 구축물, 해체공사, 건설공사 현장의 붕괴우려 장소 등의 안전성 평가
③ 가설시설, 가설도로 등의 안전성 평가
④ 굴착공사의 안전시설, 지반붕괴, 매설물 파손 예방의 기술 지도
⑤ 그 밖에 토목, 건축 등에 관한 교육 또는 기술 지도

07 산업안전보건법령상 산업재해 발생 보고 및 기록에 관한 설명으로 옳은 것은?

① 사업주는 산업재해로 4일 이상의 요양이 필요한 부상을 입은 사람이 발생한 경우에는 해당 산업재해가 발생한 날부터 15일 이내에 산업재해조사표를 작성하여 제출하여야 한다.

② 사업주는 산업재해가 발생한 때에는 근로자의 인적사항, 재해 발생의 원인 및 과정 등을 기록·보존하여야 하는데, 재발방지계획은 거기에 포함되지 않는다.

③ 근로자가 산업재해보상보험법에 따른 요양급여를 신청한 경우라도 사업주는 관할 지방고용노동관서의 장에게 산업재해조사표를 제출하여야 한다.

④ 건설업을 영위하는 사업주는 산업재해조사표에 근로자 대표의 확인을 받아야 하며, 그 기재 내용에 대하여 근로자 대표의 이견이 있는 경우에는 그 내용을 첨부하여야 한다.

⑤ 사망자 1명과 직업성질병자가 동시에 5명 발생한 산업재해의 경우 사업주는 재해 발생의 개요 및 피해 상황 등을 지체 없이 관할 지방고용노동관서의 장에게 보고하여야 한다.

답 ⑤

해설

제67조(중대재해 발생 시 보고) 사업주는 중대재해가 발생한 사실을 알게 된 경우에는 법 제54조제2항에 따라 지체 없이 다음 각 호의 사항을 사업장 소재지를 관할하는 지방고용노동관서의 장에게 전화·팩스, 또는 그 밖에 적절한 방법으로 보고하여야 한다.

1. 발생 개요 및 피해 상황
2. 조치 및 전망
3. 그 밖의 중요한 사항

제73조(산업재해 발생 보고) ① 사업주는 산업재해로 사망자가 발생하거나 3일 이상의 휴업이 필요한 부상을 입거나 질병에 걸린 사람이 발생한 경우에는 법 제57조제3항에 따라 해당 산업재해가 발생한 날부터 1개월 이내에 별지 제30호서식의 산업재해조사표를 작성하여 관할 지방고용노동관서의 장에게 제출(전자문서에 의한 제출을 포함한다)하여야 한다.

② 제1항에도 불구하고 다음 각 호의 모두에 해당하지 않는 사업주가 법률 제11882호 산업안전보건법 일부개정법률 제10조제2항의 개정규정의 시행일인 2014년 7월 1일 이후 해당 사업장에서 처음 발생한 산업재해에 대하여 지방고용노동관서의 장으로부터 별지 제30호서식의 산업재해조사표를 작성하여 제출하도록 명령을 받은 경우 그 명령을 받은 날부터 15일 이내에 이를 이행한 때에는 제1항에 따른 보고를 한 것으로 본다. 제1항에 따른 보고기한이 지난 후에 자진하여 별지 제30호서식의 산업재해조사표를 작성·제출한 경우에도 또한 같다.

1. 안전관리자 또는 보건관리자를 두어야 하는 사업주
2. 법 제62조제1항에 따라 안전보건총괄책임자를 지정하여야 하는 도급인
3. 법 제73조제1항에 따라 건설재해예방전문지도기관의 지도를 받아야 하는 사업주
4. 산업재해 발생사실을 은폐하려고 한 사업주

③ 사업주는 제1항에 따른 산업재해조사표에 근로자대표의 확인을 받아야 하며, 그 기재 내용에 대하여 근로자대표의 이견이 있는 경우에는 그 내용을 첨부하여야 한다. 다만, 근로자대표가 없는 경우에는 재해자 본인의 확인을 받아 산업재해조사표를 제출할 수 있다.

④ 제1항부터 제3항까지의 규정에서 정한 사항 외에 산업재해발생 보고에 필요한 사항은 고용노동부장관이 정한다.

⑤ 「산업재해보상보험법」 제41조에 따라 요양급여의 신청을 받은 근로복지공단은 지방고용노동관서의 장 또는 공단으로부터 요양신청서 사본, 요양업무 관련 전산입력자료, 그 밖에 산업재해예방업무 수행을 위하여 필요한 자료의 송부를 요청받은 경우에는 이에 협조하여야 한다.

정답확인

산업안전보건법 시행규칙

보충학습

제3조(중대재해의 범위) ① 법 제2조제2호에서 "고용노동부령으로 정하는 재해"란 다음 각 호의 어느 하나에 해당하는 재해를 말한다.

1. 사망자가 1명 이상 발생한 재해
2. 3개월 이상의 요양이 필요한 부상자가 동시에 2명 이상 발생한 재해
3. 부상자 또는 직업성질병자가 동시에 10명 이상 발생한 재해

08 산업안전보건법령상 안전보건관리책임자가 총괄·관리해야 할 업무에 해당하는 것만을 모두 고른 것은?

ㄱ. 산업재해 예방계획의 수립에 관한 사항
ㄴ. 산업재해의 원인 조사 및 재발 방지대책 수립에 관한 사항
ㄷ. 자율안전확인대상 기계·기구 등의 사용 여부 확인에 관한 사항
ㄹ. 건설업의 경우 수급인의 산업안전보건관리비의 집행 감독 및 그 사용에 관한 수급인 간의 협의·조정에 관한 사항

① ㄱ, ㄴ
② ㄱ, ㄷ
③ ㄱ, ㄹ
④ ㄴ, ㄷ
⑤ ㄷ, ㄹ

답 ①

해설

제15조(안전보건관리책임자) ① 사업주는 사업장을 실질적으로 총괄하여 관리하는 사람에게 해당 사업장의 다음 각 호의 업무를 총괄하여 관리하도록 하여야 한다.

1. 사업장의 산업재해 예방계획의 수립에 관한 사항
2. 제25조 및 제26조에 따른 안전보건관리규정의 작성 및 변경에 관한 사항
3. 제29조에 따른 안전보건교육에 관한 사항
4. 작업환경측정 등 작업환경의 점검 및 개선에 관한 사항
5. 제129조부터 제132조까지에 따른 근로자의 건강진단 등 건강관리에 관한 사항
6. 산업재해의 원인 조사 및 재발 방지대책 수립에 관한 사항
7. 산업재해에 관한 통계의 기록 및 유지에 관한 사항
8. 안전장치 및 보호구 구입 시 적격품 여부 확인에 관한 사항
9. 그 밖에 근로자의 유해·위험 방지조치에 관한 사항으로서 고용노동부령으로 정하는 사항

② 제1항 각 호의 업무를 총괄하여 관리하는 사람(이하 "안전보건관리책임자"라 한다)은 제17조에 따른 안전관리자와 제18조에 따른 보건관리자를 지휘·감독한다.

③ 안전보건관리책임자를 두어야 하는 사업의 종류와 사업장의 상시근로자 수, 그 밖에 필요한 사항은 대통령령으로 정한다.

정답확인

산업안전보건법 제15조

보충학습

산업안전보건법 시행령

제53조(안전보건총괄책임자의 직무 등) ① 안전보건총괄책임자의 직무는 다음 각 호와 같다.

1. 법 제36조에 따른 위험성평가의 실시에 관한 사항
2. 법 제51조 및 제54조에 따른 작업의 중지
3. 법 제64조에 따른 도급 시 산업재해 예방조치
4. 법 제72조제1항에 따른 산업안전보건관리비의 관계수급인 간의 사용에 관한 협의 · 조정 및 그 집행의 감독
5. 안전인증대상기계등과 자율안전확인대상기계등의 사용 여부 확인

② 안전보건총괄책임자에 대한 지원에 관하여는 제14조제2항을 준용한다. 이 경우 "안전보건관리책임자"는 "안전보건총괄책임자"로, "법 제15조제1항"은 "제1항"으로 본다.

③ 사업주는 안전보건총괄책임자를 선임했을 때에는 그 선임 사실 및 제1항 각 호의 직무의 수행내용을 증명할 수 있는 서류를 갖추어 두어야 한다.

09 산업안전보건법령상 물질안전보건자료 및 경고표시에 관한 설명으로 옳은 것은?

① 대상화학물질을 양도하거나 제공하는 자는 물질안전보건자료 제공의무가 없다.

② 약사법에 따른 의약품은 물질안전보건자료의 작성 대상이다.

③ 탱크로리, 파이프라인에 의하여 대상화학물질을 양도하거나 제공하는 경우에는 경고표시 기재 항목을 적은 자료를 제공할 필요가 없다.

④ 사업주는 새로운 대상화학물질이 도입된 경우 근로자에게 물질안전보건자료에 관한 교육을 매번 실시할 필요가 없다.

⑤ 사업주는 물질안전보건자료에 관한 교육을 할 때 유해성·위험성이 유사한 대상화학물질을 그룹별로 분류하여 교육할 수 있다.

답 ⑤

해설

제156조(물질안전보건자료의 작성방법 및 기재사항) ① 법 제110조제1항에 따른 물질안전보건자료 대상물질(이하 "물질안전보건자료 대상물질"이라 한다)을 제조·수입하려는 자가 물질안전보건자료를 작성하는 경우에는 그 물질안전보건자료의 신뢰성이 확보될 수 있도록 인용된 자료의 출처를 함께 적어야 한다.

② 법 제110조제1항제5호에서 "물리·화학적 특성 등 고용노동부령으로 정하는 사항"이란 다음 각 호의 사항을 말한다.

1. 물리·화학적 특성
2. 독성에 관한 정보
3. 폭발·화재 시의 대처 방법
4. 응급조치 요령
5. 그 밖에 고용노동부장관이 정하는 사항

③ 그 밖의 물질안전보건자료의 세부 작성방법, 용어 등 필요한 사항은 고용노동부장관이 정하여 고시한다.

정답확인

산업안전보건법 시행규칙

10 산업안전보건법령상 유해위험방지계획서 또는 공정안전보고서에 관한 설명으로 옳은 것은?

① 전기장비 제조업으로서 전기 계약 용량이 200킬로와트 이상인 사업은 유해·위험방지계획서 제출 대상 업종에 포함되어 있다.

② 깊이 5미터 이상의 굴착공사를 하는 경우 사업주는 건설안전 분야 산업안전지도사의 의견을 들은 후 유해·위험방지계획서를 제출하어야 한다.

③ 유해·위험방지계획서에 대한 심사결과 사업주는 지방고용노동관서의 장으로부터 공사착공중지명령 또는 계획변경명령을 받은 경우에는 계획서를 보완하거나 변경하여 한국산업안전보건공단에 제출하여야 한다.

④ 사업주는 공정안전보고서 심사결과를 근로자에게 알려주어야 한다.

⑤ 사업주는 유해·위험설비의 설치·이전 또는 주요 구조부분의 변경공사의 착공일전까지 공정안전보고서를 2부 작성하여 한국산업안전보건공단에 제출하여야 한다.

답 ③

해설

유해위험방지 사항에 관한 계획서 등

제42조(유해위험방지계획서 제출 대상) ① 법 제42조제1항제1호에서 "대통령령으로 정하는 사업의 종류 및 규모에 해당하는 사업"이란 다음 각 호의 어느 하나에 해당하는 사업으로서 전기 계약용량이 300킬로와트 이상인 경우를 말한다.

1. 금속가공제품 제조업 : 기계 및 가구 제외
2. 비금속 광물제품 제조업
3. 기타 기계 및 장비 제조업
4. 자동차 및 트레일러 제조업
5. 식료품 제조업
6. 고무제품 및 플라스틱제품 제조업
7. 목재 및 나무제품 제조업
8. 기타 제품 제조업
9. 1차 금속 제조업
10. 가구 제조업
11. 화학물질 및 화학제품 제조업
12. 반도체 제조업
13. 전자부품 제조업

② 법 제42조제1항제2호에서 "대통령령으로 정하는 기계·기구 및 설비"란 다음 각 호의 어느 하나에 해당하는 기계·기구 및 설비를 말한다. 이 경우 다음 각 호에 해당하는 기계·기구 및 설비의 구체적인 범위는 고용노동부장관이 정하여 고시한다.

1. 금속이나 그 밖의 광물의 용해로
2. 화학설비
3. 건조설비
4. 가스집합 용접장치
5. 근로자의 건강에 상당한 장해를 일으킬 우려가 있는 물질로서 고용노동부령으로 정하는 물질의 밀폐·환기·배기를 위한 설비

③ 법 제42조제1항제3호에서 "대통령령으로 정하는 크기 높이 등에 해당하는 건설공사"란 다음 각 호의 어느 하나에 해당하는 공사를 말한다.

1. 다음 각 목의 어느 하나에 해당하는 건축물 또는 시설 등의 건설·개조 또는 해체(이하 "건설 등"이라 한다) 공사
   가. 지상높이가 31미터 이상인 건축물 또는 인공구조물
   나. 연면적 3만제곱미터 이상인 건축물

다. 연면적 5천제곱미터 이상인 시설로서 다음의 어느 하나에 해당하는 시설
1) 문화 및 집회시설(전시장 및 동물원·식물원은 제외한다)
2) 판매시설, 운수시설(고속철도의 역사 및 집배송시설은 제외한다)
3) 종교시설
4) 의료시설 중 종합병원
5) 숙박시설 중 관광숙박시설
6) 지하도상가
7) 냉동·냉장 창고시설

2. 연면적 5천제곱미터 이상인 냉동·냉장 창고시설의 설비공사 및 단열공사
3. 최대 지간(支間)길이(다리의 기둥과 기둥의 중심사이의 거리)가 50미터 이상인 다리의 건설 등 공사
4. 터널의 건설 등 공사
5. 다목적댐, 발전용댐, 저수용량 2천만톤 이상의 용수 전용 댐 및 지방상수도 전용 댐의 건설 등 공사
6. 깊이 10미터 이상인 굴착공사

정답확인

산업안전보건법 시행령

11 산업안전보건법령상 안전보건교육에 관한 설명으로 옳은 것은?

① 사무직 종사 근로자는 정기교육 대상이 아니다.

② 관리감독자의 지위에 있는 사람은 연간 8시간 이상의 교육을 받아야 한다.

③ 작업내용 변경 시 일용근로자를 제외한 근로자의 안전·보건교육은 1시간 이상 실시하여야 한다.

④ 채용 시의 근로자에 대한 안전·보건교육은 고용형태에 관계없이 교육시간이 동일하다.

⑤ 안전보건관리책임자도 고용노동부장관이 실시하는 안전·보건에 관한 직무교육으로서 신규교육과 보수교육을 받아야 한다.

답 ⑤

해설

제29조(안전보건관리책임자 등에 대한 직무교육) ① 법 제32조제1항 각 호 외의 부분 본문에 따라 다음 각 호의 어느 하나에 해당하는 사람은 해당 직위에 선임(위촉의 경우를 포함한다. 이하 같다)되거나 채용된 후 3개월(보건관리자가 의사인 경우는 1년) 이내에 직무를 수행하는 데 필요한 신규교육을 받아야 하며, 신규교육을 이수한 후 매 2년이 되는 날을 기준으로 전후 6개월 사이에 고용노동부장관이 실시하는 안전보건에 관한 보수교육을 받아야 한다.

1. 법 제15조제1항에 따른 안전보건관리책임자
2. 법 제17조제1항에 따른 안전관리자(「기업활동 규제완화에 관한 특별조치법」 제30조제3항에 따라 안전관리자로 채용된 것으로 보는 사람을 포함한다)
3. 법 제18조제1항에 따른 보건관리자
4. 법 제19조제1항에 따른 안전보건관리담당자
5. 법 제21조제1항에 따른 안전관리전문기관 또는 보건관리전문기관에서 안전관리자 또는 보건관리자의 위탁 업무를 수행하는 사람
6. 법 제74조제1항에 따른 건설재해예방전문지도기관에서 지도업무를 수행하는 사람
7. 법 제96조제1항에 따라 지정받은 안전검사기관에서 검사업무를 수행하는 사람
8. 법 제100조제1항에 따라 지정받은 자율안전검사기관에서 검사업무를 수행하는 사람
9. 법 제120조제1항에 따른 석면조사기관에서 석면조사 업무를 수행하는 사람

② 제1항에 따른 신규교육 및 보수교육(이하 "직무교육"이라 한다)의 교육시간은 별표 4와 같고, 교육내용은 별표 5와 같다.

③ 직무교육을 실시하기 위한 집체교육, 현장교육, 인터넷원격교육 등의 교육 방법, 직무교육 기관의 관리, 그 밖에 교육에 필요한 사항은 고용노동부장관이 정하여 고시한다.

[별표 4] 안전보건교육 교육과정별 교육시간

[표 1] 근로자 안전보건교육

교육과정	교육대상		교육시간
가. 정기교육	사무직 종사 근로자		매반기 6시간 이상
	사무직 종사 근로자 외의 근로자	판매업무에 직접 종사하는 근로자	매반기 6시간 이상
		판매업무에 직접 종사하는 근로자 외의 근로자	매반기 12시간 이상
	관리감독자의 지위에 있는 사람		연간 16시간 이상
나. 채용 시 교육	일용근로자		1시간 이상
	일용근로자를 제외한 근로자		8시간 이상
다. 작업내용 변경 시 교육	일용근로자		1시간 이상
	일용근로자를 제외한 근로자		2시간 이상

교육과정	교육대상	교육시간
라. 특별교육	별표 5 제1호라목 각 호(제39호는 제외한다)의 어느 하나에 해당하는 작업에 종사하는 일용근로자	2시간 이상
	별표 5 제1호라목제39호의 타워크레인 신호작업에 종사하는 일용근로자	8시간 이상
	별표 5 제1호라목 각 호의 어느 하나에 해당하는 작업에 종사하는 일용근로자를 제외한 근로자	- 16시간 이상(최초 작업에 종사하기 전 4시간 이상 실시하고 12시간은 3개월 이내에서 분할하여 실시가능) - 단기간 작업 또는 간헐적 작업인 경우에는 2시간 이상
마. 건설업 기초안전보건 교육	건설 일용근로자	4시간 이상

[표 2] 안전보건관리책임자 등에 대한 교육

교육대상	교육시간	
	신규교육	보수교육
가. 안전보건관리책임자	6시간 이상	6시간 이상
나. 안전관리자, 안전관리전문기관의 종사자	34시간 이상	24시간 이상
다. 보건관리자, 보건관리전문기관의 종사자	34시간 이상	24시간 이상
라. 건설재해예방전문지도기관의 종사자	34시간 이상	24시간 이상
마. 석면조사기관의 종사자	34시간 이상	24시간 이상
바. 안전보건관리담당자	-	8시간 이상
사. 안전검사기관 자율안전검사기관의 종사자	34시간 이상	24시간 이상

[표 3] 특수형태근로종사자에 대한 안전보건교육

교육과정	교육시간
가. 최초 노무제공 시 교육	2시간 이상(단기간 작업 또는 간헐적 작업에 노무를 제공하는 경우에는 1시간 이상 실시하고, 특별교육을 실시한 경우는 면제)
나. 특별교육	16시간 이상(최초 작업에 종사하기 전 4시간 이상 실시하고 12시간은 3개월 이내에서 분할하여 실시가능)
	단기간 작업 또는 간헐적 작업인 경우에는 2시간 이상

[표 4] 검사원 성능검사교육

교육과정	교육대상	교육시간
성능검사 교육	-	28시간 이상

정답확인

산업안전보건법 시행규칙

12 **산업안전보건기준에 관한 규칙상 근골격계부담작업으로 인한 건강장해 예방에 관한 설명으로 옳지 않은 것은?**

① 사업주는 유해요인 조사를 하는 경우에 근로자와의 면담, 증상 설문조사, 인간공학적 측면을 고려한 조사 등 적절한 방법으로 하여야 한다.

② 사업주는 근골격계부담작업을 하는 경우에 근골격계질환 발생 시의 대처요령에 대해 근로자에게 알려야 한다.

③ 사업주는 근골격계질환 예방관리 프로그램을 작성·시행할 경우에 근로자대표의 동의를 받아야 한다.

④ 사업주는 유해요인 조사에 근로자대표 또는 해당 작업근로자를 참여시켜야 한다.

⑤ 사업주는 근로자가 5킬로그램 이상의 중량물을 들어올리는 작업을 하는 경우에 주로 취급하는 물품에 대하여 근로자가 쉽게 알 수 있도록 물품의 중량과 무게중심에 대하여 작업장 주변에 안내표시를 하여야 한다.

답 ③

해설

제657조(유해요인 조사) ① 사업주는 근로자가 근골격계부담작업을 하는 경우에 3년마다 다음 각 호의 사항에 대한 유해요인조사를 하여야 한다. 다만, 신설되는 사업장의 경우에는 신설일부터 1년 이내에 최초의 유해요인 조사를 하여야 한다.

1. 설비·작업공정·작업량·작업속도 등 작업장 상황
2. 작업시간·작업자세·작업방법 등 작업조건
3. 작업과 관련된 근골격계질환 징후와 증상 유무 등

② 사업주는 다음 각 호의 어느 하나에 해당하는 사유가 발생하였을 경우에 제1항에도 불구하고 지체 없이 유해요인 조사를 하여야 한다. 다만, 제1호의 경우는 근골격계부담작업이 아닌 작업에서 발생한 경우를 포함한다.

1. 법에 따른 임시건강진단 등에서 근골격계질환자가 발생하였거나 근로자가 근골격계질환으로「산업재해보상보험법 시행령」별표 3 제2호가목·마목 및 제12호라목에 따라 업무상 질병으로 인정받은 경우
2. 근골격계부담작업에 해당하는 새로운 작업·설비를 도입한 경우
3. 근골격계부담작업에 해당하는 업무의 양과 작업공정 등 작업환경을 변경한 경우

③ 사업주는 유해요인 조사에 근로자 대표 또는 해당 작업 근로자를 참여시켜야 한다.

제658조(유해요인 조사 방법 등) 사업주는 유해요인 조사를 하는 경우에 근로자와의 면담, 증상 설문조사, 인간공학적 측면을 고려한 조사 등 적절한 방법으로 하여야 한다.
이 경우 제657조제2항제1호에 해당하는 경우에는 고용노동부장관이 정하여 고시하는 방법에 따라야 한다.

제661조(유해성 등의 주지) ① 사업주는 근로자가 근골격계부담작업을 하는 경우에 다음 각 호의 사항을 근로자에게 알려야 한다.

1. 근골격계부담작업의 유해요인
2. 근골격계질환의 징후와 증상
3. 근골격계질환 발생 시의 대처요령
4. 올바른 작업자세와 작업도구, 작업시설의 올바른 사용방법
5. 그 밖에 근골격계질환 예방에 필요한 사항

② 사업주는 제657조제1항과 제2항에 따른 유해요인 조사 및 그 결과, 제658조에 따른 조사방법 등을 해당 근로자에게 알려야 한다.

③ 사업주는 근로자대표의 요구가 있으면 설명회를 개최하여 제657조제2항제1호에 따른 유해요인 조사 결과를 해당 근로자와 같은 방법으로 작업하는 근로자에게 알려야 한다.

제662조(근골격계질환 예방관리 프로그램 시행) ① 사업주는 다음 각 호의 어느 하나에 해당하는 경우에 근골격계질환 예방관리 프로그램을 수립하여 시행하여야 한다.

1. 근골격계질환으로 「산업재해보상보험법 시행령」 별표 3 제2호가목·마목 및 제12호라목에 따라 업무상 질병으로

인정받은 근로자가 연간 10명 이상 발생한 사업장 또는 5명 이상 발생한 사업장으로서 발생 비율이 그 사업장 근로자 수의 10퍼센트 이상인 경우

2. 근골격계질환 예방과 관련하여 노사 간 이견(異見)이 지속되는 사업장으로서 고용노동부장관이 필요하다고 인정하여 근골격계질환 예방관리 프로그램을 수립하여 시행할 것을 명령한 경우

② 사업주는 근골격계질환 예방관리 프로그램을 작성·시행할 경우에 노사협의를 거쳐야 한다.

③ 사업주는 근골격계질환 예방관리 프로그램을 작성·시행할 경우에 인간공학·산업의학·산업위생·산업간호 등 분야별 전문가로부터 필요한 지도·조언을 받을 수 있다.

제665조(중량의 표시 등) 사업주는 근로자가 5킬로그램 이상의 중량물을 들어올리는 작업을 하는 경우에 다음 각 호의 조치를 하여야 한다.

1. 주로 취급하는 물품에 대하여 근로자가 쉽게 알 수 있도록 물품의 중량과 무게중심에 대하여 작업장 주변에 안내표시를 할 것
2. 취급하기 곤란한 물품은 손잡이를 붙이거나 갈고리, 진공빨판 등 적절한 보조도구를 활용할 것

정답확인

산업안전보건기준에 관한 규칙

13 산업안전보건기준에 관한 규칙상 밀폐공간 내 작업에 관한 설명으로 옳은 것은?

① "산소결핍"이란 공기 중의 산소농도가 18퍼센트 미만인 상태를 말한다.

② 밀폐공간 보건작업 프로그램에는 작업시작 전·후 공기상태가 적정한지를 확인하기 위한 측정·평가, 방독마스크의 착용과 관리에 대한 내용이 포함되어야 한다.

③ 근로자가 밀폐공간에서 작업을 하는 경우 밀폐공간 보건작업 프로그램을 수립하여 시행하여야 하는 주체는 보건관리자 선임의무가 있는 사업주에 한한다.

④ 사업주는 근로자가 밀폐공간에서 작업을 하는 경우 상시 작업상황을 감시할 수 있는 감시인을 지정하여 밀폐공간 내부에 배치하여야 한다.

⑤ 사업주는 밀폐공간에 종사하는 근로자에 대하여 응급처치 등 긴급 구조훈련을 1년에 1회 이상 주기적으로 실시하여야 한다.

답 ①

해설

제618조(정의) 이 장에서 사용하는 용어의 뜻은 다음과 같다.

1. "밀폐공간"이란 산소결핍, 유해가스로 인한 질식·화재·폭발 등의 위험이 있는 장소로서 별표 18에서 정한 장소를 말한다.
2. "유해가스"란 탄산가스·일산화탄소·황화수소 등의 기체로서 인체에 유해한 영향을 미치는 물질을 말한다.
3. "적정공기"란 산소농도의 범위가 18퍼센트 이상 23.5퍼센트 미만, 이산화탄소의 농도가 1.5퍼센트 미만, 일산화탄소의 농도가 30피피엠 미만, 황화수소의 농도가 10피피엠 미만인 수준의 공기를 말한다.
4. "산소결핍"이란 공기 중의 산소농도가 18퍼센트 미만인 상태를 말한다.
5. "산소결핍증"이란 산소가 결핍된 공기를 들이마심으로써 생기는 증상을 말한다.

제619조(밀폐공간 작업 프로그램의 수립·시행) ① 사업주는 밀폐공간에서 근로자에게 작업을 하도록 하는 경우 다음 각 호의 내용이 포함된 밀폐공간 작업 프로그램을 수립하여 시행하여야 한다.

1. 사업장 내 밀폐공간의 위치 파악 및 관리 방안
2. 밀폐공간 내 질식·중독 등을 일으킬 수 있는 유해·위험 요인의 파악 및 관리 방안
3. 제2항에 따라 밀폐공간 작업 시 사전 확인이 필요한 사항에 대한 확인 절차
4. 안전보건교육 및 훈련
5. 그 밖에 밀폐공간 작업 근로자의 건강장해 예방에 관한 사항

② 사업주는 근로자가 밀폐공간에서 작업을 시작하기 전에 다음 각 호의 사항을 확인하여 근로자가 안전한 상태에서 작업하도록 하여야 한다.

1. 작업 일시, 기간, 장소 및 내용 등 작업 정보
2. 관리감독자, 근로자, 감시인 등 작업자 정보
3. 산소 및 유해가스 농도의 측정결과 및 후속조치 사항
4. 작업 중 불활성가스 또는 유해가스의 누출·유입·발생 가능성 검토 및 후속조치 사항
5. 작업 시 착용하여야 할 보호구의 종류
6. 비상연락체계

③ 사업주는 밀폐공간에서의 작업이 종료될 때까지 제2항 각 호의 내용을 해당 작업장 출입구에 게시하여야 한다.

정답확인

산업안전보건기준에 관한 규칙

14 **산업안전보건법령상 제조·수입·양도·제공 또는 사용이 금지되는 유해물질이 아닌 것은?**

① 염화비닐

② 청석면 및 갈석면

③ 베타-나프틸아민과 그 염

④ 폴리클로리네이티드 터페닐(PCT)

⑤ 악티노라이트석면, 안소필라이트석면 및 트레모라이트석면

답 ①

해설

제87조(제조 등이 금지되는 유해물질) 법 제117조제1항에서 "대통령이 정하는 물질"이란 다음 각 호의 물질을 말한다.

1. β-나프틸아민[91-59-8]과 그 염(β-Naphthylamine and its salts)
2. 4-니트로디페닐[92-93-3]과 그 염(4-Nitrodiphenyl and its salts)
3. 백연[1319-46-6]을 함유한 페인트(함유된 중량의 비율이 2퍼센트 이하인 것은 제외한다)
4. 벤젠[71-43-2]을 함유하는 고무풀(함유된 중량의 비율이 5퍼센트 이하인 것은 제외한다)
5. 석면(Asbestos ; 1332-21-4 등)
6. 폴리클로리네이티드 터페닐(Polychlorinated terphenyls ; 61788-33-8 등)
7. 황린(黃燐)[12185-10-3] 성냥(Yellow phosphorus match)
8. 제1호, 제2호, 제5호 또는 제6호에 해당하는 물질을 함유한 혼합물(함유된 중량의 비율이 1퍼센트 이하인 것은 제외한다)
9. 「화학물질관리법」제2조제5호에 따른 금지물질(「화학물질관리법」제3조제1항제1호부터 제12호까지의 규정에 해당하는 화학물질은 제외한다.)
10. 그 밖에 보건상 해로운 물질로서 산업재해보상보험 및 예방심의위원회의 심의를 거쳐 고용노동부장관이 정하는 유해물질

정답확인

산업안전보건법 시행령

15 산업안전보건법령에 규정된 용어에 관한 설명으로 옳은 것은?

① "근로자"란 직업의 종류를 불문하고 임금·급료 기타 이에 준하는 수입에 의하여 생활하는 자를 말한다.

② "작업환경측정"이란 작업환경 실태를 파악하기 위하여 해당 근로자 또는 작업장에 대하여 고용노동부 장관이 지정하는 자가 측정계획을 수립하여 시료를 채취하고 분석·평가하는 것을 말한다.

③ 2개월 이상의 요양이 필요한 부상자가 동시에 3명이상 발생한 재해는 "중대재해"에 포함된다.

④ "안전보건진단"이란 산업재해를 예방하기 위하여 잠재적 위험성을 발견하고 그 개선대책을 수립할 목적으로 조사·평가하는 것을 말한다.

⑤ "사업주"란 근로기준법상의 사용자를 말한다.

답 ④

해설

제2조(정의) 이 법에서 사용하는 용어의 뜻은 다음과 같다.

1. "산업재해"란 노무를 제공하는 사람이 업무에 관계되는 건설물·설비·원재료·가스·증기·분진 등에 의하거나 작업 또는 그 밖의 업무로 인하여 사망 또는 부상하거나 질병에 걸리는 것을 말한다.
2. "중대재해"란 산업재해 중 사망 등 재해 정도가 심하거나 다수의 재해자가 발생한 경우로서 고용노동부령으로 정하는 재해를 말한다.
3. "근로자"란 「근로기준법」 제2조제1항제1호에 따른 근로자를 말한다.
4. "사업주"란 근로자를 사용하여 사업을 하는 자를 말한다.
5. "근로자대표"란 근로자의 과반수로 조직된 노동조합이 있는 경우에는 그 노동조합을, 근로자의 과반수로 조직된 노동조합이 없는 경우에는 근로자의 과반수를 대표하는 자를 말한다.
6. "도급"이란 명칭에 관계없이 물건의 제조·건설·수리 또는 서비스의 제공, 그 밖의 업무를 타인에게 맡기는 계약을 말한다.
7. "도급인"이란 물건의 제조·건설·수리 또는 서비스의 제공, 그 밖의 업무를 도급하는 사업주를 말한다. 다만, 건설공사발주자는 제외한다.
8. "수급인"이란 도급인으로부터 물건의 제조·건설·수리 또는 서비스의 제공, 그 밖의 업무를 도급받은 사업주를 말한다.
9. "관계수급인"이란 도급이 여러 단계에 걸쳐 체결된 경우에 각 단계별로 도급받은 사업주 전부를 말한다.
10. "건설공사발주자"란 건설공사를 도급하는 자로서 건설공사의 시공을 주도하여 총괄·관리하지 아니하는 자를 말한다. 다만, 도급받은 건설공사를 다시 도급하는 자는 제외한다.
11. "건설공사"란 다음 각 목의 어느 하나에 해당하는 공사를 말한다.
    가. 「건설산업기본법」 제2조제4호에 따른 건설공사
    나. 「전기공사업법」 제2조제1호에 따른 전기공사
    다. 「정보통신공사업법」 제2조제2호에 따른 정보통신공사
    라. 「소방시설공사업법」에 따른 소방시설공사
    마. 「국가유산수리 등에 관한 법률」에 따른 국가유산 수리공사[2024. 5. 17.부터 적용]
12. "안전보건진단"이란 산업재해를 예방하기 위하여 잠재적 위험성을 발견하고 그 개선대책을 수립할 목적으로 조사·평가하는 것을 말한다.
13. "작업환경측정"이란 작업환경 실태를 파악하기 위하여 해당 근로자 또는 작업장에 대하여 사업주가 유해인자에 대한 측정계획을 수립한 후 시료(試料)를 채취하고 분석·평가하는 것을 말한다.

정답확인

산업안전보건법 제2조

보충학습

① 산업안전보건법 제2조(정의), 근로기준법 제2조(정의)
② ④⑤ 산업안전보건법 제2조(정의)
③ 산업안전보건법 시행규칙 제3조(중대재해의 범위)

16 **다음의 경우 산업안전보건법령상 사업장에 선임하여야 할 안전보건관리자에 관한 설명으로 옳지 않은 것은?(현행법과 맞지 않습니다.)**

> 상시근로자 400명을 고용하여 1차금속 제조업을 영위하는 A사는 같은 업종의 B사와 C사를 사내 하도급업체로 두고 있으며, B사와 C사는 각각 상시근로자 100명씩을 고용하여 사업을 운영하고 있다

① 도급인 A와 수급인 B, 수급인 C는 각각 안전관리자 1명씩 총 3명의 안전관리자를 선임하는 것이 원칙이다.

② 도급인 A가 자신의 근로자수 400명에 대한 안전관리자 1명과 수급인 B·C의 근로자수 200명에 대한 안전관리자 1명을 추가로 선임하였다면 수급인 B·C는 별도의 안전관리자를 선임하지 않아도 된다.

③ 도급인 A와 수급인 B, 수급인 C는 각각 보건관리자 1명씩 총 3명의 보건관리자를 선임하는 것이 원칙이다.

④ 도급인 A가 자신의 근로자수 400명에 대한 보건관리자 1명과 수급인 B·C의 근로자수 200명에 대한 보건관리자 1명을 추가로 선임하였다면 수급인 B·C는 별도의 보건관리자를 선임하지 않아도 된다.

⑤ 위 ①항의 경우 도급인 A와 수급인 B·C가 안전관리자를 선임할 때 건설안전기사 자격을 가진 사람을 안전관리자로 선임하여서는 아니 된다.

답 없음

해설

제16조(안전관리자의 선임 등) ① 법 제17조제1항에 따라 안전관리자를 두어야 하는 사업의 종류와 사업장의 상시근로자 수, 안전관리자의 수 및 선임방법은 별표 3과 같다.

② 제1항에 따른 사업 중 상시근로자 300명 이상을 사용하는 사업장[건설업의 경우에는 공사금액이 120억원(「건설산업기본법 시행령」 별표 1의 종합공사를 시공하는 업종의 건설업종란 제1호에 따른 토목공사업의 경우에는 150억원) 이상인 사업장]의 안전관리자는 해당 사업장에서 제18조제1항 각 호에 따른 업무만을 전담해야 한다.

③ 제1항 및 제2항을 적용할 경우 제52조에 따른 사업으로서 도급인의 사업장에서 이루어지는 도급사업의 공사금액 또는 관계수급인의 상시근로자는 각각 해당 사업의 공사금액 또는 상시근로자로 본다. 다만, 별표 3의 기준에 해당하는 도급사업의 공사금액 또는 관계수급인의 상시근로자의 경우에는 그렇지 않다.

④ 제1항에도 불구하고 같은 사업주가 경영하는 둘 이상의 사업장이 다음 각 호의 어느 하나에 해당하는 경우에는 그 둘 이상의 사업장에 1명의 안전관리자를 공동으로 둘 수 있다. 이 경우 해당 사업장의 상시근로자 수의 합계는 300명 이내[건설업의 경우에는 공사금액의 합계가 120억원(「건설산업기본법 시행령」 별표 1의 종합공사를 시공하는 업종의 건설업종란 제1호에 따른 토목공사업의 경우에는 150억원) 이내]이어야 한다.

1. 같은 시·군·구(자치구를 말한다) 지역에 소재하는 경우
2. 사업장 간의 경계를 기준으로 15킬로미터 이내에 소재하는 경우

⑤ 제1항부터 제3항까지의 규정에도 불구하고 도급인의 사업장에서 이루어지는 도급사업에서 도급인이 고용노동부령으로 정하는 바에 따라 그 사업의 관계수급인 근로자에 대한 안전관리를 전담하는 안전관리자를 선임한 경우에는 그 사업의 관계수급인은 해당 도급사업에 대한 안전관리자를 선임하지 않을 수 있다.

⑥ 사업주는 안전관리자를 선임하거나 법 제17조제4항에 따라 안전관리자의 업무를 안전관리전문기관에 위탁한 경우에는 고용노동부령으로 정하는 바에 따라 선임하거나 위탁한 날부터 14일 이내에 고용노동부장관에게 그 사실을 증명할 수 있는 서류를 제출해야 한다. 법 제17조제3항에 따라 안전관리자를 늘리거나 교체한 경우에도 또한 같다.

[별표 3] 안전관리자를 두어야 할 사업의 종류·사업장의 상시근로자 수, 안전관리자의 수 및 선임방법

사업의 종류	사업장의 상시근로자 수	안전관리자의 수	안전관리자의 선임방법
1. 토사석 광업 2. 식료품 제조업, 음료 제조업 3. 목재 및 나무제품 제조 ; 가구 제외 4. 펄프, 종이 및 종이제품 제조업 5. 코크스, 연탄 및 석유정제품 제조업 6. 화학물질 및 화학제품 제조업 ; 의약품 제외 7. 의료용 물질 및 의약품 제조업 8. 고무 및 플라스틱제품 제조업 9. 비금속 광물제품 제조업	상시근로자 50명 이상 500명 미만	1명 이상	별표 4 제1호, 제2호, 제4호, 제5호, 제6호(상시근로자 300명 미만인 사업장만 해당한다), 제7호(이 표 제27호에 따른 사업만 해당한다), 제7호의2(상시근로자 300명 미만인 사업장만 해당한다) 및 제8호 중 어느 하나에 해당하는 사람을 선임해야 한다.
10. 1차 금속 제조업 11. 금속가공제품 제조업 ; 기계 및 가구 제외 12. 전자부품, 컴퓨터, 영상, 음향 및 통신장비 제조업 13. 의료, 정밀, 광학기기 및 시계 제조업 14. 전기장비 제조업 15. 기타 기계 및 장비제조업 16. 자동차 및 트레일러 제조업 17. 기타 운송장비 제조업 18. 가구 제조업 19. 기타 제품 제조업 20. 서적, 잡지 및 기타 인쇄물 출판업 21. 해체, 선별 및 원료 재생업 22. 자동차 종합 수리업, 자동차 전문 수리업 23. 발전업 24. 농업, 임업 및 어업 25. 제2호부터 제19호까지의 사업을 제외한 제조업 26. 전기, 가스, 증기 및 공기조절 공급업(발전업은 제외한다) 27. 수도, 하수 및 폐기물 처리, 원료 재생업(제21호에 해당하는 사업은 제외한다)	상시근로자 500명 이상	2명 이상	별표 4 제1호부터 제5호까지, 제7호(이 표 제27호에 따른 사업으로서 상시근로자 1,000명 미만의 사업장만 해당한다) 및 제8호 중 어느 하나에 해당하는 사람을 선임해야 한다. 다만, 별표 4 제1호, 제2호(「국가기술자격법」에 따른 산업안전산업기사의 자격을 취득한 사람은 제외한다) 및 제4호 중 어느 하나에 해당하는 사람이 1명 이상 포함되어야 한다.
28. 농업, 임업 및 어업 29. 제2호부터 제21호까지의 사업을 제외한 제조업 30. 전기, 가스, 증기 및 공기조절 공급업(발전업은 제외한다) 31. 수도, 하수 및 폐기물 처리, 원료 재생업(제23호 및 제24호에 해당하는 사업은 제외한다) 32. 도매 및 소매업 33. 숙박 및 음식점업 34. 영상 · 오디오 기록물 제작 및 배급업 35. 라디오 방송업 및 텔레비전 방송업 36. 우편 및 통신업	상시근로자 50명 이상 1천명 미만. 다만, 제37호의 사업(부동산 관리업은 제외한다)과 제40호의 사업의 경우에는 상시근로자 100명 이상 1천명 미만으로 한다.	1명 이상	별표 4 제1호, 제2호, 제3호(이 표 제28호, 제30호부터 제46호까지의 사업만 해당한다), 제4호, 제5호, 제6호(상시근로자 300명 미만인 사업장만 해당한다), 제7호(이 표 제36호에 따른 사업만 해당한다), 제7호의2(상시근로자 300명 미만인 사업장만 해당한다) 및 제8호 중 어느 하나에 해당하는 사람을 선임해야 한다.

사업의 종류	사업장의 상시근로자 수	안전관리자의 수	안전관리자의 선임방법
37. 부동산업 38. 임대업; 부동산 제외 39. 연구개발업 40. 사진처리업 41. 사업시설 관리 및 조경 서비스업 42. 청소년 수련시설 운영업 43. 보건업 44. 예술, 스포츠 및 여가 관련 서비스업 45. 개인 및 소비용품수리업(제25호에 해당하는 사업은 제외한다) 46. 기타 개인 서비스업 47. 공공행정(청소, 시설관리, 조리 등 현업업무에 종사하는 사람으로서 고용노동부장관이 정하여 고시하는 사람으로 한정한다) 48. 교육서비스업 중 초등 · 중등 · 고등 교육기관, 특수학교 · 외국인학교 및 대안학교(청소, 시설관리, 조리 등 현업업무에 종사하는 사람으로서 고용노동부장관이 정하여 고시하는 사람으로 한정한다)	상시근로자 1천명 이상	2명 이상	별표 4 제1호부터 제5호까지 또는 제8호부터 제10호까지에 해당하는 사람을 선임해야 한다. 다만, 별표 4 제1호, 제2호, 제4호 및 제5호 중 어느 하나에 해당하는 사람이 1명 이상 포함되어야 한다.
49. 건설업	공사금액 50억원 이상(관계수급인은 100억원 이상) 120억원 미만(「건설산업기본법 시행령」 별표 1 제1호가목의 토목공사업의 경우에는 150억원 미만)	1명 이상	별표 4 제1호부터 제7호까지 및 제10호부터 제12호까지의 어느 하나에 해당하는 사람을 선임해야 한다.
	공사금액 120억원 이상(「건설산업기본법 시행령」 별표 1 제1호가목의 토목공사업의 경우에는 150억원 이상) 800억원 미만		별표 4 제1호부터 제7호까지 및 제10호의 어느 하나에 해당하는 사람을 선임해야 한다.
	공사금액 800억원 이상 1,500억원 미만	2명 이상. 다만, 전체 공사기간을 100으로 할 때 공사 시작에서 15에 해당하는 기간과 공사 종료 전의 15에 해당하는 기간(이하 " 전체 공사기간 중 전 · 후 15에 해당하는 기간"이라 한다) 동안은 1명 이상으로 한다.	별표 4 제1호부터 제7호까지 및 제10호의 어느 하나에 해당하는 사람을 선임하되, 같은 표 제1호부터 제3호까지의 어느 하나에 해당하는 사람이 1명 이상 포함되어야 한다.
	공사금액 1,500억원 이상 2,200억원 미만	3명 이상. 다만, 전체 공사기간 중 전 · 후 15에 해당하는 기간은 2명 이상으로 한다.	별표 4 제1호부터 제7호까지 및 제12호의 어느 하나에 해당하는 사람을 선임하되, 같은 표 제12호에 해당하는 사람은 1명만 포함될 수 있고, 같은 표 제1호 또는 「국가기술자격법」에 따른 건설안전기술사(건설안전기사 또는 산업안전기사

사업의 종류	사업장의 상시근로자 수	안전관리자의 수	안전관리자의 선임방법
	공사금액 2,200억원 이상 3천억원 미만	4명 이상. 다만, 전체 공사기간 중 전·후 15에 해당하는 기간은 2명 이상으로 한다.	의 자격을 취득한 후 7년 이상 건설안전 업무를 수행한 사람이거나 건설안전산업기사 또는 산업안전산업기사의 자격을 취득한 후 10년 이상 건설안전 업무를 수행한 사람을 포함한다) 자격을 취득한 사람(이하 "산업안전지도사등"이라 한다)이 1명 이상 포함되어야 한다.
	공사금액 3천억원 이상 3,900억원 미만	5명 이상. 다만, 전체 공사기간 중 전·후 15에 해당하는 기간은 3명 이상으로 한다.	별표 4 제1호부터 제7호까지 및 제12호의 어느 하나에 해당하는 사람을 선임하되, 같은 표 제12호에 해당하는 사람이 1명만 포함될 수 있고, 산업안전지도사등이 2명 이상 포함되어야 한다. 다만, 전체 공사기간 중 전·후 15에 해당하는 기간에는 산업안전지도사등이 1명 이상 포함되어야 한다.
	공사금액 3,900억원 이상 4,900억원 미만	6명 이상. 다만, 전체 공사기간 중 전·후 15에 해당하는 기간은 3명 이상으로 한다.	
	공사금액 4,900억원 이상 6천억원 미만	7명 이상. 다만, 전체 공사기간 중 전·후 15에 해당하는 기간은 4명 이상으로 한다.	별표 4 제1호부터 제7호까지 및 제12호의 어느 하나에 해당하는 사람을 선임하되, 같은 표 제12호에 해당하는 사람은 2명까지만 포함될 수 있고, 산업안전지도사등이 2명 이상 포함되어야 한다. 다만, 전체 공사기간 중 전·후 15에 해당하는 기간에는 산업안전지도사등이 2명 이상 포함되어야 한다.
	공사금액 6천억원 이상 7,200억원 미만	8명 이상. 다만, 전체 공사기간 중 전·후 15에 해당하는 기간은 4명 이상으로 한다.	
	공사금액 7,200억원 이상 8,500억원 미만	9명 이상. 다만, 전체 공사기간 중 전·후 15에 해당하는 기간은 5명 이상으로 한다.	별표 4 제1호부터 제7호까지 및 제12호의 어느 하나에 해당하는 사람을 선임하되, 같은 표 제12호에 해당하는 사람은 2명까지만 포함될 수 있고, 산업안전지도사등이 3명 이상 포함되어야 한다. 다만, 전체 공사기간 중 전·후 15에 해당하는 기간에는 산업안전지도사등이 3명 이상 포함되어야 한다.
	공사금액 8,500억원 이상 1조원 미만	10명 이상. 다만, 전체 공사기간 중 전·후 15에 해당하는 기간은 5명 이상으로 한다.	
	1조원 이상	11명 이상[매 2천억원(2조원이상부터는 매 3천억원)마다 1명씩 추가한다]. 다만, 전체 공사기간 중 전·후 15에 해당하는 기간은 선임 대상 안전관리자 수의 2분의 1(소수점 이하는 올림한다) 이상으로 한다.	

[비고]
1. 철거공사가 포함된 건설공사의 경우 철거공사만 이루어지는 기간은 전체 공사기간에는 산입되나 전체 공사기간 중 전·후 15에 해당하는 기간에는 산입되지 않는다. 이 경우 전체 공사기간 중 전·후 15에 해당하는 기간은 철거공사만 이루어지는 기간을 제외한 공사기간을 기준으로 산정한다.
2. 철거공사만 이루어지는 기간에는 공사금액별로 선임해야 하는 최소 안전관리자 수 이상으로 안전관리자를 선임해야 한다.

[별표 5] 보건관리자를 두어야 하는 사업의 종류, 사업장의 상시근로자 수, 보건관리자의 수 및 선임방법(제20조제1항 관련)

사업의 종류	사업장의 상시근로자 수	보건관리자의 수	보건관리자의 선임방법
1. 광업(광업 지원 서비스업은 제외한다) 2. 섬유제품 염색, 정리 및 마무리 가공업 3. 모피제품 제조업 4. 그 외 기타 의복액세서리 제조업(모피 액세서리에 한정한다) 5. 모피 및 가죽 제조업(원피가공 및 가죽 제조업은 제외한다) 6. 신발 및 신발부분품 제조업 7. 코크스, 연탄 및 석유정제품 제조업 8. 화학물질 및 화학제품 제조업; 의약품 제외 9. 의료용 물질 및 의약품 제조업 10. 고무 및 플라스틱제품 제조업 11. 비금속 광물제품 제조업 12. 1차 금속 제조업 13. 금속가공제품 제조업; 기계 및 가구 제외 14. 기타 기계 및 장비 제조업 15. 전자부품, 컴퓨터, 영상, 음향 및 통신장비 제조업 16. 전기장비 제조업 17. 자동차 및 트레일러 제조업 18. 기타 운송장비 제조업 19. 가구 제조업 20. 해체, 선별 및 원료 재생업 21. 자동차 종합 수리업, 자동차 전문 수리업 22. 제88조 각 호의 어느 하나에 해당하는 유해물질을 제조하는 사업과 그 유해물질을 사용하는 사업 중 고용노동부장관이 특히 보건관리를 할 필요가 있다고 인정하여 고시하는 사업	상시근로자 50명 이상 500명 미만	1명 이상	별표 6 각 호의 어느 하나에 해당하는 사람을 선임해야 한다.
	상시근로자 500명 이상 2천명 미만	2명 이상	별표 6 각 호의 어느 하나에 해당하는 사람을 선임해야 한다.
	상시근로자 2천명 이상	2명 이상	별표 6 각 호의 어느 하나에 해당하는 사람을 선임하되, 같은 표 제2호 또는 제3호에 해당하는 사람이 1명 이상 포함되어야 한다.
23. 제2호부터 제22호까지의 사업을 제외한 제조업	상시근로자 50명 이상 1천명 미만	1명 이상	별표 6 각 호의 어느 하나에 해당하는 사람을 선임해야 한다.
	상시근로자 1천명 이상 3천명 미만	2명 이상	별표 6 각 호의 어느 하나에 해당하는 사람을 선임해야 한다.
	상시근로자 3천명 이상	2명 이상	별표 6 각 호의 어느 하나에 해당하는 사람을 선임하되, 같은 표 제2호 또는 제3호에 해당하는 사람이 1명 이상 포함되어야 한다.
24. 농업, 임업 및 어업 25. 전기, 가스, 증기 및 공기조절공급업 26. 수도, 하수 및 폐기물 처리, 원료 재생업(제20호에 해당하는 사업은 제외한다)	상시근로자 50명 이상 5천명 미만. 다만, 제35호의 경우에는 상시근로자 100명 이상 5천명 미만으로 한다.	1명 이상	별표 6 각 호의 어느 하나에 해당하는 사람을 선임해야 한다.

사업의 종류	사업장의 상시근로자 수	보건관리자의 수	보건관리자의 선임방법
27. 운수 및 창고업 28. 도매 및 소매업 29. 숙박 및 음식점업 30. 서적, 잡지 및 기타 인쇄물 출판업 31. 라디오 방송업 및 텔레비전 방송업 32. 우편 및 통신업 33. 부동산업 34. 연구개발업 35. 사진 처리업 36. 사업시설 관리 및 조경 서비스업 37. 공공행정(청소, 시설관리, 조리 등 현업업무에 종사하는 사람으로서 고용노동부장관이 정하여 고시하는 사람으로 한정한다) 38. 교육서비스업 중 초등·중등·고등 교육기관, 특수학교·외국인학교 및 대안학교(청소, 시설관리, 조리 등 현업업무에 종사하는 사람으로서 고용노동부장관이 정하여 고시하는 사람으로 한정한다) 39. 청소년 수련시설 운영업 40. 보건업 41. 골프장 운영업 42. 개인 및 소비용품수리업(제21호에 해당하는 사업은 제외한다) 43. 세탁업	상시 근로자 5천명 이상	2명 이상	별표 6 각 호의 어느 하나에 해당하는 사람을 선임하되, 같은 표 제2호 또는 제3호에 해당하는 사람이 1명 이상 포함되어야 한다.
44. 건설업	공사금액 800억원 이상(「건설산업기본법 시행령」 별표 1의 종합공사를 시공하는 업종의 건설업종란 제1호에 따른 토목공사업에 속하는 공사의 경우에는 1천억 이상) 또는 상시 근로자 600명 이상	1명 이상[공사금액 800억원(「건설산업기본법 시행령」 별표 1의 종합공사를 시공하는 업종의 건설업종란 제1호에 따른 토목공사업은 1천억원)을 기준으로 1,400억원이 증가할 때마다 또는 상시 근로자 600명을 기준으로 600명이 추가될 때마다 1명씩 추가한다]	별표 6 각 호의 어느 하나에 해당하는 사람을 선임해야 한다.

17 산업안전보건법령상 안전보건관리규정에 대한 설명으로 옳은 것은?

① 안전보건관리규정 중 당해 사업장에 적용되는 단체협약 및 취업규칙에 반하는 부분에 관하여는 안전보건관리규정을 우선 적용한다.

② 안전보건관리규정에는 하도급 사업장에 대한 안전·보건관리에 관한 사항이 포함되어야 한다.

③ 사업주는 안전보건관리규정을 작성하여야 할 사유가 발생한 날부터 60일 이내에 안전보건관리규정을 작성하여야 한다.

④ 사업주는 안전보건관리규정을 변경하여야 할 사유가 발생한 경우 해당 사유가 발생한 날부터 60일 이내에 안전보건관리규정을 변경하여야 한다.

⑤ 사업주가 안전보건관리규정을 작성하거나 변경할 때에 산업안전보건위원회가 설치되어 있지 아니한 사업장의 경우에는 근로자대표에게 통보만 하면 된다.

답 ②

해설

안전보건관리규정

제25조(안전보건관리규정의 작성) ① 사업주는 사업장의 안전 및 보건을 유지하기 위하여 다음 각 호의 사항이 포함된 안전보건관리규정을 작성하여야 한다.
1. 안전 및 보건에 관한 관리조직과 그 직무에 관한 사항
2. 안전보건교육에 관한 사항
3. 작업장의 안전 및 보건 관리에 관한 사항
4. 사고 조사 및 대책 수립에 관한 사항
5. 그 밖에 안전 및 보건에 관한 사항

② 제1항에 따른 안전보건관리규정(이하 "안전보건관리규정"이라 한다)은 단체협약 또는 취업규칙에 반할 수 없다. 이 경우 안전보건관리규정 중 단체협약 또는 취업규칙에 반하는 부분에 관하여는 그 단체협약 또는 취업규칙으로 정한 기준에 따른다.

③ 안전보건관리규정을 작성하여야 할 사업의 종류, 사업장의 상시근로자 수 및 안전보건관리규정에 포함되어야 할 세부적인 내용, 그밖에 필요한 사항은 고용노동부령으로 정한다.

제26조(안전보건관리규정의 작성·변경 절차) 사업주는 안전보건관리규정을 작성하거나 변경할 때에는 산업안전보건위원회의 심의·의결을 거쳐야 한다. 다만, 산업안전보건위원회가 설치되어 있지 아니한 사업장의 경우에는 근로자대표의 동의를 받아야 한다.

제27조(안전보건관리규정의 준수) 사업주와 근로자는 안전보건관리규정을 지켜야 한다.

제28조(다른 법률의 준용) 안전보건관리규정에 관하여 이 법에서 규정한 것을 제외하고는 그 성질에 반하지 아니하는 범위에서 「근로기준법」중 취업규칙에 관한 규정을 준용한다.

정답확인

산업안전보건법 제25조, 제26조, 제27조, 제28조

제25조(안전보건관리규정의 작성) ① 법 제25조제3항에 따라 안전보건관리규정을 작성해야 할 사업의 종류 및 상시근로자 수는 별표 2와 같다.

② 제1항에 따른 사업의 사업주는 안전보건관리규정을 작성하여야 할 사유가 발생한 날부터 30일 이내에 별표 3의 내용을 포함한 안전보건관리규정을 작성하여야 한다. 이를 변경할 사유가 발생한 경우에도 또한 같다.

③ 사업주가 제2항에 따른 안전보건관리규정을 작성하는 경우에는 소방·가스·전기·교통 분야 등의 다른 법령에서 정하는 안전관리에 관한 규정과 통합하여 작성할 수 있다.

정답확인

산업안전보건법 시행규칙 제25조

18 산업안전보건법령상 안전검사에 관한 설명으로 옳지 않은 것은?

① 프레스, 전단기 등 유해·위험기계 등을 사용하는 사업주는 유해·위험기계 등의 안전에 관한 성능이 검사기준에 맞는지에 대하여 안전검사를 받아야 한다.

② 위 ①항의 경우 유해·위험기계 등을 사용하는 사업주와 소유자가 다른 경우에는 해당 유해·위험기계 등을 사용하는 사업주가 안전검사를 받아야 한다.

③ 안전검사대상인 크레인, 리프트 및 곤돌라의 검사주기는 사업장에 설치가 끝난 날부터 3년 이내에 최초 안전검사를 실시하되, 그 이후부터 2년마다 실시하여야 한다.

④ 위 ③항의 안전검사대상 기계·기구를 건설현장에서 사용하는 경우에는 최초로 설치한 날부터 6개월마다 안전검사를 실시하여야 한다.

⑤ 안전검사대상인 프레스, 전단기의 검사주기는 사업장에 설치가 끝난 날부터 3년 이내에 최초 안전검사를 실시하되, 그 이후부터 2년마다 실시하여야 한다.

답 ②

해설

제78조(안전검사대상 기계 등) ① 법 제93조제1항 전단에서 "대통령령으로 정하는 것"이란 다음 각 호의 어느 하나에 해당하는 것을 말한다.

1. 프레스
2. 전단기
3. 크레인(정격 하중이 2톤 미만인 것은 제외한다)
4. 리프트
5. 압력용기
6. 곤돌라
7. 국소 배기장치(이동식은 제외한다)
8. 원심기(산업용만 해당한다)
9. 롤러기(밀폐형 구조는 제외한다)
10. 사출성형기[형 체결력(型 締結力) 294킬로뉴턴(KN) 미만은 제외한다]
11. 고소작업대[「자동차관리법」 제3조제3호 또는 제4호에 따른 화물자동차 또는 특수자동차에 탑재한 고소작업대(高所作業臺)로 한정한다]
12. 컨베이어
13. 산업용 로봇
14. 혼합기
15. 파쇄기 또는 분쇄기

② 법 제93조제1항에 따른 안전검사대상 기계 등의 세부적인 종류, 규격 및 형식은 고용노동부장관이 정하여 고시한다.

정답확인

산업안전보건법 시행령

제126조(안전검사의 주기 및 합격표시 · 표시방법) ① 법 제93조제3항에 따른 안전검사대상 기계 등의 검사 주기는 다음 각 호와 같다.

1. 크레인(이동식 크레인은 제외한다), 리프트(이삿짐운반용 리프트는 제외한다) 및 곤돌라 : 사업장에 설치가 끝난 날부터 3년 이내에 최초 안전검사를 실시하되, 그 이후부터 2년마다(건설현장에서 사용하는 것은 최초로 설치한 날부터 6개월마다)

2. 이동식 크레인, 이삿짐운반용 리프트 및 고소작업대 : 「자동차관리법」 제8조에 따른 신규등록 이후 3년 이내에 최초 안전검사를 실시하되, 그 이후부터 2년마다
3. 프레스, 전단기, 압력용기, 국소 배기장치, 원심기, 롤러기, 사출성형기, 컨베이어 및 산업용 로봇 혼합기, 파쇄기, 또는 분쇄기 : 사업장에 설치가 끝난 날부터 3년 이내에 최초 안전검사를 실시하되, 그 이후부터 2년마다(공정안전보고서를 제출하여 확인을 받은 압력용기는 4년마다)

② 법 제93조제3항에 따른 안전검사의 합격표시 및 표시방법은 별표 16과 같다.

정답확인

산업안전보건법 시행규칙 제126조

19 산업안전보건기준에 관한 규칙상 근로자의 추락위험 예방에 관한 설명으로 옳지 않은 것은?

① 추락방호망의 설치위치는 가능하면 작업면으로부터 가까운 지점에 설치하여야 하며, 작업면으로부터 망의 설치지점까지의 수직거리는 10미터를 초과하지 아니하여야 한다.

② 안전난간은 상부 난간대, 중간 난간대, 발끝막이판 및 난간기둥으로 구성하여야 한다.

③ 안전난간은 구조적으로 가장 취약한 지점에서 가장 취약한 방향으로 작용하는 50킬로그램 이상의 하중에 견딜 수 있는 구조이어야 한다.

④ 사업주는 높이 1미터 이상인 계단의 개방된 측면에 안전난간을 설치하여야 한다.

⑤ 사업주는 높이 또는 깊이 2미터 이상의 추락할 위험이 있는 장소에서 작업하는 근로자에게 안전대를 지급하고 착용하도록 하여야 한다.

답 ③

해설

제42조(추락의 방지) ① 사업주는 근로자가 추락하거나 넘어질 위험이 있는 장소[작업발판의 끝·개구부(開口部) 등을 제외한다] 또는 기계·설비·선박블록 등에서 작업을 할 때에 근로자가 위험해질 우려가 있는 경우 비계(飛階)를 조립하는 등의 방법으로 작업발판을 설치하여야 한다.

② 사업주는 제1항에 따른 작업발판을 설치하기 곤란한 경우 다음 각 호의 기준에 맞는 추락방호망을 설치하여야 한다. 다만, 추락방호망을 설치하기 곤란한 경우에는 근로자에게 안전대를 착용하도록 하는 등 추락위험을 방지하기 위하여 필요한 조치를 하여야 한다.

1. 추락방호망의 설치위치는 가능하면 작업면으로부터 가까운 지점에 설치하여야 하며, 작업면으로부터 망의 설치지점까지의 수직거리는 10미터를 초과하지 아니할 것
2. 추락방호망은 수평으로 설치하고, 망의 처짐은 짧은 변 길이의 12퍼센트 이상이 되도록 할 것
3. 건축물 등의 바깥쪽으로 설치하는 경우 추락방호망의 내민 길이는 벽면으로부터 3미터 이상 되도록 할 것. 다만, 그물코가 20밀리미터 이하인 추락방호망을 사용한 경우에는 제14조제3항에 따른 낙하물방지망을 설치한 것으로 본다.

③ 사업주는 추락방호망을 설치하는 경우에는 「산업표준화법」에 따른 한국산업표준에서 정하는 성능기준에 적합한 추락방호망을 사용하여야 한다.

④ 사업주는 제1항 및 제2항에도 불구하고 작업발판 및 추락방호망을 설치하기 곤란한 경우에는 근로자로 하여금 3개 이상의 버팀대를 가지고 지면으로부터 안정적으로 세울 수 있는 구조를 갖춘 이동식 사다리를 사용하여 작업을 하게 할 수 있다. 이 경우 사업주는 근로자가 다음 각 호의 사항을 준수하도록 조치해야 한다.

1. 평탄하고 견고하며 미끄럽지 않은 바닥에 이동식 사다리를 설치할 것
2. 이동식 사다리의 넘어짐을 방지하기 위해 다음 각 목의 어느 하나 이상에 해당하는 조치를 할 것
   가. 이동식 사다리를 견고한 시설물에 연결하여 고정할 것
   나. 아웃트리거(outrigger, 전도방지용 지지대)를 설치하거나 아웃트리거가 붙어있는 이동식 사다리를 설치할 것
   다. 이동식 사다리를 다른 근로자가 지지하여 넘어지지 않도록 할 것
3. 이동식 사다리의 제조사가 정하여 표시한 이동식 사다리의 최대사용하중을 초과하지 않는 범위 내에서만 사용할 것
4. 이동식 사다리를 설치한 바닥면에서 높이 3.5미터 이하의 장소에서만 작업할 것
5. 이동식 사다리의 최상부 발판 및 그 하단 디딤대에 올라서서 작업하지 않을 것. 다만, 높이 1미터 이하의 사다리는 제외한다.
6. 안전모를 착용하되, 작업 높이가 2미터 이상인 경우에는 안전모와 안전대를 함께 착용할 것
7. 이동식 사다리 사용 전 변형 및 이상 유무 등을 점검하여 이상이 발견되면 즉시 수리하거나 그 밖에 필요한 조치를 할 것

정답확인

산업안전보건기준에 관한 규칙 제42조

제13조(안전난간의 구조 및 설치요건) 사업주는 근로자의 추락 등의 위험을 방지하기 위하여 안전난간을 설치하는 경우 다음 각 호의 기준에 맞는 구조로 설치하여야 한다.

1. 상부 난간대, 중간 난간대, 발끝막이판 및 난간기둥으로 구성할 것. 다만, 중간 난간대, 발끝막이판 및 난간기둥은 이와 비슷한 구조와 성능을 가진 것으로 대체할 수 있다.
2. 상부 난간대는 바닥면·발판 또는 경사로의 표면(이하 "바닥면 등"이라 한다)으로부터 90센티미터 이상 지점에 설치하고, 상부 난간대를 120센티미터 이하에 설치하는 경우에는 중간 난간대는 상부 난간대와 바닥면 등의 중간에 설치하여야 하며, 120센티미터 이상 지점에 설치하는 경우에는 중간 난간대를 2단 이상으로 균등하게 설치하고 난간의 상하 간격은 60센티미터 이하가 되도록 할 것. 다만, 난간기둥 간의 간격이 25센티미터 이하인 경우에는 중간 난간대를 설치하지 아니할 수 있다.
3. 발끝막이판은 바닥면 등으로부터 10센티미터 이상의 높이를 유지할 것. 다만, 물체가 떨어지거나 날아올 위험이 없거나 그 위험을 방지할 수 있는 망을 설치하는 등 필요한 예방 조치를 한 장소는 제외한다.
4. 난간기둥은 상부 난간대와 중간 난간대를 견고하게 떠받칠 수 있도록 적정한 간격을 유지할 것
5. 상부 난간대와 중간 난간대는 난간 길이 전체에 걸쳐 바닥면 등과 평행을 유지할 것
6. 난간대는 지름 2.7센티미터 이상의 금속제 파이프나 그 이상의 강도가 있는 재료일 것
7. 안전난간은 구조적으로 가장 취약한 지점에서 가장 취약한 방향으로 작용하는 100킬로그램 이상의 하중에 견딜 수 있는 튼튼한 구조일 것

제14조(낙하물에 의한 위험의 방지) ① 사업주는 작업장의 바닥, 도로 및 통로 등에서 낙하물이 근로자에게 위험을 미칠 우려가 있는 경우 보호망을 설치하는 등 필요한 조치를 하여야 한다.

② 사업주는 작업으로 인하여 물체가 떨어지거나 날아올 위험이 있는 경우 낙하물 방지망, 수직보호망 또는 방호선반의 설치, 출입금지구역의 설정, 보호구의 착용 등 위험을 방지하기 위하여 필요한 조치를 하여야 한다.이 경우 낙하물 방지망 및 수직보호망은 「산업표준화법」에 따른 한국산업표준에서 정하는 성능기준에 적합한 것을 사용하여야 한다.

③ 제2항에 따라 낙하물 방지망 또는 방호선반을 설치하는 경우에는 다음 각 호의 사항을 준수하여야 한다.

1. 높이 10미터 이내마다 설치하고, 내민 길이는 벽면으로부터 2미터 이상으로 할 것
2. 수평면과의 각도는 20도 이상 30도 이하를 유지할 것

정답확인

산업안전보건기준에 관한 규칙 제13조, 제14조

유사문제 출제

① 2012년 6월 12일(문제 24번)
② 2013년 4월 20일(문제 1번)

20 산업안전보건법령상 작업환경측정에 대한 설명으로 옳은 것은?

① 작업환경측정 대상 작업장은 작업환경측정 대상 유해인자가 존재하는 작업장을 말한다.

② 작업환경측정을 할 때에는 모든 측정은 반드시 개인 시료채취방법으로 하여야 한다.

③ 작업장 또는 작업공정이 신규로 가동되거나 변경되어 작업환경측정 대상 작업장이 된 경우에는 지체없이 작업환경측정을 하여야 한다.

④ 발암성물질인 화학적 인자의 측정치가 노출기준을 초과하는 경우 해당 사업장 전체에 대하여 그 측정일부터 3개월에 1회 이상 작업환경측정을 하여야 한다.

⑤ 사업주는 작업환경측정 결과 노출기준을 초과한 작업공정이 있는 경우 개선 등 적절한 조치를 하고 시료채취를 마친 날부터 60일 이내에 해당 작업공정의 개선을 증명할 수 있는 서류 또는 개선계획을 관할 지방고용노동관서의 장에게 제출하여야 한다.

답 ⑤

해설

작업환경의 측정

제186조(작업환경측정 대상 작업장 등) ① 법 제125조제1항에서 "고용노동부령으로 정하는 작업장"이란 별표 21의 작업환경측정 대상 유해인자에 노출되는 근로자가 있는 작업장을 말한다. 다만, 다음 각 호의 어느 하나에 해당하는 경우에는 작업환경측정을 하지 아니할 수 있다.

1. 안전보건규칙 제420조제1호에 따른 관리대상 유해물질의 허용소비량을 초과하지 않는 작업장(그 관리대상 유해물질에 관한 작업환경측정만 해당한다)
2. 안전보건규칙 제420조제8호에 따른 임시작업 및 같은 조 제9호에 따른 단시간 작업을 하는 작업장(고용노동부장관이 정하여 고시하는 물질을 취급하는 작업은 제외한다)
3. 안전보건규칙 제605조제2호에 따른 분진작업의 적용 제외 작업장(분진에 관한 작업환경측정만 해당한다)
4. 그 밖에 작업환경측정 대상 유해인자의 노출 수준이 노출기준에 비하여 현저히 낮은 경우로서 고용노동부장관이 정하여 고시하는 작업장

② 안전보건진단기관이 안전보건진단을 실시하는 경우에 제1항에 따른 작업장의 유해인자 전체에 대하여 고용노동부장관이 정하는 방법에 따라 작업환경을 측정하였을 때에는 사업주는 법 제125조에 따라 해당 측정주기에 실시하여야 할 해당 작업장의 작업환경측정을 하지 아니할 수 있다.

제187조(작업환경측정자의 자격) 법 제125조제1항에서 "고용노동부령으로 정하는 자격을 가진 자"란 그 사업장에 소속된 사람으로서 산업위생관리산업기사 이상의 자격을 가진 사람을 말한다.

제188조(작업환경측정 결과의 보고) ① 사업주는 법 제125조제1항에 따라 작업환경측정을 한 경우에는 별지 제82호서식의 작업환경측정 결과보고서에 별지 제83호서식의 작업환경측정 결과표를 첨부하여 제189조제1항제3호에 따른 시료채취방법으로 시료채취를 마친 날부터 30일 이내에 관할 지방고용노동관서의 장에게 제출하여야 한다. 다만, 시료분석 및 평가에 상당한 시간이 걸려 시료채취를 마친 날부터 30일 이내에 보고하는 것이 어려운 사업장의 사업주는 고용노동부장관이 정하여 고시하는 바에 따라 그 사실을 증명하여 관할 지방고용노동관서의 장에게 신고하면 30일의 범위에서 제출기간을 연장할 수 있다.

② 법 제125조제5항 단서에 따라 작업환경측정기관이 작업환경측정을 한 경우에는 시료채취를 마친 날부터 30일 이내에 작업환경측정 결과표를 전자적 방법으로 지방고용노동관서의 장에게 제출하여야 한다. 다만, 시료분석 및 평가에 상당한 시간이 걸려 시료채취를 마친 날부터 30일 이내에 보고하는 것이 어려운 작업환경측정기관은 고용노동부장관이 정하여 고시하는 바에 따라 그 사실을 증명하여 관할 지방고용노동관서의 장에게 신고하면 30일의 범위에서 제출기간을 연장할 수 있다.

③ 사업주는 작업환경측정 결과 노출기준을 초과한 작업공정이 있는 경우에는 법 제125조제6항에 따라 해당 시설·설비의 설치·개선 또는 건강진단의 실시 등 적절한 조치를 하고 시료채취를 마친 날부터 60일 이내에 해당 작업공정의 개선을 증명할 수 있는 서류 또는 개선 계획을 관할 지방고용노동관서의 장에게 제출하여야 한다.

④ 제1항 및 제2항에 따른 작업환경측정 결과의 보고내용, 방식 및 절차에 관한 사항은 고용노동부장관이 정하여 고시한다.

제189조(작업환경측정방법) ① 사업주는 법 제125조제1항에 따른 작업환경측정을 할 때에는 다음 각 호의 사항을 지켜야 한다.

1. 작업환경측정을 하기 전에 예비조사를 할 것
2. 작업이 정상적으로 이루어져 작업시간과 유해인자에 대한 근로자의 노출 정도를 정확히 평가할 수 있을 때 실시할 것
3. 모든 측정은 개인 시료채취방법으로 하되, 개인 시료채취방법이 곤란한 경우에는 지역 시료채취방법으로 실시할 것. 이 경우 그 사유를 별지 제83호서식의 작업환경측정 결과표에 분명하게 밝혀야 한다.
4. 법 제125조제3항에 따라 작업환경측정기관에 위탁하여 실시하는 경우에는 해당 작업환경측정기관에 공정별 작업내용, 화학물질의 사용실태 및 물질안전보건자료 등 작업환경측정에 필요한 정보를 제공할 것

② 사업주는 근로자대표 또는 해당 작업공정을 수행하는 근로자가 요구하면 제1항제1호에 따른 예비조사에 참석시켜야 한다.

③ 제1항에 따른 측정방법 외에 유해인자별 세부 측정방법 등에 관하여 필요한 사항은 고용노동부장관이 정한다.

제190조(작업환경측정 주기 및 횟수) ① 사업주는 작업장 또는 작업공정이 신규로 가동되거나 변경되는 등으로 제186조에 따른 작업환경측정 대상 작업장이 된 경우에는 그 날부터 30일 이내에 작업환경측정을 하고, 그 후 반기(半期)에 1회 이상 정기적으로 작업환경을 측정하여야 한다. 다만, 작업환경측정 결과가 다음 각 호의 어느 하나에 해당하는 작업장 또는 작업공정은 해당 유해인자에 대하여 그 측정일부터 3개월에 1회 이상 작업환경측정을 하여야 한다.

1. 별표 21 제1호에 해당하는 화학적 인자(고용노동부장관이 정하여 고시하는 물질만 해당한다)의 측정치가 노출기준을 초과하는 경우
2. 별표 21 제1호에 해당하는 화학적 인자(고용노동부장관이 정하여 고시하는 물질은 제외한다)의 측정치가 노출기준을 2배 이상 초과하는 경우

② 제1항에도 불구하고 사업주는 최근 1년간 작업공정에서 공정 설비의 변경, 작업방법의 변경, 설비의 이전, 사용 화학물질의 변경 등으로 작업환경측정 결과에 영향을 주는 변화가 없는 경우로서 다음 각 호의 어느 하나에 해당하는 경우에는 해당 유해인자에 대한 작업환경측정을 연(年) 1회 이상 할 수 있다. 다만, 고용노동부장관이 정하여 고시하는 물질을 취급하는 작업공정은 그렇지 않다.

1. 작업공정 내 소음의 작업환경측정 결과가 최근 2회 연속 85데시벨(dB) 미만인 경우
2. 작업공정 내 소음 외의 다른 모든 인자의 작업환경측정 결과가 최근 2회 연속 노출기준 미만인 경우

정답확인

산업안전보건법 시행규칙

21 산업안전보건법령상 명예산업안전감독관에 대한 설명으로 옳지 않은 것은?

① 고용노동부장관은 산업안전보건위원회 설치 대상 사업의 근로자 중에서 근로자 대표가 사업주의 의견을 들어 추천하는 사람을 명예산업안전감독관으로 위촉할 수 있다.

② 위 ①항의 명예산업안전감독관은 법령 및 산업재해 예방정책의 개선을 건의할 수 있다.

③ 명예산업안전감독관의 임기는 2년으로 하되, 연임할 수 있다.

④ 고용노동부장관은 명예산업안전감독관의 활동을 지원하기 위하여 수당 등을 지급할 수 있다.

⑤ 고용노동부장관은 근로자대표가 사업주의 의견을 들어 위촉된 명예산업안전감독관의 해촉을 요청한 경우 그를 해촉할 수 있다.

답 ②

해설

제32조(명예산업안전감독관 위촉 등) ① 고용노동부장관은 다음 각 호의 어느 하나에 해당하는 사람 중에서 법 제23조제1항에 따른 명예산업안전감독관(이하 "명예산업안전감독관"이라 한다)을 위촉할 수 있다.

1. 산업안전보건위원회 구성 대상 사업의 근로자 또는 노사협의체 구성·운영 대상 건설공사의 근로자 중에서 근로자대표(해당 사업장에 단위 노동조합의 산하 노동단체가 그 사업장 근로자의 과반수로 조직되어 있는 경우에는 지부·분회 등 명칭이 무엇이든 관계없이 해당 노동단체의 대표자를 말한다. 이하 같다)가 사업주의 의견을 들어 추천하는 사람
2. 「노동조합 및 노동관계조정법」 제10조에 따른 연합단체인 노동조합 또는 그 지역 대표기구에 소속된 임직원 중에서 해당 연합단체인 노동조합 또는 그 지역 대표기구가 추천하는 사람
3. 전국 규모의 사업주단체 또는 그 산하조직에 소속된 임직원 중에서 해당 단체 또는 그 산하조직이 추천하는 사람
4. 산업재해 예방 관련 업무를 하는 단체 또는 그 산하조직에 소속된 임직원 중에서 해당 단체 또는 그 산하조직이 추천하는 사람

② 명예산업안전감독관의 업무는 다음 각 호와 같다. 이 경우 제1항제1호에 따라 위촉된 명예산업안전감독관의 업무 범위는 해당 사업장에서의 업무(제8호는 제외한다)로 한정하며, 제1항제2호부터 제4호까지의 규정에 따라 위촉된 명예산업안전감독관의 업무 범위는 제8호부터 제10호까지의 규정에 따른 업무로 한정한다.

1. 사업장에서 하는 자체점검 참여 및 「근로기준법」 제101조에 따른 근로감독관(이하 "근로감독관"이라 한다)이 하는 사업장 감독 참여
2. 사업장 산업재해 예방계획 수립 참여 및 사업장에서 하는 기계 · 기구 자체검사 참석
3. 법령을 위반한 사실이 있는 경우 사업주에 대한 개선 요청 및 감독기관에의 신고
4. 산업재해 발생의 급박한 위험이 있는 경우 사업주에 대한 작업중지 요청
5. 작업환경측정, 근로자 건강진단 시의 참석 및 그 결과에 대한 설명회 참여
6. 직업성 질환의 증상이 있거나 질병에 걸린 근로자가 여러 명 발생한 경우 사업주에 대한 임시건강진단 실시 요청
7. 근로자에 대한 안전수칙 준수 지도
8. 법령 및 산업재해 예방정책 개선 건의
9. 안전·보건 의식을 북돋우기 위한 활동 등에 대한 참여와 지원
10. 그 밖에 산업재해 예방에 대한 홍보 등 산업재해 예방업무와 관련하여 고용노동부장관이 정하는 업무

③ 명예산업안전감독관의 임기는 2년으로 하되, 연임할 수 있다.

④ 고용노동부장관은 명예산업안전감독관의 활동을 지원하기 위하여 수당 등을 지급할 수 있다.

⑤ 제1항부터 제4항까지에서 규정한 사항 외에 명예산업안전감독관의 위촉 및 운영 등에 필요한 사항은 고용노동부장관이 정한다.

제33조(명예산업안전감독관의 해촉) 고용노동부장관은 다음 각 호의 어느 하나에 해당하는 경우에는 명예산업안전감독관을 해촉할 수 있다.

1. 근로자대표가 사업주의 의견을 들어 제32조제1항제1호에 따라 위촉된 명예산업안전감독관의 해촉을 요청한 경우
2. 제32조제1항제2호부터 제4호까지의 규정에 따라 위촉된 명예산업안전감독관이 해당 단체 또는 그 산하조직으로부터 퇴직하거나 해임된 경우
3. 명예산업안전감독관의 업무와 관련하여 부정한 행위를 한 경우
4. 질병이나 부상 등의 사유로 명예산업안전감독관의 업무 수행이 곤란하게 된 경우

정답확인

산업안전보건법 시행령

22 산업안전보건법령상 산업안전보건위원회에 대한 설명으로 옳지 않은 것은?

① 산업안전보건위원회의 위원장은 위원 중에서 호선(互選)하며, 이 경우 근로자위원과 사용자위원 중 각 1명을 공동위원장으로 선출할 수 있다.

② 근로자위원 중 근로자대표는 근로자의 과반수로 조직된 노동조합이 있는 경우에는 그 노동조합의 대표자를 말한다.

③ 위 ②항의 경우 근로자의 과반수로 조직된 노동조합이 없는 경우에는 근로자의 과반수를 대표하는 사람을 말한다.

④ 유해·위험사업의 대표자가 사용자위원을 지명하는 경우에는 해당 사업장의 해당 부서의 장을 반드시 사용자위원으로 지명하여야 한다.

⑤ 산업안전보건위원회의 회의는 근로자위원 및 사용자위원 각 과반수의 출석으로 시작하고 출석위원 과반수의 찬성으로 의결한다.

답 ④

해설

제35조(산업안전보건위원회의 구성) ① 산업안전보건위원회의 근로자위원은 다음 각 호의 사람으로 구성한다.

1. 근로자대표
2. 명예산업안전감독관이 위촉되어 있는 사업장의 경우 근로자대표가 지명하는 1명 이상의 명예산업안전감독관
3. 근로자대표가 지명하는 9명(근로자인 제2호의 위원이 있는 경우에는 9명에서 그 위원의 수를 제외한 수를 말한다) 이내의 해당 사업장의 근로자

② 산업안전보건위원회의 사용자위원은 다음 각 호의 사람으로 구성한다. 다만, 상시근로자 50명 이상 100명 미만을 사용하는 사업장에서는 제5호에 해당하는 사람을 제외하고 구성할 수 있다.

1. 해당 사업의 대표자(같은 사업으로서 다른 지역에 사업장이 있는 경우에는 그 사업장의 안전보건관리책임자를 말한다. 이하 같다)
2. 안전관리자(제16조제1항에 따라 안전관리자를 두어야 하는 사업장으로 한정하되, 안전관리자의 업무를 안전관리전문기관에 위탁한 사업장의 경우에는 그 안전관리전문기관의 해당 사업장 담당자를 말한다) 1명
3. 보건관리자(제20조제1항에 따라 보건관리자를 두어야 하는 사업장으로 한정하되, 보건관리자의 업무를 보건관리전문기관에 위탁한 사업장의 경우에는 그 보건관리전문기관의 해당 사업장 담당자를 말한다) 1명
4. 산업보건의(해당 사업장에 선임되어 있는 경우로 한정한다)
5. 해당 사업의 대표자가 지명하는 9명 이내의 해당 사업장 부서의 장

③ 제1항 및 제2항에도 불구하고 법 제69조제1항에 따른 건설공사도급인(이하 "건설공사도급인"이라 한다)이 법 제64조제1항제1호에 따른 안전 및 보건에 관한 협의체를 구성한 경우에는 산업안전보건위원회의 위원을 다음 각 호의 사람을 포함하여 구성할 수 있다.

1. 근로자위원 : 도급 또는 하도급 사업을 포함한 전체 사업의 근로자대표, 명예산업안전감독관 및 근로자대표가 지명하는 해당 사업장의 근로자
2. 사용자위원 : 도급인 대표자, 관계수급인의 각 대표자 및 안전관리자

제36조(산업안전보건위원회의 위원장) 산업안전보건위원회의 위원장은 위원 중에서 호선(互選)한다. 이 경우 근로자위원과 사용자위원 중 각 1명을 공동위원장으로 선출할 수 있다.

정답확인

산업안전보건법 시행령

23 산업안전보건법령상 근로자의 보건관리에 관한 설명으로 옳지 않은 것은?

① 사업주는 감염병, 조현병 또는 근로로 인하여 병세가 크게 악화될 우려가 있는 질병으로서 고용노동부령으로 정하는 질병에 걸린 자에게는 의사의 진단에 따라 근로를 금지하거나 제한하여야 한다.

② 사업주는 근로가 금지되거나 제한된 근로자가 건강을 회복하였을 때에는 지체 없이 취업하게 하여야 한다.

③ 사업주는 정신신경증, 알코올중독, 신경통, 그 밖의 정신신경계의 질병이 있는 사람은 근로를 금지시켜야 한다.

④ 사업주는 근로를 금지하거나 근로를 다시 시작하도록 하는 경우에는 미리 의사인 보건관리자, 산업보건의 또는 건강진단을 실시한 의사의 의견을 들어야 한다.

⑤ 관할 지방고용노동관서의 장이 역학조사의 필요성을 인정하는 경우에는 산업안전보건위원회의 의결이나 상대방의 동의 없이 역학조사를 할 수 있다.

답 ③

해설

질병자의 근로금지 등

제220조(질병자의 근로금지) ① 법 제138조제1항에 따라 사업주는 다음 각 호의 어느 하나에 해당하는 사람에 대해서는 근로를 금지하여야 한다.

1. 전염될 우려가 있는 질병에 걸린 사람. 다만, 전염을 예방하기 위한 조치를 한 경우는 제외한다.
2. 조현병, 마비성 치매에 걸린 사람
3. 심장·신장·폐 등의 질환이 있는 사람으로서 근로에 의하여 병세가 악화될 우려가 있는 사람
4. 제1호부터 제3호까지의 규정에 준하는 질병으로서 고용노동부장관이 정하는 질병에 걸린 사람

② 사업주는 제1항에 따라 근로를 금지하거나 근로를 다시 시작하도록 하는 경우에는 미리 보건관리자(의사인 보건관리자만 해당한다), 산업보건의 또는 건강진단을 실시한 의사의 의견을 들어야 한다.

제221조(질병자 등의 근로 제한) ① 사업주는 법 제129조부터 제130조에 따른 건강진단 결과 유기화합물·금속류 등의 유해물질에 중독된 사람, 해당 유해물질에 중독될 우려가 있다고 의사가 인정하는 사람, 진폐의 소견이 있는 사람 또는 방사선에 피폭된 사람을 해당 유해물질 또는 방사선을 취급하거나 해당 유해물질의 분진·증기 또는 가스가 발산되는 업무 또는 해당 업무로 인하여 근로자의 건강을 악화시킬 우려가 있는 업무에 종사하도록 하여서는 안 된다.

② 사업주는 다음 각 호의 어느 하나에 해당하는 질병이 있는 근로자를 고기압 업무에 종사하도록 하여서는 안 된다.

1. 감압증이나 그 밖에 고기압에 의한 장해 또는 그 후유증
2. 결핵, 급성상기도감염, 진폐, 폐기종, 그 밖의 호흡기계의 질병
3. 빈혈증, 심장판막증, 관상동맥경화증, 고혈압증, 그 밖의 혈액 또는 순환기계의 질병
4. 정신신경증, 알코올중독, 신경통, 그 밖의 정신신경계의 질병
5. 메니에르씨병, 중이염, 그 밖의 이관협착을 수반하는 귀 질환
6. 관절염, 류마티스, 그 밖의 운동기계의 질병
7. 천식, 비만증, 바세도우씨병, 그 밖에 알레르기성·내분비계·물질대사 또는 영양장해 등과 관련된 질병

정답확인

산업안전보건법 시행규칙

24 산업안전보건법령상 근로자대표의 자료요청에 대하여 사업주가 응하지 않아도 되는 것만을 모두 고른 것은?

ㄱ. 산업안전보건위원회가 의결한 사항
ㄴ. 도급사업에 있어서의 도급 사업주의 안전·보건조치사항
ㄷ. 안전보건교육 실시 결과에 관한 사항
ㄹ. 공정안전보고서의 작성 및 확인에 관한 사항
ㅁ. 근로자 건강진단에 관한 사항
ㅂ. 작업환경측정에 관한 사항

① ㄱ, ㄴ, ㄷ　　② ㄱ, ㅁ, ㅂ
③ ㄴ, ㄷ, ㄹ　　④ ㄷ, ㄹ, ㅁ
⑤ ㄹ, ㅁ, ㅂ

답 ④

해설

산업안전보건법

제34조(법령 요지 등의 게시 등) 사업주는 이 법과 이 법에 따른 명령의 요지 및 안전보건관리규정을 각 사업장의 근로자가 쉽게 볼 수 있는 장소에 게시하거나 갖추어 두어 근로자에게 널리 알려야 한다.

제35조(근로자대표의 통지 요청) 근로자대표는 사업주에게 다음 각 호의 사항을 통지하여 줄 것을 요청할 수 있고, 사업주는 이에 성실히 따라야 한다.

1. 산업안전보건위원회(제75조에 따라 노사협의체를 구성·운영하는 경우에는 노사협의체를 말한다)가 의결한 사항
2. 제47조에 따른 안전보건진단 결과에 관한 사항
3. 제49조에 따른 안전보건개선계획의 수립·시행에 관한 사항
4. 제64조제1항 각 호에 따른 도급인의 이행 사항
5. 제110조제1항에 따른 물질안전보건자료에 관한 사항
6. 제125조제1항에 따른 작업환경측정에 관한 사항
7. 그 밖에 고용노동부령으로 정하는 안전 및 보건에 관한 사항

[시행일 : 2021. 1.16] 제35조 제5호

제24조(산업안전보건위원회) ① 사업주는 사업장의 안전 및 보건에 관한 중요 사항을 심의·의결하기 위하여 사업장에 근로자위원과 사용자위원이 같은 수로 구성되는 산업안전보건위원회를 구성·운영하여야 한다.

② 사업주는 다음 각 호의 사항에 대해서는 제1항에 따른 산업안전보건위원회(이하 "산업안전보건위원회"라 한다)의 심의·의결을 거쳐야 한다.

1. 제15조제1항제1호부터 제5호까지 및 제7호에 관한 사항
2. 제15조제1항제6호에 따른 사항 중 중대재해에 관한 사항
3. 유해하거나 위험한 기계·기구·설비를 도입한 경우 안전 및 보건 관련 조치에 관한 사항
4. 그 밖에 해당 사업장 근로자의 안전 및 보건을 유지·증진시키기 위하여 필요한 사항

③ 산업안전보건위원회는 대통령령으로 정하는 바에 따라 회의를 개최하고 그 결과를 회의록으로 작성하여 보존하여야 한다.

④ 사업주와 근로자는 제2항에 따라 산업안전보건위원회가 심의·의결한 사항을 성실하게 이행하여야 한다.

⑤ 산업안전보건위원회는 이 법, 이 법에 따른 명령, 단체협약, 취업규칙 및 제25조에 따른 안전보건관리규정에 반하는 내용으로 심의·의결해서는 아니 된다.

⑥ 사업주는 산업안전보건위원회의 위원에게 직무 수행과 관련한 사유로 불리한 처우를 해서는 아니 된다.

⑦ 산업안전보건위원회를 구성하여야 할 사업의 종류 및 사업장의 상시근로자 수, 산업안전보건위원회의 구성·운영 및 의결되지 아니한 경우의 처리방법, 그 밖에 필요한 사항은 대통령령으로 정한다.

제25조(안전보건관리규정의 작성) ① 사업주는 사업장의 안전 및 보건을 유지하기 위하여 다음 각 호의 사항이 포함된 안전보건관리규정을 작성하여야 한다.

1. 안전 및 보건에 관한 관리조직과 그 직무에 관한 사항
2. 안전보건교육에 관한 사항
3. 작업장의 안전 및 보건 관리에 관한 사항
4. 사고 조사 및 대책 수립에 관한 사항
5. 그 밖에 안전 및 보건에 관한 사항

② 제1항에 따른 안전보건관리규정(이하 "안전보건관리규정"이라 한다)은 단체협약 또는 취업규칙에 반할 수 없다. 이 경우 안전보건관리규정 중 단체협약 또는 취업규칙에 반하는 부분에 관하여는 그 단체협약 또는 취업규칙으로 정한 기준에 따른다.

③ 안전보건관리규정을 작성하여야 할 사업의 종류, 사업장의 상시근로자 수 및 안전보건관리규정에 포함되어야 할 세부적인 내용, 그 밖에 필요한 사항은 고용노동부령으로 정한다.

제63조(도급인의 안전조치 및 보건조치) 도급인은 관계수급인 근로자가 도급인의 사업장에서 작업을 하는 경우에 자신의 근로자와 관계수급인 근로자의 산업재해를 예방하기 위하여 안전 및 보건 시설의 설치 등 필요한 안전조치 및 보건조치를 하여야 한다. 다만, 보호구 착용의 지시 등 관계수급인 근로자의 작업행동에 관한 직접적인 조치는 제외한다.

제64조(도급에 따른 산업재해 예방조치) ① 도급인은 관계수급인 근로자가 도급인의 사업장에서 작업을 하는 경우 다음 각 호의 사항을 이행하여야 한다.

1. 도급인과 수급인을 구성원으로 하는 안전 및 보건에 관한 협의체의 구성 및 운영
2. 작업장 순회점검
3. 관계수급인이 근로자에게 하는 제29조제1항부터 제3항까지의 규정에 따른 안전보건교육을 위한 장소 및 자료의 제공 등 지원
4. 관계수급인이 근로자에게 하는 제29조제3항에 따른 안전보건교육의 실시 확인
5. 다음 각 목의 어느 하나의 경우에 대비한 경보체계 운영과 대피 방법 등 훈련
   가. 작업 장소에서 발파작업을 하는 경우
   나. 작업 장소에서 화재·폭발, 토사·구축물 등의 붕괴 또는 지진 등이 발생한 경우
6. 위생시설 등 고용노동부령으로 정하는 시설의 설치 등을 위하여 필요한 장소의 제공 또는 도급인이 설치한 위생시설 이용의 협조

② 제1항에 따른 도급인은 고용노동부령으로 정하는 바에 따라 자신의 근로자 및 관계수급인 근로자와 함께 정기적으로 또는 수시로 작업장의 안전 및 보건에 관한 점검을 하여야 한다.

③ 제1항에 따른 안전 및 보건에 관한 협의체 구성 및 운영, 작업장 순회점검, 안전보건교육 지원, 그 밖에 필요한 사항은 고용노동부령으로 정한다.

제110조(물질안전보건자료의 작성 및 제출) ① 화학물질 또는 이를 포함한 혼합물로서 제104조에 따른 분류기준에 해당하는 것(대통령령으로 정하는 것은 제외한다. 이하 "물질안전보건자료 대상물질"이라 한다)을 제조하거나 수입하려는 자는 다음 각 호의 사항을 적은 자료(이하 "물질안전보건자료"라 한다)를 고용노동부령으로 정하는 바에 따라 작성하여 고용노동부장관에게 제출하여야 한다. 이 경우 고용노동부장관은 고용노동부령으로 물질안전보건자료의 기재 사항이나 작성 방법을 정할 때 「화학물질관리법」 및 「화학물질의 등록 및 평가 등에 관한 법률」과 관련된 사항에 대해서는 환경부장관과 협의하여야 한다.

1. 제품명
2. 물질안전보건자료 대상물질을 구성하는 화학물질 중 제104조에 따른 분류기준에 해당하는 화학물질의 명칭 및 함유량
3. 안전 및 보건상의 취급 주의 사항
4. 건강 및 환경에 대한 유해성, 물리적 위험성
5. 물리·화학적 특성 등 고용노동부령으로 정하는 사항

② 물질안전보건자료 대상물질을 제조하거나 수입하려는 자는 물질안전보건자료 대상물질을 구성하는 화학물질 중 제104조에 따른 분류기준에 해당하지 아니하는 화학물질의 명칭 및 함유량을 고용노동부장관에게 별도로 제출하여야 한다. 다만, 다음 각 호의 어느 하나에 해당하는 경우는 그러하지 아니하다.

1. 제1항에 따라 제출된 물질안전보건자료에 이 항 각 호 외의 부분 본문에 따른 화학물질의 명칭 및 함유량이 전부 포함된 경우
2. 물질안전보건자료 대상물질을 수입하려는 자가 물질안전보건자료 대상물질을 국외에서 제조하여 우리나라로 수출하려는 자(이하 "국외제조자"라 한다)로부터 물질안전보건자료에 적힌 화학물질 외에는 제104조에 따른 분류기준에 해당하는 화학물질이 없음을 확인하는 내용의 서류를 받아 제출한 경우

③ 물질안전보건자료 대상물질을 제조하거나 수입한 자는 제1항 각 호에 따른 사항 중 고용노동부령으로 정하는 사항이 변경된 경우 그 변경 사항을 반영한 물질안전보건자료를 고용노동부장관에게 제출하여야 한다.

④ 제1항부터 제3항까지의 규정에 따른 물질안전보건자료 등의 제출 방법·시기, 그 밖에 필요한 사항은 고용노동부령으로 정한다.

제125조(작업환경측정) ① 사업주는 유해인자로부터 근로자의 건강을 보호하고 쾌적한 작업환경을 조성하기 위하여 인체에 해로운 작업을 하는 작업장으로서 고용노동부령으로 정하는 작업장에 대하여 고용노동부령으로 정하는 자격을 가진 자로 하여금 작업환경측정을 하도록 하여야 한다.

② 제1항에도 불구하고 도급인의 사업장에서 관계수급인 또는 관계수급인의 근로자가 작업을 하는 경우에는 도급인이 제1항에 따른 자격을 가진 자로 하여금 작업환경측정을 하도록 하여야 한다.

③ 사업주(제2항에 따른 도급인을 포함한다. 이하 이 조 및 제127조에서 같다)는 제1항에 따른 작업환경측정을 제126조에 따라 지정받은 기관(이하 "작업환경측정기관"이라 한다)에 위탁할 수 있다. 이 경우 필요한 때에는 작업환경측정 중 시료의 분석만을 위탁할 수 있다.

④ 사업주는 근로자대표(관계수급인의 근로자대표를 포함한다. 이하 이 조에서 같다)가 요구하면 작업환경측정 시 근로자대표를 참석시켜야 한다.

⑤ 사업주는 작업환경측정 결과를 기록하여 보존하고 고용노동부령으로 정하는 바에 따라 고용노동부장관에게 보고하여야 한다. 다만, 제3항에 따라 사업주로부터 작업환경측정을 위탁받은 작업환경측정기관이 작업환경측정을 한 후 그 결과를 고용노동부령으로 정하는 바에 따라 고용노동부장관에게 제출한 경우에는 작업환경측정 결과를 보고한 것으로 본다.

⑥ 사업주는 작업환경측정 결과를 해당 작업장의 근로자(관계수급인 및 관계수급인 근로자를 포함한다. 이하 이 항, 제127조 및 제175조 제5항제15호에서 같다)에게 알려야 하며, 그 결과에 따라 근로자의 건강을 보호하기 위하여 해당 시설·설비의 설치·개선 또는 건강진단의 실시 등의 조치를 하여야 한다.

⑦ 사업주는 산업안전보건위원회 또는 근로자대표가 요구하면 작업환경측정 결과에 대한 설명회 등을 개최하여야 한다. 이 경우 제3항에 따라 작업환경측정을 위탁하여 실시한 경우에는 작업환경측정기관에 작업환경측정 결과에 대하여 설명하도록 할 수 있다.

⑧ 제1항 및 제2항에 따른 작업환경측정의 방법·횟수, 그 밖에 필요한 사항은 고용노동부령으로 정한다.

정답확인

산업안전보건법

25 산업안전보건기준에 관한 규칙상 근로자의 위험을 예방하기 위하여 규정된 내용으로 옳은 것은?

① 거푸집동바리로 사용하는 파이프 서포트를 2개 이상 이어서 사용하지 않도록 하여야 한다.

② 콘크리트를 타설하는 경우에는 지지강도가 높게 나오게 중앙부위에 집중적으로 타설하여야 한다.

③ 흙막이 등 기울기면의 붕괴방지 조치를 하지 않고 풍화암으로 이루어진 지반을 굴착하는 경우 굴착면의 기울기는 1 : 0.5에 맞도록 하여야 한다.

④ 위 ③항의 경우 습지인 보통흙으로 이루어진 지반을 굴착하는 경우에는 굴착면의 기울기는 1 : 0.5~1 : 1에 맞도록 하여야 한다.

⑤ 흙막이 등 기울기면의 붕괴방지 조치를 하지 않은 상태에서 굴착면의 경사가 달라서 기울기를 계산하기 곤란한 경우 해당 굴착면에 대하여 굴착면의 기울기 기준에 따라 붕괴의 위험이 증가하지 않도록 해당 각 부분의 경사를 유지하여야 한다.

답 ⑤

해설

동바리로 사용하는 파이프 서포트에 대해서는 다음 각 목의 사항을 따를 것

가. 파이프 서포트를 3개 이상 이어서 사용하지 않도록 할 것
나. 파이프 서포트를 이어서 사용하는 경우에는 4개 이상의 볼트 또는 전용 철물을 사용하여 이을 것
다. 높이가 3.5미터를 초과하는 경우에는 높이 2미터 이내마다 수평연결재를 2개 방향으로 만들고 수평연결재의 변위를 방지할 것

제335조(콘크리트 타설장비 사용 시의 준수사항) 사업주는 콘크리트 타설작업을 하기 위하여 콘크리트 플레이싱 붐(placing boom), 콘크리트 분배기, 콘크리트 펌프카 등(이하 이 조에서 "콘크리트타설장비"라 한다)을 사용하는 경우에는 다음 각 호의 사항을 준수해야 한다. 〈개정 2023. 11. 14.〉

1. 작업을 시작하기 전에 콘크리트타설장비를 점검하고 이상을 발견하였으면 즉시 보수할 것
2. 건축물의 난간 등에서 작업하는 근로자가 호스의 요동 · 선회로 인하여 추락하는 위험을 방지하기 위하여 안전난간 설치 등 필요한 조치를 할 것
3. 콘크리트타설장비의 붐을 조정하는 경우에는 주변의 전선 등에 의한 위험을 예방하기 위한 적절한 조치를 할 것
4. 작업 중에 지반의 침하나 아웃트리거 등 콘크리트타설장비 지지구조물의 손상 등에 의하여 콘크리트타설장비가 넘어질 우려가 있는 경우에는 이를 방지하기 위한 적절한 조치를 할 것[제목개정 2023. 11. 14.]

[표 11] 굴착면의 기울기 기준(제339조 제1항 관련)

지반의 종류	굴착면의 기울기
모래	1 : 1.8
연암 및 풍화암	1 : 1.0
경암	1 : 0.5
그 밖의 흙	1 : 1.2

비고
1. 굴착면의 기울기는 굴착면의 높이에 대한 수평거리의 비율을 말한다.
2. 굴착면의 경사가 달라서 기울기를 계산하기가 곤란한 경우에는 해당 굴착면에 대하여 지반의 종류별 굴착면의 기울기에 따라 붕괴의 위험이 증가하지 않도록 위 표의 지반의 종류별 굴착면의 기울기에 맞게 해당 각 부분의 경사를 유지해야 한다.

정답확인

산업안전보건기준에 관한 규칙

Note

2014년도 4월 12일 필기문제

산업안전(보건)지도사 자격시험
제1차 시험문제지

제1과목 산업안전보건법령	총 시험시간 : 90분 (과목당 30분)	문제형별 A

수험번호	20140412	성 명	도서출판 세화

【수험자 유의사항】

1. 시험문제지 표지와 시험문제지 내 문제형별의 동일여부 및 시험문제지의 총면수·문제번호 일련순서·인쇄상태 등을 확인하시고, 문제지 표지에 수험번호와 성명을 기재하시기 바랍니다.
2. 답은 각 문제마다 요구하는 가장 적합하거나 가까운 답 1개만 선택하고, 답안카드 작성 시 시험문제지 형별누락, 마킹착오로 인한 불이익은 전적으로 수험자에게 책임이 있음을 알려 드립니다.
3. 답안카드는 국가전문자격 공통 표준형으로 문제번호가 1번부터 125번까지 인쇄되어 있습니다. 답안 마킹 시에는 반드시 시험문제지의 문제번호와 동일한 번호에 마킹하여야 합니다.
4. 감독위원의 지시에 불응하거나 시험 시간 종료 후 답안카드를 제출하지 않을 경우 불이익이 발생할 수 있음을 알려 드립니다.
5. 시험문제지는 시험 종료 후 가져가시기 바랍니다.

【안 내 사 항】

1. 수험자는 QR코드를 통해 가답안을 확인하시기 바랍니다.
   (※ 사전 설문조사 필수)
2. 시험 합격자에게 '합격축하 SMS(알림톡) 알림 서비스'를 제공하고 있습니다.

▲ 가답안 확인

- 수험자 여러분의 합격을 기원합니다 -

2014년 산업안전보건법규 출제문제 분석표(NCS 기준)

법령명(대분류)	단원(중분류)	세부내용(소분류)	출제년월일
산업안전보건법	제1장 총칙	제5조 사업주 등의 의무	14.4.12
	제2장 안전보건관리체제 등	제25조 안전보건관리규정의 작성	14.4.12
	제3장 안전보건교육		
	제4장 유해 위험 방지 조치	제35조 근로자대표의 통지 요청	14.4.12
	제5장 도급 시 산업재해 예방	제58조 유해한 작업의 도급금지	14.4.12
	제6장 유해 위험기계 등에 대한 조치	제86조 안전인증의 취소 등	14.4.12
		제93조 안전검사	14.4.12
	제7장 유해 위험물질에 대한 조치		
	제8장 근로자 보건관리		
	제9장 산업안전지도사 및 산업보건지도사	제154조 등록의 취소 등	14.4.12
	제10장 근로감독관 등		
	제11장 보칙		
	제12장 벌칙		
소계		28% 출제	7문제 출제

법령명(대분류)	단원(중분류)	세부내용(소분류)	출제년월일
산업안전보건법 시행령	제1장 총칙		
	제2장 안전보건관리체제 등	제15조 관리감독자의 업무 등	14.4.12
		제16조 안전관리자의 선임 등	14.4.12
		[별표 9] 산업안전보건위원회를 구성해야 할 사업의 종류 및 사업장의 상시근로자 수(제34조 관련)	14.4.12
		제33조 명예산업안전감독관의 해촉	14.4.12
	제3장 안전보건교육		
	제4장 유해 위험 방지 조치	제49조 안전보건진단을 받아 안전보건개선계획을 수립할 대상	14.4.12
	제5장 도급 시 산업재해 예방		
	제6장 유해 위험기계 등에 대한 조치	제77조 자율안전확인대상 기계 등	14.4.12
	제7장 유해 위험물질에 대한 조치	제89조 기관석면조사 대상	14.4.12
	제8장 근로자 보건관리	제99조 유해·위험작업에 대한 근로시간 제한 등	14.4.12
	제9장 산업안전지도사 및 산업보건지도사		
	제10장 보칙		
	제11장 벌칙		
소계		32% 출제	8문제 출제

법령명(대분류)	단원(중분류)	세부내용(소분류)	출제년월일
산업안전보건법 시행규칙	제1장 총칙		
	제2장 안전보건관리체제 등		
	제3장 안전보건교육	[별표 4] 안전보건교육 교육과정별 교육시간(제26조 제1항 등 관련)	14.4.12
		제29조 안전보건관리책임자 등에 대한 직무교육	14.4.12
	제4장 유해 위험 방지 조치	[별표 6] 안전보건표지의 종류와 형태(제38조 제1항 관련)	14.4.12
	제5장 도급 시 산업재해 예방	제79조 협의체의 구성 및 운영	14.4.12
	제6장 유해 위험기계 등에 대한 조치	제99조 방호조치 해체 등에 필요한 조치	14.4.12
	제7장 유해 위험물질에 대한 조치		
	제8장 근로자 보건관리	제190조 작업환경측정 주기 및 횟수	14.4.12
		제195조 근로자 건강진단 실시에 대한 협력 등	14.4.12
		제209조 건강진단 결과의 보고 등	14.4.12
	제9장 산업안전지도사 및 산업보건지도사		
	제10장 근로감독관 등		
	제11장 보칙		
소계		32% 출제	8문제 출제

법령명(대분류)	단원(중분류)	세부내용(소분류)	출제년월일
산업안전보건기준에 관한 규칙	제1편 총칙		
	제2편 안전기준	제299조 독성이 있는 물질의 누출 방지	14.4.12
	제3편 보건기준	제483조 작업복 관리	14.4.12
소계		8% 출제	2문제 출제

1. 산업안전보건법령

01 산업안전보건법령상 유해·위험한 작업의 도급에 대한 다음 내용에 관한 설명으로 옳지 않은 것은?

A사는 정밀기계제조업을 영위하는 업체이다. B사는 A사의 공장 내에서 A사의 작업설비를 사용하여 업무를 수행하는 하도급업체이다. B사는 A사와 동일한 정밀기계제조업을 하고 있으며, 공정의 마무리 단계에서 정밀 기계의 부식방지를 위한 도금작업이 포함되어 있다. B사는 도금업을 전문적으로 해 온 C사에게 도금작업 부분만을 하도급하고자 한다.

① 도금작업은 안전·보건상 유해하거나 위험한 작업에 해당하므로, 이를 분리하여 하도급을 주는 경우에는 인가를 받아야 한다.

② B사는 C사에 대한 도급인가를 받기 위하여 관할 지방고용노동관서의 장에게 도급인가 신청서를 제출하여야 한다.

③ B사는 도급인가 신청서를 제출할 때 도금작업을 포함한 전체 작업의 공정도와 도급계획서를 첨부하여야 한다.

④ 지방고용노동관서의 장의 도급인가 신청서가 접수된 날부터 14일 이내에 신청서를 반려하거나 인가증을 신청자에게 발급하여야 한다.

⑤ 지방고용노동관서의 장은 도급인가를 신청한 사업장이 유해하거나 위험한 작업의 도급 시 지켜야 할 안전·보건조치의 기준을 지키고 있는지 확인할 필요가 있는 경우에는 한국산업안전보건공단으로 하여금 기술적 사항을 확인하게 할 수 있다.

답 ③

해설

제58조(유해한 작업의 도급금지) ① 사업주는 근로자의 안전 및 보건에 유해하거나 위험한 작업으로서 다음 각 호의 어느 하나에 해당하는 작업을 도급하여 자신의 사업장에서 수급인의 근로자가 그 작업을 하도록 해서는 아니 된다.

1. 도금작업
2. 수은, 납 또는 카드뮴을 제련, 주입, 가공 및 가열하는 작업
3. 제118조제1항에 따른 허가대상물질을 제조하거나 사용하는 작업

② 사업주는 제1항에도 불구하고 다음 각 호의 어느 하나에 해당하는 경우에는 제1항 각 호에 따른 작업을 도급하여 자신의 사업장에서 수급인의 근로자가 그 작업을 하도록 할 수 있다.

1. 일시·간헐적으로 하는 작업을 도급하는 경우
2. 수급인이 보유한 기술이 전문적이고 사업주(수급인에게 도급을 한 도급인으로서의 사업주를 말한다)의 사업 운영에 필수 불가결한 경우로서 고용노동부장관의 승인을 받은 경우

③ 사업주는 제2항제2호에 따라 고용노동부장관의 승인을 받으려는 경우에는 고용노동부령으로 정하는 바에 따라 고용노동부장관이 실시하는 안전 및 보건에 관한 평가를 받아야 한다.

④ 제2항제2호에 따른 승인의 유효기간은 3년의 범위에서 정한다.

⑤ 고용노동부장관은 제4항에 따른 유효기간이 만료되는 경우에 사업주가 유효기간의 연장을 신청하면 승인의 유효기간이 만료되는 날의 다음 날부터 3년의 범위에서 고용노동부령으로 정하는 바에 따라 그 기간의 연장을 승인할 수 있다. 이 경우 사업주는 제3항에 따른 안전 및 보건에 관한 평가를 받아야 한다.

⑥ 사업주는 제2항제2호 또는 제5항에 따라 승인을 받은 사항 중 고용노동부령으로 정하는 사항을 변경하려는 경우에는 고용노동부령으로 정하는 바에 따라 변경에 대한 승인을 받아야 한다.
⑦ 고용노동부장관은 제2항제2호, 제5항 또는 제6항에 따라 승인, 연장승인 또는 변경승인을 받은 자가 제8항에 따른 기준에 미달하게 된 경우에는 승인, 연장승인 또는 변경승인을 취소하여야 한다.
⑧ 제2항제2호, 제5항 또는 제6항에 따른 승인, 연장승인 또는 변경승인의 기준·절차 및 방법, 그 밖에 필요한 사항은 고용노동부령으로 정한다.

정답확인

산업안전보건법

제75조(도급승인 등의 절차·방법 및 기준 등) ① 법 제58조제2항제2호에 따른 승인, 같은 조 제5항 또는 제6항에 따른 연장승인 또는 변경승인을 받으려는 자는 별지 제31호서식의 도급승인 신청서, 별지 제32호서식의 연장신청서 및 별지 제33호서식의 변경신청서에 다음 각 호의 서류를 첨부하여 관할 지방고용노동관서의 장에게 제출하여야 한다.
1. 도급대상 작업의 공정 관련 서류 일체(기계·설비의 종류 및 운전조건, 유해·위험물질의 종류·사용량, 유해·위험요인의 발생 실태 및 종사 근로자 수 등에 관한 사항을 포함하여야 한다)
2. 도급작업 안전보건관리계획서(안전작업절차, 도급 시 안전·보건관리 및 도급작업에 대한 안전·보건시설 등에 관한 사항을 포함하여야 한다)
3. 제74조에 따른 안전 및 보건에 관한 평가 결과(법 제58조제6항에 따른 변경승인은 해당되지 않는다)

② 법 제58조제2항제2호에 따른 승인, 같은 조 제5항 또는 제6항에 따른 연장승인 또는 변경승인의 작업별 도급승인 기준은 다음 각 호와 같다.
1. 공통 : 작업공정의 안전성, 안전보건관리계획 및 안전 및 보건에 관한 평가 결과의 적정성
2. 법 제58조제1항제1호 및 제2호에 따른 작업 : 안전보건규칙 제5조, 제7조, 제8조, 제10조, 제11조, 제17조, 제19조, 제21조, 제22조, 제33조, 제72조부터 제79조까지, 제81조, 제83조부터 제85조까지, 제225조, 제232조, 제299조, 제301조부터 제305조까지, 제422조, 제429조부터 제435조까지, 제442조부터 제444조까지, 제448조, 제450조, 제451조, 제513조에서 정한 기준
3. 법 제58조제1항제3호에 따른 작업 : 안전보건규칙 제5조, 제7조, 제8조, 제10조, 제11조, 제17조, 제19조, 제21조, 제22조까지, 제33조, 제72조부터 제79조까지, 제81조, 제83조부터 제85조까지, 제225조, 제232조, 제299조, 제301조부터 제305조까지, 제453조부터 제455조까지, 제459조, 제461조, 제463조부터 제466조까지, 제469조부터 제474조까지, 제513조에서 정한 기준

③ 지방고용노동관서의 장은 필요할 경우 법 제58조제2항제2호에 따른 승인, 같은 조 제5항 또는 제6항에 따른 연장승인 또는 변경승인을 신청한 사업장에 대해서 제2항에 따른 도급승인 기준을 준수하고 있는지 공단으로 하여금 확인하게 할 수 있다.
④ 제1항에 따라 도급승인 신청을 받은 지방고용노동관서의 장은 제2항에 따른 도급승인 기준을 충족한 경우 신청서가 접수된 날부터 14일 이내에 별지 제34호서식에 따른 승인서를 신청인에게 발급해야 한다.

정답확인

산업안전보건법 시행규칙

02 산업안전보건법령상 도급사업 시의 안전보건조치에 관한 설명으로 옳지 않은 것은?

① 제조업의 사업주가 사업의 일부를 도급한 경우 도급인은 1주일에 1회 이상 작업장을 순회점검하여야 한다.

② 건설업의 사업주가 안전보건에 관한 협의체를 구성한 경우 그 협의체에 근로자위원으로서 도급 또는 하도급 사업을 포함한 전체 사업의 근로자대표, 명예산업안전감독관 및 근로자대표가 지명하는 해당 사업장의 근로자를 포함한 산업안전보건위원회를 구성할 수 있다.

③ 안전보건에 관한 협의체는 도급인인 사업주 및 그의 수급인인 사업주 전원으로 구성하여야 한다.

④ 안전보건에 관한 협의체는 매월 1회 이상 정기적으로 회의를 개최하고 그 결과를 기록·보존하여야 한다.

⑤ 도급인인 사업주는 수급인인 사업주가 실시하는 근로자의 해당 안전·보건교육에 필요한 장소 및 자료의 제공 등 필요한 조치를 하여야 한다.

답 ①

해설

도급인의 안전조치 및 보건조치

제79조(협의체의 구성 및 운영) ① 법 제64조제제1항제1호에 따른 안전 및 보건에 관한 협의체(이하 이조에서 '협의체'라 한다)는 도급인 및 그의 수급인 전원으로 구성하여야 한다.

② 협의체는 다음 각 호의 사항을 협의하여야 한다.

1. 작업의 시작 시간
2. 작업 또는 작업장 간의 연락 방법
3. 재해발생 위험이 있는 경우 대피 방법
4. 작업장에서의 법 제36조에 따른 위험성평가의 실시에 관한 사항
5. 사업주와 수급인 또는 수급인 상호 간의 연락 방법 및 작업공정의 조정

③ 협의체는 매월 1회 이상 정기적으로 회의를 개최하고 그 결과를 기록·보존하여야 한다.

제80조(도급사업 시의 안전보건조치 등) ① 도급인은 법 제64조제1항2호에 따른 작업장 순회점검을 다음 각 호의 구분에 따라 실시해야 한다.

1. 다음 각 목의 사업 : 2일에 1회 이상
   가. 건설업
   나. 제조업
   다. 토사석 광업
   라. 서적, 잡지 및 기타 인쇄물 출판업
   마. 음악 및 기타 오디오물 출판업
   바. 금속 및 비금속 원료 재생업
2. 제1호 각 목의 사업을 제외한 사업 : 1주일에 1회 이상

② 관계수급인은 제1항에 따라 도급인이 실시하는 순회점검을 거부·방해 또는 기피하여서는 안 되며 점검 결과 도급인의 시정요구가 있으면 이에 따라야 한다.

③ 도급인은 법 제64조제1항제3호에 따라 관계수급인이 실시하는 근로자의 안전·보건교육에 필요한 장소 및 자료의 제공 등을 요청받은 경우 협조하여야 한다.

제81조(위생시설의 설치 등 협조) ① 법 제64조제1항제6호에서 "고용노동부령으로 정하는 시설"이란 다음 각 호의 시설을 말한다.

1. 휴게시설
2. 세면·목욕시설
3. 세탁시설
4. 탈의시설

5. 수면시설

② 도급인이 제1항에 따른 시설을 설치하는 때에는 해당 시설에 대해 안전보건규칙에서 정하고 있는 기준을 준수하여야 한다.

제82조(도급사업의 합동 안전 · 보건점검) ① 법 제64조제2항에 따라 도급인이 작업장의 안전 및 보건에 관한 점검을 할 때에는 다음 각 호의 사람으로 점검반을 구성하여야 한다.

1. 도급인(같은 사업 내에 지역을 달리하는 사업장이 있는 경우에는 그 사업장의 안전보건관리책임자)
2. 관계수급인(같은 사업 내에 지역을 달리하는 사업장이 있는 경우에는 그 사업장의 안전보건관리책임자)
3. 도급인 및 관계수급인의 근로자 각 1명(관계수급인의 근로자의 경우에는 해당 공정에만 해당한다)

② 법 제64조제2항에 따른 정기 안전·보건점검의 실시 횟수는 다음 각 호의 구분과 같다.

1. 다음 각 목의 사업 : 2개월에 1회 이상
   가. 건설업
   나. 선박 및 보트 건조업
2. 제1호의 사업을 제외한 사업 : 분기에 1회 이상

정답확인

산업안전보건법 시행규칙

03 산업안전보건법령상 사업주가 근로자에 대하여 실시하는 안전보건교육의 교육대상, 교육과정 및 교육시간의 조합으로 옳은 것은?

① 일용근로자를 제외한 근로자에 대한 작업내용변경 시의 교육 - 2시간 이상

② 밀폐공간에서의 작업에 종사하는 근로자에 대한 특별안전보건교육 - 8시간 이상

③ 건설 일용근로자에 대한 건설업 기초안전·보건교육 - 2시간

④ 관리감독자의 지위에 있는 사람에 대한 정기교육 - 연간 12시간 이상

⑤ 판매업무에 직접 종사하는 근로자에 대한 정기교육 - 매분기 2시간 이상

답 ①

해설

[별표 4] 안전보건교육 교육과정별 교육시간

1. 근로자 안전보건교육

교육과정	교육대상		교육시간
가. 정기교육	사무직 종사 근로자		매반기 6시간 이상
	사무직 종사 근로자 외의 근로자	판매업무에 직접 종사하는 근로자	매반기 6시간 이상
		판매업무에 직접 종사하는 근로자 외의 근로자	매반기 12시간 이상
	관리감독자의 지위에 있는 사람		연간 16시간 이상
나. 채용 시 교육	일용근로자		1시간 이상
	일용근로자를 제외한 근로자		8시간 이상
다. 작업내용 변경 시 교육	일용근로자		1시간 이상
	일용근로자를 제외한 근로자		2시간 이상
라. 특별교육	별표 5 제1호라목 각 호(제39호는 제외한다)의 어느 하나에 해당하는 작업에 종사하는 일용근로자		2시간 이상
	별표 5 제1호라목제39호의 타워크레인 신호작업에 종사하는 일용근로자		8시간 이상
	별표 5 제1호라목 각 호의 어느 하나에 해당하는 작업에 종사하는 일용근로자를 제외한 근로자		- 16시간 이상(최초 작업에 종사하기 전 4시간 이상 실시하고 12시간은 3개월 이내에서 분할하여 실시가능) - 단기간 작업 또는 간헐적 작업인 경우에는 2시간 이상
마. 건설업 기초안전·보건교육	건설 일용근로자		4시간 이상

비고

1. 상시근로자 50명 미만의 도매업과 숙박 및 음식점업은 위 표의 가목부터 라목까지의 규정에도 불구하고 해당 교육과정별 교육시간의 2분의 1이상을 실시해야 한다.
2. 근로자(관리감독자의 지위에 있는 사람은 제외한다)가 「화학물질관리법 시행규칙」 제37조제4항에 따른 유해화학물질 안전교육을 받은 경우에는 그 시간만큼 가목에 따른 해당 분기의 정기교육을 받은 것으로 본다.
3. 방사선작업종사자가 「원자력안전법 시행령」 제148조제1항에 따라 방사선작업종사자 정기교육을 받은 때에는 그 해당시간 만큼 가목에 따른 해당 분기의 정기교육을 받은 것으로 본다.
4. 방사선 업무에 관계되는 작업에 종사하는 근로자가 「원자력안전법 시행령」 제148조제1항에 따라 방사선작업종사자 신규교육 중 직장교육을 받은 때에는 그 시간만큼 라목 중 별표 5 제1호라목 33에 따른 해당 근로자에 대한 특별교육을 받은 것으로 본다.

2. 안전보건관리책임자 등에 대한 교육

교육대상	교육시간	
	신규교육	보수교육
가. 안전보건관리책임자	6시간 이상	6시간 이상
나. 안전관리자, 안전관리전문기관의 종사자	34시간 이상	24시간 이상
다. 보건관리자, 보건관리전문기관의 종사자	34시간 이상	24시간 이상
라. 건설재해예방전문지도기관의 종사자	34시간 이상	24시간 이상
마. 석면조사기관의 종사자	34시간 이상	24시간 이상
바. 안전보건관리담당자	-	8시간 이상
사. 안전검사기관, 자율안전검사기관의 종사자	34시간 이상	24시간 이상

3. 특수형태근로 종사자에 대한 안전보건교육(제95조 제1항 관련)

교육과정	교육시간
가. 최초 노무제공 시 교육	2시간 이상(단기간 작업 또는 간헐적 작업에 노무를 제공하는 경우에는 1시간 이상 실시하고, 특별교육을 실시한 경우는 면제)
나. 특별교육	16시간 이상(최초 작업에 종사하기 전 4시간 이상 실시하고 12시간은 3개월 이내에서 분할하여 실시가능)
	단기간 작업 또는 간헐적 작업인 경우에는 2시간 이상

4. 검사원 성능검사 교육

교육과정	교육대상	교육시간
성능검사 교육	-	28시간 이상

정답확인

산업안전보건법 시행규칙

04 산업안전보건법령상 안전보건관리책임자 등에 대한 직무교육에 관한 설명으로 옳은 것은?

① 보건관리자가 의사인 경우는 선임된 후 1년 이내에 직무를 수행하는 데 필요한 신규교육을 받아야 한다.

② 안전보건관리책임자로 선임된 자는 6개월 이내에 직무를 수행하는 데 필요한 신규교육을 받아야 한다.

③ 안전관리자로 선임된 자는 신규교육을 이수한 후 매 2년이 되는 날을 기준으로 전후 12개월 사이에 고용노동부장관이 실시하는 안전·보건에 관한 보수교육을 받아야 한다.

④ 기업활동 규제완화에 관한 특별조치법에 따라 안전관리자로 채용된 것으로 보는 사람은 신규교육이 면제된다.

⑤ 직무교육기관의 장은 직무교육을 실시하기 10일 전까지 교육 일시 및 장소 등을 직무교육 대상자에게 알려야 한다.

답 ①

해설

제29조(안전보건관리책임자 등에 대한 직무교육) ① 법 제32조제1항 각 호의 어느 하나에 해당하는 사람은 해당 직위에 선임(위촉의 경우를 포함한다. 이하 같다)되거나 채용된 후 3개월(보건관리자가 의사인 경우는 1년) 이내에 직무를 수행하는 데 필요한 신규교육을 받아야 하며, 신규교육을 이수한 후 매 2년이 되는 날을 기준으로 전후 6개월 사이에 고용노동부장관이 실시하는 안전보건에 관한 보수교육을 받아야 한다.

1. 법 제15조제1항에 따른 안전보건관리책임자
2. 법 제17조제1항에 따른 안전관리자(「기업활동 규제완화에 관한 특별조치법」 제30조제3항에 따라 안전관리자로 채용된 것으로 보는 사람을 포함한다)
3. 법 제18조제1항에 따른 보건관리자
4. 법 제19조제1항에 따른 안전보건관리담당자
5. 법 제21조제1항에 따른 안전관리전문기관 또는 보건관리전문기관에서 안전관리자 또는 보건관리자의 위탁 업무를 수행하는 사람
6. 법 제74조제1항에 따른 건설재해예방전문지도기관에서 지도업무를 수행하는 사람
7. 법 제96조제1항에 따라 지정받은 안전검사기관에서 검사업무를 수행하는 사람
8. 법 제100조제1항에 따라 지정받은 자율안전검사기관에서 검사업무를 수행하는 사람
9. 법 제120조제1항에 따른 석면조사기관에서 석면조사 업무를 수행하는 사람

② 제1항에 따른 신규교육 및 보수교육(이하 "직무교육"이라 한다)의 교육시간은 별표 4와 같고, 교육내용은 별표 5와 같다.

③ 직무교육을 실시하기 위한 집체교육, 현장교육, 인터넷원격교육 등의 교육 방법, 직무교육 기관의 관리, 그 밖에 교육에 필요한 사항은 고용노동부장관이 정하여 고시한다.

정답확인

산업안전보건법 시행규칙

05 산업안전보건법령상 방호조치에 대한 근로자의 준수사항 및 사업주의 조치사항으로 옳지 않은 것은?

① 근로자는 방호조치를 해체하려는 경우에는 사업주의 허가를 받아 해체하여야 한다.

② 근로자는 방호조치를 해체한 후 그 사유가 소멸된 경우에는 지체 없이 원상으로 회복시켜야 한다.

③ 근로자는 방호조치의 기능이 상실된 것을 발견한 경우에는 지체 없이 사업주에게 신고하여야 한다.

④ 사업주는 방호조치가 정상적인 기능을 발휘할 수 있도록 상시 점검 및 정비를 하여야 한다.

⑤ 사업주는 방호조치의 기능상실 신고가 있으면 충분한 검토를 통해 적절한 조치계획을 수립한 후 수리, 보수하여야 한다.

답 ⑤

해설

제99조(방호조치 해체 등에 필요한 조치) ① 법 제80조제4항에 따른 "고용노동부령으로 정하는 경우"란 다음 각 호의 경우를 말하며, 그에 필요한 안전조치 및 보건조치는 다음 각 호에 따른다.

1. 방호조치를 해체하려는 경우 : 사업주의 허가를 받아 해체할 것
2. 방호조치 해체 사유가 소멸된 경우 : 방호조치를 지체 없이 원상으로 회복시킬 것
3. 방호조치의 기능이 상실된 것을 발견한 경우 : 지체 없이 사업주에게 신고할 것

② 사업주는 제1항제3호에 따른 신고가 있으면 즉시 수리, 보수 및 작업 중지 등 적절한 조치를 하여야 한다.

정답확인

산업안전보건법 시행규칙

06 산업안전보건법령상 안전인증에 관한 설명으로 옳지 않은 것은?

① 안전인증을 받은 자는 안전인증을 받은 제품에 대하여 고용노동부령으로 정하는바에 따라 제품명·모델·제조수량·판매수량 및 판매처 현황 등의 사항을 기록·보존하여야 한다.

② 안전인증이 취소된 자는 취소된 날부터 1년 이내에는 같은 규격과 형식의 유해·위험한 기계 등에 대하여 안전인증을 신청할 수 없다.

③ 고용노동부장관이 정하여 고시하는 안전인증기준에 맞지 아니하게 된 안전인증대상 기계 등을 사용한 자는 3년 이하의 징역 또는 2천만원 이하의 벌금에 처해지게 된다.

④ 거짓이나 부정한 방법으로 안전인증을 받은 경우 3년 이내의 기간 동안 안전인증 표시의 사용이 금지된다.

⑤ 수출을 목적으로 제조하는 안전인증대상 기계 등은 안전인증이 전부 면제된다.

답 ④

해설

제86조(안전인증의 취소 등) ① 고용노동부장관은 안전인증을 받은 자가 다음 각 호의 어느 하나에 해당하면 안전인증을 취소하거나 6개월 이내의 기간을 정하여 안전인증표시의 사용을 금지하거나 안전인증기준에 맞게 개선하도록 명할 수 있다. 다만, 제1호의 경우에는 안전인증을 취소하여야 한다.

1. 거짓이나 그 밖의 부정한 방법으로 안전인증을 받은 경우
2. 안전인증을 받은 유해·위험기계 등의 안전에 관한 성능 등이 안전인증기준에 맞지 아니하게 된 경우
3. 정당한 사유 없이 제84조제4항에 따른 확인을 거부, 방해 또는 기피하는 경우

② 고용노동부장관은 제1항에 따라 안전인증을 취소한 경우에는 고용노동부령으로 정하는 바에 따라 그 사실을 관보 등에 공고하여야 한다.

③ 제1항에 따라 안전인증이 취소된 자는 안전인증이 취소된 날부터 1년 이내에는 취소된 유해·위험기계 등에 대하여 안전인증을 신청할 수 없다.

정답확인

산업안전보건법

07 산업안전보건법령상 자율안전확인대상 기계만으로 짝지어진 것 중 틀린 것은?

① 휴대형 연삭기 - 동력식 수동대패용 칼날 접촉 방지장치 - 안전화

② 파쇄기 - 롤러기 급정지장치 - 보안면(용접용 보안면 포함)

③ 산업용 로봇 - 양중기용 과부하방지장치 - 잠수기

④ 사출성형기 - 산업용 로봇 안전매트 - 방진마스크

⑤ 전단기 및 절곡기 - 교류 아크용접기용 자동전격방지기 - 보안경

답없음

해설

제77조(자율안전확인대상 기계 등) ① 법 제89조제1항 각 호 외의 부분 본문에서 "대통령령으로 정하는 것"이란 다음 각 호의 어느 하나에 해당하는 것을 말한다.

1. 다음 각 목의 어느 하나에 해당하는 기계 또는 설비
   가. 연삭기 또는 연마기. 이 경우 휴대형은 제외한다.
   나. 산업용 로봇
   다. 혼합기
   라. 파쇄기 또는 분쇄기
   마. 식품가공용기계(파쇄·절단·혼합·제면기만 해당한다)
   바. 컨베이어
   사. 자동차정비용 리프트
   아. 공작기계(선반, 드릴기, 평삭·형삭기, 밀링만 해당한다)
   자. 고정형 목재가공용기계(둥근톱, 대패, 루타기, 띠톱, 모떼기 기계만 해당한다)
   차. 인쇄기
2. 다음 각 목의 어느 하나에 해당하는 방호장치
   가. 아세틸렌 용접장치용 또는 가스집합 용접장치용 안전기
   나. 교류 아크용접기용 자동전격방지기
   다. 롤러기 급정지장치
   라. 연삭기(研削機) 덮개
   마. 목재 가공용 둥근톱 반발 예방장치와 날 접촉 예방장치
   바. 동력식 수동대패용 칼날 접촉 방지장치
   사. 추락·낙하 및 붕괴 등의 위험 방지 및 보호에 필요한 가설기자재(제74조제1항제2호아목의 가설기자재는 제외한다)로서 고용노동부장관이 정하여 고시하는 것
3. 다음 각 목의 어느 하나에 해당하는 보호구
   가. 안전모(제74조제1항제3호가목의 안전모는 제외한다)
   나. 보안경(제74조제1항제3호차목의 보안경은 제외한다)
   다. 보안면(제74조제1항제3호카목의 보안면은 제외한다)

② 자율안전확인대상 기계 등의 세부적인 종류, 규격 및 형식은 고용노동부장관이 정하여 고시한다.

정답확인

산업안전보건법 시행령

08 산업안전보건법령상 안전검사에 관한 설명으로 옳은 것은?

① 유해·위험기계 등이 고용노동부령이 정하는 다른 법령에 따라 안전성에 관한 검사나 인정을 받은 경우라 하더라도 안전검사를 실시하여야 한다.

② 건설현장에서 사용하는 크레인은 최초로 설치한 날부터 1년마다 안전검사를 받아야 한다.

③ 고용노동부장관은 안전검사 업무를 위탁받아 수행할 기관을 지정할 수 있다.

④ 공정안전보고서를 제출하여 확인을 받은 압력용기는 3년마다 안전검사를 받아야 한다.

⑤ 안전검사에 합격한 유해·위험기계 등을 사용하는 사업주는 그 유해·위험기계 등이 안전검사에 합격한 것임을 나타내는 표시를 하지 않아도 된다.

답 ③

해설

제93조(안전검사) ① 유해하거나 위험한 기계·기구·설비로서 대통령령으로 정하는 것(이하 "안전검사대상 기계 등"이라 한다)을 사용하는 사업주(근로자를 사용하지 아니하고 사업을 하는 자를 포함한다. 이하 이 조, 제94조, 제95조 및 제98조에서 같다)는 안전검사대상 기계 등의 안전에 관한 성능이 고용노동부장관이 정하여 고시하는 검사기준에 맞는지에 대하여 고용노동부장관이 실시하는 검사(이하 "안전검사라 한다)를 받아야 한다. 이 경우 안전검사대상 기계 등을 사용하는 사업주와 소유자가 다른 경우에는 안전검사대상 기계 등의 소유자가 안전검사를 받아야 한다.
② 제1항에도 불구하고 안전검사대상 기계 등이 다른 법령에 따라 안전성에 관한 검사나 인증을 받은 경우로서 고용노동부령으로 정하는 경우에는 안전검사를 면제할 수 있다.
③ 안전검사의 신청, 검사 주기 및 검사합격 표시방법, 그 밖에 필요한 사항은 고용노동부령으로 정한다. 이 경우 검사 주기는 안전검사대상 기계 등의 종류, 사용연한(使用年限) 및 위험성을 고려하여 정한다.

정답확인

산업안전보건법

제126조(안전검사의 주기 및 합격표시·표시방법) ① 법 제93조제3항에 따른 안전검사대상 기계 등의 안전검사 주기는 다음 각 호와 같다.

1. 크레인(이동식 크레인은 제외한다), 리프트(이삿짐운반용 리프트는 제외한다) 및 곤돌라 : 사업장에 설치가 끝난 날부터 3년 이내에 최초 안전검사를 실시하되, 그 이후부터 2년마다(건설현장에서 사용하는 것은 최초로 설치한 날부터 6개월마다)
2. 이동식 크레인, 이삿짐운반용 리프트 및 고소작업대 : 「자동차관리법」제8조에 따른 신규등록 이후 3년 이내에 최초 안전검사를 실시하되, 그 이후부터 2년마다
3. 프레스, 전단기, 압력용기, 국소 배기장치, 원심기, 롤러기, 사출성형기, 컨베이어 및 산업용 로봇 혼합기, 파쇄기 또는 분쇄기 : 사업장에 설치가 끝난 날부터 3년 이내에 최초 안전검사를 실시하되, 그 이후부터 2년마다(공정안전보고서를 제출하여 확인을 받은 압력용기는 4년마다)

② 법 제93조 제3항에 따른 안전검사 합격표지 및 표시방법은 별표 16과 같다.

[별표 16] 안전검사 합격표시 및 표시방법(제126조 제2항 관련)

1. 합격표시

안전검사합격증명서	
① 안전검사대상기계명	
② 신청인	
③ 형식번(기)호(설치장소)	
④ 합격번호	
⑤ 검사유효기간	
⑥ 검사기관(실시기관)	○ ○ ○ ○ ○ ○ (직인) 검 사 원 : ○ ○ ○
고 용 노 동 부 장 관 직인 생략	

2. 표시방법

가. ② 신청인은 사용자의 명칭 등의 상호명을 기입한다.

나. ③ 형식번호는 안전검사대상 기계 등을 특정 짓는 형식번호나 기호 등을 기입하며, 설치장소는 필요한 경우 기입한다.

다. ④ 합격번호는 안전검사기관이 아래와 같이 부여한 번호를 기입한다.

□□	-	□□	□□	-	□	-	□□□□
㉠ 합격연도		㉡ 검사기관	㉢ 지역(시 · 도)		㉣ 안전검사대상품		㉤ 일련번호

㉠ 합격연도 : 해당 연도의 끝 두 자리 수(보기 : 2010 → 10, 2011 → 11)

㉡ 검사기관별 구분(A, B, C, D ……)

㉢ 지역(시, 도)은 해당번호를 적는다.

지역명	번호	지역명	번호	지역명	번호	지역명	번호
서울특별시	02	광주광역시	62	강원도	33	경상남도	55
부산광역시	51	대전광역시	42	충청북도	43	전라북도	63
대구광역시	53	울산광역시	52	충청남도	41	전라남도	61
인천광역시	32	세종시	44	경상북도	54	제주도	64
		경기도	31				

㉣ 안전검사대상품 : 검사대상품의 종류 및 표시부호

번호	종류	표시부호
1	프레스	A
2	전단기	B
3	크레인	C
4	리프트	D
5	압력용기	E
6	곤돌라	F
7	국소배기장치	G
8	원심기	H
9	롤러기	I
10	사출성형기	J
11	화물자동차 또는 특수자동차에 탑재한 고소작업대	K
12	컨베이어	L
13	산업용 로봇	M
14	혼합기	N
15	파쇄기 또는 분쇄기	O

㉤ 일련번호 : 각 실시기관별 합격 일련번호 4자리

라. ⑤ 유효기간은 합격 연·월·일과 효력만료 연·월·일을 기입한다.
마. 합격표시의 규격은 가로 90[mm] 이상, 세로 60[mm] 이상의 장방형 또는 직경 70[mm] 이상의 원형으로 하며, 필요 시 안전검사대상 기계 등에 따라 조정할 수 있다
바. 합격표시는 안전검사대상 기계 등에 부착·인쇄 등의 방법으로 표시하며 쉽게 내용을 알아 볼 수 있으며 지워지거나 떨어지지 않도록 표시하여야 한다.
사. 검사연도 등에 따라 색상을 다르게 할 수 있다.

정답확인

산업안전보건법 시행규칙

09 **산업안전보건법령상 건축물이나 설비를 철거하거나 해체하는 경우 기관석면 조사를 실시하여야 할 대상으로 옳은 것은?**

① 주택의 연면적 합계가 200[m^2] 이상이면서, 그 주택의 철거·해체하려는 부분의 면적 합계가 150[m^2] 이상인 경우

② 건축물(주택 제외)의 연면적 합계가 50[m^2] 이상이면서, 그 건축물의 철거·해체하려는 부분의 면적 합계가 50[m^2] 이상인 경우

③ 철거·해체하려는 부분에 실링(sealing)재를 사용한 부피의 합이 0.5[m^3] 이상인 경우

④ 철거·해체하려는 부분에 단열재를 사용한 면적의 합이 10[m^2] 이상인 경우

⑤ 파이프 길이의 합이 80[m] 이상이면서, 그 파이프의 철거·해체하려는 부분의 보온재로 사용된 길이의 합이 60[m] 이상인 경우

답 ②

해설

제89조(기관석면조사 대상) ① 법 제119조제2항 각 호 외의 부분 본문에서 "대통령령으로 정하는 규모 이상"이란 다음 각 호의 어느 하나에 해당하는 경우를 말한다.

1. 건축물(제2호에 따른 주택은 제외한다. 이하 이 호에서 같다)의 연면적 합계가 50제곱미터 이상이면서, 그 건축물의 철거·해체하려는 부분의 면적 합계가 50제곱미터 이상인 경우
2. 주택(「건축법 시행령」 제2조제12호에 따른 부속건축물을 포함한다. 이하 이 조에서 같다)의 연면적 합계가 200제곱미터 이상이면서, 그 주택의 철거·해체하려는 부분의 면적 합계가 200제곱미터 이상인 경우
3. 설비의 철거·해체하려는 부분에 다음 각 목의 어느 하나에 해당하는 자재(물질을 포함한다. 이하 같다)를 사용한 면적의 합이 15제곱미터 이상 또는 그 부피의 합이 1세제곱미터 이상인 경우
   가. 단열재
   나. 보온재
   다. 분무재
   라. 내화피복재
   마. 개스킷(Gasket : 누설방지재)
   바. 패킹재(Packing material : 틈박이재)
   사. 실링재(Sealing material : 액상 메움재)
   아. 그 밖에 가목부터 사목까지의 자재와 유사한 용도로 사용되는 자재로서 고용노동부장관이 정하여 고시한 자재
4. 파이프 길이의 합이 80미터 이상이면서, 그 파이프의 철거·해체하려는 부분의 보온재로 사용된 길이의 합이 80미터 이상인 경우

② 법 제119조제2항 각 호 외의 부분 본문 단서에서 "석면함유 여부가 명백한 경우 등 대통령령으로 정하는 사유"란 다음 각 호의 어느 하나에 해당하는 경우를 말한다.

1. 건축물이나 설비의 철거·해체 부분에 사용된 자재가 설계도서, 자재 이력 등 관련 자료를 통해 석면을 함유하고 있지 않음이 명백하다고 인정되는 경우
2. 건축물이나 설비의 철거·해체 부분에 석면이 중량비율 1퍼센트를 초과하여 함유된 자재를 사용하였음이 명백하다고 인정되는 경우

정답확인

산업안전보건법 시행령

10 산업안전보건기준에 관한 규칙상 사업주가 급성 독성물질의 누출로 인한 위험을 방지하기 위하여 취할 조치가 아닌 것은?

① 사업장 내 급성 독성물질의 저장 및 취급량을 최소화할 것

② 급성 독성물질을 취급 저장하는 설비의 연결 부분은 누출되지 않도록 밀착시키고 매월 1회 이상 연결부분에 이상이 있는지를 점검할 것

③ 급성 독성물질을 폐기·처리하여야 하는 경우에는 냉각·분리·흡수·흡착·소각 등의 처리공정을 통하여 급성 독성물질이 외부로 방출되지 않도록 할 것

④ 급성 독성물질이 외부로 누출된 경우에는 감지·경보할 수 있는 설비를 갖출 것

⑤ 급성 독성물질을 폐기·처리 또는 방출하는 설비를 설치하는 경우에는 수동으로 작동될 수 있는 구조로 하거나 원격조정할 수 있는 조작구조로 설치할 것

답 ⑤

해설

제299조(독성이 있는 물질의 누출 방지) 사업주는 급성 독성물질의 누출로 인한 위험을 방지하기 위하여 다음 각 호의 조치를 하여야 한다.

1. 사업장 내 급성 독성물질의 저장 및 취급량을 최소화할 것
2. 급성 독성물질을 취급 저장하는 설비의 연결 부분은 누출되지 않도록 밀착시키고 매월 1회 이상 연결부분에 이상이 있는지를 점검할 것
3. 급성 독성물질을 폐기·처리하여야 하는 경우에는 냉각·분리·흡수·흡착·소각 등의 처리공정을 통하여 급성 독성물질이 외부로 방출되지 않도록 할 것
4. 급성 독성물질 취급설비의 이상 운전으로 급성 독성물질이 외부로 방출될 경우에는 저장·포집 또는 처리설비를 설치하여 안전하게 회수할 수 있도록 할 것
5. 급성 독성물질을 폐기·처리 또는 방출하는 설비를 설치하는 경우에는 자동으로 작동될 수 있는 구조로 하거나 원격조정할 수 있는 수동조작구조로 설치할 것
6. 급성 독성물질을 취급하는 설비의 작동이 중지된 경우에는 근로자가 쉽게 알 수 있도록 필요한 경보설비를 근로자와 가까운 장소에 설치할 것
7. 급성 독성물질이 외부로 누출된 경우에는 감지·경보할 수 있는 설비를 갖출 것

정답확인

산업안전보건기준에 관한 규칙

보충학습

급성 독성물질 분류

① 쥐에 대한 경구투입실험에 의하여 실험동물의 50[%]를 사망시킬 수 있는 물질의 양, 즉 LD_{50}(경구, 쥐)이 킬로그램당 300[mg]-(체중) 이하인 화학물질

② 쥐 또는 토끼에 대한 경피흡수실험에 의하여 실험동물의 50[%]를 사망시킬 수 있는 물질의 양, 즉 LD_{50}(경피, 토끼 또는 쥐)이 킬로그램당 1000[mg] - (체중) 이하인 화학물질

③ 쥐에 대한 4시간 동안의 흡입실험에 의하여 실험동물의 50[%]를 사망시킬 수 있는 물질의 농도, 즉 가스 LC_{50}(쥐, 4시간 흡입)이 2500[ppm] 이하인 화학물질, 증기 LC_{50}(쥐, 4시간 흡입)이 10[mg/ℓ] 이하인 화학물질, 분진 또는 미스트 1[mg/ℓ] 이하인 화학물질

11 **산업안전보건법령상 작업과 휴식의 적정한 배분, 그 밖에 근로시간과 관련된 근로조건의 개선을 통하여 근로자의 건강보호를 위한 조치를 하여야 하는 유해·위험작업을 모두 고른 것은?**

ㄱ. 갱(坑) 내에서 하는 작업
ㄴ. 다량의 저온물체를 취급하는 작업과 현저히 춥고 차가운 장소에서 하는 작업
ㄷ. 강렬한 소음이 발행하는 장소에서 하는 작업
ㄹ. 인력으로 중량물을 취급하는 작업

① ㄴ, ㄹ
② ㄱ, ㄴ, ㄷ
③ ㄱ, ㄷ, ㄹ
④ ㄴ, ㄷ, ㄹ
⑤ ㄱ, ㄴ, ㄷ, ㄹ

답 ⑤

해설

제99조(유해·위험작업에 대한 근로시간 제한 등) ① 법 제139조제1항에서 "높은 기압에서 하는 작업 등 대통령령으로 정하는 작업"이란 잠함(潛艦) 또는 잠수작업 등 높은 기압에서 하는 작업을 말한다.

② 제1항에 따른 작업에서 잠함·잠수 작업시간, 가압·감압방법 등 해당 근로자의 안전과 보건을 유지하기 위하여 필요한 사항은 고용노동부령으로 정한다.

③ 법 제139조제2항에 따라 "대통령령으로 정하는 유해하거나 위험한 작업"이란 다음 각 호의 어느 하나에 해당하는 작업을 말한다.

1. 갱(坑) 내에서 하는 작업
2. 다량의 고열물체를 취급하는 작업과 현저히 덥고 뜨거운 장소에서 하는 작업
3. 다량의 저온물체를 취급하는 작업과 현저히 춥고 차가운 장소에서 하는 작업
4. 라듐방사선이나 엑스선, 그 밖의 유해 방사선을 취급하는 작업
5. 유리·흙·돌·광물의 먼지가 심하게 날리는 장소에서 하는 작업
6. 강렬한 소음이 발생하는 장소에서 하는 작업
7. 착암기(바위에 구멍을 뚫는 기계) 등에 의하여 신체에 강렬한 진동을 주는 작업
8. 인력으로 중량물을 취급하는 작업
9. 납·수은·크롬·망간·카드뮴 등의 중금속 또는 이황화탄소·유기용제, 그 밖에 고용노동부령으로 정하는 특정 화학물질의 먼지·증기 또는 가스가 많이 발생하는 장소에서 하는 작업

정답확인

산업안전보건법 시행령

12 산업안전보건법령상 다음 ( )안에 들어갈 숫자를 순서대로 배열한 것은?

사업주는 최근 1년간 작업공정에서 공정 설비의 변경, 작업방법의 변경, 설비의 이전, 사용 화학물질의 변경 등으로 작업환경측정 결과에 영향을 주는 변화가 없는 경우로서 다음 각 호의 어느 하나에 해당하는 경우에는 해당 유해인자에 대한 작업환경측정을 1년에 1회 이상 할 수 있다. 다만, 고용노동부장관이 정하여 고시하는 물질을 취급하는 작업공정은 그러하지 아니하다.
1. 작업공정 내 소음의 작업환경측정 결과가 최근 ( )회 연속 ( )[dB] 미만인 경우
2. 작업공정 내 소음 외의 다른 모든 인자의 작업환경측정 결과가 최근 ( )회 연속 노출기준 미만인 경우

① 2, 75, 2　　② 2, 80, 3
③ 2, 85, 2　　④ 3, 80, 3
⑤ 3, 85, 2

답 ③

해설

제190조(작업환경측정 주기 및 횟수) ① 사업주는 작업장 또는 작업공정이 신규로 가동되거나 변경되는 등으로 제186조에 따른 작업환경측정 대상 작업장이 된 경우에는 그 날부터 30일 이내에 작업환경측정을 하고, 반기에 1회 이상 정기적으로 작업환경을 측정하여야 한다. 다만, 작업환경측정 결과가 다음 각 호의 어느 하나에 해당하는 작업장 또는 작업공정은 해당 유해인자에 대하여 그 측정일부터 3개월에 1회 이상 작업환경측정을 하여야 한다.
1. 별표 21 제1호에 해당하는 화학적 인자(고용노동부장관이 정하여 고시하는 물질만 해당한다)의 측정치가 노출기준을 초과하는 경우
2. 별표 21 제1호에 해당하는 화학적 인자(고용노동부장관이 정하여 고시하는 물질은 제외한다)의 측정치가 노출기준을 2배 이상 초과하는 경우

② 제1항에도 불구하고 사업주는 최근 1년간 작업공정에서 공정 설비의 변경, 작업방법의 변경, 설비의 이전, 사용 화학물질의 변경 등으로 작업환경측정 결과에 영향을 주는 변화가 없는 경우로서 다음 각 호의 어느 하나에 해당하는 경우에는 해당 유해인자에 대한 작업환경측정을 연(年) 1회 이상 할 수 있다. 다만, 고용노동부장관이 정하여 고시하는 물질을 취급하는 작업공정은 그렇지 않다.
1. 작업공정 내 소음의 작업환경측정 결과가 최근 2회 연속 85데시벨(dB) 미만인 경우
2. 작업공정 내 소음 외의 다른 모든 인자의 작업환경측정 결과가 최근 2회 연속 노출기준 미만인 경우

정답확인

산업안전보건법 시행규칙

13 산업안전보건법령상 건강진단에 관한 설명으로 옳지 않은 것은?

① 근로자대표가 요구할 때에는 건강진단 시 근로자대표를 입회시켜야 한다.

② 고용노동부장관은 근로자의 건강을 보호하기 위하여 필요하다고 인정할 때에는 사업주에게 특정 근로자에 대한 임시건강진단의 실시나 그 밖에 필요한 조치를 명할 수 있다.

③ 배치전건강진단이란 특수건강진단대상 업무에 종사할 근로자에 대하여 배치 예정 업무에 대한 적합성 평가를 위하여 사업주가 실시하는 건강진단을 말한다.

④ 건강진단기관은 건강진단을 실시한 결과 질병 유소견자가 발견된 경우에는 건강진단을 실시한 날부터 60일 이내에 관할 지방고용노동관서의 장에게 보고하여야 한다.

⑤ 사업주는 건강진단 결과를 근로자의 건강 보호·유지 외의 목적으로 사용하여서는 아니 된다.

답 ④

해설

제209조(건강진단 결과의 보고 등) ① 건강진단기관이 법 제129조부터 제131조까지의 규정에 따른 건강진단을 실시하였을 때에는 그 결과를 고용노동부장관이 정하는 건강진단개인표에 기록하고, 건강진단 실시일부터 30일 이내에 근로자에게 송부하여야 한다.

② 건강진단기관은 건강진단을 실시한 결과 질병 유소견자가 발견된 경우에는 건강진단을 실시한 날부터 30일 이내에 해당 근로자에게 의학적 소견 및 사후관리에 필요한 사항과 업무수행의 적합성 여부(특수건강진단기관인 경우에만 해당한다)를 설명하여야 한다. 다만, 해당 근로자가 소속한 사업장의 의사인 보건관리자에게 이를 설명한 경우에는 그러하지 아니하다.

③ 건강진단기관은 건강진단을 실시한 날부터 30일 이내에 다음 각 호의 구분에 따라 건강진단 결과표를 사업주에게 송부하여야 한다.

1. 일반건강진단을 실시한 경우 : 별지 제84호 서식의 일반건강진단 결과표
2. 특수건강진단·배치전건강진단·수시건강진단 및 임시건강진단을 실시한 경우 : 별지 제85호 서식의 특수·배치전·수시·임시건강진단 결과표

④ 특수건강진단기관은 특수건강진단·수시건강진단 또는 임시건강진단을 실시한 경우에는 법 제134조제1항에 따라 건강진단을 실시한 날부터 30일 이내에 건강진단 결과표를 지방고용노동관서의 장에게 제출하여야 한다. 다만 건강진단개인표 전산입력자료를 고용노동부장관이 정하는 바에 따라 공단에 송부한 경우에는 그러하지 아니하다.

⑤ 법 제129조제1항 단서에 따라 건강진단을 한 기관은 사업주가 근로자의 건강보호를 위하여 건강진단 결과를 요청하는 경우 별지 제84호 서식의 일반건강진단 결과표를 사업주에게 송부하여야 한다.

정답확인

산업안전보건법 시행규칙

14 산업안전보건법령상 근로자대표가 사업주에게 그 내용 또는 결과를 통지할 것을 요청할 수 있는 사항이 아닌 것은?

① 산업재해 예방계획의 수립에 관하여 산업안전보건위원회가 의결한 사항

② 개별 근로자의 건강진단 결과에 관한 사항

③ 작업환경측정에 관한 사항

④ 안전보건개선계획의 수립·시행명령을 받은 사업장의 경우 안전보건개선계획의 수립·시행 내용에 관한 사항

⑤ 물질안전보건자료의 작성·비치 등에 관한 사항

답 ②

해설

제35조(근로자대표의 통지 요청) 근로자대표는 사업주에게 다음 각 호의 사항을 통지하여 줄 것을 요청할 수 있고, 사업주는 이에 성실히 따라야 한다.

1. 산업안전보건위원회(제75조에 따라 노사협의체를 구성·운영하는 경우에는 노사협의체를 말한다)가 의결한 사항
2. 제47조에 따른 안전보건진단 결과에 관한 사항
3. 제49조에 따른 안전보건개선계획의 수립·시행에 관한 사항
4. 제64조제1항 각 호에 따른 도급인의 이행 사항
5. 제110조제1항에 따른 물질안전보건자료에 관한 사항
6. 제125조제1항에 따른 작업환경측정에 관한 사항
7. 그 밖에 고용노동부령으로 정하는 안전 및 보건에 관한 사항

[시행일 : 2021. 1.16] 제35조제5호

정답확인

산업안전보건법

합격키

2013년 4월 20일(문제 24번) 출제

15 산업안전보건기준에 관한 규칙상 석면해체·제거작업 및 유지·관리 등의 조치 기준으로 옳지 않은 것은?

① 사업주는 석면해체·제거작업에 근로자를 종사하도록 하는 경우에는 1급 방진마스크를 지급하여 착용하도록 하여야 한다.

② 사업주는 분말 상태의 석면을 혼합하거나 용기에 넣거나 꺼내는 작업, 절단·천공 또는 연마하는 작업 등 석면분진이 흩날리는 작업에 근로자를 종사하도록 하는 경우에 석면의 부스러기 등을 넣어두기 위하여 해당 장소에 뚜껑이 있는 용기를 갖추어 두어야 한다.

③ 사업주는 석면 취급작업을 마친 근로자의 오염된 작업복은 석면 전용의 탈의실에서만 벗도록 하여야 한다.

④ 사업주는 석면해체·제거작업장과 연결되거나 인접한 장소에 탈의실·샤워실 및 작업복 갱의실 등의 위생설비를 설치하고 필요한 용품 및 용구를 갖추어 두어야 한다.

⑤ 사업주는 석면 해체·제거작업에서 발생된 석면을 함유한 잔재물은 습식으로 청소하거나 고성능필터가 장착된 진공청소기를 사용하여 청소하는 등 석면분진이 흩날리지 않도록 하여야 한다.

답 ①

해설

석면해체·제거작업 및 유지·관리기준

제483조(작업복 관리) ① 사업주는 석면 취급작업을 마친 근로자의 오염된 작업복은 석면 전용의 탈의실에서만 벗도록 하여야 한다.

② 사업주는 석면에 오염된 작업복을 세탁·정비·폐기 등의 목적으로 탈의실 밖으로 이송할 경우에 관계근로자가 아닌 사람이 취급하지 않도록 하여야 한다.

③ 사업주는 석면에 오염된 작업복의 석면분진이 공기 중으로 날리지 않도록 뚜껑이 있는 용기에 넣어서 보관하고 석면으로 오염된 작업복임을 표시하여야 한다.

제484조(보관용기) 사업주는 분말 상태의 석면을 혼합하거나 용기에 넣거나 꺼내는 작업, 절단·천공 또는 연마하는 작업 등 석면분진이 흩날리는 작업에 근로자를 종사하도록 하는 경우에 석면의 부스러기 등을 넣어두기 위하여 해당 장소에 뚜껑이 있는 용기를 갖추어 두어야 한다.

제491조(개인보호구의 지급·착용) ① 사업주는 석면해체·제거작업에 근로자를 종사하도록 하는 경우에 다음 각 호의 개인보호구를 지급하여 착용하도록 하여야 한다. 다만, 제2호의 보호구는 근로자의 눈 부분이 노출될 경우에만 지급한다.

1. 방진마스크(특등급만 해당한다)나 송기마스크 또는 「산업안전보건법 시행령」 별표 28제3호마목에 따른 전동식 호흡보호구. 다만, 제495조제1호의 작업에 종사하는 경우에는 송기마스크 또는 전동식 호흡보호구를 지급하여 착용하도록 하여야 한다.
2. 고글(Goggles)형 보호안경
3. 신체를 감싸는 보호복, 보호장갑 및 보호신발

② 근로자는 제1항에 따라 지급된 개인보호구를 사업주의 지시에 따라 착용하여야 한다.

제494조(위생설비의 설치 등) ① 사업주는 석면해체·제거작업장과 연결되거나 인접한 장소에 평상복 탈의실·샤워실 및 작업복 탈의실 등의 위생설비를 설치하고 필요한 용품 및 용구를 갖추어 두어야 한다.

② 사업주는 석면해체·제거작업에 종사한 근로자에게 제491조제1항 각 호의 개인보호구를 작업복 탈의실에서 벗어 밀폐용기에 보관하도록 하여야 한다.

③ 사업주는 석면해체·제거작업을 하는 근로자가 작업 도중 일시적으로 작업장 밖으로 나가는 경우에는 고성능 필터가 장착된 진공청소기를 사용하는 방법 등으로 제491조제2항에 따라 착용한 개인보호구에 부착된 석면분진을 제거한 후 나가도록 하여야 한다.

④ 사업주는 제2항에 따라 보관 중인 개인보호구를 폐기하거나 세척하는 등 석면분진을 제거하기 위하여 필요한 조치를 하여야 한다.

합격키

2013년 4월 20일(문제 4번)

정답확인

산업안전보건기준에 관한 규칙

16 산업안전보건법령상 다음 내용에서 옳은 것을 모두 고른 것은?

ㄱ. 건강진단 실시에 있어서 사무직에 종사하는 근로자란 공장 또는 공사현장과 같은 구역에 있지 아니한 사무실에서 서무·인사·경리·판매·설계 등의 사무업무에 종사하는 근로자를 말하며, 판매업무 등에 직접 종사하는 근로자는 제외한다.
ㄴ. 특수건강진단을 실시한 경과 직업병 유소견자가 발견된 작업공정에서 해당 유해인자에 노출되는 모든 근로자에 대하여 다음 회에 한정하여 관련 유해인자별로 특수건강진단 주기를 2분의 1로 단축하여야 한다.
ㄷ. 특수건강진단기관은 근로자에 대해 특수건강진단을 실시한 날부터 30일 이내에 건강진단 결과표를 지방고용노동관서의 장에게 제출하여야 한다.
ㄹ. 선원법에 따른 건강진단을 받은 근로자는 일반건강진단을 실시한 것으로 본다.

① ㄷ, ㄹ
② ㄱ, ㄴ, ㄷ
③ ㄱ, ㄷ, ㄹ
④ ㄴ, ㄷ, ㄹ
⑤ ㄱ, ㄴ, ㄷ, ㄹ

답 ⑤

해설

건강진단 및 건강관리

제195조(근로자 건강진단 실시에 대한 협력 등) ① 사업주는 법 제135조제1항에 따른 특수건강진단기관 또는 「건강검진기본법」 제3조제2호에 따른 건강검진기관(이하 "건강진단기관"이라 한다)이 근로자의 건강진단을 위하여 다음 각 호의 정보를 요청하는 경우 해당 정보를 제공하는 등 근로자의 건강진단이 원활히 실시될 수 있도록 적극 협조해야 한다.

1. 근로자의 작업장소, 근로시간, 작업내용, 작업방식 등 근무환경에 관한 정보
2. 건강진단 결과, 작업환경측정 결과, 화학물질 사용 실태, 물질안전보건자료 등 건강진단에 필요한 정보

② 근로자는 사업주가 실시하는 건강진단 및 의학적 조치에 적극 협조해야 한다.

③ 건강진단기관은 사업주가 법 제129조부터 제131조까지의 규정에 따라 건강진단을 실시하기 위하여 출장검진을 요청하는 경우에는 출장검진을 할 수 있다.

제196조(일반건강진단 실시의 인정) 법 제129조제1항 단서에서 "고용노동부령으로 정하는 건강진단"이란 다음 각 호 어느 하나에 해당하는 건강진단을 말한다.

1. 「국민건강보험법」에 따른 건강검진
2. 「선원법」에 따른 건강진단
3. 「진폐의 예방과 진폐근로자의 보호 등에 관한 법률」에 따른 정기 건강진단
4. 「학교보건법」에 따른 건강검사
5. 「항공안전법」에 따른 신체검사
6. 그 밖에 제198조제1항에서 정한 법 제129조제1항에 따른 일반건강진단(이하 "일반건강진단"이라 한다)의 검사항목을 모두 포함하여 실시한 건강진단

제197조(일반건강진단의 주기 등) ① 사업주는 상시 사용하는 근로자 중 사무직에 종사하는 근로자(공장 또는 공사현장과 같은 구역에 있지 아니한 사무실에서 서무·인사·경리·판매·설계 등의 사무업무에 종사하는 근로자를 말하며, 판매업무 등에 직접 종사하는 근로자는 제외한다)에 대해서는 2년에 1회 이상, 그 밖의 근로자에 대해서는 1년에 1회 이상 일반건강진단을 실시하여야 한다.

② 법 제129조에 따른 일반건강진단을 실시하여야 할 사업주는 일반건강진단 실시 시기를 안전보건관리규정 또는 취업규칙에 규정하는 등 일반건강진단이 정기적으로 실시되도록 노력하여야 한다.

정답확인

산업안전보건법 시행규칙

합격키

2013년 4월 20일(문제 3번)

17 산업안전보건법령상 안전보건표지 중 안내표지에 해당하는 것은?

① 세안장치

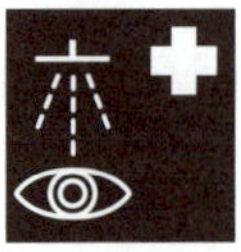

② 방진마스크 착용

③ 금연

④ 석면취급/해체 작업장

관계자외 출입금지
석면 취급/해체 중

보호구/보호복 착용
흡연 및 음식물
섭취 금지

⑤ 고압전기 경고

답 ①

해설

[별표 6] 안전보건표지의 종류와 형태

1. 금지표지	101 출입금지	102 보행금지	103 차량통행금지	104 사용금지	105 탑승금지	106 금연	107 화기금지	108 물체이동금지

2. 경고표지	201 인화성물질 경고	202 산화성물질 경고	203 폭발성물질 경고	204 급성독성물질 경고	205 부식성물질 경고	206 방사성물질 경고	207 고압전기 경고	208 매달린 물체 경고

209 낙하물 경고	210 고온 경고	211 저온 경고	212 몸균형 상실 경고	213 레이저광선 경고	214 발암성·변이원성·생식독성·전신독성·호흡기과민성물질 경고	215 위험장소 경고	3. 지시표지	301 보안경 착용

302 방독마스크 착용	303 방진마스크 착용	304 보안면 착용	305 안전모 착용	306 귀마개 착용	307 안전화 착용	308 안전장갑 착용	309 안전복 착용	

4. 안내표지	401 녹십자표지	402 응급구호표지	403 들것	404 세안장치	405 비상용기구	406 비상구	407 좌측비상구	408 우측비상구
				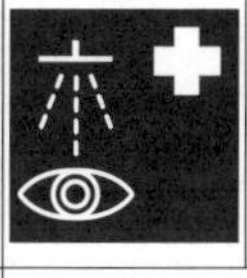				
5. 관계자외 출입금지	501 허가대상물질 작업장	502 석면취급/해체 작업장	503 금지대상물질의 취급 실험실 등	6. 문자추가시 예시문				
	관계자외 출입금지 (허가물질 명칭) 제조/사용/보관 중 보호구/보호복 착용 흡연 및 음식물 섭취 금지	**관계자외 출입금지 석면 취급/해체 중** 보호구/보호복 착용 흡연 및 음식물 섭취 금지	**관계자외 출입금지 발암물질 취급 중** 보호구/보호복 착용 흡연 및 음식물 섭취 금지					

▶ 내 자신의 건강과 복지를 위하여 안전을 늘 생각한다.
▶ 내 가정의 행복과 화목을 위하여 안전을 늘 생각한다.
▶ 내 자신의 실수로써 동료를 해치지 않도록 안전을 늘 생각한다.
▶ 내 자신이 일으킨 사고로 인한 회사의 재산과 손실을 방지하기 위하여 안전을 늘 생각한다.
▶ 내 자신의 방심과 불안전한 행동이 조국의 번영에 장애가 되지 않도록 하기 위하여 안전을 늘 생각한다.

정답확인

산업안전보건법 시행규칙

18 산업안전보건법령상 사업주의 의무에 관한 설명으로 옳은 것은?

① 사업주는 근로자가 산업안전보건법령의 요지를 알 수 있도록 서면으로 교부하여야 한다.

② 외국인근로자를 채용한 사업주는 해당 근로자의 모국어로 된 안전보건표지와 작업안전수칙을 부착하여야 한다.

③ 사업주는 연속적으로 컴퓨터 단말기 작업에 종사하는 근로자에 대하여 작업시간 중에 적절한 휴식시간을 부여하여야 한다.

④ 사업주는 작업환경측정 결과를 기록한 서류를 3년간 보존하여야 한다.

⑤ 사업주는 안전보건표지의 성질상 설치나 부착이 곤란한 경우에는 해당 물체에 직접 도장하여야 한다.

답 ③

해설

제5조(사업주 등의 의무) ① 사업주(제77조에 따른 특수형태 근로종사자로부터 노무를 제공받는 자와 제78조에 따른 물건의 수거·배달 등을 중개하는 자를 포함한다. 이하 이 조 및 제6조에서 같다)는 다음 각 호의 사항을 이행함으로써 근로자(제77조에 따른 특수형태 근로종사자와 제78조에 따른 물건의 수거·배달 등을 하는 자를 포함한다. 이하 이 조 및 제6조에서 같다)의 안전 및 건강을 유지·증진시키고 국가의 산업재해 예방정책을 따라야 한다.

1. 이 법과 이 법에 따른 명령으로 정하는 산업재해 예방을 위한 기준
2. 근로자의 신체적 피로와 정신적 스트레스 등을 줄일 수 있는 쾌적한 작업환경의 조성 및 근로조건 개선
3. 해당 사업장의 안전 및 보건에 관한 정보를 근로자에게 제공

② 다음 각 호의 어느 하나에 해당하는 자는 발주·설계·제조·수입 또는 건설을 할 때 이 법과 이 법에 따른 명령으로 정하는 기준을 지켜야 하고, 발주·설계·제조·수입 또는 건설에 사용되는 물건으로 인하여 발생하는 산업재해를 방지하기 위하여 필요한 조치를 하여야 한다.

1. 기계·기구와 그 밖의 설비를 설계·제조 또는 수입하는 자
2. 원재료 등을 제조·수입하는 자
3. 건설물을 발주·설계·건설하는 자

정답확인

산업안전보건법

참고

① 산업안전보건법 시행규칙 제39조
② 산업안전보건기준에 관한 규칙 제667조

19 산업안전보건법령상 사업장의 관리감독자가 수행하여야 하는 업무에 해당하는 것은?

① 근로자의 안전보건교육에 관한 사항

② 위험성평가를 위한 업무에 기인하는 유해·위험요인의 파악 및 그 결과에 따른 개선조치의 시행에 관한 사항

③ 안전보건과 관련된 안전장치 및 보호구 구입 시의 적격품 여부 확인에 관한 사항

④ 작업환경측정 등 작업환경의 점검 및 개선에 관한 사항

⑤ 산업재해에 관한 통계의 기록 및 유지에 관한 사항

답 ②

해설

제15조(관리감독자의 업무 등) ① 법 제16조제1항에서 "대통령령으로 정하는 업무"란 다음 각 호의 업무를 말한다.

1. 사업장 내 법 제16조제1항에 따른 관리감독자(이하 "관리감독자"라 한다)가 지휘·감독하는 작업(이하 이 조에서 "해당작업"이라 한다)과 관련된 기계·기구 또는 설비의 안전보건 점검 및 이상 유무의 확인
2. 관리감독자에게 소속된 근로자의 작업복·보호구 및 방호장치의 점검과 그 착용·사용에 관한 교육·지도
3. 해당작업에서 발생한 산업재해에 관한 보고 및 이에 대한 응급조치
4. 해당작업의 작업장 정리·정돈 및 통로 확보에 대한 확인·감독
5. 사업장의 다음 각 목의 어느 하나에 해당하는 사람의 지도·조언에 대한 협조
   가. 법 제17조제1항에 따른 안전관리자(이하 "안전관리자"라 한다) 또는 같은 조 제4항에 따라 안전관리자의 업무를 같은 항에 따른 안전관리전문기관(이하 "안전관리전문기관"이라 한다)에 위탁한 사업장의 경우에는 그 안전관리전문기관의 해당 사업장 담당자
   나. 법 제18조제1항에 따른 보건관리자(이하 "보건관리자"라 한다) 또는 같은 조 제4항에 따라 보건관리자의 업무를 같은 항에 따른 보건관리전문기관(이하 "보건관리전문기관"이라 한다)에 위탁한 사업장의 경우에는 그 보건관리전문기관의 해당 사업장 담당자
   다. 법 제19조제1항에 따른 안전보건관리담당자(이하 "안전보건관리담당자"라 한다) 또는 같은 조 제4항에 따라 안전보건관리담당자의 업무를 안전관리전문기관 또는 보건관리전문기관에 위탁한 사업장의 경우에는 그 안전관리전문기관 또는 보건관리전문기관의 해당 사업장 담당자
   라. 법 제22조제1항에 따른 산업보건의(이하 "산업보건의"라 한다)
6. 법 제36조에 따라 실시되는 위험성평가에 관한 다음 각 목의 업무
   가. 유해·위험요인의 파악에 대한 참여
   나. 개선조치의 시행에 대한 참여
7. 그 밖에 해당작업의 안전 및 보건에 관한 사항으로서 고용노동부령으로 정하는 사항

② 관리감독자에 대한 지원에 관하여는 제14조제2항을 준용한다. 이 경우 "안전보건관리책임자"는 "관리감독자"로, "법 제15조제1항"은 "제1항"으로 본다.

정답확인

산업안전보건법 시행령

20 산업안전보건법령상 안전관리자에 관한 설명으로 옳은 것은?

① 같은 사업주가 경영하는 둘 이상의 사업장이 같은 시·군·자치구 지역에 소재하는 경우에도 사업장마다 각각 안전관리자를 두어야 한다.

② 건설업의 경우 공사금액 120억원(토목공사업에 속하는 공사는 150억원) 이상인 사업장에는 해당 사업장에서 안전관리자의 업무만을 전담하는 안전관리자를 두어야 한다.

③ 지방고용노동관서의 장은 중대재해가 연간 1건 발생한 경우 사업주에게 안전관리자를 정수 이상으로 증원할 것을 명할 수 있다.

④ 상시근로자 300명 미만을 사용하는 건설업은 안전관리자의 업무를 안전관리전문기관에 위탁할 수 있다.

⑤ 사업주는 안전관리자를 선임한 경우 선임한 날부터 30일 이내에 고용노동부장관에게 증명할 수 있는 서류를 제출하여야 한다.

답 ②

해설

제16조(안전관리자의 선임 등) ① 법 제17조제1항에 따라 안전관리자를 두어야 하는 사업의 종류와 사업장의 상시근로자 수, 안전관리자의 수 및 선임방법은 별표 3과 같다.

② 제1항에 따른 사업 중 상시근로자 300명 이상을 사용하는 사업장[건설업의 경우에는 공사금액이 120억원(「건설산업기본법 시행령」 별표 1의 종합공사를 시공하는 업종의 건설업종란 제1호에 따른 토목공사업의 경우에는 150억원) 이상인 사업장]의 안전관리자는 해당 사업장에서 제18조제1항 각 호에 따른 업무만을 전담해야 한다.

③ 제1항 및 제2항을 적용할 경우 제52조에 따른 사업으로서 도급인의 사업장에서 이루어지는 도급사업의 공사금액 또는 관계수급인의 상시근로자는 각각 해당 사업의 공사금액 또는 상시근로자로 본다. 다만, 별표 3의 기준에 해당하는 도급사업의 공사금액 또는 관계수급인의 상시근로자의 경우에는 그렇지 않다.

④ 제1항에도 불구하고 같은 사업주가 경영하는 둘 이상의 사업장이 다음 각 호의 어느 하나에 해당하는 경우에는 그 둘 이상의 사업장에 1명의 안전관리자를 공동으로 둘 수 있다. 이 경우 해당 사업장의 상시근로자 수의 합계는 300명 이내[건설업의 경우에는 공사금액의 합계가 120억원(「건설산업기본법 시행령」 별표 1의 종합공사를 시공하는 업종의 건설업종란 제1호에 따른 토목공사업의 경우에는 150억원) 이내]이어야 한다.

1. 같은 시·군·구(자치구를 말한다) 지역에 소재하는 경우
2. 사업장 간의 경계를 기준으로 15킬로미터 이내에 소재하는 경우

⑤ 제1항부터 제3항까지의 규정에도 불구하고 도급인의 사업장에서 이루어지는 도급사업에서 도급인이 고용노동부령으로 정하는 바에 따라 그 사업의 관계수급인 근로자에 대한 안전관리를 전담하는 안전관리자를 선임한 경우에는 그 사업의 관계수급인은 해당 도급사업에 대한 안전관리자를 선임하지 않을 수 있다.

⑥ 사업주는 안전관리자를 선임하거나 법 제17조제4항에 따라 안전관리자의 업무를 안전관리전문기관에 위탁한 경우에는 고용노동부령으로 정하는 바에 따라 선임하거나 위탁한 날부터 14일 이내에 고용노동부장관에게 그 사실을 증명할 수 있는 서류를 제출해야 한다. 법 제17조제3항에 따라 안전관리자를 늘리거나 교체한 경우에도 또한 같다.

정답확인

산업안전보건법 시행령

제12조(안전관리자 등의 증원·교체임명 명령) ① 지방고용노동관서의 장은 다음 각 호의 어느 하나에 해당하는 사유가 발생한 경우에는 법 제17조제3항·제18조제3항 또는 제19조제3항에 따라 사업주에게 안전관리자·보건관리자 또는 안전보건관리담당자(이하 이 조에서 "관리자"라 한다)를 정수 이상으로 증원하게 하거나 교체하여 임명할 것을 명할 수 있다. 다만, 제4호에 해당하는 경우로서 직업성 질병자 발생 당시 사업장에서 해당 화학적 인자(因子)를 사용하지 않은 경우에는 그렇지 않다.

1. 해당 사업장의 연간재해율이 같은 업종의 평균재해율의 2배 이상인 경우
2. 중대재해가 연간 2건 이상 발생한 경우. 다만, 해당 사업장의 전년도 사망만인율이 같은 업종의 평균 사망만인율 이하인 경우는 제외한다.
3. 관리자가 질병이나 그 밖의 사유로 3개월 이상 직무를 수행할 수 없게 된 경우
4. 별표 22 제1호에 따른 화학적 인자로 인한 직업성 질병자가 연간 3명 이상 발생한 경우. 이 경우 직업성 질병자의 발생일은 「산업재해보상보험법 시행규칙」 제21조제1항에 따른 요양급여의 결정일로 한다.

② 제1항에 따라 관리자를 정수 이상으로 증원하게 하거나 교체하여 임명할 것을 명하는 경우에는 미리 사업주 및 해당 관리자의 의견을 듣거나 소명자료를 제출받아야 한다. 다만, 정당한 사유 없이 의견진술 또는 소명자료의 제출을 게을리한 경우에는 그렇지 않다.

③ 제1항에 따른 관리자의 정수 이상 증원 및 교체임명 명령은 별지 제4호서식에 따른다.

정답확인

산업안전보건법 시행규칙

21 산업안전보건법령상 산업안전보건위원회를 구성해야 할 사업이 아닌 것은?

① 상시근로자 50명인 토사석 광업

② 상시근로자 100명인 비금속 광물제품 제조업

③ 상시근로자 50명인 전투용 차량 제조업

④ 상시근로자 100명인 사무용 기계 및 장비 제조업

⑤ 상시근로자 50명인 자동차 및 트레일러 제조업

답 ③

해설

[별표 9] 산업안전보건위원회를 구성해야 할 사업의 종류 및 사업장의 상시근로자 수

사업의 종류	사업장의 상시근로자 수
1. 토사석 광업 2. 목재 및 나무제품 제조업 ; 가구 제외 3. 화학물질 및 화학제품 제조업 ; 의약품 제외(세제, 화장품 및 광택제 제조업과 화학섬유 제조업은 제외한다) 4. 비금속 광물제품 제조업 5. 1차 금속 제조업 6. 금속가공제품 제조업 ; 기계 및 가구 제외 7. 자동차 및 트레일러 제조업 8. 기타 기계 및 장비 제조업(사무용 기계 및 장비 제조업은 제외한다) 9. 기타 운송장비 제조업(전투용 차량 제조업은 제외한다)	상시근로자 50명 이상
10. 농업 11. 어업 12. 소프트웨어 개발 및 공급업 13. 컴퓨터 프로그래밍, 시스템 통합 및 관리업 13의2. 영상 · 오디오물 제공 서비스업 14. 정보서비스업 15. 금융 및 보험업 16. 임대업 ; 부동산 제외 17. 전문, 과학 및 기술 서비스업(연구개발업은 제외한다) 18. 사업지원 서비스업 19. 사회복지 서비스업	상시근로자 300명 이상
20. 건설업	공사금액 120억원 이상(「건설산업기본법 시행령」 별표 1의 종합공사를 시공하는 업종의 건설업종란 제1호에 따른 토목공사업의 경우에는 150억원 이상)
21. 제1호부터 제20호까지의 사업을 제외한 사업	상시근로자 100명 이상

22 산업안전보건법령상 안전보건관리규정에 관한 설명으로 옳은 것은?

① 안전보건관리규정을 작성하여야 할 경우 소방·가스·전기·교통 분야 등의 다른 법령에서 정하는 안전관리에 관한 규정과 별도로 작성하여야 한다.

② 안전보건관리규정은 해당 사업장에 적용되는 단체협약 및 취업규칙에 우선한다.

③ 사업주는 안전보건관리규정을 작성하여야 할 사유가 발생한 날부터 60일 이내에 안전보건관리규정을 작성하여야 한다.

④ 사업주가 안전보건관리규정을 변경할 때에 산업안전보건위원회가 설치되어 있지 아니한 사업장의 경우에는 근로자대표에게 통보하면 된다.

⑤ 안전보건관리규정에는 사고 조사 및 대책 수립에 관한 사항이 포함되어야 한다.

답 ⑤

해설

제25조(안전보건관리규정의 작성) ① 사업주는 사업장의 안전 및 보건을 유지하기 위하여 다음 각 호의 사항이 포함된 안전보건관리규정을 작성하여야 한다.

1. 안전 및 보건에 관한 관리조직과 그 직무에 관한 사항
2. 안전보건교육에 관한 사항
3. 작업장의 안전 및 보건 관리에 관한 사항
4. 사고 조사 및 대책 수립에 관한 사항
5. 그 밖에 안전 및 보건에 관한 사항

② 제1항에 따른 안전보건관리규정(이하 "안전보건관리규정"이라 한다)은 단체협약 또는 취업규칙에 반할 수 없다. 이 경우 안전보건관리규정 중 단체협약 또는 취업규칙에 반하는 부분에 관하여는 그 단체협약 또는 취업규칙으로 정한 기준에 따른다.

③ 안전보건관리규정을 작성하여야 할 사업의 종류, 사업장의 상시근로자 수 및 안전보건관리규정에 포함되어야 할 세부적인 내용, 그밖에 필요한 사항은 고용노동부령으로 정한다.

정답확인

산업안전보건법

합격키

2012년 6월 23일(1번 출제)

23 **산업안전보건법령에 따라 안전보건진단을 받아 안전보건개선계획을 수립·제출하도록 명할 수 있는 사업장에 해당하는 것은?**

① 산업재해율이 같은 업종 평균 산업재해율의 1.5배인 사업장

② 산업재해율이 같은 업종의 규모별 평균 산업재해율보다 높은 사업장으로서 부상자가 동시에 5명 발생한 사업장

③ 2개월의 요양이 필요한 부상자가 동시에 2명 발생한 사업장

④ 상시근로자가 1,200명으로서 직업병에 걸린 사람이 연간 2명 발생한 사업장

⑤ 작업환경 불량 등으로 사업장 주변까지 피해가 확산된 사업장으로서 고용노동부령으로 정하는 사업장

답 ⑤

해설

제49조(안전보건진단을 받아 안전보건개선계획을 수립할 대상) 법 제49조제1항 각 호 외의 부분 후단에서 "대통령령으로 정하는 사업장"이란 다음 각 호의 사업장을 말한다.

1. 산업재해율이 같은 업종 평균 산업재해율의 2배 이상인 사업장
2. 법 제49조제1항제2호에 해당하는 사업장
3. 직업성 질병자가 연간 2명 이상(상시근로자 1천명 이상 사업장의 경우 3명 이상) 발생한 사업장
4. 그 밖에 작업환경 불량, 화재·폭발 또는 누출 사고 등으로 사업장 주변까지 피해가 확산된 사업장으로서 고용노동부령으로 정하는 사업장

정답확인

산업안전보건법 시행령

보충학습

산업안전보건법

제49조(안전보건개선계획의 수립·시행 명령) ① 고용노동부장관은 다음 각 호의 어느 하나에 해당하는 사업장으로서 산업재해 예방을 위하여 종합적인 개선조치를 할 필요가 있다고 인정되는 사업장의 사업주에게 고용노동부령으로 정하는 바에 따라 그 사업장, 시설, 그 밖의 사항에 관한 안전 및 보건에 관한 개선계획(이하 "안전보건개선계획"이라 한다)을 수립하여 시행할 것을 명할 수 있다. 이 경우 대통령령으로 정하는 사업장의 사업주에게는 제47조에 따라 안전보건진단을 받아 안전보건개선계획을 수립하여 시행할 것을 명할 수 있다.

1. 산업재해율이 같은 업종의 규모별 평균 산업재해율보다 높은 사업장
2. 사업주가 필요한 안전조치 또는 보건조치를 이행하지 아니하여 중대재해가 발생한 사업장
3. 대통령령으로 정하는 수 이상의 직업성 질병자가 발생한 사업장
4. 제106조에 따른 유해인자의 노출기준을 초과한 사업장

② 사업주는 안전보건개선계획을 수립할 때에는 산업안전보건위원회의 심의를 거쳐야 한다. 다만, 산업안전보건위원회가 설치되어 있지 아니한 사업장의 경우에는 근로자대표의 의견을 들어야 한다.

24 산업안전보건법령상 산업안전지도사 또는 산업보건지도사의 등록을 취소하여야 하는 사유를 모두 고른 것은?

ㄱ. 직무의 수행과정에서 고의로 인하여 중대재해가 발생한 경우
ㄴ. 업무정지 기간 중에 업무를 수행한 경우
ㄷ. 다른 사람에게 자기의 성명을 사용하여 지도사의 직무를 수행하게 한 경우
ㄹ. 거짓이나 그 밖의 부정한 방법으로 등록한 경우
ㅁ. 업무 관련 서류를 거짓으로 작성한 경우
ㅂ. 금고 이상의 형의 집행유예를 선고받고 그 유예기간 중에 있는 경우

① ㄱ, ㄷ, ㄹ
② ㄱ, ㄹ, ㅂ
③ ㄴ, ㄷ, ㅁ
④ ㄴ, ㄹ, ㅁ
⑤ ㄷ, ㅁ, ㅂ

답 ④

해설

제154조(등록의 취소 등) 고용노동부장관은 지도사가 다음 각 호의 어느 하나에 해당하는 경우에는 그 등록을 취소하거나 2년 이내의 기간을 정하여 그 업무의 정지를 명할 수 있다. 다만, 제1호부터 제3호까지의 규정에 해당할 때에는 그 등록을 취소하여야 한다.

1. 거짓이나 그 밖의 부정한 방법으로 등록 또는 갱신등록을 한 경우
2. 업무정지 기간 중에 업무를 수행한 경우
3. 업무 관련 서류를 거짓으로 작성한 경우
4. 제142조에 따른 직무의 수행과정에서 고의 또는 과실로 인하여 중대재해가 발생한 경우
5. 제145조제3항제1호부터 제5호까지의 규정 중 어느 하나에 해당하게 된 경우
6. 제148조제2항에 따른 보증보험에 가입하지 아니하거나 그 밖에 필요한 조치를 하지 아니한 경우
7. 제150조제1항을 위반하거나 같은 조 제2항에 따른 기명·날인 또는 서명을 하지 아니한 경우
8. 제151조, 제153조제1항 또는 제162조를 위반한 경우

정답확인

산업안전보건법

25 산업안전보건법령에서 규정하고 있는 명예산업안전감독관의 업무가 아닌 것은?

① 사업장에서 하는 자체점검 참여 및 근로감독관이 하는 사업장 감독 참여

② 법령을 위반한 사실이 있는 경우 사업주에 대한 개선 요청 및 감독기관에의 신고

③ 산업재해 발생의 급박한 위험이 있는 경우 사업주에 대한 작업중지 요청

④ 사업장 순회점검·지도 및 조치의 건의

⑤ 직업성 질환의 증상이 있거나 질병에 걸린 근로자가 여럿 발생한 경우 사업주에 대한 임시건강진단 실시 요청

답 ④

해설

제32조(명예산업안전감독관 위촉 등) ① 고용노동부장관은 다음 각 호의 어느 하나에 해당하는 사람 중에서 법 제23조제1항에 따른 명예산업안전감독관(이하 "명예산업안전감독관"이라 한다)을 위촉할 수 있다.

1. 산업안전보건위원회 구성 대상 사업의 근로자 또는 노사협의체 구성·운영 대상 건설공사의 근로자 중에서 근로자대표(해당 사업장에 단위 노동조합의 산하 노동단체가 그 사업장 근로자의 과반수로 조직되어 있는 경우에는 지부·분회 등 명칭이 무엇이든 관계없이 해당 노동단체의 대표자를 말한다. 이하 같다)가 사업주의 의견을 들어 추천하는 사람
2. 「노동조합 및 노동관계조정법」 제10조에 따른 연합단체인 노동조합 또는 그 지역 대표기구에 소속된 임직원 중에서 해당 연합단체인 노동조합 또는 그 지역 대표기구가 추천하는 사람
3. 전국 규모의 사업주단체 또는 그 산하조직에 소속된 임직원 중에서 해당 단체 또는 그 산하조직이 추천하는 사람
4. 산업재해 예방 관련 업무를 하는 단체 또는 그 산하조직에 소속된 임직원 중에서 해당 단체 또는 그 산하조직이 추천하는 사람

② 명예산업안전감독관의 업무는 다음 각 호와 같다. 이 경우 제1항제1호에 따라 위촉된 명예산업안전감독관의 업무 범위는 해당 사업장에서의 업무(제8호는 제외한다)로 한정하며, 제1항제2호부터 제4호까지의 규정에 따라 위촉된 명예산업안전감독관의 업무 범위는 제8호부터 제10호까지의 규정에 따른 업무로 한정한다.

1. 사업장에서 하는 자체점검 참여 및 「근로기준법」 제101조에 따른 근로감독관(이하 "근로감독관"이라 한다)이 하는 사업장 감독 참여
2. 사업장 산업재해 예방계획 수립 참여 및 사업장에서 하는 기계 · 기구 자체검사 참석
3. 법령을 위반한 사실이 있는 경우 사업주에 대한 개선 요청 및 감독기관에의 신고
4. 산업재해 발생의 급박한 위험이 있는 경우 사업주에 대한 작업중지 요청
5. 작업환경측정, 근로자 건강진단 시의 참석 및 그 결과에 대한 설명회 참여
6. 직업성 질환의 증상이 있거나 질병에 걸린 근로자가 여러 명 발생한 경우 사업주에 대한 임시건강진단 실시 요청
7. 근로자에 대한 안전수칙 준수 지도
8. 법령 및 산업재해 예방정책 개선 건의
9. 안전·보건 의식을 북돋우기 위한 활동 등에 대한 참여와 지원
10. 그 밖에 산업재해 예방에 대한 홍보 등 산업재해 예방업무와 관련하여 고용노동부장관이 정하는 업무

③ 명예산업안전감독관의 임기는 2년으로 하되, 연임할 수 있다.

④ 고용노동부장관은 명예산업안전감독관의 활동을 지원하기 위하여 수당 등을 지급할 수 있다.

⑤ 제1항부터 제4항까지에서 규정한 사항 외에 명예산업안전감독관의 위촉 및 운영 등에 필요한 사항은 고용노동부장관이 정한다.

보충학습

제33조(명예산업안전감독관의 해촉) 고용노동부장관은 다음 각 호의 어느 하나에 해당하는 경우에는 명예산업안전감독관을 해촉(解嘱)할 수 있다.

1. 근로자대표가 사업주의 의견을 들어 제32조제1항제1호에 따라 위촉된 명예산업안전감독관의 해촉을 요청한 경우
2. 제32조제1항제2호부터 제4호까지의 규정에 따라 위촉된 명예산업안전감독관이 해당 단체 또는 그 산하조직으로부터 퇴직하거나 해임된 경우
3. 명예산업안전감독관의 업무와 관련하여 부정한 행위를 한 경우
4. 질병이나 부상 등의 사유로 명예산업안전감독관의 업무 수행이 곤란하게 된 경우

합격키

2013년 4월 2일(문제 21번) 출제

정답확인

산업안전보건법 시행령

2015년도 4월 20일 필기문제

산업안전(보건)지도사 자격시험
제1차 시험문제지

제1과목 산업안전보건법령	총 시험시간 : 90분 (과목당 30분)	문제형별 A

수험번호	20150420	성 명	도서출판 세화

【수험자 유의사항】

1. 시험문제지 표지와 시험문제지 내 **문제형별의 동일여부** 및 시험문제지의 **총면수·문제번호 일련순서·인쇄상태** 등을 확인하시고, 문제지 표지에 수험번호와 성명을 기재하시기 바랍니다.
2. 답은 각 문제마다 요구하는 **가장 적합하거나 가까운 답 1개**만 선택하고, 답안카드 작성 시 시험문제지 **형별누락, 마킹착오**로 인한 불이익은 전적으로 **수험자에게 책임**이 있음을 알려 드립니다.
3. 답안카드는 국가전문자격 공통 표준형으로 문제번호가 1번부터 125번까지 인쇄되어 있습니다. 답안 마킹 시에는 반드시 **시험문제지의 문제번호와 동일한 번호**에 마킹하여야 합니다.
4. **감독위원의 지시에 불응하거나 시험 시간 종료 후 답안카드를 제출하지 않을 경우** 불이익이 발생할 수 있음을 알려 드립니다.
5. 시험문제지는 시험 종료 후 가져가시기 바랍니다.

【안 내 사 항】

1. 수험자는 **QR코드를 통해 가답안을 확인**하시기 바랍니다.
   (※ 사전 설문조사 필수)
2. 시험 합격자에게 **'합격축하 SMS(알림톡) 알림 서비스'**를 제공하고 있습니다.

▲ 가답안 확인

- 수험자 여러분의 합격을 기원합니다 -

2015년 산업안전보건법규 출제문제 분석표(NCS 기준)

법령명(대분류)	단원(중분류)	세부내용(소분류)	출제년월일
산업안전보건법	제1장 총칙		
	제2장 안전보건관리체제 등		
	제3장 안전보건교육		
	제4장 유해 위험 방지 조치		
	제5장 도급 시 산업재해 예방		
	제6장 유해 위험기계 등에 대한 조치		
	제7장 유해 위험물질에 대한 조치		
	제8장 근로자 보건관리	제139조 유해·위험작업에 대한 근로시간 제한 등	15.4.20
	제9장 산업안전지도사 및 산업보건지도사		
	제10장 근로감독관 등		
	제11장 보칙	제158조 산업재해 예방활동의 보조·지원	15.4.20
	제12장 벌칙		
소계		8% 출제	2문제 출제

법령명(대분류)	단원(중분류)	세부내용(소분류)	출제년월일
산업안전보건법 시행령	제1장 총칙	제10조 공표대상 사업장	15.4.20
	제2장 안전보건관리체제 등	제15조 관리감독자의 업무 등	15.4.20
		제16조 안전관리자의 선임 등	15.4.20
	제3장 안전보건교육		
	제4장 유해 위험 방지 조치		
	제5장 도급 시 산업재해 예방		
	제6장 유해 위험기계 등에 대한 조치	제77조 자율안전확인대상 기계 등	15.4.20
	제7장 유해 위험물질에 대한 조치	제87조 제조 등이 금지되는 유해물질	15.4.20
	제8장 근로자 보건관리		
	제9장 산업안전지도사 및 산업보건지도사		
	제10장 보칙		
	제11장 벌칙		
소계		20% 출제	5문제 출제

법령명(대분류)	단원(중분류)	세부내용(소분류)	출제년월일
산업안전보건법 시행규칙	제1장 총칙	[별표 1] 건설업체 산업재해발생률 및 산업재해 발생 보고의무 위반건수의 산정 기준과 방법(제4조 관련)	15.4.20
		제3조 중대재해의 범위	15.4.20
	제2장 안전보건관리체제 등	제12조 안전관리자 등의 증원·교체임명 명령	15.4.20
	제3장 안전보건교육	[별표 4] 안전보건교육 교육과정별 교육시간(제26조 제1항 등 관련)	15.4.20
		제25조 안전보건관리규정의 작성	15.4.20
		제26조 교육시간 및 교육내용	15.4.20
		제29조 안전보건관리책임자 등에 대한 직무교육	15.4.20
	제4장 유해 위험 방지 조치	제54조 공정안전보고서 이행 상태의 평가	15.4.20
	제5장 도급 시 산업재해 예방	제75조 도급승인 등의 절차·방법 및 기준 등	15.4.20
		제80조 도급사업 시의 안전보건조치 등	15.4.20
	제6장 유해 위험기계 등에 대한 조치	제99조 방호조치 해체 등에 필요한 조치	15.4.20
		제100조 기계 등 대여자의 조치	15.4.20
		제110조 안전인증 심사의 종류 및 방법	15.4.20
		제126조 안전검사의 주기와 합격표시 및 표시방법	15.4.20
	제7장 유해 위험물질에 대한 조치		
	제8장 근로자 보건관리	제187조 작업환경측정자의 자격	15.4.20
		제205조 수시건강진단 대상 근로자 등	15.4.20
		제221조 질병자 등의 근로 제한	15.4.20
	제9장 산업안전지도사 및 산업보건지도사	제231조 지도사 보수교육	15.4.20
	제10장 근로감독관 등		
	제11장 보칙		
소계		72% 출제	18문제 출제

법령명(대분류)	단원(중분류)	세부내용(소분류)	출제년월일
산업안전보건기준에 관한 규칙	제1편 총칙		
	제2편 안전기준		
	제3편 보건기준		
소계		0% 출제	0문제 출제

1. 산업안전보건법령

01 **산업안전보건법령상 교육대상자별 안전보건교육의 교육과정, 교육대상 및 교육시간을 나타낸 표이다. 교육과정 및 교육대상별 교육시간이 옳지 않은 것은?**

교육과정	교육대상		교육시간
정기교육	사무직 종사 근로자		①
	사무직 종사 근로자 외의 근로자	판매업무에 직접 종사하는 근로자	②
		판매업무에 직접 종사하는 근로자 외의 근로자	③
	관리감독자의 지위에 있는 사람		④
건설업 기초안전보건교육	건설 일용근로자		⑤

① 매반기 2시간 이상
② 매반기 6시간 이상
③ 매반기 12시간 이상
④ 연간 16시간 이상
⑤ 4시간 이상

답 ①

해설

[별표 4] 안전보건교육 교육대상별 교육시간

1. 근로자 안전보건교육

교육과정	교육대상		교육시간
가. 정기교육	사무직 종사 근로자		매반기 6시간 이상
	사무직 종사 근로자 외의 근로자	판매업무에 직접 종사하는 근로자	매반기 6시간 이상
		판매업무에 직접 종사하는 근로자 외의 근로자	매반기 12시간 이상
	관리감독자의 지위에 있는 사람		연간 16시간 이상
나. 채용 시 교육	일용근로자		1시간 이상
	일용근로자를 제외한 근로자		8시간 이상
다. 작업내용 변경 시 교육	일용근로자		1시간 이상
	일용근로자를 제외한 근로자		2시간 이상
라. 특별교육	별표 5 제1호라목 각 호(제39호는 제외한다)의 어느 하나에 해당하는 작업에 종사하는 일용근로자		2시간 이상
	별표 5 제1호라목제39호의 타워크레인 신호작업에 종사하는 일용근로자		8시간 이상
	별표 5 제1호라목 각 호의 어느 하나에 해당하는 작업에 종사하는 일용근로자를 제외한 근로자		- 16시간 이상(최초 작업에 종사하기 전 4시간 이상 실시하고 12시간은 3개월 이내에서 분할하여 실시가능) - 단기간 작업 또는 간헐적 작업인 경우에는 2시간 이상
마. 건설업 기초안전보건 교육	건설 일용근로자		4시간 이상

2. 안전보건관리책임자 등에 대한 교육(제29조제2항 관련)

교육대상	교육시간	
	신규교육	보수교육
가. 안전보건관리책임자	6시간 이상	6시간 이상
나. 안전관리자, 안전관리전문기관의 종사자	34시간 이상	24시간 이상
다. 보건관리자, 보건관리전문기관의 종사자	34시간 이상	24시간 이상
라. 건설재해예방 전문지도기관의 종사자	34시간 이상	24시간 이상
마. 석면조사기관의 종사자	34시간 이상	24시간 이상
바. 안전보건관리담당자	-	8시간 이상
사. 안전검사기관, 자율안전검사기관의 종사자	34시간 이상	24시간 이상

3. 특수형태근로 종사자에 대한 안전보건교육(제95조 제1항 관련)

교육과정	교육시간
가. 최초 노무제공 시 교육	2시간 이상(단기간 작업 또는 간헐적 작업에 노무를 제공하는 경우에는 1시간 이상 실시하고, 특별교육을 실시한 경우는 면제)
나. 특별교육	16시간 이상(최초 작업에 종사하기 전 4시간 이상 실시하고 12시간은 3개월 이내에서 분할하여 실시가능)
	단기간 작업 또는 간헐적 작업인 경우에는 2시간 이상

4. 검사원 성능검사 교육(제136조제2항 관련)

교육과정	교육대상	교육시간
성능검사교육	-	28시간 이상

정보제공

① 산업안전보건법 시행규칙 제28조1항(교육시간 및 교육내용)
② 산업안전보건법 시행규칙 [별표 5] 안전보건교육 교육과정별 교육시간

합격키

2014년 4월 12일(문제 3번) 출제

02 산업안전보건법령상 안전보건관리규정의 작성 등에 관한 설명으로 옳지 않은 것은?

① 안전보건관리규정을 작성하여야 할 사업의 사업주는 안전보건관리규정을 작성하여야 할 사유가 발생한 날부터 30일 이내에 안전보건관리규정을 작성하여야 한다.

② 안전보건관리규정에는 작업장 안전관리에 관한 사항, 안전·보건교육에 관한 사항이 포함되어야 한다.

③ 사업주가 안전보건관리규정을 작성하는 경우에는 소방·가스·전기·교통 분야 등의 다른 법령에서 정하는 안전관리에 관한 규정과 통합하여 작성할 수 있다.

④ 안전보건관리규정을 변경할 사유가 발생한 경우에는 그 사유를 안 날부터 15일 이내에 작성하여야 한다.

⑤ 안전보건관리규정이 해당 사업장에 적용되는 단체협약 및 취업규칙에 반하는 경우, 안전보건관리규정 중 단체협약 또는 취업규칙에 반하는 부분에 관하여는 그 단체협약 또는 취업규칙으로 정한 기준에 따른다.

답 ④

해설

제25조(안전보건관리규정의 작성 등) ① 법 제25조제3항에 따라 안전보건관리규정을 작성해야 할 사업의 종류 및 상시근로자 수는 별표 2와 같다.

② 제1항에 따른 사업의 사업주는 안전보건관리규정을 작성하여야 할 사유가 발생한 날부터 30일 이내에 별표 3의 내용을 포함한 안전보건관리규정을 작성하여야 한다. 이를 변경할 사유가 발생한 경우에도 또한 같다.

③ 사업주가 제2항에 따른 안전보건관리규정을 작성하는 경우에는 소방·가스·전기·교통 분야 등의 다른 법령에서 정하는 안전관리에 관한 규정과 통합하여 작성할 수 있다.

참고

산업안전보건법 시행규칙

합격키

① 2012년 6월 23일(문제 5번) 출제
② 2014년 4월 12일(문제 22번) 출제

03 **산업안전보건법령상 유해하거나 위험한 작업의 도급에 대한 인가를 받기 위해 제출하는 도급인가 신청서에 첨부하는 도급대상 작업의 공정도에 포함되어야 할 것을 모두 고른 것은?**

ㄱ. 기계·설비의 종류 및 운전조건
ㄴ. 도급사유
ㄷ. 유해·위험물질의 종류·사용량
ㄹ. 유해·위험요인의 발생 실태 및 종사 근로자 수 등에 관한 사항

① ㄱ, ㄴ
② ㄱ, ㄷ
③ ㄴ, ㄹ
④ ㄱ, ㄷ, ㄹ
⑤ ㄴ, ㄷ, ㄹ

답 ④

해설

제75조(도급승인 등의 절차·방법 및 기준 등) ① 법 제58조제2항제2호에 따른 승인, 같은 조 제5항 또는 제6항에 따른 연장승인 또는 변경승인을 받으려는 자는 별지 제31호서식의 도급승인 신청서, 별지 제32호서식의 연장신청서 및 별지 제33호서식의 변경신청서에 다음 각 호의 서류를 첨부하여 관할 지방고용노동관서의 장에게 제출하여야 한다.

1. 도급대상 작업의 공정 관련 서류 일체(기계·설비의 종류 및 운전조건, 유해·위험물질의 종류·사용량, 유해·위험요인의 발생 실태 및 종사 근로자 수 등에 관한 사항을 포함하여야 한다)
2. 도급작업 안전보건관리계획서(안전작업절차, 도급 시 안전·보건관리 및 도급작업에 대한 안전·보건시설 등에 관한 사항을 포함하여야 한다)
3. 제74조에 따른 안전 및 보건에 관한 평가 결과(법 제58조제6항에 따른 변경승인은 해당되지 않는다.)

② 법 제58조제2항제2호에 따른 승인, 같은 조 제5항 또는 제6항에 따른 연장승인 또는 변경승인의 작업별 도급승인 기준은 다음 각 호와 같다.

1. 공통 : 작업공정의 안전성, 안전보건관리계획 및 안전 및 보건에 관한 평가 결과의 적정성
2. 법 제58조제1항제1호 및 제2호에 따른 작업 : 안전보건규칙 제5조, 제7조, 제8조, 제10조, 제11조, 제17조, 제19조, 제21조, 제22조, 제33조, 제72조부터 제79조까지, 제81조, 제83조부터 제85조까지, 제225조, 제232조, 제299조, 제301조부터 제305조까지, 제422조, 제429조부터 제435조까지, 제442조부터 제444조까지, 제448조, 제450조, 제451조, 제513조에서 정한 기준
3. 법 제58조제1항제3호에 따른 작업 : 안전보건규칙 제5조, 제7조, 제8조, 제10조, 제11조, 제17조, 제19조, 제21조, 제22조까지, 제33조, 제72조부터 제79조까지, 제81조, 제83조부터 제85조까지, 제225조, 제232조, 제299조, 제301조부터 제305조까지, 제453조부터 제455조까지, 제459조, 제461조, 제463조부터 제466조까지, 제469조부터 제474조까지, 제513조에서 정한 기준

③ 지방고용노동관서의 장은 필요할 경우 법 제58조제2항제2호에 따른 승인, 같은 조 제5항 또는 제6항에 따른 연장승인 또는 변경승인을 신청한 사업장에 대해서 제2항에 따른 도급승인 기준을 준수하고 있는지 공단으로 하여금 확인하게 할 수 있다.

④ 제1항에 따라 도급승인 신청을 받은 지방고용노동관서의 장은 제2항에 따른 도급승인 기준을 충족한 경우 신청서가 접수된 날부터 14일 이내에 별지 제34호서식에 따른 승인서를 신청인에게 발급해야 한다.

참고

산업안전보건법 시행규칙

04 산업안전보건법령상 근로자에 대한 안전보건에 관한 교육을 사업주가 자체적으로 실시하는 경우에 교육을 실시할 수 있는 사람에 해당하지 않는 사람은?

① 산업안전지도사 또는 산업보건지도사

② 한국산업안전보건공단에서 실시하는 해당 분야의 강사요원 교육과정을 이수한 사람

③ 해당 사업장의 안전보건관리책임자, 관리감독자 및 산업보건의

④ 산업안전보건에 관하여 학식과 경험이 있는 사람으로서 고용노동부장관이 정하는 기준에 해당하는 사람

⑤ 산업안전보건에 관한 전문적인 지식과 경험이 있다고 사업주가 인정하는 전문강사요원

답 ⑤

해설

제26조(교육시간 및 교육내용) ① 법 제29조제1항부터 제3항까지의 규정에 따라 사업주가 근로자에게 실시해야 하는 안전보건교육의 교육시간은 별표 4와 같고, 교육내용은 별표 5와 같다. 이 경우, 사업주가 법 제29조제3항에 따른 유해하거나 위험한 작업에 필요한 안전보건교육(이하 "특별교육"이라 한다)을 실시한 경우에는 해당 근로자에 대하여 법 제29조제2항에 따라 채용할 때 하여야 하는 교육(이하 "채용 시 교육"이라 한다) 및 작업내용을 변경할 때 하여야 하는 교육(이하 "작업내용 변경 시 교육"이라 한다)을 실시한 것으로 본다.

② 제1항에 따른 교육을 실시하기 위한 교육 방법과 그 밖에 교육에 필요한 사항은 고용노동부장관이 정하여 고시한다.

③ 사업주가 법 제29조제1항부터 제3항까지의 규정에 따른 안전보건교육을 자체적으로 실시하는 경우에 교육을 할 수 있는 사람은 다음 각 호의 어느 하나에 해당하는 사람으로 한다.

1. 다음 각 목의 어느 하나에 해당하는 사람
   가. 법 제15조제1항에 따른 안전보건관리책임자
   나. 법 제16조제1항에 따른 관리감독자
   다. 법 제17조제1항에 따른 안전관리자(안전관리전문기관에서 안전관리자의 위탁업무를 수행하는 사람을 포함한다)
   라. 법 제18조제1항에 따른 보건관리자(보건관리전문기관에서 보건관리자의 위탁업무를 수행하는 사람을 포함한다)
   마. 법 제19조제1항에 따른 안전보건관리담당자(안전관리전문기관 및 보건관리전문기관에서 안전보건관리 담당자의 위탁업무를 수행하는 사람을 포함한다.)
   바. 법 제22조제1항에 따른 산업보건의
2. 공단에서 실시하는 해당 분야의 강사요원 교육과정을 이수한 사람
3. 산업안전지도사 또는 산업보건지도사
4. 산업안전보건에 관하여 학식과 경험이 있는 사람으로서 고용노동부장관이 정하는 기준에 해당하는 사람

참고

산업안전보건법 시행규칙

05 **산업안전보건법령상 위험기계인 불도저를 타인에게 대여하는 자가 해당 불도저를 대여받은 자에게 유해·위험 방지조치로서 서면에 적어 발급해야 할 사항이 아닌 것은?**

① 해당 불도저의 능력

② 해당 불도저의 특성 및 사용 시의 주의사항

③ 해당 불도저의 수리·보수 및 점검 내역

④ 해당 불도저의 조작가능자격

⑤ 해당 불도저의 주요 부품의 제조일

답 ④

해설

제100조(기계 등 대여자의 조치) 법 제81조에 따라 영 제71조 및 영 별표 21의 기계·기구·설비 및 건축물 등(이하 "기계 등"이라 한다)을 타인에게 대여하는 자가 하여야 할 유해·위험 방지조치는 다음 각 호와 같다.

1. 해당 기계 등을 미리 점검하고 이상을 발견한 때에는 즉시 보수하거나 그 밖에 필요한 정비를 할 것
2. 해당 기계 등을 대여받은 자에게 다음 각 목의 사항을 적은 서면을 발급할 것
   가. 해당 기계 등의 성능 및 방호조치의 내용
   나. 해당 기계 등의 특성 및 사용 시의 주의사항
   다. 해당 기계 등의 수리·보수 및 점검 내역과 주요 부품의 제조일
   라. 해당 기계 등의 정밀진단 및 수리 후 안전점검 내역, 주요 안전부품의 교환이력 및 제조일
3. 사용을 위하여 설치·해체 작업(기계 등을 높이는 작업을 포함한다. 이하 같다)이 필요한 기계 등을 대여하는 경우로서 해당 기계 등의 설치·해체 작업을 다른 설치·해체업자에게 위탁하는 경우에는 다음 각 목의 사항을 준수할 것
   가. 설치·해체업자가 기계 등의 설치·해체에 필요한 법령상 자격을 갖추고 있는지와 설치·해체에 필요한 장비를 갖추고 있는지를 확인할 것
   나. 설치·해체업자에게 제2호 각 목의 사항을 적은 서면을 발급하고, 해당 내용을 주지시킬 것
   다. 설치·해체업자가 설치·해체 작업 시 안전보건규칙에 따른 산업안전보건기준을 준수하고 있는지를 확인 할 것
4. 해당 기계 등을 대여받은 자에게 제3호가목 및 다목에 따른 확인결과를 알릴 것

참고

산업안전보건법 시행규칙

06 산업안전보건법령상 자율안전확인대상 기계 등에 해당하는 것을 모두 고른 것은?

ㄱ. 휴대형 연마기
ㄴ. 인쇄기
ㄷ. 컨베이어
ㄹ. 식품가공용기계 중 제면기
ㅁ. 공작기계 중 평삭·형삭기

① ㄱ, ㄴ
② ㄴ, ㄷ
③ ㄱ, ㄷ, ㅁ
④ ㄷ, ㄹ, ㅁ
⑤ ㄴ, ㄷ, ㄹ, ㅁ

답 ⑤

해설

제77조(자율안전확인대상 기계 등) ① 법 제89조제1항 각 호 외의 부분 본문에서 "대통령령으로 정하는 것"이란 다음 각 호의 어느 하나에 해당하는 것을 말한다.

1. 다음 각 목의 어느 하나에 해당하는 기계 또는 설비
   가. 연삭기 또는 연마기 이 경우 휴대형은 제외한다.
   나. 산업용 로봇
   다. 혼합기
   라. 파쇄기 또는 분쇄기
   마. 식품가공용기계(파쇄·절단·혼합·제면기만 해당한다)
   바. 컨베이어
   사. 자동차정비용 리프트
   아. 공작기계(선반, 드릴기, 평삭·형삭기, 밀링만 해당한다)
   자. 고정형 목재가공용기계(둥근톱, 대패, 루타기, 띠톱, 모떼기 기계만 해당한다)
   차. 인쇄기
2. 다음 각 목의 어느 하나에 해당하는 방호장치
   가. 아세틸렌 용접장치용 또는 가스집합 용접장치용 안전기
   나. 교류 아크용접기용 자동전격방지기
   다. 롤러기 급정지장치
   라. 연삭기(研削機) 덮개
   마. 목재 가공용 둥근톱 반발 예방장치와 날 접촉 예방장치
   바. 동력식 수동대패용 칼날 접촉 방지장치
   사. 추락·낙하 및 붕괴 등의 위험 방지 및 보호에 필요한 가설기자재(제74조제1항제2호아목의 가설기자재는 제외한다)로서 고용노동부장관이 정하여 고시하는 것
3. 다음 각 목의 어느 하나에 해당하는 보호구
   가. 안전모(제74조제1항제3호가목의 안전모는 제외한다)
   나. 보안경(제74조제1항제3호차목의 보안경은 제외한다)
   다. 보안면(제74조제1항제3호카목의 보안면은 제외한다)

② 자율안전확인대상 기계 등의 세부적인 종류, 규격 및 형식은 고용노동부장관이 정하여 고시한다.

참고

산업안전보건법 시행령

합격키

2014년 4월 12일(문제 7번) 출제

07 **산업안전보건법령상 제조·수입·양도·제공 또는 사용이 금지되는 유해물질에 해당하는 것은?**

① 함유된 용량의 비율이 3퍼센트인 백연을 함유한 페인트

② 오로토-톨리딘과 그 염

③ 함유된 용량의 비율이 4퍼센트인 벤젠을 함유하는 고무풀

④ 알파-나프틸아민과 그 염

⑤ 벤조트리클로리드

답 ①

해설

제87조(제조 등이 금지되는 유해물질) 법 제117조제1항에서 "대통령령으로 정하는 물질"이란 다음 각 호의 물질을 말한다.

1. β-나프틸아민[91-59-8]과 그 염(β-Naphthylamine and its salts)
2. 4-니트로디페닐[92-93-3]과 그 염(4-Nitrodiphenyl and its salts)
3. 백연[1319-46-6]을 함유한 페인트(함유된 중량의 비율이 2퍼센트 이하인 것은 제외한다)
4. 벤젠[71-43-2]을 함유하는 고무풀(함유된 중량의 비율이 5퍼센트 이하인 것은 제외한다)
5. 석면(Asbestos : 1332-21-4 등)
6. 폴리클로리네이티드 터페닐(Polychlorinated terphenyls ; 61788-33-8 등)
7. 황린(黃燐)[12185-10-3] 성냥(Yellow phosphorus match)
8. 제1호, 제2호, 제5호 또는 제6호의 어느 하나에 해당하는 물질을 함유한 혼합물(함유된 중량의 비율이 1퍼센트 이하인 것은 제외한다)
9. 「화학물질관리법」제2조제5호에 따른 금지물질(「같은 법」제3조제1항제1호부터 제12호까지의 규정에 해당하는 화학물질은 제외한다.)
10. 그 밖에 보건상 해로운 물질로서 산업재해보상보험 및 예방심의위원회의 심의를 거쳐 고용노동부장관이 정하는 유해물질

참고

산업안전보건법 시행령

합격키

2013년 4월 20일(문제 14번) 출제

08 산업안전보건법령상 안전검사에 관한 설명으로 옳은 것은?

① 건설현장에서 사용하는 크레인은 최초로 설치한 날부터 1년마다 안전검사를 실시한다.

② 건설현장 외에서 사용하는 리프트는 사업장에 설치가 끝난 날부터 3년 이내에 최초 안전검사를 실시하되, 그 이후부터 2년마다 안전검사를 실시한다.

③ 건설현장에서 사용하는 곤돌라는 사업장에 설치가 끝난 날부터 4년 이내에 최초 안전검사를 실시한다.

④ 건설현장 외에서 사용하는 크레인은 최초 안전검사를 실시한 이후부터 3년마다 안전검사를 실시한다.

⑤ 다른 법령에 따라 안전성에 관한 검사나 인증을 받은 경우에는 산업안전보건법령상의 안전검사가 면제된다.

답 ②

해설

제126조(안전검사의 주기와 합격표시 및 표시방법) ① 법 제93조제3항에 따른 안전검사대상 기계 등의 검사주기는 다음 각 호와 같다.

1. 크레인(이동식 크레인은 제외한다), 리프트(이삿짐운반용 리프트는 제외한다) 및 곤돌라 : 사업장에 설치가 끝난 날부터 3년 이내에 최초 안전검사를 실시하되, 그 이후부터 2년마다(건설현장에서 사용하는 것은 최초로 설치한 날부터 6개월마다)
2. 이동식 크레인, 이삿짐운반용 리프트 및 고소작업대 : 「자동차관리법」제8조에 따른 신규등록 이후 3년 이내에 최초 안전검사를 실시하되, 그 이후부터 2년마다
3. 프레스, 전단기, 압력용기, 국소 배기장치, 원심기, 롤러기, 사출성형기, 컨베이어 및 산업용 로봇 혼합기, 파쇄기 또는 분쇄기 : 사업장에 설치가 끝난 날부터 3년 이내에 최초 안전검사를 실시하되, 그 이후부터 2년마다(공정안전보고서를 제출하여 확인을 받은 압력용기는 4년마다)

② 법 제93조제3항에 따른 안전검사 합격표시 및 표시방법은 별표 16과 같다.

참고

산업안전보건법 시행규칙

09 **산업안전보건법령상 도급인인 사업주가 도급사업 시의 안전보건조치로서 사업별 작업장에 대해 순회점검하여야 하는 횟수가 옳은 것은?**

① 제조업 - 3일에 1회 이상

② 서적, 잡지 및 기타 인쇄물 출판업 - 1주일에 1회 이상

③ 금속 및 비금속 원료 재생업 - 2일에 1회 이상

④ 건설업 - 1주일에 1회 이상

⑤ 토사석 광업 - 1개월에 1회 이상

답 ③

해설

제80조(도급사업 시의 안전보건조치 등) ① 도급인은 법 제64조제1항제2호에 따른 작업장 순회점검을 다음 각 호의 구분에 따라 실시해야 한다.

1. 다음 각 목의 사업 : 2일에 1회 이상
   가. 건설업
   나. 제조업
   다. 토사석 광업
   라. 서적, 잡지 및 기타 인쇄물 출판업
   마. 음악 및 기타 오디오물 출판업
   바. 금속 및 비금속 원료 재생업
2. 제1호 각 목의 사업을 제외한 사업 : 1주일에 1회 이상

② 관계수급인은 제1항에 따라 도급인이 실시하는 순회점검을 거부·방해 또는 기피하여서는 안 되며 점검 결과 도급인의 시정요구가 있으면 이에 따라야 한다.

③ 도급인은 법 제64조제1항3호에 따라 관계수급인이 실시하는 근로자의 안전·보건교육에 필요한 장소 및 자료의 제공 등을 요청받은 경우 협조하여야 한다.

참고

산업안전보건법 시행규칙

합격키

2014년 4월 12일(문제 2번) 출제

10 산업안전보건법령상 직무교육에 관한 설명으로 옳은 것은?(단, 전직하여 신규로 선임된 경우는 고려하지 않음)

① 직무교육기관의 장은 직무교육을 실시하기 15일 전까지 교육 일시 및 장소 등을 직무교육 대상자에게 알려야 한다.

② 보건관리자로 의사가 선임된 경우 선임된 후 3개월 이내에 직무를 수행하는 데 필요한 신규교육을 받아야 한다.

③ 건설재해예방 전문지도기관에서 지도업무를 수행하는 사람은 해당 직위에 선임된 후 6개월 이내에 직무를 수행하는 데 필요한 신규교육을 받아야 한다.

④ 안전보건관리책임자는 신규교육을 이수한 후 매 3년이 되는 날을 기준으로 전후 3개월 사이에 안전보건에 관한 보수교육을 받아야 한다.

⑤ 안전관리자로 선임된 자는 해당 직위에 선임된 후 6개월 이내에 직무를 수행하는 데 필요한 신규교육을 받아야 한다.

답 ①

해설

제29조(안전보건관리책임자 등에 대한 직무교육) ① 법 제32조제1항 각 호 외의 부분 본문에 따라 각 호의 어느 하나에 해당하는 사람은 해당 직위에 선임(위촉의 경우를 포함한다. 이하 같다)되거나 채용된 후 3개월(보건관리자가 의사인 경우는 1년) 이내에 직무를 수행하는 데 필요한 신규교육을 받아야 하며, 신규교육을 이수한 후 매 2년이 되는 날을 기준으로 전후 6개월 사이에 고용노동부장관이 실시하는 안전보건에 관한 보수교육을 받아야 한다.

1. 법 제15조제1항에 따른 안전보건관리책임자
2. 법 제17조제1항에 따른 안전관리자(「기업활동 규제완화에 관한 특별조치법」 제30조제3항에 따라 안전관리자로 채용된 것으로 보는 사람을 포함한다)
3. 법 제18조제1항에 따른 보건관리자
4. 법 제19조제1항에 따른 안전보건관리담당자
5. 법 제21조제1항에 따른 안전관리전문기관 또는 보건관리전문기관에서 안전관리자 또는 보건관리자의 위탁 업무를 수행하는 사람
6. 법 제74조제1항에 따른 건설재해예방 전문지도기관에서 지도업무를 수행하는 사람
7. 법 제96조제1항에 따라 지정받은 안전검사기관에서 검사업무를 수행하는 사람
8. 법 제100조제1항에 따라 지정받은 자율안전검사기관에서 검사업무를 수행하는 사람
9. 법 제120조제1항에 따른 석면조사기관에서 석면조사 업무를 수행하는 사람

② 제1항에 따른 신규교육 및 보수교육(이하 "직무교육"이라 한다)의 교육시간은 별표 4와 같고, 교육내용은 별표 5와 같다.

③ 직무교육을 실시하기 위한 집체교육, 현장교육, 인터넷원격교육 등의 교육 방법, 직무교육 기관의 관리, 그 밖에 교육에 필요한 사항은 고용노동부장관이 정하여 고시한다.

참고

산업안전보건법 시행규칙

합격키

2014년 4월 12일(문제 4번) 출제

11 산업안전보건법령상 유해하거나 위험한 기계·기구 등의 방호조치 등과 관련하여 근로자의 준수사항으로 옳은 것은?

① 방호조치를 해체한 후에 그 사유가 소멸된 경우, 해체상태 그대로 사용한다.

② 방호조치가 필요 없다고 판단한 경우, 즉시 방호조치를 직접 해체하고 사용한다.

③ 방호조치가 된 기계·기구에 이상이 있는 경우, 즉시 방호조치를 직접 해체해야 한다.

④ 방호조치를 해체하려는 경우, 한국산업안전보건공단에 신고한 후 해체하여야 한다.

⑤ 방호조치의 기능이 상실된 것을 발견한 경우, 지체 없이 사업주에게 신고한다.

답 ⑤

해설

제99조(방호조치 해체 등에 필요한 조치) ① 법 제80조제4항에서 "고용노동부령으로 정하는 경우"란 다음 각 호의 경우를 말하며, 그에 필요한 안전조치 및 보건조치는 다음 각 호에 따른다.

1. 방호조치를 해체하려는 경우 : 사업주의 허가를 받아 해체할 것
2. 방호조치를 해체한 후 그 사유가 소멸된 경우 : 지체 없이 원상으로 회복시킬 것
3. 방호조치의 기능이 상실된 것을 발견한 경우 : 지체 없이 사업주에게 신고할 것

② 사업주는 제1항제3호에 따른 신고가 있으면 즉시 수리, 보수 및 작업 중지 등 적절한 조치를 하여야 한다.

참고

산업안전보건법 시행규칙

합격키

2014년 4월 12일(문제 5번) 출제

12 산업안전보건법령상 건설업체 산업재해발생률 및 산업재해 발생 보고의무 위반건수 산정 기준과 방법에 관한 설명으로 옳지 않은 것은?

① 산업재해발생률 및 산업재해 발생 보고의무가 있는 건설업체의 산업재해발생률은 환산 재해자 수를 상시 근로자 수로 나눈 환산재해율로 산출하되, 소수점 셋째 자리에서 반올림한다.

② 재해 발생 시기와 사망 시기의 연도가 다른 경우에는 재해 발생 연도의 다음연도 3월 31일 이전에 사망한 경우에만 산정 대상 연도의 사고사망자수로 산정한다.

③ 둘 이상의 업체가 「국가를 당사자로 하는 계약에 관한 법률」에 따라 공동계약을 체결하여 공사를 공동이행 방식으로 시행하는 경우 해당 현장에서 발생하는 재해자 수는 공동수급업체의 출자 비율에 따라 분배한다.

④ 산업재해자 중 근로자간 폭행에 의한 경우로서 사업주의 법 위반으로 인한 것이 아니라고 인정되는 재해에 의한 재해자는 재해자 수 산정에서 제외한다.

⑤ 산업재해의 사망재해자 중 고혈압 등 개인지병에 의한 경우로 해당 사고발생의 직접적인 원인이 사업주의 법 위반으로 인한 것이 아니라고 인정되는 재해자에 대해서는 가중치를 부여하지 않는다.

답 ③

해설

건설업체 산업재해발생률 및 산업재해 발생 보고의무

(1) 사고 사망자 중 다음의 어느 하나에 해당하는 경우로서 사업주의 법 위반으로 인한 것이 아니라고 인정되는 재해에 의한 사고사망자는 사고사망자 수 산정에서 제외한다.
  ① 방화, 근로자간 또는 타인간의 폭행에 의한 경우
  ② 「도로교통법」에 따라 도로에서 발생한 교통사고에 의한 경우(해당 공사의 공사용 차량·장비에 의한 사고는 제외한다.)
  ③ 태풍·홍수·지진·눈사태 등 천재지변에 의한 불가항력적인 재해의 경우
  ④ 작업과 관련이 없는 제3자의 과실에 의한 경우(해당 목적물 완성을 위한 작업자간의 과실은 제외한다.)
  ⑤ 그 밖에 야유회, 체육행사, 취침·휴식 중의 사고 등 건설작업과 직접 관련이 없는 경우

(2) 재해 발생 시기와 사망 시기의 연도가 다른 경우에는 재해 발생 연도의 다음연도 3월 31일 이전에 사망한 경우에만 산정 대상 연도의 사고사망자 수로 산정한다.

(3) 둘 이상의 업체가 「국가를 당사자로 하는 계약에 관한 법률」 제25조에 따라 공동계약을 체결하여 공사를 공동이행 방식으로 시행하는 경우 해당 현장에서 발생하는 사고사망자 수는 공동수급업체의 출자 비율에 따라 분배한다.

참고

산업안전보건법 시행규칙 [별표 1] 2021.11.19 개정
건설업체 산업재해발생률 및 산업재해 발생 보고의무 위반건수의 산정 기준과 방법(제4조 관련)

13 산업안전보건법령상 안전인증에 관한 설명으로 옳지 않은 것은?

① 안전인증대상인 프레스의 주요 구조 부분을 변경하는 경우 안전인증을 받아야 한다.

② 안전인증을 신청하는 경우에는 고용노동부장관이 정하여 고시하는 바에 따라 안전인증 심사에 필요한 시료(試料)를 제출하여야 한다.

③ 안전인증을 받은 자는 안전인증제품에 관한 자료를 안전인증을 받은 제품별로 기록·보존하여야 한다.

④ 기계·기구 및 방호장치·보호구가 유해·위험한 기계·기구·설비 등 인지를 확인하는 심사는 서면심사로서 15일내에 심사를 완료해야 한다.

⑤ 지방고용노동관서의 장은 안전인증대상 기계·기구 등을 제조·수입 또는 판매하는 자에게 자료의 제출을 요구할 때에는 10일 이상의 기간을 정하여 문서로 요구하되, 부득이한 사유가 있을 때에는 신청을 받아 30일의 범위에서 그 기간을 연장할 수 있다.

답 ④

해설

안전인증

제107조(안전인증대상기계등) 법 제84조제1항에서 "고용노동부령으로 정하는 안전인증대상기계등"이란 다음 각 호의 기계 및 설비를 말한다.

1. 설치 · 이전하는 경우 안전인증을 받아야 하는 기계
   가. 크레인　나. 리프트　다. 곤돌라
2. 주요 구조 부분을 변경하는 경우 안전인증을 받아야 하는 기계 및 설비
   가. 프레스　나. 전단기 및 절곡기(折曲機)
   다. 크레인　라. 리프트
   마. 압력용기　바. 롤러기
   사. 사출성형기(射出成形機)　아. 고소(高所)작업대　자. 곤돌라

제110조(안전인증 심사의 종류 및 방법) ① 유해·위험기계 등이 안전인증기준에 적합한지를 확인하기 위하여 안전인증기관이 하는 심사는 다음 각 호와 같다.

1. 예비심사 : 기계 및 방호장치·보호구가 유해·위험기계 등 인지를 확인하는 심사(법 제84조제3항에 따라 안전인증을 신청한 경우만 해당한다)
2. 서면심사 : 유해·위험기계 등의 종류별 또는 형식별로 설계도면 등 유해·위험기계 등의 제품기술과 관련된 문서가 안전인증기준에 적합한지에 대한 심사
3. 기술능력 및 생산체계 심사 : 유해·위험기계 등의 안전성능을 지속적으로 유지·보증하기 위하여 사업장에서 갖추어야 할 기술능력과 생산체계가 안전인증기준에 적합한지에 대한 심사. 다만, 다음 각 목의 어느 하나에 해당하는 경우에는 기술능력 및 생산체계 심사를 생략한다.
   가. 영 제74조제1항제2호 및 제3호에 따른 방호장치 및 보호구를 고용노동부장관이 정하여 고시하는 수량 이하로 수입하는 경우
   나. 제4호가목의 개별 제품심사를 하는 경우
   다. 안전인증(제4호나목의 형식별 제품심사를 하여 안전인증을 받은 경우로 한정한다)을 받은 후 같은 공정에서 제조되는 같은 종류의 안전인증대상 기계 등에 대하여 안전인증을 하는 경우
4. 제품심사 : 유해·위험기계 등이 서면심사 내용과 일치하는지와 유해·위험기계 등의 안전에 관한 성능이 안전인증기준에 적합한지에 대한 심사. 다만 다음 각 목의 심사는 유해·위험기계 등 별로 고용노동부장관이 정하여 고시하는 기준에 따라 어느 하나만을 받는다.
   가. 개별 제품심사 : 서면심사 결과가 안전인증기준에 적합할 경우에 유해·위험기계 등 모두에 대하여 하는 심사(안전인증을 받으려는 자가 서면심사와 개별 제품심사를 동시에 할 것을 요청하는 경우 병행하여 할 수 있다)
   나. 형식별 제품심사 : 서면심사와 기술능력 및 생산체계 심사 결과가 안전인증기준에 적합할 경우에 유해·위험기계 등의 형식별로 표본을 추출하여 하는 심사(안전인증을 받으려는 자가 서면심사, 기술능력 및 생산체계 심사와 형식별 제품심사를 동시에 할 것을 요청하는 경우 병행하여 할 수 있다)

② 제1항에 따른 유해·위험기계 등의 종류별 또는 형식별 심사의 절차 및 방법은 고용노동부장관이 정하여 고시한다.
③ 안전인증기관은 제108조제1항에 따라 안전인증 신청서를 제출받으면 다음 각 호의 구분에 따른 심사 종류별 기간 내에 심사하여야 한다. 다만, 제품심사의 경우 처리기간 내에 심사를 끝낼 수 없는 부득이한 사유가 있을 때에는 15일의 범위에서 심사기간을 연장할 수 있다.
1. 예비심사 : 7일
2. 서면심사 : 15일(외국에서 제조한 경우는 30일)
3. 기술능력 및 생산체계 심사 : 30일(외국에서 제조한 경우는 45일)
4. 제품심사
가. 개별 제품심사 : 15일
나. 형식별 제품심사 : 30일(영 제74조제1항제2호사목의 방호장치와 같은 항 제3호가목부터 아목까지의 보호구는 60일)
④ 안전인증기관은 제3항에 따른 심사가 끝나면 안전인증을 신청한 자에게 별지 제45호서식의 심사결과 통지서를 발급하여야 한다. 이 경우 해당 심사 결과가 모두 적합한 경우에는 별지 제46호서식의 안전인증서를 함께 발급하여야 한다.
⑤ 안전인증기관은 안전인증대상 기계 등이 특수한 구조 또는 재료로 제조되어 안전인증기준의 일부를 적용하기 곤란할 경우 해당 제품이 안전인증기준과 같은 수준 이상의 안전에 관한 성능을 보유한 것으로 인정(안전인증을 신청한 자의 요청이 있거나 필요하다고 판단되는 경우를 포함한다)되면 「산업표준화법」 제12조에 따른 한국산업표준 또는 관련 국제규격 등을 참고하여 안전인증기준의 일부를 생략하거나 추가하여 제1항제2호 또는 제4호에 따른 심사를 할 수 있다.
⑥ 안전인증기관은 제5항에 따라 안전인증대상 기계 등이 안전인증기준과 같은 수준 이상의 안전에 관한 성능을 보유한 것으로 인정되는지와 해당 안전인증대상 기계 등에 생략하거나 추가하여 적용할 안전인증기준을 심의·의결하기 위하여 안전인증심의위원회를 설치·운영하여야 한다. 이 경우 안전인증심의위원회의 구성·개최에 걸리는 기간은 제3항에 따른 심사기간에 산입하지 아니한다.
⑦ 제6항에 따른 안전인증심의위원회의 구성·기능 및 운영 등에 필요한 사항은 고용노동부장관이 정하여 고시한다.
제111조(확인의 방법 및 주기 등) ① 안전인증기관은 법 제84조제4항에 따라 안전인증을 받은 자에 대하여 다음 각 호의 사항을 확인하여야 한다.
1. 안전인증서에 적힌 제조 사업장에서 해당 유해·위험기계 등을 생산하고 있는지 여부
2. 안전인증을 받은 유해·위험기계 등이 안전인증기준에 적합한지 여부(심사의 종류 및 방법은 제110조제1항제4호를 준용한다)
3. 제조자가 안전인증을 받을 당시의 기술능력·생산체계를 지속적으로 유지하고 있는지 여부
4. 유해·위험기계 등이 서면심사 내용과 같은 수준 이상의 재료 및 부품을 사용하고 있는지 여부
② 법 제84조제4항에 따라 안전인증기관은 안전인증을 받은 자가 안전인증기준을 지키고 있는지를 2년에 1회 이상 확인하여야 한다. 다만, 다음 각 호에 모두 해당하는 경우에는 3년에 1회 이상 확인할 수 있다.
1. 최근 3년 동안 법 제86조제1항에 따라 안전인증이 취소되거나 안전인증표시의 사용금지 또는 시정명령을 받은 사실이 없는 경우
2. 최근 2회의 확인 결과 기술능력 및 생산체계가 고용노동부장관이 정하는 기준 이상인 경우
③ 안전인증기관은 제1항 및 제2항에 따라 확인한 경우에는 별지 제47호서식의 안전인증확인 통지서를 제조자에게 발급하여야 한다.
④ 안전인증기관은 제1항 및 제2항에 따라 확인한 결과 법 제87조제1항 각 호의 어느 하나에 해당하는 사실을 확인한 경우에는 그 사실을 증명할 수 있는 서류를 첨부하여 유해·위험기계 등을 제조하는 사업장의 소재지(제품의 제조자가 외국에 있는 경우에는 그 대리인의 소재지로 하되, 대리인이 없는 경우에는 그 안전인증기관의 소재지로 한다)를 관할하는 지방고용노동관서의 장에게 지체 없이 알려야 한다.
⑤ 안전인증기관은 제109조제2항제1호에 따라 일부항목에 한정하여 안전인증을 면제한 경우에는 외국의 해당 안전인증기관에서 실시한 안전인증 확인의 결과를 제출받아 고용노동부장관이 정하는 바에 따라 법 제84조제4항에 따른 확인의 전부 또는 일부를 생략할 수 있다.

참고

산업안전보건법 시행규칙

14 산업안전보건법령상 지방고용노동관서의 장이 사업주에게 안전관리자나 보건관리자(이하 '관리자'라 함)를 정수 이상으로 증원하게 하거나 교체하여 임명할 것을 명할 수 있는 경우에 해당되지 않는 것은?

① 중대재해가 연간 5건 발생한 경우

② 상시근로자가 100명인 사업장에서 직업성질병자 발생 당시 사용한 니트로벤젠(Nitrobenzene)으로 인한 직업성질병자가 연간 5명 발생한 경우

③ 상시근로자가 100명인 사업장에서 직업성질병자 발생 당시 누출된 유해광선인 자외선으로 인한 직업성질병자가 연간 3명 발생한 경우

④ 해당 사업장의 연간재해율이 같은 업종의 평균재해율의 2배인 경우

⑤ 관리자가 질병이나 그 밖의 사유로 4개월간 직무를 수행할 수 없게 된 경우

답 ③

해설

제12조(안전관리자 등의 증원·교체임명 명령) ① 지방고용노동관서의 장은 다음 각 호의 어느 하나에 해당하는 사유가 발생한 경우에는 법 제17조제3항·법 제18조제3항 또는 제19조 제3항에 따라 사업주에게 안전관리자·보건관리자 또는 안전보건관리담당자(이하 이 조에서 "관리자"라 한다)를 정수 이상으로 증원하게 하거나 교체하여 임명할 것을 명할 수 있다. 다만, 제4호에 해당하는 경우로서 직업성질병자 발생 당시 사업장에서 해당 화학적 인자를 사용하지 아니하는 경우에는 그렇지 않다.

1. 해당 사업장의 연간재해율이 같은 업종의 평균재해율의 2배 이상인 경우
2. 중대재해가 연간 2건 이상 발생한 경우. 다만, 해당 사업장의 전년도 사망만인율이 같은 평균 사망만인율 이하인 경우는 제외한다.
3. 관리자가 질병이나 그 밖의 사유로 3개월 이상 직무를 수행할 수 없게 된 경우
4. 별표 22 제1호에 따른 화학적 인자로 인한 직업성질병자가 연간 3명 이상 발생한 경우. 이 경우 직업성질병자 발생일은 「산업재해보상보험법 시행규칙」 제21조제1항에 따른 요양급여의 결정일로 한다.

② 제1항에 따라 관리자를 정수 이상으로 증원하게 하거나 다시 선임할 것을 명하는 경우에는 미리 사업주 및 해당 관리자의 의견을 듣거나 소명자료를 제출받아야 한다. 다만, 정당한 사유 없이 의견진술 또는 소명자료의 제출을 게을리 한 경우에는 그렇지 않다.

③ 제1항에 따른 관리자의 정수 이상 증원 및 교체임명 명령은 별지 제4호서식에 따른다.

정보제공

산업안전보건법 시행규칙

15 산업안전보건법령상 중대재해에 해당하는 것은?

① 사망자가 1명 발생한 재해

② 2억 원의 경제적 손실이 발생한 재해

③ 장애등급을 판정받은 부상자가 발생한 재해

④ 부상자 또는 직업성질병자가 동시에 5명 발생한 재해

⑤ 1개월의 요양이 필요한 부상자가 동시에 3명 발생한 재해

답 ①

해설

제3조(중대재해의 범위) 법 제2조제2호에서 "고용노동부령으로 정하는 재해"란 다음 각 호의 어느 하나에 해당하는 재해를 말한다.

1. 사망자가 1명 이상 발생한 재해
2. 3개월 이상의 요양이 필요한 부상자가 동시에 2명 이상 발생한 재해
3. 부상자 또는 직업성질병자가 동시에 10명 이상 발생한 재해

정보제공

산업안전보건법 시행규칙

16 **산업안전보건법령상 고용노동부장관이 산업재해를 예방하기 위해 필요하다고 인정하여 사업장의 산업재해 발생건수, 재해율 또는 그 순위 등을 공표할 수 있는 대상 사업장을 모두 고른 것은?**

ㄱ. 산업재해의 발생에 관한 보고를 최근 3년 이내 2회 하지 않은 사업장
ㄴ. 연간 산업재해율이 규모별 같은 업종의 평균재해율 이상인 사업장
ㄷ. 산업재해로 연간 사망재해자가 1명 발생한 사업장으로서 사망만인율(연간 상시근로자 1만명당 발생하는 사망자 수로 환산한 것을 말한다)이 규모별 같은 업종의 평균 사망만인율 이상인 사업장
ㄹ. 중대산업사고가 발생한 사업장
ㅁ. 최근 1년 이내에 2회 산업안전보건법 위반으로 형사처벌을 받은 사업장

① ㄱ, ㄷ
② ㄴ, ㅁ
③ ㄷ, ㄹ
④ ㄱ, ㄹ
⑤ ㄴ, ㄷ, ㅁ

답 ④

해설

제10조(공표대상 사업장) ① 법 제10조제1항에서 "대통령령으로 정하는 사업장"이란 다음 각 호의 어느 하나에 해당하는 사업장을 말한다.
1. 산업재해로 인한 사망자(이하 "사망재해자"라 한다)가 연간 2명 이상 발생한 사업장
2. 사망만인율(死亡萬人率 : 연간 상시근로자 1만명당 발생하는 사망재해자 수의 비율을 말한다)이 규모별 같은 업종의 평균 사망만인율 이상인 사업장
3. 법 제44조제1항 전단에 따른 중대산업사고가 발생한 사업장
4. 법 제57조제1항을 위반하여 산업재해 발생 사실을 은폐한 사업장
5. 법 제57조제3항에 따른 산업재해의 발생에 관한 보고를 최근 3년 이내 2회 이상 하지 않은 사업장

② 제1항제1호부터 제3호까지의 규정에 해당하는 사업장은 해당 사업장이 관계수급인의 사업장으로서 법 제63조에 따른 도급인이 관계수급인 근로자의 산업재해 예방을 위한 조치의무를 위반하여 관계수급인 근로자가 산업재해를 입은 경우에는 도급인의 사업장(도급인이 제공하거나 지정한 경우로서 도급인이 지배·관리하는 제11조 각 호에 해당하는 장소를 포함한다. 이하 같다)의 법 제10조제1항에 따른 산업재해발생건수 등을 함께 공표한다.

정보제공

산업안전보건법 시행령

17 산업안전보건법령상 안전관리자 선임 등에 관한 설명으로 옳은 것은?

① 건설업의 경우에는 공사금액이 50억 원 이상인 사업장에는 안전관리 업무만을 전담하는 안전관리자를 두어야 하고, 공사금액이 3억 원 이상 50억 원 미만인 사업장에는 안전관리 업무 아닌 다른 업무를 겸하는 겸직 안전관리자를 둘 수 있다.

② 동일한 사업주가 경영하는 둘 이상의 사업장이 같은 시·군·구(자치구를 말한다)지역에 소재하는 경우 그 둘 이상의 사업장에 1명의 안전관리자를 공동으로 둘 수 있으며, 이 경우 각 사업장의 상시근로자 수는 300명 이내이어야 한다.

③ 사업주는 안전관리자를 선임한 경우에는 고용노동부령으로 정하는 바에 따라 선임한 날부터 30일 이내에 증명할 수 있는 서류를 제출하여야 한다.

④ 상시근로자 50명인 전기장비 제조업을 하는 사업장으로 사내 하도급업체를 두고있는 경우 수급인인 사업주가 별도로 안전관리자를 둔 경우에는 도급인인 사업주는 안전관리자를 선임하지 아니할 수 있다.

⑤ 상시근로자 200명을 사용하는 가구 제조업의 경우 안전관리자의 업무를 안전관리전문기관에 위탁할 수 있다.

답 ⑤

해설

제16조(안전관리자의 선임 등) ① 법 제17조제1항에 따라 안전관리자를 두어야 하는 사업의 종류와 사업장의 상시근로자 수, 안전관리자의 수 및 선임방법은 별표 3과 같다.

② 제1항에 따른 사업 중 상시근로자 300명 이상을 사용하는 사업장[건설업의 경우에는 공사금액이 120억원(「건설산업기본법 시행령」 별표 1의 종합공사를 시공하는 업종의 건설업종란 제1호에 따른 토목공사업의 경우에는 150억원) 이상인 사업장]의 안전관리자는 해당 사업장에서 제18조제1항 각 호에 따른 업무만을 전담해야 한다.

③ 제1항 및 제2항을 적용할 경우 제52조에 따른 사업으로서 도급인의 사업장에서 이루어지는 도급사업의 공사금액 또는 관계수급인의 상시근로자는 각각 해당 사업의 공사금액 또는 상시근로자로 본다. 다만, 별표 3의 기준에 해당하는 도급사업의 공사금액 또는 관계수급인의 상시근로자의 경우에는 그렇지 않다.

④ 제1항에도 불구하고 같은 사업주가 경영하는 둘 이상의 사업장이 다음 각 호의 어느 하나에 해당하는 경우에는 그 둘 이상의 사업장에 1명의 안전관리자를 공동으로 둘 수 있다. 이 경우 해당 사업장의 상시근로자 수의 합계는 300명 이내[건설업의 경우에는 공사금액의 합계가 120억원(「건설산업기본법 시행령」 별표 1의 종합공사를 시공하는 업종의 건설업종란 제1호에 따른 토목공사업의 경우에는 150억원) 이내]이어야 한다.

1. 같은 시·군·구(자치구를 말한다) 지역에 소재하는 경우
2. 사업장 간의 경계를 기준으로 15킬로미터 이내에 소재하는 경우

⑤ 제1항부터 제3항까지의 규정에도 불구하고 도급인의 사업장에서 이루어지는 도급사업에서 도급인이 고용노동부령으로 정하는 바에 따라 그 사업의 관계수급인 근로자에 대한 안전관리를 전담하는 안전관리자를 선임한 경우에는 그 사업의 관계수급인은 해당 도급사업에 대한 안전관리자를 선임하지 않을 수 있다.

⑥ 사업주는 안전관리자를 선임하거나 법 제17조제4항에 따라 안전관리자의 업무를 안전관리전문기관에 위탁한 경우에는 고용노동부령으로 정하는 바에 따라 선임하거나 위탁한 날부터 14일 이내에 고용노동부장관에게 그 사실을 증명할 수 있는 서류를 제출해야 한다. 법 제17조제3항에 따라 안전관리자를 늘리거나 교체한 경우에도 또한 같다.

정보제공

산업안전보건법 시행령

18 산업안전보건법령상 사업장의 관리감독자가 수행하여야 하는 업무에 해당하는 것은?

① 안전보건관리규정의 작성 및 변경에 관한 사항

② 산업재해에 관한 통계의 기록 및 유지에 관한 사항

③ 사업장 내 관리감독자가 지휘·감독하는 작업과 관련된 기계·기구 또는 설비의 안전·보건 점검 및 이상 유무의 확인에 관한 사항

④ 산업재해의 원인 조사 및 재발 방지대책 수립에 관한 사항

⑤ 안전·보건과 관련된 안전장치 및 보호구 구입 시의 적격품 여부 확인에 관한 사항

답 ③

해설

제15조(관리감독자의 업무 등) ① 법 제16조제1항에서 "대통령령으로 정하는 업무"란 다음 각 호의 업무를 말한다.

1. 사업장 내 법 제16조제1항에 따른 관리감독자(이하 "관리감독자"라 한다)가 지휘·감독하는 작업(이하 이 조에서 "해당작업"이라 한다)과 관련된 기계 · 기구 또는 설비의 안전·보건 점검 및 이상 유무의 확인
2. 관리감독자에게 소속된 근로자의 작업복·보호구 및 방호장치의 점검과 그 착용 · 사용에 관한 교육·지도
3. 해당작업에서 발생한 산업재해에 관한 보고 및 이에 대한 응급조치
4. 해당작업의 작업장 정리·정돈 및 통로 확보에 대한 확인·감독
5. 사업장의 다음 각 목의 어느 하나에 해당하는 사람의 지도·조언에 대한 협조
   가. 법 제17조제1항에 따른 안전관리자(이하 "안전관리자"라 한다) 또는 같은 조 제4항에 따라 안전관리자의 업무를 같은 항에 따른 안전관리전문기관(이하 "안전관리전문기관"이라 한다)에 위탁한 사업장의 경우에는 그 안전관리전문기관의 해당 사업장 담당자
   나. 법 제18조제1항에 따른 보건관리자(이하 "보건관리자"라 한다) 또는 같은 조 제4항에 따라 보건관리자의 업무를 같은 항에 따른 보건관리전문기관(이하 "보건관리전문기관"이라 한다)에 위탁한 사업장의 경우에는 그 보건관리전문기관의 해당 사업장 담당자
   다. 법 제19조제1항에 따른 안전보건관리담당자(이하 "안전보건관리담당자"라 한다) 또는 같은 조 제4항에 따라 안전보건관리담당자의 업무를 안전관리전문기관 또는 보건관리전문기관에 위탁한 사업장의 경우에는 그 안전관리전문기관 또는 보건관리전문기관의 해당 사업장 담당자
   라. 법 제22조제1항에 따른 산업보건의(이하 "산업보건의"라 한다)
6. 법 제36조에 따라 실시되는 위험성평가에 관한 다음 각 목의 업무
   가. 유해·위험요인의 파악에 대한 참여
   나. 개선조치의 시행에 대한 참여
7. 그 밖에 해당작업의 안전 및 보건에 관한 사항으로서 고용노동부령으로 정하는 사항

② 관리감독자에 대한 지원에 관하여는 제14조제2항을 준용한다. 이 경우 "안전보건관리책임자"는 "관리감독자"로, "법 제15조제1항"은 "제1항"으로 본다.

정보제공

산업안전보건법 시행령

합격키

2014년 4월 12일(문제 19번) 출제

19 **산업안전보건법령상 근로시간 연장의 제한에 관한 내용으로 ( )에 들어갈 숫자를 순서대로 옳게 나열한 것은?**

> 사업주는 잠함(潛艦) 또는 잠수작업 등 높은 기압에서 하는 작업에 종사하는 근로자에게는 1일 (ㄱ)시간, 1주 (ㄴ)시간을 초과하여 근로하게 하여서는 아니 된다.

① ㄱ: 4, ㄴ: 30
② ㄱ: 5, ㄴ: 32
③ ㄱ: 6, ㄴ: 34
④ ㄱ: 7, ㄴ: 36
⑤ ㄱ: 8, ㄴ: 38

답 ③

해설

제139조(유해 · 위험작업에 대한 근로시간 제한 등) ① 사업주는 유해하거나 위험한 작업으로서 높은 기압에서 하는 작업 등 대통령령으로 정하는 작업에 종사하는 근로자에게는 1일 6시간, 1주 34시간을 초과하여 근로하게 해서는 아니 된다.
② 사업주는 대통령령으로 정하는 유해하거나 위험한 작업에 종사하는 근로자에게 필요한 안전조치 및 보건조치 외에 작업과 휴식의 적정한 배분 및 근로시간과 관련된 근로조건의 개선을 통하여 근로자의 건강 보호를 위한 조치를 하여야 한다.

정보제공

산업안전보건법

20 **산업안전보건법령상 건강진단에 관한 내용으로 ( ) 안에 들어갈 내용을 순서대로 옳게 나열한 것은?**

○ "(ㄱ)건강진단"이란 특수건강진단대상업무로 인하여 해당 유해인자에 의한 직업성 천식, 직업성 피부염, 그 밖에 건강장해를 의심하게 하는 증상을 보이거나 의학적 소견이 있는 근로자에 대하여 사업주가 실시하는 건강진단을 말한다.
○ 사업주는 이 법령 또는 다른 법령에 따른 건강진단 결과 근로자의 건강을 유지하기 위하여 필요하다고 인정할 때에는 작업장소 변경, 작업 전환, 근로시간 단축, 야간근로[(ㄴ) 사이의 근로를 말한다)]의 제한, 작업환경 측정 또는 시설·설비의 설치·개선 등 적절한 조치를 하여야 한다.
○ 사업주는 건강진단기관에서 송부받은 건강진단 결과표 및 근로자가 제출한 건강진단 결과를 증명하는 서류(이들 자료가 전산입력된 경우에는 그 전산입력된 자료를 말한다)를 5년간 보존하여야 한다. 다만, 고용노동부장관이 정하여 고시하는 물질을 취급하는 근로자에 대한 건강진단 결과의 서류 또는 전산입력 자료는 (ㄷ)간 보존하여야 한다.

① ㄱ: 특수, ㄴ: 오후 10시부터 오전 6시까지, ㄷ: 10년
② ㄱ: 수시, ㄴ: 오후 10시부터 오전 6시까지, ㄷ: 30년
③ ㄱ: 특수, ㄴ: 오후 10시부터 오전 6시까지, ㄷ: 20년
④ ㄱ: 수시, ㄴ: 오후 8시부터 오전 4시까지, ㄷ: 30년
⑤ ㄱ: 특별, ㄴ: 오후 8시부터 오전 4시까지, ㄷ: 20년

답 ②

해설

제205조(수시건강진단 대상 근로자 등) ① 법 제130조제3항에서 "고용노동부령으로 정하는 근로자"란 특수건강진단대상업무로 인하여 해당 유해인자로 인한 것이라고 의심되는 직업성 천식, 직업성 피부염, 그 밖에 건강장해 증상을 보이거나 의학적 소견이 있는 근로자로서 다음 각 호의 어느 하나에 해당하는 근로자를 말한다. 다만, 사업주가 직전 특수건강진단을 실시한 특수건강진단기관의 의사로부터 수시건강진단이 필요하지 않다는 소견을 받은 경우는 제외한다.

1. 산업보건의, 보건관리자, 보건관리 업무를 위탁받은 기관이 필요하다고 판단하여 사업주에게 수시건강진단을 건의한 근로자
2. 해당 근로자나 근로자대표 또는 법 제23조에 따라 위촉된 명예산업안전감독관이 사업주에게 수시건강진단을 요청한 근로자

② 사업주는 제1항에 해당하는 근로자에 대해서는 지체 없이 수시건강진단을 실시해야 한다.
③ 제1항 및 제2항에서 정한 사항 외에 수시건강진단의 실시방법, 그 밖에 필요한 사항은 고용노동부장관이 정한다.

정답확인

산업안전보건법 시행규칙

21 산업안전보건법령상 사업주는 일정한 질병이 있는 근로자를 고기압 업무에 종사하도록 하여서는 아니 된다. **이 질병에 해당하지 않는 것은?**

① 빈혈증

② 메니에르씨병

③ 바이러스 감염에 의한 구순포진

④ 관절염

⑤ 천식

답 ③

해설

제221조(질병자 등의 근로 제한) ① 사업주는 법 제129조부터 제130조에 따른 건강진단 결과 유기화합물·금속류 등의 유해물질에 중독된 사람, 해당 유해물질에 중독될 우려가 있다고 의사가 인정하는 사람, 진폐의 소견이 있는 사람 또는 방사선에 피폭된 사람을 해당 유해물질 또는 방사선을 취급하거나 해당 유해물질의 분진·증기 또는 가스가 발산되는 업무 또는 해당 업무로 인하여 근로자의 건강을 악화시킬 우려가 있는 업무에 종사하도록 하여서는 아니 된다.

② 사업주는 다음 각 호의 어느 하나에 해당하는 질병이 있는 근로자를 고기압 업무에 종사하도록 해서는 안 된다.

1. 감압증이나 그 밖에 고기압에 의한 장해 또는 그 후유증
2. 결핵, 급성상기도감염, 진폐, 폐기종, 그 밖의 호흡기계의 질병
3. 빈혈증, 심장판막증, 관상동맥경화증, 고혈압증, 그 밖의 혈액 또는 순환기계의 질병
4. 정신신경증, 알코올중독, 신경통, 그 밖의 정신신경계의 질병
5. 메니에르씨병, 중이염, 그 밖의 이관협착을 수반하는 귀 질환
6. 관절염, 류마티스, 그 밖의 운동기계의 질병
7. 천식, 비만증, 바세도우씨병, 그 밖에 알레르기성·내분비계·물질대사 또는 영양장해 등과 관련된 질병

정보제공

산업안전보건법 시행규칙

22 산업안전보건법령상 공정안전보고서에 관한 설명으로 옳지 않은 것은?

① 공정안전보고서를 작성하여야 하는 사업장의 사업주는 산업안전보건위원회가 설치되어 있지 아니한 경우 근로자대표의 의견을 들어 작성하여야 한다.

② 공정안전보고서에는 공정안전자료, 공정위험성 평가서, 안전운전계획, 비상조치계획이 포함되어야 한다.

③ 사업주가 공정안전보고서를 제출한 경우에는 해당 유해·위험설비에 관하여 유해·위험방지계획서를 제출한 것으로 본다.

④ 「액화석유가스의 안전관리 및 사업법」에 따른 액화석유가스의 충전·저장시설은 공정안전보고서를 작성하여 제출하여야 하는 대상이 아니다.

⑤ 공정안전보고서 이행 상태의 평가는 공정안전보고서의 확인 후 1년이 경과한 날부터 4년 이내에 하여야 한다.

답 ⑤

해설

제54조(공정안전보고서 이행 상태의 평가) ① 법 제46조제4항에 따라 고용노동부장관은 같은 조 제2항에 따른 공정안전보고서의 확인(신규로 설치되는 유해하거나 위험한 설비의 경우에는 설치 완료 후 시운전 단계에서의 확인을 말한다) 후 1년이 경과한 날부터 2년 이내에 공정안전보고서 이행 상태의 평가(이하 "이행상태평가"라 한다)를 하여야 한다.
② 고용노동부장관은 제1항에 따른 이행상태평가 후 4년마다 이행상태평가를 하여야 한다. 다만, 다음 각 호의 어느 하나에 해당하는 경우에는 1년 또는 2년마다 이행상태평가를 할 수 있다.
1. 이행상태평가 후 사업주가 이행상태평가를 요청하는 경우
2. 법 제155조에 따라 사업장에 출입하여 검사 및 안전·보건점검 등을 실시한 결과 제50조제1항제3호사목에 따른 변경요소 관리계획 미준수로 공정안전보고서 이행상태가 불량한 것으로 인정되는 경우 등 고용노동부장관이 정하여 고시하는 경우
③ 이행상태평가는 제50조제1항 각 호에 따른 공정안전보고서의 세부내용에 관하여 실시한다.
④ 이행상태평가의 방법 등 이행상태평가에 필요한 세부적인 사항은 고용노동부장관이 정한다.

정보제공

산업안전보건법 시행규칙

23 산업안전보건법령상 작업환경측정에 관한 설명으로 옳은 것을 모두 고른 것은?

ㄱ. 작업환경측정 대상인 작업장에서 작업환경측정을 할 수 있는 "고용노동부령으로 정하는 자격을 가진 자"란 그 사업장에 소속된 사람으로서 산업위생관리산업기사 이상의 자격을 가진 사람을 말한다.
ㄴ. 지정측정기관의 작업환경측정 수준을 평가하려는 경우의 평가기준은 1.작업환경측정 및 시료분석의 능력, 2.측정 결과의 신뢰도, 3.시설·장비의 성능, 4.보유인력의 교육이수, 능력개발, 전산화의 정도 및 그 밖에 필요한 사항이다.
ㄷ. 모든 측정은 지역 시료채취방법으로 하되, 지역 시료채취방법이 곤란한 경우에는 개인 시료채취방법으로 실시하여야 한다.
ㄹ. 작업환경측정 결과 고용노동부장관이 정하여 고시하는 화학적 인자의 측정치가 노출기준을 초과하는 작업장 또는 작업공정은 해당 유해인자에 대하여 그 측정일부터 6개월에 1회 이상 작업환경측정을 하여야 한다.

① ㄱ　　② ㄱ, ㄴ
③ ㄴ, ㄷ　　④ ㄷ, ㄹ
⑤ ㄱ, ㄴ, ㄷ

답 ②

해설

제187조(작업환경측정자의 자격) 법 제125조제1항에서 "고용노동부령으로 정하는 자격을 가진 자"란 그 사업장에 소속된 사람으로서 산업위생관리산업기사 이상의 자격을 가진 사람을 말한다.

제189조(작업환경측정방법) ① 사업주는 법 제125조제1항에 따라 작업환경측정을 할 때에는 다음 각 호의 사항을 지켜야 한다.

1. 작업환경측정을 하기 전에 예비조사를 할 것
2. 작업이 정상적으로 이루어져 작업시간과 유해인자에 대한 근로자의 노출 정도를 정확히 평가할 수 있을 때 실시할 것
3. 모든 측정은 개인 시료채취방법으로 하되, 개인 시료채취방법이 곤란한 경우에는 지역 시료채취방법으로 실시할 것. 이 경우 그 사유를 별지 제83호서식의 작업환경측정 결과표에 분명하게 밝혀야 한다.
4. 법 제125조제3항에 따라 작업환경측정기관에 위탁하여 실시하는 경우에는 해당 작업환경측정기관에 공정별 작업내용, 화학물질의 사용실태 및 물질안전보건자료 등 작업환경측정에 필요한 정보를 제공할 것

② 사업주는 근로자대표 또는 해당 작업공정을 수행하는 근로자가 요구하면 제1항제1호에 따른 예비조사에 참석시켜야 한다.

③ 제1항에 따른 측정방법 외에 유해인자별 세부 측정방법 등에 관하여 필요한 사항은 고용노동부장관이 정한다.

제190조(작업환경측정 주기 및 횟수) ① 사업주는 작업장 또는 작업공정이 신규로 가동되거나 변경되는 등으로 제186조에 따른 작업환경측정 대상 작업장이 된 경우에는 그 날부터 30일 이내에 작업환경측정을 하고, 그 후 반기(半期)에 1회 이상 정기적으로 작업환경을 측정하여야 한다. 다만, 작업환경측정 결과가 다음 각 호의 어느 하나에 해당하는 작업장 또는 작업공정은 해당 유해인자에 대하여 그 측정일부터 3개월에 1회 이상 작업환경측정을 하여야 한다.

1. 별표 21 제1호에 해당하는 화학적 인자(고용노동부장관이 정하여 고시하는 물질만 해당한다)의 측정치가 노출기준을 초과하는 경우
2. 별표 21 제1호에 해당하는 화학적 인자(고용노동부장관이 정하여 고시하는 물질은 제외한다)의 측정치가 노출기준을 2배 이상 초과하는 경우

② 제1항에도 불구하고 사업주는 최근 1년간 작업공정에서 공정 설비의 변경, 작업방법의 변경, 설비의 이전, 사용 화학물질의 변경 등으로 작업환경측정 결과에 영향을 주는 변화가 없는 경우로서 다음 각 호의 어느 하나에 해당하는 경우에는 해당 유해인자에 대한 작업환경측정을 연(年) 1회 이상 할 수 있다. 다만, 고용노동부장관이 정하여 고시하는 물질을 취급하는 작업공정은 그렇지 않다.

1. 작업공정 내 소음의 작업환경측정 결과가 최근 2회 연속 85데시벨(dB) 미만인 경우
2. 작업공정 내 소음 외의 다른 모든 인자의 작업환경측정 결과가 최근 2회 연속 노출기준 미만인 경우

정보제공

산업안전보건법 시행규칙

24 산업안전보건법령상 대통령령으로 정하는 산업재해 예방사업의 보조·지원에 대한 취소사유와 그에 따른 처분의 내용이 옳지 않은 것은?

번호	보조·지원 취소사유	처분의 내용
①	거짓이나 그 밖의 부정한 방법으로 보조·지원을 받은 경우	전부 취소
②	보조·지원 대상자가 폐업하거나 파산한 경우	일부 취소
③	산업재해 예방사업의 목적에 맞게 사용되지 아니한 경우	전부 또는 일부 취소
④	보조·지원 대상을 임의매각·훼손·분실하는 등 지원목적에 적합하게 유지·관리·사용하지 아니한 경우	전부 또는 일부 취소
⑤	보조·지원 대상 기간이 끝나기 전에 보조·지원 대상 시설 및 장비를 국외로 이전 설치한 경우	전부 또는 일부 취소

답 ②

해설

제158조(산업재해 예방활동의 보조·지원) ① 정부는 사업주, 사업주단체, 근로자단체, 산업재해 예방 관련 전문단체, 연구기관 등이 하는 산업재해 예방사업 중 대통령령으로 정하는 사업에 드는 경비의 전부 또는 일부를 예산의 범위에서 보조하거나 그 밖에 필요한 지원(이하 "보조·지원"이라 한다)을 할 수 있다. 이 경우 고용노동부장관은 보조·지원이 산업재해 예방사업의 목적에 맞게 효율적으로 사용되도록 관리·감독을 하여야 한다.

② 고용노동부장관은 보조·지원을 받은 자가 다음 각 호의 어느 하나에 해당하는 경우 보조·지원의 전부 또는 일부를 취소하여야 한다. 다만, 제1호 및 제2호의 경우에는 보조·지원의 전부를 취소하여야 한다.

1. 거짓이나 그 밖의 부정한 방법으로 보조·지원을 받은 경우
2. 보조·지원 대상자가 폐업하거나 파산한 경우
3. 보조·지원 대상을 임의매각·훼손·분실하는 등 지원 목적에 적합하게 유지·관리·사용하지 아니한 경우
4. 제1항에 따른 산업재해 예방사업의 목적에 맞게 사용되지 아니한 경우
5. 보조·지원 대상 기간이 끝나기 전에 보조·지원 대상 시설 및 장비를 국외로 이전 설치한 경우
6. 보조·지원을 받은 사업주가 필요한 안전조치 및 보건조치 의무를 위반하여 산업재해를 발생시킨 경우로서 고용노동부령으로 정하는 경우

③ 고용노동부장관은 제2항에 따라 보조·지원의 전부 또는 일부를 취소한 경우, 같은 항 제1호 또는 제3호부터 제5호까지의 어느 하나에 해당하는 경우에는 해당 금액 또는 지원에 상응하는 금액을 환수하되 대통령령으로 정하는 바에 따라 지급받은 금액의 5배 이하의 금액을 추가로 환수할 수 있고, 같은 항 제2호(파산한 경우에는 환수하지 아니한다) 또는 제6호에 해당하는 경우에는 해당 금액 또는 지원에 상응하는 금액을 환수한다.

④ 제2항에 따라 보조·지원의 전부 또는 일부가 취소된 자에 대하여는 고용노동부령으로 정하는 바에 따라 취소된 날부터 5년 이내의 기간을 정하여 보조·지원을 하지 아니할 수 있다.

⑤ 보조·지원의 대상·방법·절차, 관리 및 감독, 제2항 및 제3항에 따른 취소 및 환수 방법, 그 밖에 필요한 사항은 고용노동부장관이 정하여 고시한다.

정보제공

산업안전보건법

25 **산업안전보건법령상 산업안전지도사 및 산업보건지도사(이하 '지도사'라 함)의 연수교육 및 보수교육에 관한 설명으로 옳은 것은?**

① 산업안전 및 산업보건 분야에서 5년 이상 실무에 종사한 경력이 있는 지도사 자격을 가진 화공안전기술사가 직무를 개시하려면 지도사 등록을 하기 전 2년의 범위에서 고용노동부령으로 정하는 연수교육을 받아야 한다.

② 한국산업안전보건공단이 연수교육을 실시한 때에는 그 결과를 연수교육이 끝난 날부터 30일 이내에 고용노동부장관에게 보고하여야 한다.

③ 한국산업안전보건공단이 보수교육을 실시한 때에는 보수교육 이수자 명단, 이수자의 교육 이수를 확인할 수 있는 서류를 5년간 보존하여야 한다.

④ 연수교육의 기간은 업무교육 및 실무수습 기간을 합산하여 2개월 이상으로 한다.

⑤ 지도사 등록의 갱신기간 동안 지도실적이 2년 이상인 지도사의 보수교육시간은 5시간 이상으로 한다.

답 ③

해설

제231조(지도사 보수교육) ① 법 제145조제5항 단서에서 "고용노동부령으로 정하는 보수교육"이란 업무교육과 직업윤리교육을 말한다.

② 제1항에 따른 보수교육의 시간은 업무교육 및 직업윤리교육의 교육시간을 합산하여 총 20시간 이상으로 한다. 다만, 법 제145조제4항에 따른 지도사 등록의 갱신기간 동안 제230조제1항에 따른 지도실적이 2년 이상인 지도사의 교육시간은 10시간 이상으로 한다.

③ 공단이 보수교육을 실시한 때에는 그 결과를 보수교육이 끝난 날부터 10일 이내에 고용노동부장관에게 보고하여야 하며, 다음 각 호의 서류를 5년간 보존하여야 한다.

1. 보수교육 이수자 명단
2. 이수자의 교육 이수를 확인할 수 있는 서류

④ 공단은 보수교육을 받은 지도사에게 별지 제96호서식의 지도사 보수교육 이수증을 발급하여야 한다.

⑤ 보수교육의 절차·방법 및 비용 등 그 밖에 보수교육에 필요한 사항은 고용노동부장관의 승인을 거쳐 공단이 정한다.

제232조(지도사 연수교육) ① 법 제146조에 따른 "고용노동부령으로 정하는 연수교육"이란 업무교육과 실무수습을 말한다.

② 제1항에 따른 연수교육의 기간은 업무교육 및 실무수습 기간을 합산하여 3개월 이상으로 한다.

③ 공단이 연수교육을 실시한 때에는 그 결과를 연수교육이 끝난 날부터 10일 이내에 고용노동부장관에게 보고하여야 하며, 다음 각 호의 서류를 3년간 보존하여야 한다.

1. 연수교육 이수자 명단
2. 이수자의 교육 이수를 확인할 수 있는 서류

④ 공단은 연수교육을 받은 지도사에게 별지 제96호서식의 지도사 연수교육 이수증을 발급하여야 한다.

⑤ 연수교육의 절차·방법 및 비용 등 그 밖에 연수교육에 필요한 사항은 고용노동부장관의 승인을 거쳐 공단이 정한다.

정보제공

산업안전보건법 시행규칙

Note

2016년도 5월 11일 필기문제

산업안전(보건)지도사 자격시험
제1차 시험문제지

제1과목 산업안전보건법령	총 시험시간 : 90분 (과목당 30분)	문제형별 A

수험번호	20160511	성 명	도서출판 세화

【수험자 유의사항】

1. 시험문제지 표지와 시험문제지 내 **문제형별의 동일여부** 및 시험문제지의 **총면수·문제번호 일련순서·인쇄상태** 등을 확인하시고, 문제지 표지에 수험번호와 성명을 기재하시기 바랍니다.
2. 답은 각 문제마다 요구하는 **가장 적합하거나 가까운 답 1개**만 선택하고, 답안카드 작성 시 시험문제지 **형별누락, 마킹착오**로 인한 불이익은 전적으로 **수험자에게 책임**이 있음을 알려 드립니다.
3. 답안카드는 국가전문자격 공통 표준형으로 문제번호가 1번부터 125번까지 인쇄되어 있습니다. 답안 마킹 시에는 반드시 **시험문제지의 문제번호와 동일한 번호**에 마킹하여야 합니다.
4. **감독위원의 지시에 불응하거나 시험 시간 종료 후 답안카드를 제출하지 않을 경우** 불이익이 발생할 수 있음을 알려 드립니다.
5. 시험문제지는 시험 종료 후 가져가시기 바랍니다.

【안 내 사 항】

1. 수험자는 **QR코드를 통해 가답안을 확인**하시기 바랍니다.
   (※ 사전 설문조사 필수)
2. 시험 합격자에게 **'합격축하 SMS(알림톡) 알림 서비스'**를 제공하고 있습니다.

▲ 가답안 확인

- 수험자 여러분의 합격을 기원합니다 -

2016년 산업안전보건법규 출제문제 분석표(NCS 기준)

법령명(대분류)	단원(중분류)	세부내용(소분류)	출제년월일
산업안전보건법	제1장 총칙	제5조 사업주 등의 의무	16.5.11
	제2장 안전보건관리체제 등	제25조 안전보건관리규정의 작성 등	16.5.11
	제3장 안전보건교육		
	제4장 유해 위험 방지 조치	제38조 안전조치	16.5.11
		제49조 안전보건개선계획의 수립·시행 명령	16.5.11
		제51조 사업주의 작업중지	16.5.11
	제5장 도급 시 산업재해 예방		
	제6장 유해 위험기계 등에 대한 조치		
	제7장 유해 위험물질에 대한 조치		
	제8장 근로자 보건관리	제125조 작업환경측정	16.5.11
	제9장 산업안전지도사 및 산업보건지도사	제142조 산업안전지도사 등의 직무	16.5.11
		제145조 지도사의 등록	16.5.11
	제10장 근로감독관 등		
	제11장 보칙		
	제12장 벌칙		
소계		32% 출제	8문제 출제

법령명(대분류)	단원(중분류)	세부내용(소분류)	출제년월일
산업안전보건법 시행령	제1장 총칙		
	제2장 안전보건관리체제 등	제18조 안전관리자의 업무 등	16.5.11
		제35조 산업안전보건위원회의 구성	16.5.11
	제3장 안전보건교육		
	제4장 유해 위험 방지 조치		
	제5장 도급 시 산업재해 예방		
	제6장 유해 위험기계 등에 대한 조치	[별표 20] 유해·위험 방지를 위한 방호조치가 필요한 기계·기구(제70조 관련)	16.5.11
		제74조 안전인증대상기계 등	16.5.11
		제78조 안전검사대상기계 등	16.5.11
	제7장 유해 위험물질에 대한 조치	제85조 유해성·위험성 조사 제외 화학물질	16.5.11
		제88조 허가 대상 유해물질	16.5.11
	제8장 근로자 보건관리		
	제9장 산업안전지도사 및 산업보건지도사		
	제10장 보칙		
	제11장 벌칙		
소계		28% 출제	7문제 출제

법령명(대분류)	단원(중분류)	세부내용(소분류)	출제년월일
산업안전보건법 시행규칙	제1장 총칙		
	제2장 안전보건관리체제 등		
	제3장 안전보건교육	[별표 4] 안전보건교육 교육과정별 교육시간(제26조 제1항 등 관련)	16.5.11
	제4장 유해 위험 방지 조치	[별표 7] 안전보건표지의 종류별 용도, 설치·부착 장소, 형태 및 색채(제38조 제1항, 제39조 제1항, 제40조 제1항 관련)	16.5.11
		제37조 위험성평가 실시내용 및 결과의 기록·보존	16.5.11
		제73조 산업재해 발생 보고 등	16.5.11
	제5장 도급 시 산업재해 예방	제80조 도급사업 시의 안전보건조치 등	16.5.11
		제82조 도급사업의 합동 안전·보건점검	16.5.11
	제6장 유해 위험기계 등에 대한 조치	제119조 신고의 면제	16.5.11
	제7장 유해 위험물질에 대한 조치		
	제8장 근로자 보건관리	제220조 질병자의 근로금지	16.5.11
	제9장 산업안전지도사 및 산업보건지도사		
	제10장 근로감독관 등		
	제11장 보칙	[별표 26] 행정처분기준(제240조 관련)	16.5.11
소계		36% 출제	9문제 출제

법령명(대분류)	단원(중분류)	세부내용(소분류)	출제년월일
산업안전보건기준에 관한 규칙	제1편 총칙	제23조 가설통로의 구조	16.511
	제2편 안전기준		
	제3편 보건기준		
소계		4% 출제	1문제 출제

1. 산업안전보건법령

01 산업안전보건법령상 사업주가 이행하여야 할 의무에 해당하는 것은?

① 사업장에 대한 재해 예방 지원 및 지도

② 근로자의 신체적 피로와 정신적 스트레스 등을 줄일 수 있는 쾌적한 작업환경조성 및 근로조건 개선

③ 유해하거나 위험한 기계·기구·설비 및 물질 등에 대한 안전·보건상의 조치기준 작성 및 지도·감독

④ 산업재해에 관한 조사 및 통계의 유지·관리

⑤ 안전·보건을 위한 기술의 연구·개발 및 시설의 설치·운영

답 ②

해설

제5조(사업주 등의 의무) ① 사업주(제77조에 따른 특수형태근로종사자로부터 노무를 제공받는 자와 제78조에 따른 물건의 수거·배달 등을 중개하는 자를 포함한다. 이하 이 조 및 제6조에서 같다)는 다음 각 호의 사항을 이행함으로써 근로자(제77조에 따른 특수형태근로종사자와 제78조에 따른 물건의 수거·배달 등을 하는 자를 포함한다. 이하 이 조 및 제6조에서 같다)의 안전 및 건강을 유지·증진시키고 국가의 산업재해 예방정책을 따라야 한다.

1. 이 법과 이 법에 따른 명령으로 정하는 산업재해 예방을 위한 기준
2. 근로자의 신체적 피로와 정신적 스트레스 등을 줄일 수 있는 쾌적한 작업환경의 조성 및 근로조건 개선
3. 해당 사업장의 안전 및 보건에 관한 정보를 근로자에게 제공

② 다음 각 호의 어느 하나에 해당하는 자는 발주·설계·제조·수입 또는 건설을 할 때 이 법과 이 법에 따른 명령으로 정하는 기준을 지켜야 하고, 발주·설계·제조·수입 또는 건설에 사용되는 물건으로 인하여 발생하는 산업재해를 방지하기 위하여 필요한 조치를 하여야 한다.

1. 기계·기구와 그 밖의 설비를 설계·제조 또는 수입하는 자
2. 원재료 등을 제조·수입하는 자
3. 건설물을 발주·설계·건설하는 자

정보제공

산업안전보건법

02 산업안전보건법령상 안전보건표지의 분류별 종류와 색채가 올바르게 연결된 것은?

① 지시표지(방독마스크 착용) - 바탕은 파란색, 관련 그림은 흰색

② 금지표지(물체이동금지) - 바탕은 흰색, 기본모형은 녹색, 관련 부호 및 그림은 흰색

③ 경고표지(폭발성물질 경고) - 바탕은 노란색, 기본모형, 관련 부호 및 그림은 흰색

④ 안내표지(비상용기구) - 바탕은 흰색, 기본모형은 빨간색, 관련 부호 및 그림은 검은색

⑤ 안내표지(응급구호표지) - 바탕은 무색, 기본모형은 검은색

답 ①

해설

안전보건표지의 종류별 색채

① 금지표지 : 바탕은 흰색, 기본모형은 빨간색, 관련 부호 및 그림은 검은색
② 경고표지 : 바탕은 노란색, 기본모형, 관련 부호 및 그림은 검은색 다만, 인화성물질 경고, 산화성물질 경고, 폭발성 물질 경고, 급성독성물질 경고, 부식성물질 경고 및 발암성·변이원성·생식독성·전신독성·호흡기 과민성 물질 경고의 경우 바탕은 무색, 기본모형은 빨간색(검은색도 가능)
③ 지시표지 : 바탕은 파란색, 관련 그림은 흰색
④ 안내표지 : 바탕은 흰색, 기본모형 및 관련 부호는 녹색(바탕은 녹색, 관련 부호 및 그림은 흰색)
⑤ 출입금지표지 : 글자는 흰색 바탕에 검은색 다음 글자는 빨간색
- ○○○제조/사용/보관중
- 석면취급/해체 중
- 발암물질 취급 중

정보제공

산업안전보건법 시행규칙 [별표 7] 안전보건표지의 종류별 용도, 설치·부착 장소, 형태 및 색채

03 산업안전보건법령상 산업재해 발생 보고에 관한 설명이다. ( )안에 들어갈 내용을 순서대로 올바르게 나열한 것은?

사업주는 산업재해로 사망자가 발생하거나 ( ) 이상의 휴업이 필요한 부상을 입거나 질병에 걸린 사람이 발생한 경우에는 산업안전보건법 제10조 제2항에 따라 해당 산업재해가 발생한 날부터 ( ) 이내에 별지 제30호서식의 산업재해조사표를 작성하여 관할 지방고용노동청장 또는 지청장에게 제출(전자문서에 의한 제출을 포함한다)하여야 한다.

① ㄱ : 1일, ㄴ : 1개월
② ㄱ : 2일, ㄴ : 14일
③ ㄱ : 3일, ㄴ : 1개월
④ ㄱ : 5일, ㄴ : 2개월
⑤ ㄱ : 5일, ㄴ : 3개월

답 ③

해설

산업안전보건법 시행규칙

제73조(산업재해 발생 보고 등) ① 사업주는 산업재해로 사망자가 발생하거나 3일 이상의 휴업이 필요한 부상을 입거나 질병에 걸린 사람이 발생한 경우에는 법 제57조제3항에 따라 해당 산업재해가 발생한 날부터 1개월 이내에 별지 제30호서식의 산업재해조사표를 작성하여 관할 지방고용노동관서의 장에게 제출(전자문서에 의한 제출을 포함한다)해야 한다.

② 제1항에도 불구하고 다음 각 호의 모두에 해당하지 않는 사업주가 법률 제11882호 산업안전보건법 일부개정법률 제10조제2항의 개정규정의 시행일인 2014년 7월 1일 이후 해당 사업장에서 처음 발생한 산업재해에 대하여 지방고용노동관서의 장으로부터 별지 제30호서식의 산업재해조사표를 작성하여 제출하도록 명령을 받은 경우 그 명령을 받은 날부터 15일 이내에 이를 이행한 때에는 제1항에 따른 보고를 한 것으로 본다. 제1항에 따른 보고기한이 지난 후에 자진하여 별지 제30호서식의 산업재해조사표를 작성·제출한 경우에도 또한 같다.

1. 안전관리자 또는 보건관리자를 두어야 하는 사업주
2. 법 제62조제1항에 따라 안전보건총괄책임자를 지정해야 하는 도급인
3. 법 제73조제1항에 따라 건설재해예방전문지도기관의 지도를 받아야 하는 사업주
4. 산업재해 발생사실을 은폐하려고 한 사업주

③ 사업주는 제1항에 따른 산업재해조사표에 근로자대표의 확인을 받아야 하며, 그 기재 내용에 대하여 근로자대표의 이견이 있는 경우에는 그 내용을 첨부하여야 한다. 다만, 근로자대표가 없는 경우에는 재해자 본인의 확인을 받아 산업재해조사표를 제출할 수 있다.

④ 제1항부터 제3항까지의 규정에서 정한 사항 외에 산업재해발생 보고에 필요한 사항은 고용노동부장관이 정한다.

⑤ 「산업재해보상보험법」 제41조에 따라 요양급여의 신청을 받은 근로복지공단은 지방고용노동관서의 장 또는 공단으로부터 요양신청서 사본, 요양업무 관련 전산입력자료, 그 밖에 산업재해예방업무 수행을 위하여 필요한 자료의 송부를 요청받은 경우에는 이에 협조해야 한다.

04 산업안전보건법령상 안전관리전문기관에 대한 지정의 취소 등에 관한 설명으로 옳지 않은 것은?

① 고용노동부장관은 안전관리전문기관이 지정요건을 충족하지 못한 경우 반드시 지정을 취소하여야 한다.

② 고용노동부장관은 안전관리전문기관이 거짓이나 그 밖의 부정한 방법으로 지정을 받은 경우 지정을 취소하여야 한다.

③ 고용노동부장관은 안전관리전문기관이 지정받은 사항을 위반하여 업무를 수행한 경우 6개월 이내의 기간을 정하여 그 업무의 정지를 명할 수 있다.

④ 안전관리전문기관은 고용노동부장관으로부터 지정이 취소된 경우에 그 지정이 취소된 날부터 2년 이내에는 안전관리전문기관으로 지정받을 수 없다.

⑤ 고용노동부장관이 안전관리전문기관에 대하여 업무의 정지를 명하여야 하는 경우에 그 업무정지가 이용자에게 심한 불편을 주거나 공익을 해할 우려가 있다고 인정하면 업무정지처분에 갈음하여 10억원 이하의 과징금을 부과할 수 있다.

답 ①

2016

해설

제160조(업무정지 처분을 대신하여 부과하는 과징금 처분) ① 고용노동부장관은 제21조제4항(제74조제4항, 제88조제5항, 제96조제5항, 제126조제5항 및 제135조제6항에 따라 준용되는 경우를 포함한다)에 따라 업무정지를 명하여야 하는 경우에 그 업무정지가 이용자에게 심한 불편을 주거나 공익을 해칠 우려가 있다고 인정되면 업무정지 처분을 대신하여 10억원 이하의 과징금을 부과할 수 있다.

② 고용노동부장관은 제1항에 따른 과징금을 징수하기 위하여 필요한 경우에는 다음 각 호의 사항을 적은 문서로 관할 세무관서의 장에게 과세 정보 제공을 요청할 수 있다.

1. 납세자의 인적사항
2. 사용 목적
3. 과징금 부과기준이 되는 매출 금액
4. 과징금 부과사유 및 부과기준

③ 고용노동부장관은 제1항에 따른 과징금 부과처분을 받은 자가 납부기한까지 과징금을 내지 아니하면 국세 체납처분의 예에 따라 이를 징수한다.

④ 제1항에 따라 과징금을 부과하는 위반행위의 종류 및 위반 정도 등에 따른 과징금의 금액, 그 밖에 필요한 사항은 대통령령으로 정한다.

보충학습

행정처분기준(제240조 관련)

일반기준

① 위반행위가 둘 이상인 경우에는 그 중 무거운 처분기준에 따르며, 그에 대한 처분기준이 같은 업무정지인 경우에는 무거운 처분기준에 나머지 각각의 처분기준의 2분의 1을 더하여 처분한다.

② 위반행위의 횟수에 따른 행정처분기준은 최근 2년간 같은 위반행위로 행정처분을 받은 경우에 적용한다. 이 경우 기간의 계산은 위반행위에 대하여 행정처분을 받은 날과 그 처분 후 다시 같은 위반행위를 하여 적발된 날을 기준으로 한다.

③ ②목에 따라 가중된 행정처분을 하는 경우 행정처분의 적용 차수는 그 위반행위 전 부과처분 차수(②목에 따른 기간 내에 행정처분이 둘 이상 있었던 경우에는 높은 차수를 말한다)의 다음 차수로 한다.

④ 업무정지(영업정지)기간이 지난 후에도 그 정지 사유가 소멸되지 않은 경우에는 그 기간을 연장할 수 있다.

⑤ 업무정지(영업정지)기간 중에 업무를 수행한 경우 또는 업무정지(영업정지)를 최근 2년간 3회 받은 자가 다시 업무정지(영업정지)의 사유에 해당하게 된 경우에는 지정 등을 취소한다.

⑥ 위반사항이 위반자의 업무수행지역에 국한되어 있고, 그 지역에 대해서만 처분하는 것이 적합하다고 인정되는 경우에는 그 지역에 대해서만 처분(지정 등의 일부 취소, 일부 업무정지)할 수 있다.

⑦ 위반의 정도가 경미하고 단기간에 위반을 시정할 수 있다고 인정되는 경우에는 1차 위반의 경우에 한정하여 개별기준의 업무정지를 갈음하여 시정조치를 명할 수 있다.

⑧ 개별기준에 열거되어 있지 않은 위반사항에 대해서는 개별기준에 열거된 유사한 위법사항의 처분기준에 준하여 처분해야 한다.

⑨ 안전관리전문기관 또는 보건관리전문기관에 대한 업무정지를 명할 때 위반의 내용이 경미하고 일부 대행사업장에 한정된 경우에는 1차 위반 처분 시에 한정하여 그 일부 사업장만 처분할 수 있다.

⑩ 건설재해예방 전문지도기관에 대한 업무정지는 신규지도계약 체결의 정지에 한정하여 처분할 수 있다.

정보제공

① 산업안전보건법 시행령 제28조
② 산업안전보건법 제160조
③ 산업안전보건법 시행규칙 [별표 26] 행정처분기준

05 산업안전보건법령상 산업안전보건위원회에 관한 설명으로 옳지 않은 것은?

① 사업주는 사업장의 안전 및 보건에 관한 중요 사항을 심의·의결하기 위하여 근로자위원과 사용자위원이 같은 수로 구성되는 산업안전보건위원회를 구성·운영하여야 한다.

② 사업주는 유해하거나 위험한 기계·기구와 그 밖의 설비를 도입한 경우 안전·보건조치에 관한 사항에 대하여는 산업안전보건위원회의 심의·의결을 거쳐야 한다.

③ 산업안전보건위원회의 위원장은 위원 중에서 호선(互選)한다. 이 경우 근로자위원과 사용자위원 중 각 1명을 공동위원장으로 선출할 수 있다.

④ 사업주는 안전보건관리규정을 작성하거나 변경할 때에는 산업안전보건위원회의 심의·의결을 거쳐야 한다. 다만, 산업안전보건위원회가 설치되어 있지 아니한 사업장의 경우에는 근로자대표의 동의를 받아야 한다.

⑤ 산업안전보건위원회는 산업안전·보건에 관한 중요사항에 대하여 심의 의결을 하지만 해당 사업장 근로자의 안전과 보건을 유지·증진시키기 위하여 필요한 사항을 정할 수 없다.

답 ⑤

해설

제35조(산업안전보건위원회의 구성) ① 산업안전보건위원회의 근로자위원은 다음 각 호의 사람으로 구성한다.
1. 근로자대표
2. 명예산업안전감독관이 위촉되어 있는 사업장의 경우 근로자대표가 지명하는 1명 이상의 명예산업안전감독관
3. 근로자대표가 지명하는 9명(근로자인 제2호의 위원이 있는 경우에는 9명에서 그 위원의 수를 제외한 수를 말한다) 이내의 해당 사업장의 근로자

② 산업안전보건위원회의 사용자위원은 다음 각 호의 사람으로 구성한다. 다만, 상시 근로자 50명 이상 100명 미만을 사용하는 사업장에서는 제5호에 해당하는 사람을 제외하고 구성할 수 있다.
1. 해당 사업의 대표자(같은 사업으로서 다른 지역에 사업장이 있는 경우에는 그 사업장의 안전보건관리책임자를 말한다. 이하 같다)
2. 안전관리자(제16조제1항에 따라 안전관리자를 두어야 하는 사업장으로 한정하되, 안전관리자의 업무를 안전관리전문기관에 위탁한 사업장의 경우에는 그 안전관리전문기관의 해당 사업장 담당자를 말한다) 1명
3. 보건관리자(제20조제1항에 따라 보건관리자를 두어야 하는 사업장으로 한정하되, 보건관리자의 업무를 보건관리전문기관에 위탁한 경우에는 그 보건관리전문기관의 해당 사업장 담당자를 말한다) 1명
4. 산업보건의(해당 사업장에 선임되어 있는 경우로 한정한다)
5. 해당 사업의 대표자가 지명하는 9명 이내의 해당 사업장 부서의 장

③ 제1항 및 제2항에도 불구하고 법 제69조제1항에 따른 건설공사도급인(이하 "건설공사도급인"이라 한다)이 법 제64조제1항제1호에 따른 안전 및 보건에 관한 협의체를 구성한 경우에는 산업안전보건위원회의 위원을 다음 각 호의 사람을 포함하여 구성할 수 있다.
1. 근로자위원 : 도급 또는 하도급 사업을 포함한 전체 사업의 근로자대표, 명예산업안전감독관 및 근로자대표가 지명하는 해당 사업장의 근로자
2. 사용자위원 : 도급인 대표자, 관계수급인의 각 대표자 및 안전관리자

제36조(산업안전보건위원회의 위원장) 산업안전보건위원회의 위원장은 위원 중에서 호선(互選)한다. 이 경우 근로자위원과 사용자위원 중 각 1명을 공동위원장으로 선출할 수 있다.

정답확인

① 산업안전보건법 시행령
② 산업안전보건법 제24조(산업안전보건위원회)

06 **산업안전보건법령상 안전보건관리규정 작성 시 포함되어야 할 사항이 아닌 것은?**

① 사고 조사 및 대책 수립에 관한 사항

② 안전 및 보건 관리조직과 그 직무에 관한 사항

③ 작업장 안전관리에 관한 사항

④ 작업장 건설과 민원대책에 관한 사항

⑤ 작업장 보건관리에 관한 사항

답 ④

해설

산업안전보건법

제25조(안전보건관리규정의 작성 등) ① 사업주는 사업장의 안전 및 보건을 유지하기 위하여 다음 각 호의 사항이 포함된 안전보건관리규정을 작성하여야 한다.

1. 안전 및 보건에 관한 관리조직과 그 직무에 관한 사항
2. 안전보건교육에 관한 사항
3. 작업장 안전 및 보건관리에 관한 사항
4. 사고 조사 및 대책 수립에 관한 사항
5. 그 밖에 안전 및 보건에 관한 사항

② 제1항의 안전보건관리규정은 단체협약 및 취업규칙에 반할 수 없다. 이 경우 안전보건관리규정 중 단체협약 또는 취업규칙에 반하는 부분에 관하여는 그 단체협약 또는 취업규칙으로 정한 기준에 따른다.

③ 안전보건관리규정을 작성하여야 할 사업의 종류, 사업장의 상시근로자수 및 안전보건관리규정에 포함되어야 할 세부적인 내용, 그 밖에 필요한 사항은 고용노동부령으로 정한다.

07 산업안전보건법령상 작업중지 등에 관한 설명으로 옳지 않은 것은?

① 사업주는 산업재해가 발생할 급박한 위험이 있을 때 또는 중대재해가 발생하였을 때에는 즉시 작업을 중지시키고 근로자를 작업장소로부터 대피시키는 등 필요한 안전·보건상의 조치를 한 후 작업을 다시 시작하여야 한다.

② 근로자는 산업재해가 발생할 급박한 위험으로 인하여 작업을 중지하고 대피하였을 때에는 사태가 안정된 후에 그 사실을 위 상급자에게 보고하는 등 적절한 조치를 취하여야 한다.

③ 사업주는 산업재해가 발생할 급박한 위험이 있다고 믿을 만한 합리적인 근거가 있을 때에는 산업안전보건법의 규정에 따라 작업을 중지하고 대피한 근로자에 대하여 이를 이유로 해고나 그 밖의 불리한 처우를 하여서는 아니 된다.

④ 고용노동부장관은 중대재해가 발생하였을 때에는 그 원인 규명 또는 예방대책수립을 위하여 중대재해 발생원인을 조사하고, 근로감독관과 관계 전문가로 하여금 고용노동부령으로 정하는 바에 따라 안전·보건진단이나 그 밖에 필요한 조치를 하도록 할 수 있다.

⑤ 누구든지 중대재해 발생현장을 훼손하여 중대재해 발생의 원인조사를 방해하여서는 아니 된다.

답 ②

해설

산업안전보건법

제51조(사업주의 작업중지) 사업주는 산업재해가 발생할 급박한 위험이 있을 때에는 즉시 작업을 중지시키고 근로자를 작업장소에서 대피시키는 등 안전 및 보건에 관하여 필요한 조치를 하여야 한다.

제52조(근로자의 작업중지) ① 근로자는 산업재해가 발생할 급박한 위험이 있는 경우에는 작업을 중지하고 대피할 수 있다.
② 제1항에 따라 작업을 중지하고 대피한 근로자는 지체 없이 그 사실을 관리감독자 또는 그 밖에 부서의 장(이하 "관리감독자 등"이라 한다)에게 보고하여야 한다.
③ 관리감독자 등은 제2항에 따른 보고를 받으면 안전 및 보건에 관하여 필요한 조치를 하여야 한다.
④ 사업주는 산업재해가 발생할 급박한 위험이 있다고 근로자가 믿을 만한 합리적인 이유가 있을 때에는 제1항에 따라 작업을 중지하고 대피한 근로자에 대하여 해고나 그 밖의 불리한 처우를 해서는 아니 된다.

08 산업안전보건법령상 사업주가 작업 중 위험을 방지하기 위하여 필요한 안전조치를 취해야 할 장소가 아닌 것은?

① 근로자가 추락할 위험이 있는 장소

② 토사·구축물 등이 붕괴할 우려가 있는 장소

③ 방사선·유해광선·고온·저온·초음파·소음·진동·이상기압 등에 의한 건강장해의 우려가 있는 장소

④ 물체가 떨어지거나 날아올 위험이 있는 장소

⑤ 작업 시 천재지변으로 인한 위험이 발생할 우려가 있는 장소

답 ③

해설

산업안전보건법

제38조(안전조치) ① 사업주는 다음 각 호의 어느 하나에 해당하는 위험으로 인한 산업재해를 예방하기 위하여 필요한 조치를 하여야 한다.

1. 기계·기구, 그 밖의 설비에 의한 위험
2. 폭발성, 발화성 및 인화성 물질 등에 의한 위험
3. 전기, 열, 그 밖의 에너지에 의한 위험

② 사업주는 굴착, 채석, 하역, 벌목, 운송, 조작, 운반, 해체, 중량물 취급, 그 밖의 작업을 할 때 불량한 작업방법 등에 의한 위험으로 인한 산업재해를 예방하기 위하여 필요한 조치를 하여야 한다.

③ 사업주는 근로자가 다음 각 호의 어느 하나에 해당하는 장소에서 작업을 할 때 발생할 수 있는 산업재해를 예방하기 위하여 필요한 조치를 하여야 한다.

1. 근로자가 추락할 위험이 있는 장소
2. 토사·구축물 등이 붕괴할 우려가 있는 장소
3. 물체가 떨어지거나 날아올 위험이 있는 장소
4. 천재지변으로 인한 위험이 발생할 우려가 있는 장소

④ 사업주가 제1항부터 제3항까지의 규정에 따라 하여야 하는 조치(이하 "안전조치"라 한다)에 관한 구체적인 사항은 고용노동부령으로 정한다.

09 **산업안전보건법령상 도급사업 시의 안전·보건조치 등을 위하여 2일에 1회 이상 순회점검하여야 하는 사업의 작업장에 해당하지 않는 것은?**

① 건설업의 작업장

② 정보서비스업의 작업장

③ 제조업의 작업장

④ 토사석 광업의 작업장

⑤ 음악 및 기타 오디오물 출판업의 작업장

답 ②

해설

산업안전보건법 시행규칙

제80조(도급사업 시의 안전 · 보건조치 등) ① 도급인은 법 제64조제1항제2호에 따라 작업장 순회점검을 다음 각 호의 구분에 따라 실시해야 한다.

1. 다음 각 목의 사업 : 2일에 1회 이상
   가. 건설업
   나. 제조업
   다. 토사석 광업
   라. 서적, 잡지 및 기타 인쇄물 출판업
   마. 음악 및 기타 오디오물 출판업
   바. 금속 및 비금속 원료 재생업
2. 제1호 각 목의 사업을 제외한 사업 : 1주일에 1회 이상

② 관계수급인은 제1항에 따라 도급인이 실시하는 순회점검을 거부·방해 또는 기피하여서는 안 되며 점검 결과 도급인의 시정요구가 있으면 이에 따라야 한다.

③ 도급인은 법 제64조제1항제3호에 따라 관계수급인이 실시하는 근로자의 안전·보건교육에 필요한 장소 및 자료의 제공 등을 요청받은 경우 협조하여야 한다.

합격키

① 2014년 4월 12일(문제 2번) 출제

② 2015년 4월 20일(문제 9번) 출제

10 산업안전보건법령상 고용노동부장관이 실시하는 안전보건에 관한 직무교육을 받아야 할 대상자를 모두 고른 것은?

ㄱ. 안전보건관리책임자(관리책임자)
ㄴ. 관리감독자
ㄷ. 안전관리자
ㄹ. 보건관리자
ㅁ. 건설재해예방 전문지도기관의 종사자

① ㄱ, ㄴ
② ㄴ, ㄷ
③ ㄱ, ㄴ, ㄷ
④ ㄴ, ㄹ, ㅁ
⑤ ㄱ, ㄷ, ㄹ, ㅁ

답 ⑤

해설

산업안전보건법 시행규칙 [별표 4]

안전보건관리책임자 등에 대한 교육

교육대상	교육시간	
	신규교육	보수교육
가. 안전보건관리책임자	6시간 이상	6시간 이상
나. 안전관리자, 안전관리전문기관의 종사자	34시간 이상	24시간 이상
다. 보건관리자, 보건관리전문기관의 종사자	34시간 이상	24시간 이상
라. 건설재해예방 전문지도기관의 종사자	34시간 이상	24시간 이상
마. 석면조사기관의 종사자	34시간 이상	24시간 이상
바. 안전보건관리담당자	-	8시간 이상
사. 안전검사기관, 자율안전검사기관의 종사자	34시간 이상	24시간 이상

11 **산업안전보건기준에 관한 규칙 상 가설통로를 설치하는 경우 준수하여야 하는 사항에 관한 설명으로 옳지 않은 것은?**

① 경사는 30도 이하로 할 것. 다만, 계단을 설치하거나 높이 2미터 미만의 가설통로로서 튼튼한 손잡이를 설치한 경우에는 그러하지 아니하다.

② 경사가 15도를 초과하는 경우에는 미끄러운 구조로 할 것

③ 추락할 위험이 있는 장소에는 안전난간을 설치할 것. 다만, 작업상 부득이한 경우에는 필요한 부분만 임시로 해체할 수 있다.

④ 수직갱에 가설된 통로의 길이가 15미터 이상인 경우에는 10미터 이내마다 계단참을 설치할 것

⑤ 건설공사에 사용하는 높이 8미터 이상인 비계다리에는 7미터 이내마다 계단참을 설치할 것

답 ②

해설

산업안전보건기준에 관한 규칙

제23조(가설통로의 구조) 사업주는 가설통로를 설치하는 경우 다음 각 호의 사항을 준수하여야 한다.

1. 견고한 구조로 할 것
2. 경사는 30도 이하로 할 것. 다만, 계단을 설치하거나 높이 2미터 미만의 가설통로로서 튼튼한 손잡이를 설치한 경우에는 그러하지 아니하다.
3. 경사가 15도를 초과하는 경우에는 미끄러지지 아니하는 구조로 할 것
4. 추락할 위험이 있는 장소에는 안전난간을 설치할 것. 다만, 작업상 부득이한 경우에는 필요한 부분만 임시로 해체할 수 있다.
5. 수직갱에 가설된 통로의 길이가 15미터 이상인 경우에는 10미터 이내마다 계단참을 설치할 것
6. 건설공사에 사용하는 높이 8미터 이상인 비계다리에는 7미터 이내마다 계단참을 설치할 것

12 산업안전보건법령상 안전관리자가 수행하여야 할 업무가 아닌 것은?

① 사업장 순회점검·지도 및 조치의 건의

② 산업재해 발생의 원인 조사·분석 및 재발 방지를 위한 기술적 보좌 및 지도·조언

③ 작업장 내에서 사용되는 전체 환기장치 및 국소 배기장치 등에 관한 설비의 점검과 작업방법의 공학적 개선에 관한 보좌 및 지도·조언

④ 산업재해에 관한 통계의 유지·관리·분석을 위한 보좌 및 지도·조언

⑤ 업무수행 내용의 기록·유지

답 ③

해설

산업안전보건법 시행령

제18조(안전관리자의 업무 등) ① 안전관리자의 업무는 다음 각 호와 같다.

1. 법 제24조제1항에 따른 산업안전보건위원회(이하 "산업안전보건위원회"라 한다) 또는 법 제75조제1항에 따른 안전 및 보건에 관한 노사협의체(이하 "노사협의체"라 한다)에서 심의·의결한 업무와 해당 사업장의 법 제25조제1항에 따른 안전보건관리규정(이하 "안전보건관리규정"이라 한다) 및 취업규칙에서 정한 업무
2. 법 제36조에 따른 위험성평가에 관한 보좌 및 지도·조언
3. 법 제84조제1항에 따른 안전인증대상 기계 등(이하 "안전인증대상 기계 등"이라 한다)과 법 제89조제1항 각 호 외의 부분 본문에 따른 자율안전확인대상 기계 등(이하 "자율안전확인대상기 계 등"이라 한다) 구입 시 적격품의 선정에 관한 보좌 및 지도·조언
4. 해당 사업장 안전교육계획의 수립 및 안전교육 실시에 관한 보좌 및 지도·조언
5. 사업장 순회점검·지도 및 조치의 건의
6. 산업재해 발생의 원인 조사·분석 및 재발 방지를 위한 기술적 보좌 및 지도·조언
7. 산업재해에 관한 통계의 유지·관리·분석을 위한 보좌 및 지도·조언
8. 법 또는 법에 따른 명령으로 정한 안전에 관한 사항의 이행에 관한 보좌 및 지도·조언
9. 업무수행 내용의 기록·유지
10. 그 밖에 안전에 관한 사항으로서 고용노동부장관이 정하는 사항

② 사업주가 안전관리자를 배치할 때에는 연장근로·야간근로 또는 휴일근로 등 해당 사업장의 작업 형태를 고려하여야 한다.

③ 사업주는 안전관리 업무의 원활한 수행을 위하여 외부전문가의 평가·지도를 받을 수 있다.

④ 안전관리자는 제1항 각 호에 따른 업무를 수행할 때에는 보건관리자와 협력하여야 한다.

⑤ 안전관리자에 대한 지원에 관하여는 제14조제2항을 준용한다. 이 경우 "안전보건관리책임자"는 "안전관리자"로 "법 제15조제1항"은 "제1항"으로본다.

13 산업안전보건법령상 도급사업 시의 안전보건조치 등에 관한 설명으로 옳은 것은?

① 도급사업과 관련하여 산업재해를 예방하기 위하여 안전·보건에 관한 협의체를 구성하는 경우 도급인 및 관계수급인인 사업주의 일부만으로 구성할 수 있다.

② 관계수급인은 도급인이 실시하는 근로자의 해당 안전·보건·위생교육에 필요한 장소 및 자료의 제공 등 필요한 조치를 하여야 한다.

③ 안전·보건상 유해하거나 위험한 작업을 도급하는 경우 도급인은 관계수급인에게 자료제출을 요구하여야 한다.

④ 도급인이 합동 안전·보건점검을 할 때에는 도급인, 관계수급인, 도급인 및 관계수급인의 근로자 각 1명으로 점검반을 구성하여야 한다.

⑤ 안전·보건상 유해하거나 위험한 작업 중 사업장 내에서 공정의 일부분을 도급하는 도급작업은 시·도지사의 승인을 받지 아니하면 그 작업만을 분리하여 도급을 줄 수 없다.

답 ④

해설

산업안전보건법 시행규칙

제82조(도급사업의 합동 안전·보건점검) ① 법 제64조제2항에 따라 도급인이 작업장의 안전 및 보건에 관한 점검을 할 때에는 다음 각 호의 사람으로 점검반을 구성하여야 한다.

1. 도급인(같은 사업 내에 지역을 달리하는 사업장이 있는 경우에는 그 사업장의 안전보건관리책임자)
2. 관계수급인(같은 사업 내에 지역을 달리하는 사업장이 있는 경우에는 그 사업장의 안전보건관리책임자)
3. 도급인 및 관계수급인의 근로자 각 1명(관계수급인의 근로자의 경우에는 해당 공정에만 해당한다)

② 법 제64조제4항에 따른 정기 안전·보건점검의 실시 횟수는 다음 각 호의 구분과 같다.

1. 다음 각 목의 사업의 경우 : 2개월에 1회 이상
   가. 건설업
   나. 선박 및 보트 건조업
2. 제1호의 사업을 제외한 사업 : 분기에 1회 이상

14 산업안전보건법령상 유해·위험 방지를 위하여 방호조치가 필요한 기계 등에 해당하지 않는 것은?

① 예초기

② 원심기

③ 전단기(剪斷機) 및 절곡기(折曲機)

④ 지게차

⑤ 금속절단기

답 ③

해설

산업안전보건법 시행령 [별표 20]

유해·위험 방지를 위하여 방호조치가 필요한 기계 등(제70조 관련)

1. 예초기
2. 원심기
3. 공기압축기
4. 금속절단기
5. 지게차
6. 포장기계(진공포장기, 래핑기로 한정한다)

보충학습

기계의 방호조치

제98조(방호조치) ① 법 제80조제1항에 따라 영 제70조 및 영 별표 20의 기계에 설치해야 할 방호장치는 다음 각 호와 같다.

1. 영 별표 20 제1호에 따른 예초기 : 날접촉 예방장치
2. 영 별표 20 제2호에 따른 원심기 : 회전체 접촉 예방장치
3. 영 별표 20 제3호에 따른 공기압축기 : 압력방출장치
4. 영 별표 20 제4호에 따른 금속절단기 : 날접촉 예방장치
5. 영 별표 20 제5호에 따른 지게차 : 헤드 가드, 백레스트(backrest), 전조등, 후미등, 안전벨트
6. 영 별표 20 제6호에 따른 포장기계 : 구동부 방호 연동장치

② 법 제80조제2항에서 "고용노동부령으로 정하는 방호조치"란 다음 각 호의 방호조치를 말한다.

1. 작동 부분의 돌기부분은 묻힘형으로 하거나 덮개를 부착할 것
2. 동력전달부분 및 속도조절부분에는 덮개를 부착하거나 방호망을 설치할 것
3. 회전기계의 물림점(롤러나 톱니바퀴 등 반대방향의 두 회전체에 물려 들어가는 위험점)에는 덮개 또는 울을 설치할 것

③ 제1항 및 제2항에 따른 방호조치에 필요한 사항은 고용노동부장관이 정하여 고시한다.

정보제공

산업안전보건법 시행규칙

15 산업안전보건법령상 기계 등을 설치·이전하는 경우에 안전인증을 받아야 하는 기계 등을 모두 고른 것은?

ㄱ. 크레인
ㄴ. 고소(高所)작업대
ㄷ. 리프트
ㄹ. 곤돌라
ㅁ. 기계톱

① ㄱ, ㄴ, ㄷ
② ㄱ, ㄷ, ㄹ
③ ㄴ, ㄷ, ㅁ
④ ㄴ, ㄹ, ㅁ
⑤ ㄷ, ㄹ, ㅁ

답 ②

해설

(1) 산업안전보건법 시행령

제74조(안전인증대상 기계 등) ① 법 제84조제1항에서 " 대통령령으로 정하는 것"이란 다음 각 호와 같다.

1. 다음 각 목에 해당하는 기계 또는 설비
   가. 프레스
   나. 전단기(剪斷機) 및 절곡기(折曲機)
   다. 크레인
   라. 리프트
   마. 압력용기
   바. 롤러기
   사. 사출성형기(射出成形機)
   아. 고소(高所) 작업대
   자. 곤돌라

(2) 산업안전보건법 시행규칙

제107조(안전인증대상 기계 등) ① 법 제84조제1항에서 "고용노동부령으로 정하는 안전인증대상 기계 등"이란 다음 각 호의 기계 및 설비를 말한다.

1. 설치·이전하는 경우 안전인증을 받아야 하는 기계
   가. 크레인
   나. 리프트
   다. 곤돌라
2. 주요 구조 부분을 변경하는 경우 안전인증을 받아야 하는 기계 및 설비
   가. 프레스
   나. 전단기 및 절곡기(折曲機)
   다. 크레인
   라. 리프트
   마. 압력용기
   바. 롤러기
   사. 사출성형기(射出成形機)
   아. 고소(高所)작업대
   자. 곤돌라

정보제공

산업안전보건법 시행규칙

16 산업안전보건법령상 자율안전확인의 신고를 면제하는 경우에 해당하지 않는 것은?

① 「품질경영 및 공산품안전관리법」 제14조에 따른 안전인증을 받은 경우

② 「산업표준화법」 제15조에 따른 인증을 받은 경우

③ 「전기용품 및 생활용품 안전관리법」 제3조 및 제5조에 따른 안전인증 및 안전검사를 받은 경우

④ 「농업기계화촉진법」 제9조에 따른 검정을 받은 경우

⑤ 「방위사업법」 제28조 제1항에 따른 품질보증을 받은 경우

답 ①, ⑤

해설

산업안전보건법 시행규칙

제119조(신고의 면제) 법 제89조제1항제3호에서 "고용노동부령으로 정하는 경우"란 다음 각 호의 어느 하나에 해당하는 경우를 말한다.

1. 「농업기계화촉진법」 제9조에 따른 검정을 받은 경우
2. 「산업표준화법」 제15조에 따른 인증을 받은 경우
3. 「전기용품 및 생활용품 안전관리법」 제5조 및 제8조에 따른 안전인증 및 안전검사를 받은 경우
4. 국제전기기술위원회의 국제방폭전기기계·기구 상호인정제도에 따라 인증을 받은 경우

17 산업안전보건법령상 안전검사 대상이 아닌 것은?

① 전단기

② 압력용기

③ 롤러기(밀폐형 구조)

④ 프레스

⑤ 리프트

답 ③

해설

산업안전보건법 시행령

제78조(안전검사대상 기계 등) ① 법 제93조제1항 전단에서 "대통령령으로 정하는 것"이란 다음 각 호의 어느 하나에 해당하는 것을 말한다.

1. 프레스
2. 전단기
3. 크레인(정격 하중이 2톤 미만인 것은 제외한다)
4. 리프트
5. 압력용기
6. 곤돌라
7. 국소 배기장치(이동식은 제외한다)
8. 원심기(산업용만 해당한다)
9. 롤러기(밀폐형 구조는 제외한다)
10. 사출성형기[형 체결력(型 締結力) 294킬로뉴턴(KN) 미만은 제외한다]
11. 고소작업대[「자동차관리법」 제3조제3호 또는 제4호에 따른 화물자동차 또는 특수자동차에 탑재한 고소작업대(高所作業臺)로 한정한다]
12. 컨베이어
13. 산업용 로봇

② 법 제93조제1항에 따라 안전검사대상 기계 등의 세부적인 종류, 규격 및 형식은 고용노동부장관이 정하여 고시한다.

18 산업안전보건법령상 제조 또는 사용허가를 받아야 하는 유해물질에 해당하는 것은?

① 황린(黃燐) 성냥

② 벤조트리클로라이드

③ 백석면

④ 폴리클로리네이티드터페닐(PCT)

⑤ 4-니트로디페닐과 그 염

답 ②

해설

산업안전보건법 시행령

제88조(허가 대상 유해물질) 법 제118조제1항 전단에서 "대체물질이 개발되지 아니한 물질 등 대통령령으로 정하는 물질"이란 다음 각 호의 물질을 말한다.

1. α-나프틸아민[134-32-7] 및 그 염(α-naphthylamine and its salts)
2. 디아니시딘[119-90-4] 및 그 염(Dianisidine and its salts)
3. 디클로로벤지딘[91-94-1] 및 그 염 (Dichlorobenzidine and its salts)
4. 베릴륨(Beryllium ; 7440-41-7)
5. 벤조트리클로라이드(Benzotrichloride ; 98-07-7)
6. 비소[7440-38-2] 및 그 무기화합물(Arsenic and its inorganic compounds)
7. 염화비닐(Vinyl chloride ; 75-01-4)
8. 콜타르피치[65996-93-2] 휘발물(Coal tar pitch volatiles)
9. 크롬광 가공(열을 가하여 소성 처리하는 경우만 해당한다)(Chromite ore processing)
10. 크롬산 아연(Zinc chromates ; 13530-65-9 등)
11. o-톨리딘[119-93-7] 및 그 염(o-Tolidine and its salts)
12. 황화니켈류(Nickel sulfides ; 12035-72-2, 16812-54-7)
13. 제1호부터 제4호까지 또는 제6호부터 제12호까지의 어느 하나에 해당하는 물질을 함유한 혼합물(함유된 중량의 비율이 1퍼센트 이하인 것은 제외한다)
14. 제5호의 물질을 함유한 혼합물(함유된 중량의 비율이 0.5퍼센트 이하인 것은 제외한다)
15. 그 밖에 보건상 해로운 물질로서 산업재해보상보험 및 예방심의위원회의 심의를 거쳐 고용노동부장관이 정하는 유해물질

19 산업안전보건법령상 신규화학물질의 유해성·위험성 조사 대상에서 제외되는 것은?

① 방사성 물질

② 노말헥산

③ 포름알데히드

④ 카드뮴 및 그 화합물

⑤ 트리클로로에틸렌

답 ①

해설

산업안전보건법 시행령

제85조(유해성·위험성 조사 제외 화학물질) 법 제108조제1항 각 호 외의 부분 본문에서 "대통령령으로 정하는 화학물질"이란 다음 각 호의 어느 하나에 해당하는 화학물질을 말한다.

1. 원소
2. 천연으로 산출된 화학물질
3. 「건강기능식품에 관한 법률」 제3조제1호에 따른 건강기능식품
4. 「군수품관리법」 제2조 및 「방위사업법」 제3조제2호에 따른 군수품[「군수품관리법」 제3조에 따른 통상품(痛常品)은 제외한다]
5. 「농약관리법」 제2조제1호 및 제3호에 따른 농약 및 원제
6. 「마약류 관리에 관한 법률」 제2조제1호에 따른 마약류
7. 「비료관리법」 제2조제1호에 따른 비료
8. 「사료관리법」 제2조제1호에 따른 사료
9. 「생활화학제품 및 살생물제의 안전관리에 관한 법률」 제3조제7호 및 제8호에 따른 살생물물질 및 살생물제품
10. 「식품위생법」 제2조제1호 및 제2호에 따른 식품 및 식품첨가물
11. 「약사법」 제2조제4호 및 제7호에 따른 의약품 및 의약외품(醫藥外品)
12. 「원자력안전법」 제2조제5호에 따른 방사성물질
13. 「위생용품 관리법」 제2조제1호에 따른 위생용품
14. 「의료기기법」 제2조제1항에 따른 의료기기
15. 「총포·도검·화약류 등의 안전관리에 관한 법률」 제2조제3항에 따른 화약류
16. 「화장품법」 제2조제1호에 따른 화장품과 화장품에 사용하는 원료
17. 법 제108조제3항에 따라 고용노동부장관이 명칭, 유해성·위험성, 근로자의 건강장해 예방을 위한 조치 사항 및 연간 제조량·수입량을 공표한 물질로서 공표된 연간 제조량·수입량 이하로 제조하거나 수입한 물질
18. 고용노동부장관이 환경부장관과 협의하여 고시하는 화학물질 목록에 기록되어 있는 물질

20 산업안전보건법령상 근로자의 보건관리에 관한 설명으로 옳지 않은 것은?

① 사업주는 작업환경측정의 결과를 해당 작업장 근로자에게 알려야 하며, 그 결과에 따라 근로자의 건강을 보호하기 위하여 해당 시설·설비의 설치·개선 또는 건강진단의 실시 등 적절한 조치를 하여야 한다.

② 고용노동부장관은 근로자의 건강을 보호하기 위하여 필요하다고 인정할 때에는 사업주에게 특정근로자에 대한 임시건강진단의 실시나 그 밖에 필요한 조치를 명할 수 있다.

③ 고용노동부장관이 역학조사(疫學調査)를 실시하는 경우 사업주 및 근로자는 적극 협조하여야 하며, 정당한 사유없이 이를 거부·방해하거나 기피하여서는 아니 된다.

④ 사업주는 잠함(潛艦) 또는 잠수작업 등 높은 기압에서 하는 위험한 작업에 종사하는 근로자에게는 1일 6시간, 1주 34시간을 초과하여 근로하게 하여서는 아니 된다.

⑤ 사업주는 산업안전보건위원회 또는 근로자대표가 요구하면 작업환경측정 결과에 대한 설명회를 직접 개최하여야 하며, 작업환경측정을 한 기관으로 하여금 개최하도록 하여서는 아니 된다.

답 ⑤

해설

산업안전보건법

제125조(작업환경측정) ① 사업주는 유해인자로부터 근로자의 건강을 보호하고 쾌적한 작업환경을 조성하기 위하여 인체에 해로운 작업을 하는 작업장으로서 고용노동부령으로 정하는 작업장에 대하여 고용노동부령으로 정하는 자격을 가진 자로 하여금 작업환경측정을 하도록 하여야 한다.

② 제1항에도 불구하고 도급인의 사업장에서 관계수급인 또는 관계수급인의 근로자가 작업을 하는 경우에는 도급인이 제1항에 따른 자격을 가진 자로 하여금 작업환경측정을 하도록 하여야 한다.

③ 사업주(제2항에 따른 도급인을 포함한다. 이하 이 조 및 제127조에서 같다)는 제1항에 따른 작업환경측정을 제126조에 따라 지정받은 기관(이하 "작업환경측정기관"이라 한다)에 위탁할 수 있다. 이 경우 필요한 때에는 작업환경측정 중 시료의 분석만을 위탁할 수 있다.

④ 사업주는 근로자대표(관계수급인의 근로자대표를 포함한다. 이하 이 조에서 같다)가 요구하면 작업환경측정 시 근로자대표를 참석시켜야 한다.

⑤ 사업주는 작업환경측정 결과를 기록하여 보존하고 고용노동부령으로 정하는 바에 따라 고용노동부장관에게 보고하여야 한다. 다만, 제3항에 따라 사업주로부터 작업환경측정을 위탁받은 작업환경측정 기관이 작업환경측정을 한 후 그 결과를 고용노동부령으로 정하는 바에 따라 고용노동부장관에게 제출한 경우에는 작업환경측정 결과를 보고한 것으로 본다.

⑥ 사업주는 작업환경측정 결과를 해당 작업장의 근로자(관계수급인 및 관계수급인 근로자를 포함한다. 이하 이 항, 제127조 및 제175조제5항제15호에서 같다)에게 알려야 하며, 그 결과에 따라 근로자의 건강을 보호하기 위하여 해당 시설·설비의 설치·개선 또는 건강진단의 실시 등의 조치를 하여야 한다.

⑦ 사업주는 산업안전보건위원회 또는 근로자대표가 요구하면 작업환경측정 결과에 대한 설명회 등을 개최하여야 한다. 이 경우 제3항에 따라 작업환경측정을 위탁하여 실시한 경우에는 작업환경측정기관에 작업환경측정 결과에 대하여 설명하도록 할 수 있다.

⑧ 제1항 및 제2항에 따른 작업환경측정의 방법·횟수, 그 밖에 필요한 사항은 고용노동부령으로 정한다.

21 **산업안전보건법령상 사업주가 근로를 금지시켜야 하는 질병자에 해당하지 않는 것은?**

① 조현병에 걸린 사람

② 마비성 치매에 걸린 사람

③ 심장·신장·폐 등의 질환이 있는 사람으로서 근로에 의하여 병세가 악화될 우려가 있는 사람

④ 결핵, 급성상기도감염, 진폐, 폐기종의 질병에 걸린 사람

⑤ 전염을 예방하기 위한 조치를 하지 않은 상태에서 전염될 우려가 있는 질병에 걸린 사람

답 ④

해설

산업안전보건법 시행규칙

제220조(질병자의 근로금지) ① 법 제138조 제1항에 따라 사업주는 다음 각 호의 어느 하나에 해당하는 사람에 대해서는 근로를 금지하여야 한다.

1. 전염될 우려가 있는 질병에 걸린 사람. 다만, 전염을 예방하기 위한 조치를 한 경우에는 그러하지 아니하다.
2. 조현병, 마비성 치매에 걸린 사람
3. 심장·신장·폐 등의 질환이 있는 사람으로서 근로에 의하여 병세가 악화될 우려가 있는 사람
4. 제1호부터 제3호까지의 규정에 준하는 질병으로서 고용노동부장관이 정하는 질병에 걸린 사람

② 사업주는 제1항에 따라 근로를 금지하거나 근로를 다시 시작하도록 하는 경우에는 미리 보건관리자(의사인 보건관리자만 해당한다), 산업보건의 또는 건강진단을 실시한 의사의 의견을 들어야 한다.

22 **산업안전보건법령상 고용노동부장관이 사업주에게 수립·시행을 명할 수 있는 계획에 관한 설명이다. (　) 안에 들어갈 내용으로 옳은 것은?**

> 고용노동부장관은 사업주가 안전보건조치의무를 이행하지 아니하여 중대재해가 발생한 사업장으로서 산업재해 예방을 위하여 종합적인 개선조치를 할 필요가 있다고 인정할 때에는 고용노동부령으로 정하는 바에 따라 사업주에게 그 사업장, 시설, 그 밖의 사항에 관한 (　)의 수립·시행을 명할 수 있다

① 유해·위험방지계획　② 안전교육계획
③ 보건교육계획　④ 비상조치계획
⑤ 안전보건개선계획

답 ⑤

해설

산업안전보건법

제49조(안전보건개선계획의 수립 · 시행 명령) ① 고용노동부장관은 다음 각 호의 어느 하나에 해당하는 사업장으로서 산업재해 예방을 위하여 종합적인 개선조치를 할 필요가 있다고 인정되는 사업장의 사업주에게 고용노동부령으로 정하는 바에 따라 그 사업장, 시설, 그 밖의 사항에 관한 안전 및 보건에 관한 개선계획(이하 "안전보건개선계획"이라 한다)을 수립하여 시행할 것을 명할 수 있다. 이 경우 대통령령으로 정하는 사업장의 사업주에게는 제47조에 따라 안전보건진단을 받아 안전보건개선계획을 수립하여 시행할 것을 명할 수 있다.
1. 산업재해율이 같은 업종의 규모별 평균 산업재해율보다 높은 사업장
2. 사업주가 필요한 안전조치 또는 보건조치를 이행하지 아니하여 중대재해가 발생한 사업장
3. 대통령령으로 정하는 수 이상의 직업성 질병자가 발생한 사업장
4. 제106조에 따른 유해인자의 노출기준을 초과한 사업장

② 사업주는 안전보건개선계획을 수립할 때에는 산업안전보건위원회의 심의를 거쳐야 한다. 다만, 산업안전보건위원회가 설치되어 있지 아니한 사업장의 경우에는 근로자대표의 의견을 들어야 한다.

제50조(안전보건개선계획서의 제출 등) ① 제49조제1항에 따라 안전보건개선계획의 수립·시행 명령을 받은 사업주는 고용노동부령으로 정하는 바에 따라 안전보건개선계획서를 작성하여 고용노동부장관에게 제출하여야 한다.
② 고용노동부장관은 제1항에 따라 제출받은 안전보건개선계획서를 고용노동부령으로 정하는 바에 따라 심사하여 그 결과를 사업주에게 서면으로 알려 주어야 한다. 이 경우 고용노동부장관은 근로자의 안전 및 보건의 유지·증진을 위하여 필요하다고 인정하는 경우 해당 안전보건개선계획서의 보완을 명할 수 있다.
③ 사업주와 근로자는 제2항 전단에 따라 심사를 받은 안전보건개선계획서(같은 항 후단에 따라 보완한 안전보건개선계획서를 포함한다)를 준수하여야 한다.

23 산업안전보건법령상 산업안전지도사 및 산업보건지도사(이하 "지도사"라 함)에 관한 설명으로 옳지 않은 것은?

① 지도사가 그 직무를 시작할 때에는 고용노동부장관에게 신고하여야 한다.

② 지도사는 그 직무상 알게 된 비밀을 누설하거나 도용하여서는 아니 된다.

③ 지도사는 항상 품위를 유지하고 신의와 성실로써 공정하게 직무를 수행하여야 한다.

④ 지도사는 법령에 위반되는 행위에 관한 지도·상담을 하여서는 아니 된다.

⑤ 지도사는 다른 사람에게 자기의 성명이나 사무소의 명칭을 사용하여 지도사의 직무를 수행하게 하거나 그 자격증을 대여하여서는 아니 된다.

답 ①

2016

해설

산업안전보건법

제145조(지도사의 등록) ① 지도사가 그 직무를 시작할 때에는 고용노동부령으로 정하는 바에 따라 고용노동부장관에게 등록하여야 한다.

② 제1항에 따라 등록한 지도사는 그 직무를 조직적·전문적으로 하기 위하여 법인을 설립할 수 있다.

③ 다음 각 호의 어느 하나에 해당하는 사람은 제1항에 따른 등록을 할 수 없다.

1. 피성년후견인 또는 피한정후견인
2. 파산선고를 받은 자로서 복권되지 아니한 사람
3. 금고 이상의 실형을 선고받고 그 집행이 끝나거나(집행이 끝난 것으로 보는 경우를 포함한다) 집행이 면제된 날부터 2년이 지나지 아니한 사람
4. 금고 이상의 형의 집행유예를 선고받고 그 유예기간 중에 있는 사람
5. 이 법을 위반하여 벌금형을 선고받고 1년이 지나지 아니한 사람
6. 제154조에 따라 등록이 취소(이 항 제1호 또는 제2호에 해당하여 등록이 취소된 경우는 제외한다)된 후 2년이 지나지 아니한 사람

④ 제1항에 따라 등록을 한 지도사는 고용노동부령으로 정하는 바에 따라 5년마다 등록을 갱신하여야 한다.

⑤ 고용노동부령으로 정하는 지도실적이 있는 지도사만이 제4항에 따른 갱신등록을 할 수 있다. 다만, 지도실적이 기준에 못 미치는 지도사는 고용노동부령으로 정하는 보수교육을 받은 경우 갱신등록 할 수 있다.

⑥ 제2항에 따른 법인에 관하여는 「상법」 중 합명회사에 관한 규정을 적용한다.

24 산업안전보건법령상 위험성평가 실시내용 및 결과의 기록·보전에 관한 설명으로 옳지 않은 것은?

① 위험성평가 대상의 유해·위험요인이 포함되어야 한다.

② 위험성 결정의 내용이 포함되어야 한다.

③ 위험성 결정에 따른 조치의 내용이 포함되어야 한다.

④ 위험성평가의 실시내용을 확인하기 위하여 필요한 사항으로서 고용노동부장관이 정하여 고시하는 사항이 포함되어야 한다.

⑤ 사업주는 위험성평가 실시내용 및 결과의 기록·보존에 따른 자료를 5년간 보존하여야 한다.

답 ⑤

해설

산업안전보건법 시행규칙

제37조(위험성평가 실시내용 및 결과의 기록·보존) ① 사업주가 법 제36조의제3항에 따라 위험성평가의 결과와 조치사항을 기록·보존할 때에는 다음 각 호의 사항이 포함되어야 한다.

1. 위험성평가 대상의 유해·위험요인
2. 위험성 결정의 내용
3. 위험성 결정에 따른 조치의 내용
4. 그 밖에 위험성평가의 실시내용을 확인하기 위하여 필요한 사항으로서 고용노동부장관이 정하여 고시하는 사항

② 사업주는 제1항에 따른 자료를 3년간 보존하여야 한다.

25 산업안전보건법령상 산업보건지도사의 직무에 해당하지 않는 것은?

① 작업환경의 평가 및 개선 지도

② 산업보건에 관한 조사·연구

③ 근로자 건강진단에 따른 사후관리 지도

④ 유해·위험의 방지대책에 관한 평가·지도

⑤ 작업환경 개선과 관련된 계획서 및 보고서의 작성

답 ④

해설

산업안전보건법

제142조(산업안전지도사 등의 직무) ① 산업안전지도사는 다음 각 호의 직무를 수행한다.

1. 공정상의 안전에 관한 평가·지도
2. 유해·위험의 방지대책에 관한 평가·지도
3. 제1호 및 제2호의 사항과 관련된 계획서 및 보고서의 작성
4. 그 밖에 산업안전에 관한 사항으로서 대통령령으로 정하는 사항

② 산업보건지도사는 다음 각 호의 직무를 수행한다.

1. 작업환경의 평가 및 개선 지도
2. 작업환경 개선과 관련된 계획서 및 보고서의 작성
3. 근로자 건강진단에 따른 사후관리 지도
4. 직업성 질병 진단(「의료법」 제2조에 따른 의사인 산업보건지도사만 해당한다) 및 예방 지도
5. 산업보건에 관한 조사·연구
6. 그 밖에 산업보건에 관한 사항으로서 대통령령으로 정하는 사항

③ 산업안전지도사 및 산업보건지도사(이하 "지도사"라 한다)의 업무 영역별 종류 및 업무 범위 등에 관하여 필요한 사항은 대통령령으로 정한다.

2017년도 3월 25일 필기문제

산업안전(보건)지도사 자격시험
제1차 시험문제지

제1과목 산업안전보건법령	총 시험시간 : 90분 (과목당 30분)	문제형별 A

수험번호	20170325	성 명	도서출판 세화

【수험자 유의사항】

1. 시험문제지 표지와 시험문제지 내 **문제형별의 동일여부** 및 시험문제지의 **총면수·문제번호 일련순서·인쇄상태** 등을 확인하시고, 문제지 표지에 수험번호와 성명을 기재하시기 바랍니다.
2. 답은 각 문제마다 요구하는 **가장 적합하거나 가까운 답 1개**만 선택하고, 답안카드 작성 시 시험문제지 **형별누락, 마킹착오**로 인한 불이익은 전적으로 **수험자에게 책임**이 있음을 알려 드립니다.
3. 답안카드는 국가전문자격 공통 표준형으로 문제번호가 1번부터 125번까지 인쇄되어 있습니다. 답안 마킹 시에는 반드시 **시험문제지의 문제번호와 동일한 번호**에 마킹하여야 합니다.
4. **감독위원의 지시에 불응하거나 시험 시간 종료 후 답안카드를 제출하지 않을 경우** 불이익이 발생할 수 있음을 알려 드립니다.
5. 시험문제지는 시험 종료 후 가져가시기 바랍니다.

【안 내 사 항】

1. 수험자는 **QR코드를 통해 가답안을 확인**하시기 바랍니다.
   (※ 사전 설문조사 필수)
2. 시험 합격자에게 **'합격축하 SMS(알림톡) 알림 서비스'**를 제공하고 있습니다.

▲ 가답안 확인

- 수험자 여러분의 합격을 기원합니다 -

2017년 산업안전보건법규 출제문제 분석표(NCS 기준)

법령명(대분류)	단원(중분류)	세부내용(소분류)	출제년월일
산업안전보건법	제1장 총칙	제2조 정의(중대재해)	17.3.25
	제2장 안전보건관리체제 등	제15조 안전보건관리책임자	17.3.25
		제21조 안전보건관리전문기관 등	17.3.25
	제3장 안전보건교육		
	제4장 유해 위험 방지 조치		
	제5장 도급 시 산업재해 예방	제58조 유해한 작업의 도급금지	17.3.25
	제6장 유해 위험기계 등에 대한 조치		
	제7장 유해 위험물질에 대한 조치		
	제8장 근로자 보건관리		
	제9장 산업안전지도사 및 산업보건지도사	제143조 지도사 자격 및 시험	17.3.25
	제10장 근로감독관 등		
	제11장 보칙	제160조 업무정지 처분을 대신하여 부과하는 과징금 처분	17.3.25
		제164조 서류의 보존	17.3.25
	제12장 벌칙	제169조 (벌칙)	17.3.25
소계		32% 출제	8문제 출제

법령명(대분류)	단원(중분류)	세부내용(소분류)	출제년월일
산업안전보건법 시행령	제1장 총칙		
	제2장 안전보건관리체제 등		
	제3장 안전보건교육		
	제4장 유해 위험 방지 조치	제42조 유해 위험방지계획서 제출대상	17.3.25
		제77조 자율안전확인대상 기계 등	17.3.25
		제78조 안전검사대상 기계 등	17.3.25
	제5장 도급 시 산업재해 예방		
	제6장 유해 위험기계 등에 대한 조치		
	제7장 유해 위험물질에 대한 조치		
	제8장 근로자 보건관리	제99조 유해 위험작업에 대한 근로시간 제한 등	17.3.25
	제9장 산업안전지도사 및 산업보건지도사		
	제10장 보칙		
	제11장 벌칙		
소계		16% 출제	4문제 출제

법령명(대분류)	단원(중분류)	세부내용(소분류)	출제년월일
산업안전보건법 시행규칙	제1장 총칙		
	제2장 안전보건관리체제 등	제25조 안전보건관리규정의 작성[별표2]	17.3.25
	제3장 안전보건교육		
	제4장 유해 위험 방지 조치	제40조 안전보건표지의 제작	17.3.25
		제73조 산업재해 발생 보고 등	17.3.25
	제5장 도급 시 산업재해 예방	제79조 협의체의 구성 및 운영	17.3.25
		제80조 도급사업 시의 안전 보건조치 등	17.3.25
	제6장 유해 위험기계 등에 대한 조치	제98조 방호조치	17.3.25
		제107조 안전인증대상 기계 등	17.3.25
	제7장 유해 위험물질에 대한 조치	제149조 신규화학물질의 유해성 위험성 조사 제외	17.3.25
	제8장 근로자 보건관리	제202조 특수건강진단의 실시 시기 및 주기 등[별표23]	17.3.25
		제214조 건강관리카드의 발급대상 [별표25]	17.3.25
	제9장 산업안전지도사 및 산업보건지도사		
	제10장 근로감독관 등		
	제11장 보칙		
소계		40% 출제	10문제 출제

법령명(대분류)	단원(중분류)	세부내용(소분류)	출제년월일
산업안전보건기준에 관한 규칙	제1편 총칙	제17조 비상구의 설치	17.3.25
		제24조 사다리식 통로 등의 구조	17.3.25
	제2편 안전기준		
	제3편 보건기준	제662조 근골격계질환 예방관리 프로그램 시행	17.3.25
소계		12% 출제	3문제 출제

1. 산업안전보건법령

01 산업안전보건법령상 산업재해 발생 기록 및 보고 등에 관한 설명으로 옳은 것은?

① 사업주는 중대재해가 발생한 사실을 알게 된 경우에는 지체 없이 발생 개요 및 피해상황 등을 관할 지방고용노동관서의 장에게 전화·팩스 또는 그 밖에 적절한 방법으로 보고하여야 한다.

② 사업주는 4일 이상의 요양을 요하는 부상자가 발생한 산업재해에 대하여는 그 발생 개요·원인 및 신고 시기, 재발방지 계획 등을 고용노동부장관에게 신고하여야 한다.

③ 건설업의 경우 사업주는 산업재해조사표에 근로자대표의 동의를 받아야 하며, 그 기재 내용에 대하여 근로자대표의 이견이 있는 경우에는 그 내용을 첨부하여야 한다.

④ 사업주는 산업재해로 3일 이상의 휴업이 필요한 부상자가 발생한 경우에는 해당산업재해가 발생한 날부터 3개월 이내에 산업재해조사표를 작성하여 관할 지방고용노동관서의 장에게 제출하여야 한다.

⑤ 사업주는 산업재해 발생기록에 관한 서류를 2년간 보존하여야 한다.

답 ①

해설

제73조(산업재해 발생 보고 등) ① 사업주는 산업재해로 사망자가 발생하거나 3일 이상의 휴업이 필요한 부상을 입거나 질병에 걸린 사람이 발생한 경우에는 법 제57조제3항에 따라 해당 산업재해가 발생한 날부터 1개월 이내에 별지 제30호서식의 산업재해조사표를 작성하여 관할 지방고용노동관서의 장에게 제출(전자문서에 의한 제출을 포함한다)하여야 한다.

② 제1항에도 불구하고 다음 각 호의 모두에 해당하지 아니하는 사업주가 법률 제11882호 산업안전보건법 일부개정법률 제10조제2항의 개정규정의 시행일인 2014년 7월 1일 이후 해당 사업장에서 처음 발생한 산업재해에 대하여 지방고용노동관서의 장으로부터 별지 제30호서식의 산업재해조사표를 작성하여 제출하도록 명령을 받은 경우 그 명령을 받은 날부터 15일 이내에 이를 이행한 때에는 제1항에 따른 보고를 한 것으로 본다. 제1항에 따른 보고기한이 지난 후에 자진하여 별지 제30호서식의 산업재해조사표를 작성·제출한 경우에도 또한 같다.

1. 안전관리자 또는 보건관리자를 두어야 하는 사업주
2. 법 제62조제1항에 따라 안전보건총괄책임자를 지정하여야 하는 도급인
3. 법 제73조제1항에 따라 건설재해예방 전문지도기관의 지도를 받아야 하는 사업주
4. 산업재해 발생사실을 은폐하려고 한 사업주

③ 사업주는 제1항에 따른 산업재해조사표에 근로자대표의 확인을 받아야 하며, 그 기재 내용에 대하여 근로자대표의 이견이 있는 경우에는 그 내용을 첨부하여야 한다. 다만, 근로자대표가 없는 경우에는 재해자 본인의 확인을 받아 산업재해조사표를 제출할 수 있다.

④ 제1항부터 제3항까지의 규정에 따른 산업재해발생 보고에 필요한 사항은 고용노동부장관이 정한다.

⑤ 「산업재해보상보험법」 제41조에 따라 요양급여의 신청을 받은 근로복지공단은 지방고용노동관서의 장 또는 공단으로부터 요양신청서 사본, 요양업무 관련 전산입력자료, 그 밖에 산업재해예방업무 수행을 위하여 필요한 자료의 송부를 요청받은 경우에는 이에 협조하여야 한다.

참고

산업안전보건법 시행규칙

02 산업안전보건법령상 용어에 관한 설명으로 옳지 않은 것은?

① "산업재해"란 노무를 제공하는 사람이 업무에 관계되는 건설물·설비·원재료·가스·증기·분진 등에 의하거나 직업 또는 그 밖의 업무로 인하여 사망 또는 부상하거나 질병에 걸리는 것을 말한다.

② "근로자"란 직업의 종류와 관계없이 임금을 목적으로 사업이나 사업장에 근로를 제공하는 자를 말한다.

③ "사업주"란 근로자를 사용하여 사업을 하는 자를 말한다.

④ "작업환경측정"이란 작업환경 실태를 파악하기 위하여 해당 근로자 또는 작업장에 대하여 사업주가 측정계획을 수립한 후 시료(試料)를 채취하고 분석·평가하는 것을 말한다.

⑤ "중대재해"란 산업재해 중 재해정도가 심한 것으로서 직업성질병자가 동시에 5명 이상 발생한 재해를 말한다.

답 ⑤

해설

용어정의

1. "산업재해"란 노무를 제공하는 사람이 업무에 관계되는 건설물·설비·원재료·가스·증기·분진 등에 의하거나 작업 또는 그 밖의 업무로 인하여 사망 또는 부상하거나 질병에 걸리는 것을 말한다.
2. "근로자"란 「근로기준법」 제2조제1항제1호에 따른 근로자를 말한다.
3. "사업주"란 근로자를 사용하여 사업을 하는 자를 말한다.
4. "근로자대표"란 근로자의 과반수로 조직된 노동조합이 있는 경우에는 그 노동조합을, 근로자의 과반수로 조직된 노동조합이 없는 경우에는 근로자의 과반수를 대표하는 자를 말한다.
5. "작업환경측정"이란 작업환경 실태를 파악하기 위하여 해당 근로자 또는 작업장에 대하여 사업주가 측정계획을 수립한 후 시료(試料)를 채취하고 분석·평가하는 것을 말한다.
6. "안전·보건진단"이란 산업재해를 예방하기 위하여 잠재적 위험성을 발견하고 그 개선대책을 수립할 목적으로 조사·평가하는 것을 말한다.
7. "중대재해"란 산업재해 중 사망 등 재해 정도가 심하거나 다수의 재해자가 발생한 경우로서 고용노동부령으로 정하는 재해를 말한다.

참고

산업안전보건법 제2조(정의)

보충학습

제3조(중대재해의 범위) 법 제2조제2호에서 "고용노동부령으로 정하는 재해"란 다음 각 호의 어느 하나에 해당하는 재해를 말한다.

1. 사망자가 1명 이상 발생한 재해
2. 3개월 이상의 요양이 필요한 부상자가 동시에 2명 이상 발생한 재해
3. 부상자 또는 직업성질병자가 동시에 10명 이상 발생한 재해

참고

산업안전보건법 시행규칙 제3조

합격키

2013. 4. 20(문제 15번)

보충설명

① ③④ 산업안전보건법 제2조(정의)
② 산업안전보건법 제2조(정의), 근로기준법 제2조(정의)
③ 산업안전보건법 시행규칙 제3조(중대재해의 범위)

03 산업안전보건법령상 안전보건관리책임자의 업무 내용에 해당하는 것을 모두 고른 것은?

ㄱ. 산업재해 예방계획의 수립에 관한 사항
ㄴ. 근로자의 안전·보건교육에 관한 사항
ㄷ. 산업재해의 원인 조사 및 재발 방지대책 수립에 관한 사항
ㄹ. 안전·보건과 관련된 안전장치 및 보호구 구입 시의 적격품 여부 확인에 관한 사항

① ㄱ, ㄴ
② ㄷ, ㄹ
③ ㄱ, ㄴ, ㄷ
④ ㄴ, ㄷ, ㄹ
⑤ ㄱ, ㄴ, ㄷ, ㄹ

답 ⑤

2017

해설

제15조(안전보건관리책임자) ① 사업주는 사업장을 실질적으로 총괄하여 관리하는 사람에게 해당 사업장의 다음 각 호의 업무를 총괄하여 관리하도록 하여야 한다.

1. 사업장의 산업재해 예방계획의 수립에 관한 사항
2. 제25조 및 제26조에 따른 안전보건관리규정의 작성 및 변경에 관한 사항
3. 제29조에 따른 안전보건교육에 관한 사항
4. 작업환경측정 등 작업환경의 점검 및 개선에 관한 사항
5. 제129조부터 제132조까지에 따른 근로자의 건강진단 등 건강관리에 관한 사항
6. 산업재해의 원인 조사 및 재발 방지대책 수립에 관한 사항
7. 산업재해에 관한 통계의 기록 및 유지에 관한 사항
8. 안전장치 및 보호구 구입 시 적격품 여부 확인에 관한 사항
9. 그 밖에 근로자의 유해 · 위험 방지조치에 관한 사항으로서 고용노동부령으로 정하는 사항

② 제1항 각 호의 업무를 총괄하여 관리하는 사람(이하 "안전보건관리책임자"라 한다)은 제17조에 따른 안전관리자와 제18조에 따른 보건관리자를 지휘·감독한다.

③ 안전보건관리책임자를 두어야 하는 사업의 종류와 사업장의 상시근로자 수, 그 밖에 필요한 사항은 대통령령으로 정한다.

참고

산업안전보건법

합격키

2012. 6. 23(문제 1번)

04 산업안전보건법령상 법령 요지의 게시 및 안전보건표지의 부착 등에 관한 설명으로 옳지 않은 것은?

① 사업주는 이 법에 따른 명령의 요지를 상시 각 작업장 내에 근로자가 쉽게 볼 수 있는 장소에 게시하거나 갖추어 두어 근로자로 하여금 알게 하여야 한다.

② 근로자대표는 안전보건진단 결과를 통지할 것을 사업주에게 요청할 수 있고 사업주는 이에 성실히 응하여야 한다.

③ 사업주는 사업장의 유해하거나 위험한 시설 및 장소에 대한 경고를 위하여 안전보건표지를 설치하거나 부착하여야 한다.

④ 안전보건표지 속의 그림 또는 부호의 크기는 안전보건표지의 크기와 비례하여야 하며, 안전보건표지 전체 규격의 20[%] 이상이 되어야 한다.

⑤ 안전보건표지의 성질상 설치하거나 부착하는 것이 곤란한 경우에는 해당 물체에 직접 도장(塗裝)할 수 있다.

답 ④

해설

제39조(안전보건표지의 설치 등) ① 사업주는 법 제37조에 따라 안전보건표지를 설치하거나 부착할 때에는 별표 7의 구분에 따라 근로자가 쉽게 알아볼 수 있는 장소·시설 또는 물체에 설치하거나 부착해야 한다.

② 사업주는 안전보건표지를 설치하거나 부착할 때에는 흔들리거나 쉽게 파손되지 않도록 견고하게 설치하거나 부착해야 한다.

③ 안전보건표지의 성질상 설치하거나 부착하는 것이 곤란한 경우에는 해당 물체에 직접 도색할 수 있다.

제40조(안전보건표지의 제작) ① 안전보건표지는 그 종류별로 별표 9에 따른 기본모형에 의하여 별표 7의 구분에 따라 제작하여야 한다.

② 안전보건표지는 그 표시내용을 근로자가 빠르고 쉽게 알아볼 수 있는 크기로 제작하여야 한다.

③ 안전보건표지 속의 그림 또는 부호의 크기는 안전보건표지의 크기와 비례하여야 하며, 안전·보건표지 전체 규격의 30퍼센트 이상이 되어야 한다.

④ 안전보건 표지는 쉽게 파손되거나 변형되지 아니하는 재료로 제작하여야 한다.

⑤ 야간에 필요한 안전보건표지는 야광물질을 사용하는 등 쉽게 알아볼 수 있도록 제작하여야 한다.

참고

산업안전보건법 시행규칙

05 산업안전보건법령상 안전보건관리규정에 관한 설명으로 옳지 않은 것은?

① 안전보건관리규정은 해당 사업장에 적용되는 단체협약 및 취업규칙에 반할 수 없다.

② 상시근로자 100명을 사용하는 정보서비스업 사업주는 안전보건관리규정을 작성하여야 한다.

③ 안전보건관리규정에 관하여는 이 법에서 규정한 것을 제외하고는 그 성질에 반하지 아니하는 범위에서 「근로기준법」의 취업규칙에 관한 규정을 준용한다.

④ 안전보건관리규정을 작성할 경우에는 안전·보건교육에 관한 사항이 포함되어야 한다.

⑤ 산업안전보건위원회가 설치되어 있지 아니한 사업장의 경우 사업주는 안전보건관리규정을 작성하거나 변경할 때에는 근로자대표의 동의를 받아야 한다.

답 ②

해설

안전보건관리규정을 작성해야 할 사업의 종류 및 상시근로자 수

사업의 종류	상시근로자 수
1. 농업 2. 어업 3. 소프트웨어 개발 및 공급업 4. 컴퓨터 프로그래밍, 시스템 통합 및 관리업 4의2. 영상 · 오디오물 제공 서비스업 5. 정보서비스업 6. 금융 및 보험업 7. 임대업 ; 부동산 제외 8. 전문, 과학 및 기술 서비스업(연구개발업은 제외한다) 9. 사업지원 서비스업 10. 사회복지 서비스업	300명 이상
11. 제1호부터 제10호까지의 사업을 제외한 사업	100명 이상

참고

산업안전보건법 시행규칙 [별표 2]

06 산업안전보건법령상 유해하거나 위험한 작업의 도급에 관한 설명으로 옳지 않은 것은?

① 도급작업의 도급을 받으려는 자는 고용노동부장관의 인가를 받아야 한다.

② 지방고용노동관서의 장은 도급인가 신청서가 접수된 때에는 접수된 날부터 14일 이내에 신청서를 반려하거나 인가증을 신청자에게 발급하여야 한다.

③ 수은, 납, 카드뮴 등 중금속을 제련, 주입, 가공 및 가열하는 작업은 도급인가의 대상이다.

④ 지방고용노동관서의 장은 도급인가 신청의 내용 및 한국산업안전보건공단의 확인 결과가 이 법령의 기준에 적합하지 아니하면 이를 인가하여서는 아니 된다.

⑤ 유해한 작업의 도급에 대한 인가를 받으려는 자는 도급인가 신청서를 제출할 때 도급대상 작업의 공정도와 도급계획서를 첨부하여야 한다.

답 ①

해설

제78조(도급승인 등의 신청) ① 법 제59조에 따른 안전 및 보건에 유해하거나 위험한 작업의 도급에 대한 승인, 연장승인 또는 변경승인을 받으려는 자는 별지 제31호서식의 도급승인 신청서, 별지 제32호서식의 연장신청서 및 별지 제33호서식의 변경신청서에 다음 각 호의 서류를 첨부하여 관할 지방고용노동관서의 장에게 제출하여야 한다.

1. 도급대상 작업의 공정 관련 서류 일체(기계·설비의 종류 및 운전조건, 유해·위험물질의 종류·사용량, 유해·위험요인의 발생 실태 및 종사 근로자 수 등에 관한 사항이 포함되어야 한다.
2. 도급작업 안전보건관리계획서(안전작업절차, 도급 시 안전·보건관리 및 도급작업에 대한 안전·보건시설 등에 관한 사항이 포함되어야 한다.)
3. 안전 및 보건에 관한 평가 결과(변경승인은 해당되지 않는다)

② 제1항에도 불구하고 산업재해가 발생할 급박한 위험이 있어 긴급하게 도급을 해야 할 경우에는 제1항제1호 및 제3호의 서류를 제출하지 아니할 수 있다.

③ 법 제59조에 따른 승인, 연장승인 또는 변경승인의 작업별 도급승인 기준은 다음 각 호와 같다.

1. 공통 : 작업공정의 안전성, 안전보건관리계획 및 안전 및 보건에 관한 평가 결과의 적정성
2. 영 제51조제1호에 따른 작업 : 안전보건규칙 제5조, 제7조, 제8조, 제10조, 제11조, 제17조, 제19조, 제21조, 제22조, 제33조, 제42조부터 제44조까지, 제72조부터 제79조까지, 제81조, 제83조부터 제85조까지, 제225조, 제232조, 제297조부터 제299조까지, 제301조부터 제305조까지, 제422조, 제429조부터 제435조까지, 제442조부터 제444조까지, 제448조, 제450조, 제451조, 제513조, 제619조, 제620조, 제624조, 제625조, 제630조, 제631조에서 정한 기준
3. 영 제51조제2호에 따른 작업 : 고용노동부장관이 정한 기준

④ 제1항제3호에 따른 안전 및 보건에 관한 평가에 관하여는 제74조를 준용하고, 도급승인 절차, 변경 및 취소 등에 관하여는 제77조제3항, 같은 조 제4항, 제76조 및 제77조의 규정을 준용한다. 이 경우 "법 제58조제2항제2호에 따른 승인, 같은 조 제5항 또는 제6항에 따른 연장승인 또는 변경승인"은 "법 제59조에 따른 승인, 연장승인 또는 변경승인"으로, 제75조제2항의 도급승인 기준은 "제78조제3항의 도급승인 기준"으로 본다.

참고

산업안전보건법 시행규칙

보충학습

산업안전보건법

제59조(도급의 승인) ① 사업주는 자신의 사업장에서 안전 및 보건에 유해하거나 위험한 작업 중 급성 독성, 피부 부식성 등이 있는 물질의 취급 등 대통령령으로 정하는 작업을 도급하려는 경우에는 고용노동부장관의 승인을 받아야 한다. 이 경우 사업주는 고용노동부령으로 정하는 바에 따라 안전 및 보건에 관한 평가를 받아야 한다.

② 제1항에 따른 승인에 관하여는 제58조제4항부터 제8항까지의 규정을 준용한다.

제60조(도급의 승인 시 하도급 금지) 제58조제2항제2호에 따른 승인, 같은 조 제5항 또는 제6항(제59조제2항에 따라 준용되는 경우를 포함한다)에 따른 연장승인 또는 변경승인 및 제59조제1항에 따른 승인을 받은 작업을 도급받은 수급인은 그 작업을 하도급할 수 없다.

제61조(적격 수급인 선정 의무) 사업주는 산업재해 예방을 위한 조치를 할 수 있는 능력을 갖춘 사업주에게 도급하여야 한다.

07 **산업안전보건법령상 안전보건 관리체제에 관한 설명으로 옳지 않은 것은?**

① 안전보건관리책임자는 안전관리자와 보건관리자를 지휘·감독한다.

② 안전보건관리책임자는 해당 사업에서 그 사업을 실질적으로 총괄관리하는 사람이어야 한다.

③ 안전관리자는 산업재해에 관한 통계의 유지·관리·분석을 위한 보좌 및 조언·지도 등의 업무를 수행하여야 한다.

④ 고용노동부장관은 안전관리전문기관의 업무정지를 명하여야 하는 경우에 그 업무정지가 공익을 해칠 우려가 있다고 인정하면 업무정지처분을 갈음하여 2억원 이하의 과징금을 부과할 수 있다.

⑤ 상시근로자수가 500명 이상인 식료품 제조업의 경우 안전관리자를 2명 이상 선임하여야 한다.

답 ④

해설

제160조(업무정지 처분을 대신하여 부과하는 과징금 처분) ① 고용노동부장관은 제21조제4항(제74조제4항, 제88조제5항, 제96조제5항, 제126조제5항 및 제135조제6항에 따라 준용되는 경우를 포함한다)에 따라 업무정지를 명하여야 하는 경우에 그 업무정지가 이용자에게 심한 불편을 주거나 공익을 해칠 우려가 있다고 인정되면 업무정지 처분을 대신하여 10억원 이하의 과징금을 부과할 수 있다.

② 고용노동부장관은 제1항에 따른 과징금을 징수하기 위하여 필요한 경우에는 다음 각 호의 사항을 적은 문서로 관할 세무관서의 장에게 과세 정보 제공을 요청할 수 있다.

1. 납세자의 인적사항
2. 사용 목적
3. 과징금 부과기준이 되는 매출 금액
4. 과징금 부과사유 및 부과기준

③ 고용노동부장관은 제1항에 따른 과징금 부과처분을 받은 자가 납부기한까지 과징금을 내지 아니하면 국세 체납처분의 예에 따라 이를 징수한다.

④ 제1항에 따라 과징금을 부과하는 위반행위의 종류 및 위반 정도 등에 따른 과징금의 금액, 그 밖에 필요한 사항은 대통령령으로 정한다.

참고

① 산업안전보건법

② 산업안전보건법 시행령 [별표 3] 안전관리자를 두어야 할 사업의 종류, 사업장의 상시근로자 수, 안전관리자의 수 및 선임방법

08 산업안전보건법령상 안전관리전문기관의 지정의 취소 등에 관한 규정의 일부이다. ( )안에 들어갈 숫자의 연결이 옳은 것은?

> ○ 고용노동부장관은 안전관리전문기관이 지정 요건을 충족하지 못한 경우에 해당할 때에는 그 지정을 취소하거나 (ㄱ)개월 이내의 기간을 정하여 그 업무의 정지를 명할 수 있다.
> ○ 지정이 취소된 자는 지정이 취소된 날부터 (ㄴ)년 이내에는 안전관리전문기관으로 지정받을 수 없다.

① ㄱ : 1, ㄴ : 1
② ㄱ : 3, ㄴ : 1
③ ㄱ : 3, ㄴ : 2
④ ㄱ : 6, ㄴ : 1
⑤ ㄱ : 6, ㄴ : 2

답 ⑤

해설

제21조(안전관리전문기관 등) ① 안전관리전문기관 또는 보건관리전문기관이 되려는 자는 대통령령으로 정하는 인력·시설 및 장비 등의 요건을 갖추어 고용노동부장관의 지정을 받아야 한다.
② 고용노동부장관은 안전관리전문기관 또는 보건관리전문기관에 대하여 평가하고 그 결과를 공개할 수 있다. 이 경우 평가의 기준·방법 및 결과의 공개에 필요한 사항은 고용노동부령으로 정한다.
③ 안전관리전문기관 또는 보건관리전문기관의 지정 절차, 업무 수행에 관한 사항, 위탁받은 업무를 수행할 수 있는 지역, 그 밖에 필요한 사항은 고용노동부령으로 정한다.
④ 고용노동부장관은 안전관리전문기관 또는 보건관리전문기관이 다음 각 호의 어느 하나에 해당할 때에는 그 지정을 취소하거나 6개월 이내의 기간을 정하여 그 업무의 정지를 명할 수 있다. 다만, 제1호 또는 제2호에 해당할 때에는 그 지정을 취소하여야 한다.
1. 거짓이나 그 밖의 부정한 방법으로 지정을 받은 경우
2. 업무정지 기간 중에 업무를 수행한 경우
3. 제1항에 따른 지정 요건을 충족하지 못한 경우
4. 지정받은 사항을 위반하여 업무를 수행한 경우
5. 그 밖에 대통령령으로 정하는 사유에 해당하는 경우

⑤ 제4항에 따라 지정이 취소된 자는 지정이 취소된 날부터 2년 이내에는 각각 해당 안전관리전문기관 또는 보건관리전문기관으로 지정받을 수 없다.

정답확인

산업안전보건법

제28조(안전관리전문기관 등의 지정 취소 등의 사유) 법 제21조제4항제5호에서 "대통령령으로 정하는 사유에 해당하는 경우"란 다음 각 호의 경우를 말한다.
1. 안전관리 또는 보건관리 업무 관련 서류를 거짓으로 작성한 경우
2. 정당한 사유 없이 안전관리 또는 보건관리 업무의 수탁을 거부한 경우
3. 위탁받은 안전관리 또는 보건관리 업무에 차질을 일으키거나 업무를 게을리한 경우
4. 안전관리 또는 보건관리 업무를 수행하지 않고 위탁 수수료를 받은 경우
5. 안전관리 또는 보건관리 업무와 관련된 비치서류를 보존하지 않은 경우
6. 안전관리 또는 보건관리 업무 수행과 관련한 대가 외에 금품을 받은 경우
7. 법에 따른 관계 공무원의 지도·감독을 거부·방해 또는 기피한 경우

참고

산업안전보건법 시행령

09 산업안전보건법령상 안전인증에 관한 설명으로 옳은 것은?

① 연구·개발을 목적으로 안전인증대상 기계·기구 등을 제조하는 경우에도 안전인증을 받아야 한다.

② 고용노동부장관은 안전인증을 받은 자가 안전인증기준을 지키고 있는지를 5년을 주기로 확인하여야 한다.

③ 곤돌라를 설치·이전하는 경우뿐만 아니라 그 주요 구조 부분을 변경하는 경우에도 안전인증을 받아야 한다.

④ 서면심사와 기술능력 및 생산체계 심사 결과가 안전인증기준에 적합할 경우에 유해·위험한 기계·기구·설비 등의 표본을 추출하여 하는 심사를 개별 제품심사라고 한다.

⑤ 예비심사의 경우 안전인증 신청서를 제출받은 안전인증기관은 7일 이내에 심사하여야 하며 부득이한 사유가 있을 때에는 15일의 범위에서 심사기간을 연장할 수 있다.

답 ③

해설

제107조(안전인증대상 기계 등) 법 제84조제1항에서 "고용노동부령으로 정하는 안전인증대상 기계 등"이란 다음 각 호의 기계 및 설비를 말한다.

1. 설치·이전하는 경우 안전인증을 받아야 하는 기계
   가. 크레인
   나. 리프트
   다. 곤돌라
2. 주요 구조 부분을 변경하는 경우 안전인증을 받아야 하는 기계 및 설비
   가. 프레스
   나. 전단기 및 절곡기(折曲機)
   다. 크레인
   라. 리프트
   마. 압력용기
   바. 롤러기
   사. 사출성형기(射出成形機)
   아. 고소(高所)작업대
   자. 곤돌라

참고

산업안전보건법 시행규칙

10 **산업안전보건법령상 도급사업 시 구성하는 안전보건에 관한 협의체의 협의사항에 포함되지 않는 것은?**

① 작업장 간의 연락 방법

② 재해발생 위험 시의 대피 방법

③ 작업장의 순회점검에 관한 사항

④ 작업장에서의 위험성평가의 실시에 관한 사항

⑤ 수급인 상호 간의 작업공정의 조정

답 ③

해설

제79조(협의체의 구성 및 운영) ① 법 제64조제1항제1호에 따른 안전 및 보건에 관한 협의체는 도급인 및 그의 수급인인 전원으로 구성하여야 한다.

② 협의체는 다음 각 호의 사항을 협의하여야 한다.

1. 작업의 시작 시간
2. 작업 또는 작업장 간의 연락 방법
3. 재해발생 위험 시의 대피 방법
4. 작업장에서의 법 제36조에 따른 위험성평가의 실시에 관한 사항
5. 사업주와 수급인 또는 수급인 상호 간의 연락 방법 및 작업공정의 조정

③ 협의체는 매월 1회 이상 정기적으로 회의를 개최하고 그 결과를 기록·보존하여야 한다.

참고

산업안전보건법 시행규칙

11 산업안전보건법령상 도급인은 작업장의 안전·보건조치 등을 위하여 2일에 1회 이상 순회점검하여야 하는 사업을 모두 고른 것은?

ㄱ. 건설업	ㄴ. 자동차 전문 수리업
ㄷ. 토사석 광업	ㄹ. 금속 및 비금속 원료 재생업
ㅁ. 음악 및 기타 오디오물 출판업	

① ㄱ, ㄴ, ㅁ
② ㄱ, ㄷ, ㄹ
③ ㄴ, ㄷ, ㅁ
④ ㄱ, ㄴ, ㄷ, ㄹ
⑤ ㄱ, ㄷ, ㄹ, ㅁ

답 ⑤

해설

제80조(도급사업 시의 안전·보건조치 등) ① 도급인은 법 제64조제1항2호에 따른 작업장 순회점검을 다음 각 호의 구분에 따라 실시해야 한다.

1. 다음 각 목의 사업 : 2일에 1회 이상
   가. 건설업
   나. 제조업
   다. 토사석 광업
   라. 서적, 잡지 및 기타 인쇄물 출판업
   마. 음악 및 기타 오디오물 출판업
   바. 금속 및 비금속 원료 재생업
2. 제1호 각 목의 사업을 제외한 사업의 경우 : 1주일에 1회 이상

② 관계수급인은 제1항에 따라 도급인이 실시하는 순회점검을 거부·방해 또는 기피해서는 안 되며 점검 결과 도급인의 시정요구가 있으면 이에 따라야 한다.

③ 도급인은 법 제64조제1항제3호에 따라 관계수급인이 실시하는 근로자의 안전·보건교육에 필요한 장소 및 자료의 제공 등을 요청받은 경우 협조해야 한다.

참고

산업안전보건법 시행규칙

합격키

2015. 4. 20(문제 9번)

12 산업안전보건기준에 관한 규칙상 니트로화합물을 제조하는 작업장의 비상구 설치에 관한 설명으로 옳지 않은 것은?

① 출입구 외에 안전한 장소로 대피할 수 있는 비상구 1개 이상을 설치할 것

② 비상구의 문은 피난 방향으로 열리도록 하고, 실내에서 항상 열 수 있는 구조로 할 것

③ 비상구의 너비는 0.75[m] 이상으로 하고, 높이는 1.5[m] 이상으로 할 것

④ 비상구는 출입구와 같은 방향에 있으며 출입구로부터 3[m] 이상 떨어져 있을 것

⑤ 작업장의 각 부분으로부터 하나의 비상구 또는 출입구까지의 수평거리가 50[m] 이하가 되도록 할 것

답 ④

해설

제17조(비상구의 설치) ① 사업주는 별표 1에 규정된 위험물질을 제조·취급하는 작업장과 그 작업장이 있는 건축물에 제11조에 따른 출입구 외에 안전한 장소로 대피할 수 있는 비상구 1개 이상을 다음 각 호의 기준에 맞는 구조로 설치하여야 한다.

1. 출입구와 같은 방향에 있지 아니하고, 출입구로부터 3[m] 이상 떨어져 있을 것
2. 작업장의 각 부분으로부터 하나의 비상구 또는 출입구까지의 수평거리가 50[m] 이하가 되도록 할 것
3. 비상구의 너비는 0.75[m] 이상으로 하고, 높이는 1.5[m] 이상으로 할 것
4. 비상구의 문은 피난 방향으로 열리도록 하고, 실내에서 항상 열 수 있는 구조로 할 것

② 사업주는 제1항에 따른 비상구에 문을 설치하는 경우 항상 사용할 수 있는 상태로 유지하여야 한다.

참고

산업안전보건기준에 관한 규칙

2017

13 산업안전보건법령상 안전검사대상에 해당하는 것을 모두 고른 것은?

ㄱ. 프레스
ㄴ. 압력용기
ㄷ. 산업용 원심기
ㄹ. 이동식 국소 배기장치
ㅁ. 정격 하중이 1톤인 크레인
ㅂ. 특수자동차에 탑재한 고소작업대

① ㄱ, ㄹ, ㅂ
② ㄴ, ㅁ, ㅂ
③ ㄱ, ㄴ, ㄷ, ㅂ
④ ㄴ, ㄷ, ㄹ, ㅁ
⑤ ㄱ, ㄴ, ㄷ, ㄹ, ㅁ

답 ③

해설

제78조(안전검사대상 기계 등) ① 법 제93조제1항 전단에서 "대통령령으로 정하는 것"이란 다음 각 호의 어느 하나에 해당하는 것을 말한다.

1. 프레스
2. 전단기
3. 크레인(정격 하중이 2톤 미만인 것은 제외한다)
4. 리프트
5. 압력용기
6. 곤돌라
7. 국소 배기장치(이동식은 제외한다)
8. 원심기(산업용만 해당한다)
9. 롤러기(밀폐형 구조는 제외한다)
10. 사출성형기[형 체결력(型 締結力) 294킬로뉴턴(KN) 미만은 제외한다]
11. 고소작업대[「자동차관리법」 제3조제3호 또는 제4호에 따른 화물자동차 또는 특수자동차에 탑재한 고소작업대(高所作業臺)로 한정한다]
12. 컨베이어
13. 산업용 로봇

② 법 제93조제1항에 따른 안전검사대상 기계 등의 세부적인 종류, 규격 및 형식은 고용노동부장관이 정하여 고시한다.

정보제공

산업안전보건법 시행령

14 산업안전보건법령상 자율안전확인대상 기계 등에 해당하지 않는 것은?

① 휴대형 연삭기

② 혼합기

③ 파쇄기

④ 자동차정비용 리프트

⑤ 인쇄기

답 ①

해설

제77조(자율안전확인대상 기계 등) ① 법 제89조제1항 각 호 외의 부분 본문에서 "대통령령으로 정하는 것"이란 다음 각 호의 어느 하나에 해당하는 것을 말한다.

1. 다음 각 목의 어느 하나에 해당하는 기계 및 설비
   가. 연삭기 또는 연마기(휴대형은 제외한다)
   나. 산업용 로봇
   다. 혼합기
   라. 파쇄기 또는 분쇄기
   마. 식품가공용 기계(파쇄·절단·혼합·제면기만 해당한다)
   바. 컨베이어
   사. 자동차정비용 리프트
   아. 공작기계(선반, 드릴기, 평삭·형삭기, 밀링만 해당한다)
   자. 고정형 목재가공용 기계(둥근톱, 대패, 루타기, 띠톱, 모떼기 기계만 해당한다)
   차. 인쇄기

참고

산업안전보건법 시행령

합격키

2015. 4. 20(문제 6번)

15 산업안전보건법령상 유해·위험 방지를 위하여 방호조치가 필요한 기계·기구 등과 이에 설치하여야 할 방호장치를 옳게 연결한 것은?

① 예초기-회전체 접촉 예방장치

② 진공포장기-압력방출장치

③ 금속절단기-구동부 방호 연동장치

④ 원심기-날접촉 예방장치

⑤ 공기압축기-압력방출장치

답 ⑤

해설

유해·위험 방지를 위하여 방호조치가 필요한 기계·기구 등

① 예초기 : 날접촉 예방장치
② 원심기 : 회전체 접촉 예방장치
③ 공기압축기 : 압력방출장치
④ 금속절단기 : 날접촉 예방장치
⑤ 지게차 : 헤드가드, 백레스트(backtest), 전조등, 후미등, 안전벨트
⑥ 포장기계(진공포장기, 랩핑기로 한정한다) : 구동부 방호 연동장치

참고

① 산업안전보건법 시행령 [별표 20]
② 산업안전보건법 시행규칙 제98조(방호조치)

합격키

2016년 5월 11일(문제 14번) 출제

16 산업안전보건기준에 관한 규칙상 통로를 설치하는 사업주가 준수하여야 하는 사항으로 옳지 않은 것은?

① 통로의 주요 부분에 통로표시를 하고, 근로자가 안전하게 통행할 수 있도록 하여야 한다.

② 통로면으로부터 높이 2[m] 이내의 장애물을 제거하는 것이 곤란하다고 고용노동부장관이 인정하는 경우에는 근로자에게 발생할 수 있는 부상 등의 위험을 방지하기 위한 안전 조치를 하여야 한다.

③ 가설통로를 설치하는 경우, 건설공사에 사용하는 높이 8[m] 이상인 비계다리에는 7[m] 이내마다 계단참을 설치하여야 한다.

④ 잠함(潛函) 내 사다리식 통로를 설치하는 경우 그 폭은 30[cm] 이상으로 설치하여야 한다.

⑤ 계단 및 계단참을 설치하는 경우 매제곱미터당 500[kg] 이상의 하중에 견딜 수 있는 강도를 가진 구조로 설치하여야 한다.

답 ④

해설

제24조(사다리식 통로 등의 구조) ① 사업주는 사다리식 통로 등을 설치하는 경우 다음 각 호의 사항을 준수하여야 한다.

1. 견고한 구조로 할 것
2. 심한 손상·부식 등이 없는 재료를 사용할 것
3. 발판의 간격은 일정하게 할 것
4. 발판과 벽과의 사이는 15[cm] 이상의 간격을 유지할 것
5. 폭은 30[cm] 이상으로 할 것
6. 사다리가 넘어지거나 미끄러지는 것을 방지하기 위한 조치를 할 것
7. 사다리의 상단은 걸쳐놓은 지점으로부터 60[cm] 이상 올라가도록 할 것
8. 사다리식 통로의 길이가 10[m] 이상인 경우에는 5[m] 이내마다 계단참을 설치할 것
9. 사다리식 통로의 기울기는 75도 이하로 할 것. 다만, 고정식 사다리식 통로의 기울기는 90도 이하로 하고, 그 높이가 7미터 이상인 경우에는 다음 각 목의 구분에 따른 조치를 할 것
   가. 등받이울이 있어도 근로자 이동에 지장이 없는 경우: 바닥으로부터 높이가 2.5미터 되는 지점부터 등받이울을 설치할 것
   나. 등받이울이 있으면 근로자가 이동이 곤란한 경우: 한국산업표준에서 정하는 기준에 적합한 개인용 추락 방지 시스템을 설치하고 근로자로 하여금 한국산업표준에서 정하는 기준에 적합한 전신안전대를 사용하도록 할 것
10. 접이식 사다리 기둥은 사용 시 접혀지거나 펼쳐지지 않도록 철물 등을 사용하여 견고하게 조치할 것

② 잠함(潛函) 내 사다리식 통로와 건조·수리 중인 선박의 구명줄이 설치된 사다리식 통로(건조·수리작업을 위하여 임시로 설치한 사다리식 통로는 제외한다)에 대해서는 제1항제5호부터 제10호까지의 규정을 적용하지 아니한다.

참고

산업안전보건기준에 관한 규칙

17 산업안전보건법령상 3년 이하의 징역 또는 3천만원 이하의 벌금에 처하게 될 수 있는 자는?

① 중대재해 발생현장을 훼손한 자

② 공정안전보고서의 내용이 중대산업사고를 예방하기 위하여 적합하다고 통보받기 전에 관련 설비를 가동한 자

③ 동력으로 작동하는 기계·기구로서 작동부분의 돌기부분을 묻힘형으로 하지 않거나 덮개를 부착하지 않고 양도한 자

④ 안전인증을 받지 않은 유해·위험한 기계·기구·설비 등에 안전인증표시를 한 자

⑤ 작업환경측정 결과에 따라 근로자의 건강을 보호하기 위하여 해당 시설·설비의 설치·개선 또는 건강진단의 실시 등의 조치를 하지 아니한 자

답 ②

해설

제169조(벌칙) 다음 각 호의 어느 하나에 해당하는 자는 3년 이하의 징역 또는 3천만원 이하의 벌금에 처한다.

1. 제44조제1항 후단, 제63조, 제76조, 제81조, 제82조제2항, 제84조제1항, 제87조제1항, 제118조제3항, 제123조제1항, 제139조제1항 또는 제140조제1항을 위반한 자
2. 제45조제1항 후단, 제46조제5항, 제53조제1항, 제87조제2항, 제118조제4항, 제119조제4항 또는 제131조제1항에 따른 명령을 위반한자
3. 제58조제3항 또는 같은 조 제5항 후단(제59조제2항에 따라 준용되는 경우를 포함한다)에 따른 안전 및 보건에 관한 평가 업무를 제165조제2항에 따라 위탁받은 자로서 그 업무를 거짓이나 그 밖의 부정한 방법으로 수행한 자
4. 제84조제1항 및 제3항에 따른 안전인증 업무를 제165조제2항에 따라 위탁받은 자로서 그 업무를 거짓이나 그 밖의 부정한 방법으로 수행한 자
5. 제93조제1항에 따른 안전검사 업무를 제165조제2항에 따라 위탁받은 자로서 그 업무를 거짓이나 그 밖의 부정한 방법으로 수행한 자
6. 제98조에 따른 자율검사프로그램에 따른 안전검사 업무를 거짓이나 그 밖의 부정한 방법으로 수행한 자

참고

산업안전보건법

18 산업안전보건법령상 화학물질의 유해성·위험성을 조사하고 그 조사보고서를 고용노동부장관에게 제출하여야 하는 것은?

① 방사성 물질

② 천연으로 산출된 화학물질

③ 연간 수입량이 1,000[kg] 미만인 경우로서 고용노동부장관의 확인을 받은 신규화학물질

④ 전량 수출하기 위하여 연간 10[t] 이하로 제조하거나 수입하는 경우로서 고용노동부장관의 확인을 받는 신규화학물질

⑤ 일반 소비자의 생활용으로 직접 소비자에게 제공되고 국내의 사업장에서 사용되지 않는 경우로서 고용노동부장관의 확인을 받은 신규화학물질

답 ③

해설

제148조(일반소비자 생활용 신규화학물질의 유해성·위험성 조사 제외) ① 법 제108조제1항제1호에서 "고용노동부령으로 정하는 경우"란 다음 각 호의 어느 하나에 해당하는 경우로서 고용노동부장관의 확인을 받은 경우를 말한다.
1. 해당 신규화학물질이 완성된 제품으로서 국내에서 가공하지 않는 경우
2. 해당 신규화학물질의 포장 또는 용기를 국내에서 변경하지 않거나 국내에서 포장하거나 용기에 담지 않는 경우
3. 해당 신규화학물질이 직접 소비자에게 제공되고 국내의 사업장에서 사용되지 않는 경우
② 제1항에 따른 확인을 받으려는 자는 최초로 신규화학물질을 수입하려는 날 7일 전까지 별지 제60호서식의 신청서에 제1항 각 호의 어느 하나에 해당하는 사실을 증명하는 서류를 첨부하여 고용노동부장관에게 제출하여야 한다.

제149조(소량 신규화학물질의 유해성·위험성 조사 제외) ① 법 제108조제1항제2호에 따라 신규화학물질의 수입량이 소량이어서 유해성·위험성 조사보고서를 제출하지 아니하는 경우란 신규화학물질의 연간 수입량이 100[kg] 미만인 경우로서 고용노동부장관의 확인을 받은 경우를 말한다.
② 제1항에 따른 확인을 받은 자가 같은 항에서 정한 수량 이상의 신규화학물질을 수입하였거나 수입하려는 경우에는 그 사유가 발생한 날부터 30일 이내에 유해성·위험성 조사보고서를 고용노동부장관에게 제출하여야 한다.
③ 제1항에 따른 확인의 신청에 관하여는 제148조제2항을 준용한다.
④ 제1항에 따른 확인은 1년간 유효한 것으로 한다. 다만, 신규화학물질의 연간 수입량이 100[kg] 미만인 경우로서 제151조제2항에 따라 확인을 받은 것으로 보는 경우에는 그 확인은 계속 유효한 것으로 본다.

제150조(그 밖의 신규화학물질의 유해성·위험성 조사 제외) ① 법 제108조제1항제2호에서 "위해의 정도가 적다고 인정되는 경우로서 고용노동부령으로 정하는 경우"란 다음 각 호의 어느 하나에 해당하는 경우로서 고용노동부장관의 확인을 받은 경우를 말한다.
1. 제조하거나 수입하려는 신규화학물질이 시험·연구를 위하여 사용되는 경우
2. 신규화학물질을 전량 수출하기 위하여 연간 10톤 이하로 제조하거나 수입하는 경우
3. 신규화학물질이 아닌 화학물질로만 구성된 고분자화합물로서 고용노동부장관이 정하여 고시하는 경우
② 제1항에 따른 확인의 신청에 관하여는 제148조제2항을 준용한다.

참고

산업안전보건법 시행규칙

19 산업안전보건법령상 질병자의 근로 금지·제한에 관한 설명으로 옳지 않은 것은?

① 사업주는 심장 등의 질환이 있는 사람으로서 근로에 의하여 병세가 악화될 우려가 있는 사람에 대해서는 의사의 진단에 따라 근로를 금지하여야 한다.

② 사업주는 발암성물질을 취급하는 작업에 종사하는 근로자에게는 1일 6시간, 1주 34시간을 초과하여 근로하게 하여서는 아니 된다.

③ 사업주는 착암기 등에 의하여 신체에 강렬한 진동을 주는 작업에서 유해·위험 예방조치 외에 작업과 휴식의 적정한 배분 등 근로자의 건강 보호를 위한 조치를 하여야 한다.

④ 사업주는 심장판막증이 있는 근로자를 고기압 업무에 종사하도록 하여서는 아니 된다.

⑤ 사업주는 근로가 금지되거나 제한된 근로자가 건강을 회복하였을 때에는 지체없이 취업하게 하여야 한다.

답 ②

해설

제139조(유해·위험작업에 대한 근로시간 제한 등) ① 사업주는 유해하거나 위험한 작업으로서 높은 기압에서 하는 작업 등 대통령령으로 정하는 작업에 종사하는 근로자에게는 1일 6시간, 1주 34시간을 초과하여 근로하게 해서는 아니 된다.
② 사업주는 대통령령으로 정하는 유해하거나 위험한 작업에 종사하는 근로자에게 필요한 안전조치 및 보건조치 외에 작업과 휴식의 적정한 배분 및 근로시간과 관련된 근로조건의 개선을 통하여 근로자의 건강 보호를 위한 조치를 하여야 한다.

참고

산업안전보건법

보충학습

산업안전보건법 시행령 제99조(유해·위험작업에 대한 근로시간 제한 등)

20 산업안전보건법령상 건강진단에 관한 설명으로 옳은 것은?

① 건강진단의 종류에는 일반건강진단, 특수건강진단, 채용시건강진단, 수시건강진단, 임시건강진단이 있다.

② 6개월간 밤 12시부터 오전 5시까지의 시간을 포함하여 계속되는 8시간 작업을 월 평균 4회 이상 수행하는 야간작업 근로자도 특수건강진단을 받아야 한다.

③ 벤젠에 노출되는 업무에 종사하는 근로자는 배치 후 3개월 이내에 첫 번째 특수 건강진단을 받고, 이후 6개월마다 주기적으로 특수건강진단을 받아야 한다.

④ 다른 사업장에서 해당 유해인자에 대하여 배치전건강진단을 받고 9개월이 지난 근로자로서 건강진단결과를 적은 서류를 제출한 근로자는 배치전건강진단을 실시하지 아니할 수 있다.

⑤ 특수건강진단대상업무로 인하여 해당 유해인자에 의한 건강장해를 의심하게 하는 증상을 보이는 근로자에 대하여 사업주가 실시하는 건강진단을 임시건강진단이라 한다.

답 ②

2017

해설

제197조(일반건강진단의 주기 등) ① 사업주는 상시 사용하는 근로자 중 사무직에 종사하는 근로자(공장 또는 공사현장과 같은 구역에 있지 아니한 사무실에서 서무·인사·경리·판매·설계 등의 사무업무에 종사하는 근로자를 말하며, 판매업무 등에 직접 종사하는 근로자는 제외한다)에 대해서는 2년에 1회 이상, 그 밖의 근로자에 대해서는 1년에 1회 이상 일반건강진단을 실시하여야 한다.

② 법 제129조제1항에 따라 일반건강진단을 실시하여야 할 사업주는 일반건강진단 실시 시기를 안전보건관리규정 또는 취업규칙에 규정하는 등 일반건강진단이 정기적으로 실시되도록 노력하여야 한다.

제209조(건강진단 결과의 보고 등) ① 건강진단기관이 법 제129조부터 제131조까지의 규정에 따른 건강진단을 실시하였을 때에는 그 결과를 고용노동부장관이 정하는 건강진단개인표에 기록하고, 건강진단을 실시한 날부터 30일 이내에 근로자에게 송부해야 한다.

② 건강진단기관은 건강진단을 실시한 결과 질병 유소견자가 발견된 경우에는 건강진단을 실시한 날부터 30일 이내에 해당 근로자에게 의학적 소견 및 사후관리에 필요한 사항과 업무수행의 적합성 여부(특수건강진단기관인 경우만 해당한다)를 설명해야 한다. 다만, 해당 근로자가 소속한 사업장의 의사인 보건관리자에게 이를 설명한 경우에는 그렇지 않다.

③ 건강진단기관은 건강진단을 실시한 날부터 30일 이내에 다음 각 호의 구분에 따라 건강진단 결과표를 사업주에게 송부해야 한다.

1. 일반건강진단을 실시한 경우: 별지 제84호서식의 일반건강진단 결과표
2. 특수건강진단 · 배치전건강진단 · 수시건강진단 및 임시건강진단을 실시한 경우: 별지 제85호서식의 특수 · 배치전 · 수시 · 임시건강진단 결과표

④ 특수건강진단기관은 특수건강진단 · 수시건강진단 또는 임시건강진단을 실시한 경우에는 법 제134조제1항에 따라 건강진단을 실시한 날부터 30일 이내에 건강진단 결과표를 지방고용노동관서의 장에게 제출해야 한다. 다만, 건강진단개인표 전산입력자료를 고용노동부장관이 정하는 바에 따라 공단에 송부한 경우에는 그렇지 않다.

⑤ 법 제129조제1항 단서에 따른 건강진단을 한 기관은 사업주가 근로자의 건강보호를 위하여 건강진단 결과를 요청하는 경우 별지 제84호서식의 일반건강진단 결과표를 사업주에게 송부해야 한다.

참고

산업안전보건법 시행규칙

보충학습

야간작업(2종) : 산업안전보건법 시행규칙 [별표 22]

① 6개월간 밤 12시부터 오전 5시까지의 시간을 포함하여 계속되는 8시간 작업을 월 평균 4회 이상 수행하는 경우
② 6개월 간 오후 10시부터 다음날 오전 6시 사이의 시간 중 작업을 월 평균 60시간 이상 수행하는 경우

21 산업안전보건법령상 지도사에 관한 설명으로 옳은 것은?

① 지도사 시험에 합격하여 고용노동부장관에게 등록하여야만 지도사의 자격을 가진다.

② 이 법을 위반하여 벌금형을 선고받고 6개월이 된 자는 지도사의 등록을 할 수 있다.

③ 지도사는 3년마다 갱신등록을 하여야 하며, 갱신등록은 지도실적이 없어도 가능하다.

④ 지도사 등록의 갱신기간 동안 지도실적이 2년 이상인 지도사의 보수교육시간은 10시간 이상으로 한다.

⑤ 산업안전 및 산업보건분야에서 3년간 실무에 종사한 지도사가 직무를 개시하려는 경우에는 등록을 하기 전 연수교육이 면제된다.

답 ④

해설

제143조(지도사의 자격 및 시험) ① 고용노동부장관이 시행하는 지도사 자격시험에 합격한 사람은 지도사의 자격을 가진다.

② 대통령령으로 정하는 산업 안전 및 보건과 관련된 자격의 보유자에 대해서는 제1항에 따른 지도사 자격시험의 일부를 면제할 수 있다.

③ 고용노동부장관은 제1항에 따른 지도사 자격시험 실시를 대통령령으로 정하는 전문기관에게 대행하게 할 수 있다. 이 경우 시험 실시에 드는 비용을 예산의 범위에서 보조할 수 있다.

④ 제3항에 따라 지도사 자격시험 실시를 대행하는 전문기관의 임직원은 「형법」제129조부터 제132조까지의 규정을 적용할 때에는 공무원으로 본다.

⑤ 지도사 자격시험의 시험과목, 시험방법, 다른 자격 보유자에 대한 시험 면제의 범위, 그 밖에 필요한 사항은 대통령령으로 정한다.

참고

산업안전보건법

보충학습

산업안전보건법 시행규칙 제231조(지도사 보수교육)

22 산업안전보건법령상 유해·위험방지계획서의 제출 대상 업종에 해당하지 않는 것은?(단, 전기 계약용량이 300킬로와트 이상인 사업에 한함)

① 전기장비 제조업

② 식료품 제조업

③ 가구 제조업

④ 목재 및 나무제품 제조업

⑤ 전자부품 제조업

답 ①

해설

제42조(유해 위험방지계획서 제출 대상) 법 제42조제1항제1호에서 "대통령령으로 정하는 사업의 종류 및 규모에 해당하는 사업"이란 다음 각 호의 어느 하나에 해당하는 사업으로서 전기 계약용량이 300킬로와트 이상인 사업을 말한다.

1. 금속가공제품(기계 및 가구는 제외한다) 제조업
2. 비금속 광물제품 제조업
3. 기타 기계 및 장비 제조업
4. 자동차 및 트레일러 제조업
5. 식료품 제조업
6. 고무제품 및 플라스틱제품 제조업
7. 목재 및 나무제품 제조업
8. 기타 제품 제조업
9. 1차 금속 제조업
10. 가구 제조업
11. 화학물질 및 화학제품 제조업
12. 반도체 제조업
13. 전자부품 제조업

참고

산업안전보건법 시행령

2017

23 산업안전보건법령상 서류의 보존기간에 관한 설명으로 옳지 않은 것은?

① 기관석면조사를 한 건축물이나 설비의 소유주 등과 석면조사기관은 그 결과에 관한 서류를 5년간 보존하여야 한다.

② 지정측정기관은 작업환경측정에 관한 사항으로서 측정대상 사업장의 명칭 및 소재지 등을 기재한 서류를 3년간 보존하여야 한다.

③ 사업주는 노사협의체 회의록을 2년간 보존하여야 한다.

④ 자율안전확인대상 기계·기구 등을 제조하거나 수입하려는 자는 자율안전기준에 맞는 것임을 증명하는 서류를 2년간 보존하여야 한다.

⑤ 사업주는 화학물질의 유해성·위험성 조사에 관한 서류를 3년간 보존하여야 한다.

답 ①

해설

제164조(서류의 보존) ① 사업주는 다음 각 호의 서류를 3년(제2호의 경우 2년을 말한다) 동안 보존하여야 한다. 다만, 고용노동부령으로 정하는 바에 따라 보존기간을 연장할 수 있다.

1. 안전관리책임자·안전관리자·보건관리자·안전보건관리담당자 및 산업보건의의 선임에 관한 서류
2. 제24조제3항 및 제75조제4항에 따른 회의록
3. 안전조치 및 보건조치에 관한 사항으로서 고용노동부령으로 정하는 사항을 적은 서류
4. 제57조제2항에 따른 산업재해의 발생 원인 등 기록
5. 제108조제1항 본문 및 제109조제1항에 따른 화학물질의 유해성·위험성 조사에 관한 서류
6. 제125조에 따른 작업환경측정에 관한 서류
7. 제129조부터 제131조까지의 규정에 따른 건강진단에 관한 서류

② 안전인증 또는 안전검사의 업무를 위탁받은 안전인증기관 또는 안전검사기관은 안전인증·안전검사에 관한 사항으로서 고용노동부령으로 정하는 서류를 3년 동안 보존하여야 하고, 안전인증을 받은 자는 제84조제5항에 따라 안전인증대상 기계 등에 대하여 기록한 서류를 3년 동안 보존하여야 하며, 자율안전확인대상 기계 등을 제조하거나 수입하는 자는 자율안전기준에 맞는 것임을 증명하는 서류를 2년 동안 보존하여야 하고, 제98조제1항에 따라 자율안전검사를 받은 자는 자율검사프로그램에 따라 실시한 검사 결과에 대한 서류를 2년 동안 보존하여야 한다.

③ 일반석면조사를 한 건축물·설비소유주 등은 그 결과에 관한 서류를 그 건축물이나 설비에 대한 해체·제거작업이 종료될 때까지 보존하여야 하고, 기관석면조사를 한 건축물·설비소유주 등과 석면조사기관은 그 결과에 관한 서류를 3년 동안 보존하여야 한다.

④ 작업환경측정기관은 작업환경측정에 관한 사항으로서 고용노동부령으로 정하는 사항을 적은 서류를 3년 동안 보존하여야 한다.

⑤ 지도사는 그 업무에 관한 사항으로서 고용노동부령으로 정하는 사항을 적은 서류를 5년 동안 보존하여야 한다.

⑥ 석면해체·제거업자는 제122조제3항에 따른 석면해체·제거작업에 관한 서류 중 고용노동부령으로 정하는 서류를 30년 동안 보존하여야 한다.

⑦ 제1항부터 제6항까지의 경우 전산입력자료가 있을 때에는 그 서류를 대신하여 전산입력자료를 보존할 수 있다.

참고

산업안전보건법

24 산업안전보건법령상 건강관리카드 발급대상 업무 및 대상요건에 해당하지 않는 것은?

① 니켈 또는 그 화합물을 광석으로부터 추출하여 제조하거나 취급하는 업무에 5년 이상 종사한 사람

② 염화비닐을 제조하거나 사용하는 석유화학설비를 유지·보수하는 업무에 4년 이상 종사한 사람

③ 비파괴검사 업무에 3년 이상 종사한 사람

④ 석면 또는 석면방직제품을 제조하는 업무에 3개월 이상 종사한 사람

⑤ 비스-(클로로메틸)에테르를 제조하거나 취급하는 업무에 3년 이상 종사한 사람

답 ③

해설

건강관리카드의 발급 대상

구분	건강장해가 발생할 우려가 있는 업무	대상 요건
1	베타-나프틸아민 또는 그 염(같은 물질이 함유된 화합물의 중량 비율이 1퍼센트를 초과하는 제제를 포함한다)을 제조하거나 취급하는 업무	3개월 이상 종사한 사람
2	벤지딘 또는 그 염(같은 물질이 함유된 화합물의 중량 비율이 1퍼센트를 초과하는 제제를 포함한다)을 제조하거나 취급하는 업무	3개월 이상 종사한 사람
3	베릴륨 또는 그 화합물(같은 물질이 함유된 화합물의 중량 비율이 1퍼센트를 초과하는 제제를 포함한다) 또는 그 밖에 베릴륨 함유물질(베릴륨이 함유된 화합물의 중량 비율이 3퍼센트를 초과하는 물질만 해당한다)을 제조하거나 취급하는 업무	제조하거나 취급하는 업무에 종사한 사람 중 양쪽 폐부분에 베릴륨에 의한 만성 결절성 음영이 있는 사람
4	비스-(클로로메틸)에테르(같은 물질이 함유된 화합물의 중량 비율이 1퍼센트를 초과하는 제제를 포함한다)를 제조하거나 취급하는 업무	3년 이상 종사한 사람
5	석면 또는 석면방직제품을 제조하는 업무	3개월 이상 종사한 사람

참고

산업안전보건법 시행규칙 [별표 25] 건강관리카드의 발급대상

보충학습

① 산업안전보건법 제137조(건강관리 카드)
② 산업안전보건법 시행규칙 제214조(건강관리카드의 발급대상)

25 **산업안전보건기준에 관한 규칙상 근골격계부담작업으로 인한 건강장해 예방에 관한 설명으로 옳지 않은 것은?**

① 신설되는 사업장의 사업주는 근로자가 근골격계부담작업을 하는 경우에 신설일부터 1년 이내에 최초의 유해요인조사를 하여야 한다.

② 유해요인조사에는 작업장 상황, 작업조건, 작업과 관련된 근골격계질환 징후와 증상 유무 등이 포함된다.

③ 유해요인조사는 근로자와의 면담, 증상 설문조사, 인간공학적 측면을 고려한 조사 등 적절한 방법으로 하여야 한다.

④ 근로자는 근골격계부담작업으로 인하여 운동범위의 축소 등의 징후가 나타나는 경우 그 사실을 사업주에게 통지할 수 있다.

⑤ 연간 7명이 근골격계질환으로 인한 업무상질병으로 인정받은 상시근로자 수 85명을 고용하고 있는 사업주는 근골격계질환 예방관리 프로그램을 시행하여야 한다.

답 ⑤

해설

제662조(근골격계질환 예방관리 프로그램 시행) ① 사업주는 다음 각 호의 어느 하나에 해당하는 경우에 근골격계질환 예방관리 프로그램을 수립하여 시행하여야 한다.

1. 근골격계질환으로 「산업재해보상보험법 시행령」 별표 3 제2호가목·마목 및 제12호라목에 따라 업무상 질병으로 인정받은 근로자가 연간 10명 이상 발생한 사업장 또는 5명 이상 발생한 사업장으로서 발생 비율이 그 사업장 근로자 수의 10퍼센트 이상인 경우
2. 근골격계질환 예방과 관련하여 노사 간 이견(異見)이 지속되는 사업장으로서 고용노동부장관이 필요하다고 인정하여 근골격계질환 예방관리 프로그램을 수립하여 시행할 것을 명령한 경우

② 사업주는 근골격계질환 예방관리 프로그램을 작성·시행할 경우에 노사협의를 거쳐야 한다.

③ 사업주는 근골격계질환 예방관리 프로그램을 작성·시행할 경우에 인간공학·산업의학·산업위생·산업간호 등 분야별 전문가로부터 필요한 지도·조언을 받을 수 있다

참고

산업안전보건기준에 관한 규칙 제657조, 제658조, 제660조, 제662조

Note

2018년도 3월 24일 필기문제

산업안전(보건)지도사 자격시험
제1차 시험문제지

제1과목 산업안전보건법령	총 시험시간 : 90분 (과목당 30분)	문제형별 A

수험번호	20180324	성 명	도서출판 세화

【수험자 유의사항】

1. 시험문제지 표지와 시험문제지 내 **문제형별의 동일여부** 및 시험문제지의 **총면수·문제번호 일련순서·인쇄상태** 등을 확인하시고, 문제지 표지에 수험번호와 성명을 기재하시기 바랍니다.
2. 답은 각 문제마다 요구하는 **가장 적합하거나 가까운 답 1개**만 선택하고, 답안카드 작성 시 시험문제지 **형별누락, 마킹착오**로 인한 불이익은 전적으로 **수험자에게 책임**이 있음을 알려 드립니다.
3. 답안카드는 국가전문자격 공통 표준형으로 문제번호가 1번부터 125번까지 인쇄되어 있습니다. 답안 마킹 시에는 반드시 **시험문제지의 문제번호와 동일한 번호**에 마킹하여야 합니다.
4. **감독위원의 지시에 불응하거나 시험 시간 종료 후 답안카드를 제출하지 않을 경우** 불이익이 발생할 수 있음을 알려 드립니다.
5. 시험문제지는 시험 종료 후 가져가시기 바랍니다.

【안 내 사 항】

1. 수험자는 **QR코드를 통해 가답안을 확인**하시기 바랍니다.
   (※ 사전 설문조사 필수)
2. 시험 합격자에게 **'합격축하 SMS(알림톡) 알림 서비스'**를 제공하고 있습니다.

▲ 가답안 확인

- 수험자 여러분의 합격을 기원합니다 -

2018년 산업안전보건법규 출제문제 분석표(NCS 기준)

법령명(대분류)	단원(중분류)	세부내용(소분류)	출제년월일
산업안전보건법	제1장 총칙	제4조 정부의 책무	18.3.24
	제2장 안전보건관리체제 등	제15조 안전보건관리책임자	18.3.24
		제25조 안전보건관리규정의 작성	18.3.24
	제3장 안전보건교육		
	제4장 유해 위험 방지 조치	제42조 유해위험방지계획서의 작성·제출	18.3.24
	제5장 도급 시 산업재해 예방	제58조 유해한 작업의 도급금지	18.3.24
	제6장 유해 위험기계 등에 대한 조치	제93조 안전검사	18.3.24
	제7장 유해 위험물질에 대한 조치	제119조 석면조사	18.3.24
	제8장 근로자 보건관리	제132조 건강진단에 관한 사업주의 의무	18.3.24
	제9장 산업안전지도사 및 산업보건지도사	제143조 지도사의 자격 및 시험	18.3.24
	제10장 근로감독관 등		
	제11장 보칙		
	제12장 벌칙	제167조 벌칙	18.3.24
소계		40% 출제	10문제 출제

법령명(대분류)	단원(중분류)		
산업안전보건법 시행령	제1장 총칙	제10조 공표대상 사업장	18.3.24
	제2장 안전보건관리체제 등	제28조 안전관리전문기관의 지정 취소 등의 사유	18.3.24
		제37조 산업안전보건위원회의 등	18.3.24
	제3장 안전보건교육		
	제4장 유해 위험 방지 조치	제43조 공정안전보고서의 제출대상	18.3.24
	제5장 도급 시 산업재해 예방	제53조 안전보건총괄책임자의 직무 등	18.3.24
	제6장 유해 위험기계 등에 대한 조치		
	제7장 유해 위험물질에 대한 조치	제85조 유해성.위험성 조사 제외 화학물질	18.3.24
		제88조 허가대상 유해물질	18.3.24
	제8장 근로자 보건관리		
	제9장 산업안전지도사 및 산업보건지도사	제101조 산업안전지도사 등의 직무	18.3.24
	제10장 보칙		
	제11장 벌칙		
소계		32% 출제	8문제 출제

법령명(대분류)	단원(중분류)		
산업안전보건법 시행규칙	제1장 총칙		
	제2장 안전보건관리체제 등		
	제3장 안전보건교육	제26조 안전보건교육 교육과정별 교육시간 [별표4]	18.3.24
	제4장 유해 위험 방지 조치	제38조 안전보건표지의 종류 형태 색채 및 용도 등[별표7]	18.3.24
	제5장 도급 시 산업재해 예방	제80조 도급사업시의 안전보건조치 등	18.3.24
	제6장 유해 위험기계 등에 대한 조치		
	제7장 유해 위험물질에 대한 조치	제145조 유해인자 허용기준[별표19]	18.3.24
	제8장 근로자 보건관리	제220조 질병자의 근로금지	18.3.24
	제9장 산업안전지도사 및 산업보건지도사		
	제10장 근로감독관 등		
	제11장 보칙		
소계		20% 출제	5문제 출제

법령명(대분류)	단원(중분류)	세부내용(소분류)	출제년월일
산업안전보건 기준에 관한 규칙	제1편 총칙		
	제2편 안전기준	제25조 갱내통로등의 위험방지	18.3.24
	제3편 보건기준	제483조 작업복 관리	18.3.24
소계		8% 출제	2문제 출제

1. 산업안전보건법령

01 **산업안전보건법령상 근로를 금지시켜야 하는 사람에 해당하지 않는 것은?**

① 조현병에 걸린 사람

② 감압증에 걸린 사람

③ 폐 질환이 있는 사람으로서 근로에 의하여 병세가 악화될 우려가 있는 사람

④ 심장 질환이 있는 사람으로서 근로에 의하여 병세가 악화될 우려가 있는 사람

⑤ 신장 질환이 있는 사람으로서 근로에 의하여 병세가 악화될 우려가 있는 사람

답 ②

해설

제220조(질병자의 근로금지) ① 법 제138조제1항에 따라 사업주는 다음 각 호의 어느 하나에 해당하는 사람에 대해서는 근로를 금지하여야 한다.

1. 전염될 우려가 있는 질병에 걸린 사람. 다만, 전염을 예방하기 위한 조치를 한 경우에는 제외한다.
2. 조현병, 마비성 치매에 걸린 사람
3. 심장·신장·폐 등의 질환이 있는 사람으로서 근로에 의하여 병세가 악화될 우려가 있는 사람
4. 제1호부터 제3호까지의 규정에 준하는 질병으로서 고용노동부장관이 정하는 질병에 걸린 사람

② 사업주는 제1항에 따라 근로를 금지하거나 근로를 다시 시작하도록 하는 경우에는 미리 보건관리자(의사인 보건관리자만 해당한다), 산업보건의 또는 건강진단을 실시한 의사의 의견을 들어야 한다.

정보제공

산업안전보건법 시행규칙

관련법규 산업안전보건법

제138조(질병자의 근로 금지·제한) ① 사업주는 감염병, 정신질환 또는 근로로 인하여 병세가 크게 악화될 우려가 있는 질병으로서 고용노동부령으로 정하는 질병에 걸린 자에게는 「의료법」 제2조에 따른 의사의 진단에 따라 근로를 금지하거나 제한하여야 한다.

② 사업주는 제1항에 따라 근로가 금지되거나 제한된 근로자가 건강을 회복하였을 때에는 지체 없이 근로를 할 수 있도록 하여야 한다.

보충학습

1. 감압증(decompression sickness : 減壓症)

① 기체의 부피는 가한 압력에 따라 팽창, 수축하며, 이를 보일(Boyle)의 법칙이라 하며 인체 내에 흡수된 기체들도 이 법칙을 벗어날 수는 없다.

② 주위의 기압이 증가하면 체내압도 여기저기 약간 불편하게 느끼면서 이에 따르며 별 심각한 문제는 일어나지 않는다. 그러나 외부기압이 갑자기 감소하면 일반적으로 감압증이라는 증세가 나타난다. 이의 여러 생리적 반응 중의 하나가 혈액, 신체조직, 관절에 질소기포가 형성되는 것으로, 이는 탄산 음료수의 병을 따면 기포가 올라오는 현상과 비슷한 현상이다. 이로 인하여 밖으로 나타나는 증상으로는 관절과 근육에 통증을 느끼는 잠수병과 호흡곤란(질식), 기침, 가슴통증, 피부가 가렵고 열·냉감을 느끼거나 반점이 생기기도 하는 질식성 잠수병(chokes)이 있다. 증상이 심한 경우에는 충격(shock), 헛소리, 혼수상태에 빠지며 죽음을 초래하기도 한다.

2. 조현병 : 정신분열병

02 산업안전보건법령상 사업장의 산업재해 발생건수 등 공표에 관한 설명이다. (   )안에 들어갈 내용을 순서대로 바르게 나열한 것은?

고용노동부장관은 산업재해를 예방하기 위하여 「산업안전보건법」제57조제3항에 따른 산업재해의 발생에 관한 보고를 최근 (ㄱ) 이내 (ㄴ) 이상 하지 않은 사업장의 근로자 산업재해 발생건수, 재해율 또는 그 순위 등을 공표하여야 한다.

① ㄱ : 1년, ㄴ : 1회
② ㄱ : 2년, ㄴ : 2회
③ ㄱ : 3년, ㄴ : 2회
④ ㄱ : 5년, ㄴ : 3회
⑤ ㄱ : 5년, ㄴ : 5회

답 ③

해설

제10조(공표대상 사업장) ① 법 제10조제1항에서 "대통령령으로 정하는 사업장"이란 다음 각 호의 어느 하나에 해당하는 사업장을 말한다.

1. 산업재해로 인한 사망자(이하 "사망재해자"라 한다)가 연간 2명 이상 발생한 사업장
2. 사망만인율(死亡萬人率 : 연간 상시근로자 1만명당 발생하는 사망재해자 수의 비율을 말한다)이 규모별 같은 업종의 평균 사망만인율 이상인 사업장
3. 법 제44조제1항 전단에 따른 중대산업사고가 발생한 사업장
4. 법 제57조제1항을 위반하여 산업재해 발생 사실을 은폐한 사업장
5. 법 제57조제3항에 따른 산업재해의 발생에 관한 보고를 최근 3년 이내 2회 이상 하지 않은 사업장

② 제1항제1호부터 제3호까지의 규정에 해당하는 사업장은 해당 사업장이 관계수급인의 사업장으로서 법 제63조에 따른 도급인이 관계수급인 근로자의 산업재해 예방을 위한 조치의무를 위반하여 관계수급인 근로자가 산업재해를 입은 경우에는 도급인의 사업장(도급인이 제공하거나 지정한 경우로서 도급인이 지배·관리하는 제11조 각 호에 해당하는 장소를 포함한다. 이하 같다)의 법 제10조제1항에 따른 산업재해 발생건수 등을 함께 공표한다.

정보제공

산업안전보건법 시행령

03 산업안전보건법령상 '일반석면조사'를 해야 하는 경우 그 조사사항에 해당하지 않는 것은?

① 해당 건축물이나 설비에 석면이 함유되어 있는지 여부

② 해당 건축물이나 설비 중 석면이 함유된 자재의 종류

③ 해당 건축물이나 설비 중 석면이 함유된 자재의 위치

④ 해당 건축물이나 설비 중 석면이 함유된 자재의 면적

⑤ 해당 건축물이나 설비에 함유된 석면의 종류 및 함유량

답 ⑤

해설

제119조(석면조사) ① 건축물이나 설비를 철거하거나 해체하려는 경우에 해당 건축물이나 설비의 소유주 또는 임차인 등(이하 "건축물·설비소유주 등"이라 한다)은 다음 각 호의 사항을 고용노동부령으로 정하는 바에 따라 조사(이하 "일반석면조사"라 한다)한 후 그 결과를 기록하여 보존하여야 한다.

1. 해당 건축물이나 설비에 석면이 함유되어 있는지 여부
2. 해당 건축물이나 설비 중 석면이 함유된 자재의 종류, 위치 및 면적

② 제1항에 따른 건축물이나 설비 중 대통령령으로 정하는 규모 이상의 건축물·설비소유주 등은 제120조에 따라 지정받은 기관(이하 "석면조사기관"이라 한다)에 다음 각 호의 사항을 조사(이하 "기관석면조사"라 한다)하도록 한 후 그 결과를 기록하여 보존하여야 한다. 다만, 석면함유 여부가 명백한 경우 등 대통령령으로 정하는 사유에 해당하여 고용노동부령으로 정하는 절차에 따라 확인을 받은 경우에는 기관석면조사를 생략할 수 있다.

1. 제1항 각 호의 사항
2. 해당 건축물이나 설비에 함유된 석면의 종류 및 함유량

③ 건축물·설비소유주 등이 「석면안전관리법」 등 다른 법률에 따라 건축물이나 설비에 대하여 석면조사를 실시한 경우에는 고용노동부령으로 정하는 바에 따라 일반석면조사 또는 기관석면조사를 실시한 것으로 본다.

④ 고용노동부장관은 건축물·설비소유주 등이 일반석면조사 또는 기관석면조사를 하지 아니하고 건축물이나 설비를 철거하거나 해체하는 경우에는 다음 각 호의 조치를 명할 수 있다.

1. 해당 건축물·설비소유주 등에 대한 일반석면조사 또는 기관석면 조사의 이행 명령
2. 해당 건축물이나 설비를 철거하거나 해체하는 자에 대하여 제1호에 따른 이행 명령의 결과를 보고받을 때까지의 작업중지 명령

⑤ 기관석면조사의 방법, 그 밖에 필요한 사항은 고용노동부령으로 정한다.

정보제공

산업안전보건법

관련법규 산업안전보건법 시행령

제89조(기관석면조사 대상) ① 법 제119조제2항 각 호 외의 부분 본문에서 "대통령령으로 정하는 규모 이상의 건축물이나 설비"란 다음 각 호의 어느 하나에 해당하는 경우를 말한다.

1. 건축물(제2호에 따른 주택은 제외한다. 이하 이 호에서 같다)의 연면적 합계가 50제곱미터 이상이면서, 그 건축물의 철거·해체하려는 부분의 면적 합계가 50제곱미터 이상인 경우
2. 주택(「건축법 시행령」 제2조제12호에 따른 부속건축물을 포함한다. 이하 이 조에서 같다)의 연면적 합계가 200제곱미터 이상이면서, 그 주택의 철거 · 해체하려는 부분의 면적 합계가 200제곱미터 이상인 경우
3. 설비의 철거·해체하려는 부분에 다음 각 목의 어느 하나에 해당하는 자재(물질을 포함한다. 이하 같다)를 사용한 면적의 합이 15제곱미터 이상 또는 그 부피의 합이 1세제곱미터 이상인 경우
   가. 단열재
   나. 보온재
   다. 분무재

라. 내화피복재
마. 개스킷(Gasket : 누설방지재)
바. 패킹재(Packing material : 틈박이재)
사. 실링재(Sealingmaterial : 액상 메움재)
아. 그 밖에 가목부터 사목까지의 자재와 유사한 용도로 사용되는 자재로서 고용노동부장관이 정하여 고시한 자재
4. 파이프 길이의 합이 80미터 이상이면서, 그 파이프의 철거 · 해체하려는 부분의 보온재로 사용된 길이의 합이 80미터 이상인 경우

② 법 제119조제2항 각 호 외의 부분 본문 단서에서 "석면함유 여부가 명백한 경우 등 대통령령으로 정하는 사유"란 다음 각 호의 어느 하나에 해당하는 경우를 말한다.

1. 건축물이나 설비의 철거·해체 부분에 사용된 자재가 설계도서, 자재 이력 등 관련 자료를 통해 석면을 함유하고 있지 않음이 명백하다고 인정되는 경우
2. 건축물이나 설비의 철거·해체 부분에 석면이 중량비율 1퍼센트를 초과하여 함유된 자재를 사용하였음이 명백하다고 인정되는 경우

04 甲은 산업안전보건법령상 산업안전지도사로서 활동을 하려고 한다. 이에 관한 설명으로 옳은 것은?

① 甲은 고용노동부장관이 시행하는 산업안전지도사시험에 합격하여야만 산업안전지도사의 자격을 가질 수 있다.

② 甲은 산업안전지도사로서 그 직무를 시작하기 전에 광역지방자치단체의 장에게 등록을 하여야 한다.

③ 甲이 파산선고를 받은 경우라면 복권되더라도 산업안전지도사로서 등록할 수 없다.

④ 甲은 3년마다 산업안전지도사 등록을 갱신하여야 한다.

⑤ 甲이 산업안전지도사의 직무를 조직적·전문적으로 수행하기 위하여 법인을 설립하려고 하는 경우에는 「상법」 중 주식회사에 관한 규정을 적용한다.

답 ①

해설

제143조(지도사의 자격 및 시험) ① 고용노동부장관이 시행하는 지도사시험에 합격한 사람은 지도사의 자격을 가진다.
② 대통령령으로 정하는 산업안전 및 보건과 관련된 자격의 보유자에 대해서는 제1항에 따른 지도사 자격시험의 일부를 면제할 수 있다.
③ 고용노동부장관은 제1항에 따른 지도사자격시험 실시를 대통령령으로 정하는 전문기관으로 하여금 대행하게 할 수 있다. 이 경우 시험 실시에 드는 비용을 예산의 범위에서 보조할 수 있다.
④ 제3항에 따라 지도사자격시험 실시를 대행하는 전문기관의 임직원은 「형법」 제129조부터 제132조까지의 규정을 적용할 때에는 공무원으로 본다.
⑤ 지도사자격시험의 시험과목, 시험방법, 다른 자격 보유자에 대한 시험 면제의 범위, 그 밖에 필요한 사항은 대통령령으로 정한다.

제145조(지도사의 등록) ① 지도사가 그 직무를 수행하려는 경우에는 고용노동부령으로 정하는 바에 따라 고용노동부장관에게 등록하여야 한다.
② 제1항에 따라 등록한 지도사는 그 직무를 조직적·전문적으로 하기 위하여 법인을 설립할 수 있다.
③ 다음 각 호의 어느 하나에 해당하는 자는 제1항에 따른 등록을 할 수 없다.
1. 피성년후견인 또는 피한정후견인
2. 파산선고를 받은 자로서 복권되지 아니한 자
3. 금고 이상의 실형을 선고받고 그 집행이 끝나거나(집행이 끝난 것으로 보는 경우를 포함한다) 집행이 면제된 날부터 2년이 지나지 아니한 자
4. 금고 이상의 형의 집행유예를 선고받고 그 유예기간 중에 있는 자
5. 이 법을 위반하여 벌금형을 선고받고 1년이 지나지 아니한 자
6. 제154조에 따라 등록이 취소(이 항 제1호 또는 제2호에 해당하여 등록이 취소된 경우는 제외한다)된 후 2년이 지나지 아니한 자
④ 제1항에 따라 등록을 한 지도사는 고용노동부령으로 정하는 바에 따라 5년마다 등록을 갱신하여야 한다.
⑤ 고용노동부령으로 정하는 지도실적이 있는 지도사만이 제4항에 따른 갱신등록을 할 수 있다 . 다만, 지도실적이 기준에 못 미치는 지도사는 고용노동부령으로 정하는 보수교육을 받은 경우 갱신등록을 할 수 있다.
⑥ 제2항에 따른 법인에 관하여는 「상법」 중 합명회사에 관한 규정을 적용한다.

제147조(지도사에 대한 지도 등) 고용노동부장관은 공단으로 하여금 다음 각 호의 업무를 하게 할 수 있다.
1. 지도사에 대한 지도·연락 및 정보의 공동이용체제의 구축·유지
2. 제142조제1항 및 제2항에 따른 지도사의 업무 수행과 관련된 사업주의 불만·고충의 처리 및 피해에 관한 분쟁의 조정
3. 그 밖에 지도사 업무의 발전을 위하여 필요한 사항으로서 고용노동부령으로 정하는 사항

정보제공

산업안전보건법

05 **산업안전보건법령상 안전관리전문기관 지정의 취소 또는 과징금에 관한 설명으로 옳은 것은?**

① 고용노동부장관은 안전관리전문기관이 업무정지 기간 중에 업무를 수행한 경우에는 그 지정을 취소하거나 6개월 이내의 기간을 정하여 그 업무의 정지를 명할 수 있다.

② 고용노동부장관은 안전관리전문기관이 위탁받은 안전관리 업무에 차질이 생기게 한 경우에는 그 지정을 취소하거나 6개월 이내의 기간을 정하여 그 업무의 정지를 명할 수 있다.

③ 과징금은 분할하여 납부할 수 있다.

④ 안전관리전문기관의 지정이 취소된 자는 3년 이내에는 안전관리전문기관으로 지정받을 수 없다.

⑤ 고용노동부장관은 위반행위의 동기, 내용 및 횟수 등을 고려하여 과징금 부과금액의 2분의 1 범위에서 과징금을 늘리거나 줄일 수 있으며, 늘리는 경우 과징금 부과금액의 총액은 1억원을 넘을 수 있다.

답 ②

해설

제28조(안전관리전문기관의 지정 취소 등의 사유) 법 제21조제4항제5호에서 "대통령령으로 정하는 사유에 해당하는 경우"란 다음 각 호의 경우를 말한다.
1. 안전관리 또는 보건관리 업무 관련 서류를 거짓으로 작성한 경우
2. 정당한 사유 없이 안전관리 또는 보건관리 업무의 수탁을 거부한 경우
3. 위탁받은 안전관리 또는 보건관리 업무에 차질을 일으키거나 업무를 게을리한 경우
4. 안전관리 또는 보건관리 업무를 수행하지 않고 위탁 수수료를 받은 경우
5. 안전관리 또는 보건관리 업무와 관련된 비치서류를 보존하지 않은 경우
6. 안전관리 또는 보건관리 업무 수행과 관련한 대가 외에 금품을 받은 경우
7. 법에 따른 관계 공무원의 지도·감독을 거부·방해 또는 기피한 경우

정보제공

산업안전보건법 시행령

관련법규 산업안전보건법

제21조(안전관리전문기관 등) ① 안전관리전문기관 또는 보건관리전문기관이 되려는 자는 대통령령으로 정하는 인력·시설 및 장비 등의 요건을 갖추어 고용노동부장관의 지정을 받아야 한다.
② 고용노동부장관은 안전관리전문기관 또는 보건관리전문기관에 대하여 평가하고 그 결과를 공개할 수 있다. 이 경우 평가의 기준·방법 및 결과의 공개에 필요한 사항은 고용노동부령으로 정한다.
③ 안전관리전문기관 또는 보건관리전문기관의 지정 절차, 업무 수행에 관한 사항, 위탁받은 업무를 수행할 수 있는 지역, 그 밖에 필요한 사항은 고용노동부령으로 정한다.
④ 고용노동부장관은 안전관리전문기관 또는 보건관리전문기관이 다음 각 호의 어느 하나에 해당할 때에는 그 지정을 취소하거나 6개월 이내의 기간을 정하여 그 업무의 정지를 명할 수 있다. 다만, 제1호 또는 제2호에 해당할 때에는 그 지정을 취소하여야 한다.
1. 거짓이나 그 밖의 부정한 방법으로 지정을 받은 경우
2. 업무정지 기간 중에 업무를 수행한 경우
3. 제1항에 따른 지정 요건을 충족하지 못한 경우
4. 지정받은 사항을 위반하여 업무를 수행한 경우
5. 그 밖에 대통령령으로 정하는 사유에 해당하는 경우
⑤ 제4항에 따라 지정이 취소된 자는 지정이 취소된 날부터 2년 이내에는 각각 해당 안전관리전문기관 또는 보건관리전문기관으로 지정받을 수 없다.

산업안전보건법 시행령 [별표 33]

과징금의 부과기준
(제111조 관련)

1. 일반기준
  가. 업무정지기간은 법 제163조제2항에 따른 업무정지의 기준에 따라 부과되는 기간을 말하며, 업무정지기간의 1개월은 30일로 본다.
  나. 과징금 부과금액은 위반행위를 한 지정기관의 연간 총 매출금액의 1일 평균매출금액을 기준으로 제2호에 따라 산출한다.
  다. 과징금 부과금액의 기초가 되는 1일 평균매출금액은 위반행위를 한 해당 지정기관에 대한 행정처분일이 속한 연도의 전년도 1년간의 총 매출금액을 365로 나눈 금액으로 한다. 다만, 신규 개설 또는 휴업 등으로 전년도 1년간의 총 매출금액을 산출할 수 없거나 1년간의 총 매출금액을 기준으로 하는 것이 타당하지 않다고 인정되는 경우에는 분기(90일을 말한다)별, 월별 또는 일별 매출금액을 해당 단위에 포함된 일수로 나누어 1일 평균매출금액을 산정한다.
  라. 제2호에 따라 산출한 과징금 부과금액이 10억원을 넘는 경우에는 과징금 부과금액을 10억원으로 한다.
  마. 고용노동부장관은 위반행위의 동기, 내용 및 횟수 등을 고려하여 제2호에 따른 과징금 부과금액의 2분의 1 범위에서 과징금을 늘리거나 줄일 수 있다. 다만, 늘리는 경우에도 과징금 부과금액의 총액은 10억원을 넘을 수 없다.

2. 과징금의 산정방법

과징금 부과금액 = 위반사업자 1일 평균매출금액 × 업무정지 일수 × 0.1

06 **산업안전보건기준에 관한 규칙상 통로 등에 관한 설명으로 옳지 않은 것은?**

① 사업주는 계단 및 승강구 바닥을 구멍이 있는 재료로 만드는 경우 렌치나 그 밖의 공구 등이 낙하할 위험이 없는 구조로 하여야 한다.

② 사업주는 급유용·보수용·비상용 계단 및 나선형 계단을 설치하는 경우 그 폭을 1미터 이상으로 하여야 한다.

③ 사업주는 높이가 3미터를 초과하는 계단에 높이 3미터 이내마다 너비 1.2 미터 이상의 계단참을 설치하여야 한다.

④ 사업주는 갱내에 설치한 통로 또는 사다리식 통로에 권상장치(卷上裝置)가 설치된 경우 권상장치와 근로자의 접촉에 의한 위험이 있는 장소에 판자벽이나 그 밖에 위험 방지를 위한 격벽(隔壁)을 설치하여야 한다.

⑤ 사업주는 높이 1미터 이상인 계단의 개방된 측면에 안전난간을 설치하여야 한다.

답 ②

해설

제25조(갱내통로 등의 위험 방지) 사업주는 갱내에 설치한 통로 또는 사다리식 통로에 권상장치(卷上裝置)가 설치된 경우 권상장치와 근로자의 접촉에 의한 위험이 있는 장소에 판자벽이나 그 밖에 위험 방지를 위한 격벽(隔壁)을 설치하여야 한다.

제26조(계단의 강도) ① 사업주는 계단 및 계단참을 설치하는 경우 매제곱미터당 500킬로그램 이상의 하중에 견딜 수 있는 강도를 가진 구조로 설치하여야 하며, 안전율[안전의 정도를 표시하는 것으로서 재료의 파괴응력도(破壞應力度)와 허용응력도(許容應力度)의 비율을 말한다]은 4 이상으로 하여야 한다.

② 사업주는 계단 및 승강구 바닥을 구멍이 있는 재료로 만드는 경우 렌치나 그 밖의 공구 등이 낙하할 위험이 없는 구조로 하여야 한다.

제27조(계단의 폭) ① 사업주는 계단을 설치하는 경우 그 폭을 1미터 이상으로 하여야 한다. 다만, 급유용·보수용·비상용 계단 및 나선형 계단이거나 높이 1미터 미만의 이동식 계단인 경우에는 그러하지 아니하다.

② 사업주는 계단에 손잡이 외의 다른 물건 등을 설치하거나 쌓아 두어서는 아니 된다.

제28조(계단참의 높이) 사업주는 높이가 3미터를 초과하는 계단에 높이 3미터 이내마다 진행방향으로 길이 1.2미터 이상의 계단참을 설치하여야 한다.

제29조(천장의 높이) 사업주는 계단을 설치하는 경우 바닥면으로부터 높이 2미터 이내의 공간에 장애물이 없도록 하여야 한다. 다만, 급유용·보수용·비상용 계단 및 나선형 계단인 경우에는 그러하지 아니하다.

제30조(계단의 난간) 사업주는 높이 1미터 이상인 계단의 개방된 측면에 안전난간을 설치하여야 한다.

정보제공

산업안전보건기준에 관한 규칙

07 산업안전보건법령상 정부의 책무 또는 사업주 등의 의무에 관한 설명으로 옳지 않은 것은?

① 사업주는 안전·보건의식을 북돋우기 위하여 산업안전·보건 강조기간의 설정 및 그 시행과 관련된 시책을 마련하여야 한다.

② 정부는 산업재해에 관한 조사 및 통계의 유지·관리를 성실히 이행할 책무를 진다.

③ 사업주는 해당 사업장의 안전·보건에 관한 정보를 근로자에게 제공하여야 한다.

④ 근로자는 사업주 또는 근로감독관, 한국산업안전보건공단 등 관계자가 실시하는 산업재해 방지에 관한 조치에 따라야 한다.

⑤ 원재료 등을 제조·수입하는 자는 그 원재료 등을 제조·수입할 때 산업안전보건법령으로 정하는 기준을 지켜야 한다.

답 ①

해설

제4조(정부의 책무) ① 정부는 이 법의 목적을 달성하기 위하여 다음 각 호의 사항을 성실히 이행할 책무를 진다.
1. 산업 안전 및 보건 정책의 수립 및 집행
2. 산업재해 예방 지원 및 지도
3. 「근로기준법」제76조의2에 따른 직장 내 괴롭힘 예방을 위한 조치기준 마련, 지도 및 지원
4. 사업주의 자율적인 산업 안전 및 보건 경영체제 확립을 위한 지원
5. 산업 안전 및 보건에 관한 의식을 북돋우기 위한 홍보·교육 등 안전문화 확산 추진
6. 산업 안전 및 보건에 관한 기술의 연구·개발 및 시설의 설치·운영
7. 산업재해에 관한 조사 및 통계의 유지·관리
8. 산업 안전 및 보건 관련 단체 등에 대한 지원 및 지도·감독
9. 그 밖에 노무를 제공하는 자의 안전 및 건강의 보호·증진

② 정부는 제1항 각 호의 사항을 효율적으로 수행하기 위하여 「한국산업안전보건공단법」에 따른 한국산업안전보건공단(이하 "공단"이라 한다), 그 밖의 관련 단체 및 연구기관에 행정적·재정적 지원을 할 수 있다.

제5조(사업주 등의 의무) ① 사업주(제77조에 따른 특수형태근로종사자로부터 노무를 제공받는 자와 제78조에 따른 물건의 수거·배달 등을 중개하는 자를 포함한다. 이하 이 조 및 제6조에서 같다)는 다음 각 호의 사항을 이행함으로써 근로자(제77조에 따른 특수형태근로종사자와 제78조에 따른 물건의 수거 · 배달 등을 하는 자를 포함한다. 이하 이 조 및 제6조에서 같다)의 안전 및 건강을 유지·증진시키고 국가의 산업재해 예방정책을 따라야 한다.
1. 이 법과 이 법에 따른 명령으로 정하는 산업재해 예방을 위한 기준
2. 근로자의 신체적 피로와 정신적 스트레스 등을 줄일 수 있는 쾌적한 작업환경의 조성 및 근로조건 개선
3. 해당 사업장의 안전 및 보건에 관한 정보를 근로자에게 제공

② 다음 각 호의 어느 하나에 해당하는 자는 발주·설계·제조·수입 또는 건설을 할 때 이 법과 이 법에 따른 명령으로 정하는 기준을 지켜야 하고, 발주·설계·제조·수입 또는 건설에 사용되는 물건으로 인하여 발생하는 산업재해를 방지하기 위하여 필요한 조치를 하여야 한다.
1. 기계·기구와 그 밖의 설비를 설계·제조 또는 수입하는 자
2. 원재료 등을 제조·수입하는 자
3. 건설물을 발주·설계·건설하는 자

제6조(근로자의 의무) 근로자는 이 법과 이 법에 따른 명령으로 정하는 산업재해 예방을 위한 기준을 지켜야 하며, 사업주 또는 「근로기준법」제101조에 따른 근로감독관, 공단 등 관계인이 실시하는 산업재해 예방에 관한 조치에 따라야 한다.

보충학습

① 산업안전보건법 시행령 제5조(안전 · 보건의식을 북돋우기 위한 시책 마련)
② 산업안전보건법 제4조(정부의 책무)
③ ⑤ 산업안전보건법 제5조(사업주 등의 의무)
④ 산업안전보건법 제6조(근로자의 의무)

정보제공

산업안전보건법

합격키

2016. 5. 11(문제 1번)

08 산업안전보건법령상 유해인자인 벤젠의 노출기준을 옳게 연결한 것은?

	시간가중 평균값(TWA)	단시간 노출값(STEL)
①	0.5[ppm]	2.0[ppm]
②	0.5[ppm]	2.5[ppm]
③	0.5[ppm]	3.0[ppm]
④	1.0[ppm]	2.5[ppm]
⑤	1.0[ppm]	3.0[ppm]

답 ②

해설

유해인자별 노출농도의 허용기준(제145조1항 관련)

유해인자		허용기준			
		시간가중 평균값(TWA)		단시간 노출값(STEL)	
		ppm	mg/m³	ppm	mg/m³
1. 6가크롬[18540-29-9] 화합물 (Chromium VI compounds)	불용성		0.01		
	수용성				
2. 납[7439-92-1] 및 그 무기화합물 (Lead and its inorganic compounds)			0.05		
3. 니켈[7440-02-0] 화합물(불용성 무기화합물로 한정한다) (Nickel and its insoluble inorganic compounds)			0.2		
4. 니켈카르보닐(Nickel carbonyl ; 13463-39-3)		0.001			
5. 디메틸포름아미드(Dimethylformamide ; 68-12-2)		10			
6. 디클로로메탄(Dichloromethane ; 75-09-2)		50			
7. 1,2-디클로로프로판(1,2-Dichloropropane ; 78-87-5)		10		110	
8. 망간[7439-96-5] 및 그 무기화합물 (Manganese and its inorganic compounds)			1		
9. 메탄올(Methanol ; 67-56-1)		200		250	
10. 메틸렌 비스(페닐 이소시아네이트) (Methylene bis(phenyl isocyanate) ; 101-68-8 등)		0.005			
11. 베릴륨[7440-41-7] 및 그 화합물 (Beryllium and its compounds)			0.002		0.01
12. 벤젠(Benzene ; 71-43-2)		0.5		2.5	
13. 1,3-부타디엔(1,3-Butadiene ; 106-99-0)		2		10	
14. 2-브로모프로판(2-Bromopropane ; 75-26-3)		1			
15. 브롬화 메틸(Methyl bromide ; 74-83-9)		1			
16. 산화에틸렌(Ethylene oxide ; 75-21-8)		1			
17. 석면(제조·사용하는 경우만 해당한다) (Asbestos ; 1332-21-4 등)			0.1개/㎤		
18. 수은[7439-97-6] 및 그 무기화합물 (Mercury and its inorganic compounds)			0.025		

유해인자	허용기준			
	시간가중 평균값(TWA)		단시간 노출값(STEL)	
	ppm	mg/m³	ppm	mg/m³
19. 스티렌(Styrene ; 100-42-5)	20		40	
20. 시클로헥사논(Cyclohexanone ; 108-94-1)	25		50	
21. 아닐린(Aniline ; 62-53-3)	2			
22. 아크릴로니트릴(Acrylonitrile ; 107-13-1)	2			
23. 암모니아(Ammonia ; 7664-41-7 등)	25		35	
24. 염소(Chlorine ; 7782-50-5)	0.5		1	
25. 염화비닐(Vinyl chloride ; 75-01-4)	1			
26. 이황화탄소(Carbon disulfide ; 75-15-0)	1			
27. 일산화탄소(Carbon monoxide ; 630-08-0)	30		200	
28. 카드뮴[7440-43-9] 및 그 화합물 (Cadmium and its compounds)		0.01 (호흡성 분진인 경우 0.002)		
29. 코발트[7440-48-4] 및 그 무기화합물 (Cobalt and its inorganic compounds)		0.02		
30. 콜타르피치[65996-93-2] 휘발물(Coal tar pitch volatiles)		0.2		
31. 톨루엔(Toluene ; 108-88-3)	50		150	
32. 톨루엔-2,4-디이소시아네이트 (Toluene-2,4-diisocyanate ; 584-84-9 등)	0.005		0.02	
33. 톨루엔-2,6-디이소시아네이트 (Toluene-2,6-diisocyanate ; 91-08-7 등)	0.005		0.02	
34. 트리클로로메탄(Trichloromethane ; 67-66-3)	10			
35. 트리클로로에틸렌(Trichloroethylene ; 79-01-6)	10		25	
36. 포름알데히드(Formaldehyde ; 50-00-0)	0.3			
37. n-헥산(n-Hexane ; 110-54-3)	50			
38. 황산(Sulfuric acid ; 7664-93-9)		0.2		0.6

※비고

1. "시간가중 평균값(TWA, Time-Weighted Average)"이란 1일 8시간 작업을 기준으로 한 평균노출농도로서 산출 공식은 다음과 같다.

$$TWA\ 환산값 = \frac{C_1T_1 + C_2T_2 + \cdots + C_nT_n}{8}$$

주) C : 유해인자의 측정농도(단위 : ppm, mg/m³ 또는 개/cm³)

T : 유해인자의 발생시간(단위 : 시간)

2. "단시간 노출값(STEL, Short-Term Exposure Limit)"이란 15분 간의 시간가중 평균값으로서 노출농도가 시간가중 평균값을 초과하고 단시간 노출값 이하인 경우에는 ① 1회 노출 지속시간이 15분 미만이어야 하고, ② 이러한 상태가 1일 4회 이하로 발생해야 하며, ③ 각 회의 간격은 60분 이상이어야 한다.
3. "등"이란 해당 화학물질에 이성질체 등 동일 속성을 가지는 2개 이상의 화합물이 존재할 수 있는 경우를 말한다.

정보제공

산업안전보건법 시행규칙 [별표 19]

09 **산업안전보건법령상 건강진단에 관한 설명으로 옳지 않은 것은?**

① 사업주가 실시하여야 하는 근로자 건강진단에는 일반건강진단, 특수건강진단, 배치전건강진단, 수시건강진단 및 임시건강진단이 있다.

② 건강진단기관이 건강진단을 실시한 때에는 그 결과를 근로자 및 사업주에게 통보하고 고용노동부장관에게 보고하여야 한다.

③ 사업주는 근로자대표가 요구할 때에는 해당 근로자 본인의 동의 없이도 그 근로자의 건강진단결과를 공개할 수 있다.

④ 사업주는 특수건강진단, 배치전건강진단 및 수시건강진단을 지방고용노동 관서의 장이 지정하는 의료기관에서 실시하여야 한다.

⑤ 사업주가 「항공법」에 따른 신체검사를 실시하여 그 건강진단을 받은 근로자는 일반건강진단을 실시한 것으로 본다.

답 ③

해설

제132조(건강진단에 관한 사업주의 의무) ① 사업주는 제129조부터 제131조까지의 규정에 따른 건강진단을 실시하는 경우 근로자대표가 요구하면 근로자대표를 참석시켜야 한다.

② 사업주는 산업안전보건위원회 또는 근로자대표가 요구할 때에는 직접 또는 제129조부터 제131조까지의 규정에 따른 건강진단을 한 건강진단기관에 건강진단 결과에 대하여 설명하도록 하여야 한다. 다만, 개별 근로자의 건강진단 결과는 본인의 동의 없이 공개해서는 아니 된다.

③ 사업주는 제129조부터 제131조까지의 규정에 따른 건강진단의 결과를 근로자의 건강 보호 및 유지 외의 목적으로 사용해서는 아니 된다.

④ 사업주는 제129조부터 제131조까지의 규정 또는 다른 법령에 따른 건강진단의 결과 근로자의 건강을 유지하기 위하여 필요하다고 인정할 때에는 작업장소 변경, 작업 전환, 근로시간 단축, 야간근로(오후 10시부터 다음 날 오전 6시까지 사이의 근로를 말한다)의 제한, 작업환경측정 또는 시설·설비의 설치·개선 등 고용노동부령으로 정하는 바에 따라 적절한 조치를 하여야 한다.

⑤ 제4항에 따라 적절한 조치를 하여야 하는 사업주로서 고용노동부령으로 정하는 사업주는 그 조치 결과를 고용노동부령으로 정하는 바에 따라 고용노동부장관에게 제출하여야 한다.

정보제공

산업안전보건법

10 산업안전보건법령상 산업안전지도사와 산업보건지도사의 업무범위에 공통적으로 해당하는 것을 모두 고른 것은?

ㄱ. 유해위험방지계획서의 작성 지도
ㄴ. 안전보건개선계획서의 작성 지도
ㄷ. 공정안전보고서의 작성 지도
ㄹ. 직업병 예방을 위한 작업관리에 필요한 지도
ㅁ. 보건진단 결과에 따른 개선에 필요한 기술 지도

① ㄱ
② ㄱ, ㄴ
③ ㄱ, ㄴ, ㄷ
④ ㄱ, ㄴ, ㄷ, ㄹ
⑤ ㄱ, ㄴ, ㄷ, ㄹ, ㅁ

답 ②

해설

제101조(산업안전지도사 등의 직무) ① 법 제142조제1항제4호에서 "대통령령으로 정하는 사항"이란 다음 각 호의 사항을 말한다.
1. 법 제36조에 따른 위험성평가의 지도
2. 법 제49조에 따른 안전보건개선계획서의 작성
3. 그 밖에 산업안전에 관한 사항의 자문에 대한 응답 및 조언
② 법 제142조제2항제6호에서 "대통령령으로 정하는 사항"이란 다음 각 호의 사항을 말한다.
1. 법 제36조에 따른 위험성평가의 지도
2. 법 제49조에 따른 안전보건개선계획서의 작성
3. 그 밖에 산업보건에 관한 사항의 자문에 대한 응답 및 조언

제102조(산업안전지도사의 업무 영역별 종류 등) ① 법 제145조제1항에 따른 산업안전지도사의 업무 영역은 기계안전·전기안전·화공안전·건설안전 분야로 구분하고, 같은 항에 따라 등록한 산업보건지도사의 업무 영역은 직업환경의학·산업위생 분야로 구분한다.
② 제145조제1항에 따라 등록한 산업안전지도사 또는 산업보건지도사(이하 "지도사"라 한다)해당 업무 영역별 업무범위는 별표 31과 같다.

정보제공

산업안전보건법 시행령

관련법규 산업안전보건법

제142조(산업안전지도사 등의 직무) ① 산업안전지도사는 다음 각 호의 직무를 수행한다.
1. 공정상의 안전에 관한 평가·지도
2. 유해·위험의 방지대책에 관한 평가·지도
3. 제1호 및 제2호의 사항과 관련된 계획서 및 보고서의 작성
4. 그 밖에 산업안전에 관한 사항으로서 대통령령으로 정하는 사항
② 산업보건지도사는 다음 각 호의 직무를 수행한다.
1. 작업환경의 평가 및 개선 지도
2. 작업환경 개선과 관련된 계획서 및 보고서의 작성
3. 근로자 건강진단에 따른 사후관리 지도
4. 직업성 질병 진단(「의료법」 제2조에 따른 의사인 산업보건지도사만 해당한다) 및 예방 지도
5. 산업보건에 관한 조사·연구

6. 그 밖에 산업보건에 관한 사항으로서 대통령령으로 정하는 사항

③ 산업안전지도사 및 산업보건지도사(이하 "지도사"라 한다)의 업무 영역별 종류 및 업무 범위, 그 밖에 필요한 사항은 대통령령으로 정한다.

[별표 31] 지도사의 업무 영역별 업무 범위

1. 산업안전지도사(기계안전·전기안전·화공안전 분야)
   가. 유해위험방지계획서, 안전보건개선계획서, 공정안전보고서, 기계·기구·설비의 작업계획서 및 물질안전보건자료 작성 지도
   나. 전기, 기계·기구·설비, 화학설비 및 공정의 설계·시공·배치·보수·유지에 관한 안전성 평가 및 기술 지도
   다. 정전기·전자파로 인한 재해의 예방, 자동화설비, 자동제어, 방폭전기설비 및 전력시스템 등에 관한 기술 지도
   라. 인화성 가스, 인화성 액체, 폭발성 물질, 급성독성 물질 및 방폭설비 등에 관한 안전성 평가 및 기술 지도
   마. 크레인 등 기계·기구, 전기작업의 안전성 평가
   바. 그 밖에 기계, 전기, 화공 등에 관한 교육 또는 기술 지도
2. 산업안전지도사(건설안전 분야)
   가. 유해위험방지계획서, 안전보건개선계획서, 건축·토목 작업계획서 작성 지도
   나. 가설구조물, 시공 중인 구축물, 해체공사, 건설공사 현장의 붕괴우려 장소 등의 안전성 평가
   다. 가설시설, 가설도로 안전성 평가
   라. 굴착공사의 안전시설, 지반붕괴, 매설물 파손 예방의 기술 지도
   라. 그 밖에 토목, 건축 등에 관한 교육 또는 기술 지도
3. 산업보건지도사(산업위생 분야)
   가. 유해위험방지계획서, 안전보건개선계획서, 물질안전보건자료 작성 지도
   나. 작업환경 측정 결과에 대한 공학적 개선대책 기술 지도
   다. 작업장 환기시설의 설계 및 시공에 필요한 기술 지도
   라. 보건진단결과에 따른 작업환경 개선에 필요한 작업환경의학적 지도
   마. 석면 해체·제거 작업 기술지도
   바. 갱내, 터널 또는 밀폐공간의 환기·배기시설의 안전성 평가 및 기술 지도
   사. 그 밖에 산업보건에 관한 교육 또는 기술 지도
4. 산업보건지도사(작업환경의학 분야)
   가. 유해위험방지계획서, 안전보건개선계획서 작성 지도
   나. 건강진단 결과에 따른 근로자 건강관리 지도
   다. 직업병 예방을 위한 작업관리, 건강관리에 필요한 지도
   라. 보건진단 결과에 따른 개선에 필요한 기술 지도
   마. 그 밖에 작업환경의학, 건강관리에 관한 교육 또는 기술 지도

11 산업안전보건법령상 건설 일용근로자가 건설업 기초안전보건교육을 이수하여야 하는 경우 그 교육 시간은?

① 1시간 이상 ② 2시간 이상
③ 3시간 이상 ④ 4시간 이상
⑤ 5시간 이상

답 ④

해설

안전보건교육 교육과정별 교육시간

1. 근로자 안전보건교육

<table>
<tr><th>교육과정</th><th colspan="2">교육대상</th><th>교육시간</th></tr>
<tr><td rowspan="4">가. 정기교육</td><td colspan="2">사무직 종사 근로자</td><td>매반기 6시간 이상</td></tr>
<tr><td rowspan="2">사무직 종사 근로자 외의 근로자</td><td>판매업무에 직접 종사하는 근로자</td><td>매반기 6시간 이상</td></tr>
<tr><td>판매업무에 직접 종사하는 근로자 외의 근로자</td><td>매반기 12시간 이상</td></tr>
<tr><td colspan="2">관리감독자의 지위에 있는 사람</td><td>연간 16시간 이상</td></tr>
<tr><td rowspan="2">나. 채용 시 교육</td><td colspan="2">일용근로자</td><td>1시간 이상</td></tr>
<tr><td colspan="2">일용근로자를 제외한 근로자</td><td>8시간 이상</td></tr>
<tr><td rowspan="2">다. 작업내용 변경 시 교육</td><td colspan="2">일용근로자</td><td>1시간 이상</td></tr>
<tr><td colspan="2">일용근로자를 제외한 근로자</td><td>2시간 이상</td></tr>
<tr><td rowspan="3">라. 특별교육</td><td colspan="2">별표 5 제1호라목 각 호(제39호는 제외한다)의 어느 하나에 해당하는 작업에 종사하는 일용근로자</td><td>2시간 이상</td></tr>
<tr><td colspan="2">별표 5 제1호라목제39호의 타워크레인 신호작업에 종사하는 일용근로자</td><td>8시간 이상</td></tr>
<tr><td colspan="2">별표 5 제1호라목 각 호의 어느 하나에 해당하는 작업에 종사하는 일용근로자를 제외한 근로자</td><td>- 16시간 이상(최초 작업에 종사하기 전 4시간 이상 실시하고 12시간은 3개월 이내에서 분할하여 실시가능)
- 단기간 작업 또는 간헐적 작업인 경우에는 2시간 이상</td></tr>
<tr><td>마. 건설업 기초안전보건교육</td><td colspan="2">건설 일용근로자</td><td>4시간 이상</td></tr>
</table>

비고
1. 상시 근로자 50명 미만의 도매업과 숙박 및 음식점업은 위 표의 가목부터 라목까지의 규정에도 불구하고 해당 교육과정별 교육시간의 2분의 1 이상을 실시하여야 한다.
2. 근로자(관리감독자의 지위에 있는 사람은 제외한다)가 「화학물질관리법 시행규칙」 제37조제4항에 따른 유해화학물질 안전교육을 받은 경우에는 그 시간만큼 가목에 따른 해당 분기의 정기교육을 받은 것으로 본다.
3. 방사선작업종사자가 「원자력안전법 시행령」 제148조제1항에 따라 방사선작업종사자 정기교육을 받은 때에는 그 해당시간만큼 가목에 따른 해당 분기의 정기교육을 받은 것으로 본다.
4. 방사선 업무에 관계되는 작업에 종사하는 근로자가 「원자력안전법 시행령」 제148조제1항에 따라 방사선작업종사자 신규교육 중 직장교육을 받은 때에는 그 시간만큼 라목 중 별표 5 제1호라목 33에 따른 해당 근로자에 대한 특별교육을 받은 것으로 본다.

2. 안전보건관리책임자 등에 대한 교육

교육대상	교육시간	
	신규교육	보수교육
가. 안전보건관리책임자	6시간 이상	6시간 이상
나. 안전관리자, 안전관리전문기관의 종사자	34시간 이상	24시간 이상
다. 보건관리자, 보건관리전문기관의 종사자	34시간 이상	24시간 이상
라. 건설재해예방 전문지도기관의 종사자	34시간 이상	24시간 이상
마. 석면조사기관의 종사자	34시간 이상	24시간 이상
바. 안전보건관리담당자	-	8시간 이상
사. 안전검사기관, 자율안전검사기관의 종사자	34시간 이상	24시간 이상

3. 검사원 성능검사교육

교육과정	교육대상	교육시간
성능검사교육	-	28시간 이상

4. 특수형태근로종사자에 대한 안전보건교육

교육과정	교육시간
가. 최초 노무제공 시 교육	2시간 이상(단기간 작업 또는 간헐적 작업에 노무를 제공하는 경우에는 1시간 이상 실시하고, 특별교육을 실시한 경우는 면제)
나. 특별교육	16시간 이상(최초 작업에 종사하기 전 4시간 이상 실시하고 12시간은 3개월 이내에서 분할하여 실시가능)
	단기간 작업 또는 간헐적 작업인 경우에는 2시간 이상

정보제공

산업안전보건법 시행규칙 [별표 4]

12 산업안전보건법령상 유해 · 위험설비에 해당하는 것은?

① 원자력 설비

② 군사시설

③ 차량 등의 운송설비

④ 「도시가스사업법」에 따른 가스공급시설

⑤ 화약 및 불꽃제품 제조업

답 ⑤

해설

제43조(공정안전보고서의 제출 대상) ① 법 제44조제1항 전단에서 "대통령령으로 정하는 유해하거나 위험한 설비"란 다음 각 호의 어느 하나에 해당하는 사업을 하는 사업장의 경우에는 그 보유설비를 말하고, 그 외의 사업을 하는 사업장의 경우에는 별표 13에 따른 유해·위험물질 중 하나 이상을 같은 표에 따른 규정량 이상 제조·취급·저장하는 설비 및 그 설비의 운영과 관련된 모든 공정설비를 말한다.

1. 원유 정제처리업
2. 기타 석유정제물 재처리업
3. 석유화학계 기초화학물질 제조업 또는 합성수지 및 기타 플라스틱물질 제조업. 다만, 합성수지 및 기타 플라스틱물질 제조업은 별표 13의 제1호 또는 제2호에 해당하는 경우로 한정한다.
4. 질소 화합물, 질소·인산 및 칼리질 화학비료 제조업 중 질소질 화학비료 제조
5. 복합비료 및 기타 화학비료 제조업 중 복합비료 제조(단순혼합 또는 배합에 의한 경우는 제외한다)
6. 화학 살균·살충제 및 농업용 약제 제조업(농약 원제 제조만 해당한다)
7. 화약 및 불꽃제품 제조업

② 제1항에도 불구하고 다음 각 호의 설비는 유해하거나 위험한 설비로 보지 않는다.

1. 원자력 설비
2. 군사시설
3. 사업주가 해당 사업장 내에서 직접 사용하기 위한 난방용 연료의 저장설비 및 사용설비
4. 도매·소매시설
5. 차량 등의 운송설비
6. 「액화석유가스의 안전관리 및 사업법」에 따른 액화석유가스의 충전·저장시설
7. 「도시가스사업법」에 따른 가스공급시설
8. 그 밖에 고용노동부장관이 누출·화재·폭발 등의 사고가 있더라도 그에 따른 피해의 정도가 크지 않다고 인정하여 고시하는 설비

③ 법 제44조의제1항 전단에서 "대통령령으로 정하는 사고"란 다음 각 호의 어느 하나에 해당하는 사고를 말한다.

1. 근로자가 사망하거나 부상을 입을 수 있는 제1항에 따른 설비(제2항에 따른 설비는 제외한다. 이하 제2호에서 같다)에서의 누출·화재·폭발 사고
2. 인근 지역의 주민이 인적 피해를 입을 수 있는 제1항에 따른 설비에서의 누출·화재·폭발 사고

정보제공

산업안전보건법 시행령

13 산업안전보건법령상 동일 사업장내에서 공정의 일부분을 도급하는 경우, **고용노동부장관의 인가를 받으면 그 작업만을 분리하여 도급(하도급을 포함한다)을 줄 수 있는 작업을 모두 고른 것은?**

ㄱ. 도금작업
ㄴ. 카드뮴 등 중금속을 제련, 주입, 가공 및 가열하는 작업
ㄷ. 크롬산 아연을 제조하는 작업
ㄹ. 황화니켈을 사용하는 작업
ㅁ. 휘발성 콜타르피치를 사용하는 작업

① ㄱ, ㄴ
② ㄱ, ㄹ
③ ㄴ, ㄷ, ㅁ
④ ㄷ, ㄹ, ㅁ
⑤ ㄱ, ㄴ, ㄷ, ㄹ, ㅁ

답 ⑤

해설

제58조(유해한 작업의 도급금지) ① 사업주는 근로자의 안전 및 보건에 유해하거나 위험한 작업으로서 다음 각 호의 어느 하나에 해당하는 작업을 도급하여 자신의 사업장에서 수급인의 근로자가 그 작업을 하도록 해서는 아니 된다.
1. 도금작업
2. 수은, 납 또는 카드뮴을 제련, 주입, 가공 및 가열하는 작업
3. 제118조제1항에 따른 허가대상물질을 제조하거나 사용하는 작업

② 사업주는 제1항에도 불구하고 다음 각 호의 어느 하나에 해당하는 경우에는 제1항 각 호에 따른 작업을 도급하여 자신의 사업장에서 수급인의 근로자가 그 작업을 하도록 할 수 있다.
1. 일시·간헐적으로 하는 작업을 도급하는 경우
2. 수급인이 보유한 기술이 전문적이고 사업주(수급인에게 도급을 한 도급인으로서의 사업주를 말한다)의 사업 운영에 필수 불가결한 경우로서 고용노동부장관의 승인을 받은 경우

③ 사업주는 제2항제2호에 따라 고용노동부장관의 승인을 받으려는 경우에는 고용노동부령으로 정하는 바에 따라 고용노동부장관이 실시하는 안전 및 보건에 관한 평가를 받아야 한다.
④ 제2항제2호에 따른 승인의 유효기간은 3년의 범위에서 정한다.
⑤ 고용노동부장관은 제4항에 따른 유효기간이 만료되는 경우에 사업주가 유효기간의 연장을 신청하면 승인의 유효기간이 만료되는 날의 다음 날부터 3년의 범위에서 고용노동부령으로 정하는 바에 따라 그 기간의 연장을 승인할 수 있다. 이 경우 사업주는 제3항에 따른 안전 및 보건에 관한 평가를 받아야 한다.
⑥ 사업주는 제2항제2호 또는 제5항에 따라 승인을 받은 사항 중 고용노동부령으로 정하는 사항을 변경하려는 경우에는 고용노동부령으로 정하는 바에 따라 변경에 대한 승인을 받아야 한다.
⑦ 고용노동부장관은 제2항제2호, 제5항 또는 제6항에 따라 승인, 연장승인 또는 변경승인을 받은 자가 제8항에 따른 기준에 미달하게 된 경우에는 승인, 연장승인 또는 변경승인을 취소하여야 한다.
⑧ 제2항제2호, 제5항 또는 제6항에 따른 승인, 연장승인 또는 변경승인의 기준·절차 및 방법, 그 밖에 필요한 사항은 고용노동부령으로 정한다.

정보제공

산업안전보건법

보충학습

2018년 3월 24일(문제 14번)

14 산업안전보건법령상 제조 또는 사용허가를 받아야 하는 유해물질에 해당하지 않는 것은?

① 디클로로벤지딘과 그 염

② 오로토-톨리딘과 그 염

③ 디아니시딘과 그 염

④ 비소 및 그 무기화합물

⑤ 베타-나프틸아민과 그 염

답 ⑤

해설

제88조(허가대상 유해물질) 법 제118조제1항 전단에서 "대체물질이 개발되지 아니한 물질 등 대통령령으로 정하는 물질"이란 다음 각 호의 물질을 말한다.

1. α-나프틸아민[134-32-7] 및 그 염(α-Naphthylamine and its salts)
2. 디아니시딘[119-90-4] 및 그 염(Dianisidine and its salts)
3. 디클로로벤지딘[91-94-1] 및 그 염(Dichlorobenzidine and its salts)
4. 베릴륨(Beryllium ; 7440-41-7)
5. 벤조트리클로라이드(Benzotrichloride ; 98-07-7)
6. 비소[7440-38-2] 및 그 무기화합물(Arsenic and its inorganic compounds)
7. 염화비닐(Vinyl chloride ; 75-01-4)
8. 콜타르피치[65996-93-2] 휘발물(Coal tar pitch volatiles)
9. 크롬광 가공(열을 가하여 소성 처리하는 경우만 해당한다)(Chromite ore processing)
10. 크롬산 아연(Zinc chromates ; 13530-65-9 등)
11. o-톨리딘[119-93-7] 및 그 염(o-Tolidine and its salts)
12. 황화니켈류(Nickel sulfides ; 12035-72-2, 16812-54-7)
13. 제1호부터 제4호까지 또는 제6호부터 제12호까지의 어느 하나에 해당하는 물질을 함유한 혼합물(함유된 중량의 비율이 1퍼센트 이하인 것은 제외한다)
14. 제5호의 물질을 함유한 혼합물(함유된 중량의 비율이 0.5퍼센트 이하인 것은 제외한다)
15. 그 밖에 보건상 해로운 물질로서 산업재해보상보험 및 예방심의위원회의 심의를 거쳐 고용노동부장관이 정하는 유해물질

정보제공

산업안전보건법 시행령

보충학습

β-나프탈아민과 그 염 : 제조 등이 금지 되는 유해물질

15 산업안전보건법령상 유해위험방지계획서에 관한 설명으로 옳지 않은 것은?

① 산업재해발생률 등을 고려하여 고용노동부령으로 정하는 기준에 적합한 건설업체의 경우는 고용노동부령으로 정하는 자격을 갖춘 자의 의견을 생략하고 유해위험방지계획서를 작성한 후 이를 스스로 심사하여야 한다.

② 유해위험방지계획서는 고용노동부장관에게 제출하여야 한다.

③ 유해위험방지계획서를 제출한 사업주는 고용노동부장관의 확인을 받아야 한다.

④ 고용노동부장관은 유해위험방지계획서를 심사한 후 근로자의 안전과 보건을 위하여 필요하다고 인정할 때에는 공사계획을 변경할 것을 명령할 수는 있으나, 공사중지명령을 내릴 수는 없다.

⑤ 깊이 10미터 이상인 굴착공사를 착공하려는 사업주는 유해위험방지계획서를 작성하여야 한다.

답 ④

해설

제42조(유해위험방지계획서의 작성 · 제출 등) ① 사업주는 다음 각 호의 어느 하나에 해당하는 경우에는 이 법 또는 이 법에 따른 명령에서 정하는 유해·위험 방지에 관한 사항을 적은 계획서(이하 "유해위험방지계획서"라 한다)를 작성하여 고용노동부령으로 정하는 바에 따라 고용노동부장관에게 제출하고 심사를 받아야 한다. 다만, 제3호에 해당하는 사업주 중 산업재해발생률 등을 고려하여 고용노동부령으로 정하는 기준에 해당하는 사업주는 유해위험방지계획서를 스스로 심사하고, 그 심사결과서를 작성하여 고용노동부장관에게 제출하여야 한다.

1. 대통령령으로 정하는 사업의 종류 및 규모에 해당하는 사업으로서 해당 제품의 생산 공정과 직접적으로 관련된 건설물·기계·기구 및 설비 등 전부를 설치·이전하거나 그 주요 구조부분을 변경하려는 경우
2. 유해하거나 위험한 작업 또는 장소에서 사용하거나 건강장해를 방지하기 위하여 사용하는 기계 · 기구 및 설비로서 대통령령으로 정하는 기계·기구 및 설비를 설치 · 이전하거나 그 주요 구조부분을 변경하려는 경우
3. 대통령령으로 정하는 크기, 높이 등에 해당하는 건설공사를 착공하려는 경우

② 제1항제3호에 따른 건설공사를 착공하려는 사업주(제1항 각 호 외의 부분 단서에 따른 사업주는 제외한다)는 유해위험방지계획서를 작성할 때 건설안전 분야의 자격 등 고용노동부령으로 정하는 자격을 갖춘 자의 의견을 들어야 한다.

③ 제1항에도 불구하고 사업주가 제44조제1항에 따라 공정안전보고서를 고용노동부장관에게 제출한 경우에는 해당 유해·위험설비에 대해서는 유해위험방지계획서를 제출한 것으로 본다.

④ 고용노동부장관은 제1항 각 호 외의 부분 본문에 따라 제출된 유해위험방지계획서를 고용노동부령으로 정하는 바에 따라 심사하여 그 결과를 사업주에게 서면으로 알려 주어야 한다. 이 경우 근로자의 안전 및 보건의 유지·증진을 위하여 필요하다고 인정하는 경우에는 해당 작업 또는 건설공사를 중지하거나 유해위험방지계획서를 변경할 것을 명할 수 있다.

⑤ 제1항에 따른 사업주는 같은 항 각 호 외의 부분 단서에 따라 스스로 심사하거나 제4항에 따라 고용노동부장관이 심사한 유해위험방지계획서와 그 심사결과서를 사업장에 갖추어 두어야 한다.

⑥ 제1항제3호에 따른 건설공사를 착공하려는 사업주로서 제5항에 따라 유해위험방지계획서 및 그 심사결과서를 사업장에 갖추어 둔 사업주는 해당 건설공사의 공법의 변경 등으로 인하여 그 유해위험방지계획서를 변경할 필요가 있는 경우에는 이를 변경하여 갖추어 두어야 한다.

제43조(유해위험방지계획서 이행의 확인 등) ① 제42조제4항에 따라 유해위험방지계획서에 대한 심사를 받은 사업주는 고용노동부령으로 정하는 바에 따라 유해위험방지계획서의 이행에 관하여 고용노동부장관의 확인을 받아야 한다.

② 제42조제1항 각 호 외의 부분 단서에 따른 사업주는 고용노동부령으로 정하는 바에 따라 유해위험방지계획서의 이행에 관하여 스스로 확인하여야 한다. 다만, 해당 건설공사 중에 근로자가 사망(교통사고 등 고용노동부령으로 정하는 경우는 제외한다)한 경우에는 고용노동부령으로 정하는 바에 따라 유해위험방지계획서의 이행에 관하여 고용노동부장관의 확인을 받아야 한다.

③ 고용노동부장관은 제1항 및 제2항 단서에 따른 확인 결과 유해위험방지계획서대로 유해·위험방지를 위한 조치가 되지 아니하는 경우에는 고용노동부령으로 정하는 바에 따라 시설 등의 개선, 사용중지 또는 작업중지 등 필요한 조치를 명할 수 있다.

④ 제3항에 따른 시설 등의 개선, 사용중지 또는 작업중지 등의 절차 및 방법, 그 밖에 필요한 사항은 고용노동부령으로 정한다.

정보제공

① 산업안전보건법
② 산업안전보건법 시행령 제42조(유해위험방지계획서 제출대상)

16 산업안전보건법령상 안전보건표지의 부착 등에 관한 설명으로 옳지 않은 것은?

① 「외국인근로자의 고용 등에 관한 법률」제2조에 따른 외국인근로자를 채용한 사업주는 고용노동부장관이 정하는 바에 따라 외국어로 된 안전보건표지와 작업안전수칙을 부착하도록 노력하여야 한다.

② 안전보건표지의 표시를 명백히 하기 위하여 필요한 경우에는 그 안전보건표지의 주위에 표시사항을 글자로 덧붙여 적을 수 있다.

③ 안전보건표지 속의 그림 또는 부호의 크기는 안전보건표지의 크기와 비례하여야 하며, 안전보건표지 전체 규격의 30퍼센트 이상이 되어야 한다.

④ 안전보건표지의 성질상 설치하거나 부착하는 것이 곤란한 경우에는 해당 물체에 직접 도장(塗裝)할 수 있다.

⑤ 안전모 착용 지시표지의 경우 바탕은 노란색, 관련 그림은 검은색으로 한다.

답 ⑤

해설

지시 표지

분류	종류	용도 및 설치·부착 장소	설치·부착 장소 예시	형태		색채
				기본모형 번호	안전보건표지 일람표번호	
지시 표지	1. 보안경 착용	보안경을 착용해야만 작업 또는 출입을 할 수 있는 장소	그라인더작업장 입구	3	301	바탕은 파란색, 관련 그림은 흰색
	2. 방독마스크 착용	방독마스크를 착용해야만 작업 또는 출입을 할 수 있는 장소	유해물질작업장 입구	3	302	
	3. 방진마스크 착용	방진마스크를 착용해야만 작업 또는 출입을 할 수 있는 장소	분진이 많은 곳	3	303	
	4. 보안면 착용	보안면을 착용해야만 작업 또는 출입을 할 수 있는 장소	용접실 입구	3	304	
	5. 안전모 착용	헬멧 등 안전모를 착용해야만 작업 또는 출입을 할 수 있는 장소	갱도의 입구	3	305	
	6. 귀마개 착용	소음장소 등 귀마개를 착용해야만 작업 또는 출입을 할 수 있는 장소	판금작업장 입구	3	306	
	7. 안전화 착용	안전화를 착용해야만 작업 또는 출입을 할 수 있는 장소	채탄작업장 입구	3	307	
	8. 안전장갑 착용	안전장갑을 착용해야 작업 또는 출입을 할 수 있는 장소	고온 및 저온물 취급작업장 입구	3	308	
	9. 안전복 착용	방열복 및 방한복 등의 안전복을 착용해야만 작업 또는 출입을 할 수 있는 장소	단조작업장 입구	3	309	

정보제공

산업안전보건법 시행규칙 [별표 7] 안전보건표지의 종류별 용도, 설치·부착 장소, 형태 및 색채

17 산업안전보건법령상 안전보건총괄책임자의 직무에 해당하지 않는 것은?

① 「산업안전보건법」제36조에 따른 위험성평가의 실시에 관한 사항

② 안전인증대상 기계 등과 자율안전확인대상 기계 등의 사용 여부 확인

③ 근로자의 건강장해의 원인 조사와 재발 방지를 위한 의학적 조치

④ 「산업안전보건법」제64조에 따른 도급 시의 산업재해 예방조치

⑤ 「산업안전보건법」제72조1항에 따른 산업안전보건관리비의 관계수급인 간의 사용에 관한 수급인 간의 협의·조정 및 그 집행의 감독

답 ③

해설

제53조(안전보건총괄책임자의 직무 등) ① 안전보건총괄책임자의 직무는 다음 각 호와 같다.

1. 법 제36조에 따른 위험성평가의 실시에 관한 사항
2. 법 제51조 및 제54조에 따른 작업의 중지
3. 법 제64조에 따른 도급 시 산업재해 예방조치
4. 법 제72조제1항에 따른 산업안전보건관리비의 관계수급인 간의 사용에 관한 협의·조정 및 그 집행의 감독
5. 안전인증대상 기계 등과 자율안전확인대상 기계 등의 사용 여부 확인

② 안전보건총괄책임자에 대한 지원에 관하여는 제14조제2항을 준용한다. 이 경우 "안전보건관리책임자"는 "안전보건총괄책임자"로, "법 제15조제1항"은 "제1항"으로 본다.

③ 사업주는 안전보건총괄책임자를 선임했을 때에는 그 선임 사실 및 제1항 각 호의 직무의 수행내용을 증명할 수 있는 서류를 갖추어 두어야 한다.

정보제공

산업안전보건법 시행령

18 산업안전보건기준에 관한 규칙상 석면의 제조 · 사용 작업, 해체 · 제거작업 및 유지 · 관리 등의 조치기준에 관한 설명으로 옳지 않은 것은?

① 사업주는 분말 상태의 석면을 혼합하거나 용기에 넣거나 꺼내는 작업, 절단·천공 또는 연마하는 작업 등 석면분진이 흩날리는 작업에 근로자를 종사하도록 하는 경우에 석면의 부스러기 등을 넣어두기 위하여 해당 장소에 뚜껑이 있는 용기를 갖추어 두어야 한다.

② 사업주는 석면으로 인한 직업성 질병의 발생 원인, 재발 방지 방법 등을 석면을 취급하는 근로자에게 알려야 한다.

③ 사업주는 석면에 오염된 장비, 보호구 또는 작업복 등을 처리하는 경우에 압축공기를 불어서 석면오염을 제거해야 한다.

④ 사업주는 석면해체·제거작업에서 발생된 석면을 함유한 잔재물은 습식으로 청소하거나 고성능필터가 장착된 진공청소기를 사용하여 청소하는 등 석면분진이 흩날리지 않도록 하여야 한다.

⑤ 사업주는 석면해체·제거작업장과 연결되거나 인접한 장소에 탈의실·샤워실 및 작업복 탈의실 등의 위생설비를 설치하고 필요한 용품 및 용구를 갖추어 두어야 한다.

답 ③

해설

제495조(석면해체 · 제거작업 시의 조치) 사업주는 석면해체 · 제거작업에 근로자를 종사하도록 하는 경우에 다음 각 호의 구분에 따른 조치를 하여야 한다. 다만, 사업주가 다른 조치를 한 경우로서 지방고용노동관서의 장이 다음 각 호의 조치와 같거나 그 이상의 효과를 가진다고 인정하는 경우에는 다음 각 호의 조치를 한 것으로 본다.

1. 분무(噴霧)된 석면이나 석면이 함유된 보온재 또는 내화피복재(耐火被覆材)의 해체 · 제거작업
   가. 창문 · 벽 · 바닥 등은 비닐 등 불침투성 차단재로 밀폐하고 해당 장소를 음압(陰壓)으로 유지하고 그 결과를 기록 · 보존할 것(작업장이 실내인 경우에만 해당한다)
   나. 작업 시 석면분진이 흩날리지 않도록 고성능 필터가 장착된 석면분진 포집장치를 가동하는 등 필요한 조치를 할 것(작업장이 실외인 경우에만 해당한다)
   다. 물이나 습윤제(濕潤劑)를 사용하여 습식(濕式)으로 작업할 것
   라. 평상복 탈의실, 샤워실 및 작업복 탈의실 등의 위생설비를 작업장과 연결하여 설치할 것(작업장이 실내인 경우에만 해당한다)
2. 석면이 함유된 벽체, 바닥타일 및 천장재의 해체 · 제거작업{천공(穿孔)작업 등 석면이 적게 흩날리는 작업을 하는 경우에는 나목의 조치로 한정한다}
   가. 창문 · 벽 · 바닥 등은 비닐 등 불침투성 차단재로 밀폐할 것
   나. 물이나 습윤제를 사용하여 습식으로 작업할 것
   다. 작업장소를 음압으로 유지하고 그 결과를 기록 · 보존할 것(석면함유 벽체 · 바닥타일 · 천장재를 물리적으로 깨거나 기계 등을 이용하여 절단하는 작업인 경우에만 해당한다)
3. 석면이 함유된 지붕재의 해체 · 제거작업
   가. 해체된 지붕재는 직접 땅으로 떨어뜨리거나 던지지 말 것
   나. 물이나 습윤제를 사용하여 습식으로 작업할 것(습식작업 시 안전상 위험이 있는 경우는 제외한다)
   다. 난방이나 환기를 위한 통풍구가 지붕 근처에 있는 경우에는 이를 밀폐하고 환기설비의 가동을 중단할 것
4. 석면이 함유된 그 밖의 자재의 해체 · 제거작업
   가. 창문 · 벽 · 바닥 등은 비닐 등 불침투성 차단재로 밀폐할 것(작업장이 실내인 경우에만 해당한다)
   나. 석면분진이 흩날리지 않도록 석면분진 포집장치를 가동하는 등 필요한 조치를 할 것(작업장이 실외인 경우에만 해당한다)
   다. 물이나 습윤제를 사용하여 습식으로 작업할 것

정보제공

산업안전보건기준에 관한 규칙

19 **산업안전보건법령상 작업 중 근로자가 추락할 위험이 있는 장소임에도 불구하고 사업주가 그 위험을 방지하기 위하여 필요한 조치를 취하지 않아 근로자가 사망한 경우, 사업주에게 과해지는 벌칙의 내용으로 옳은 것은?**

① 7년 이하의 징역 또는 1억원 이하의 벌금

② 5년 이하의 징역 또는 5천만원 이하의 벌금

③ 3년 이하의 징역 또는 3천만원 이하의 벌금

④ 3년 이상의 징역 또는 10억원 이하의 과징금

⑤ 1년 이상의 징역 또는 5억원 이하의 과징금

답 ①

해설

제167조(벌칙) ① 제38조제1항부터 제3항까지(제166조의2에서 준용하는 경우를 포함한다), 제39조제1항(제166조의2에서 준용하는 경우를 포함한다) 또는 제63조(제166조의2에서 준용하는 경우를 포함한다)를 위반하여 근로자를 사망에 이르게 한 자는 7년 이하의 징역 또는 1억원 이하의 벌금에 처한다.
② 제1항의 죄로 형을 선고받고 그 형이 확정된 후 5년 이내에 다시 제1항의 죄를 저지른 자는 그 형의 2분의 1까지 가중한다.

관련법규 산업안전보건법

제38조(안전조치) ① 사업주는 다음 각 호의 어느 하나에 해당하는 위험으로 인한 산업재해를 예방하기 위하여 필요한 조치를 하여야 한다.
1. 기계·기구, 그 밖의 설비에 의한 위험
2. 폭발성, 발화성 및 인화성 물질 등에 의한 위험
3. 전기, 열, 그 밖의 에너지에 의한 위험
② 사업주는 굴착, 채석, 하역, 벌목, 운송, 조작, 운반, 해체, 중량물 취급, 그 밖의 작업을 할 때 불량한 작업방법 등에 의한 위험으로 인한 산업재해를 예방하기 위하여 필요한 조치를 하여야 한다.
③ 사업주는 근로자가 다음 각 호의 어느 하나에 해당하는 장소에서 작업을 할 때 발생할 수 있는 산업재해를 예방하기 위하여 필요한 조치를 하여야 한다.
1. 근로자가 추락할 위험이 있는 장소
2. 토사·구축물 등이 붕괴할 우려가 있는 장소
3. 물체가 떨어지거나 날아올 위험이 있는 장소
4. 천재지변으로 인한 위험이 발생할 우려가 있는 장소
④ 사업주가 제1항부터 제3항까지의 규정에 따라 하여야 하는 조치(이하 "안전조치"라 한다)에 관한 구체적인 사항은 고용노동부령으로 정한다.

제39조(보건조치) ① 사업주는 다음 각 호의 어느 하나에 해당하는 건강장해를 예방하기 위하여 필요한 조치(이하 "보건조치"라 한다)를 하여야 한다.
1. 원재료·가스·증기·분진·흄(fume : 열이나 화학반응에 의하여 형성된 고체증기가 응축되어 생긴 미세입자를 말한다)·미스트(mist : 공기 중에 떠다니는 작은 액체방울을 말한다)·산소결핍·병원체 등에 의한 건강장해
2. 방사선·유해광선·고온·저온·초음파·소음·진동·이상기압 등에 의한 건강장해
3. 사업장에서 배출되는 기체·액체 또는 찌꺼기 등에 의한 건강장해
4. 계측감시(計測監視), 컴퓨터 단말기 조작, 정밀공작(精密工作) 등의 작업에 의한 건강장해
5. 단순반복작업 또는 인체에 과도한 부담을 주는 작업에 의한 건강장해
6. 환기·채광·조명·보온·방습·청결 등의 적정기준을 유지하지 아니하여 발생하는 건강장해
② 제1항에 따라 사업주가 하여야 하는 보건조치에 관한 구체적인 사항은 고용노동부령으로 정한다.

제63조(도급인의 안전조치 및 보건조치) 도급인은 관계수급인 근로자가 도급인의 사업장에서 작업을 하는 경우에 자신의 근로자와 관계수급인 근로자의 산업재해를 예방하기 위하여 안전 및 보건 시설의 설치 등 필요한 안전조치 및 보건조치를 하여야 한다. 다만, 보호구 착용의 지시 등 관계수급인 근로자의 작업행동에 관한 직접적인 조치는 제외한다.

20 산업안전보건법령상 안전보건관리책임자(이하 "관리책임자"라 한다)에 관한 설명으로 옳지 않은 것은?

① 「산업안전보건기준에 관한 규칙」에서 정하는 근로자의 위험 또는 건강장해의 방지에 관한 사항은 관리책임자의 업무에 해당한다.

② 사업주는 관리책임자에게 그 업무를 수행하는 데 필요한 권한을 주어야 한다.

③ 사업지원 서비스업의 경우에는 상시근로자 50명 이상인 경우에 관리책임자를 두어야 한다.

④ 관리책임자는 해당 사업에서 그 사업을 실질적으로 총괄관리하는 사람이어야 한다.

⑤ 건설업의 경우에는 공사금액 20억원 이상인 경우에 관리책임자를 두어야 한다.

답 ③

해설

제15조(안전보건관리책임자) ① 사업주는 사업장을 실질적으로 총괄하여 관리하는 사람에게 해당 사업장의 다음 각 호의 업무를 총괄하여 관리하도록 하여야 한다.

1. 사업장의 산업재해 예방계획의 수립에 관한 사항
2. 제25조 및 제26조에 따른 안전보건관리규정의 작성 및 변경에 관한 사항
3. 제29조에 따른 안전보건교육에 관한 사항
4. 작업환경측정 등 작업환경의 점검 및 개선에 관한 사항
5. 제129조부터 제132조까지에 따른 근로자의 건강진단 등 건강관리에 관한 사항
6. 산업재해의 원인 조사 및 재발 방지대책 수립에 관한 사항
7. 산업재해에 관한 통계의 기록 및 유지에 관한 사항
8. 안전장치 및 보호구 구입 시 적격품 여부 확인에 관한 사항
9. 그 밖에 근로자의 유해 · 위험 방지조치에 관한 사항으로서 고용노동부령으로 정하는 사항

② 제1항 각 호의 업무를 총괄하여 관리하는 사람(이하 "안전보건관리책임자"라 한다)은 제17조에 따른 안전관리자와 제18조에 따른 보건관리자를 지휘·감독한다.

③ 안전보건관리책임자를 두어야 하는 사업의 종류와 사업장의 상시근로자 수, 그 밖에 필요한 사항은 대통령령으로 정한다.

정보제공 산업안전보건법

[별표 2] 안전보건관리책임자를 두어야 하는 사업의 종류 및 사업장의 상시근로자 수(제14조 제1항 관련)

사업의 종류	상시근로자 수
1. 토사석 광업 2. 식료품 제조업, 음료 제조업 3. 목재 및 나무제품 제조업 : 가구 제외 4. 펄프, 종이 및 종이제품 제조업 5. 코크스, 연탄 및 석유정제품 제조업 6. 화학물질 및 화학제품 제조업 ; 의약품 제외 7. 의료용 물질 및 의약품 제조업 8. 고무 및 플라스틱제품 제조업 9. 비금속 광물제품 제조업 10. 1차 금속 제조업 11. 금속가공제품 제조업 ; 기계 및 가구 제외 12. 전자부품, 컴퓨터, 영상, 음향 및 통신장비 제조업 13. 의료, 정밀, 광학기기 및 시계 제조업 14. 전기장비 제조업 15. 기타 기계 및 장비 제조업	상시근로자 50명 이상
16. 자동차 및 트레일러 제조업 17. 기타 운송장비 제조업 18. 가구 제조업 19. 기타 제품 제조업 20. 서적, 잡지 및 기타 인쇄물 출판업 21. 해체, 선별 및 원료 재생업 22. 자동차 종합 수리업, 자동차 전문 수리업	
23. 농업 24. 어업 25. 소프트웨어 개발 및 공급업 26. 컴퓨터 프로그래밍, 시스템 통합 및 관리업 26의2. 영상 · 오디오물 제공 서비스업 27. 정보서비스업 28. 금융 및 보험업 29. 임대업;부동산 제외 30. 전문, 과학 및 기술 서비스업(연구개발업은 제외한다) 31. 사업지원 서비스업 32. 사회복지 서비스업	상시근로자 300명 이상
33. 건설업	공사금액 20억원 이상
34. 제1호부터 제26호까지, 제26호의2 및 제27호부터제33호까지의 사업을 제외한 사업	상시근로자 100명 이상

21 **산업안전보건법령상 도급인인 사업주가 작업장의 안전보건관리조치를 위하여 2일에 1회 이상 작업장을 순회점검하여야 하는 사업에 해당하는 것은?**

① 음악 및 기타 오디오물 출판업

② 사회복지 서비스업

③ 금융 및 보험업

④ 소프트웨어 개발 및 공급업

⑤ 정보서비스업

답 ①

해설

제63조(도급인의 안전조치 및 보건조치) 도급인은 관계수급인 근로자가 도급인의 사업장에서 작업을 하는 경우에 자신의 근로자와 관계수급인 근로자의 산업재해를 예방하기 위하여 안전 및 보건 시설의 설치 등 필요한 안전조치 및 보건조치를 하여야 한다. 다만, 보호구 착용의 지시 등 관계수급인 근로자의 작업행동에 관한 직접적인 조치는 제외한다.

제64조(도급에 따른 산업재해 예방조치) ① 도급인은 관계수급인 근로자가 도급인의 사업장에서 작업을 하는 경우 다음 각 호의 사항을 이행하여야 한다.

1. 도급인과 수급인을 구성원으로 하는 안전 및 보건에 관한 협의체의 구성 및 운영
2. 작업장 순회점검
3. 관계수급인이 근로자에게 하는 제29조제1항부터 제3항까지의 규정에 따른 안전보건교육을 위한 장소 및 자료의 제공 등 지원
4. 관계수급인이 근로자에게 하는 제29조제3항에 따른 안전보건교육의 실시 확인
5. 다음 각 목의 어느 하나의 경우에 대비한 경보체계 운영과 대피방법 등 훈련
   가. 작업 장소에서 발파작업을 하는 경우
   나. 작업 장소에서 화재·폭발, 토사·구축물 등의 붕괴 또는 지진 등이 발생한 경우
6. 위생시설 등 고용노동부령으로 정하는 시설의 설치 등을 위하여 필요한 장소의 제공 또는 도급인이 설치한 위생시설 이용의 협조

② 제1항에 따른 도급인은 고용노동부령으로 정하는 바에 따라 자신의 근로자 및 관계수급인 근로자와 함께 정기적으로 또는 수시로 작업장의 안전 및 보건에 관한 점검을 하여야 한다.

③ 제1항에 따른 안전 및 보건에 관한 협의체 구성 및 운영, 작업장 순회점검, 안전보건교육 지원, 그 밖에 필요한 사항은 고용노동부령으로 정한다.

정보제공

산업안전보건법

관련법규 산업안전보건법 시행규칙

제79조(협의체의 구성 및 운영) ① 법 제64조제1항제1호에 따른 안전 및 보건에 관한 협의체(이하 이조에서 '협의체'라 한다)는 도급인 및 그의 수급인 전원으로 구성하여야 한다.

② 협의체는 다음 각 호의 사항을 협의하여야 한다.

1. 작업의 시작 시간
2. 작업 또는 작업장 간의 연락 방법
3. 재해발생 위험이 있는 경우 대피 방법
4. 작업장에서의 법 제36조에 따른 위험성평가의 실시에 관한 사항
5. 사업주와 수급인 또는 수급인 상호 간의 연락 방법 및 작업공정의 조정

③ 협의체는 매월 1회 이상 정기적으로 회의를 개최하고 그 결과를 기록·보존하여야 한다.

제80조(도급사업 시의 안전·보건조치 등) ① 도급인은 법 제64조제1항제2호에 따른 작업장 순회점검을 다음 각 호의 구분에 따라 실시해야 한다.

1. 다음 각 목의 사업 : 2일에 1회 이상
   가. 건설업
   나. 제조업
   다. 토사석 광업
   라. 서적, 잡지 및 기타 인쇄물 출판업
   마. 음악 및 기타 오디오물 출판업
   바. 금속 및 비금속 원료 재생업
2. 제1호 각 목의 사업을 제외한 사업 : 1주일에 1회 이상

② 관계수급인은 제1항에 따라 도급인이 실시하는 순회점검을 거부·방해 또는 기피해서는 안 되며 점검 결과 도급인의 시정요구가 있으면 이에 따라야 한다.

③ 도급인은 법 제64조제1항제3호에 따라 관계수급인이 실시하는 근로자의 안전보건교육에 필요한 장소 및 자료의 제공 등을 요청받은 경우 협조해야 한다.

22 산업안전보건법령상 고용노동부장관의 확인을 받은 경우로서 화학물질의 유해성·위험성 조사에서 제외되는 것을 모두 고른 것은?

ㄱ. 신규화학물질을 전량 수출하기 위하여 연간 100톤 이하로 제조하는 경우
ㄴ. 신규화학물질의 연간 수입량이 100킬로그램 미만인 경우
ㄷ. 해당 신규화학물질의 용기를 국내에서 변경하지 아니하는 경우
ㄹ. 해당 신규화학물질이 완성된 제품으로서 국내에서 가공하지 아니하는 경우

① ㄱ, ㄹ
② ㄴ, ㄷ
③ ㄱ, ㄴ, ㄷ
④ ㄴ, ㄷ, ㄹ
⑤ ㄱ, ㄴ, ㄷ, ㄹ

답 ④

해설

제108조(신규화학물질의 유해성 · 위험성 조사) ① 대통령령으로 정하는 화학물질 외의 화학물질(이하 "신규화학물질"이라 한다)을 제조하거나 수입하려는 자(이하 "신규화학물질제조자 등"이라 한다)는 신규화학물질에 의한 근로자의 건강장해를 예방하기 위하여 고용노동부령으로 정하는 바에 따라 그 신규화학물질의 유해성·위험성을 조사하고 그 조사보고서를 고용노동부장관에게 제출하여야 한다. 다만, 다음 각 호의 어느 하나에 해당하는 경우에는 그러하지 아니하다.

1. 일반 소비자의 생활용으로 제공하기 위하여 신규화학물질을 수입하는 경우로서 고용노동부령으로 정하는 경우
2. 신규화학물질의 수입량이 소량이거나 그 밖에 위해의 정도가 적다고 인정되는 경우로서 고용노동부령으로 정하는 경우

② 신규화학물질제조자 등은 제1항 각 호 외의 부분 본문에 따라 유해성·위험성을 조사한 결과 해당 신규화학물질에 의한 근로자의 건강장해를 예방하기 위하여 필요한 조치를 하여야 하는 경우 이를 즉시 시행하여야 한다.

③ 고용노동부장관은 제1항에 따라 신규화학물질의 유해성·위험성 조사보고서가 제출되면 고용노동부령으로 정하는 바에 따라 그 신규화학물질의 명칭, 유해성·위험성, 근로자의 건강장해 예방을 위한 조치 사항 등을 공표하고 관계 부처에 통보하여야 한다.

④ 고용노동부장관은 제1항에 따라 제출된 신규화학물질의 유해성·위험성 조사보고서를 검토한 결과 근로자의 건강장해 예방을 위하여 필요하다고 인정할 때에는 신규화학물질제조자 등에게 시설·설비를 설치·정비하고 보호구를 갖추어 두는 등의 조치를 하도록 명할 수 있다.

⑤ 신규화학물질제조자 등이 신규화학물질을 양도하거나 제공하는 경우에는 제4항에 따른 근로자의 건강장해 예방을 위하여 조치하여 야 할 사항을 기록한 서류를 함께 제공하여야 한다.

정보제공

산업안전보건법

관련법규 산업안전보건법 시행규칙

제85조(유해성·위험성 조사 제외 화학물질) 법 제108조제1항 각 호 외의 부분 본문에서 "대통령령으로 정하는 화학물질"이란 다음 각 호의 어느 하나에 해당하는 화학물질을 말한다.

1. 원소
2. 천연으로 산출된 화학물질
3. 「건강기능식품에 관한 법률」 제3조제1호에 따른 건강기능식품
4. 「군수품관리법」 제2조 및 「방위사업법」 제3조제2호에 따른 군수품[「군수품관리법」 제3조에 따른 통상품(痛常品)은 제외한다]
5. 「농약관리법」 제2조제1호 및 제3호에 따른 농약 및 원제

6. 「마약류 관리에 관한 법률」 제2조제1호에 따른 마약류
7. 「비료관리법」 제2조제1호에 따른 비료
8. 「사료관리법」 제2조제1호에 따른 사료
9. 「생활화학제품 및 살생물제의 안전관리에 관한 법률」 제3조제7호 및 제8호에 따른 살생물물질 및 살생물제품
10. 「식품위생법」 제2조제1호 및 제2호에 따른 식품 및 식품첨가물
11. 「약사법」 제2조제4호 및 제7호에 따른 의약품 및 의약외품(醫藥外品)
12. 「원자력안전법」 제2조제5호에 따른 방사성물질
13. 「위생용품 관리법」 제2조제1호에 따른 위생용품
14. 「의료기기법」 제2조제1항에 따른 의료기기
15. 「총포·도검·화약류 등의 안전관리에 관한 법률」 제2조제3항에 따른 화약류
16. 「화장품법」 제2조제1호에 따른 화장품과 화장품에 사용하는 원료
17. 법 제108조제3항에 따라 고용노동부장관이 명칭, 유해성·위험성, 근로자의 건강장해 예방을 위한 조치 사항 및 연간 제조량·수입량을 공표한 물질로서 공표된 연간 제조량·수입량 이하로 제조하거나 수입한 물질
18. 고용노동부장관이 환경부장관과 협의하여 고시하는 화학물질 목록에 기록되어 있는 물질

관련법규 산업안전보건법 시행규칙

제148조(일반소비자 생활용 신규화학물질의 유해성 · 위험성 조사 제외) ① 법 제108조제1항제1호에서 "고용노동부령으로 정하는 경우"란 다음 각 호의 어느 하나에 해당하는 경우로서 고용노동부장관의 확인을 받은 경우를 말한다.

1. 해당 신규화학물질이 완성된 제품으로서 국내에서 가공하지 않는 경우
2. 해당 신규화학물질의 포장 또는 용기를 국내에서 변경하지 않거나 국내에서 포장하거나 용기에 담지 않는 경우
3. 해당 신규화학물질이 직접 소비자에게 제공되고 국내의 사업장에서 사용되지 않는 경우

② 제1항에 따른 확인을 받으려는 자는 최초로 신규화학물질을 수입하려는 날 7일 전까지 별지 제60호서식의 신청서에 제1항 각 호의 어느 하나에 해당하는 사실을 증명하는 서류를 첨부하여 고용노동부장관에게 제출하여야 한다.

제149조(소량 신규화학물질의 유해성 · 위험성 조사 제외) ① 법 제108조제1항제2호에 따라 신규화학물질의 수입량이 소량이어서 유해성·위험성 조사보고서를 제출하지 아니하는 경우란 신규화학물질의 연간 수입량이 100킬로그램 미만인 경우로서 고용노동부장관의 확인을 받은 경우를 말한다.

② 제1항에 따른 확인을 받은 자가 같은 항에서 정한 수량 이상의 신규화학물질을 수입하였거나 수입하려는 경우에는 그 사유가 발생한 날부터 30일 이내에 유해성·위험성 조사보고서를 고용노동부장관에게 제출하여야 한다.

③ 제1항에 따른 확인의 신청에 관하여는 제148조제2항을 준용한다.

④ 제1항에 따른 확인의 유효기간은 1년으로 한다. 다만, 신규화학물질의 연간 수입량이 100킬로그램 미만인 경우로서 제151조제2항에 따라 확인을 받은 것으로 보는 경우에는 그 확인은 계속 유효한 것으로 본다.

제150조(그 밖의 신규화학물질의 유해성 · 위험성 조사 제외) ① 법 제108조제1항제2호에서 "위해의 정도가 적다고 인정되는 경우로서 고용노동부령으로 정하는 경우"란 다음 각 호의 어느 하나에 해당하는 경우로서 고용노동부장관의 확인을 받은 경우를 말한다.

1. 제조하거나 수입하려는 신규화학물질이 시험·연구를 위하여 사용되는 경우
2. 신규화학물질을 전량 수출하기 위하여 연간 10톤 이하로 제조하거나 수입하는 경우
3. 신규화학물질이 아닌 화학물질로만 구성된 고분자화합물로서 고용노동부장관이 정하여 고시하는 경우

② 제1항에 따른 확인의 신청에 관하여는 제148조제2항을 준용한다.

23 산업안전보건법령상 안전보건관리규정의 작성 등에 관한 설명으로 옳은 것은?

① 안전보건관리규정을 작성하여야 할 사업의 사업주는 안전보건관리규정을 변경할 사유가 발생한 경우에는 그 사유가 발생한 날부터 60일 이내에 안전보건관리규정을 변경하여야 한다.

② 농업의 경우 상시근로자 100명 이상을 사용하는 사업장에는 안전보건관리규정을 작성하여야 한다.

③ 사업주가 안전보건관리규정을 작성하는 경우에는 소방·가스·전기·교통분야 등의 다른 법령에서 정하는 안전관리에 관한 규정과 통합하여 작성할 수 없다.

④ 사업주는 안전보건관리규정을 작성하거나 변경할 때에는 산업안전보건위원회의 심의·의결을 거쳐야 하며, 산업안전보건위원회가 설치되어 있지 아니한 사업장의 경우에는 근로자대표의 동의를 받아야 한다.

⑤ 해당 사업장에 적용되는 단체협약 및 취업규칙은 안전보건관리규정에 반할 수 없으며, 단체협약 또는 취업규칙 중 안전보건관리규정에 반하는 부분에 관하여는 안전보건관리규정으로 정한 기준에 따른다.

답 ④

해설

제25조(안전보건관리규정의 작성) ① 사업주는 사업장의 안전 및 보건을 유지하기 위하여 다음 각 호의 사항이 포함된 안전보건관리규정을 작성하여야 한다.

1. 안전 및 보건에 관한 관리조직과 그 직무에 관한 사항
2. 안전보건교육에 관한 사항
3. 작업장의 안전 및 보건 관리에 관한 사항
4. 사고 조사 및 대책 수립에 관한 사항
5. 그 밖에 안전 및 보건에 관한 사항

② 제1항에 따른 안전보건관리규정(이하 "안전보건관리규정"이라 한다)은 단체협약 또는 취업규칙에 반할 수 없다. 이 경우 안전보건관리규정 중 단체협약 또는 취업규칙에 반하는 부분에 관하여는 그 단체협약 또는 취업규칙으로 정한 기준에 따른다.

③ 안전보건관리규정을 작성하여야 할 사업의 종류, 사업장의 상시근로자 수 및 안전보건관리규정에 포함되어야 할 세부적인 내용, 그 밖에 필요한 사항은 고용노동부령으로 정한다.

제26조(안전보건관리규정의 작성·변경 절차) 사업주는 안전보건관리규정을 작성하거나 변경할 때에는 산업안전보건위원회의 심의·의결을 거쳐야 한다. 다만, 산업안전보건위원회가 설치되어 있지 아니한 사업장의 경우에는 근로자대표의 동의를 받아야 한다.

제27조(안전보건관리규정의 준수) 사업주와 근로자는 안전보건관리규정을 지켜야 한다.

제28조(다른 법률의 준용) 안전보건관리규정에 관하여 이 법에서 규정한 것을 제외하고는 그 성질에 반하지 아니하는 범위에서 「근로기준법」 중 취업규칙에 관한 규정을 준용한다.

정보제공

산업안전보건법

관련법규 산업안전보건법 시행규칙

제25조(안전보건관리규정의 작성 등) ① 법 제25조제3항에 따라 안전보건관리규정을 작성해야 할 사업의 종류 및 상시근로자 수는 별표 2와 같다.

② 제1항에 따른 사업의 사업주는 안전보건관리규정을 작성하여야 할 사유가 발생한 날부터 30일 이내에 별표 3의 내용을 포함한 안전보건관리규정을 작성하여야 한다. 이를 변경할 사유가 발생한 경우에도 또한 같다.

③ 사업주가 제2항에 따라 안전보건관리규정을 작성할 때에는 소방·가스·전기·교통 분야 등의 다른 법령에서 정하는 안전관리에 관한 규정과 통합하여 작성할 수 있다.

[별표 2] 안전보건관리규정을 작성해야 할 사업의 종류 및 상시근로자 수

사업의 종류	상시근로자 수
1. 농업 2. 어업 3. 소프트웨어 개발 및 공급업 4. 컴퓨터 프로그래밍, 시스템 통합 및 관리업 4의2. 영상, 오디오물 제공 서비스업 5. 정보서비스업 6. 금융 및 보험업 7. 임대업 ; 부동산 제외 8. 전문, 과학 및 기술 서비스업(연구개발업은 제외한다) 9. 사업지원 서비스업 10. 사회복지 서비스업	300명 이상
11. 제1호부터 4호까지·제4호의2 및 제5호부터 제10호까지의 사업을 제외한 사업	100명 이상

합격키

2012. 6. 23(문제 1번)

24 산업안전보건법령상 노사협의체에 관한 설명으로 옳지 않은 것은?

① 노사협의체의 회의는 근로자위원 및 사용자위원 각 과반수의 출석으로 시작하고 출석위원 과반수의 찬성으로 의결한다.

② 노사협의체의 위원장은 직권으로 노사협의체에 공사금액이 20억원 미만인 도급 또는 하도급 사업의 사업주 및 근로자대표를 위원으로 위촉할 수 있다.

③ 노사협의체의 위원장은 위원 중에서 호선(互選)한다. 이 경우 근로자위원과 사용자위원 중 각 1명을 공동위원장으로 선출할 수 있다.

④ 노사협의체의 위원장은 노사협의체에서 심의·의결된 내용 등 회의 결과와 중재 결정된 내용 등을 사내방송이나 사내보, 게시 또는 자체 정례조회, 그 밖의 적절한 방법으로 근로자에게 신속히 알려야 한다.

⑤ 노사협의체의 회의는 정기회의와 임시회의로 구분하되, 정기회의는 2개월 마다 노사협의체의 위원장이 소집하며, 임시회의는 위원장이 필요하다고 인정할 때에 소집한다.

답 ②

해설

제37조(산업안전보건위원회의 등) ① 법 제24조제3항에 따른 산업안전보건위원회의 회의는 정기회의와 임시회의로 구분하되, 정기회의는 분기마다 산업안전보건위원회의 위원장이 소집하며, 임시회의는 위원장이 필요하다고 인정할 때에 소집한다.

② 회의는 근로자위원 및 사용자위원 각 과반수의 출석으로 시작하고 출석위원 과반수의 찬성으로 의결한다.

③ 근로자대표, 명예산업안전감독관, 해당 사업의 대표자, 안전관리자 또는 보건관리자는 회의에 출석할 수 없는 경우에는 해당 사업에 종사하는 사람 중에서 1명을 지정하여 위원으로서의 직무를 대리하게 할 수 있다.

④ 산업안전보건위원회는 다음 각 호의 사항을 기록한 회의록을 작성하여 갖춰 두어야 한다.

1. 개최 일시 및 장소
2. 출석위원
3. 심의 내용 및 의결·결정 사항
4. 그 밖의 토의사항

제63조(노사협의체의 설치 대상) 법 제75조제1항에서 "대통령령으로 정하는 규모의 건설공사"란 공사금액이 120억원(「건설산업기본법 시행령」 별표 1의 종합공사를 시공하는 업종의 건설업종란 제1호에 따른 토목공사업은 150억원) 이상인 건설공사를 말한다.

제64조(노사협의체의 구성) ① 노사협의체는 다음 각 호에 따라 근로자위원과 사용자위원으로 구성한다.

1. 근로자위원
   가. 도급 또는 하도급 사업을 포함한 전체 사업의 근로자대표
   나. 근로자대표가 지명하는 명예산업안전감독관 1명. 다만, 명예산업안전감독관이 위촉되어 있지 않은 경우에는 근로자대표가 지명하는 해당 사업장 근로자 1명
   다. 공사금액이 20억원 이상인 공사의 관계수급인의 각 근로자대표
2. 사용자위원
   가. 도급 또는 하도급 사업을 포함한 전체 사업의 대표자
   나. 안전관리자 1명
   다. 보건관리자 1명(별표 5 제44호에 따른 보건관리자 선임대상 건설업으로 한정한다)
   라. 공사금액이 20억원 이상인 공사의 관계수급인의 각 대표자

② 노사협의체의 근로자위원과 사용자위원은 합의하여 노사협의체에 공사금액이 20억원 미만인 공사의 관계수급인 및 관계수급인 근로자대표를 위원으로 위촉할 수 있다.

③ 노사협의체의 근로자위원과 사용자위원은 합의하여 제67조제2호에 따른 사람을 노사협의체에 참여하도록 할 수 있다.

제65조(노사협의체의 운영 등) ① 노사협의체의 회의는 정기회의와 임시회의로 구분하여 개최하되, 정기회의는 2개월마다 노사협의체의 위원장이 소집하며, 임시회의는 위원장이 필요하다고 인정할 때에 소집한다.
② 노사협의체 위원장의 선출, 노사협의체의 회의, 노사협의체에서 의결되지 않은 사항에 대한 처리방법 및 회의 결과 등의 공지에 관하여는 각각 제36조, 제37조제2항부터 제4항까지, 제38조 및 제39조를 준용한다. 이 경우 "산업안전보건위원회"는 "노사협의체"로 본다.

정보제공

산업안전보건법 시행령

관련법규 산업안전보건법

제75조(안전 및 보건에 관한 협의체 등의 구성 · 운영에 관한 특례) ① 대통령령으로 정하는 규모의 건설공사의 건설공사도급인은 해당 건설공사 현장에 근로자위원과 사용자위원이 같은 수로 구성되는 안전 및 보건에 관한 협의체(이하 "노사협의체"라 한다)를 대통령령으로 정하는 바에 따라 구성·운영할 수 있다.
② 건설공사도급인이 제1항에 따라 노사협의체를 구성·운영하는 경우에는 산업안전보건위원회 및 제64조제1항제1호에 따른 안전 및 보건에 관한 협의체를 각각 구성·운영하는 것으로 본다.
③ 제1항에 따라 노사협의체를 구성·운영하는 건설공사도급인은 제24조제2항 각 호의 사항에 대하여 노사협의체의 심의·의결을 거쳐야 한다. 이 경우 노사협의체에서 의결되지 아니한 사항의 처리방법은 대통령령으로 정한다.
④ 노사협의체는 대통령령으로 정하는 바에 따라 회의를 개최하고 그 결과를 회의록으로 작성하여 보존하여야 한다.
⑤ 노사협의체는 산업재해 예방 및 산업재해가 발생한 경우의 대피 방법 등 고용노동부령으로 정하는 사항에 대하여 협의하여야 한다.
⑥ 노사협의체를 구성·운영하는 건설공사도급인·근로자 및 관계수급인·근로자는 제3항에 따라 노사협의체가 심의·의결한 사항을 성실하게 이행하여야 한다.
⑦ 노사협의체에 관하여는 제24조제5항 및 제6항을 준용한다. 이 경우 "산업안전보건위원회"는 "노사협의체"로 본다.

관련법규 산업안전보건법 시행규칙

제93조(노사협의체 협의사항) 법 제75조제5항에 따른 "고용노동부령으로 정하는 사항"이란 다음 각 호의 사항을 말한다.
1. 산업재해 예방방법 및 산업재해가 발생한 경우의 대피방법
2. 작업의 시작시간 및 작업 및 작업장 간의 연락방법
3. 그 밖의 산업재해 예방과 관련된 사항

25 산업안전보건법령상 안전검사에 관한 설명으로 옳지 않은 것은?

① 유해·위험기계 등을 사용하는 사업주와 소유자가 다른 경우에는 유해·위험기계 등을 사용하는 사업주가 안전검사를 받아야 한다.

② 이삿짐운반용 리프트의 최초 안전검사는 「자동차관리법」제8조에 따른 신규등록 이후 3년 이내에 실시하여야 한다.

③ 안전검사 신청을 받은 안전검사기관은 30일 이내에 해당 기계·기구 및 설비별로 안전검사를 하여야 한다.

④ 안전검사에 합격한 유해·위험기계 등을 사용하는 사업주는 그 유해·위험기계 등이 안전검사에 합격한 것임을 나타내는 표시를 하여야 한다.

⑤ 안전검사를 받아야 하는 자가 자율검사프로그램을 정하고 고용노동부장관의 인정을 받아 그에 따라 유해·위험기계 등의 안전에 관한 성능검사를 하면 안전검사를 받은 것으로 보며, 이 경우 자율검사프로그램의 유효기간은 2년으로 한다.

답 ①

해설

제93조(안전검사) ① 유해하거나 위험한 기계·기구·설비로서 대통령령으로 정하는 것(이하 "안전검사대상 기계 등"이라 한다)을 사용하는 사업주(근로자를 사용하지 아니하고 사업을 하는 자를 포함한다. 이하 이 조, 제94조, 제95조 및 제98조에서 같다)는 안전검사대상 기계 등의 안전에 관한 성능이 고용노동부장관이 정하여 고시하는 검사 기준에 맞는지에 대하여 고용노동부장관이 실시하는 검사(이하 "안전검사"라 한다)를 받아야 한다. 이 경우 안전검사대상 기계 등을 사용하는 사업주와 소유자가 다른 경우에는 안전검사대상 기계 등의 소유자가 안전검사를 받아야 한다.

② 제1항에도 불구하고 안전검사대상 기계 등이 다른 법령에 따라 안전성에 관한 검사나 인증을 받은 경우로서 고용노동부령으로 정하는 경우에는 안전검사를 면제할 수 있다.

③ 안전검사의 신청, 검사 주기 및 검사합격 표시방법, 그 밖에 필요한 사항은 고용노동부령으로 정한다. 이 경우 검사 주기는 안전검사대상 기계 등의 종류, 사용연한(使用年限) 및 위험성을 고려하여 정한다.

제94조(안전검사합격증명서 발급 등) ① 고용노동부장관은 제93조제1항에 따라 안전검사에 합격한 사업주에게 고용노동부령으로 정하는바에 따라 안전검사합격증명서를 발급하여야 한다.

② 제1항에 따라 안전검사합격증명서를 발급받은 사업주는 그 증명서를 안전검사대상 기계 등에 부착하여야 한다.

정보제공

산업안전보건법

관련법규 산업안전보건법 시행령

제78조(안전검사대상 기계 등) ① 법 제93조제1항 전단에서 "대통령령으로 정하는 것"이란 다음 각 호와 같다.

1. 프레스
2. 전단기
3. 크레인(정격 하중이 2톤 미만인 것은 제외한다)
4. 리프트
5. 압력용기
6. 곤돌라
7. 국소 배기장치(이동식은 제외한다)
8. 원심기(산업용만 해당한다)
9. 롤러기(밀폐형 구조는 제외한다)
10. 사출성형기[형 체결력(型 締結力) 294킬로뉴턴(KN) 미만은 제외한다]
11. 고소작업대[「자동차관리법」 제3조제3호 또는 제4호에 따른 화물자동차 또는 특수자동차에 탑재한 고소작업대(高所作業臺)로 한정한다]
12. 컨베이어
13. 산업용 로봇
14. 혼합기
15. 파쇄기 또는 분쇄기

② 법 제93조제1항에 따라 안전검사대상 기계 등의 세부적인 종류, 규격 및 형식은 고용노동부장관이 정하여 고시한다.

제79조(안전검사기관의 지정 요건) 법 제96조제1항에 따라 안전검사기관(이하 "안전검사기관"이라 한다)으로 지정받을 수 있는 기관은 다음 각 호의 어느 하나에 해당하는 기관으로 한다.

1. 공단
2. 다음 각 목의 어느 하나에 해당하는 기관으로서 별표 24에 따른 인력 · 시설 및 장비를 갖춘 기관
   가. 산업안전보건 또는 산업재해 예방을 목적으로 설립된 비영리법인
   나. 기계 및 설비 등의 인증·검사, 생산기술의 연구개발·교육·평가 등의 업무를 목적으로 설립된 「공공기관의 운영에 관한 법률」에 따른 공공기관

제80조(안전검사기관의 지정 취소 등의 사유) 법 제96조제5항에 따라 준용되는 법 제21조제4항제5호에서 "대통령령으로 정하는 사유에 해당하는 경우"란 다음 각 호의 경우를 말한다.

1. 안전검사 관련 서류를 거짓으로 작성한 경우
2. 정당한 사유 없이 안전검사 업무를 거부한 경우
3. 안전검사 업무를 게을리하거나 업무에 차질을 일으킨 경우
4. 안전검사·확인의 방법 및 절차를 위반한 경우
5. 법에 따른 관계 공무원의 지도·감독을 거부·방해 또는 기피한 경우

관련법규 산업안전보건법 시행규칙

제126조(안전검사의 주기 및 합격표시 · 표시방법) ① 법 제93조제3항에 따른 안전검사대상 기계 등의 검사 주기는 다음 각 호와 같다.

1. 크레인(이동식 크레인은 제외한다), 리프트(이삿짐운반용 리프트는 제외한다) 및 곤돌라 : 사업장에 설치가 끝난 날부터 3년 이내에 최초 안전검사를 실시하되, 그 이후부터 2년마다(건설현장에서 사용하는 것은 최초로 설치한 날부터 6개월마다)
2. 이동식 크레인, 이삿짐운반용 리프트 및 고소작업대 : 「자동차관리법」 제8조에 따른 신규등록 이후 3년 이내에 최초 안전검사를 실시하되, 그 이후부터 2년마다
3. 프레스, 전단기, 압력용기, 국소 배기장치, 원심기, 롤러기, 사출성형기, 컨베이어, 산업용 로봇, 혼합기, 파쇄기 또는 분쇄기: 사업장에 설치가 끝난 날부터 3년 이내에 최초 안전검사를 실시하되, 그 이후부터 2년마다(공정안전보고서를 제출하여 확인을 받은 압력용기는 4년마다)

② 법 제93조제3항에 따른 안전검사의 합격표시 및 표시방법은 별표 16과 같다.

[별표 16] 안전검사 합격표시 및 표시방법(제126조제2항 및 제127조 관련)

1. 합격표시

안전검사합격증명서	
① 안전검사대상기계명	
② 신청인	
③ 형식번(기)호(설치장소)	
④ 합격번호	
⑤ 검사유효기간	
⑥ 검사기관(실시기관)	○ ○ ○ ○ ○ ○ (직인) 검 사 원 : ○ ○ ○
고 용 노 동 부 장 관 직인생략	

2. 표시방법

가. ② 신청인은 사용자의 명칭 등의 상호명을 기입한다.

나. ③ 형식번호는 안전검사대상 기계 등을 특정 짓는 형식번호나 기호 등을 기입하며, 설치장소는 필요한 경우 기입한다.

다. ④ 합격번호는 안전검사기관이 아래와 같이 부여한 번호를 적는다.

□□	-	□□	□□	-	□	-	□□□□
㉠ 합격연도		㉡ 검사기관	㉢ 지역(시 · 도)		㉣ 안전검사대상품		㉤ 일련번호

㉠ 합격연도 : 해당 연도의 끝 두 자리 수(예시 : 2015 → 15, 2016 → 16)
㉡ 검사기관별 구분(A, B, C, D……)
㉢ 지역(시·도)은 해당 번호를 적는다.

지역명	번호	지역명	번호	지역명	번호	지역명	번호
서울특별시	02	광주광역시	62	강원도	33	경상남도	55
부산광역시	51	대전광역시	42	충청북도	43	전라북도	63
대구광역시	53	울산광역시	52	충청남도	41	전라남도	61
인천광역시	32	세종시	44	경상북도	54	제주도	64
		경기도	31				

㉣ 안전검사대상품 : 검사대상품의 종류 및 표시부호

번호	종류	표시부호
1	프레스	A
2	전단기	B
3	크레인	C
4	리프트	D
5	압력용기	E
6	곤돌라	F
7	국소배기장치	G
8	원심기	H
9	롤러기	I
10	사출성형기	J
11	화물자동차 또는 특수자동차에 탑재한 고소작업대	K
12	컨베이어	L
13	산업용 로봇	M
14	혼합기	N
15	파쇄기 또는 분쇄기	O

㉤ 일련번호 : 각 실시기관별 합격 일련번호 4자리

라. ⑤ 유효기간은 합격 연 · 월 · 일과 효력만료 연 · 월 · 일을 기입한다.

마. 합격표시의 규격은 가로 90[mm] 이상, 세로 60[mm] 이상의 장방형 또는 직경 70[mm] 이상의 원형으로 하며, 필요 시 안전검사대상 기계 등에 따라 조정할 수 있다

바. 합격표시는 안전검사대상 기계 등에 부착 · 인쇄 등의 방법으로 표시하며 쉽게 내용을 알아 볼 수 있으며 지워지거나 떨어지지 않도록 표시해야 한다.

사. 검사연도 등에 따라 색상을 다르게 할 수 있다.

Note

2019년도 3월 30일 필기문제

산업안전(보건)지도사 자격시험
제1차 시험문제지

제1과목 산업안전보건법령	총 시험시간 : 90분 (과목당 30분)	문제형별 A

수험번호	20190330	성 명	도서출판 세화

【수험자 유의사항】

1. 시험문제지 표지와 시험문제지 내 **문제형별의 동일여부** 및 시험문제지의 **총면수·문제번호 일련순서·인쇄상태** 등을 확인하시고, 문제지 표지에 수험번호와 성명을 기재하시기 바랍니다.
2. 답은 각 문제마다 요구하는 **가장 적합하거나 가까운 답 1개**만 선택하고, 답안카드 작성 시 시험문제지 **형별누락, 마킹착오**로 인한 불이익은 전적으로 **수험자에게 책임**이 있음을 알려 드립니다.
3. 답안카드는 국가전문자격 공통 표준형으로 문제번호가 1번부터 125번까지 인쇄되어 있습니다. 답안 마킹 시에는 반드시 **시험문제지의 문제번호와 동일한 번호**에 마킹하여야 합니다.
4. **감독위원의 지시에 불응하거나 시험 시간 종료 후 답안카드를 제출하지 않을 경우** 불이익이 발생할 수 있음을 알려 드립니다.
5. 시험문제지는 시험 종료 후 가져가시기 바랍니다.

【안 내 사 항】

1. 수험자는 **QR코드를 통해 가답안을 확인**하시기 바랍니다.
   (※ 사전 설문조사 필수)
2. 시험 합격자에게 **'합격축하 SMS(알림톡) 알림 서비스'**를 제공하고 있습니다.

▲ 가답안 확인

- 수험자 여러분의 합격을 기원합니다 -

2019년 산업안전보건법규 출제문제 분석표(NCS기준)

법령명(대분류)	단원(중분류)	세부내용(소분류)	출제년월일
산업안전보건법	제1장 총칙	제2조 정의	19.3.30
	제2장 안전보건관리체제 등		
	제3장 안전보건교육		
	제4장 유해 위험 방지 조치		
	제5장 도급 시 산업재해 예방	제58조 유해한 작업의 도급금지	19.3.30
	제6장 유해 위험기계 등에 대한 조치		
	제7장 유해 위험물질에 대한 조치		
	제8장 근로자 보건관리	제125조 작업환경 측정	19.3.30
	제9장 산업안전지도사 및 산업보건지도사		
	제10장 근로감독관 등		
	제11장 보칙		
	제12장 벌칙	제170조 (벌칙)	19.3.30
소계		16% 출제	4문제 출제

법령명(대분류)	단원(중분류)	세부내용(소분류)	출제년월일
산업안전보건법 시행령	제1장 총칙		
	제2장 안전보건관리체제 등	제14조 안전관리책임자의 선임 등	19.3.30
		제32조 명예산업안전감독관 위촉 등	19.3.30
		제38조 의결되지 아니한 사항 등의 처리	19.3.30
	제3장 안전보건교육		
	제4장 유해 위험 방지 조치	제49조 안전보건진단을 받아 안전보건개선계획을 수립할 대상	19.3.30
	제5장 도급 시 산업재해 예방		
	제6장 유해 위험기계 등에 대한 조치	제77조 자율안전확인대상 기계 등	19.3.30
	제7장 유해 위험물질에 대한 조치		
	제8장 근로자 보건관리		
	제9장 산업안전지도사 및 산업보건지도사		
	제10장 보칙		
	제11장 벌칙		
소계		20% 출제	5문제 출제

법령명(대분류)	단원(중분류)	세부내용(소분류)	출제년월일
산업안전보건법 시행규칙	제1장 총칙		
	제2장 안전보건관리체제 등	제12조 안전보건관리자 등의 증원. 교체임명 명령 작성	19.3.30
		제25조 안전보건관리규정의 작성	19.3.30
	제3장 안전보건교육	제26조 교육시간 및 교육내용[별표5]	19.3.30
		제29조 안전보건관리책임자 등에 대한 직무교육	19.3.30
	제4장 유해 위험 방지 조치	제38조 안전보건표지의 종류 형태 색채 및 용도 등	19.3.30
		제41조 고객의 폭언 등으로 인한 건강장해 예방 조치	19.3.30
		제72조 산업재해 기록 등	19.3.30
	제5장 도급 시 산업재해 예방		
	제6장 유해 위험기계 등에 대한 조치	제99조 방호조치	19.3.30
		제101조 기계 등을 대여 받는 자의 조치	19.3.30
		제107조 안전인증대상 기계 등	19.3.30
		제126조 안전검사의 주기 와 합격표시 및 표시 방법	19.3.30
	제7장 유해 위험물질에 대한 조치	제141조 유해인자의 분류기준[별표18]	19.3.30
	제8장 근로자 보건관리	제197조 일반건강진단의 주기 등	19.3.30
		제220조 질병자의 근로금지	19.3.30
	제9장 산업안전지도사 및 산업보건지도사		
	제10장 근로감독관 등		
	제11장 보칙	제237조 보조·지원의 환수와 제한	19.3.30
소계		60% 출제	15문제 출제

법령명(대분류)	단원(중분류)	세부내용(소분류)	출제년월일
산업안전보건기준에 관한 규칙	제1편 총칙		
	제2편 안전기준		
	제3편 보건기준	제597조 혈액노출 예방 조치	19.3.30
소계		4% 출제	1문제 출제

1. 산업안전보건법령

01 산업안전보건법령상 법령 요지의 게시 등과 안전보건표지의 부착 등에 관한 설명으로 옳지 않은 것은?

① 근로자대표는 작업환경측정의 결과를 통지할 것을 사업주에게 요청할 수 있고, 사업주는 이에 성실히 응하여야 한다.

② 야간에 필요한 안전보건표지는 야광물질을 사용하는 등 쉽게 알아볼 수 있도록 제작하여야 한다.

③ 안전보건표지의 표시를 명백히 하기 위하여 필요한 경우에는 안전보건표지의 주위에 표시사항을 글자로 덧붙여 적을 수 있으며, 이 경우 글자는 노란색 바탕에 검은색 한글고딕체로 표기하여야 한다.

④ 안전보건표지의 성질상 설치하거나 부착하는 것이 곤란한 경우에는 해당 물체에 직접 도색할 수 있다.

⑤ 사업주는 산업안전보건법과 산업안전보건법에 따른 명령의 요지를 상시 각 작업장 내에 근로자가 쉽게 볼 수 있는 장소에 게시하거나 갖추어 두어 근로자로 하여금 알게 하여야 한다.

답 ③

해설

제38조(안전보건표지의 종류·형태·색채 및 용도 등) ① 법 제37조제2항에 따른 안전보건표지의 종류와 형태는 별표 6과 같고, 그 용도, 설치·부착 장소, 형태 및 색채는 별표 7과 같다.

② 안전보건표지의 표시를 명백히 하기 위하여 필요한 경우에는 그 안전보건표지의 주위에 표시사항을 글자로 덧붙여 적을 수 있다. 이 경우 글자는 흰색 바탕에 검은색 한글고딕체로 표기해야 한다.

③ 안전보건표지에 사용되는 색채의 색도기준 및 용도는 별표 8과 같고, 사업주는 사업장에 설치하거나 부착한 안전보건표지의 색도기준이 유지되도록 관리해야 한다.

④ 안전보건표지에 관하여 법 또는 법에 따른 명령에서 규정하지 아니한 사항으로서 다른 법 또는 다른 법에 따른 명령에서 규정한 사항이 있으면 그 부분에 대해서는 그 법 또는 명령을 적용한다.

제39조(안전보건표지의 설치 등) ① 사업주는 법 제37조에 따라 안전보건표지를 설치하거나 부착할 때에는 별표 7의 구분에 따라 근로자가 쉽게 알아볼 수 있는 장소·시설 또는 물체에 설치하거나 부착해야 한다.

② 사업주는 안전보건표지를 설치하거나 부착할 때에는 흔들리거나 쉽게 파손되지 아니하도록 견고하게 설치하거나 부착해야 한다.

③ 안전보건표지의 성질상 설치하거나 부착하는 것이 곤란한 경우에는 해당 물체에 직접 도색할 수 있다.

제40조(안전보건표지의 제작) ① 안전보건표지는 그 종류별로 별표 9에 따른 기본모형에 의하여 별표 7의 구분에 따라 제작해야 한다.

② 안전보건표지는 그 표시내용을 근로자가 빠르고 쉽게 알아볼 수 있는 크기로 제작해야 한다.

③ 안전보건표지 속의 그림 또는 부호의 크기는 안전보건표지의 크기와 비례해야 하며, 안전보건표지 전체 규격의 30퍼센트 이상이 되어야 한다.

④ 안전보건표지는 쉽게 파손되거나 변형되지 아니하는 재료로 제작해야 한다.

⑤ 야간에 필요한 안전보건표지는 야광물질을 사용하는 등 쉽게 알아볼 수 있도록 제작해야 한다.

정보제공

산업안전보건법 시행규칙

관련법규

산업안전보건법 제34조(법령요지 등의 게시 등)

합격키

2018. 3. 14(문제 16번)

02 산업안전보건법령상 용어에 관한 설명으로 옳은 것을 모두 고른 것은?

ㄱ. 근로자란 직업의 종류와 관계없이 임금, 급료 기타 이에 준하는 수입에 의하여 생활하는 자를 말한다.
ㄴ. 작업환경측정이란 작업환경 실태를 파악하기 위하여 해당 근로자 또는 작업장에 대하여 사업주가 측정계획을 수립한 후 시료(試料)를 채취하고 분석·평가하는 것을 말한다.
ㄷ. 안전보건진단이란 산업재해를 예방하기 위하여 잠재적 위험성을 발견하고 그 개선대책을 수립할 목적으로 조사·평가하는 것을 말한다.
ㄹ. 중대재해는 3개월 이상의 요양이 필요한 부상자가 동시에 2명 이상 발생한 재해를 포함한다.

① ㄱ, ㄴ
② ㄱ, ㄹ
③ ㄴ, ㄷ
④ ㄷ, ㄹ
⑤ ㄴ, ㄷ, ㄹ

답 ⑤

해설

제2조(정의) 이 법에서 사용하는 용어의 뜻은 다음과 같다.

1. "산업재해"란 노무를 제공하는 사람이 업무에 관계되는 건설물·설비·원재료·가스·증기·분진 등에 의하거나 작업 또는 그 밖의 업무로 인하여 사망 또는 부상하거나 질병에 걸리는 것을 말한다.
2. "중대재해"란 산업재해 중 사망 등 재해 정도가 심하거나 다수의 재해자가 발생한 경우로서 고용노동부령으로 정하는 재해를 말한다.
3. "근로자"란 「근로기준법」 제2조제1항제1호에 따른 근로자를 말한다.
4. "사업주"란 근로자를 사용하여 사업을 하는 자를 말한다.
5. "근로자대표"란 근로자의 과반수로 조직된 노동조합이 있는 경우에는 그 노동조합을, 근로자의 과반수로 조직된 노동조합이 없는 경우에는 근로자의 과반수를 대표하는 자를 말한다.
6. "도급"이란 명칭에 관계없이 물건의 제조·건설·수리 또는 서비스의 제공, 그 밖의 업무를 타인에게 맡기는 계약을 말한다.
7. "도급인"이란 물건의 제조·건설·수리 또는 서비스의 제공, 그 밖의 업무를 도급하는 사업주를 말한다. 다만, 건설공사발주자는 제외한다.
8. "수급인"이란 도급인으로부터 물건의 제조·건설·수리 또는 서비스의 제공, 그 밖의 업무를 도급받은 사업주를 말한다.
9. "관계수급인"이란 도급이 여러 단계에 걸쳐 체결된 경우에 각 단계별로 도급받은 사업주 전부를 말한다.
10. "건설공사발주자"란 건설공사를 도급하는 자로서 건설공사의 시공을 주도하여 총괄·관리하지 아니하는 자를 말한다. 다만, 도급받은 건설공사를 다시 도급하는 자는 제외한다.
11. "건설공사"란 다음 각 목의 어느 하나에 해당하는 공사를 말한다.
    가. 「건설산업기본법」 제2조제4호에 따른 건설공사
    나. 「전기공사업법」 제2조제1호에 따른 전기공사
    다. 「정보통신공사업법」 제2조제2호에 따른 정보통신공사
    라. 「소방시설공사업법」에 따른 소방시설공사
    마. 「국가유산수리 등에 관한 법률」에 따른 국가유산 수리공사
12. "안전보건진단"이란 산업재해를 예방하기 위하여 잠재적 위험성을 발견하고 그 개선대책을 수립할 목적으로 조사·평가하는 것을 말한다.
13. "작업환경측정"이란 작업환경 실태를 파악하기 위하여 해당 근로자 또는 작업장에 대하여 사업주가 유해인자에 대한 측정계획을 수립한 후 시료(試料)를 채취하고 분석·평가하는 것을 말한다.

정보제공 산업안전보건법(2024. 5. 17. 적용)

제3조(중대재해의 범위) 법 제2조제2호에서 "고용노동부령으로 정하는 재해"란 다음 각 호의 어느 하나에 해당하는 재해를 말한다.

1. 사망자가 1명 이상 발생한 재해
2. 3개월 이상의 요양이 필요한 부상자가 동시에 2명 이상 발생한 재해
3. 부상자 또는 직업성질병자가 동시에 10명 이상 발생한 재해

정보제공

산업안전보건법 시행규칙

보충학습

근로기준법상 근로자는 ① 직업의 종류와 관계없이 ② 임금을 목적으로 근로를 제공하는 사람을 말한다.(근로기준법 제2조제1항제1호). 또한 ③ 사용자와 근로자 사이에 근로 제공과 임금지급의 실질적인 관계가 종속적이어야 한다. 이는 사용종속 관계라고 하며 판례에 의해 확립되었다.

① ㄱ : 근로기준법 제2조(정의)
② ㄴ, ㄷ : 산업안전보건법 제2조(정의)
③ ㄹ : 산업안전보건법 시행규칙 제3조(중대재해의 범위)

합격키

① 2013. 4. 20(문제 1번)
② 2017. 3.25(문제 2번)

03 **사업주 갑(甲)의 사업장에 산업재해가 발생하였다. 이 경우 갑(甲)이 기록·보존해야 할 사항으로 산업안전보건법령상 명시되지 않은 것은?(다만, 법령에 따른 산업재해조사표 사본을 보존하거나 요양신청서의 사본에 재해 재발방지 계획을 첨부하여 보존한 경우에 해당하지 아니한다.)**

① 사업장의 개요

② 근로자의 인적 사항 및 재산 보유현황

③ 재해 발생의 일시 및 장소

④ 재해 발생의 원인 및 과정

⑤ 재해 재발방지 계획

답 ②

해설

제72조(산업재해 기록 등) 사업주는 산업재해가 발생한 때에는 법 제57조제2항에 따라 다음 각 호의 사항을 기록·보존해야 한다. 다만, 제73조제1항에 따른 산업재해조사표의 사본을 보존하거나 제73조제5항에 따른 요양신청서의 사본에 재해 재발방지 계획을 첨부하여 보존한 경우에는 그렇지 않다.

1. 사업장의 개요 및 근로자의 인적사항
2. 재해 발생의 일시 및 장소
3. 재해 발생의 원인 및 과정
4. 재해 재발방지 계획

정보제공

산업안전보건법 시행규칙

04 산업안전보건법령상 안전보건 관리체제에 관한 설명으로 옳지 않은 것은?

① 사업주는 안전보건관리책임자를 선임하였을 때에는 그 선임 사실 및 법령에 따른 업무의 수행내용을 증명할 수 있는 서류를 갖춰 둬야 한다.

② 안전보건관리책임자는 안전관리자와 보건관리자를 지휘·감독한다.

③ 사업주는 안전보건조정자로 하여금 근로자의 건강진단 등 건강관리에 관한 업무를 총괄관리하도록 하여야 한다.

④ 사업주는 안전보건관리책임자에게 법령에 따른 업무를 원활하게 수행할 수 있도록 권한·시설·장비·예산, 그 밖의 업무에 필요한 지원을 해야 한다.

⑤ 사업주는 안전보건관리책임자에게 법령에 따른 업무를 수행하는 데 필요한 권한을 주어야 한다.

답 ③

해설

제14조(안전보건관리책임자의 선임 등) ① 법 제15조제2항에 따라 안전보건관리책임자(이하 "안전보건관리책임자"라 한다)를 두어야 할 사업의 종류 및 사업장의 상시근로자 수(건설공사의 경우에는 건설공사 금액을 말한다. 이하 같다)는 별표 2와 같다.
② 사업주는 안전보건관리책임자가 법 제15조제1항에 따른 업무를 원활하게 수행할 수 있도록 권한·시설·장비·예산, 그 밖에 필요한 지원을 해야 한다.
③ 사업주는 안전보건관리책임자를 선임하였을 때에는 그 선임 사실 및 법 제15조제1항 각 호에 따른 업무의 수행내용을 증명할 수 있는 서류를 갖춰 둬야 한다.

제55조(산업재해 예방 조치 대상 건설공사) 법 제67조제1항 각 호 외의 부분에서 "대통령령으로 정하는 건설공사"란 총공사금액이 50억원 이상인 공사를 말한다.

제56조(안전보건조정자의 선임 등) ① 법 제68조제1항에 따른 안전보건조정자(이하 "안전보건조정자"라 한다)를 두어야 하는 건설공사는 각 건설공사의 금액의 합이 50억원 이상인 경우를 말한다.
② 제1항에 따라 안전보건조정자를 두어야 하는 건설공사발주자는 제1호 또는 제4호부터 제7호까지에 해당하는 사람 중에서 안전보건조정자를 선임하거나 제2호 또는 제3호에 해당하는 사람 중에서 안전보건조정자를 지정해야 한다.
1. 법 제143조제1항에 따른 산업안전지도사 자격을 가진 사람
2. 「건설기술 진흥법」 제2조제6호에 따른 발주청이 발주하는 건설공사인 경우 발주청이 같은 법 제49조제1항에 따라 선임한 공사감독자
3. 다음 각 목의 어느 하나에 해당하는 사람으로서 해당 건설공사 중 주된 공사의 책임감리자
   가. 「건축법」 제25조에 따라 지정된 공사감리자
   나. 「건설기술 진흥법」 제2조제5호에 따른 감리업무를 수행하는 자
   다. 「주택법」 제43조에 따라 지정된 감리자
   라. 「전력기술관리법」 제12조의2에 따라 배치된 감리원
   마. 「정보통신공사업법」 제8조제2항에 따라 해당 건설공사에 대하여 감리업무를 수행하는 자
4. 「건설산업기본법」 제8조에 따른 종합공사에 해당하는 건설현장에서 안전보건관리책임자로서 3년 이상 재직한 사람
5. 「국가기술자격법」에 따른 건설안전기술사
6. 「국가기술자격법」에 따른 건설안전기사 자격을 취득한 후 건설안전 분야에서 5년 이상의 실무경력이 있는 사람
7. 「국가기술자격법」에 따른 건설안전산업기사 자격을 취득한 후 건설안전 분야에서 7년 이상의 실무경력이 있는 사람

③ 제1항에 따라 안전보건조정자를 두어야 하는 건설공사발주자는 분리하여 발주되는 공사의 착공일 전날까지 제2항에 따라 안전보건조정자를 선임하거나 지정하여 각각의 공사 도급인에게 그 사실을 알려야 한다.

제57조(안전보건조정자의 업무) ① 안전보건조정자의 업무는 다음 각 호와 같다.
1. 법 제68조제1항에 따라 같은 장소에서 이루어지는 각각의 공사 간에 혼재된 작업의 파악
2. 제1호에 따른 혼재된 작업으로 인한 산업재해 발생의 위험성 파악
3. 제1호에 따른 혼재된 작업으로 인한 산업재해를 예방하기 위한 작업의 시기·내용 및 안전보건 조치 등의 조정
4. 각각의 공사 도급인의 안전보건관리책임자 간 작업 내용에 관한 정보 공유 여부의 확인

② 안전보건조정자는 제1항의 업무를 수행하기 위하여 필요한 경우 해당 공사의 도급인과 관계수급인에게 자료의 제출을 요구할 수 있다.

정보제공

산업안전보건법 시행령

05 산업안전보건법령상 안전보건관리규정에 관한 설명으로 옳지 않은 것은?

① 소프트웨어 개발 및 공급업에서 상시근로자 100명을 사용하는 사업장은 안전보건관리규정을 작성하여야 한다.

② 안전보건관리규정의 내용에는 작업지휘자 배치 등에 관한 사항이 포함되어야 한다.

③ 안전보건관리규정은 해당 사업장에 적용되는 단체협약 및 취업규칙에 반할 수 없다.

④ 안전보건관리규정에 관하여는 산업안전보건법에서 규정한 것을 제외하고는 그 성질에 반하지 아니하는 범위에서 「근로기준법」의 취업규칙에 관한 규정을 준용한다.

⑤ 사업주가 법령에 따라 안전보건관리규정을 작성하거나 변경할 때에는 산업안전보건위원회가 설치되어 있지 아니한 사업장의 경우에는 근로자대표의 동의를 받아야 한다.

답 ①

해설

제25조(안전보건관리규정의 작성) ① 법 제25조제3항에 따라 안전보건관리규정을 작성해야 할 사업의 종류 및 상시근로자 수는 별표 2와 같다.

② 제1항에 따른 사업의 사업주는 안전보건관리규정을 작성해야 할 사유가 발생한 날부터 30일 이내에 별표 3의 내용을 포함한 안전보건관리규정을 작성하여야 한다. 이를 변경할 사유가 발생한 경우에도 또한 같다.

③ 사업주가 제2항에 따른 안전보건관리규정을 작성할 때에는 소방·가스·전기·교통 분야 등의 다른 법령에서 정하는 안전관리에 관한 규정과 통합하여 작성할 수 있다.

정보제공 산업안전보건법 시행규칙

산업안전보건법 시행규칙 [별표 2]

안전보건관리규정을 작성해야 할 사업의 종류 및 상시근로자 수

사업의 종류	상시근로자 수
1. 농업 2. 어업 3. 소프트웨어 개발 및 공급업 4. 컴퓨터 프로그래밍, 시스템 통합 및 관리업 4의2. 영상 · 오디오물 제공 서비스업 5. 정보서비스업 6. 금융 및 보험업 7. 임대업;부동산 제외 8. 전문, 과학 및 기술 서비스업(연구개발업은 제외한다) 9. 사업지원 서비스업 10. 사회복지 서비스업	300명 이상
11. 제1호부터 제4호까지, 제4호의2 및 제5호부터 제10호까지의 사업을 제외한 사업	100명 이상

06 산업안전보건법령상 산업안전보건위원회의 심의·의결을 거쳐야 하는 사항에 해당하지 않는 것은?

① 유해하거나 위험한 기계·기구·설비를 도입한 경우 안전 및 보건 관련 조치에 관한 사항

② 안전 및 보건과 관련된 안전장치 구입 시의 적격품 여부 확인에 관한 사항

③ 산업재해에 관한 통계의 기록 및 유지에 관한 사항

④ 산업재해 예방계획의 수립에 관한 사항

⑤ 근로자의 안전보건교육에 관한 사항

답 ②

해설

제38조(의결되지 아니한 사항 등의 처리) ① 산업안전보건위원회는 다음 각 호의 어느 하나에 해당하는 경우에는 근로자위원과 사용자위원의 합의에 따라 산업안전보건위원회에 중재기구를 두어 해결하거나 제3자에 의한 중재를 받아야 한다.

1. 법 제24조제2항 각 호에 따른 사항에 대하여 산업안전보건위원회에서 의결하지 못한 경우
2. 산업안전보건위원회에서 의결된 사항의 해석 또는 이행방법 등에 관하여 의견이 일치하지 않는 경우

② 제1항에 따른 중재 결정이 있는 경우에는 산업안전보건위원회의 의결을 거친 것으로 보며 사업주와 근로자는 그 결정에 따라야 한다.

제15조(관리감독자의 업무 등) ① 법 제16조제1항에서 "대통령령으로 정하는 업무"란 다음 각 호의 업무를 말한다. 〈개정 2021. 11. 19.〉

1. 사업장 내 법 제16조제1항에 따른 관리감독자(이하 "관리감독자"라 한다)가 지휘 · 감독하는 작업(이하 이 조에서 "해당작업"이라 한다)과 관련된 기계 · 기구 또는 설비의 안전 · 보건 점검 및 이상 유무의 확인
2. 관리감독자에게 소속된 근로자의 작업복 · 보호구 및 방호장치의 점검과 그 착용 · 사용에 관한 교육 · 지도
3. 해당작업에서 발생한 산업재해에 관한 보고 및 이에 대한 응급조치
4. 해당작업의 작업장 정리 · 정돈 및 통로 확보에 대한 확인 · 감독
5. 사업장의 다음 각 목의 어느 하나에 해당하는 사람의 지도 · 조언에 대한 협조
   가. 법 제17조제1항에 따른 안전관리자(이하 "안전관리자"라 한다) 또는 같은 조 제5항에 따라 안전관리자의 업무를 같은 항에 따른 안전관리전문기관(이하 "안전관리전문기관"이라 한다)에 위탁한 사업장의 경우에는 그 안전관리전문기관의 해당 사업장 담당자
   나. 법 제18조제1항에 따른 보건관리자(이하 "보건관리자"라 한다) 또는 같은 조 제5항에 따라 보건관리자의 업무를 같은 항에 따른 보건관리전문기관(이하 "보건관리전문기관"이라 한다)에 위탁한 사업장의 경우에는 그 보건관리전문기관의 해당 사업장 담당자
   다. 법 제19조제1항에 따른 안전보건관리담당자(이하 "안전보건관리담당자"라 한다) 또는 같은 조 제4항에 따라 안전보건관리담당자의 업무를 안전관리전문기관 또는 보건관리전문기관에 위탁한 사업장의 경우에는 그 안전관리전문기관 또는 보건관리전문기관의 해당 사업장 담당자
   라. 법 제22조제1항에 따른 산업보건의(이하 "산업보건의"라 한다)
6. 법 제36조에 따라 실시되는 위험성평가에 관한 다음 각 목의 업무
   가. 유해 · 위험요인의 파악에 대한 참여
   나. 개선조치의 시행에 대한 참여
7. 그 밖에 해당작업의 안전 및 보건에 관한 사항으로서 고용노동부령으로 정하는 사항

② 관리감독자에 대한 지원에 관하여는 제14조제2항을 준용한다. 이 경우 "안전보건관리책임자"는 "관리감독자"로, "법 제15조제1항"은 "제1항"으로 본다.

제18조(안전관리자의 업무 등) ① 안전관리자의 업무는 다음 각 호와 같다.

1. 법 제24조제1항에 따른 산업안전보건위원회(이하 "산업안전보건위원회"라 한다) 또는 법 제75조제1항에 따른 안전 및 보건에 관한 노사협의체(이하 "노사협의체"라 한다)에서 심의·의결한 업무와 해당 사업장의 법 제25조제1항에 따른 안전보건관리규정(이하 "안전보건관리규정"이라 한다) 및 취업규칙에서 정한 업무

2. 법 제36조에 따른 위험성평가에 관한 보좌 및 지도·조언
3. 법 제84조제1항에 따른 안전인증대상 기계 등(이하 "안전인증대상 기계 등"이라 한다)과 법 제89조제1항 각 호 외의 부분 본문에 따른 자율안전확인대상 기계 등(이하 "자율안전확인대상 기계 등"이라 한다) 구입 시 적격품의 선정에 관한 보좌 및 지도·조언
4. 해당 사업장 안전교육계획의 수립 및 안전교육 실시에 관한 보좌 및 지도·조언
5. 사업장 순회점검·지도 및 조치의 건의
6. 산업재해 발생의 원인 조사·분석 및 재발 방지를 위한 기술적 보좌 및 지도·조언
7. 산업재해에 관한 통계의 유지·관리·분석을 위한 보좌 및 지도·조언
8. 법 또는 법에 따른 명령으로 정한 안전에 관한 사항의 이행에 관한 보좌 및 지도·조언
9. 업무수행 내용의 기록·유지
10. 그 밖에 안전에 관한 사항으로서 고용노동부장관이 정하는 사항

② 사업주가 안전관리자를 배치할 때에는 연장근로·야간근로 또는 휴일근로 등 해당 사업장의 작업 형태를 고려해야 한다.

③ 사업주는 안전관리 업무의 원활한 수행을 위하여 외부전문가의 평가·지도를 받을 수 있다.

④ 안전관리자는 제1항 각 호에 따른 업무를 수행할 때에는 보건관리자와 협력해야 한다.

⑤ 안전관리자에 대한 지원에 관하여는 제14조제2항을 준용한다. 이 경우 "안전보건관리책임자"는 "안전관리자"로 "법 제15조제1항"은 "제1항"으로 본다.

제24조(안전보건관리담당자의 선임 등) ① 다음 각 호의 어느 하나에 해당하는 사업의 사업주는 법 제19조제1항에 따라 상시근로자 20명 이상 50명 미만인 사업장에 안전보건관리담당자를 1명 이상 선임해야 한다.

1. 제조업
2. 임업
3. 하수, 폐수 및 분뇨 처리업
4. 폐기물 수집, 운반, 처리 및 원료 재생업
5. 환경 정화 및 복원업

② 안전보건관리담당자는 해당 사업장 소속 근로자로서 다음 각 호의 어느 하나에 해당하는 요건을 갖추어야 한다.

1. 제17조에 따른 안전관리자의 자격을 갖추었을 것
2. 제21조에 따른 보건관리자의 자격을 갖추었을 것
3. 고용노동부장관이 정하여 고시하는 안전보건교육을 이수했을 것

③ 안전보건관리담당자는 제25조 각 호에 따른 업무에 지장이 없는 범위에서 다른 업무를 겸할 수 있다.

④ 사업주는 제1항에 따라 안전보건관리담당자를 선임한 경우에는 그 선임 사실 및 제25조 각 호에 따른 업무를 수행했음을 증명할 수 있는 서류를 갖추어 두어야 한다.

정보제공

산업안전보건법 시행령

07 산업안전보건법령상 안전관리자 및 보건관리자 등에 관한 설명으로 옳지 않은 것은?

① 사업주가 안전관리자를 배치할 때에는 연장근로·야간근로 또는 휴일근로 등 해당 사업장의 작업 형태를 고려하여야 한다.

② 건설업을 제외한 사업으로서 상시근로자 300명 미만을 사용하는 사업의 사업주는 안전관리자의 업무를 안전관리전문기관에 위탁할 수 있다.

③ 안전관리전문기관은 고용노동부장관이 정하는 바에 따라 안전관리 업무의 수행 내용, 점검 결과 및 조치 사항 등을 기록한 사업장관리카드를 작성하여 갖추어야 한다.

④ 지방고용노동관서의 장은 중대재해가 연간 1건 이상 발생한 경우에는 사업주에게 안전관리자·보건관리자를 교체하여 임명할 것을 명할 수 있다.

⑤ 고용노동부장관은 안전관리전문기관이 업무정지 기간 중에 업무를 수행한 경우 그 지정을 취소하여야 한다.

답 ④

해설

제12조(안전관리자 등의 증원 · 교체임명 명령) ① 지방고용노동관서의 장은 다음 각 호의 어느 하나에 해당하는 사유가 발생한 경우에는 법 제17조제3항·제18조제3항 또는 제19조제3항에 따라 사업주에게 안전관리자·보건관리자 또는 안전보건관리담당자(이하 이 조에서 "관리자"라 한다)를 정수 이상으로 증원하게 하거나 교체하여 임명할 것을 명할 수 있다. 다만, 제4호에 해당하는 경우로서 직업성 질병자 발생 당시 사업장에서 해당 화학적 인자를 사용하지 아니하는 경우에는 그렇지 않다.

1. 해당 사업장의 연간재해율이 같은 업종의 평균재해율의 2배 이상인 경우
2. 중대재해가 연간 2건 이상 발생한 경우. 다만, 해당 사업장의 전년도 사망만인율이 같은 업종의 평균 사망만인율 이하인 경우는 제외한다.
3. 관리자가 질병이나 그 밖의 사유로 3개월 이상 직무를 수행할 수 없게 된 경우
4. 별표 22 제1호에 따른 화학적 인자로 인한 직업성 질병자가 연간 3명 이상 발생한 경우. 이 경우 직업성질병자 발생일은 「산업재해보상보험법 시행규칙」 제21조제1항에 따른 요양급여의 결정일로 한다.

② 제1항에 따라 관리자를 정수 이상으로 증원하게 하거나 교체하여 임명할 것을 명하는 경우에는 미리 사업주 및 해당 관리자의 의견을 듣거나 소명자료를 제출받아야 한다. 다만, 정당한 사유 없이 의견진술 또는 소명자료의 제출을 게을리 한 경우에는 그렇지 않다.

③ 제1항에 따른 관리자의 정수 이상 증원 및 교체임명 명령은 별지 제4호서식에 의한다.

정보제공

산업안전보건법 시행규칙

08 산업안전보건법령상 도급금지 및 도급사업의 안전보건에 관한 설명으로 옳지 않은 것은?

① 유해하거나 위험한 작업을 도급 줄 때 지켜야 할 안전보건조치의 기준은 고용노동부령으로 정한다.

② 도금작업은 하도급인 경우를 제외하고는 고용노동부장관의 승인을 받지 아니하면 그 작업만을 분리하여 도급을 줄 수 없다.

③ 법령상 구성 및 운영되어야 하는 안전보건에 관한 협의체는 도급인인 사업주 및 그의 수급인인 사업주 전원으로 구성하여야 한다.

④ 법령상 작업장의 순회점검 등 안전보건관리를 하여야 하는 도급인인 사업주는 토사석 광업의 경우 2일에 1회 이상 작업장을 순회점검하여야 한다.

⑤ 건설공사를 타인에게 도급하는 자는 자신의 책임으로 시공이 중단된 사유로 공사가 지연되어 그의 수급인이 산업재해 예방을 위하여 공사기간 연장을 요청하는 경우 특별한 사유가 없으면 그 연장 조치를 하여야 한다.

답 ②

해설

제58조(유해한 작업의 도급금지) ① 사업주는 근로자의 안전 및 보건에 유해하거나 위험한 작업으로서 다음 각 호의 어느 하나에 해당하는 작업을 도급하여 자신의 사업장에서 수급인의 근로자가 그 작업을 하도록 해서는 아니 된다.
1. 도금작업
2. 수은, 납 또는 카드뮴을 제련, 주입, 가공 및 가열하는 작업
3. 제118조제1항에 따른 허가대상물질을 제조하거나 사용하는 작업
② 사업주는 제1항에도 불구하고 다음 각 호의 어느 하나에 해당하는 경우에는 제1항 각 호에 따른 작업을 도급하여 자신의 사업장에서 수급인의 근로자가 그 작업을 하도록 할 수 있다.
1. 일시·간헐적으로 하는 작업을 도급하는 경우
2. 수급인이 보유한 기술이 전문적이고 사업주(수급인에게 도급을 한 도급인으로서의 사업주를 말한다)의 사업 운영에 필수 불가결한 경우로서 고용노동부장관의 승인을 받은 경우
③ 사업주는 제2항제2호에 따라 고용노동부장관의 승인을 받으려는 경우에는 고용노동부령으로 정하는 바에 따라 고용노동부장관이 실시하는 안전 및 보건에 관한 평가를 받아야 한다.
④ 제2항제2호에 따른 승인의 유효기간은 3년의 범위에서 정한다.
⑤ 고용노동부장관은 제4항에 따른 유효기간이 만료되는 경우에 사업주가 유효기간의 연장을 신청하면 승인의 유효기간이 만료되는 날의 다음 날부터 3년의 범위에서 고용노동부령으로 정하는 바에 따라 그 기간의 연장을 승인할 수 있다. 이 경우 사업주는 제3항에 따른 안전 및 보건에 관한 평가를 받아야 한다.
⑥ 사업주는 제2항제2호 또는 제5항에 따라 승인을 받은 사항 중 고용노동부령으로 정하는 사항을 변경하려는 경우에는 고용노동부령으로 정하는 바에 따라 변경에 대한 승인을 받아야 한다.
⑦ 고용노동부장관은 제2항제2호, 제5항 또는 제6항에 따라 승인, 연장승인 또는 변경승인을 받은 자가 제8항에 따른 기준에 미달하게 된 경우에는 승인, 연장승인 또는 변경승인을 취소하여야 한다.
⑧ 제2항제2호, 제5항 또는 제6항에 따른 승인, 연장승인 또는 변경승인의 기준·절차 및 방법, 그 밖에 필요한 사항은 고용노동부령으로 정한다.

제59조(도급의 승인) ① 사업주는 자신의 사업장에서 안전 및 보건에 유해하거나 위험한 작업 중 급성 독성, 피부 부식성 등이 있는 물질의 취급 등 대통령령으로 정하는 작업을 도급하려는 경우에는 고용노동부장관의 승인을 받아야 한다. 이 경우 사업주는 고용노동부령으로 정하는 바에 따라 안전 및 보건에 관한 평가를 받아야 한다.
② 제1항에 따른 승인에 관하여는 제58조제4항부터 제8항까지의 규정을 준용한다.

제60조(도급의 승인 시 하도급 금지) 제58조제2항제2호에 따른 승인, 같은 조 제5항 또는 제6항(제59조제2항에 따라 준용되는 경우를 포함한다)에 따른 연장승인 또는 변경승인 및 제59조제1항에 따른 승인을 받은 작업을 도급받은 수급인은 그 작업을 하도급할 수 없다.

제61조(적격 수급인 선정 의무) 사업주는 산업재해 예방을 위한 조치를 할 수 있는 능력을 갖춘 사업주에게 도급하여야 한다.

정보제공

산업안전보건법

09 산업안전보건법령상 안전보건관리책임자 등에 대한 직무교육에 관한 설명으로 옳은 것은?

① 법령에 따른 안전보건관리책임자에 해당하는 사람이 해당 직위에 위촉된 경우에는 직무교육을 이수한 것으로 본다.

② 법령에 따른 보건관리자가 의사인 경우에는 채용된 후 6개월 이내에 직무를 수행하는 데 필요한 신규교육을 받아야 한다.

③ 법령에 따른 안전보건관리책임자에 해당하는 사람은 선임된 후 매 2년이 되는 날을 기준으로 전후 6개월 사이에 고용노동부장관이 실시하는 안전보건에 관한 보수교육을 받아야 한다.

④ 직무교육기관의 장은 직무교육을 실시하기 30일 전까지 교육 일시 및 장소 등을 직무교육 대상자에게 알려야 한다.

⑤ 직무교육을 이수한 사람이 다른 사업장으로 전직하여 신규로 선임된 경우로서 선임신고 시 전직 전에 받은 교육이수증명서를 제출하면 해당 교육의 2분의 1을 이수한 것으로 본다.

답 ③

해설

제29조(안전보건관리책임자 등에 대한 직무교육) ① 법 제32조제1항 각 호외의 부분 본문에 따라 각 호의 어느 하나에 해당하는 사람은 해당 직위에 선임(위촉의 경우를 포함한다. 이하 같다)되거나 채용된 후 3개월(보건관리자가 의사인 경우는 1년) 이내에 직무를 수행하는 데 필요한 신규교육을 받아야 하며, 신규교육을 이수한 후 매 2년이 되는 날을 기준으로 전후 6개월 사이에 고용노동부장관이 실시하는 안전보건에 관한 보수교육을 받아야 한다.

1. 법 제15조제1항에 따른 안전보건관리책임자
2. 법 제17조제1항에 따른 안전관리자(「기업활동 규제완화에 관한 특별조치법」 제30조제3항에 따라 안전관리자로 채용된 것으로 보는 사람을 포함한다)
3. 법 제18조제1항에 따른 보건관리자
4. 법 제19조제1항에 따른 안전보건관리담당자
5. 법 제21조제1항에 따른 안전관리전문기관 또는 보건관리전문기관에서 안전관리자 또는 보건관리자의 위탁 업무를 수행하는 사람
6. 법 제74조제1항에 따른 건설재해 예방전문지도기관에서 지도업무를 수행하는 사람
7. 법 제96조제1항에 따라 지정받은 안전검사기관에서 검사업무를 수행하는 사람
8. 법 제100조제1항에 따라 지정받은 자율안전검사기관에서 검사업무를 수행하는 사람
9. 법 제120조제1항에 따른 석면조사기관에서 석면조사 업무를 수행하는 사람

② 제1항에 따른 신규교육 및 보수교육(이하 "직무교육"이라 한다)의 교육시간은 별표 4와 같고, 교육내용은 별표 5와 같다.

③ 직무교육을 실시하기 위한 집체교육, 현장교육, 인터넷원격교육 등의 교육 방법, 직무교육 기관의 관리, 그 밖에 교육에 필요한 사항은 고용노동부장관이 정하여 고시한다.

정보제공 산업안전보건법 시행규칙

제35조(직무교육의 신청 등) ① 직무교육을 받으려는 자는 별지 제15호서식의 직무교육 수강신청서를 직무교육기관의 장에게 제출해야 한다.

② 직무교육기관의 장은 직무교육을 실시하기 15일 전까지 교육 일시 및 장소 등을 직무교육 대상자에게 알려야 한다.

③ 직무교육을 이수한 사람이 다른 사업장으로 전직하여 신규로 선임되어 선임신고를 하는 경우에는 전직 전에 받은 교육이수증명서를 제출하면 해당 교육을 이수한 것으로 본다.

④ 직무교육기관의 장이 직무교육을 실시하려는 경우에는 매년 12월 31일까지 다음 연도의 교육 실시계획서를 고용노동부장관에게 제출(전자문서로 제출하는 것을 포함한다)하여 승인을 받아야 한다.

10 **산업안전보건법령상 고객의 폭언 등으로 인한 건강장해를 예방하기 위하여 사업주가 조치하여야 하는 것으로 명시된 것은?**

① 업무의 일시적 중단 또는 전환

② 고객과의 문제 상황 발생 시 대처방법 등을 포함하는 고객응대업무 매뉴얼 마련

③ 근로기준법에 따른 휴게시간의 연장

④ 폭언 등으로 인한 건강장해 관련 치료

⑤ 관할 수사기관에 증거물을 제출하는 등 고객응대근로자가 폭언 등으로 인하여 고소, 고발 등을 하는 데 필요한 지원

답 ②

해설

제41조(고객의 폭언 등으로 인한 건강장해 예방조치) 사업주는 법 제41조제1항에 따라 건강장해를 예방하기 위하여 다음 각 호의 조치를 하여야 한다.

1. 법 제41조제1항에 따른 폭언 등을 하지 않도록 요청하는 문구 게시 또는 음성 안내
2. 고객과의 문제 상황 발생 시 대처방법 등을 포함하는 고객응대업무 매뉴얼 마련
3. 제2호에 따른 고객응대업무 매뉴얼의 내용 및 건강장해 예방 관련 교육 실시
4. 그 밖에 법 제41조제1항에 따른 고객응대근로자의 건강장해 예방을 위하여 필요한 조치

정보제공

산업안전보건법 시행규칙 제41조

보충학습

제41조(고객의 폭언 등으로 인한 건강장해 예방조치) ① 사업주는 주로 고객을 직접 대면하거나 「정보통신망 이용촉진 및 정보보호 등에 관한 법률」 제2조제1항제1호에 따른 정보통신망을 통하여 상대하면서 상품을 판매하거나 서비스를 제공하는 업무에 종사하는 고객응대근로자에 대하여 고객의 폭언, 폭행, 그 밖에 적정 범위를 벗어난 신체적·정신적 고통을 유발하는 행위(이하 이 조에서 "폭언등"이라 한다)로 인한 건강장해를 예방하기 위하여 고용노동부령으로 정하는 바에 따라 필요한 조치를 하여야 한다.

② 사업주는 업무와 관련하여 고객 등 제3자의 폭언등으로 근로자에게 건강장해가 발생하거나 발생할 현저한 우려가 있는 경우에는 업무의 일시적 중단 또는 전환 등 대통령령으로 정하는 필요한 조치를 하여야 한다.

③ 근로자는 사업주에게 제2항에 따른 조치를 요구할 수 있고, 사업주는 근로자의 요구를 이유로 해고 또는 그 밖의 불리한 처우를 해서는 아니 된다.

정보제공

산업안전보건법

합격키

2021년 10월 14일 출제

11 **산업안전보건법령상 사업주가 근로자에 대하여 실시하여야 하는 근로자 안전보건교육의 내용 중 관리감독자 정기안전보건교육의 내용에 해당하지 않는 것은?**

① 산업재해 보상보험제도에 관한 사항

② 산업보건 및 직업병 예방에 관한 사항

③ 유해·위험 작업환경 관리에 관한 사항

④ 산업안전보건법령에 관한 사항

⑤ 표준안전작업방법 및 작성 요령에 관한 사항

답 ⑤

해설

안전보건교육 교육대상별 교육내용

가. 근로자 정기안전보건교육

교육내용
① 산업안전 및 사고 예방에 관한 사항 ② 산업보건 및 직업병 예방에 관한 사항 ③ 위험성평가에 관한 사항 ④ 건강증진 및 질병 예방에 관한 사항 ⑤ 유해·위험 작업환경 관리에 관한 사항 ⑥ 산업안전보건법령 및 산업재해보상보험 제도에 관한 사항 ⑦ 직무스트레스 예방 및 관리에 관한 사항 ⑧ 직장 내 괴롭힘, 고객의 폭언 등으로 인한 건강장해 예방 및 관리에 관한 사항

나. 관리감독자 정기안전보건교육

교육내용
① 산업안전 및 사고 예방에 관한 사항 ② 산업보건 및 직업병 예방에 관한 사항 ③ 위험성평가에 관한 사항 ④ 유해·위험 작업환경 관리에 관한 사항 ⑤ 산업안전보건법령 및 산업재해보상보험 제도에 관한 사항 ⑥ 직무스트레스 예방 및 관리에 관한 사항 ⑦ 직장 내 괴롭힘, 고객의 폭언 등으로 인한 건강장해 예방 및 관리에 관한 사항 ⑧ 작업공정의 유해·위험과 재해 예방대책에 관한 사항 ⑨ 사업장 내 안전보건관리체제 및 안전·보건조치 현황에 관한 사항 ⑩ 표준안전 작업방법 결정 및 지도·감독 요령에 관한 사항 ⑪ 현장근로자와의 의사소통능력 및 강의능력 등 안전보건교육 능력 배양에 관한 사항 ⑫ 비상시 또는 재해 발생 시 긴급조치에 관한 사항 ⑬ 그 밖의 관리감독자의 직무에 관한 사항

다. 근로자 채용 시 교육 및 작업내용 변경 시 교육

교육내용
① 산업안전 및 사고 예방에 관한 사항 ② 산업보건 및 직업병 예방에 관한 사항 ③ 위험성평가의 관한 사항 ④ 산업안전보건법령 및 산업재해보상보험 제도에 관한 사항 ⑤ 직무스트레스 예방 및 관리에 관한 사항 ⑥ 직장 내 괴롭힘, 고객의 폭언 등으로 인한 건강장해 예방 및 관리에 관한 사항 ⑦ 기계·기구의 위험성과 작업의 순서 및 동선에 관한 사항 ⑧ 작업 개시 전 점검에 관한 사항 ⑨ 정리정돈 및 청소에 관한 사항 ⑩ 사고 발생 시 긴급조치에 관한 사항 ⑪ 물질안전보건자료에 관한 사항

정보제공

산업안전보건법 시행규칙 [별표 5]

합격키

2019. 3. 30 제 2과목 2번 출제

12 **산업안전보건법령상 안전검사대상 기계 등의 검사 주기가 공정안전보고서를 제출하여 확인을 받은 경우 최초 안전검사를 실시한 후 4년마다인 것은?**

① 이삿짐운반용 리프트

② 고소작업대

③ 이동식 크레인

④ 압력용기

⑤ 원심기

답 ④

해설

제126조(안전검사의 주기 및 합격표시 및 표시방법) ① 법 제93조제3항에 따른 안전검사대상 기계 등의 검사 주기는 다음 각 호와 같다.

1. 크레인(이동식 크레인은 제외한다), 리프트(이삿짐운반용 리프트는 제외한다) 및 곤돌라 : 사업장에 설치가 끝난 날부터 3년 이내에 최초 안전검사를 실시하되, 그 이후부터 2년마다(건설현장에서 사용하는 것은 최초로 설치한 날부터 6개월마다)
2. 이동식 크레인, 이삿짐운반용 리프트 및 고소작업대 : 「자동차관리법」 제8조에 따른 신규등록 이후 3년 이내에 최초 안전검사를 실시하되, 그 이후부터 2년마다
3. 프레스, 전단기, 압력용기, 국소 배기장치, 원심기, 롤러기, 사출성형기, 컨베이어, 산업용 로봇, 혼합기, 파쇄기 또는 분쇄기 : 사업장에 설치가 끝난 날부터 3년 이내에 최초 안전검사를 실시하되, 그 이후부터 2년마다(공정안전보고서를 제출하여 확인을 받은 압력용기는 4년마다)

② 법 제93조제3항에 따른 안전검사의 합격표시 및 표시방법은 별표 16과 같다.

정보제공

산업안전보건법 시행규칙

2019

13 산업안전보건법령상 지게차에 설치하여야 할 방호장치에 해당하지 않는 것은?

① 헤드 가드

② 백레스트(backrest)

③ 전조등

④ 후미등

⑤ 구동부 방호 연동장치

답 ⑤

해설

제98조(방호조치) ① 법 제80조제1항에 따라 영 제70조 및 영 별표 20의 기계·기구에 설치해야 할 방호장치는 다음 각 호와 같다.

1. 영 별표 20 제1호에 따른 예초기 : 날접촉 예방장치
2. 영 별표 20 제2호에 따른 원심기 : 회전체 접촉 예방장치
3. 영 별표 20 제3호에 따른 공기압축기 : 압력방출장치
4. 영 별표 20 제4호에 따른 금속절단기 : 날접촉 예방장치
5. 영 별표 20 제5호에 따른 지게차 : 헤드 가드, 백레스트(backrest), 전조등, 후미등, 안전벨트
6. 영 별표 20 제6호에 따른 포장기계 : 구동부 방호 연동장치

② 법 제80조제2항에서 "고용노동부령으로 정하는 방호조치"란 다음 각 호의 방호조치를 말한다.

1. 작동 부분의 돌기부분은 묻힘형으로 하거나 덮개를 부착할 것
2. 동력전달부분 및 속도조절부분에는 덮개를 부착하거나 방호망을 설치할 것
3. 회전기계의 물림점(롤러나 톱니바퀴 등 반대방향의 두 회전체에 물려들어가는 위험점)에는 덮개 또는 울을 설치할 것
4. 제1항 각 호에 따른 방호장치를 설치할 것

③ 제1항 및 제2항에 따른 방호조치에 필요한 사항은 고용노동부장관이 정하여 고시한다.

정보제공

산업안전보건법 시행규칙

14 **산업안전보건법령상 불도저를 대여받는 자가 그가 사용하는 근로자가 아닌 사람에게 불도저를 조작하도록 하는 경우 조작하는 사람에게 주지시켜야 할 사항으로 명시되지 않은 것은?**

① 작업의 내용

② 지휘계통

③ 연락·신호 등의 방법

④ 제한속도

⑤ 면허의 갱신

답 ⑤

해설

제101조(기계 등을 대여 받는 자의 조치) ① 법 제81조에 따라 기계 등을 대여받는 자는 그가 사용하는 근로자가 아닌 사람에게 해당 기계 등을 조작하도록 하는 경우에는 다음 각 호의 조치를 하여야 한다. 다만, 해당 기계 등을 구입할 목적으로 기종의 선정 등을 위하여 일시적으로 대여받는 경우에는 그렇지 않다.

1. 해당 기계 등을 조작하는 사람이 관계 법령에서 정하는 자격이나 기능을 가진 사람인지 확인할 것
2. 해당 기계 등을 조작하는 사람에게 다음 각 목의 사항을 주지시킬 것
   가. 작업의 내용
   나. 지휘계통
   다. 연락·신호 등의 방법
   라. 운행경로, 제한속도, 그 밖에 해당 기계 등의 운행에 관한 사항
   마. 그 밖에 해당 기계 등의 조작에 따른 산업재해를 방지하기 위하여 필요한 사항

② 타워크레인을 대여받은 자는 다음 각 호의 조치를 하여야 한다.

1. 타워크레인을 사용하는 작업 중에 타워크레인 장비 간 또는 타워크레인과 인접 구조물 간 충돌위험이 있으면 충돌방지장치를 설치하는 등 충돌방지를 위하여 필요한 조치를 할 것
2. 타워크레인 설치·해체 작업이 이루어지는 동안 작업과정 전반(全般)을 영상으로 기록하여 대여기간 동안 보관할 것

③ 해당 기계 등을 대여하는 자가 제100조제2호 각 목의 사항을 적은 서면을 발급하지 않는 경우 해당 기계등을 대여받은 자는 해당 사항에 대한 정보 제공을 요구할 수 있다.

④ 기계 등을 대여받은 자가 기계 등을 대여한 자에게 반환하는 경우에는 해당 기계 등의 수리·보수 및 점검 내역과 부품교체 사항 등이 있는 경우 해당사항에 대한 정보를 제공해야 한다.

정보제공

산업안전보건법 시행규칙

보충학습

제80조(유해하거나 위험한 기계·기구에 대한 방호조치) ① 누구든지 동력(動力)으로 작동하는 기계·기구로서 대통령령으로 정하는 것은 고용노동부령으로 정하는 유해·위험 방지를 위한 방호조치를 하지 아니하고는 양도, 대여, 설치 또는 사용에 제공하거나 양도·대여의 목적으로 진열해서는 아니 된다.

② 누구든지 동력으로 작동하는 기계·기구로서 다음 각 호의 어느 하나에 해당하는 것은 고용노동부령으로 정하는 방호조치를 하지 아니하고는 양도, 대여, 설치 또는 사용에 제공하거나 양도·대여의 목적으로 진열해서는 아니 된다.

1. 작동 부분에 돌기 부분이 있는 것
2. 동력전달 부분 또는 속도조절 부분이 있는 것
3. 회전기계에 물체 등이 말려 들어갈 부분이 있는 것

③ 사업주는 제1항 및 제2항에 따른 방호조치가 정상적인 기능을 발휘할 수 있도록 방호조치와 관련되는 장치를 상시적으로 점검하고 정비하여야 한다.

④ 사업주와 근로자는 제1항 및 제2항에 따른 방호조치를 해체하려는 경우 등 고용노동부령으로 정하는 경우에는 필요한 안전조치 및 보건조치를 하여야 한다.

제81조(기계·기구 등의 대여자 등의 조치) 대통령령으로 정하는 기계·기구·설비 또는 건축물 등을 타인에게 대여하거나 대여받는 자는 필요한 안전조치 및 보건조치를 하여야 한다.

제82조(타워크레인 설치·해체업의 등록 등) ① 타워크레인을 설치하거나 해체를 하려는 자는 대통령령으로 정하는 바에 따라 인력·시설 및 장비 등의 요건을 갖추어 고용노동부장관에게 등록하여야 한다. 등록한 사항 중 대통령령으로 정하는 중요한 사항을 변경할 때에도 또한 같다.

② 사업주는 제1항에 따라 등록한 자로 하여금 타워크레인을 설치하거나 해체하는 작업을 하도록 하여야 한다.

③ 제1항에 따른 등록 절차, 그 밖에 필요한 사항은 고용노동부령으로 정한다.

④ 제1항에 따라 등록한 자에 대해서는 제21조제4항 및 제5항을 준용한다. 이 경우 "안전관리전문기관 또는 보건관리전문기관"은 "제1항에 따라 등록한 자"로, "지정"은 "등록"으로 본다.

정보제공

산업안전보건법

합격키

2015. 4.20(문제 5번)

15 산업안전보건법령상 설치·이전하는 경우 안전인증을 받아야 하는 기계에 해당하는 것은?

① 프레스

② 곤돌라

③ 롤러기

④ 사출성형기(射出成形機)

⑤ 기계톱

답 ②

해설

제107조(안전인증대상 기계 등) 법 제84조제1항에서 "고용노동부령으로 정하는 안전인증대상 기계 등"이란 다음 각 호의 기계 및 설비를 말한다.

1. 설치·이전하는 경우 안전인증을 받아야 하는 기계
   가. 크레인
   나. 리프트
   다. 곤돌라
2. 주요 구조 부분을 변경하는 경우 안전인증을 받아야 하는 기계 및 설비
   가. 프레스
   나. 전단기 및 절곡기(折曲機)
   다. 크레인
   라. 리프트
   마. 압력용기
   바. 롤러기
   사. 사출성형기(射出成形機)
   아. 고소(高所)작업대
   자. 곤돌라

보충학습

산업안전보건법 시행규칙

16 산업안전보건법령상 자율안전확인의 신고 및 자율안전확인대상 기계 등에 관한 설명으로 옳지 않은 것은?

① 휴대형 연마기는 자율안전확인대상 기계 등에 해당한다.

② 연구·개발을 목적으로 산업용 로봇을 제조하는 경우에는 신고를 면제할 수 있다.

③ 파쇄·절단·혼합·제면기가 아닌 식품가공용기계는 자율안전확인대상 기계·기구 등에 해당하지 않는다.

④ 자동차정비용 리프트에 대하여 안전인증을 받은 경우에는 그 안전인증이 취소되거나 안전인증표시의 사용 금지 명령을 받은 경우가 아니라면 신고를 면제할 수 있다.

⑤ 인쇄기에 대하여 고용노동부령으로 정하는 다른 법령에서 안전성에 관한 검사나 인증을 받은 경우에는 신고를 면제할 수 있다.

답 ①

해설

제77조(자율안전확인대상 기계 등) ① 법 제89조제1항 각 호 외의 부분 본문에서 "대통령령으로 정하는 것"이란 다음 각 호의 어느 하나에 해당하는 것을 말한다.

1. 다음 각 목의 어느 하나에 해당하는 기계 또는 설비
   가. 연삭기 또는 연마기(휴대형은 제외한다)
   나. 산업용 로봇
   다. 혼합기
   라. 파쇄기 또는 분쇄기
   마. 식품가공용기계(파쇄·절단·혼합·제면기만 해당한다)
   바. 컨베이어
   사. 자동차정비용 리프트
   아. 공작기계(선반, 드릴기, 평삭·형삭기, 밀링만 해당한다)
   자. 고정형 목재가공용기계(둥근톱, 대패, 루타기, 띠톱, 모떼기 기계만 해당한다)
   차. 인쇄기
2. 다음 각 목의 어느 하나에 해당하는 방호장치
   가. 아세틸렌 용접장치용 또는 가스집합 용접장치용 안전기
   나. 교류 아크용접기용 자동전격방지기
   다. 롤러기 급정지장치
   라. 연삭기(研削機) 덮개
   마. 목재 가공용 둥근톱 반발 예방장치와 날접촉 예방장치
   바. 동력식 수동대패용 칼날 접촉 방지장치
   사. 추락·낙하 및 붕괴 등의 위험 방지 및 보호에 필요한 가설기자재(제74조제1항제2호아목의 가설기자재는 제외한다)로서 고용노동부장관이 정하여 고시하는 것
3. 다음 각 목의 어느 하나에 해당하는 보호구
   가. 안전모(제74조제1항제3호가목의 안전모는 제외한다)
   나. 보안경(제74조제1항제3호차목의 보안경은 제외한다)
   다. 보안면(제74조제1항제3호카목의 보안면은 제외한다)

② 자율안전확인대상 기계 등의 세부적인 종류, 규격 및 형식은 고용노동부장관이 정하여 고시한다.

정보제공

산업안전보건법 시행령

17 **산업안전보건기준에 관한 규칙상 근로자가 주사 및 채혈 작업을 하는 경우 사업주가 하여야 할 조치에 해당하지 않는 것은?**

① 안정되고 편안한 자세로 주사 및 채혈을 할 수 있는 장소를 제공할 것

② 채취한 혈액을 검사 용기에 옮기는 경우에는 주사침 사용을 금지하도록 할 것

③ 사용한 주사침의 바늘을 구부리는 행위를 금지할 것

④ 사용한 주사침의 뚜껑을 부득이하게 다시 씌워야 하는 경우에는 두 손으로 씌우도록 할 것

⑤ 사용한 주사침은 안전한 전용 수거용기에 모아 튼튼한 용기를 사용하여 폐기할 것

답 ④

해설

혈액매개 감염 노출 위험작업 시 조치기준

제597조(혈액노출 예방 조치) ① 사업주는 근로자가 혈액노출의 위험이 있는 작업을 하는 경우에 다음 각 호의 조치를 하여야 한다.

1. 혈액노출의 가능성이 있는 장소에서는 음식물을 먹거나 담배를 피우는 행위, 화장 및 콘택트렌즈의 교환 등을 금지할 것
2. 혈액 또는 환자의 혈액으로 오염된 가검물, 주사침, 각종 의료 기구, 솜 등의 혈액오염물(이하 "혈액오염물"이라 한다)이 보관되어 있는 냉장고 등에 음식물 보관을 금지할 것
3. 혈액 등으로 오염된 장소나 혈액오염물은 적절한 방법으로 소독할 것
4. 혈액오염물은 별도로 표기된 용기에 담아서 운반할 것
5. 혈액노출 근로자는 즉시 소독약품이 포함된 세척제로 접촉 부위를 씻도록 할 것

② 사업주는 근로자가 주사 및 채혈 작업을 하는 경우에 다음 각 호의 조치를 하여야 한다.

1. 안정되고 편안한 자세로 주사 및 채혈을 할 수 있는 장소를 제공할 것
2. 채취한 혈액을 검사 용기에 옮기는 경우에는 주사침 사용을 금지하도록 할 것
3. 사용한 주사침은 바늘을 구부리거나, 자르거나, 뚜껑을 다시 씌우는 등의 행위를 금지할 것(부득이하게 뚜껑을 다시 씌워야 하는 경우에는 한 손으로 씌우도록 한다)
4. 사용한 주사침은 안전한 전용 수거용기에 모아 튼튼한 용기를 사용하여 폐기할 것

③ 근로자는 제1항에 따라 흡연 또는 음식물 등의 섭취 등이 금지된 장소에서 흡연 또는 음식물 섭취 등의 행위를 해서는 아니 된다.

정보제공

산업안전보건기준에 관한 규칙

2019

18 산업안전보건법령상 건강 및 환경 유해성 분류기준에 관한 설명으로 옳지 않은 것은?

① 입 또는 피부를 통하여 1회 투여 또는 8시간 이내에 여러 차례로 나누어 투여하거나 호흡기를 통하여 8시간 동안 흡입하는 경우 유해한 영향을 일으키는 물질은 급성 독성 물질이다.

② 접촉 시 피부조직을 파괴하거나 자극을 일으키는 물질은 피부 부식성 또는 자극성 물질이다.

③ 호흡기를 통하여 흡입되는 경우 기도에 과민반응을 일으키는 물질은 호흡기 과민성 물질이다.

④ 자손에게 유전될 수 있는 사람의 생식세포에 돌연변이를 일으킬 수 있는 물질은 생식세포 변이원성 물질이다.

⑤ 단기간 또는 장기간의 노출로 수생생물에 유해한 영향을 일으키는 물질은 수생 환경 유해성 물질이다.

답 ①

해설

건강 및 환경 유해성 분류기준

1) 급성 독성 물질 : 입 또는 피부를 통하여 1회 투여 또는 24시간 이내에 여러 차례로 나누어 투여하거나 호흡기를 통하여 4시간 동안 흡입하는 경우 유해한 영향을 일으키는 물질
2) 피부 부식성 또는 자극성 물질 : 접촉 시 피부조직을 파괴하거나 자극을 일으키는 물질(피부 부식성 물질 및 피부 자극성 물질로 구분한다)
3) 심한 눈 손상성 또는 자극성 물질 : 접촉 시 눈 조직의 손상 또는 시력의 저하 등을 일으키는 물질(눈 손상성 물질 및 눈 자극성 물질로 구분한다)
4) 호흡기 과민성 물질 : 호흡기를 통하여 흡입되는 경우 기도에 과민반응을 일으키는 물질
5) 피부 과민성 물질 : 피부에 접촉되는 경우 피부 알레르기 반응을 일으키는 물질
6) 발암성 물질 : 암을 일으키거나 그 발생을 증가시키는 물질
7) 생식세포 변이원성 물질 : 자손에게 유전될 수 있는 사람의 생식세포에 돌연변이를 일으킬 수 있는 물질
8) 생식독성 물질 : 생식기능, 생식능력 또는 태아의 발생·발육에 유해한 영향을 주는 물질
9) 특정 표적장기 독성 물질(1회 노출) : 1회 노출로 특정 표적장기 또는 전신에 독성을 일으키는 물질
10) 특정 표적장기 독성 물질(반복 노출) : 반복적인 노출로 특정 표적장기 또는 전신에 독성을 일으키는 물질
11) 흡인 유해성 물질 : 액체 또는 고체 화학물질이 입이나 코를 통하여 직접적으로 또는 구토로 인하여 간접적으로, 기관 및 더 깊은 호흡기관으로 유입되어 화학적 폐렴, 다양한 폐 손상이나 사망과 같은 심각한 급성 영향을 일으키는 물질
12) 수생 환경 유해성 물질 : 단기간 또는 장기간의 노출로 수생생물에 유해한 영향을 일으키는 물질
13) 오존층 유해성 물질 : 「오존층 보호를 위한 특정물질의 제조규제 등에 관한 법률」 제2조제1호에 따른 특정물질

정보제공

산업안전보건법 시행규칙 [별표 18] 유해인자의 유해성·위험성 분류 기준(제141조 관련)

19 산업안전보건법령상 건강진단에 관한 내용으로 (   )에 들어갈 내용을 순서대로 옳게 나열한 것은?

- 사업주는 사업장의 작업환경측정 결과 노출기준 이상인 작업공정에서 해당 유해인자에 노출되는 모든 근로자에 대해서는 다음 회에 한정하여 관련 유해인자별로 특수건강진단 주기를 (ㄱ)분의 1로 단축하여야 한다.
- 건강진단기관이 건강진단을 실시하였을 때에는 그 결과를 고용노동부장관이 정하는 건강진단개인표에 기록하고, 건강진단 실시일부터 (ㄴ)일 이내에 근로자에게 송부하여야 한다.
- 사업주가 특수건강진단대상업무에 근로자를 배치하려는 경우 해당 작업에 배치하기 전에 배치전건강진단을 실시하여야 하나, 해당 사업장에서 해당 유해인자에 대하여 배치전건강진단을 받고 (ㄷ)개월이 지나지 아니한 근로자에 대해서는 배치전건강진단을 실시하지 아니할 수 있다.

① ㄱ : 2, ㄴ : 15, ㄷ : 3
② ㄱ : 2, ㄴ : 30, ㄷ : 3
③ ㄱ : 2, ㄴ : 30, ㄷ : 6
④ ㄱ : 3, ㄴ : 30, ㄷ : 6
⑤ ㄱ : 3, ㄴ : 60, ㄷ : 9

답 ③

2019

해설

제197조(일반건강진단의 주기 등) ① 사업주는 상시 사용하는 근로자 중 사무직에 종사하는 근로자(공장 또는 공사현장과 같은 구역에 있지 아니한 사무실에서 서무·인사·경리·판매·설계 등의 사무업무에 종사하는 근로자를 말하며, 판매업무 등에 직접 종사하는 근로자는 제외한다)에 대해서는 2년에 1회 이상, 그 밖의 근로자에 대해서는 1년에 1회 이상 일반건강진단을 실시해야 한다.

② 법 제129조에 따라 일반건강진단을 실시해야 할 사업주는 일반건강진단 실시 시기를 안전보건관리규정 또는 취업규칙에 규정하는 등 일반건강진단이 정기적으로 실시되도록 노력해야 한다.

제202조(특수건강진단의 실시 시기 및 주기 등) ① 사업주는 법 제130조제1항제1호에 해당하는 근로자에 대해서는 별표 23에서 특수건강진단 대상 유해인자별로 정한 시기 및 주기에 따라 특수건강진단을 실시해야 한다.

② 제1항에도 불구하고 법 제125조에 따른 사업장의 작업환경측정 결과 또는 특수건강진단 실시 결과에 따라 다음 각 호의 어느 하나에 해당하는 근로자에 대해서는 다음 회에 한정하여 관련 유해인자별로 특수건강진단 주기를 2분의 1로 단축해야 한다.

1. 작업환경을 측정한 결과 노출기준 이상인 작업공정에서 해당 유해인자에 노출되는 모든 근로자
2. 특수건강진단, 법 제130조제3항에 따른 수시건강진단 또는 법 제131조제1항에 따른 임시건강진단을 실시한 결과 직업병 유소견자가 발견된 작업공정에서 해당 유해인자에 노출되는 모든 근로자. 다만, 고용노동부장관이 정하는 바에 따라 특수건강진단·수시건강진단 또는 임시건강진단을 실시한 의사로부터 특수건강진단 주기를 단축하는 것이 필요하지 않다는 소견을 받은 경우는 제외한다.
3. 특수건강진단 또는 임시건강진단을 실시한 결과 해당 유해인자에 대하여 특수건강진단 실시 주기를 단축하여야 한다는 의사의 소견을 받은 근로자

③ 사업주는 법 제130조제1항제2호에 해당하는 근로자에 대해서는 직업병 유소견자 발생의 원인이 된 유해인자에 대하여 해당 근로자를 진단한 의사가 필요하다고 인정하는 시기에 특수건강진단을 실시하여야 한다.

④ 법 제130조제1항에 따른 특수건강진단을 실시해야 할 사업주는 특수건강진단 실시 시기를 안전보건관리규정 또는 취업규칙에 규정하는 등 특수건강진단이 정기적으로 실시되도록 노력하여야 한다.

정보제공

산업안전보건법 시행규칙 제197조, 제202조, 제203조, 제209조

20 산업안전보건법령상 근로의 금지 및 제한에 관한 설명으로 옳은 것은?

① 사업주는 신장 질환이 있는 근로자가 근로에 의하여 병세가 악화될 우려가 있는 경우에 근로자의 동의가 없으면 근로를 금지할 수 없다.

② 사업주는 질병자의 근로를 다시 시작하도록 하는 경우에는 미리 보건관리자(의사가 아닌 보건관리자도 포함한다), 산업보건의 또는 건강진단을 실시한 의사의 의견을 들어야 한다.

③ 사업주는 관절염에 해당하는 질병이 있는 근로자를 고기압 업무에 종사시킬 수 있다.

④ 사업주는 갱내에서 하는 작업에 종사하는 근로자에게는 1일 6시간, 1주 34시간을 초과하여 근로하게 하여서는 아니 된다.

⑤ 사업주는 인력으로 중량물을 취급하는 작업에서 유해·위험 예방조치 외에 작업과 휴식의 적정한 배분, 그 밖에 근로시간과 관련된 근로조건의 개선을 통하여 근로자의 건강 보호를 위한 조치를 하여야 한다.

답 ⑤

해설

질병자의 근로금지 등

제220조(질병자의 근로금지) ① 법 제138조제1항에 따라 사업주는 다음 각 호의 어느 하나에 해당하는 사람에 대해서는 근로를 금지하여야 한다.

1. 전염될 우려가 있는 질병에 걸린 사람. 다만, 전염을 예방하기 위한 조치를 한 경우는 제외한다.
2. 조현병, 마비성 치매에 걸린 사람
3. 심장·신장·폐 등의 질환이 있는 사람으로서 근로에 의하여 병세가 악화될 우려가 있는 사람
4. 제1호부터 제3호까지의 규정에 준하는 질병으로서 고용노동부장관이 정하는 질병에 걸린 사람

② 사업주는 제1항에 따라 근로를 금지하거나 근로를 다시 시작하도록 하는 경우에는 미리 보건관리자(의사인 보건관리자만 해당한다), 산업보건의 또는 건강진단을 실시한 의사의 의견을 들어야 한다.

정보제공 산업안전보건법 시행규칙

제138조(질병자의 근로 금지·제한) ① 사업주는 감염병, 정신질환 또는 근로로 인하여 병세가 크게 악화될 우려가 있는 질병으로서 고용노동부령으로 정하는 질병에 걸린 사람에게는 「의료법」제2조에 따른 의사의 진단에 따라 근로를 금지하거나 제한하여야 한다.

② 사업주는 제1항에 따라 근로가 금지되거나 제한된 근로자가 건강을 회복하였을 때에는 지체 없이 근로를 할 수 있도록 하여야 한다.

제139조(유해·위험작업에 대한 근로시간 제한 등) ① 사업주는 유해하거나 위험한 작업으로서 높은 기압에서 하는 작업 등 대통령령으로 정하는 작업에 종사하는 근로자에게는 1일 6시간, 1주 34시간을 초과하여 근로하게 해서는 아니 된다.

② 사업주는 대통령령으로 정하는 유해하거나 위험한 작업에 종사하는 근로자에게 필요한 안전조치 및 보건조치 외에 작업과 휴식의 적정한 배분 및 근로시간과 관련된 근로조건의 개선을 통하여 근로자의 건강 보호를 위한 조치를 하여야 한다.

정보제공

산업안전보건법

21 산업안전보건법령상 안전보건개선계획 등에 관한 설명으로 옳지 않은 것은?

① 사업주는 안전보건개선계획을 수립할 때에는 산업안전보건위원회가 설치되어 있지 아니한 사업장의 경우에는 근로자대표의 의견을 들어야 한다.

② 사업주와 근로자는 안전보건개선계획을 준수하여야 한다.

③ 안전보건개선계획의 수립·시행명령을 받은 사업주는 고용노동부장관이 정하는 바에 따라 안전보건개선계획서를 작성하여 그 명령을 받은 날부터 60일 이내에 관할 지방고용노동관서의 장에게 제출하여야 한다.

④ 직업병에 걸린 사람이 연간 1명 발생한 사업장은 안전보건진단을 받아 안전보건개선계획을 수립·제출하도록 지방고용노동관서의 장이 명할 수 있는 사업장에 해당한다.

⑤ 안전보건개선계획서에는 시설, 안전보건관리체제, 안전보건교육, 산업재해 예방 및 작업환경의 개선을 위하여 필요한 사항이 포함되어야 한다.

답 ④

해설

제49조(안전보건진단을 받아 안전보건개선계획을 수립할 대상) 법 제49조제1항 각 호 외의 부분 후단에서 "대통령령으로 정하는 사업장"이란 다음 각 호의 사업장을 말한다.

1. 산업재해율이 같은 업종 평균 산업재해율의 2배 이상인 사업장
2. 법 제49조제1항제2호에 해당하는 사업장
3. 직업성 질병자가 연간 2명 이상(상시근로자 1천명 이상 사업장의 경우 3명 이상) 발생한 사업장
4. 그 밖에 작업환경 불량, 화재·폭발 또는 누출 사고 등으로 사업장 주변까지 피해가 확산된 사업장으로서 고용노동부령으로 정하는 사업장

정보제공

산업안전보건법 시행령

보충학습 산업안전보건법

제49조(안전보건개선계획의 수립·시행 명령) ① 고용노동부장관은 다음 각 호의 어느 하나에 해당하는 사업장으로서 산업재해 예방을 위하여 종합적인 개선조치를 할 필요가 있다고 인정되는 사업장의 사업주에게 고용노동부령으로 정하는 바에 따라 그 사업장, 시설, 그 밖의 사항에 관한 안전 및 보건에 관한 개선계획(이하 "안전보건개선계획"이라 한다)을 수립하여 시행할 것을 명할 수 있다. 이 경우 대통령령으로 정하는 사업장의 사업주에게는 제47조에 따라 안전보건진단을 받아 안전보건개선계획을 수립하여 시행할 것을 명할 수 있다.

1. 산업재해율이 같은 업종의 규모별 평균 산업재해율보다 높은 사업장
2. 사업주가 필요한 안전조치 또는 보건조치를 이행하지 아니하여 중대재해가 발생한 사업장
3. 대통령령으로 정하는 수 이상의 직업성 질병자가 발생한 사업장
4. 제106조에 따른 유해인자의 노출기준을 초과한 사업장

② 사업주는 안전보건개선계획을 수립할 때에는 산업안전보건위원회의 심의를 거쳐야 한다. 다만, 산업안전보건위원회가 설치되어 있지 아니한 사업장의 경우에는 근로자대표의 의견을 들어야 한다.

정보제공

산업안전보건법 시행규칙 제61조(안전보건개선계획의 제출 등)

22 산업안전보건법령상 산업재해 발생 사실을 은폐하도록 교사(敎唆)하거나 공모(共謀)한 자에게 적용되는 벌칙은?

① 500만원 이하의 벌금

② 1년 이하의 징역 또는 1천만원 이하의 벌금

③ 3년 이하의 징역 또는 3천만원 이하의 벌금

④ 5년 이하의 징역 또는 5천만원 이하의 벌금

⑤ 7년 이하의 징역 또는 1억원 이하의 벌금

답 ②

해설

제170조(벌칙) 다음 각 호의 어느 하나에 해당하는 자는 1년 이하의 징역 또는 1천만원 이하의 벌금에 처한다.

1. 제41조제3항(제166조의2에서 준용하는 경우를 포함한다)을 위반하여 해고나 그 밖의 불리한 처우를 한 자
2. 제56조제3항(제166조의2에서 준용하는 경우를 포함한다)을 위반하여 중대재해 발생 현장을 훼손하거나 고용노동부장관의 원인조사를 방해한 자
3. 제57조제1항(제166조의2에서 준용하는 경우를 포함한다)을 위반하여 산업재해 발생 사실을 은폐한 자 또는 그 발생 사실을 은폐하도록 교사(敎唆)하거나 공모(共謀)한 자
4. 제65조제1항, 제80조제1항·제2항·제4항, 제85조제2항·제3항, 제92조제1항, 제141조제4항 또는 제162조를 위반한 자
5. 제85조제4항 또는 제92조제2항에 따른 명령을 위반한 자
6. 제101조에 따른 조사, 수거 또는 성능시험을 방해하거나 거부한 자
7. 제153조제1항을 위반하여 다른 사람에게 자기의 성명이나 사무소의 명칭을 사용하여 지도사의 직무를 수행하게 하거나 자격증 · 등록증을 대여한 사람
8. 제153조제2항을 위반하여 지도사의 성명이나 사무소의 명칭을 사용하여 지도사의 직무를 수행하거나 자격증 · 등록증을 대여받거나 이를 알선한 사람

정보제공

산업안전보건법

23 산업안전보건법령상 작업환경측정 등에 관한 설명으로 옳지 않은 것은?

① 사업주는 작업환경측정의 결과를 해당 작업장 근로자에게 알려야 하며 그 결과에 따라 근로자의 건강을 보호하기 위하여 해당 시설·설비의 설치·개선 또는 건강진단의 실시 등 적절한 조치를 하여야 한다.

② 사업주는 산업안전보건위원회 또는 근로자대표가 요구하면 작업환경측정 결과에 대한 설명회를 직접 개최하거나 작업환경측정을 한 기관으로 하여금 개최하도록 하여야 한다.

③ 고용노동부장관은 작업환경측정의 수준을 향상시키기 위하여 매년 지정측정기관을 평가한 후 그 결과를 공표하여야 한다.

④ 고용노동부장관은 작업환경측정 결과의 정확성과 정밀성을 평가하기 위하여 필요하다고 인정하는 경우에는 신뢰성평가를 할 수 있다.

⑤ 시설·장비의 성능은 고용노동부장관이 지정측정기관의 작업환경측정 수준을 평가하는 기준에 해당한다.

답 ③

해설

근로환경의 개선

제125조(작업환경측정) ① 사업주는 유해인자로부터 근로자의 건강을 보호하고 쾌적한 작업환경을 조성하기 위하여 인체에 해로운 작업을 하는 작업장으로서 고용노동부령으로 정하는 작업장에 대하여 고용노동부령으로 정하는 자격을 가진 자로 하여금 작업환경측정을 하도록 하여야 한다.
② 제1항에도 불구하고 도급인의 사업장에서 관계수급인 또는 관계수급인의 근로자가 작업을 하는 경우에는 도급인이 제1항에 따른 자격을 가진 자로 하여금 작업환경측정을 하도록 하여야 한다.
③ 사업주(제2항에 따른 도급인을 포함한다. 이하 이 조 및 제127조에서 같다)는 제1항에 따른 작업환경측정을 제126조에 따라 지정받은 기관(이하 "작업환경측정기관"이라 한다)에 위탁할 수 있다. 이 경우 필요한 때에는 작업환경측정 중 시료의 분석만을 위탁할 수 있다.
④ 사업주는 근로자대표(관계수급인의 근로자대표를 포함한다. 이하 이 조에서 같다)가 요구하면 작업환경측정 시 근로자대표를 참석시켜야 한다.
⑤ 사업주는 작업환경측정 결과를 기록하여 보존하고 고용노동부령으로 정하는 바에 따라 고용노동부장관에게 보고하여야 한다. 다만, 제3항에 따라 사업주로부터 작업환경측정을 위탁받은 작업환경측정기관이 작업환경측정을 한 후 그 결과를 고용노동부령으로 정하는 바에 따라 고용노동부장관에게 제출한 경우에는 작업환경측정 결과를 보고한 것으로 본다.
⑥ 사업주는 작업환경측정 결과를 해당 작업장의 근로자(관계수급인 및 관계수급인 근로자를 포함한다. 이하 이 항, 제127조 및 제175조제5항제15호에서 같다)에게 알려야 하며, 그 결과에 따라 근로자의 건강을 보호하기 위하여 해당 시설·설비의 설치·개선 또는 건강진단의 실시 등의 조치를 하여야 한다.
⑦ 사업주는 산업안전보건위원회 또는 근로자대표가 요구하면 작업환경측정 결과에 대한 설명회 등을 개최하여야 한다. 이 경우 제3항에 따라 작업환경측정을 위탁하여 실시한 경우에는 작업환경측정기관에 작업환경측정 결과에 대하여 설명하도록 할 수 있다.
⑧ 제1항 및 제2항에 따른 작업환경측정의 방법·횟수, 그 밖에 필요한 사항은 고용노동부령으로 정한다.

정보제공

산업안전보건법 제125조, 제127조

2019

24 **갑(甲)은 전국 규모의 사업주단체에 소속된 임직원으로서 해당 단체가 추천하여 법령에 따라 위촉된 명예산업안전감독관이다. 산업안전보건법령상 갑(甲)의 업무가 아닌 것을 모두 고른 것은?**

ㄱ. 법령 및 산업재해 예방정책 개선 건의
ㄴ. 안전보건 의식을 북돋우기 위한 활동 등에 대한 참여와 지원
ㄷ. 사업장에서 하는 자체점검 참여 및 근로감독관이 하는 사업장 감독 참여
ㄹ. 법령을 위반한 사실이 있는 경우 사업주에 대한 개선 요청 및 감독기관에의 신고
ㅁ. 산업재해 발생의 급박한 위험이 있는 경우 사업주에 대한 작업중지 요청

① ㄱ, ㄴ, ㄷ
② ㄱ, ㄴ, ㅁ
③ ㄱ, ㄷ, ㄹ
④ ㄴ, ㄹ, ㅁ
⑤ ㄷ, ㄹ, ㅁ

답 ⑤

해설

제32조(명예산업안전감독관 위촉 등) ① 고용노동부장관은 다음 각 호의 어느 하나에 해당하는 사람 중에서 법 제23조제1항에 따른 명예산업안전감독관(이하 "명예산업안전감독관"이라 한다)을 위촉할 수 있다.

1. 산업안전보건위원회 구성 대상 사업의 근로자 또는 노사협의체 구성·운영 대상 건설공사의 근로자 중에서 근로자대표(해당 사업장에 단위 노동조합의 산하 노동단체가 그 사업장 근로자의 과반수로 조직되어 있는 경우에는 지부·분회 등 명칭이 무엇이든 관계없이 해당 노동단체의 대표자를 말한다. 이하 같다)가 사업주의 의견을 들어 추천하는 사람
2. 「노동조합 및 노동관계조정법」 제10조에 따른 연합단체인 노동조합 또는 그 지역 대표기구에 소속된 임직원 중에서 해당 연합단체인 노동조합 또는 그 지역 대표기구가 추천하는 사람
3. 전국 규모의 사업주단체 또는 그 산하조직에 소속된 임직원 중에서 해당 단체 또는 그 산하조직이 추천하는 사람
4. 산업재해 예방 관련 업무를 하는 단체 또는 그 산하조직에 소속된 임직원 중에서 해당 단체 또는 그 산하조직이 추천하는 사람

② 명예산업안전감독관의 업무는 다음 각 호와 같다. 이 경우 제1항제1호에 따라 위촉된 명예산업안전감독관의 업무 범위는 해당 사업장에서의 업무(제8호는 제외한다)로 한정하며, 제1항제2호부터 제4호까지의 규정에 따라 위촉된 명예산업안전감독관의 업무 범위는 제8호부터 제10호까지의 규정에 따른 업무로 한정한다.

1. 사업장에서 하는 자체점검 참여 및 「근로기준법」 제101조에 따른 근로감독관(이하 "근로감독관"이라 한다)이 하는 사업장 감독 참여
2. 사업장 산업재해 예방계획 수립 참여 및 사업장에서 하는 기계·기구 자체검사 참석
3. 법령을 위반한 사실이 있는 경우 사업주에 대한 개선 요청 및 감독기관에의 신고
4. 산업재해 발생의 급박한 위험이 있는 경우 사업주에 대한 작업중지 요청
5. 작업환경측정, 근로자 건강진단 시의 참석 및 그 결과에 대한 설명회 참여
6. 직업성 질환의 증상이 있거나 질병에 걸린 근로자가 여러 명 발생한 경우 사업주에 대한 임시건강진단 실시 요청
7. 근로자에 대한 안전수칙 준수 지도
8. 법령 및 산업재해 예방정책 개선 건의
9. 안전보건 의식을 북돋우기 위한 활동 등에 대한 참여와 지원
10. 그 밖에 산업재해 예방에 대한 홍보 등 산업재해 예방업무와 관련하여 고용노동부장관이 정하는 업무

③ 명예산업안전감독관의 임기는 2년으로 하되, 연임할 수 있다.
④ 고용노동부장관은 명예산업안전감독관의 활동을 지원하기 위하여 수당 등을 지급할 수 있다.
⑤ 제1항부터 제4항까지에서 규정한 사항 외에 명예산업안전감독관의 위촉 및 운영 등에 필요한 사항은 고용노동부장관이 정한다.

정보제공

산업안전보건법 시행령

25 산업안전보건법령상 산업재해 예방사업 보조·지원의 취소에 관한 설명으로 옳지 않은 것은?

① 거짓으로 보조·지원을 받은 경우 보조·지원의 전부를 취소하여야 한다.

② 보조·지원 대상을 임의매각·훼손·분실하는 등 지원 목적에 적합하게 유지·관리·사용하지 아니한 경우 보조·지원의 전부 또는 일부를 취소하여야 한다.

③ 보조·지원이 산업재해 예방사업의 목적에 맞게 사용되지 아니한 경우 보조·지원의 전부 또는 일부를 취소하여야 한다.

④ 보조·지원 대상 기간이 끝나기 전에 보조·지원 대상 시설 및 장비를 국외로 이전 설치한 경우 보조·지원의 전부 또는 일부를 취소하여야 한다.

⑤ 사업주가 보조·지원을 받은 후 10년 이내에 해당 시설 및 장비의 중대한 결함이나 관리상 중대한 과실로 인하여 근로자가 사망한 경우 보조·지원의 전부를 취소하여야 한다.

답 ⑤

해설

보칙

제237조(보조·지원의 환수와 제한) ① 법 제158조제2항제6호에서 "고용노동부령으로 정하는 경우"란 보조·지원을 받은 후 3년 이내에 해당 시설 및 장비의 중대한 결함이나 관리상 중대한 과실로 인하여 근로자가 사망한 경우를 말한다.

② 법 제158조제4항에 따라 보조·지원을 제한할 수 있는 기간은 다음 각 호와 같다.

1. 법 제158조제2항제1호의 경우 : 5년
2. 법 제158조제2항제2호부터 제6호까지 어느 하나의 경우 : 3년
3. 법 제158조제2항제2호부터 제6호까지의 어느 하나를 위반한 후 5년 이내에 같은 항 제2호부터 제6호까지의 어느 하나를 위반한 경우 : 5년

정보제공

산업안전보건법 시행규칙

[확인] 산업안전보건법 시행규칙 [별표 26] 행정처분기준(제240조 관련)

보충학습 산업안전보건법(2021. 11. 19 적용)

제11장 보칙

제158조(산업재해 예방활동의 보조·지원) ① 정부는 사업주, 사업주단체, 근로자단체, 산업재해 예방 관련 전문단체, 연구기관 등이 하는 산업재해 예방사업 중 대통령령으로 정하는 사업에 드는 경비의 전부 또는 일부를 예산의 범위에서 보조하거나 그 밖에 필요한 지원(이하 "보조·지원"이라 한다)을 할 수 있다. 이 경우 고용노동부장관은 보조·지원이 산업재해 예방사업의 목적에 맞게 효율적으로 사용되도록 관리·감독하여야 한다.

② 고용노동부장관은 보조·지원을 받은 자가 다음 각 호의 어느 하나에 해당하는 경우 보조·지원의 전부 또는 일부를 취소하여야 한다. 다만, 제1호 및 제2호의 경우에는 보조·지원의 전부를 취소하여야 한다.

1. 거짓이나 그 밖의 부정한 방법으로 보조·지원을 받은 경우
2. 보조·지원 대상자가 폐업하거나 파산한 경우
3. 보조·지원 대상을 임의매각·훼손·분실하는 등 지원 목적에 적합하게 유지·관리·사용하지 아니한 경우
4. 제1항에 따른 산업재해 예방사업의 목적에 맞게 사용되지 아니한 경우
5. 보조·지원 대상 기간이 끝나기 전에 보조·지원 대상 시설 및 장비를 국외로 이전한 경우
6. 보조·지원을 받은 사업주가 필요한 안전조치 및 보건조치 의무를 위반하여 산업재해를 발생시킨 경우로서 고용노동부령으로 정하는 경우

③ 고용노동부장관은 제2항에 따라 보조·지원의 전부 또는 일부를 취소한 경우, 같은 항 제1호 또는 제3호부터 제5호까지의 어느 하나에 해당하는 경우에는 해당 금액 또는 지원에 상응하는 금액을 환수하되 대통령령으로 정하는 바에 따라 지급받은 금액의 5배 이하의 금액을 추가로 환수할 수 있고, 같은 항 제2호(파산한 경우에는 환수하지 아니한다) 또는 제6호에 해당하는 경우에는 해당 금액 또는 지원에 상응하는 금액을 환수한다.

④ 제2항에 따라 보조·지원의 전부 또는 일부가 취소된 자에 대해서는 고용노동부령으로 정하는 바에 따라 취소된 날부터 5년 이내의 기간을 정하여 보조·지원을 하지 아니할 수 있다.

⑤ 보조·지원의 대상·방법·절차, 관리 및 감독, 제2항 및 제3항에 따른 취소 및 환수 방법, 그 밖에 필요한 사항은 고용노동부장관이 정하여 고시한다.

2020년도 7월 25일 필기문제

산업안전(보건)지도사 자격시험 제1차 시험문제지

제1과목 산업안전보건법령	총 시험시간 : 90분 (과목당 30분)	문제형별 A

수험번호	20200725	성 명	도서출판 세화

【수험자 유의사항】

1. 시험문제지 표지와 시험문제지 내 **문제형별의 동일여부** 및 시험문제지의 **총면수·문제번호 일련순서·인쇄상태** 등을 확인하시고, 문제지 표지에 수험번호와 성명을 기재하시기 바랍니다.
2. 답은 각 문제마다 요구하는 **가장 적합하거나 가까운 답 1개**만 선택하고, 답안카드 작성 시 시험문제지 **형별누락, 마킹착오**로 인한 불이익은 전적으로 **수험자에게 책임**이 있음을 알려 드립니다.
3. 답안카드는 국가전문자격 공통 표준형으로 문제번호가 1번부터 125번까지 인쇄되어 있습니다. 답안 마킹 시에는 반드시 **시험문제지의 문제번호와 동일한 번호**에 마킹하여야 합니다.
4. **감독위원의 지시에 불응하거나 시험 시간 종료 후 답안카드를 제출하지 않을 경우** 불이익이 발생할 수 있음을 알려 드립니다.
5. 시험문제지는 시험 종료 후 가져가시기 바랍니다.

【안 내 사 항】

1. 수험자는 **QR코드를 통해 가답안을 확인**하시기 바랍니다.
   (※ 사전 설문조사 필수)
2. 시험 합격자에게 **'합격축하 SMS(알림톡) 알림 서비스'**를 제공하고 있습니다.

▲ 가답안 확인

- 수험자 여러분의 합격을 기원합니다 -

2020년 산업안전보건법규 출제문제 분석표(NCS기준)

법령명(대분류)	단원(중분류)	세부내용(소분류)	출제년월일
산업안전보건법	제1장 총칙	제10조 산업재해 발생건수 등의 공표	20.7.25
	제2장 안전보건관리체제 등	제15조 안전보건관리책임자	20.7.25
		제21조 안전관리전문기관 등	20.7.25
		제25조 안전보건관리규정의 작성	20.7.25
	제3장 안전보건교육		
	제4장 유해 위험 방지 조치		
	제5장 도급 시 산업재해 예방		
	제6장 유해 위험기계 등에 대한 조치		
	제7장 유해 위험물질에 대한 조치		
	제8장 근로자 보건관리		
	제9장 산업안전지도사 및 산업보건지도사		
	제10장 근로감독관 등		
	제11장 보칙		
	제12장 벌칙		
소계		16% 출제	4문제 출제

법령명(대분류)	단원(중분류)	세부내용(소분류)	출제년월일
산업안전보건법 시행령	제1장 총칙		
	제2장 안전보건관리체제 등	제16조 안전관리자의 선임 등	20.7.25
		제36조 산업안전보건위원회의 위원장	20.7.25
	제3장 안전보건교육		
	제4장 유해 위험 방지 조치	제43조 공정안전보고서의 제출대상[별표13]	20.7.25
	제5장 도급 시 산업재해 예방		
	제6장 유해 위험기계 등에 대한 조치		
	제7장 유해 위험물질에 대한 조치		
	제8장 근로자 보건관리	제96조 작업환경측정기관의 지정 취소 등의 사유	20.7.25
	제9장 산업안전지도사 및 산업보건지도사	제108조 손해배상을 위한 보증보험 가입 등	20.7.25
	제10장 보칙		
	제11장 벌칙		
소계		20% 출제	5문제 출제

법령명(대분류)	단원(중분류)	세부내용(소분류)	출제년월일
산업안전보건법 시행규칙	제1장 총칙	제4조 협조요청	20.7.25
	제2장 안전보건관리체제 등		
	제3장 안전보건교육	제27조 안전보건교육의 면제	20.7.25
		제29조 안전보건관리책임자 등에 대한 직무교육[별표4]	20.7.25
	제4장 유해 위험 방지 조치	제39조 안전보건표지의 설치 등	20.7.25
	제5장 도급 시 산업재해 예방	제75조 도급승인 등의 절차	20.7.25
		제79조 협의체의 구성 및 운영	20.7.25
	제6장 유해 위험기계 등에 대한 조치	제99조 방호조치	20.7.25
		제104조 대여공장 건축물에 대한 조치	20.7.25
		제125조 안전검사의 면제	20.7.25
	제7장 유해 위험물질에 대한 조치	제145조 유해인자의 허용기준[별표19]	20.7.25
	제8장 근로자 보건관리	제197조 일반건강진단의 주기 등	20.7.25
		제220조 질병자의 근로금지	20.7.25
	제9장 산업안전지도사 및 산업보건지도사		
	제10장 근로감독관 등	제236조 보고, 출석기간	20.7.25
	제11장 보칙	제237조 보조.지원의 환수와 제한	20.7.25
소계		56% 출제	14문제 출제

법령명(대분류)	단원(중분류)	세부내용(소분류)	출제년월일
산업안전보건기준에 관한 규칙	제1편 총칙		
	제2편 안전기준	제140조 폭풍에 의한 이탈방지	20.7.25
	제3편 보건기준	제662조 근골격계질환 예방관리 프로그램 시행	20.7.25
소계		8% 출제	2문제 출제

1. 산업안전보건법령

01 산업안전보건법령상 협조 요청 등에 관한 설명으로 옳지 않은 것은?

① 고용노동부장관은 산업재해 예방에 관한 기본계획을 효율적으로 시행하기 위하여 필요하다고 인정할 때에는 관계 행정기관의 장에게 필요한 협조를 요청할 수 있다.

② 고용노동부를 제외한 행정기관의 장은 사업장의 안전에 관하여 규제를 하려면 미리 고용노동부장관과 협의하여야 한다.

③ 고용노동부를 제외한 행정기관의 장은 고용노동부장관이 협의과정에서 해당 규제에 대한 변경을 요구하면 이에 따라야 하며, 고용노동부장관은 필요한 경우 국무총리에게 협의·조정 사항을 보고하여 확정할 수 있다.

④ 고용노동부장관은 산업재해 예방을 위하여 필요하다고 인정할 때에는 사업주에게 필요한 사항을 권고할 수 있다.

⑤ 고용노동부장관이 산정·통보한 산업재해발생률에 불복하는 건설업체는 통보를 받은 날부터 15일 이내에 고용노동부장관에게 이의를 제기하여야 한다.

답 ⑤

해설

이의 제기기간 : 10일 이내

합격정보

산업안전보건법 시행규칙 제4조(협조요청)②항

고용노동부장관은 별표 1에 따라 산정한 산업재해발생률 및 그 산정내역을 해당 건설업체에 통보해야 한다. 이 경우 산업재해발생률 및 산정내역에 불복하는 건설업체는 통보를 받은 날부터 10일 이내에 고용노동부장관에게 이의를 제기할 수 있다.

02 산업안전보건법령상 산업재해 발생건수 등의 공표에 관한 설명으로 옳지 않은 것은?

① 고용노동부장관은 산업재해를 예방하기 위하여 사망재해자가 연간 2명 이상 발생한 사업장의 산업재해 발생건수 등을 공표하여야 한다.

② 고용노동부장관은 산업재해를 예방하기 위하여 중대산업사고가 발생한 사업장의 산업재해 발생건수 등을 공표하여야 한다.

③ 고용노동부장관은 도급인의 사업장 중 대통령령으로 정하는 사업장에서 관계수급인 근로자가 작업을 하는 경우에 도급인의 산업재해 발생건수 등에 관계수급인의 산업재해 발생건수 등을 포함하여 공표하여야 한다.

④ 산업재해 발생건수 등의 공표의 절차 및 방법에 관한 사항은 대통령령으로 정한다.

⑤ 고용노동부장관은 산업재해 발생건수 등을 공표하기 위하여 도급인에게 관계수급인에 관한 자료의 제출을 요청할 수 있다.

답 ④

해설

산업재해 발생건수 공표 절차 및 방법은 "고용노동부령"으로 정한다.

합격정보

산업안전보건법 제10조(산업재해 발생건수 등의 공표) ④항

03 산업안전보건법령상 안전보건표지에 관한 설명으로 옳지 않은 것은?

① 안전보건표지의 표시를 명확히 하기 위하여 필요한 경우에는 그 안전보건표지의 주위에 표시사항을 흰색 바탕에 검은색 한글고딕체로 표기한 글자로 덧붙여 적을 수 있다.

② 사업주는 사업장에 설치한 안전보건표지의 색도기준이 유지되도록 관리해야 한다.

③ 안전보건표지의 성질상 부착하는 것이 곤란한 경우에도 해당 물체에 직접 도색할 수 없다.

④ 안전보건표지 속의 그림의 크기는 안전보건표지 전체 규격의 30퍼센트 이상이 되어야 한다.

⑤ 안전보건표지는 쉽게 변형되지 않는 재료로 제작해야 한다.

답 ③

해설

안전보건표지의 성질상 설치하거나 부착하는 것이 곤란한 경우에는 해당 물체에 직접 도색할 수 있다.

합격정보

산업안전보건법 시행규칙 제39조(안전보건표지의 설치 등) ③항

04 산업안전보건법령상 안전보건관리책임자의 업무에 해당하는 것을 모두 고른 것은?

ㄱ. 사업장의 산업재해 예방계획의 수립에 관한 사항
ㄴ. 산업재해에 관한 통계의 기록에 관한 사항
ㄷ. 작업환경측정 등 작업환경의 점검에 관한 사항
ㄹ. 산업재해의 재발 방지대책 수립에 관한 사항

① ㄱ, ㄴ, ㄷ
② ㄱ, ㄴ, ㄹ
③ ㄱ, ㄷ, ㄹ
④ ㄴ, ㄷ, ㄹ
⑤ ㄱ, ㄴ, ㄷ, ㄹ

답 ⑤

해설

안전보건관리책임자 업무

제15조(안전보건관리책임자) ① 사업주는 사업장을 실질적으로 총괄하여 관리하는 사람에게 해당 사업장의 다음 각 호의 업무를 총괄하여 관리하도록 하여야 한다.

1. 사업장의 산업재해 예방계획의 수립에 관한 사항
2. 제25조 및 제26조에 따른 안전보건관리규정의 작성 및 변경에 관한 사항
3. 제29조에 따른 안전보건교육에 관한 사항
4. 작업환경측정 등 작업환경의 점검 및 개선에 관한 사항
5. 제129조부터 제132조까지에 따른 근로자의 건강진단 등 건강관리에 관한 사항
6. 산업재해의 원인 조사 및 재발 방지대책 수립에 관한 사항
7. 산업재해에 관한 통계의 기록 및 유지에 관한 사항
8. 안전장치 및 보호구 구입 시 적격품 여부 확인에 관한 사항
9. 그 밖에 근로자의 유해·위험 방지조치에 관한 사항으로서 고용노동부령으로 정하는 사항

② 제1항 각 호의 업무를 총괄하여 관리하는 사람(이하 "안전보건관리책임자"라 한다)은 제17조에 따른 안전관리자와 제18조에 따른 보건관리자를 지휘·감독한다.

③ 안전보건관리책임자를 두어야 하는 사업의 종류와 사업장의 상시근로자 수, 그 밖에 필요한 사항은 대통령령으로 정한다.

합격정보

산업안전보건법

05 산업안전보건법령상 안전관리자에 관한 설명으로 옳지 않은 것은?

① 사업의 종류가 건설업(공사금액 150억원)인 경우, 그 사업주는 사업장에 안전관리자를 두어야 한다.

② 대통령령으로 정하는 사업의 종류 및 사업장의 상시근로자 수에 해당하는 사업장의 사업주는 안전관리전문기관에 안전관리자의 업무를 위탁할 수 있다.

③ 사업주가 안전관리자를 배치할 때에는 연장근로·야간근로 등 해당 사업장의 작업 형태를 고려해야 한다.

④ 사업주는 안전관리자를 선임한 경우에는 고용노동부령으로 정하는 바에 따라 선임한 날부터 7일 이내에 고용노동부장관에게 그 사실을 증명할 수 있는 서류를 제출해야 한다.

⑤ 고용노동부장관은 산업재해 예방을 위하여 필요한 경우로서 고용노동부령으로정하는 사유에 해당하는 경우에는 사업주에게 안전관리자를 대통령령으로 정하는 수 이상으로 늘릴 것을 명할 수 있다.

답 ④

해설

안전관리자 선임기간 : 선임하거나 위탁한 날부터 14일 이내

합격정보

산업안전보건법 시행령 제16조(안전관리자의 선임 등) ⑥항

사업주는 안전관리자를 선임하거나 법 제17조제4항에 따라 안전관리자의 업무를 안전관리전문기관에 위탁한 경우에는 고용노동부령으로 정하는 바에 따라 선임하거나 위탁한 날부터 14일 이내에 고용노동부장관에게 그 사실을 증명할 수 있는 서류를 제출해야 한다. 법 제17조제3항에 따라 안전관리자를 늘리거나 교체한 경우에도 또한 같다.

06 산업안전보건법령상 산업안전보건위원회에 관한 설명으로 옳지 않은 것은?

① 산업안전보건위원회는 근로자위원과 사용자위원을 같은 수로 구성·운영하여야 한다.

② 산업안전보건위원회의 위원장은 위원 중에서 고용노동부장관이 정한다.

③ 산업안전보건위원회는 단체협약, 취업규칙에 반하는 내용으로 심의·의결해서는 아니 된다.

④ 사업주는 산업안전보건위원회의 위원에게 직무 수행과 관련한 사유로 불리한 처우를 해서는 아니 된다.

⑤ 산업안전보건위원회의 회의는 근로자위원 및 사용자위원 각 과반수의 출석으로 개의(開議)하고 출석위원 과반수의 찬성으로 의결한다.

답 ②

해설

산업안전보건위원회 위원장 : 위원 중 호선(互選)

합격정보

산업안전보건법 시행령 제36조(산업안전보건위원회 위원장)

산업안전보건위원회의 위원장은 위원 중에서 호선(互選)한다. 이 경우 근로자위원과 사용자위원 중 각 1명을 공동위원장으로 선출할 수 있다.

07 **산업안전보건법령상 안전보건관리규정에 관한 설명으로 옳은 것은?**

① '안전보건교육에 관한 사항'은 안전보건관리규정에 포함되지 않는다.

② 상시근로자 수가 100명인 금융업의 경우 안전보건관리규정을 작성해야 한다.

③ 사업주가 안전보건관리규정을 작성할 때에는 소방·가스·전기·교통 분야 등의 다른 법령에서 정하는 안전관리에 관한 규정과 통합하여 작성할 수 있다.

④ 산업안전보건위원회가 설치되어 있지 아니한 사업장의 사업주가 안전보건관리규정을 변경할 경우 근로자대표의 동의를 받지 않아도 된다.

⑤ 사업주는 안전보건관리규정을 작성해야 할 사유가 발생한 날부터 15일 이내에 이를 작성해야 한다.

답 ③

해설

안전보건관리규정

(1) 산업안전보건법

제25조(안전보건관리규정의 작성) ① 사업주는 사업장의 안전 및 보건을 유지하기 위하여 다음 각 호의 사항이 포함된 안전보건관리규정을 작성하여야 한다.

1. 안전 및 보건에 관한 관리조직과 그 직무에 관한 사항
2. 안전보건교육에 관한 사항
3. 작업장의 안전 및 보건 관리에 관한 사항
4. 사고 조사 및 대책 수립에 관한 사항
5. 그 밖에 안전 및 보건에 관한 사항

② 제1항에 따른 안전보건관리규정(이하 "안전보건관리규정"이라 한다)은 단체협약 또는 취업규칙에 반할 수 없다. 이 경우 안전보건관리규정 중 단체협약 또는 취업규칙에 반하는 부분에 관하여는 그 단체협약 또는 취업규칙으로 정한 기준에 따른다.

③ 안전보건관리규정을 작성하여야 할 사업의 종류, 사업장의 상시근로자 수 및 안전보건관리규정에 포함되어야 할 세부적인 내용, 그 밖에 필요한 사항은 고용노동부령으로 정한다.

제26조(안전보건관리규정의 작성 · 변경 절차) 사업주는 안전보건관리규정을 작성하거나 변경할 때에는 산업안전보건위원회의 심의·의결을 거쳐야 한다. 다만, 산업안전보건위원회가 설치되어 있지 아니한 사업장의 경우에는 근로자대표의 동의를 받아야 한다.

제27조(안전보건관리규정의 준수) 사업주와 근로자는 안전보건관리규정을 지켜야 한다.

제28조(다른 법률의 준용) 안전보건관리규정에 관하여 이 법에서 규정한 것을 제외하고는 그 성질에 반하지 아니하는 범위에서 「근로기준법」 중 취업규칙에 관한 규정을 준용한다.

(2) 산업안전보건법 시행규칙

제25조(안전보건관리규정의 작성) ① 법 제25조제3항에 따라 안전보건관리규정을 작성해야 할 사업의 종류 및 상시근로자 수는 별표 2와 같다.

② 제1항에 따른 사업의 사업주는 안전보건관리규정을 작성해야 할 사유가 발생한 날부터 30일 이내에 별표 3의 내용을 포함한 안전보건관리규정을 작성해야 한다. 이를 변경할 사유가 발생한 경우에도 또한 같다.

③ 사업주가 제2항에 따라 안전보건관리규정을 작성할 때에는 소방·가스·전기·교통 분야 등의 다른 법령에서 정하는 안전관리에 관한 규정과 통합하여 작성할 수 있다.

[별표2] 안전보건관리규정을 작성해야 할 사업의 종류 및 상시근로자 수(제25조제1항 관련)

사업의 종류	상시근로자 수
1. 농업 2. 어업 3. 소프트웨어 개발 및 공급업 4. 컴퓨터 프로그래밍, 시스템 통합 및 관리업 4의2. 영상 · 오디오물 제공 서비스업 5. 정보서비스업 6. 금융 및 보험업 7. 임대업;부동산 제외 8. 전문, 과학 및 기술 서비스업(연구개발업은 제외한다) 9. 사업지원 서비스업 10. 사회복지 서비스업	300명 이상
11. 제1호부터 제4호까지, 제4호의2 및 제5호부터 제10호까지의 사업을 제외한 사업	100명 이상

08 산업안전보건법령상 도급의 승인 등에 관한 설명으로 옳은 것을 모두 고른 것은?

ㄱ. 고용노동부장관은 사업주가 유해한 작업의 도급금지 의무위반에 해당하는 경우에는 10억 원 이하의 과징금을 부과·징수할 수 있다.
ㄴ. 도급승인 신청을 받은 지방고용노동관서의 장은 도급승인 기준을 충족한 경우 신청서가 접수된 날부터 30일 이내에 승인서를 신청인에게 발급해야 한다.
ㄷ. 도급에 대한 변경승인을 받으려는 자는 안전 및 보건에 관한 평가결과의 서류를 첨부하여 관할 지방고용노동관서의 장에게 제출해야 한다

① ㄱ
② ㄴ
③ ㄷ
④ ㄱ, ㄷ
⑤ ㄴ, ㄷ

답 ①

해설

도급승인 등의 절차·방법 및 기준

제75조(도급승인 등의 절차·방법 및 기준 등) ① 법 제58조제2항제2호에 따른 승인, 같은 조 제5항 또는 제6항에 따른 연장승인 또는 변경승인을 받으려는 자는 별지 제31호서식의 도급승인 신청서, 별지 제32호서식의 연장신청서 및 별지 제33호서식의 변경신청서에 다음 각 호의 서류를 첨부하여 관할 지방고용노동관서의 장에게 제출해야 한다.

1. 도급대상 작업의 공정 관련 서류 일체(기계·설비의 종류 및 운전조건, 유해·위험물질의 종류·사용량, 유해·위험요인의 발생 실태 및 종사 근로자 수 등에 관한 사항이 포함되어야 한다)
2. 도급작업 안전보건관리계획서(안전작업절차, 도급 시 안전·보건관리 및 도급작업에 대한 안전·보건시설 등에 관한 사항이 포함되어야 한다)
3. 제74조에 따른 안전 및 보건에 관한 평가 결과(법 제58조제6항에 따른 변경승인은 해당되지 않는다)

② 법 제58조제2항제2호에 따른 승인, 같은 조 제5항 또는 제6항에 따른 연장승인 또는 변경승인의 작업별 도급승인 기준은 다음 각 호와 같다.(기준 생략)

③ 지방고용노동관서의 장은 필요한 경우 법 제58조제2항제2호에 따른 승인, 같은 조 제5항 또는 제6항에 따른 연장승인 또는 변경승인을 신청한 사업장이 제2항에 따른 도급승인 기준을 준수하고 있는지 공단으로 하여금 확인하게 할 수 있다.

④ 제1항에 따라 도급승인 신청을 받은 지방고용노동관서의 장은 제2항에 따른 도급승인 기준을 충족한 경우 신청서가 접수된 날부터 14일 이내에 별지 제34호서식에 따른 승인서를 신청인에게 발급해야 한다

합격정보

산업안전보건법 시행규칙

보충학습

산업안전보건법 제58조

제58조(유해한 작업의 도급금지) ① 사업주는 근로자의 안전 및 보건에 유해하거나 위험한 작업으로서 다음 각 호의 어느 하나에 해당하는 작업을 도급하여 자신의 사업장에서 수급인의 근로자가 그 작업을 하도록 해서는 아니 된다.

1. 도금작업
2. 수은, 납 또는 카드뮴을 제련, 주입, 가공 및 가열하는 작업
3. 제118조제1항에 따른 허가대상물질을 제조하거나 사용하는 작업

② 사업주는 제1항에도 불구하고 다음 각 호의 어느 하나에 해당하는 경우에는 제1항 각 호에 따른 작업을 도급하여 자신의 사업장에서 수급인의 근로자가 그 작업을 하도록 할 수 있다.

1. 일시·간헐적으로 하는 작업을 도급하는 경우

2. 수급인이 보유한 기술이 전문적이고 사업주(수급인에게 도급을 한 도급인으로서의 사업주를 말한다)의 사업 운영에 필수 불가결한 경우로서 고용노동부장관의 승인을 받은 경우

③ 사업주는 제2항제2호에 따라 고용노동부장관의 승인을 받으려는 경우에는 고용노동부령으로 정하는 바에 따라 고용노동부장관이 실시하는 안전 및 보건에 관한 평가를 받아야 한다.

④ 제2항제2호에 따른 승인의 유효기간은 3년의 범위에서 정한다.

⑤ 고용노동부장관은 제4항에 따른 유효기간이 만료되는 경우에 사업주가 유효기간의 연장을 신청하면 승인의 유효기간이 만료되는 날의 다음 날부터 3년의 범위에서 고용노동부령으로 정하는 바에 따라 그 기간의 연장을 승인할 수 있다. 이 경우 사업주는 제3항에 따른 안전 및 보건에 관한 평가를 받아야 한다.

⑥ 사업주는 제2항제2호 또는 제5항에 따라 승인을 받은 사항 중 고용노동부령으로 정하는 사항을 변경하려는 경우에는 고용노동부령으로 정하는 바에 따라 변경에 대한 승인을 받아야 한다.

⑦ 고용노동부장관은 제2항제2호, 제5항 또는 제6항에 따라 승인, 연장승인 또는 변경승인을 받은 자가 제8항에 따른 기준에 미달하게 된 경우에는 승인, 연장승인 또는 변경승인을 취소하여야 한다.

⑧ 제2항제2호, 제5항 또는 제6항에 따른 승인, 연장승인 또는 변경승인의 기준 · 절차 및 방법, 그 밖에 필요한 사항은 고용노동부령으로 정한다

09 산업안전보건법령상 도급인의 안전조치 및 보건조치 등에 관한 설명으로 옳은 것은?

① 관계수급인 근로자가 도급인의 토사석 광업 사업장에서 작업을 하는 경우 도급인은 1주일에 1회 작업장 순회점검을 실시하여야 한다.

② 도급인은 관계수급인 근로자의 산업재해 예방을 위해 보호구 착용 지시 등 관계수급인 근로자의 작업행동에 관한 직접적인 조치도 포함하여 필요한 안전조치를 하여야 한다.

③ 안전 및 보건에 관한 협의체는 회의를 분기별 1회 정기적으로 개최하여야 한다.

④ 관계수급인 근로자가 도급인의 사업장에서 작업하는 경우 도급인은 위생시설 등 고용노동부령으로 정하는 시설의 설치 등을 위하여 필요한 장소의 제공 또는 도급인이 설치한 위생시설 이용의 협조를 이행하여야 한다.

⑤ 도급에 따른 산업재해 예방조치의무에 따라 도급인이 작업장의 안전 및 보건에 관한 합동점검을 할 때에는 도급인, 관계수급인, 도급인 및 관계수급인의 근로자 각 2명으로 점검반을 구성하여야 한다.

답 ④

해설

도급인의 안전조치 및 보건조치

제79조(협의체의 구성 및 운영) ① 법 제64조제1항제1호에 따른 안전 및 보건에 관한 협의체(이하 이 조에서 "협의체"라 한다)는 도급인 및 그의 수급인 전원으로 구성해야 한다.
② 협의체는 다음 각 호의 사항을 협의해야 한다.
1. 작업의 시작 시간
2. 작업 또는 작업장 간의 연락방법
3. 재해발생 위험이 있는 경우 대피방법
4. 작업장에서의 법 제36조에 따른 위험성평가의 실시에 관한 사항
5. 사업주와 수급인 또는 수급인 상호 간의 연락 방법 및 작업공정의 조정
③ 협의체는 매월 1회 이상 정기적으로 회의를 개최하고 그 결과를 기록·보존해야 한다.

제80조(도급사업 시의 안전보건조치 등) ① 도급인은 법 제64조제1항제2호에 따른 작업장 순회점검을 다음 각 호의 구분에 따라 실시해야 한다.
1. 다음 각 목의 사업 : 2일에 1회 이상
   가. 건설업
   나. 제조업
   다. 토사석 광업
   라. 서적, 잡지 및 기타 인쇄물 출판업
   마. 음악 및 기타 오디오물 출판업
   바. 금속 및 비금속 원료 재생업
2. 제1호 각 목의 사업을 제외한 사업 : 1주일에 1회 이상
② 관계수급인은 제1항에 따라 도급인이 실시하는 순회점검을 거부·방해 또는 기피해서는 안 되며 점검 결과 도급인의 시정요구가 있으면 이에 따라야 한다.
③ 도급인은 법 제64조제1항제3호에 따라 관계수급인이 실시하는 근로자의 안전보건교육에 필요한 장소 및 자료의 제공 등을 요청받은 경우 협조해야 한다.

제81조(위생시설의 설치 등 협조) ① 법 제64조제1항제6호에서 "위생시설 등 고용노동부령으로 정하는 시설"이란 다음 각 호의 시설을 말한다.
1. 휴게시설
2. 세면·목욕시설
3. 세탁시설
4. 탈의시설

5. 수면시설

② 도급인이 제1항에 따른 시설을 설치할 때에는 해당 시설에 대해 안전보건규칙에서 정하고 있는 기준을 준수해야 한다.

제82조(도급사업의 합동 안전보건점검) ① 법 제64조제2항에 따라 도급인이 작업장의 안전 및 보건에 관한 점검을 할 때에는 다음 각 호의 사람으로 점검반을 구성해야 한다.

1. 도급인(같은 사업 내에 지역을 달리하는 사업장이 있는 경우에는 그 사업장의 안전보건관리책임자)
2. 관계수급인(같은 사업 내에 지역을 달리하는 사업장이 있는 경우에는 그 사업장의 안전보건관리책임자)
3. 도급인 및 관계수급인의 근로자 각 1명(관계수급인의 근로자의 경우에는 해당 공정만 해당한다)

② 법 제64조제2항에 따른 정기 안전보건점검의 실시 횟수는 다음 각 호의 구분에 따른다.

1. 다음 각 목의 사업 : 2개월에 1회 이상
   가. 건설업
   나. 선박 및 보트 건조업
2. 제1호의 사업을 제외한 사업 : 분기에 1회 이상

합격정보

산업안전보건법 시행규칙

10 산업안전보건법령상 안전보건관리담당자는 고용노동부장관이 실시하는 안전보건에 관한 보수교육을 최소 몇 시간 이상 받아야 하는가?(단, 보수교육의 면제사유 등은 고려하지 않음)

① 4시간　　② 6시간
③ 8시간　　④ 24시간
⑤ 34시간

답 ③

해설

안전보건관리책임자 등에 대한 교육(제29조제2항 관련)

교육대상	교육시간	
	신규교육	보수교육
가. 안전보건관리책임자	6시간 이상	6시간 이상
나. 안전관리자, 안전관리전문기관의 종사자	34시간 이상	24시간 이상
다. 보건관리자, 보건관리전문기관의 종사자	34시간 이상	24시간 이상
라. 건설재해예방 전문지도기관의 종사자	34시간 이상	24시간 이상
마. 석면조사기관의 종사자	34시간 이상	24시간 이상
바. 안전보건관리담당자	-	8시간 이상
사. 안전검사기관, 자율안전검사기관의 종사자	34시간 이상	24시간 이상

합격정보

산업안전보건법 시행규칙 [별표 4] 안전보건교육 교육과정별 교육시간

2020

11 산업안전보건법령상 관리감독자의 지위에 있는 근로자 A에 대하여 근로자 정기교육시간을 면제할 수 있는 경우를 모두 고른 것은?

ㄱ. A가 직무교육기관에서 실시한 전문화교육을 이수한 경우
ㄴ. A가 직무교육기관에서 실시한 인터넷 원격교육을 이수한 경우
ㄷ. A가 한국산업안전보건공단에서 실시한 안전보건관리담당자 양성교육을 이수한 경우

① ㄱ
② ㄱ, ㄴ
③ ㄱ, ㄷ
④ ㄴ, ㄷ
⑤ ㄱ, ㄴ, ㄷ

답 ⑤

해설

안전보건교육의 면제

제27조(안전보건교육의 면제) ① 전년도에 산업재해가 발생하지 않은 사업장의 사업주의 경우 법 제29조제1항에 따른 근로자 정기교육(이하 "근로자 정기교육"이라 한다)을 그 다음 연도에 한정하여 별표 4에서 정한 실시기준 시간의 100분의 50 범위에서 면제할 수 있다.

② 영 제16조 및 제20조에 따른 안전관리자 및 보건관리자를 선임할 의무가 없는 사업장의 사업주가 법 제11조제3호에 따라 노무를 제공하는 자의 건강 유지·증진을 위하여 설치된 근로자건강센터(이하 "근로자건강센터"라 한다)에서 실시하는 안전보건교육, 건강상담, 건강관리프로그램 등 근로자 건강관리 활동에 해당 사업장의 근로자를 참여하게 한 경우에는 해당 시간을 제26조제1항에 따른 교육 중 해당 분기(관리감독자의 지위에 있는 사람의 경우 해당 연도)의 근로자 정기교육 시간에서 면제할 수 있다. 이 경우 사업주는 해당 사업장의 근로자가 근로자건강센터에서 실시하는 건강관리 활동에 참여한 사실을 입증할 수 있는 서류를 갖춰 두어야 한다.

③ 법 제30조제1항제3호에 따라 관리감독자가 다음 각 호의 어느 하나에 해당하는 교육을 이수한 경우 별표 4에서 정한 근로자 정기교육시간을 면제할 수 있다.

1. 법 제32조제1항 각 호 외의 부분 본문에 따라 영 제40조제3항에 따른 직무교육기관(이하 "직무교육기관"이라 한다)에서 실시한 전문화교육
2. 법 제32조제1항 각 호 외의 부분 본문에 따라 직무교육기관에서 실시한 인터넷 원격교육
3. 법 제32조제1항 각 호 외의 부분 본문에 따라 공단에서 실시한 안전보건관리담당자 양성교육
4. 법 제98조제1항제2호에 따른 검사원 성능검사 교육
5. 그 밖에 고용노동부장관이 근로자 정기교육 면제대상으로 인정하는 교육

④ 사업주는 법 제30조제2항에 따라 해당 근로자가 채용되거나 변경된 작업에 경험이 있을 경우 채용 시 교육 또는 특별교육 시간을 다음 각 호의 기준에 따라 실시할 수 있다.

1. 「통계법」 제22조에 따라 통계청장이 고시한 한국표준산업분류의 세분류 중 같은 종류의 업종에 6개월 이상 근무한 경험이 있는 근로자를 이직 후 1년 이내에 채용하는 경우 : 별표 4에서 정한 채용 시 교육시간의 100분의 50 이상
2. 별표 5의 특별교육 대상작업에 6개월 이상 근무한 경험이 있는 근로자가 다음 각 목의 어느 하나에 해당하는 경우 : 별표 4에서 정한 특별교육 시간의 100분의 50 이상
가. 근로자가 이직 후 1년 이내에 채용되어 이직 전과 동일한 특별교육 대상작업에 종사하는 경우
나. 근로자가 같은 사업장 내 다른 작업에 배치된 후 1년 이내에 배치 전과 동일한 특별교육 대상작업에 종사하는 경우
3. 채용 시 교육 또는 특별교육을 이수한 근로자가 같은 도급인의 사업장 내에서 이전에 하던 업무와 동일한 업무에 종사하는 경우 : 소속 사업장의 변경에도 불구하고 해당 근로자에 대한 채용 시 교육 또는 특별교육 면제
4. 그 밖에 고용노동부장관이 채용 시 교육 또는 특별교육 면제 대상으로 인정하는 교육

합격정보

산업안전보건법 시행규칙

12 산업안전보건법령상 유해 · 위험 기계 등에 대한 방호조치 등에 관한 설명으로 옳지 않은 것은?

① 금속절단기와 예초기에 설치해야 할 방호장치는 날접촉 예방장치이다.

② 작동부분에 돌기부분이 있는 기계는 작동부분의 돌기부분을 묻힘형으로 하거나 덮개를 부착하여야 한다.

③ 회전기계에 물체 등이 말려 들어갈 부분이 있는 기계는 회전기계의 물림점에 덮개 또는 방호망을 설치하여야 한다.

④ 동력전달부분이 있는 기계는 동력전달부분에 덮개를 부착하거나 방호망을 설치하여야 한다.

⑤ 지게차에 설치해야 할 방호장치는 헤드 가드, 백레스트(backrest), 전조등, 후미등, 안전벨트이다.

답 ③

해설

제98조(방호조치) ① 법 제80조제1항에 따라 영 제70조 및 영 별표 20의 기계·기구에 설치해야 할 방호장치는 다음 각 호와 같다.

1. 영 별표 20 제1호에 따른 예초기 : 날접촉 예방장치
2. 영 별표 20 제2호에 따른 원심기 : 회전체 접촉 예방장치
3. 영 별표 20 제3호에 따른 공기압축기 : 압력방출장치
4. 영 별표 20 제4호에 따른 금속절단기 : 날접촉 예방장치
5. 영 별표 20 제5호에 따른 지게차 : 헤드 가드, 백레스트(backrest), 전조등, 후미등, 안전벨트
6. 영 별표 20 제6호에 따른 포장기계 : 구동부 방호 연동장치

② 법 제80조제2항에서 "고용노동부령으로 정하는 방호조치"란 다음 각 호의 방호조치를 말한다.

1. 작동 부분의 돌기부분은 묻힘형으로 하거나 덮개를 부착할 것
2. 동력전달부분 및 속도조절부분에는 덮개를 부착하거나 방호망을 설치할 것
3. 회전기계의 물림점(롤러나 톱니바퀴 등 반대방향의 두 회전체에 물려 들어가는 위험점)에는 덮개 또는 울을 설치할 것

③ 제1항 및 제2항에 따른 방호조치에 필요한 사항은 고용노동부장관이 정하여 고시한다.

합격정보

산업안전보건법 시행규칙

합격키

2019. 3. 30(문제 13번) 출제

13 **산업안전보건법령상 대여 공장건축물에 대한 조치의 내용이다. (   )에 들어갈 내용이 옳은 것은?**

> 공용으로 사용하는 공장건축물로서 다음 각 호의 어느 하나의 장치가 설치된 것을 대여하는 자는 해당 건축물을 대여받은 자가 2명 이상인 경우로서 다음 각 호의 어느 하나의 장치의 전부 또는 일부를 공용으로 사용하는 경우에는 그 공용부분의 기능이 유효하게 작동되도록 하기 위하여 점검·보수 등 필요한 조치를 해야 한다.
> 1. (ㄱ)　　2. (ㄴ)　　3. (ㄷ)

① ㄱ : 국소 배기장치, ㄴ : 국소 환기장치, ㄷ : 배기처리장치

② ㄱ : 국소 배기장치, ㄴ : 전체 환기장치, ㄷ : 배기처리장치

③ ㄱ : 국소 환기장치, ㄴ : 전체 환기장치, ㄷ : 국소 배기장치

④ ㄱ : 국소 환기장치, ㄴ : 환기처리장치, ㄷ : 전체 환기장치

⑤ ㄱ : 환기처리장치, ㄴ : 배기처리장치, ㄷ : 국소 환기장치

답 ②

해설

대여 공장건축물 조치

제104조(대여 공장건축물에 대한 조치) 공용으로 사용하는 공장건축물로서 다음 각 호의 어느 하나의 장치가 설치된 것을 대여하는 자는 해당 건축물을 대여받은 자가 2명 이상인 경우로서 다음 각 호의 어느 하나의 장치의 전부 또는 일부를 공용으로 사용하는 경우에는 그 공용부분의 기능이 유효하게 작동되도록 하기 위하여 점검·보수 등 필요한 조치를 해야 한다.

1. 국소 배기장치
2. 전체 환기장치
3. 배기처리장치

합격정보

산업안전보건법 시행규칙

14 산업안전보건법령상 안전인증과 안전검사에 관한 설명으로 옳지 않은 것은?

① 「화학물질관리법」에 따른 수시검사를 받은 경우 안전검사를 면제한다.

② 산업용 원심기는 안전검사대상기계 등에 해당된다.

③ 프레스와 압력용기는 고용노동부장관이 실시하는 안전인증과 안전검사를 모두받아야 한다.

④ 고용노동부장관은 안전인증을 받은 자가 안전인증기준을 지키고 있는지를 3년이하의 범위에서 고용노동부령으로 정하는 주기마다 확인하여야 한다.

⑤ 안전검사 신청을 받은 안전검사기관은 검사 주기 만료일 전후 각각 30일 이내에 해당 기계·기구 및 설비별로 안전검사를 하여야 한다.

답 ①

해설

안전검사

제125조(안전검사의 면제) 법 제93조제2항에서 "고용노동부령으로 정하는 경우"란 다음 각 호의 어느 하나에 해당하는 경우를 말한다.

1. 「건설기계관리법」 제13조제1항제1호·제2호 및 제4호에 따른 검사를 받은 경우(안전검사 주기에 해당하는 시기의 검사로 한정한다)
2. 「고압가스 안전관리법」 제17조제2항에 따른 검사를 받은 경우
3. 「광산안전법」 제9조에 따른 검사 중 광업시설의 설치·변경공사 완료 후 일정한 기간이 지날 때마다 받는 검사를 받은 경우
4. 「선박안전법」 제8조부터 제12조까지의 규정에 따른 검사를 받은 경우
5. 「에너지이용 합리화법」 제39조제4항에 따른 검사를 받은 경우
6. 「원자력안전법」 제22조제1항에 따른 검사를 받은 경우
7. 「위험물안전관리법」 제18조에 따른 정기점검 또는 정기검사를 받은 경우
8. 「전기사업법」 제65조에 따른 검사를 받은 경우
9. 「항만법」 제26조제1항제3호에 따른 검사를 받은 경우
10. 「화재예방, 소방시설 설치·유지 및 안전관리에 관한 법률」 제25조제1항에 따른 자체점검 등을 받은 경우
11. 「화학물질관리법」 제24조제3항 본문에 따른 정기검사를 받은 경우

합격정보

산업안전보건법 시행규칙

15 **산업안전보건기준에 관한 규칙 제662조(근골격계질환 예방관리 프로그램 시행) 제1항 규정의 일부이다. ( )에 들어갈 숫자가 옳은 것은?**

> 사업주는 다음 각 호의 어느 하나에 해당하는 경우에 근골격계질환 예방관리 프로그램을 수립하여 시행하여야 한다.
> 1. 근골격계질환으로 「산업재해보상보험법 시행령」 별표 3 제2호가목·마목 및 제12호라목에 따라 업무상 질병으로 인정받은 근로자가 연간 10명 이상 발생한 사업장 또는 5명 이상 발생한 사업장으로서 발생비율이 그 사업장 근로자 수의 ( )퍼센트 이상인 경우
> 2. 〈이하 생략〉

① 5
② 10
③ 20
④ 30
⑤ 50

답 ②

해설

근골격계질환 예방관리 프로그램

제662조(근골격계질환 예방관리 프로그램 시행) ① 사업주는 다음 각 호의 어느 하나에 해당하는 경우에 근골격계질환 예방관리 프로그램을 수립하여 시행하여야 한다.

1. 근골격계질환으로 「산업재해보상보험법 시행령」 별표 3 제2호가목·마목 및 제12호라목에 따라 업무상 질병으로 인정받은 근로자가 연간 10명 이상 발생한 사업장 또는 5명 이상 발생한 사업장으로서 발생 비율이 그 사업장 근로자 수의 10퍼센트 이상인 경우
2. 근골격계질환 예방과 관련하여 노사 간 이견(異見)이 지속되는 사업장으로서 고용노동부장관이 필요하다고 인정하여 근골격계질환 예방관리 프로그램을 수립하여 시행할 것을 명령한 경우

② 사업주는 근골격계질환 예방관리 프로그램을 작성·시행할 경우에 노사협의를 거쳐야 한다.

③ 사업주는 근골격계질환 예방관리 프로그램을 작성·시행할 경우에 인간공학·산업의학·산업위생·산업간호 등 분야별 전문가로부터 필요한 지도·조언을 받을 수 있다.

합격정보

산업안전보건기준에 관한 규칙

16 산업안전보건기준에 관한 규칙의 내용으로 옳지 않은 것은?

① 사업주는 순간풍속이 초당 10미터를 초과하는 바람이 불어올 우려가 있는 경우 옥외에 설치된 주행 크레인에 대하여 이탈방지를 위한 조치를 하여야 한다.

② 사업주는 순간풍속이 초당 15미터를 초과하는 경우에는 타워크레인의 운전작업을 중지하여야 한다.

③ 사업주는 높이가 3미터를 초과하는 계단에 높이 3미터 이내마다 너비 1.2미터이상의 계단참을 설치하여야 한다.

④ 사업주는 높이 1미터 이상인 계단의 개방된 측면에 안전난간을 설치하여야 한다.

⑤ 사업주는 연면적이 400제곱미터 이상이거나 상시 50명 이상의 근로자가 작업하는 옥내작업장에는 비상시에 근로자에게 신속하게 알리기 위한 경보용 설비 또는 기구를 설치하여야 한다.

답 ①

해설

폭풍에 의한 이탈방지

제140조(폭풍에 의한 이탈방지) 사업주는 순간풍속이 초당 30미터를 초과하는 바람이 불어올 우려가 있는 경우 옥외에 설치되어 있는 주행 크레인에 대하여 이탈방지장치를 작동시키는 등 이탈방지를 위한 조치를 하여야 한다.

합격정보

산업안전보건기준에 관한 규칙

17 산업안전보건법령상 유해인자의 유해성 · 위험성 분류기준에 관한 설명으로 옳지 않은 것은?

① 인화성 액체는 표준압력(101.3[kPa])에서 인화점이 93[℃] 이하인 액체이다.

② 54[℃] 이하 공기 중에서 자연발화하는 가스는 인화성 가스에 해당한다.

③ 20[℃], 200킬로파스칼(kPa) 이상의 압력 하에서 용기에 충전되어 있는 가스는 고압가스에 해당한다.

④ 유기과산화물은 2가의 -O-O- 구조를 가지고 3개의 수소원자가 유기라디칼에 의하여 치환된 과산화수소의 유도체를 포함한 액체 유기물질이다.

⑤ 자연발화성 액체는 적은 양으로도 공기와 접촉하여 5분 안에 발화할 수 있는 액체이다.

답 ④

해설

유해인자의 유해성·위험성 분류기준(제141조 관련)

1. 화학물질의 분류기준
   가. 물리적 위험성 분류기준
      1) 폭발성 물질 : 자체의 화학반응에 따라 주위환경에 손상을 줄 수 있는 정도의 온도·압력 및 속도를 가진 가스를 발생시키는 고체·액체 또는 혼합물
      2) 인화성 가스 : 20[℃], 표준압력(101.3[kPa])에서 공기와 혼합하여 인화되는 범위에 있는 가스와 54[℃] 이하 공기 중에서 자연발화하는 가스를 말한다.(혼합물을 포함한다)
      3) 인화성 액체 : 표준압력(101.3[kPa])에서 인화점이 93[℃] 이하인 액체
      4) 인화성 고체 : 쉽게 연소되거나 마찰에 의하여 화재를 일으키거나 촉진할 수 있는 물질
      5) 에어로졸 : 재충전이 불가능한 금속·유리 또는 플라스틱 용기에 압축가스·액화가스 또는 용해가스를 충전하고 내용물을 가스에 현탁시킨 고체나 액상입자로, 액상 또는 가스상에서 폼·페이스트·분말상으로 배출되는 분사장치를 갖춘 것
      6) 물반응성 물질 : 물과 상호작용을 하여 자연발화되거나 인화성 가스를 발생시키는 고체 · 액체 또는 혼합물
      7) 산화성 가스 : 일반적으로 산소를 공급함으로써 공기보다 다른 물질의 연소를 더 잘 일으키거나 촉진하는 가스
      8) 산화성 액체 : 그 자체로는 연소하지 않더라도, 일반적으로 산소를 발생시켜 다른 물질을 연소시키거나 연소를 촉진하는 액체
      9) 산화성 고체 : 그 자체로는 연소하지 않더라도 일반적으로 산소를 발생시켜 다른 물질을 연소시키거나 연소를 촉진하는 고체
      10) 고압가스 : 20[℃], 200킬로파스칼[kpa] 이상의 압력 하에서 용기에 충전되어 있는 가스 또는 냉동액화가스 형태로 용기에 충전되어 있는 가스(압축가스, 액화가스, 냉동액화가스, 용해가스로 구분한다)
      11) 자기반응성 물질 : 열적(熱的)인 면에서 불안정하여 산소가 공급되지 않아도 강렬하게 발열·분해하기 쉬운 액체·고체 또는 혼합물
      12) 자연발화성 액체 : 적은 양으로도 공기와 접촉하여 5분 안에 발화할 수 있는 액체
      13) 자연발화성 고체 : 적은 양으로도 공기와 접촉하여 5분 안에 발화할 수 있는 고체
      14) 자기발열성 물질 : 주위의 에너지 공급 없이 공기와 반응하여 스스로 발열하는 물질(자기발화성 물질은 제외한다)
      15) 유기과산화물 : 2가의 -O-O- 구조를 가지고 1개 또는 2개의 수소 원자가 유기라디칼에 의하여 치환된 과산화수소의 유도체를 포함한 액체 또는 고체 유기물질
      16) 금속 부식성 물질 : 화학적인 작용으로 금속에 손상 또는 부식을 일으키는 물질
   나. 건강 및 환경 유해성 분류기준
      1) 급성 독성 물질 : 입 또는 피부를 통하여 1회 투여 또는 24시간 이내에 여러 차례로 나누어 투여하거나 호흡기를 통하여 4시간 동안 흡입하는 경우 유해한 영향을 일으키는 물질
      2) 피부 부식성 또는 자극성 물질 : 접촉 시 피부조직을 파괴하거나 자극을 일으키는 물질(피부 부식성 물질 및 피부

자극성 물질로 구분한다)
3) 심한 눈 손상성 또는 자극성 물질 : 접촉 시 눈 조직의 손상 또는 시력의 저하 등을 일으키는 물질(눈 손상성 물질 및 눈 자극성 물질로 구분한다)
4) 호흡기 과민성 물질 : 호흡기를 통하여 흡입되는 경우 기도에 과민반응을 일으키는 물질
5) 피부 과민성 물질 : 피부에 접촉되는 경우 피부 알레르기 반응을 일으키는 물질
6) 발암성 물질 : 암을 일으키거나 그 발생을 증가시키는 물질
7) 생식세포 변이원성 물질 : 자손에게 유전될 수 있는 사람의 생식세포에 돌연변이를 일으킬 수 있는 물질
8) 생식독성 물질 : 생식기능, 생식능력 또는 태아의 발생 · 발육에 유해한 영향을 주는 물질
9) 특정 표적장기 독성 물질(1회 노출) : 1회 노출로 특정 표적장기 또는 전신에 독성을 일으키는 물질
10) 특정 표적장기 독성 물질(반복 노출) : 반복적인 노출로 특정 표적장기 또는 전신에 독성을 일으키는 물질
11) 흡인 유해성 물질:액체 또는 고체 화학물질이 입이나 코를 통하여 직접적으로 또는 구토로 인하여 간접적으로, 기관 및 더 깊은 호흡기관으로 유입되어 화학적 폐렴, 다양한 폐 손상이나 사망과 같은 심각한 급성 영향을 일으키는 물질
12) 수생 환경 유해성 물질 : 단기간 또는 장기간의 노출로 수생생물에 유해한 영향을 일으키는 물질
13) 오존층 유해성 물질 : 「오존층 보호를 위한 특정물질의 제조규제 등에 관한 법률」 제2조제1호에 따른 특정물질

2. 물리적 인자의 분류기준
가. 소음 : 소음성난청을 유발할 수 있는 85데시벨(A) 이상의 시끄러운 소리
나. 진동 : 착암기, 손망치 등의 공구를 사용함으로써 발생되는 백랍병·레이노 현상·말초순환장애 등의 국소 진동 및 차량 등을 이용함으로써 발생되는 관절통·디스크·소화장애 등의 전신 진동
다. 방사선 : 직접·간접으로 공기 또는 세포를 전리하는 능력을 가진 알파선·베타선·감마선·엑스선·중성자선 등의 전자선
라. 이상기압 : 게이지 압력이 제곱센티미터당 1킬로그램 초과 또는 미만인 기압
마. 이상기온 : 고열·한랭·다습으로 인하여 열사병·동상·피부질환 등을 일으킬 수 있는 기온

3. 생물학적 인자의 분류기준
가. 혈액매개 감염인자 : 인간면역결핍바이러스, B형·C형간염바이러스, 매독바이러스 등 혈액을 매개로 다른 사람에게 전염되어 질병을 유발하는 인자
나. 공기매개 감염인자 : 결핵·수두·홍역 등 공기 또는 비말감염 등을 매개로 호흡기를 통하여 전염되는 인자
다. 곤충 및 동물매개 감염인자 : 쯔쯔가무시증, 렙토스피라증, 유행성출혈열 등 동물의 배설물 등에 의하여 전염되는 인자 및 탄저병, 브루셀라병 등 가축 또는 야생동물로부터 사람에게 감염되는 인자

※ 비고
제1호에 따른 화학물질의 분류기준 중 가목에 따른 물리적 위험성 분류기준별 세부 구분기준과 나목에 따른 건강 및 환경 유해성 분류기준의 단일물질 분류기준별 세부 구분기준 및 혼합물질의 분류기준은 고용노동부장관이 정하여 고시한다.

합격정보

① 산업안전보건법 시행령 [별표 13] 유해·위험물질 규정량
② 산업안전보건법 시행규칙 [별표 18] 유해인자의 유해성·위험성 분류기준
③ 산업안전보건기준에 관한 규칙 [별표 9] 위험물질의 기준량

18 산업안전보건법령상 유해인자별 노출 농도의 허용기준과 관련하여 단시간 노출값의 내용이다. (　　)에 들어갈 숫자가 순서대로 옳은 것은?

> "단시간 노출값(STEL)"이란 15분간의 시간가중 평균값으로서 노출 농도가 시간가중 평균값을 초과하고 단시간 노출값 이하인 경우에는 1회 노출 지속시간이 15분 미만이어야 하고, 이러한 상태가 1일 (　　)회 이하로 발생해야 하며, 각 회의 간격은 (　　)분 이상이어야 한다.

① 4, 30　　② 4, 60
③ 5, 30　　④ 5, 60
⑤ 6, 60

답 ②

해설

유해인자별 노출 농도의 허용기준

(1) "시간가중 평균값(TWA : Time-Weighted Average)"이란 1일 8시간 작업을 기준으로 한 평균노출농도로서 산출공식은 다음과 같다.

$$TWA\text{환산값} = \frac{C_1 \cdot T_1 + C_2 \cdot T_2 + \cdots + C_n \cdot T_n}{8}$$

주 C : 유해인자의 측정농도(단위 : ppm, mg/m³ 또는 개/cm³)
T : 유해인자의 발생시간(단위 : 시간)

(2) "단시간 노출값(STEL : Short-Term Exposure Limit)"이란 15분간의 시간가중 평균값으로서 노출 농도가 시간가중 평균값을 초과하고 단시간 노출값 이하인 경우에는 ① 1회 노출 지속시간이 15분 미만이어야 하고, ② 이러한 상태가 1일 4회 이하로 발생해야 하며, ③ 각 회의 간격은 60분 이상이어야 한다.

(3) "등"이란 해당 화학물질에 이성질체 등 동일 속성을 가지는 2개 이상의 화합물이 존재할 수 있는 경우를 말한다.

합격정보

산업안전보건법 시행규칙 [별표 19] 비고

19 산업안전보건법령상 고용노동부장관이 작업환경측정기관에 대하여 그 지정을 취소하거나 6개월 이내의 기간을 정하여 그 업무의 정지를 명할 수 있는 경우가 아닌 것은?

① 작업환경측정 관련 서류를 거짓으로 작성한 경우

② 정당한 사유 없이 작업환경측정 업무를 거부한 경우

③ 위탁받은 작업환경측정 업무에 차질을 일으킨 경우

④ 작업환경측정 업무와 관련된 비치서류를 보존하지 않은 경우

⑤ 고용노동부장관이 실시하는 작업환경측정기관의 측정·분석능력 확인을 6개월동안 받지 않은 경우

답 ⑤

해설

작업환경측정기관의 지정 취소

제96조(작업환경측정기관의 지정 취소 등의 사유) 법 제126조제5항에 따라 준용되는 법 제21조제4항제5호에서 "대통령령으로 정하는 사유에 해당하는 경우"란 다음 각 호의 경우를 말한다.

1. 작업환경측정 관련 서류를 거짓으로 작성한 경우
2. 정당한 사유 없이 작업환경측정 업무를 거부한 경우
3. 위탁받은 작업환경측정 업무에 차질을 일으킨 경우
4. 법 제125조제8항에 따라 고용노동부령으로 정하는 작업환경측정 방법 등을 위반한 경우
5. 법 제126조제2항에 따라 고용노동부장관이 실시하는 작업환경측정기관의 측정·분석능력 확인을 1년 이상 받지 않거나 작업환경측정기관의 측정·분석능력 확인에서 부적합 판정을 받은 경우
6. 작업환경측정 업무와 관련된 비치서류를 보존하지 않은 경우
7. 법에 따른 관계 공무원의 지도·감독을 거부·방해 또는 기피한 경우

합격정보

산업안전보건법 시행령

20 **산업안전보건법령상 일반건강진단의 주기에 관한 내용이다. (　　　　)에 들어갈 숫자가 순서대로 옳은 것은?**

> 사업주는 상시 사용하는 근로자 중 사무직에 종사하는 근로자(공장 또는 공사현장과 같은 구역에 있지 않은 사무실에서 서무·인사·경리·판매·설계 등의 사무업무에 종사하는 근로자를 말하며, 판매업무 등에 직접 종사하는 근로자는 제외한다)에 대해서 (　　　　)년에 (　　　　)회 이상 일반건강진단을 실시해야 한다.

① 1, 1
② 1, 2
③ 2, 1
④ 2, 2
⑤ 3, 2

답 ③

해설

일반건강진단

제197조(일반건강진단의 주기 등) ① 사업주는 상시 사용하는 근로자 중 사무직에 종사하는 근로자(공장 또는 공사현장과 같은 구역에 있지 않은 사무실에서 서무·인사·경리·판매·설계 등의 사무업무에 종사하는 근로자를 말하며, 판매업무 등에 직접 종사하는 근로자는 제외한다)에 대해서는 2년에 1회 이상, 그 밖의 근로자에 대해서는 1년에 1회 이상 일반건강진단을 실시해야 한다.

② 법 제129조에 따라 일반건강진단을 실시해야 할 사업주는 일반건강진단 실시 시기를 안전보건관리규정 또는 취업규칙에 규정하는 등 일반건강진단이 정기적으로 실시되도록 노력해야 한다.

합격정보

산업안전보건법 시행규칙

21 산업안전보건법령상 사업주가 질병자의 근로를 금지해야 하는 대상에 해당하지 않는 사람은?

① 조현병에 걸린 사람

② 마비성 치매에 걸릴 우려가 있는 사람

③ 신장 질환이 있는 사람으로서 근로에 의하여 병세가 악화될 우려가 있는 사람

④ 심장 질환이 있는 사람으로서 근로에 의하여 병세가 악화될 우려가 있는 사람

⑤ 폐 질환이 있는 사람으로서 근로에 의하여 병세가 악화될 우려가 있는 사람

답 ②

해설

질병자의 근로금지

제220조(질병자의 근로금지) ① 법 제138조제1항에 따라 사업주는 다음 각 호의 어느 하나에 해당하는 사람에 대해서는 근로를 금지해야 한다.

1. 전염될 우려가 있는 질병에 걸린 사람. 다만, 전염을 예방하기 위한 조치를 한 경우는 제외한다.
2. 조현병, 마비성 치매에 걸린 사람
3. 심장·신장·폐 등의 질환이 있는 사람으로서 근로에 의하여 병세가 악화될 우려가 있는 사람
4. 제1호부터 제3호까지의 규정에 준하는 질병으로서 고용노동부장관이 정하는 질병에 걸린 사람

② 사업주는 제1항에 따라 근로를 금지하거나 근로를 다시 시작하도록 하는 경우에는 미리 보건관리자(의사인 보건관리자만 해당한다), 산업보건의 또는 건강진단을 실시한 의사의 의견을 들어야 한다.

합격정보

산업안전보건법 시행규칙

합격키

2018년 3월 24일(문제 1번) 출제

22 산업안전보건법령상 교육기관의 지정 등에 관한 설명으로 옳지 않은 것은?

① 고용노동부장관은 유해하거나 위험한 작업으로서 상당한 지식이나 숙련도가 요구되는 고용노동부령으로 정하는 작업의 경우, 그 작업에 필요한 자격·면허의 취득 또는 근로자의 기능 습득을 위하여 교육기관을 지정할 수 있다.

② 교육기관의 지정 요건 및 지정 절차는 고용노동부령으로 정한다.

③ 고용노동부장관은 지정받은 교육기관이 거짓으로 지정을 받은 경우에는 그 지정을 취소하여야 한다.

④ 고용노동부장관은 지정받은 교육기관이 업무정지 기간 중에 업무를 수행한 경우에는 그 지정을 취소하여야 한다.

⑤ 교육기관의 지정이 취소된 자는 지정이 취소된 날부터 3년 이내에는 해당 교육기관으로 지정받을 수 없다.

답 ⑤

해설

안전관리전문기관

제21조(안전관리전문기관 등) ① 안전관리전문기관 또는 보건관리전문기관이 되려는 자는 대통령령으로 정하는 인력·시설 및 장비 등의 요건을 갖추어 고용노동부장관의 지정을 받아야 한다.

② 고용노동부장관은 안전관리전문기관 또는 보건관리전문기관에 대하여 평가하고 그 결과를 공개할 수 있다. 이 경우 평가의 기준·방법 및 결과의 공개에 필요한 사항은 고용노동부령으로 정한다.

③ 안전관리전문기관 또는 보건관리전문기관의 지정 절차, 업무 수행에 관한 사항, 위탁받은 업무를 수행할 수 있는 지역, 그 밖에 필요한 사항은 고용노동부령으로 정한다.

④ 고용노동부장관은 안전관리전문기관 또는 보건관리전문기관이 다음 각 호의 어느 하나에 해당할 때에는 그 지정을 취소하거나 6개월 이내의 기간을 정하여 그 업무의 정지를 명할 수 있다. 다만, 제1호 또는 제2호에 해당할 때에는 그 지정을 취소하여야 한다.

1. 거짓이나 그 밖의 부정한 방법으로 지정을 받은 경우
2. 업무정지 기간 중에 업무를 수행한 경우
3. 제1항에 따른 지정 요건을 충족하지 못한 경우
4. 지정받은 사항을 위반하여 업무를 수행한 경우
5. 그 밖에 대통령령으로 정하는 사유에 해당하는 경우

⑤ 제4항에 따라 지정이 취소된 자는 지정이 취소된 날부터 2년 이내에는 각각 해당 안전관리전문기관 또는 보건관리전문기관으로 지정받을 수 없다.

합격정보

산업안전보건법

23 산업안전보건법령상 근로감독관 등에 관한 설명으로 옳지 않은 것은?

① 근로감독관은 이 법을 시행하기 위하여 필요한 경우 석면해체·제거업자의 사무소에 출입하여 관계인에게 관계 서류의 제출을 요구할 수 있다.

② 근로감독관은 산업재해 발생의 급박한 위험이 있는 경우 사업장에 출입하여 관계인에게 관계 서류의 제출을 요구할 수 있다.

③ 근로감독관은 기계·설비 등에 대한 검사에 필요한 한도에서 무상으로 제품·원재료 또는 기구를 수거할 수 있다.

④ 지방고용노동관서의 장은 근로감독관이 이 법에 따른 명령의 시행을 위하여 관계인에게 출석명령을 하려는 경우, 긴급하지 않는 한 14일 이상의 기간을 주어야 한다.

⑤ 근로감독관은 이 법을 시행하기 위하여 사업장에 출입하는 경우에 그 신분을 나타내는 증표를 지니고 관계인에게 보여 주어야 한다.

답 ④

해설

출석명령

제236조(보고·출석기간) ① 지방고용노동관서의 장은 법 제155조제3항에 따라 보고 또는 출석의 명령을 하려는 경우에는 7일 이상의 기간을 주어야 한다. 다만, 긴급한 경우에는 그렇지 않다.
② 제1항에 따른 보고 또는 출석의 명령은 문서로 해야 한다.

합격정보

산업안전보건법 시행규칙

2020

24 **산업안전보건법령상 산업안전지도사로 등록한 A가 손해배상의 책임을 보장하기 위하여 보증보험에 가입해야 하는 경우, 최저 보험금액이 얼마 이상인 보증보험에 가입해야 하는가?(단, A는 법인이 아님)**

① 1천만원

② 2천만원

③ 3천만원

④ 4천만원

⑤ 5천만원

답 ②

해설

보증보험

제108조(손해배상을 위한 보증보험 가입 등) ① 법 제145조제1항에 따라 등록한 지도사(같은 조 제2항에 따라 법인을 설립한 경우에는 그 법인을 말한다. 이하 이 조에서 같다)는 법 제148조제2항에 따라 보험금액이 2천만원(법 제145조제2항에 따른 법인인 경우에는 2천만원에 사원인 지도사의 수를 곱한 금액) 이상인 보증보험에 가입해야 한다.
② 지도사는 제1항의 보증보험금으로 손해배상을 한 경우에는 그 날부터 10일 이내에 다시 보증보험에 가입해야 한다.
③ 손해배상을 위한 보증보험 가입 및 지급에 관한 사항은 고용노동부령으로 정한다.

합격정보

산업안전보건법 시행령

25 산업안전보건법령상 산업재해 예방활동의 보조 · 지원을 받은 자의 폐업으로 인해 고용노동부장관이 그 보조·지원의 전부를 취소한 경우, 그 취소한 날부터 보조·지원을 제한할 수 있는 기간은?

① 1년
② 2년
③ 3년
④ 4년
⑤ 5년

답 ③

해설

보조·지원

제237조(보조·지원의 환수와 제한) ① 법 제158조제2항제6호에서 "고용노동부령으로 정하는 경우"란 보조·지원을 받은 후 3년 이내에 해당 시설 및 장비의 중대한 결함이나 관리상 중대한 과실로 인하여 근로자가 사망한 경우를 말한다.
② 법 제158조제4항에 따라 보조·지원을 제한할 수 있는 기간은 다음 각 호와 같다.
1. 법 제158조제2항제1호의 경우 : 5년
2. 법 제158조제2항제2호부터 제6호까지의 어느 하나의 경우 : 3년
3. 법 제158조제2항제2호부터 제6호까지의 어느 하나를 위반한 후 5년 이내에 같은 항 제2호부터 제6호까지의 어느 하나를 위반한 경우 : 5년

합격정보

산업안전보건법 시행규칙

보충학습

산업안전보건법

제158조(산업재해 예방활동의 보조·지원) ① 정부는 사업주, 사업주단체, 근로자단체, 산업재해 예방 관련 전문단체, 연구기관 등이 하는 산업재해 예방사업 중 대통령령으로 정하는 사업에 드는 경비의 전부 또는 일부를 예산의 범위에서 보조하거나 그 밖에 필요한 지원(이하 "보조·지원"이라 한다)을 할 수 있다. 이 경우 고용노동부장관은 보조·지원이 산업재해 예방사업의 목적에 맞게 효율적으로 사용되도록 관리·감독하여야 한다.
② 고용노동부장관은 보조·지원을 받은 자가 다음 각 호의 어느 하나에 해당하는 경우 보조·지원의 전부 또는 일부를 취소하여야 한다. 다만, 제1호 및 제2호의 경우에는 보조·지원의 전부를 취소하여야 한다.
1. 거짓이나 그 밖의 부정한 방법으로 보조·지원을 받은 경우
2. 보조·지원 대상자가 폐업하거나 파산한 경우
3. 보조·지원 대상을 임의매각·훼손·분실하는 등 지원 목적에 적합하게 유지·관리·사용하지 아니한 경우
4. 제1항에 따른 산업재해 예방사업의 목적에 맞게 사용되지 아니한 경우
5. 보조·지원 대상 기간이 끝나기 전에 보조·지원 대상 시설 및 장비를 국외로 이전한 경우
6. 보조·지원을 받은 사업주가 필요한 안전조치 및 보건조치 의무를 위반하여 산업재해를 발생시킨 경우로서 고용노동부령으로 정하는 경우
③ 고용노동부장관은 제2항에 따라 보조 · 지원의 전부 또는 일부를 취소한 경우, 같은 항 제1호 또는 제3호부터 제5호까지의 어느 하나에 해당하는 경우에는 해당 금액 또는 지원에 상응하는 금액을 환수하되 대통령령으로 정하는 바에 따라 지급받은 금액의 5배 이하의 금액을 추가로 환수할 수 있고, 같은 항 제2호(파산한 경우에는 환수하지 아니한다) 또는 제6호에 해당하는 경우에는 해당 금액 또는 지원에 상응하는 금액을 환수한다.
④ 제2항에 따라 보조·지원의 전부 또는 일부가 취소된 자에 대해서는 고용노동부령으로 정하는 바에 따라 취소된 날부터 5년 이내의 기간을 정하여 보조·지원을 하지 아니할 수 있다.
⑤ 보조·지원의 대상·방법·절차, 관리 및 감독, 제2항 및 제3항에 따른 취소 및 환수 방법, 그 밖에 필요한 사항은 고용노동부장관이 정하여 고시한다.

2021년도 3월 13일 필기문제

산업안전(보건)지도사 자격시험
제1차 시험문제지

제1과목 산업안전보건법령	총 시험시간 : 90분 (과목당 30분)	문제형별 A

수험번호	20210313	성 명	도서출판 세화

【수험자 유의사항】

1. 시험문제지 표지와 시험문제지 내 **문제형별의 동일여부** 및 시험문제지의 **총면수·문제번호 일련순서·인쇄상태** 등을 확인하시고, 문제지 표지에 수험번호와 성명을 기재하시기 바랍니다.
2. 답은 각 문제마다 요구하는 **가장 적합하거나 가까운 답 1개**만 선택하고, 답안카드 작성 시 시험문제지 **형별누락, 마킹착오**로 인한 불이익은 전적으로 **수험자에게 책임**이 있음을 알려 드립니다.
3. 답안카드는 국가전문자격 공통 표준형으로 문제번호가 1번부터 125번까지 인쇄되어 있습니다. 답안 마킹 시에는 반드시 **시험문제지의 문제번호와 동일한 번호**에 마킹하여야 합니다.
4. **감독위원의 지시에 불응하거나 시험 시간 종료 후 답안카드를 제출하지 않을 경우** 불이익이 발생할 수 있음을 알려 드립니다.
5. 시험문제지는 시험 종료 후 가져가시기 바랍니다.

【안 내 사 항】

1. 수험자는 **QR코드를 통해 가답안을 확인**하시기 바랍니다.
   (※ 사전 설문조사 필수)
2. 시험 합격자에게 **'합격축하 SMS(알림톡) 알림 서비스'**를 제공하고 있습니다.

▲ 가답안 확인

- 수험자 여러분의 합격을 기원합니다 -

2021년 산업안전보건법규 출제문제 분석표(NCS기준)

법령명(대분류)	단원(중분류)	세부내용(소분류)	출제년월일
산업안전보건법	제1장 총칙	제2조 정의	21.3.13
		제5조 사업주 등의 의무	21.3.13
		제8조 협조요청 등	21.3.13
	제2장 안전보건관리체제 등	제24조 산업안전보건위원회	21.3.13
		제26조 안전보건관리규정의 작성·변경 절차	21.3.13
	제3장 안전보건교육		
	제4장 유해 위험 방지 조치		
	제5장 도급 시 산업재해 예방		
	제6장 유해 위험기계 등에 대한 조치		
	제7장 유해 위험물질에 대한 조치		
	제8장 근로자 보건관리	제141조 역학조사	21.3.13
	제9장 산업안전지도사 및 산업보건지도사	제142조 산업안전지도사 등의 업무	21.3.13
	제10장 근로감독관 등		
	제11장 보칙	제164조 서류의 보존	21.3.13
	제12장 벌칙		
소계		32% 출제	8문제 출제

법령명(대분류)	단원(중분류)	세부내용(소분류)	출제년월일
산업안전보건법 시행령	제1장 총칙	제10조 공표대상 사업장	21.3.13
	제2장 안전보건관리체제 등	제22조 보건관리자의 업무 등	21.3.13
	제3장 안전보건교육		
	제4장 유해 위험 방지 조치		
	제5장 도급 시 산업재해 예방		
	제6장 유해 위험기계 등에 대한 조치	제77조 자율안전확인대상 기계 등	21.3.13
		제78조 안전검사 대상 기계 등	21.3.13
	제7장 유해 위험물질에 대한 조치	제85조 유해성·위험성조사 제외 화학물질	21.3.13
		제86조 물질안전보건자료의 작성·제출 제외대상 화학물질 등	21.3.13
	제8장 근로자 보건관리	제95조 작업환경측정기관의 지정요건	21.3.13
		제99조 유해·위험작업에 대한 근로시간 제한 등	21.3.13
	제9장 산업안전지도사 및 산업보건지도사		
	제10장 보칙		
	제11장 벌칙		
소계		32% 출제	8문제 출제

법령명(대분류)	단원(중분류)	세부내용(소분류)	출제년월일
산업안전보건법 시행규칙	제1장 총칙		
	제2장 안전보건관리체제 등		
	제3장 안전보건교육	제26조 교육시간 및 교육내용[별표5]	21.3.13
		제29조 안전보건관리책임자 등에 대한교육 [별표4]	21.3.13
	제4장 유해 위험 방지 조치	제50조 공정안전보건서의 세부 내용 등	21.3.13
	제5장 도급 시 산업재해 예방	제79조 협의체의 구성 및 운영	21.3.13
	제6장 유해 위험기계 등에 대한 조치	제100조 기계등 대여자의 조치	21.3.13
		제130조 검사원의 자격	21.3.13
	제7장 유해 위험물질에 대한 조치		
	제8장 근로자 보건관리	제196조 일반건강진단 실시의 인정	21.3.13
	제9장 산업안전지도사 및 산업보건지도사		
	제10장 근로감독관 등		
	제11장 보칙		
소계		28% 출제	7문제 출제

법령명(대분류)	단원(중분류)	세부내용(소분류)	출제년월일
산업안전보건 기준에 관한 규칙	제1편 총칙	제17조 비상구의 설치	21.3.13
		제24조 사다리식 통로 등의 구조	21.3.13
	제2편 안전기준		
	제3편 보건기준		
소계		8% 출제	2문제 출제

1. 산업안전보건법령

01 산업안전보건법령상 안전보건관리체제에 관한 설명으로 옳지 않은 것은?

① 안전보건관리책임자는 안전관리자와 보건관리자를 지휘·감독한다.
② 사업주는 사업장을 실질적으로 총괄하여 관리하는 사람에게 해당 사업장의 작업환경측정 등 작업환경의 점검 및 개선에 관한 업무를 총괄하여 관리하도록 하여야 한다.
③ 사업주는 안전관리자에게 산업 안전 및 보건에 관한 업무로서 해당작업에서 발생한 산업재해에 관한 보고 및 이에 대한 응급조치에 관한 업무를 수행하도록 하여야 한다.
④ 사업주는 안전보건관리책임자가 「산업안전보건법」에 따른 업무를 원활하게 수행할 수 있도록 권한·시설·장비·예산, 그 밖에 필요한 지원을 해야 한다.
⑤ 사업주는 안전보건관리책임자를 선임했을 때에는 그 선임 사실 및 「산업안전보건법」에 따른 업무의 수행내용을 증명할 수 있는 서류를 갖추어 두어야 한다.

답 ③

해설

제22조(보건관리자의 업무 등) ① 보건관리자의 업무는 다음 각 호와 같다.
1. 산업안전보건위원회 또는 노사협의체에서 심의 · 의결한 업무와 안전보건관리규정 및 취업규칙에서 정한 업무
2. 안전인증대상기계 등과 자율안전확인대상기계 등 중 보건과 관련된 보호구(保護具) 구입 시 적격품 선정에 관한 보좌 및 지도 · 조언
3. 법 제36조에 따른 위험성평가에 관한 보좌 및 지도 · 조언
4. 법 제110조에 따라 작성된 물질안전보건자료의 게시 또는 비치에 관한 보좌 및 지도 · 조언
5. 제31조제1항에 따른 산업보건의의 직무(보건관리자가 별표 6 제2호에 해당하는 사람인 경우로 한정한다)
6. 해당 사업장 보건교육계획의 수립 및 보건교육 실시에 관한 보좌 및 지도 · 조언
7. 해당 사업장의 근로자를 보호하기 위한 다음 각 목의 조치에 해당하는 의료행위(보건관리자가 별표 6 제2호 또는 제3호에 해당하는 경우로 한정한다)
   가. 자주 발생하는 가벼운 부상에 대한 치료
   나. 응급처치가 필요한 사람에 대한 처치
   다. 부상 · 질병의 악화를 방지하기 위한 처치
   라. 건강진단 결과 발견된 질병자의 요양 지도 및 관리
   마. 가목부터 라목까지의 의료행위에 따르는 의약품의 투여
8. 작업장 내에서 사용되는 전체 환기장치 및 국소 배기장치 등에 관한 설비의 점검과 작업방법의 공학적 개선에 관한 보좌 및 지도 · 조언
9. 사업장 순회점검, 지도 및 조치 건의
10. 산업재해 발생의 원인 조사 · 분석 및 재발 방지를 위한 기술적 보좌 및 지도 · 조언
11. 산업재해에 관한 통계의 유지 · 관리 · 분석을 위한 보좌 및 지도 · 조언
12. 법 또는 법에 따른 명령으로 정한 보건에 관한 사항의 이행에 관한 보좌 및 지도 · 조언
13. 업무 수행 내용의 기록 · 유지
14. 그 밖에 보건과 관련된 작업관리 및 작업환경관리에 관한 사항으로서 고용노동부장관이 정하는 사항

② 보건관리자는 제1항 각 호에 따른 업무를 수행할 때에는 안전관리자와 협력해야 한다.
③ 사업주는 보건관리자가 제1항에 따른 업무를 원활하게 수행할 수 있도록 권한 · 시설 · 장비 · 예산, 그 밖의 업무 수행에 필요한 지원을 해야 한다. 이 경우 보건관리자가 별표 6 제2호 또는 제3호에 해당하는 경우에는 고용노동부령으로 정하는 시설 및 장비를 지원해야 한다.
④ 보건관리자의 배치 및 평가 · 지도에 관하여는 제18조제2항 및 제3항을 준용한다. 이 경우 "안전관리자"는 "보건관리자"로, "안전관리"는 "보건관리"로 본다.

정답근거

산업안전보건법 시행령

02 **산업안전보건법령상 협조 요청 등에 관한 설명으로 옳지 않은 것은?**

① 고용노동부장관은 산업재해 예방에 관한 기본 계획을 효율적으로 시행하기 위하여 필요하다고 인정할 때에는 「공공기관의 운영에 관한 법률」에 따른 공공기관의 장에게 필요한 협조를 요청할 수 있다.

② 고용노동부를 제외한 행정기관의 장은 사업장의 안전 및 보건에 관하여 규제를 하려면 미리 고용노동부장관과 협의하여야 한다.

③ 고용노동부장관은 산업재해 예방을 위하여 필요하다고 인정할 때에는 사업주단체에게 필요한 사항을 권고하거나 협조를 요청할 수 있다.

④ 고용노동부장관은 산업재해 예방을 위하여 중앙행정기관의 장과 지방자치단체의 장 또는 공단 등 관련 기관·단체의 장에게 「소득세법」에 따른 납세실적에 관한 정보의 제공을 요청할 수 있다.

⑤ 고용노동부장관은 산업재해 예방을 위하여 중앙행정기관의 장과 지방자치단체의 장 또는 공단 등 관련 기관·단체의 장에게 「고용보험법」에 따른 근로자의 피보험자격의 취득 및 상실 등에 관한 정보의 제공을 요청할 수 있다.

답 ④

해설

제8조(협조 요청 등) ① 고용노동부장관은 제7조제1항에 따른 기본계획을 효율적으로 시행하기 위하여 필요하다고 인정할 때에는 관계 행정기관의 장 또는 「공공기관의 운영에 관한 법률」 제4조에 따른 공공기관의 장에게 필요한 협조를 요청할 수 있다.

② 행정기관(고용노동부는 제외한다. 이하 이 조에서 같다)의 장은 사업장의 안전 및 보건에 관하여 규제를 하려면 미리 고용노동부장관과 협의하여야 한다.

③ 행정기관의 장은 고용노동부장관이 제2항에 따른 협의과정에서 해당 규제에 대한 변경을 요구하면 이에 따라야 하며, 고용노동부장관은 필요한 경우 국무총리에게 협의 · 조정 사항을 보고하여 확정할 수 있다.

④ 고용노동부장관은 산업재해 예방을 위하여 필요하다고 인정할 때에는 사업주, 사업주단체, 그 밖의 관계인에게 필요한 사항을 권고하거나 협조를 요청할 수 있다.

⑤ 고용노동부장관은 산업재해 예방을 위하여 중앙행정기관의 장과 지방자치단체의 장 또는 공단 등 관련 기관 · 단체의 장에게 다음 각 호의 정보 또는 자료의 제공 및 관계 전산망의 이용을 요청할 수 있다. 이 경우 요청을 받은 중앙행정기관의 장과 지방자치단체의 장 또는 관련 기관 · 단체의 장은 정당한 사유가 없으면 그 요청에 따라야 한다.

1. 「부가가치세법」 제8조 및 「법인세법」 제111조에 따른 사업자등록에 관한 정보
2. 「고용보험법」 제15조에 따른 근로자의 피보험자격의 취득 및 상실 등에 관한 정보
3. 그 밖에 산업재해 예방사업을 수행하기 위하여 필요한 정보 또는 자료로서 대통령령으로 정하는 정보 또는 자료

정답근거

산업안전보건법

03 산업안전보건법령상 사업주가 산업안전보건위원회의 심의·의결을 거쳐야 하는 사항을 모두 고른 것은?

ㄱ. 안전장치 및 보호구 구입 시 적격품 여부 확인에 관한 사항
ㄴ. 작업환경측정 등 작업환경의 점검 및 개선에 관한 사항
ㄷ. 산업재해의 원인 조사 및 재발 방지대책 수립에 관한 사항 중 중대재해에 관한 사항
ㄹ. 유해하거나 위험한 기계·기구·설비를 도입한 경우 안전 및 보건 관련 조치에 관한 사항

① ㄱ
② ㄱ, ㄴ
③ ㄷ, ㄹ
④ ㄴ, ㄷ, ㄹ
⑤ ㄱ, ㄴ, ㄷ, ㄹ

답 ④

해설

제15조(안전보건관리책임자) ① 사업주는 사업장을 실질적으로 총괄하여 관리하는 사람에게 해당 사업장의 다음 각 호의 업무를 총괄하여 관리하도록 하여야 한다.
1. 사업장의 산업재해 예방계획의 수립에 관한 사항
2. 제25조 및 제26조에 따른 안전보건관리규정의 작성 및 변경에 관한 사항
3. 제29조에 따른 안전보건교육에 관한 사항
4. 작업환경측정 등 작업환경의 점검 및 개선에 관한 사항
5. 제129조부터 제132조까지에 따른 근로자의 건강진단 등 건강관리에 관한 사항
6. 산업재해의 원인 조사 및 재발 방지대책 수립에 관한 사항
7. 산업재해에 관한 통계의 기록 및 유지에 관한 사항
8. 안전장치 및 보호구 구입 시 적격품 여부 확인에 관한 사항
9. 그 밖에 근로자의 유해 · 위험 방지조치에 관한 사항으로서 고용노동부령으로 정하는 사항

② 제1항 각 호의 업무를 총괄하여 관리하는 사람(이하 "안전보건관리책임자"라 한다)은 제17조에 따른 안전관리자와 제18조에 따른 보건관리자를 지휘 · 감독한다.
③ 안전보건관리책임자를 두어야 하는 사업의 종류와 사업장의 상시근로자 수, 그 밖에 필요한 사항은 대통령령으로 정한다.

제24조(산업안전보건위원회) ① 사업주는 사업장의 안전 및 보건에 관한 중요 사항을 심의 · 의결하기 위하여 사업장에 근로자위원과 사용자위원이 같은 수로 구성되는 산업안전보건위원회를 구성 · 운영하여야 한다.
② 사업주는 다음 각 호의 사항에 대해서는 제1항에 따른 산업안전보건위원회(이하 "산업안전보건위원회"라 한다)의 심의 · 의결을 거쳐야 한다.
1. 제15조제1항제1호부터 제5호까지 및 제7호에 관한 사항
2. 제15조제1항제6호에 따른 사항 중 중대재해에 관한 사항
3. 유해하거나 위험한 기계 · 기구 · 설비를 도입한 경우 안전 및 보건 관련 조치에 관한 사항
4. 그 밖에 해당 사업장 근로자의 안전 및 보건을 유지 · 증진시키기 위하여 필요한 사항

③ 산업안전보건위원회는 대통령령으로 정하는 바에 따라 회의를 개최하고 그 결과를 회의록으로 작성하여 보존하여야 한다.
④ 사업주와 근로자는 제2항에 따라 산업안전보건위원회가 심의 · 의결한 사항을 성실하게 이행하여야 한다.
⑤ 산업안전보건위원회는 이 법, 이 법에 따른 명령, 단체협약, 취업규칙 및 제25조에 따른 안전보건관리규정에 반하는 내용으로 심의 · 의결해서는 아니 된다.
⑥ 사업주는 산업안전보건위원회의 위원에게 직무 수행과 관련한 사유로 불리한 처우를 해서는 아니 된다.
⑦ 산업안전보건위원회를 구성하여야 할 사업의 종류 및 사업장의 상시근로자 수, 산업안전보건위원회의 구성 · 운영 및 의결되지 아니한 경우의 처리방법, 그 밖에 필요한 사항은 대통령령으로 정한다.

정답근거

산업안전보건법

04 산업안전보건법령상 산업재해발생건수 등의 공표 대상 사업장에 해당하는 것은?

① 사망재해자가 연간 1명 이상 발생한 사업장

② 사망만인율(연간 상시근로자 1만명당 발생하는 사망재해자 수의 비율)이 규모별 같은 업종의 평균 사망만인율 이상인 사업장

③ 「산업안전보건법」에 따른 중대재해가 발생한 사업장

④ 산업재해 발생 사실을 은폐했거나, 은폐할 우려가 있는 사업장

⑤ 「산업안전보건법」에 따른 산업재해의 발생에 관한 보고를 최근 3년 이내 1회 이상 하지 않은 사업장

답 ②

해설

제10조(공표대상 사업장) ① 법 제10조제1항에서 "대통령령으로 정하는 사업장"이란 다음 각 호의 어느 하나에 해당하는 사업장을 말한다.

1. 산업재해로 인한 사망자(이하 "사망재해자"라 한다)가 연간 2명 이상 발생한 사업장
2. 사망만인율(死亡萬人率: 연간 상시근로자 1만명당 발생하는 사망재해자 수의 비율을 말한다)이 규모별 같은 업종의 평균 사망만인율 이상인 사업장
3. 법 제44조제1항 전단에 따른 중대산업사고가 발생한 사업장
4. 법 제57조제1항을 위반하여 산업재해 발생 사실을 은폐한 사업장
5. 법 제57조제3항에 따른 산업재해의 발생에 관한 보고를 최근 3년 이내 2회 이상 하지 않은 사업장

② 제1항제1호부터 제3호까지의 규정에 해당하는 사업장은 해당 사업장이 관계수급인의 사업장으로서 법 제63조에 따른 도급인이 관계수급인 근로자의 산업재해 예방을 위한 조치의무를 위반하여 관계수급인 근로자가 산업재해를 입은 경우에는 도급인의 사업장(도급인이 제공하거나 지정한 경우로서 도급인이 지배 · 관리하는 제11조 각 호에 해당하는 장소를 포함한다. 이하 같다)의 법 제10조제1항에 따른 산업재해발생건수등을 함께 공표한다.

정답근거

산업안전보건법 시행령

05 산업안전보건법령상 안전보건관리규정에 관한 설명으로 옳은 것은?

① 사업주는 안전보건관리규정을 작성해야 할 사유가 발생한 날부터 30일 이내에, 이를 변경할 사유가 발생한 경우에는 15일 이내에 안전보건관리규정을 작성해야 한다.

② 사업주가 안전보건관리규정을 작성할 때에는 소방·가스·전기·교통 분야 등의 다른 법령에서 정하는 안전관리에 관한 규정과 통합하여 작성해서는 안 된다.

③ 안전보건관리규정이 단체협약에 반하는 경우 안전보건관리규정으로 정한 기준에 따른다.

④ 산업안전보건위원회가 설치되어 있지 아니한 사업장의 경우에는 사업주가 안전보건관리규정을 작성하거나 변경할 때에 근로자대표의 동의를 받아야 한다.

⑤ 안전보건관리규정에는 안전 및 보건에 관한 관리조직에 관한 사항은 포함되지 않는다.

답 ④

해설

제25조(안전보건관리규정의 작성) ① 사업주는 사업장의 안전 및 보건을 유지하기 위하여 다음 각 호의 사항이 포함된 안전보건관리규정을 작성하여야 한다.

1. 안전 및 보건에 관한 관리조직과 그 직무에 관한 사항
2. 안전보건교육에 관한 사항
3. 작업장의 안전 및 보건 관리에 관한 사항
4. 사고 조사 및 대책 수립에 관한 사항
5. 그 밖에 안전 및 보건에 관한 사항

② 제1항에 따른 안전보건관리규정(이하 "안전보건관리규정"이라 한다)은 단체협약 또는 취업규칙에 반할 수 없다. 이 경우 안전보건관리규정 중 단체협약 또는 취업규칙에 반하는 부분에 관하여는 그 단체협약 또는 취업규칙으로 정한 기준에 따른다.

③ 안전보건관리규정을 작성하여야 할 사업의 종류, 사업장의 상시근로자 수 및 안전보건관리규정에 포함되어야 할 세부적인 내용, 그 밖에 필요한 사항은 고용노동부령으로 정한다.

제26조(안전보건관리규정의 작성·변경 절차) 사업주는 안전보건관리규정을 작성하거나 변경할 때에는 산업안전보건위원회의 심의·의결을 거쳐야 한다. 다만, 산업안전보건위원회가 설치되어 있지 아니한 사업장의 경우에는 근로자대표의 동의를 받아야 한다.

정답근거

산업안전보건법

제25조(안전보건관리규정의 작성) ① 법 제25조제3항에 따라 안전보건관리규정을 작성해야 할 사업의 종류 및 상시근로자 수는 별표 2와 같다.

② 제1항에 따른 사업의 사업주는 안전보건관리규정을 작성해야 할 사유가 발생한 날부터 30일 이내에 별표 3의 내용을 포함한 안전보건관리규정을 작성해야 한다. 이를 변경할 사유가 발생한 경우에도 또한 같다.

③ 사업주가 제2항에 따라 안전보건관리규정을 작성할 때에는 소방·가스·전기·교통 분야 등의 다른 법령에서 정하는 안전관리에 관한 규정과 통합하여 작성할 수 있다.

정답근거

산업안전보건법 시행규칙

2021

06 산업안전보건법령상 사업주의 의무 사항에 해당하는 것은?

① 산업 안전 및 보건 정책의 수립 및 집행

② 해당 사업장의 안전 및 보건에 관한 정보를 근로자에게 제공

③ 산업재해에 관한 조사 및 통계의 유지·관리

④ 산업 안전 및 보건 관련 단체 등에 대한 지원 및 지도·감독

⑤ 산업 안전 및 보건에 관한 의식을 북돋우기 위한 홍보·교육 등 안전문화 확산 추진

답 ②

해설

제5조(사업주 등의 의무) ① 사업주(제77조에 따른 특수형태근로종사자로부터 노무를 제공받는 자와 제78조에 따른 물건의 수거 · 배달 등을 중개하는 자를 포함한다. 이하 이 조 및 제6조에서 같다)는 다음 각 호의 사항을 이행함으로써 근로자(제77조에 따른 특수형태근로종사자와 제78조에 따른 물건의 수거 · 배달 등을 하는 사람을 포함한다. 이하 이 조 및 제6조에서 같다)의 안전 및 건강을 유지 · 증진시키고 국가의 산업재해 예방정책을 따라야 한다.

1. 이 법과 이 법에 따른 명령으로 정하는 산업재해 예방을 위한 기준
2. 근로자의 신체적 피로와 정신적 스트레스 등을 줄일 수 있는 쾌적한 작업환경의 조성 및 근로조건 개선
3. 해당 사업장의 안전 및 보건에 관한 정보를 근로자에게 제공

② 다음 각 호의 어느 하나에 해당하는 자는 발주 · 설계 · 제조 · 수입 또는 건설을 할 때 이 법과 이 법에 따른 명령으로 정하는 기준을 지켜야 하고, 발주 · 설계 · 제조 · 수입 또는 건설에 사용되는 물건으로 인하여 발생하는 산업재해를 방지하기 위하여 필요한 조치를 하여야 한다.

1. 기계 · 기구와 그 밖의 설비를 설계 · 제조 또는 수입하는 자
2. 원재료 등을 제조 · 수입하는 자
3. 건설물을 발주 · 설계 · 건설하는 자

정답근거

산업안전보건법

① ③ ④ ⑤ 산업안전보건법 제4조(정부의 책무)

합격키

① 2016. 5. 11(문제 1번)

② 2018. 3.24(문제 7번)

보충학습

제8조(사업주 등의 협조) 사업주(이 조에서만 법 제77조에 따른 특수형태근로종사자로부터 노무를 제공받는 자와 법 제78조에 따른 물건의 수거 · 배달 등을 중개하는 자를 포함한다)와 근로자(이 조에서만 법 제77조에 따른 특수형태근로종사자와 법 제78조에 따른 물건의 수거 · 배달 등을 하는 사람을 포함한다), 그 밖의 관련 단체는 제3조부터 제7조까지의 규정에 따른 시책 등에 적극적으로 참여하는 등 협조해야 한다.

정답근거

산업안전보건법 시행령

07 산업안전보건법령상 자율검사프로그램에 따른 안전검사를 할 수 있는 검사원의 자격을 갖추지 못한 사람은?

① 「국가기술자격법」에 따른 기계·전기·전자·화공 또는 산업안전 분야에서 기사 이상의 자격을 취득한 후 해당 분야의 실무경력이 4년인 사람

② 「국가기술자격법」에 따른 기계·전기·전자·화공 또는 산업안전 분야에서 산업기사 이상의 자격을 취득한 후 해당 분야의 실무경력이 6년인 사람

③ 「초·중등교육법」에 따른 고등학교·고등기술학교에서 기계·전기 또는 전자·화공 관련 학과를 졸업한 후 해당 분야의 실무경력이 6년인 사람

④ 「고등교육법」에 따른 학교 중 수업연한이 4년인 학교에서 기계·전기·전자·화공 또는 산업안전 분야의 관련 학과를 졸업한 후 해당 분야의 실무경력이 4년인 사람

⑤ 「국가기술자격법」에 따른 기계·전기·전자·화공 또는 산업안전 분야에서 기능사 이상의 자격을 취득한 후해당 분야의 실무경력이 8년인 사람

답 ③

해설

제130조(검사원의 자격) 법 제98조제1항제1호 및 제2호에서 "고용노동부령으로 정하는 안전에 관한 성능검사와 관련된 자격 및 경험을 가진 사람" 및 "고용노동부령으로 정하는 바에 따라 안전에 관한 성능검사 교육을 이수하고 해당 분야의 실무경험이 있는 사람"(이하 "검사원"이라 한다)이란 다음 각 호의 어느 하나에 해당하는 사람을 말한다.

1. 「국가기술자격법」에 따른 기계 · 전기 · 전자 · 화공 또는 산업안전 분야에서 기사 이상의 자격을 취득한 후 해당 분야의 실무경력이 3년 이상인 사람
2. 「국가기술자격법」에 따른 기계 · 전기 · 전자 · 화공 또는 산업안전 분야에서 산업기사 이상의 자격을 취득한 후 해당 분야의 실무경력이 5년 이상인 사람
3. 「국가기술자격법」에 따른 기계 · 전기 · 전자 · 화공 또는 산업안전 분야에서 기능사 이상의 자격을 취득한 후 해당 분야의 실무경력이 7년 이상인 사람
4. 「고등교육법」 제2조에 따른 학교 중 수업연한이 4년인 학교(같은 법 및 다른 법령에 따라 이와 같은 수준 이상의 학력이 인정되는 학교를 포함한다)에서 기계 · 전기 · 전자 · 화공 또는 산업안전 분야의 관련 학과를 졸업한 후 해당 분야의 실무경력이 3년 이상인 사람
5. 「고등교육법」에 따른 학교 중 제4호에 따른 학교 외의 학교(같은 법 및 다른 법령에 따라 이와 같은 수준 이상의 학력이 인정되는 학교를 포함한다)에서 기계 · 전기 · 전자 · 화공 또는 산업안전 분야의 관련 학과를 졸업한 후 해당 분야의 실무경력이 5년 이상인 사람
6. 「초 · 중등교육법」 제2조제3호에 따른 고등학교 · 고등기술학교에서 기계 · 전기 또는 전자 · 화공 관련 학과를 졸업한 후 해당 분야의 실무경력이 7년 이상인 사람
7. 법 제98조제1항에 따른 자율검사프로그램(이하 "자율검사프로그램"이라 한다)에 따라 안전에 관한 성능검사 교육을 이수한 후 해당 분야의 실무경력이 1년 이상인 사람

정답근거

산업안전보건법 시행규칙

08 산업안전보건법령상 용어에 관한 설명으로 옳지 않은 것은?

① 건설공사발주자는 도급인에 해당한다.

② 근로자의 과반수로 조직된 노동조합이 없는 경우에는 근로자의 과반수를 대표하는 자를 근로자대표로 한다.

③ 노무를 제공하는 사람이 업무에 관계되는 설비에 의하여 질병에 걸리는 것은 산업재해에 해당한다.

④ 명칭에 관계없이 물건의 제조·건설·수리 또는 서비스의 제공, 그 밖의 업무를 타인에게 맡기는 계약은 도급이다.

⑤ 산업재해 중 3개월 이상의 요양이 필요한 부상자가 동시에 2명 이상 발생한 재해는 중대재해에 해당한다.

답 ①

해설

제2조(정의) 이 법에서 사용하는 용어의 뜻은 다음과 같다.

1. "산업재해"란 노무를 제공하는 사람이 업무에 관계되는 건설물 · 설비 · 원재료 · 가스 · 증기 · 분진 등에 의하거나 작업 또는 그 밖의 업무로 인하여 사망 또는 부상하거나 질병에 걸리는 것을 말한다.
2. "중대재해"란 산업재해 중 사망 등 재해 정도가 심하거나 다수의 재해자가 발생한 경우로서 고용노동부령으로 정하는 재해를 말한다.
3. "근로자"란 「근로기준법」 제2조제1항제1호에 따른 근로자를 말한다.
4. "사업주"란 근로자를 사용하여 사업을 하는 자를 말한다.
5. "근로자대표"란 근로자의 과반수로 조직된 노동조합이 있는 경우에는 그 노동조합을, 근로자의 과반수로 조직된 노동조합이 없는 경우에는 근로자의 과반수를 대표하는 자를 말한다.
6. "도급"이란 명칭에 관계없이 물건의 제조 · 건설 · 수리 또는 서비스의 제공, 그 밖의 업무를 타인에게 맡기는 계약을 말한다.
7. "도급인"이란 물건의 제조 · 건설 · 수리 또는 서비스의 제공, 그 밖의 업무를 도급하는 사업주를 말한다. 다만, 건설공사발주자는 제외한다.
8. "수급인"이란 도급인으로부터 물건의 제조 · 건설 · 수리 또는 서비스의 제공, 그 밖의 업무를 도급받은 사업주를 말한다.
9. "관계수급인"이란 도급이 여러 단계에 걸쳐 체결된 경우에 각 단계별로 도급받은 사업주 전부를 말한다.
10. "건설공사발주자"란 건설공사를 도급하는 자로서 건설공사의 시공을 주도하여 총괄 · 관리하지 아니하는 자를 말한다. 다만, 도급받은 건설공사를 다시 도급하는 자는 제외한다.
11. "건설공사"란 다음 각 목의 어느 하나에 해당하는 공사를 말한다.
    가. 「건설산업기본법」 제2조제4호에 따른 건설공사
    나. 「전기공사업법」 제2조제1호에 따른 전기공사
    다. 「정보통신공사업법」 제2조제2호에 따른 정보통신공사
    라. 「소방시설공사업법」에 따른 소방시설공사
    마. 마. 「국가유산수리 등에 관한 법률」에 따른 국가유산 수리공사
12. "안전보건진단"이란 산업재해를 예방하기 위하여 잠재적 위험성을 발견하고 그 개선대책을 수립할 목적으로 조사 · 평가하는 것을 말한다.
13. "작업환경측정"이란 작업환경 실태를 파악하기 위하여 해당 근로자 또는 작업장에 대하여 사업주가 유해인자에 대한 측정계획을 수립한 후 시료(試料)를 채취하고 분석 · 평가하는 것을 말한다.

정답근거

산업안전보건법

보충설명

① ② ③ ④ 산업안전보건법 제2조(정의)
⑤ 산업안전보건법 시행규칙 제3조(중대재해의 범위)

합격키

① 2013. 4. 20(문제 1번) ② 2017. 3.25(문제 2번) ③ 2019. 3.30(문제 2번)

09 **산업안전보건법령상 안전보건관리책임자에 대한 신규교육 및 보수교육의 교육시간이 옳게 연결된 것은? (단, 다른 면제조건이나 감면조건을 고려하지 않음)**

① 신규교육 : 6시간 이상, 보수교육 : 6시간 이상

② 신규교육 : 10시간 이상, 보수교육 : 6시간 이상

③ 신규교육 : 10시간 이상, 보수교육 : 10시간 이상

④ 신규교육 : 24시간 이상, 보수교육 : 10시간 이상

⑤ 신규교육 : 34시간 이상, 보수교육 : 24시간 이상

답 ①

해설

1. 안전보건관리책임자 등에 대한 교육(제29조제2항 관련)

교육대상	교육시간	
	신규교육	보수교육
가. 안전보건관리책임자	6시간 이상	6시간 이상
나. 안전관리자, 안전관리전문기관의 종사자	34시간 이상	24시간 이상
다. 보건관리자, 보건관리전문기관의 종사자	34시간 이상	24시간 이상
라. 건설재해예방전문지도기관의 종사자	34시간 이상	24시간 이상
마. 석면조사기관의 종사자	34시간 이상	24시간 이상
바. 안전보건관리담당자	-	8시간 이상
사. 안전검사기관, 자율안전검사기관의 종사자	34시간 이상	24시간 이상

2. 특수형태근로종사자에 대한 안전보건교육(제95조제1항 관련)

교육과정	교육시간
가. 최초 노무제공 시 교육	2시간 이상(단기간 작업 또는 간헐적 작업에 노무를 제공하는 경우에는 1시간 이상 실시하고, 특별교육을 실시한 경우는 면제)
나. 특별교육	16시간 이상(최초 작업에 종사하기 전 4시간 이상 실시하고 12시간은 3개월 이내에서 분할하여 실시가능) 단기간 작업 또는 간헐적 작업인 경우에는 2시간 이상

3. 검사원 성능검사 교육(제131조제2항 관련)

교육과정	교육대상	교육시간
성능검사 교육	-	28시간 이상

정답근거

산업안전보건법 시행규칙 [별표 4] 안전보건교육 교육과정별 교육시간

10 **산업안전보건법령상 물질안전보건자료의 작성·제출 제외 대상 화학물질 등에 해당하지 않는 것은?**

① 「마약류 관리에 관한 법률」에 따른 마약 및 향정신성의약품

② 「사료관리법」에 따른 사료

③ 「생활주변방사선 안전관리법」에 따른 원료물질

④ 「약사법」에 따른 의약품 및 의약외품

⑤ 「방위사업법」에 따른 군수품

답 ⑤

해설

제86조(물질안전보건자료의 작성·제출 제외 대상 화학물질 등) 법 제110조제1항 각 호 외의 부분 전단에서 "대통령령으로 정하는 것"이란 다음 각 호의 어느 하나에 해당하는 것을 말한다. 〈개정 2020. 8. 27.〉

1. 「건강기능식품에 관한 법률」 제3조제1호에 따른 건강기능식품
2. 「농약관리법」 제2조제1호에 따른 농약
3. 「마약류 관리에 관한 법률」 제2조제2호 및 제3호에 따른 마약 및 향정신성의약품
4. 「비료관리법」 제2조제1호에 따른 비료
5. 「사료관리법」 제2조제1호에 따른 사료
6. 「생활주변방사선 안전관리법」 제2조제2호에 따른 원료물질
7. 「생활화학제품 및 살생물제의 안전관리에 관한 법률」 제3조제4호 및 제8호에 따른 안전확인대상생활화학제품 및 살생물제품 중 일반소비자의 생활용으로 제공되는 제품
8. 「식품위생법」 제2조제1호 및 제2호에 따른 식품 및 식품첨가물
9. 「약사법」 제2조제4호 및 제7호에 따른 의약품 및 의약외품
10. 「원자력안전법」 제2조제5호에 따른 방사성물질
11. 「위생용품 관리법」 제2조제1호에 따른 위생용품
12. 「의료기기법」 제2조제1항에 따른 의료기기

12의2. 「첨단재생의료 및 첨단바이오의약품 안전 및 지원에 관한 법률」 제2조제5호에 따른 첨단바이오의약품

13. 「총포 · 도검 · 화약류 등의 안전관리에 관한 법률」 제2조제3항에 따른 화약류
14. 「폐기물관리법」 제2조제1호에 따른 폐기물
15. 「화장품법」 제2조제1호에 따른 화장품
16. 제1호부터 제15호까지의 규정 외의 화학물질 또는 혼합물로서 일반소비자의 생활용으로 제공되는 것(일반소비자의 생활용으로 제공되는 화학물질 또는 혼합물이 사업장 내에서 취급되는 경우를 포함한다)
17. 고용노동부장관이 정하여 고시하는 연구 · 개발용 화학물질 또는 화학제품. 이 경우 법 제110조제1항부터 제3항까지의 규정에 따른 자료의 제출만 제외된다.
18. 그 밖에 고용노동부장관이 독성 · 폭발성 등으로 인한 위해의 정도가 적다고 인정하여 고시하는 화학물질

정답근거

산업안전보건법 시행령

11 산업안전보건법령상 안전인증대상기계 등이 아닌 유해·위험기계 등으로서 자율안전확인대상기계 등에 해당하는 것이 아닌 것은?

① 휴대형이 아닌 연삭기(硏削機)

② 파쇄기 또는 분쇄기

③ 용접용 보안면

④ 자동차정비용 리프트

⑤ 식품가공용 제면기

답 ③

해설

제77조(자율안전확인대상기계 등) ① 법 제89조제1항 각 호 외의 부분 본문에서 "대통령령으로 정하는 것"이란 다음 각 호의 어느 하나에 해당하는 것을 말한다.
1. 다음 각 목의 어느 하나에 해당하는 기계 또는 설비
  가. 연삭기(硏削機) 또는 연마기. 이 경우 휴대형은 제외한다.
  나. 산업용 로봇
  다. 혼합기
  라. 파쇄기 또는 분쇄기
  마. 식품가공용 기계(파쇄 · 절단 · 혼합 · 제면기만 해당한다)
  바. 컨베이어
  사. 자동차정비용 리프트
  아. 공작기계(선반, 드릴기, 평삭 · 형삭기, 밀링만 해당한다)
  자. 고정형 목재가공용 기계(둥근톱, 대패, 루타기, 띠톱, 모떼기 기계만 해당한다)
  차. 인쇄기
2. 다음 각 목의 어느 하나에 해당하는 방호장치
  가. 아세틸렌 용접장치용 또는 가스집합 용접장치용 안전기
  나. 교류 아크용접기용 자동전격방지기
  다. 롤러기 급정지장치
  라. 연삭기 덮개
  마. 목재 가공용 둥근톱 반발 예방장치와 날 접촉 예방장치
  바. 동력식 수동대패용 칼날 접촉 방지장치
  사. 추락 · 낙하 및 붕괴 등의 위험 방지 및 보호에 필요한 가설기자재(제74조제1항제2호아목의 가설기자재는 제외한다)로서 고용노동부장관이 정하여 고시하는 것
3. 다음 각 목의 어느 하나에 해당하는 보호구
  가. 안전모(제74조제1항제3호가목의 안전모는 제외한다)
  나. 보안경(제74조제1항제3호차목의 보안경은 제외한다)
  다. 보안면(제74조제1항제3호카목의 보안면은 제외한다)

② 자율안전확인대상기계 등의 세부적인 종류, 규격 및 형식은 고용노동부장관이 정하여 고시한다.

정답근거

산업안전보건법 시행령

보충학습

용접용 보안면 : 안전인증대상 보호구

2021

12 산업안전보건법령상 안전보건교육 교육대상별 교육내용 중 근로자 정기교육에 해당하지 않는 것은?

① 관리감독자의 역할과 임무에 관한 사항

② 산업보건 및 직업병 예방에 관한 사항

③ 산업안전보건법령 및 산업재해보상보험 제도에 관한 사항

④ 직무스트레스 예방 및 관리에 관한 사항

⑤ 산업안전 및 사고 예방에 관한 사항

답 ①

해설

안전보건교육 교육대상별 교육내용(제26조제1항 등 관련)

1. 근로자 정기안전보건교육(제26조제1항 관련)

교육내용
○ 산업안전 및 사고 예방에 관한 사항 ○ 산업보건 및 직업병 예방에 관한 사항 ○ 위험성평가에 관한 사항 ○ 건강증진 및 질병 예방에 관한 사항 ○ 유해·위험 작업환경 관리에 관한 사항 ○ 산업안전보건법령 및 산업재해보상보험 제도에 관한 사항 ○ 직무스트레스 예방 및 관리에 관한 사항 ○ 직장 내 괴롭힘, 고객의 폭언 등으로 인한 건강장해 예방 및 관리에 관한 사항

2. 관리감독자 정기안전보건교육

교육내용
○ 산업안전 및 사고 예방에 관한 사항 ○ 산업보건 및 직업병 예방에 관한 사항 ○ 위험성평가에 관한 사항 ○ 유해 · 위험 작업환경 관리에 관한 사항 ○ 산업안전보건법령 및 산업재해보상보험 제도에 관한 사항 ○ 직무스트레스 예방 및 관리에 관한 사항 ○ 직장 내 괴롭힘, 고객의 폭언 등으로 인한 건강장해 예방 및 관리에 관한 사항 ○ 작업공정의 유해 · 위험과 재해 예방대책에 관한 사항 ○ 사업장 내 안전보건관리체제 및 안전 · 보건조치 현황에 관한 사항 ○ 표준안전 작업방법 결정 및 지도 · 감독 요령에 관한 사항 ○ 현장근로자와의 의사소통능력 및 강의능력 등 안전보건교육 능력 배양에 관한 사항 ○ 비상시 또는 재해 발생 시 긴급조치에 관한 사항 ○ 그 밖의 관리감독자의 직무에 관한 사항

정답근거

산업안전보건법 시행규칙 [별표 5] 안전보건교육 교육대상별 교육내용

13 **산업안전보건법령상 도급인 및 그의 수급인 전원으로 구성된 안전 및 보건에 관한 협의체에서 협의해야 하는 사항이 아닌 것은?**

① 작업의 시작 시간

② 작업의 종료 시간

③ 작업 또는 작업장 간의 연락방법

④ 재해발생 위험이 있는 경우 대피방법

⑤ 사업주와 수급인 또는 수급인 상호간의 연락 방법 및 작업공정의 조정

답 ②

해설

제79조(협의체의 구성 및 운영) ① 법 제64조제1항제1호에 따른 안전 및 보건에 관한 협의체(이하 이 조에서 "협의체"라 한다)는 도급인 및 그의 수급인 전원으로 구성해야 한다.

② 협의체는 다음 각 호의 사항을 협의해야 한다.

1. 작업의 시작 시간
2. 작업 또는 작업장 간의 연락방법
3. 재해발생 위험이 있는 경우 대피방법
4. 작업장에서의 법 제36조에 따른 위험성평가의 실시에 관한 사항
5. 사업주와 수급인 또는 수급인 상호 간의 연락 방법 및 작업공정의 조정

③ 협의체는 매월 1회 이상 정기적으로 회의를 개최하고 그 결과를 기록·보존해야 한다.

정답근거

산업안전보건법 시행규칙

14 산업안전보건법령상 유해하거나 위험한 기계·기구·설비로서 안전검사대상 기계 등에 해당하는 것은?

① 정격 하중 1톤인 크레인

② 이동식 국소 배기장치

③ 밀폐형 구조의 롤러기

④ 가정용 원심기

⑤ 산업용 로봇

답 ⑤

해설

제78조(안전검사대상기계 등) ① 법 제93조제1항 전단에서 "대통령령으로 정하는 것"이란 다음 각 호의 어느 하나에 해당하는 것을 말한다.

1. 프레스
2. 전단기
3. 크레인(정격 하중이 2톤 미만인 것은 제외한다)
4. 리프트
5. 압력용기
6. 곤돌라
7. 국소 배기장치(이동식은 제외한다)
8. 원심기(산업용만 해당한다)
9. 롤러기(밀폐형 구조는 제외한다)
10. 사출성형기[형 체결력(型 締結力) 294킬로뉴턴(KN) 미만은 제외한다]
11. 고소작업대(「자동차관리법」 제3조제3호 또는 제4호에 따른 화물자동차 또는 특수자동차에 탑재한 고소작업대로 한정한다)
12. 컨베이어
13. 산업용 로봇
14. 혼합기
15. 파쇄기 또는 분쇄기

② 법 제93조제1항에 따른 안전검사대상기계 등의 세부적인 종류, 규격 및 형식은 고용노동부장관이 정하여 고시한다.

정답근거

산업안전보건법 시행령

15 산업안전보건법령상 유해성·위험성 조사 제외 화학물질에 해당하는 것을 모두 고른 것은?

ㄱ. 원소
ㄴ. 천연으로 산출되는 화학물질
ㄷ. 「총포·도검·화약류 등의 안전관리에 관한 법률」에 따른 화약류
ㄹ. 「생활화학제품 및 살생물제의 안전관리에 관한 법률」에 따른 살생물물질 및 살생물 제품
ㅁ. 「폐기물관리법」에 따른 폐기물

① ㄴ
② ㄱ, ㅁ
③ ㄷ, ㄹ, ㅁ
④ ㄱ, ㄴ, ㄷ, ㄹ
⑤ ㄱ, ㄴ, ㄷ, ㄹ, ㅁ

답 ④

해설

제85조(유해성·위험성 조사 제외 화학물질) 법 제108조제1항 각 호 외의 부분 본문에서 "대통령령으로 정하는 화학물질" 이란 다음 각 호의 어느 하나에 해당하는 화학물질을 말한다.

1. 원소
2. 천연으로 산출된 화학물질
3. 「건강기능식품에 관한 법률」 제3조제1호에 따른 건강기능식품
4. 「군수품관리법」 제2조 및 「방위사업법」 제3조제2호에 따른 군수품[「군수품관리법」 제3조에 따른 통상품(痛常品)은 제외한다]
5. 「농약관리법」 제2조제1호 및 제3호에 따른 농약 및 원제
6. 「마약류 관리에 관한 법률」 제2조제1호에 따른 마약류
7. 「비료관리법」 제2조제1호에 따른 비료
8. 「사료관리법」 제2조제1호에 따른 사료
9. 「생활화학제품 및 살생물제의 안전관리에 관한 법률」 제3조제7호 및 제8호에 따른 살생물물질 및 살생물제품
10. 「식품위생법」 제2조제1호 및 제2호에 따른 식품 및 식품첨가물
11. 「약사법」 제2조제4호 및 제7호에 따른 의약품 및 의약외품(醫藥外品)
12. 「원자력안전법」 제2조제5호에 따른 방사성물질
13. 「위생용품 관리법」 제2조제1호에 따른 위생용품
14. 「의료기기법」 제2조제1항에 따른 의료기기
15. 「총포 · 도검 · 화약류 등의 안전관리에 관한 법률」 제2조제3항에 따른 화약류
16. 「화장품법」 제2조제1호에 따른 화장품과 화장품에 사용하는 원료
17. 법 제108조제3항에 따라 고용노동부장관이 명칭, 유해성 · 위험성, 근로자의 건강장해 예방을 위한 조치 사항 및 연간 제조량 · 수입량을 공표한 물질로서 공표된 연간 제조량 · 수입량 이하로 제조하거나 수입한 물질
18. 고용노동부장관이 환경부장관과 협의하여 고시하는 화학물질 목록에 기록되어 있는 물질

정답근거

산업안전보건법 시행령

16 **산업안전보건법령상 기계 등 대여자의 유해·위험 방지 조치로서 타인에게 기계 등을 대여하는 자가 해당 기계 등을 대여받은 자에게 서면으로 발급해야 할 사항을 모두 고른 것은?**

ㄱ. 해당 기계 등의 성능 및 방호조치의 내용
ㄴ. 해당 기계 등의 특성 및 사용 시의 주의사항
ㄷ. 해당 기계 등의 수리·보수 및 점검 내역과 주요 부품의 제조일
ㄹ. 해당 기계 등의 정밀진단 및 수리 후 안전점검 내역, 주요 안전부품의 교환이력 및 제조일

① ㄱ, ㄹ
② ㄴ, ㄷ
③ ㄷ, ㄹ
④ ㄱ, ㄴ, ㄷ
⑤ ㄱ, ㄴ, ㄷ, ㄹ

답 ⑤

해설

제100조(기계 등 대여자의 조치) 법 제81조에 따라 영 제71조 및 영 별표 21의 기계 · 기구 · 설비 및 건축물 등(이하 "기계 등"이라 한다)을 타인에게 대여하는 자가 해야 할 유해 · 위험 방지조치는 다음 각 호와 같다.

1. 해당 기계 등을 미리 점검하고 이상을 발견한 경우에는 즉시 보수하거나 그 밖에 필요한 정비를 할 것
2. 해당 기계 등을 대여받은 자에게 다음 각 목의 사항을 적은 서면을 발급할 것
   가. 해당 기계 등의 성능 및 방호조치의 내용
   나. 해당 기계 등의 특성 및 사용 시의 주의사항
   다. 해당 기계 등의 수리 · 보수 및 점검 내역과 주요 부품의 제조일
   라. 해당 기계 등의 정밀진단 및 수리 후 안전점검 내역, 주요 안전부품의 교환이력 및 제조일
3. 사용을 위하여 설치 · 해체 작업(기계 등을 높이는 작업을 포함한다. 이하 같다)이 필요한 기계 등을 대여하는 경우로서 해당 기계 등의 설치 · 해체 작업을 다른 설치 · 해체업자에게 위탁하는 경우에는 다음 각 목의 사항을 준수할 것
   가. 설치 · 해체업자가 기계 등의 설치 · 해체에 필요한 법령상 자격을 갖추고 있는지와 설치 · 해체에 필요한 장비를 갖추고 있는지를 확인할 것
   나. 설치 · 해체업자에게 제2호 각 목의 사항을 적은 서면을 발급하고, 해당 내용을 주지시킬 것
   다. 설치 · 해체업자가 설치 · 해체 작업 시 안전보건규칙에 따른 산업안전보건기준을 준수하고 있는지를 확인 할 것
4. 해당 기계 등을 대여받은 자에게 제3호가목 및 다목에 따른 확인 결과를 알릴 것

정답근거

산업안전보건법 시행규칙

17 산업안전보건기준에 관한 규칙상 사업주가 사다리식 통로 등을 설치하는 경우 준수해야 하는 사항으로 옳지 않은 것은?(단, 잠함(潛函) 및 건조·수리중인 선박의 경우는 아님)

① 발판과 벽과의 사이는 15센티미터 이상의 간격을 유지할 것

② 폭은 30센티미터 이상으로 할 것

③ 사다리식 통로의 길이가 10미터 이상인 경우에는 5미터 이내마다 계단참을 설치할 것

④ 고정식 사다리식 통로의 기울기는 75도 이하로 하고 그 높이가 7미터 이상인 경우에는 바닥으로부터 높이가 2미터 되는 지점부터 등받이울을 설치할 것

⑤ 사다리의 상단은 걸쳐놓은 지점으로부터 60센티미터 이상 올라가도록 할 것

답 ④

해설

제24조(사다리식 통로 등의 구조) ① 사업주는 사다리식 통로 등을 설치하는 경우 다음 각 호의 사항을 준수하여야 한다.

1. 견고한 구조로 할 것
2. 심한 손상 · 부식 등이 없는 재료를 사용할 것
3. 발판의 간격은 일정하게 할 것
4. 발판과 벽과의 사이는 15센티미터 이상의 간격을 유지할 것
5. 폭은 30센티미터 이상으로 할 것
6. 사다리가 넘어지거나 미끄러지는 것을 방지하기 위한 조치를 할 것
7. 사다리의 상단은 걸쳐놓은 지점으로부터 60센티미터 이상 올라가도록 할 것
8. 사다리식 통로의 길이가 10미터 이상인 경우에는 5미터 이내마다 계단참을 설치할 것
9. 사다리식 통로의 기울기는 75도 이하로 할 것. 다만, 고정식 사다리식 통로의 기울기는 90도 이하로 하고, 그 높이가 7미터 이상인 경우에는 다음 각 목의 구분에 따른 조치를 할 것
   가. 등받이울이 있어도 근로자 이동에 지장이 없는 경우: 바닥으로부터 높이가 2.5미터 되는 지점부터 등받이울을 설치할 것
   나. 등받이울이 있으면 근로자가 이동이 곤란한 경우: 한국산업표준에서 정하는 기준에 적합한 개인용 추락 방지 시스템을 설치하고 근로자로 하여금 한국산업표준에서 정하는 기준에 적합한 전신안전대를 사용하도록 할 것
10. 접이식 사다리 기둥은 사용 시 접혀지거나 펼쳐지지 않도록 철물 등을 사용하여 견고하게 조치할 것

② 잠함(潛函) 내 사다리식 통로와 건조 · 수리 중인 선박의 구명줄이 설치된 사다리식 통로(건조 · 수리작업을 위하여 임시로 설치한 사다리식 통로는 제외한다)에 대해서는 제1항제5호부터 제10호까지의 규정을 적용하지 아니한다.

정답근거

산업안전보건기준에 관한 규칙

유사문제 출제

2017년 3월 25일(문제 16번)

18 **산업안전보건기준에 관한 규칙상 사업주가 작업장에 비상구가 아닌 출입구를 설치하는 경우 준수해야 하는 사항으로 옳지 않은 것은?**

① 출입구의 위치, 수 및 크기가 작업자의 용도와 특성에 맞도록 할 것

② 출입구에 문을 설치하는 경우에는 근로자가 쉽게 열고 닫을 수 있도록 할 것

③ 주된 목적이 하역운반기계용인 출입구에는 인접하여 보행자용 출입구를 따로 설치할 것

④ 하역운반기계의 통로와 인접하여 있는 출입구에서 접촉에 의하여 근로자에게 위험을 미칠 우려가 있는 경우에는 비상등·비상벨 등 경보장치를 할 것

⑤ 출입구에 문을 설치하지 아니한 경우로서 계단이 출입구와 바로 연결된 경우, 작업자의 안전한 통행을 위하여 그 사이에 1.5미터 이상 거리를 둘 것

답 ⑤

해설

제11조(작업장의 출입구) 사업주는 작업장에 출입구(비상구는 제외한다. 이하 같다)를 설치하는 경우 다음 각 호의 사항을 준수하여야 한다.

1. 출입구의 위치, 수 및 크기가 작업장의 용도와 특성에 맞도록 할 것
2. 출입구에 문을 설치하는 경우에는 근로자가 쉽게 열고 닫을 수 있도록 할 것
3. 주된 목적이 하역운반기계용인 출입구에는 인접하여 보행자용 출입구를 따로 설치할 것
4. 하역운반기계의 통로와 인접하여 있는 출입구에서 접촉에 의하여 근로자에게 위험을 미칠 우려가 있는 경우에는 비상등 · 비상벨 등 경보장치를 할 것
5. 계단이 출입구와 바로 연결된 경우에는 작업자의 안전한 통행을 위하여 그 사이에 1.2미터 이상 거리를 두거나 안내표지 또는 비상벨 등을 설치할 것. 다만, 출입구에 문을 설치하지 아니한 경우에는 그러하지 아니하다.

제17조(비상구의 설치) ① 사업주는 별표 1에 규정된 위험물질을 제조 · 취급하는 작업장과 그 작업장이 있는 건축물에 제11조에 따른 출입구 외에 안전한 장소로 대피할 수 있는 비상구 1개 이상을 다음 각 호의 기준을 모두 충족하는 구조로 설치해야 한다. 다만, 작업장 바닥면의 가로 및 세로가 각 3미터 미만인 경우에는 그렇지 않다.

1. 출입구와 같은 방향에 있지 아니하고, 출입구로부터 3미터 이상 떨어져 있을 것
2. 작업장의 각 부분으로부터 하나의 비상구 또는 출입구까지의 수평거리가 50미터 이하가 되도록 할 것
3. 비상구의 너비는 0.75미터 이상으로 하고, 높이는 1.5미터 이상으로 할 것
4. 비상구의 문은 피난 방향으로 열리도록 하고, 실내에서 항상 열 수 있는 구조로 할 것

② 사업주는 제1항에 따른 비상구에 문을 설치하는 경우 항상 사용할 수 있는 상태로 유지하여야 한다.

정답근거

산업안전보건기준에 관한 규칙

19 산업안전보건법령상 사업주가 보존해야 할 서류의 보존기간이 2년인 것은?

① 노사협의체의 회의록

② 안전보건관리책임자의 선임에 관한 서류

③ 화학물질의 유해성·위험성 조사에 관한 서류

④ 산업재해의 발생 원인 등 기록

⑤ 작업환경측정에 관한 서류

답 ①

해설

제164조(서류의 보존) ① 사업주는 다음 각 호의 서류를 3년(제2호의 경우 2년을 말한다) 동안 보존하여야 한다. 다만, 고용노동부령으로 정하는 바에 따라 보존기간을 연장할 수 있다.

1. 안전보건관리책임자 · 안전관리자 · 보건관리자 · 안전보건관리담당자 및 산업보건의의 선임에 관한 서류
2. 제24조제3항 및 제75조제4항에 따른 회의록
3. 안전조치 및 보건조치에 관한 사항으로서 고용노동부령으로 정하는 사항을 적은 서류
4. 제57조제2항에 따른 산업재해의 발생 원인 등 기록
5. 제108조제1항 본문 및 제109조제1항에 따른 화학물질의 유해성 · 위험성 조사에 관한 서류
6. 제125조에 따른 작업환경측정에 관한 서류
7. 제129조부터 제131조까지의 규정에 따른 건강진단에 관한 서류

② 안전인증 또는 안전검사의 업무를 위탁받은 안전인증기관 또는 안전검사기관은 안전인증 · 안전검사에 관한 사항으로서 고용노동부령으로 정하는 서류를 3년 동안 보존하여야 하고, 안전인증을 받은 자는 제84조제5항에 따라 안전인증대상기계 등에 대하여 기록한 서류를 3년 동안 보존하여야 하며, 자율안전확인대상기계 등을 제조하거나 수입하는 자는 자율안전기준에 맞는 것임을 증명하는 서류를 2년 동안 보존하여야 하고, 제98조제1항에 따라 자율안전검사를 받은 자는 자율검사프로그램에 따라 실시한 검사 결과에 대한 서류를 2년 동안 보존하여야 한다.

③ 일반석면조사를 한 건축물 · 설비소유주등은 그 결과에 관한 서류를 그 건축물이나 설비에 대한 해체 · 제거작업이 종료될 때까지 보존하여야 하고, 기관석면조사를 한 건축물 · 설비소유주등과 석면조사기관은 그 결과에 관한 서류를 3년 동안 보존하여야 한다.

④ 작업환경측정기관은 작업환경측정에 관한 사항으로서 고용노동부령으로 정하는 사항을 적은 서류를 3년 동안 보존하여야 한다.

⑤ 지도사는 그 업무에 관한 사항으로서 고용노동부령으로 정하는 사항을 적은 서류를 5년 동안 보존하여야 한다.

⑥ 석면해체 · 제거업자는 제122조제3항에 따른 석면해체 · 제거작업에 관한 서류 중 고용노동부령으로 정하는 서류를 30년 동안 보존하여야 한다.

⑦ 제1항부터 제6항까지의 경우 전산입력자료가 있을 때에는 그 서류를 대신하여 전산입력자료를 보존할 수 있다.

정답근거

산업안전보건법

2021

20 산업안전보건법령상 일반건강진단을 실시한 것으로 인정되는 건강진단에 해당하지 않는 것은?

① 「국민건강보험법」에 따른 건강검진

② 「선원법」에 따른 건강진단

③ 「진폐의 예방과 진폐근로자의 보호 등에 관한 법률」에 따른 정기 건강진단

④ 「병역법」에 따른 신체검사

⑤ 「항공안전법」에 따른 신체검사

답 ④

해설

제196조(일반건강진단 실시의 인정) 법 제129조제1항 단서에서 "고용노동부령으로 정하는 건강진단"이란 다음 각 호 어느 하나에 해당하는 건강진단을 말한다.

1. 「국민건강보험법」에 따른 건강검진
2. 「선원법」에 따른 건강진단
3. 「진폐의 예방과 진폐근로자의 보호 등에 관한 법률」에 따른 정기 건강진단
4. 「학교보건법」에 따른 건강검사
5. 「항공안전법」에 따른 신체검사
6. 그 밖에 제198조제1항에서 정한 법 제129조제1항에 따른 일반건강진단(이하 "일반건강진단"이라 한다)의 검사항목을 모두 포함하여 실시한 건강진단

정답근거

산업안전보건법 시행규칙

21 산업안전보건법령상 작업환경측정기관에 관한 지정 요건을 갖추면 작업환경측정기관으로 지정받을 수 있는 자를 모두 고른 것은?

ㄱ. 국가 또는 지방자치단체의 소속기관
ㄴ. 「의료법」에 따른 종합병원 또는 병원
ㄷ. 「고등교육법」에 따른 대학 또는 그 부속기관
ㄹ. 작업환경측정 업무를 하려는 법인

① ㄱ, ㄴ
② ㄷ, ㄹ
③ ㄱ, ㄴ, ㄷ
④ ㄴ, ㄷ, ㄹ
⑤ ㄱ, ㄴ, ㄷ, ㄹ

답 ⑤

해설

제95조(작업환경측정기관의 지정 요건) 법 제126조제1항에 따라 작업환경측정기관으로 지정받을 수 있는 자는 다음 각 호의 어느 하나에 해당하는 자로서 작업환경측정기관의 유형별로 별표 29에 따른 인력 · 시설 및 장비를 갖추고 법 제126조제2항에 따라 고용노동부장관이 실시하는 작업환경측정기관의 측정 · 분석능력 확인에서 적합 판정을 받은 자로 한다.

1. 국가 또는 지방자치단체의 소속기관
2. 「의료법」에 따른 종합병원 또는 병원
3. 「고등교육법」 제2조제1호부터 제6호까지의 규정에 따른 대학 또는 그 부속기관
4. 작업환경측정 업무를 하려는 법인
5. 작업환경측정 대상 사업장의 부속기관(해당 부속기관이 소속된 사업장 등 고용노동부령으로 정하는 범위로 한정하여 지정받으려는 경우로 한정한다)

정답근거

산업안전보건법 시행령

22 **산업안전보건법령상 사업주가 작성하여야 할 공정안전보고서에 포함되어야 할 내용으로 옳지 않은 것은?**

① 공정안전자료

② 산업재해 예방에 관한 기본계획

③ 안전운전계획

④ 비상조치계획

⑤ 공정위험성 평가서

답 ②

해설

제50조(공정안전보고서의 세부 내용 등) ① 영 제44조에 따라 공정안전보고서에 포함해야 할 세부내용은 다음 각 호와 같다.

1. 공정안전자료
   가. 취급 · 저장하고 있거나 취급 · 저장하려는 유해 · 위험물질의 종류 및 수량
   나. 유해 · 위험물질에 대한 물질안전보건자료
   다. 유해하거나 위험한 설비의 목록 및 사양
   라. 유해하거나 위험한 설비의 운전방법을 알 수 있는 공정도면
   마. 각종 건물 · 설비의 배치도
   바. 폭발위험장소 구분도 및 전기단선도
   사. 위험설비의 안전설계 · 제작 및 설치 관련 지침서
2. 공정위험성평가서 및 잠재위험에 대한 사고예방 · 피해 최소화 대책(공정위험성평가서는 공정의 특성 등을 고려하여 다음 각 목의 위험성평가 기법 중 한 가지 이상을 선정하여 위험성평가를 한 후 그 결과에 따라 작성해야 하며, 사고예방 · 피해최소화 대책은 위험성평가 결과 잠재위험이 있다고 인정되는 경우에만 작성한다)
   가. 체크리스트(Check List)
   나. 상대위험순위 결정(Dow and Mond Indices)
   다. 작업자 실수 분석(HEA)
   라. 사고 예상 질문 분석(What-if)
   마. 위험과 운전 분석(HAZOP)
   바. 이상위험도 분석(FMECA)
   사. 결함 수 분석(FTA)
   아. 사건 수 분석(ETA)
   자. 원인결과 분석(CCA)
   차. 가목부터 자목까지의 규정과 같은 수준 이상의 기술적 평가기법
3. 안전운전계획
   가. 안전운전지침서
   나. 설비점검 · 검사 및 보수계획, 유지계획 및 지침서
   다. 안전작업허가
   라. 도급업체 안전관리계획
   마. 근로자 등 교육계획
   바. 가동 전 점검지침
   사. 변경요소 관리계획
   아. 자체감사 및 사고조사계획
   자. 그 밖에 안전운전에 필요한 사항

4. 비상조치계획
가. 비상조치를 위한 장비 · 인력 보유현황
나. 사고발생 시 각 부서 · 관련 기관과의 비상연락체계
다. 사고발생 시 비상조치를 위한 조직의 임무 및 수행 절차
라. 비상조치계획에 따른 교육계획
마. 주민홍보계획
바. 그 밖에 비상조치 관련 사항

② 공정안전보고서의 세부내용별 작성기준, 작성자 및 심사기준, 그 밖에 심사에 필요한 사항은 고용노동부장관이 정하여 고시한다.

정답근거

산업안전보건법 시행규칙

23 산업안전보건법령상 산업안전지도사에 관한 설명으로 옳지 않은 것은?

① 산업안전지도사는 산업보건에 관한 조사·연구의 직무를 수행한다.

② 산업안전지도사는 유해·위험의 방지대책에 관한 평가·지도의 직무를 수행한다.

③ 산업안전지도사의 업무 영역은 기계안전·전기안전·화공안전·건설안전 분야로 구분한다.

④ 산업안전지도사가 직무를 수행하려는 경우에는 고용노동부령으로 정하는 바에 따라 고용노동부장관에게 등록하여야 한다.

⑤ 「산업안전보건법」을 위반하여 벌금형을 선고받고 1년이 지나지 아니한 사람은 산업안전지도사 직무수행을 위해 고용노동부장관에게 등록을 할 수 없다.

답 ①

해설

제142조(산업안전지도사 등의 직무) ① 산업안전지도사는 다음 각 호의 직무를 수행한다.
1. 공정상의 안전에 관한 평가 · 지도
2. 유해 · 위험의 방지대책에 관한 평가 · 지도
3. 제1호 및 제2호의 사항과 관련된 계획서 및 보고서의 작성
4. 그 밖에 산업안전에 관한 사항으로서 대통령령으로 정하는 사항

② 산업보건지도사는 다음 각 호의 직무를 수행한다.
1. 작업환경의 평가 및 개선 지도
2. 작업환경 개선과 관련된 계획서 및 보고서의 작성
3. 근로자 건강진단에 따른 사후관리 지도
4. 직업성 질병 진단(「의료법」 제2조에 따른 의사인 산업보건지도사만 해당한다) 및 예방 지도
5. 산업보건에 관한 조사 · 연구
6. 그 밖에 산업보건에 관한 사항으로서 대통령령으로 정하는 사항

③ 산업안전지도사 또는 산업보건지도사(이하 "지도사"라 한다)의 업무 영역별 종류 및 업무 범위, 그 밖에 필요한 사항은 대통령령으로 정한다.

정답근거

산업안전보건법

제101조(산업안전지도사 등의 직무) ① 법 제142조제1항제4호에서 "대통령령으로 정하는 사항"이란 다음 각 호의 사항을 말한다.
1. 법 제36조에 따른 위험성평가의 지도
2. 법 제49조에 따른 안전보건개선계획서의 작성
3. 그 밖에 산업안전에 관한 사항의 자문에 대한 응답 및 조언

② 법 제142조제2항제6호에서 "대통령령으로 정하는 사항"이란 다음 각 호의 사항을 말한다.
1. 법 제36조에 따른 위험성평가의 지도
2. 법 제49조에 따른 안전보건개선계획서의 작성
3. 그 밖에 산업보건에 관한 사항의 자문에 대한 응답 및 조언

정답근거

산업안전보건법 시행령

24 산업안전보건법령상 역학조사 및 자격 등에 의한 취업제한 등에 관한 설명으로 옳지 않은 것은?

① 사업주는 유해하거나 위험한 작업으로 상당한 지식이나 숙련도가 요구되는 고용노동부령으로 정하는 작업의 경우 그 작업에 필요한 자격·면허·경험 또는 기능을 가진 근로자가 아닌 사람에게 그 작업을 하게 해서는 아니된다.

② 사업주 및 근로자는 고용노동부장관이 역학조사를 실시하는 경우 적극 협조하여야 하며, 정당한 사유없이 역학조사를 거부·방해하거나 기피해서는 아니 된다.

③ 한국산업안전보건공단이 업무상 질병 여부의 결정을 위하여 역학조사를 요청하는 경우 근로복지공단은 역학조사를 실시하여야 한다.

④ 고용노동부장관은 역학조사를 위하여 필요하면 「산업안전보건법」에 따른 근로자의 건강진단결과, 「국민건강보험법」에 따른 요양급여기록 및 건강검진 결과, 「고용보험법」에 따른 고용정보, 「암관리법」에 따른 질병정보 및 사망원인 정보 등을 관련 기관에 요청할 수 있다.

⑤ 유해하거나 위험한 작업으로 상당한 지식이나 숙련도가 요구되는 고용노동부령으로 정하는 작업의 경우 고용노동부장관은 자격·면허의 취득 또는 근로자의 기능 습득을 위하여 교육기관을 지정할 수 있다.

답 ③

해설

제141조(역학조사) ① 고용노동부장관은 직업성 질환의 진단 및 예방, 발생 원인의 규명을 위하여 필요하다고 인정할 때에는 근로자의 질환과 작업장의 유해요인의 상관관계에 관한 역학조사(이하 "역학조사"라 한다)를 할 수 있다. 이 경우 사업주 또는 근로자대표, 그 밖에 고용노동부령으로 정하는 사람이 요구할 때 고용노동부령으로 정하는 바에 따라 역학조사에 참석하게 할 수 있다.

② 사업주 및 근로자는 고용노동부장관이 역학조사를 실시하는 경우 적극 협조하여야 하며, 정당한 사유 없이 역학조사를 거부 · 방해하거나 기피해서는 아니 된다.

③ 누구든지 제1항 후단에 따라 역학조사 참석이 허용된 사람의 역학조사 참석을 거부하거나 방해해서는 아니 된다.

④ 제1항 후단에 따라 역학조사에 참석하는 사람은 역학조사 참석과정에서 알게 된 비밀을 누설하거나 도용해서는 아니 된다.

⑤ 고용노동부장관은 역학조사를 위하여 필요하면 제129조부터 제131조까지의 규정에 따른 근로자의 건강진단 결과, 「국민건강보험법」에 따른 요양급여기록 및 건강검진 결과, 「고용보험법」에 따른 고용정보, 「암관리법」에 따른 질병정보 및 사망원인 정보 등을 관련 기관에 요청할 수 있다. 이 경우 자료의 제출을 요청받은 기관은 특별한 사유가 없으면 이에 따라야 한다.

⑥ 역학조사의 방법 · 대상 · 절차, 그 밖에 필요한 사항은 고용노동부령으로 정한다.

정답근거

산업안전보건법

제222조(역학조사의 대상 및 절차 등) ① 공단은 법 제141조제1항에 따라 다음 각 호의 어느 하나에 해당하는 경우에는 역학조사를 할 수 있다.

1. 법 제125조에 따른 작업환경측정 또는 법 제129조부터 제131조에 따른 건강진단의 실시 결과만으로 직업성 질환에 걸렸는지를 판단하기 곤란한 근로자의 질병에 대하여 사업주 · 근로자대표 · 보건관리자(보건관리전문기관을 포함한다) 또는 건강진단기관의 의사가 역학조사를 요청하는 경우
2. 「산업재해보상보험법」 제10조에 따른 근로복지공단이 고용노동부장관이 정하는 바에 따라 업무상 질병 여부의 결정을 위하여 역학조사를 요청하는 경우
3. 공단이 직업성 질환의 예방을 위하여 필요하다고 판단하여 제224조제1항에 따른 역학조사평가위원회의 심의를 거친 경우

4. 그 밖에 직업성 질환에 걸렸는지 여부로 사회적 물의를 일으킨 질병에 대하여 작업장 내 유해요인과의 연관성 규명이 필요한 경우 등으로서 지방고용노동관서의 장이 요청하는 경우

② 제1항제1호에 따라 사업주 또는 근로자대표가 역학조사를 요청하는 경우에는 산업안전보건위원회의 의결을 거치거나 각각 상대방의 동의를 받아야 한다. 다만, 관할 지방고용노동관서의 장이 역학조사의 필요성을 인정하는 경우에는 그렇지 않다.

③ 제1항에서 정한 사항 외에 역학조사의 방법 등에 필요한 사항은 고용노동부장관이 정하여 고시한다.

정답근거

산업안전보건법 시행규칙

25 산업안전보건법령상 유해하거나 위험한 작업에 해당하여 근로조건의 개선을 통하여 근로자의 건강보호를 위한 조치를 하여야 하는 작업을 모두 고른 것은?

ㄱ. 동력으로 작동하는 기계를 이용하여 중량물을 취급하는 작업
ㄴ. 갱(坑) 내에서 하는 작업
ㄷ. 강렬한 소음이 발생하는 장소에서 하는 작업

① ㄱ
② ㄴ
③ ㄷ
④ ㄱ, ㄷ
⑤ ㄴ, ㄷ

답 ⑤

해설

제99조(유해 · 위험작업에 대한 근로시간 제한 등) ① 법 제139조제1항에서 "높은 기압에서 하는 작업 등 대통령령으로 정하는 작업"이란 잠함(潛函) 또는 잠수 작업 등 높은 기압에서 하는 작업을 말한다.

② 제1항에 따른 작업에서 잠함 · 잠수 작업시간, 가압 · 감압방법 등 해당 근로자의 안전과 보건을 유지하기 위하여 필요한 사항은 고용노동부령으로 정한다.

③ 법 제139조제2항에서 "대통령령으로 정하는 유해하거나 위험한 작업"이란 다음 각 호의 어느 하나에 해당하는 작업을 말한다.

1. 갱(坑) 내에서 하는 작업
2. 다량의 고열물체를 취급하는 작업과 현저히 덥고 뜨거운 장소에서 하는 작업
3. 다량의 저온물체를 취급하는 작업과 현저히 춥고 차가운 장소에서 하는 작업
4. 라듐방사선이나 엑스선, 그 밖의 유해 방사선을 취급하는 작업
5. 유리 · 흙 · 돌 · 광물의 먼지가 심하게 날리는 장소에서 하는 작업
6. 강렬한 소음이 발생하는 장소에서 하는 작업
7. 착암기(바위에 구멍을 뚫는 기계) 등에 의하여 신체에 강렬한 진동을 주는 작업
8. 인력(人力)으로 중량물을 취급하는 작업
9. 납 · 수은 · 크롬 · 망간 · 카드뮴 등의 중금속 또는 이황화탄소 · 유기용제, 그 밖에 고용노동부령으로 정하는 특정 화학물질의 먼지 · 증기 또는 가스가 많이 발생하는 장소에서 하는 작업

정답근거

산업안전보건법 시행령

2022년도 3월 19일 필기문제

산업안전(보건)지도사 자격시험
제1차 시험문제지

제1과목 산업안전보건법령	총 시험시간 : 90분 (과목당 30분)	문제형별 A

수험번호	20220319	성 명	도서출판 세화

【수험자 유의사항】

1. 시험문제지 표지와 시험문제지 내 **문제형별의 동일여부** 및 시험문제지의 **총면수·문제번호 일련순서·인쇄상태** 등을 확인하시고, 문제지 표지에 수험번호와 성명을 기재하시기 바랍니다.
2. 답은 각 문제마다 요구하는 **가장 적합하거나 가까운 답 1개**만 선택하고, 답안카드 작성 시 시험문제지 **형별누락, 마킹착오**로 인한 불이익은 전적으로 **수험자에게 책임**이 있음을 알려 드립니다.
3. 답안카드는 국가전문자격 공통 표준형으로 문제번호가 1번부터 125번까지 인쇄되어 있습니다. 답안 마킹 시에는 반드시 **시험문제지의 문제번호와 동일한 번호**에 마킹하여야 합니다.
4. **감독위원의 지시에 불응하거나 시험 시간 종료 후 답안카드를 제출하지 않을 경우** 불이익이 발생할 수 있음을 알려 드립니다.
5. 시험문제지는 시험 종료 후 가져가시기 바랍니다.

【안 내 사 항】

1. 수험자는 **QR코드를 통해 가답안을 확인**하시기 바랍니다.
   (※ 사전 설문조사 필수)
2. 시험 합격자에게 '**합격축하 SMS(알림톡) 알림 서비스**'를 제공하고 있습니다.

▲ 가답안 확인

- 수험자 여러분의 합격을 기원합니다 -

2022년 산업안전보건법규 출제문제 분석표(NCS기준)

법령명(대분류)	단원(중분류)	세부내용(소분류)	출제년월일
산업안전보건법	제1장 총칙		
	제2장 안전보건관리체제 등	제21조 안전관리전문기관 등	22.3.19
	제3장 안전보건교육		
	제4장 유해 위험 방지 조치		
	제5장 도급 시 산업재해 예방		
	제6장 유해 위험기계 등에 대한 조치	제91조 자율안전확인표시의 사용 금지 등	22.3.19
		제93조 안전검사	22.3.19
	제7장 유해 위험물질에 대한 조치		
	제8장 근로자 보건관리	제131조 임시건강진단 명령 등	22.3.19
	제9장 산업안전지도사 및 산업보건지도사		
	제10장 근로감독관 등		
	제11장 보칙		
	제12장 벌칙	제169조 벌칙	22.3.19
소계		20% 출제	5문제 출제

법령명(대분류)	단원(중분류)	세부내용(소분류)	출제년월일
산업안전보건법 시행령	제1장 총칙	제12조 통합공표 대상 사업장 등	22.3.19
	제2장 안전보건관리체제 등	제13조 이사회 보고, 승인 대상 회사 등	22.3.19
		제15조 관리감독자의 업무 등	22.3.19
		제21조 보건관리자의 자격	22.3.19
		제34조 산업안전보건위원회의 구성 대상 [별표 9]	22.3.19
	제3장 안전보건교육		
	제4장 유해 위험 방지 조치	제44조 공정안전보고서의 내용	22.3.19
	제5장 도급 시 산업재해 예방	제51조 도급승인 대상 작업	22.3.19
	제6장 유해 위험기계 등에 대한 조치	제71조 대여자 등의 안전조치	22.3.19
	제7장 유해 위험물질에 대한 조치	제85조 유해성·위험성조사 제외 화학물질	22.3.19
		제88조 허가 대상 유해물질	22.3.19
	제8장 근로자 보건관리		
	제9장 산업안전지도사 및 산업보건지도사		
	제10장 보칙		
	제11장 벌칙		
소계		40% 출제	10문제 출제

2022

법령명(대분류)	단원(중분류)	세부내용(소분류)	출제년월일
산업안전보건법 시행규칙	제1장 총칙		
	제2장 안전보건관리체제 등	제3조 중대재해의 범위	22.3.19
		제25조 안전보건관리규정의 작성	22.3.19
	제3장 안전보건교육	제26조 교육시간 및 교육내용[별표 5]	22.3.19
	제4장 유해 위험 방지 조치		
	제5장 도급 시 산업재해 예방	제82조 도급 사업의 합동 안전·보건 점검	22.3.19
	제6장 유해 위험기계 등에 대한 조치	제98조 방호조치	22.3.19
		제110조 안전인증 심사의 종류 및 방법	22.3.19
	제7장 유해 위험물질에 대한 조치		
	제8장 근로자 보건관리	제189조 작업환경측정 방법	22.3.19
		제220조 질병자의 근로금지	22.3.19
		제222조 역학조사의 대상 및 절차 등	22.3.19
	제9장 산업안전지도사 및 산업보건지도사		
	제10장 근로감독관 등		
	제11장 보칙	제240조 지정취소, 업무정지 등의 기준	22.3.19
소계		40% 출제	10문제출제

법령명(대분류)	단원(중분류)	세부내용(소분류)	출제년월일
산업안전보건기준에 관한 규칙	제1편 총칙		
	제2편 안전기준		
	제3편 보건기준		
소계		0% 출제	0문제 출제

1. 산업안전보건법령

01 **산업안전보건법령상 관계수급인 근로자가 도급인의 사업장에서 작업을 하는 경우 도급인의 안전조치 및 보건조치에 관한 설명으로 옳지 않은 것은?**

① 도급인은 같은 장소에서 이루어지는 도급인과 관계수급인의 작업에 있어서 관계수급인의 작업시기·내용, 안전조치 및 보건조치 등을 확인하여야 한다.

② 건설업의 경우에는 도급사업의 정기 안전·보건 점검을 분기에 1회 이상 실시하여야 한다.

③ 관계수급인의 공사금액을 포함한 해당 공사의 총공사금액이 20억원 이상인 건설업의 경우 도급인은 그 사업장의 안전보건관리책임자를 안전보건총괄책임자로 지정하여야 한다.

④ 도급인은 도급인과 수급인을 구성원으로 하는 안전 및 보건에 관한 협의체를 도급인 및 그의 수급인 전원으로 구성하여야 한다.

⑤ 도급인은 제조업 작업장의 순회점검을 2일에 1회이상 실시하여야 한다.

답 ②

해설

도급인의 안전조치 및 보건조치

제82조(도급사업의 합동 안전 · 보건점검) ① 법 제64조제2항에 따라 도급인이 작업장의 안전 및 보건에 관한 점검을 할 때에는 다음 각 호의 사람으로 점검반을 구성해야 한다.

1. 도급인(같은 사업 내에 지역을 달리하는 사업장이 있는 경우에는 그 사업장의 안전보건관리책임자)
2. 관계수급인(같은 사업 내에 지역을 달리하는 사업장이 있는 경우에는 그 사업장의 안전보건관리책임자)
3. 도급인 및 관계수급인의 근로자 각 1명(관계수급인의 근로자의 경우에는 해당 공정만 해당한다)

② 법 제64조제2항에 따른 정기 안전 · 보건점검의 실시 횟수는 다음 각 호의 구분에 따른다.

1. 다음 각 목의 사업: 2개월에 1회 이상
   가. 건설업
   나. 선박 및 보트 건조업
2. 제1호의 사업을 제외한 사업: 분기에 1회 이상

정답확인

산업안전보건법 시행규칙

보충학습

제64조(도급에 따른 산업재해 예방조치) ① 도급인은 관계수급인 근로자가 도급인의 사업장에서 작업을 하는 경우 다음 각 호의 사항을 이행하여야 한다. 〈개정 2021. 5. 18.〉

1. 도급인과 수급인을 구성원으로 하는 안전 및 보건에 관한 협의체의 구성 및 운영
2. 작업장 순회점검
3. 관계수급인이 근로자에게 하는 제29조제1항부터 제3항까지의 규정에 따른 안전보건교육을 위한 장소 및 자료의 제공 등 지원
4. 관계수급인이 근로자에게 하는 제29조제3항에 따른 안전보건교육의 실시 확인
5. 다음 각 목의 어느 하나의 경우에 대비한 경보체계 운영과 대피방법 등 훈련
   가. 작업 장소에서 발파작업을 하는 경우
   나. 작업 장소에서 화재 · 폭발, 토사 · 구축물 등의 붕괴 또는 지진 등이 발생한 경우

6. 위생시설 등 고용노동부령으로 정하는 시설의 설치 등을 위하여 필요한 장소의 제공 또는 도급인이 설치한 위생시설 이용의 협조
7. 같은 장소에서 이루어지는 도급인과 관계수급인 등의 작업에 있어서 관계수급인 등의 작업시기 · 내용, 안전조치 및 보건조치 등의 확인
8. 제7호에 따른 확인 결과 관계수급인 등의 작업 혼재로 인하여 화재 · 폭발 등 대통령령으로 정하는 위험이 발생할 우려가 있는 경우 관계수급인 등의 작업시기 · 내용 등의 조정

② 제1항에 따른 도급인은 고용노동부령으로 정하는 바에 따라 자신의 근로자 및 관계수급인 근로자와 함께 정기적으로 또는 수시로 작업장의 안전 및 보건에 관한 점검을 하여야 한다.

③ 제1항에 따른 안전 및 보건에 관한 협의체 구성 및 운영, 작업장 순회점검, 안전보건교육 지원, 그 밖에 필요한 사항은 고용노동부령으로 정한다.

02 산업안전보건법령상 '대여자 등이 안전조치 등을 해야 하는 기계·기구·설비 및 건축물 등'에 규정되어 있는 것을 모두 고른 것은?(단, 고용노동부장관이 정하여 고시하는 기계·기구·설비 및 건축물 등은 고려하지 않음)

ㄱ. 어스오거 ㄴ. 산업용 로봇 ㄷ. 클램셸 ㄹ. 압력용기

① ㄱ, ㄴ ② ㄱ, ㄷ

③ ㄴ, ㄹ ④ ㄱ, ㄷ, ㄹ

⑤ ㄴ, ㄷ, ㄹ

답 ②

해설

대여자 등의 안전조치

1. 사무실 및 공장용 건축물
2. 이동식 크레인
3. 타워크레인
4. 불도저
5. 모터 그레이더
6. 로더
7. 스크레이퍼
8. 스크레이퍼 도저
9. 파워 셔블
10. 드래그라인
11. 클램셸
12. 버킷굴착기
13. 트렌치
14. 항타기
15. 항발기
16. 어스드릴
17. 천공기
18. 어스오거
19. 페이퍼드레인머신
20. 리프트
21. 지게차
22. 롤러기
23. 콘크리트 펌프
24. 고소작업대
25. 그 밖에 산업재해보상보험및예방심의위원회 심의를 거쳐 고용노동부장관이 정하여 고시하는 기계, 기구, 설비 및 건축물 등

정답확인

산업안전보건법 시행령 [별표 21]〈개정 2021.1.5〉

보충학습

① 산업용로봇 : 자율안전확인 대상기계
② 압력용기 : 안전인증대상기계

03 산업안전보건법령상 유해하거나 위험한 기계·기구에 대한 방호조치 등에 관한 설명으로 옳은 것을 모두 고른 것은?

ㄱ. 래핑기에는 구동부 방호 연동장치를 설치해야 한다.
ㄴ. 원심기에는 압력방출장치를 설치해야 한다.
ㄷ. 작동 부분에 돌기 부분이 있는 기계는 그 돌기 부분에 방호망을 설치하여야 한다.
ㄹ. 동력전달 부분이 있는 기계는 동력전달 부분을 묻힘형으로 하여야 한다.

① ㄱ
② ㄱ, ㄴ
③ ㄴ, ㄷ
④ ㄷ, ㄹ
⑤ ㄱ, ㄷ, ㄹ

답 ①

해설

유해위험기계·기구 방호조치

제98조(방호조치) ① 법 제80조제1항에 따라 영 제70조 및 영 별표 20의 기계 · 기구에 설치해야 할 방호장치는 다음 각 호와 같다.

1. 영 별표 20 제1호에 따른 예초기: 날접촉 예방장치
2. 영 별표 20 제2호에 따른 원심기: 회전체 접촉 예방장치
3. 영 별표 20 제3호에 따른 공기압축기: 압력방출장치
4. 영 별표 20 제4호에 따른 금속절단기: 날접촉 예방장치
5. 영 별표 20 제5호에 따른 지게차: 헤드 가드, 백레스트(backrest), 전조등, 후미등, 안전벨트
6. 영 별표 20 제6호에 따른 포장기계: 구동부 방호 연동장치

② 법 제80조제2항에서 “고용노동부령으로 정하는 방호조치”란 다음 각 호의 방호조치를 말한다.

1. 작동 부분의 돌기부분은 묻힘형으로 하거나 덮개를 부착할 것
2. 동력전달부분 및 속도조절부분에는 덮개를 부착하거나 방호망을 설치할 것
3. 회전기계의 물림점(롤러나 톱니바퀴 등 반대방향의 두 회전체에 물려 들어가는 위험점)에는 덮개 또는 울을 설치할 것

③ 제1항 및 제2항에 따른 방호조치에 필요한 사항은 고용노동부장관이 정하여 고시한다.

정답확인

산업안전보건법 시행규칙

보충학습

① 포장기계, 래핑기인 포장기계는 구동부 방호연동장치를 설치해야 한다.
② 원심기는 회전체 접촉 예방장치를 설치해야 한다.
③ 작동부분에 돌기부분은 묻힘형으로 하거나 덮개를 부착할 것
④ 동력전달 부분이 있는 기계는 덮개를 부착하거나 방호망을 설치할 것

제80조(유해하거나 위험한 기계 · 기구에 대한 방호조치) ① 누구든지 동력(動力)으로 작동하는 기계 · 기구로서 대통령령으로 정하는 것은 고용노동부령으로 정하는 유해 · 위험 방지를 위한 방호조치를 하지 아니하고는 양도, 대여, 설치 또는 사용에 제공하거나 양도 · 대여의 목적으로 진열해서는 아니 된다.

② 누구든지 동력으로 작동하는 기계 · 기구로서 다음 각 호의 어느 하나에 해당하는 것은 고용노동부령으로 정하는 방호조치를 하지 아니하고는 양도, 대여, 설치 또는 사용에 제공하거나 양도 · 대여의 목적으로 진열해서는 아니 된다.

1. 작동 부분에 돌기 부분이 있는 것
2. 동력전달 부분 또는 속도조절 부분이 있는 것
3. 회전기계에 물체 등이 말려 들어갈 부분이 있는 것

③ 사업주는 제1항 및 제2항에 따른 방호조치가 정상적인 기능을 발휘할 수 있도록 방호조치와 관련되는 장치를 상시적으로 점검하고 정비하여야 한다.

④ 사업주와 근로자는 제1항 및 제2항에 따른 방호조치를 해체하려는 경우 등 고용노동부령으로 정하는 경우에는 필요한 안전조치 및 보건조치를 하여야 한다

정답확인

산업안전보건법

04 산업안전보건법령상 사업주가 근로자의 작업내용을 변경할 때에 그 근로자에게 하여야 하는 안전보건교육의 내용으로 규정되어 있지 않은 것은?

① 사고 발생 시 긴급조치에 관한 사항

② 기계·기구의 위험성과 작업의 순서 및 동선에 관한 사항

③ 표준안전 작업방법에 관한 사항

④ 직장 내 괴롭힘, 고객의 폭언 등으로 인한 건강장해 예방 및 관리에 관한 사항

⑤ 작업 개시 전 점검에 관한 사항

답 ③

해설

채용시 교육 및 작업내용 변경 시 교육내용

① 산업안전 및 사고 예방에 관한 사항
② 산업보건 및 직업병 예방에 관한 사항
③ 위험성평가에 관한 사항
④ 산업안전보건법령 및 산업재해보상보험 제도에 관한 사항
⑤ 직무스트레스 예방 및 관리에 관한 사항
⑥ 직장 내 괴롭힘, 고객의 폭언 등으로 인한 건강장해 예방 및 관리에 관한 사항
⑦ 기계·기구의 위험성과 작업의 순서 및 동선에 관한 사항
⑧ 작업 개시 전 점검에 관한 사항
⑨ 정리정돈 및 청소에 관한 사항
⑩ 사고 발생 시 긴급조치에 관한 사항
⑪ 물질안전보건자료에 관한 사항

정답확인

산업안전보건법 시행규칙 [별표 5] 안전보건교육 교육대상별 교육내용 : 제26조제1항 등 관련)

보충학습

표준안전작업방법 : 관리감독자 정기교육

05 산업안전보건법령상 안전검사에 관한 설명으로 옳지 않은 것은?

① 형 체결력(型 締結力) 294킬로뉴턴(KN) 이상의 사출성형기는 안전검사대상기계 등에 해당한다.

② 사업주는 자율안전검사를 받은 경우에는 그 결과를 기록하여 보존하여야 한다.

③ 안전검사기관이 안전검사 업무를 게을리하거나 업무에 차질을 일으킨 경우 고용노동부장관은 안전검사기관 지정을 취소하거나 6개월 이내의 기간을 정하여 그 업무의 정지를 명할 수 있다.

④ 곤돌라를 건설현장에서 사용하는 경우 사업장에 최초로 설치한 날부터 6개월마다 안전검사를 하여야 한다.

⑤ 안전검사대상기계등을 사용하는 사업주와 소유자가 다른 경우에는 사업주가 안전검사를 받아야 한다.

답 ⑤

해설

안전검사(산업안전보건법)

제93조(안전검사) ① 유해하거나 위험한 기계·기구·설비로서 대통령령으로 정하는 것(이하 "안전검사대상기계등"이라 한다)을 사용하는 사업주(근로자를 사용하지 아니하고 사업을 하는 자를 포함한다. 이하 이 조, 제94조, 제95조 및 제98조에서 같다)는 안전검사대상기계등의 안전에 관한 성능이 고용노동부장관이 정하여 고시하는 검사기준에 맞는지에 대하여 고용노동부장관이 실시하는 검사(이하 "안전검사"라 한다)를 받아야 한다. 이 경우 안전검사대상기계등을 사용하는 사업주와 소유자가 다른 경우에는 안전검사대상기계등의 소유자가 안전검사를 받아야 한다.

② 제1항에도 불구하고 안전검사대상기계등이 다른 법령에 따라 안전성에 관한 검사나 인증을 받은 경우로서 고용노동부령으로 정하는 경우에는 안전검사를 면제할 수 있다.

③ 안전검사의 신청, 검사 주기 및 검사합격 표시방법, 그 밖에 필요한 사항은 고용노동부령으로 정한다. 이 경우 검사 주기는 안전검사대상기계등의 종류, 사용연한(使用年限) 및 위험성을 고려하여 정한다.

보충학습

산업안전보건법시행령

제78조(안전검사대상기계등) ① 법 제93조제1항 전단에서 "대통령령으로 정하는 것"이란 다음 각 호의 어느 하나에 해당하는 것을 말한다.

1. 프레스
2. 전단기
3. 크레인(정격 하중이 2톤 미만인 것은 제외한다)
4. 리프트
5. 압력용기
6. 곤돌라
7. 국소 배기장치(이동식은 제외한다)
8. 원심기(산업용만 해당한다)
9. 롤러기(밀폐형 구조는 제외한다)
10. 사출성형기[형 체결력(型 締結力) 294킬로뉴턴(KN) 미만은 제외한다]
11. 고소작업대(「자동차관리법」 제3조제3호 또는 제4호에 따른 화물자동차 또는 특수자동차에 탑재한 고소작업대로 한정한다)
12. 컨베이어
13. 산업용 로봇
14. 혼합기
15. 파쇄기 또는 분쇄기

② 법 제93조제1항에 따른 안전검사대상기계등의 세부적인 종류, 규격 및 형식은 고용노동부장관이 정하여 고시한다.

06 산업안전보건법령상 제조 또는 사용허가를 받아야 하는 유해물질을 모두 고른 것은?(단, 고용노동부장관의 승인을 받은 경우는 제외함)

ㄱ. 크롬산 아연	ㄴ. β-나프틸아민과 그 염
ㄷ. o-톨리딘 및 그 염	ㄹ. 폴리클로리네이티드 터페닐
ㅁ. 콜타르피치 휘발물	

① ㄱ, ㄴ, ㄷ
② ㄱ, ㄷ, ㅁ
③ ㄱ, ㄹ, ㅁ
④ ㄴ, ㄷ, ㄹ
⑤ ㄴ, ㄹ, ㅁ

답 ②

해설

제조 또는 사용허가를 받아야 하는 유해물질

제88조(허가 대상 유해물질) 법 제118조제1항 전단에서 "대체물질이 개발되지 아니한 물질 등 대통령령으로 정하는 물질"이란 다음 각 호의 물질을 말한다. 〈개정 2020. 9. 8.〉

1. α-나프틸아민[134-32-7] 및 그 염(α-Naphthylamine and its salts)
2. 디아니시딘[119-90-4] 및 그 염(Dianisidine and its salts)
3. 디클로로벤지딘[91-94-1] 및 그 염(Dichlorobenzidine and its salts)
4. 베릴륨(Beryllium ; 7440-41-7)
5. 벤조트리클로라이드(Benzotrichloride; 98-07-7)
6. 비소[7440-38-2] 및 그 무기화합물(Arsenic and its inorganic compounds)
7. 염화비닐(Vinyl chloride ; 75-01-4)
8. 콜타르피치[65996-93-2] 휘발물(Coal tar pitch volatiles)
9. 크롬광 가공(열을 가하여 소성 처리하는 경우만 해당한다)(Chromite ore processing)
10. 크롬산 아연(Zinc chromates ; 13530-65-9 등)
11. o-톨리딘[119-93-7] 및 그 염(o-Tolidine and its salts)
12. 황화니켈류(Nickel sulfides ; 12035-72-2, 16812-54-7)
13. 제1호부터 제4호까지 또는 제6호부터 제12호까지의 어느 하나에 해당하는 물질을 포함한 혼합물(포함된 중량의 비율이 1퍼센트 이하인 것은 제외한다)
14. 제5호의 물질을 포함한 혼합물(포함된 중량의 비율이 0.5퍼센트 이하인 것은 제외한다)
15. 그 밖에 보건상 해로운 물질로서 산업재해보상보험및예방심의위원회의 심의를 거쳐 고용노동부장관이 정하는 유해물질

정답확인

산업안전보건법 시행령

보충학습

제118조(유해 · 위험물질의 제조 등 허가) ① 제117조제1항 각 호의 어느 하나에 해당하는 물질로서 대체물질이 개발되지 아니한 물질 등 대통령령으로 정하는 물질(이하 "허가대상물질"이라 한다)을 제조하거나 사용하려는 자는 고용노동부장관의 허가를 받아야 한다. 허가받은 사항을 변경할 때에도 또한 같다.

② 허가대상물질의 제조 · 사용설비, 작업방법, 그 밖의 허가기준은 고용노동부령으로 정한다.

③ 제1항에 따라 허가를 받은 자(이하 "허가대상물질제조 · 사용자"라 한다)는 그 제조 · 사용설비를 제2항에 따른 허가기준에 적합하도록 유지하여야 하며, 그 기준에 적합한 작업방법으로 허가대상물질을 제조 · 사용하여야 한다.

④ 고용노동부장관은 허가대상물질제조 · 사용자의 제조 · 사용설비 또는 작업방법이 제2항에 따른 허가기준에 적합하지 아니하다고 인정될 때에는 그 기준에 적합하도록 제조 · 사용설비를 수리 · 개조 또는 이전하도록 하거나 그 기준에 적합한 작업방법으로 그 물질을 제조 · 사용하도록 명할 수 있다.

⑤ 고용노동부장관은 허가대상물질제조 · 사용자가 다음 각 호의 어느 하나에 해당하면 그 허가를 취소하거나 6개월 이내의 기간을 정하여 영업을 정지하게 할 수 있다. 다만, 제1호에 해당할 때에는 그 허가를 취소하여야 한다.
1. 거짓이나 그 밖의 부정한 방법으로 허가를 받은 경우
2. 제2항에 따른 허가기준에 맞지 아니하게 된 경우
3. 제3항을 위반한 경우
4. 제4항에 따른 명령을 위반한 경우
5. 자체검사 결과 이상을 발견하고도 즉시 보수 및 필요한 조치를 하지 아니한 경우
⑥ 제1항에 따른 허가의 신청절차, 그 밖에 필요한 사항은 고용노동부령으로 정한다.

정답확인

산업안전보건법

07 산업안전보건법령상 중대재해에 속하는 경우를 모두 고른 것은?

ㄱ. 사망자가 1명 발생한 재해
ㄴ. 3개월 이상의 요양이 필요한 부상자가 동시에 2명 발생한 재해
ㄷ. 부상자가 동시에 5명 발생한 재해
ㄹ. 직업성 질병자가 동시에 10명 발생한 재해

① ㄱ
② ㄴ, ㄷ
③ ㄷ, ㄹ
④ ㄱ, ㄴ, ㄹ
⑤ ㄱ, ㄴ, ㄷ, ㄹ

답 ④

해설

중대재해 종류 3가지

제3조(중대재해의 범위) 법 제2조제2호에서 "고용노동부령으로 정하는 재해"란 다음 각 호의 어느 하나에 해당하는 재해를 말한다.

1. 사망자가 1명 이상 발생한 재해
2. 3개월 이상의 요양이 필요한 부상자가 동시에 2명 이상 발생한 재해
3. 부상자 또는 직업성 질병자가 동시에 10명 이상 발생한 재해

정답확인

산업안전보건법 시행규칙

합격키

① 2015. 4. 20(문제 15번)

08 산업안전보건법령상 안전인증에 관한 설명으로 옳은 것은?

① 안전인증 심사 중 유해·위험기계등이 서면심사 내용과 일치하는지와 유해·위험기계등의 안전에 관한 성능이 안전인증기준에 적합한지에 대한 심사는 기술능력 및 생산체계 심사에 해당한다.

② 거짓이나 그 밖의 부정한 방법으로 안전인증을 받은 사유로 안전인증이 취소된 자는 안전인증이 취소된 날부터 3년 이내에는 취소된 유해·위험기계등에 대하여 안전인증을 신청할 수 없다.

③ 크레인, 리프트, 곤돌라는 설치·이전하는 경우뿐만 아니라 주요 구조 부분을 변경하는 경우에도 안전인증을 받아야 한다.

④ 안전인증기관은 안전인증을 받은 자가 최근 2년 동안 안전인증표시의 사용금지를 받은 사실이 없는 경우에는 안전인증기준을 지키고 있는지를 3년에 1회이상 확인해야 한다.

⑤ 안전인증대상기계등이 아닌 유해·위험기계등을 제조하는 자는 그 유해·위험기계등의 안전에 관한 성능을 평가받기 위하여 고용노동부장관에게 안전인증을 신청할 수 없다.

답 ③

해설

안전인증 심사의 종류 및 방법

① 산업안전보건법 시행규칙 제110조 제1항 제3호
기술능력 및 생산체계 심사 : 유해·위험기계등의 안전성능을 지속적으로 유지·보증하기 위하여 사업장에서 갖추어야 할 기술능력과 생산체계가 안전인증기준에 적합한지에 대한 심사
제품심사 : 유해·위험기계등이 서면심사 내용과 일치하는자와 유해·위험기계등의 안전에 관한 성능이 안전인증기준에 적합한지에 대한 심사

② 산업안전보건법 제86조 제1항제1호 및 제3항
제1항에 따라 안전인증이 취소된 자는 안전인증이 취소된 날부터 1년이내에는 취소된 유해·위험기계등에 대하여 안전인증을 신청할 수 없다.

③ 산업안전보건법 제84조제1항 안전인증 및 시행령 제74조 대상기계
안전인증대상기계등을 설치·이전하거나 주요 구조 부분을 변경하는 자를 포함한다.

④ 산업안전보건법 시행규칙 제111조제2항
안전인증을 받은 자가 안전인증기준을 지키고 있는지를 2년에 1회 이상 확인해야 한다. 다만, 다음 각 호의 모두에 해당하는 경우에는 3년에 1회이상 확인할 수 있다.
1. 최근 3년 동안 법 제86조제1항에 따라 안전인증이 취소되거나 안전인증표시의 사용금지 또는 시정명령을 받은 사실이 없는 경우
2. 최근 2회의 확인 결과 기술능력 및 생산체계가 고용노동부장관이 정하는 기준 이상인 경우

⑤ 산업안전보건법 제84조제3항
안전인증대상기계등이 아닌 유해·위험기계등을 제조하거나 수입하는 자가 그 유해·위험기계등의 안전에 관한 성능등을 평가받으려면 고용노동부장관에게 안전인증을 신청할 수 있다. 이 경우 고용노동부장관은 안전인증기준에 따라 안전인증을 할 수 있다.

보충학습

제107조(안전인증대상기계등) 법 제84조제1항에서 "고용노동부령으로 정하는 안전인증대상기계등"이란 다음 각 호의 기계 및 설비를 말한다.

1. 설치 · 이전하는 경우 안전인증을 받아야 하는 기계
   가. 크레인
   나. 리프트
   다. 곤돌라
2. 주요 구조 부분을 변경하는 경우 안전인증을 받아야 하는 기계 및 설비
   가. 프레스
   나. 전단기 및 절곡기(折曲機)
   다. 크레인
   라. 리프트
   마. 압력용기
   바. 롤러기
   사. 사출성형기(射出成形機)
   아. 고소(高所)작업대
   자. 곤돌라

정답확인

산업안전보건법 시행규칙

09 산업안전보건법령상 상시근로자 1,000명인 A회사(「상법」제170조에 따른 주식회사)의 대표이사 甲이 수립해야 하는 회사의 안전 및 보건에 관한 계획에 포함되어야 하는 내용이 아닌 것은?

① 안전 및 보건에 관한 경영방침

② 안전·보건관리 업무 위탁에 관한 사항

③ 안전·보건관리 조직의 구성·인원 및 역할

④ 안전·보건 관련 예산 및 시설 현황

⑤ 안전 및 보건에 관한 전년도 활동실적 및 다음 연도 활동계획

답 ②

해설

안전 및 보건에 관한 계획에 포함 내용

제13조(이사회 보고 · 승인 대상 회사 등) ① 법 제14조제1항에서 "대통령령으로 정하는 회사"란 다음 각 호의 어느 하나에 해당하는 회사를 말한다.

1. 상시근로자 500명 이상을 사용하는 회사
2. 「건설산업기본법」 제23조에 따라 평가하여 공시된 시공능력(같은 법 시행령 별표 1의 종합공사를 시공하는 업종의 건설업종란 제3호에 따른 토목건축공사업에 대한 평가 및 공시로 한정한다)의 순위 상위 1천위 이내의 건설회사

② 법 제14조제1항에 따른 회사의 대표이사(「상법」 제408조의2제1항 후단에 따라 대표이사를 두지 못하는 회사의 경우에는 같은 법 제408조의5에 따른 대표집행임원을 말한다)는 회사의 정관에서 정하는 바에 따라 다음 각 호의 내용을 포함한 회사의 안전 및 보건에 관한 계획을 수립해야 한다.

1. 안전 및 보건에 관한 경영방침
2. 안전 · 보건관리 조직의 구성 · 인원 및 역할
3. 안전 · 보건 관련 예산 및 시설 현황
4. 안전 및 보건에 관한 전년도 활동실적 및 다음 연도 활동계획

정답확인

산업안전보건법시행령

보충학습

제14조(이사회 보고 및 승인 등) ① 「상법」 제170조에 따른 주식회사 중 대통령령으로 정하는 회사의 대표이사는 대통령령으로 정하는 바에 따라 매년 회사의 안전 및 보건에 관한 계획을 수립하여 이사회에 보고하고 승인을 받아야 한다.

② 제1항에 따른 대표이사는 제1항에 따른 안전 및 보건에 관한 계획을 성실하게 이행하여야 한다.

③ 제1항에 따른 안전 및 보건에 관한 계획에는 안전 및 보건에 관한 비용, 시설, 인원 등의 사항을 포함하여야 한다.

정답확인

산업안전보건법

10 산업안전보건법령상 안전관리전문기관에 대해 그 지정을 취소하여야 하는 경우는?

① 업무정지 기간 중에 업무를 수행한 경우

② 안전관리 업무 관련 서류를 거짓으로 작성한 경우

③ 정당한 사유 없이 안전관리 업무의 수탁을 거부한 경우

④ 안전관리 업무 수행과 관련한 대가 외에 금품을 받은 경우

⑤ 법에 따른 관계 공무원의 지도·감독을 거부·방해 또는 기피한 경우

답 ①

해설

안전관리전문기관 지정 취소 사유

제21조(안전관리전문기관 등) ① 안전관리전문기관 또는 보건관리전문기관이 되려는 자는 대통령령으로 정하는 인력 · 시설 및 장비 등의 요건을 갖추어 고용노동부장관의 지정을 받아야 한다.

② 고용노동부장관은 안전관리전문기관 또는 보건관리전문기관에 대하여 평가하고 그 결과를 공개할 수 있다. 이 경우 평가의 기준 · 방법 및 결과의 공개에 필요한 사항은 고용노동부령으로 정한다.

③ 안전관리전문기관 또는 보건관리전문기관의 지정 절차, 업무 수행에 관한 사항, 위탁받은 업무를 수행할 수 있는 지역, 그 밖에 필요한 사항은 고용노동부령으로 정한다.

④ 고용노동부장관은 안전관리전문기관 또는 보건관리전문기관이 다음 각 호의 어느 하나에 해당할 때에는 그 지정을 취소하거나 6개월 이내의 기간을 정하여 그 업무의 정지를 명할 수 있다. 다만, 제1호 또는 제2호에 해당할 때에는 그 지정을 취소하여야 한다.

1. 거짓이나 그 밖의 부정한 방법으로 지정을 받은 경우
2. 업무정지 기간 중에 업무를 수행한 경우
3. 제1항에 따른 지정 요건을 충족하지 못한 경우
4. 지정받은 사항을 위반하여 업무를 수행한 경우
5. 그 밖에 대통령령으로 정하는 사유에 해당하는 경우

⑤ 제4항에 따라 지정이 취소된 자는 지정이 취소된 날부터 2년 이내에는 각각 해당 안전관리전문기관 또는 보건관리전문기관으로 지정받을 수 없다.

정답확인

산업안전보건법

보충학습

제28조(안전관리전문기관 등의 지정 취소 등의 사유) 법 제21조제4항제5호에서 "대통령령으로 정하는 사유에 해당하는 경우"란 다음 각 호의 경우를 말한다.

1. 안전관리 또는 보건관리 업무 관련 서류를 거짓으로 작성한 경우
2. 정당한 사유 없이 안전관리 또는 보건관리 업무의 수탁을 거부한 경우
3. 위탁받은 안전관리 또는 보건관리 업무에 차질을 일으키거나 업무를 게을리한 경우
4. 안전관리 또는 보건관리 업무를 수행하지 않고 위탁 수수료를 받은 경우
5. 안전관리 또는 보건관리 업무와 관련된 비치서류를 보존하지 않은 경우
6. 안전관리 또는 보건관리 업무 수행과 관련한 대가 외에 금품을 받은 경우
7. 법에 따른 관계 공무원의 지도 · 감독을 거부 · 방해 또는 기피한 경우

정답확인

산업안전보건법 시행령

11 산업안전보건법령상 통합공표 대상 사업장 등에 관한 내용이다. ( )에 들어갈 사업으로 옳지 않은 것은?

> 고용노동부장관이 도급인의 사업장에서 관계수급인 근로자가 작업을 하는 경우에 도급인의 산업재해발생건수등에 관계수급인의 산업재해발생건수등을 포함하여 공표하여야 하는 사업장이란 ( )에 해당하는 사업이 이루어지는 사업장으로서 도급인이 사용하는 상시근로자 수가 500명 이상이고 도급인 사업장의 사고사망만인율보다 관계수급인의 근로자를 포함하여 산출한 사고사망만인율이 높은 사업장을 말한다. 단, 여기서 사고사망만인율은 질병으로 인한 사망재해자를 제외하고 산출한 사망만인율을 말한다.

① 제조업
② 철도운송업
③ 도시철도운송업
④ 도시가스업
⑤ 전기업

답 ④

해설

통합공표 대상 사업장

제12조(통합공표 대상 사업장 등) 법 제10조제2항에서 "대통령령으로 정하는 사업장"이란 다음 각 호의 어느 하나에 해당하는 사업이 이루어지는 사업장으로서 도급인이 사용하는 상시근로자 수가 500명 이상이고 도급인 사업장의 사고사망만인율(질병으로 인한 사망재해자를 제외하고 산출한 사망만인율을 말한다. 이하 같다)보다 관계수급인의 근로자를 포함하여 산출한 사고사망만인율이 높은 사업장을 말한다.

1. 제조업
2. 철도운송업
3. 도시철도운송업
4. 전기업

정답확인

산업안전보건법 시행령

보충학습

제10조(산업재해 발생건수 등의 공표) ① 고용노동부장관은 산업재해를 예방하기 위하여 대통령령으로 정하는 사업장의 근로자 산업재해 발생건수, 재해율 또는 그 순위 등(이하 "산업재해발생건수등"이라 한다)을 공표하여야 한다.

② 고용노동부장관은 도급인의 사업장(도급인이 제공하거나 지정한 경우로서 도급인이 지배 · 관리하는 대통령령으로 정하는 장소를 포함한다. 이하 같다) 중 대통령령으로 정하는 사업장에서 관계수급인 근로자가 작업을 하는 경우에 도급인의 산업재해발생건수등에 관계수급인의 산업재해발생건수등을 포함하여 제1항에 따라 공표하여야 한다.

③ 고용노동부장관은 제2항에 따라 산업재해발생건수등을 공표하기 위하여 도급인에게 관계수급인에 관한 자료의 제출을 요청할 수 있다. 이 경우 요청을 받은 자는 정당한 사유가 없으면 이에 따라야 한다.

④ 제1항 및 제2항에 따른 공표의 절차 및 방법, 그 밖에 필요한 사항은 고용노동부령으로 정한다.

정답확인

산업안전보건법

참고

사망만인율 비교

① $\text{사망만인율} = \dfrac{\text{사망자수}}{\text{산재보험 적용 근로자수}} \times 10{,}000$ —— 제조업

② $\text{사고사망만인율}(‱) = \dfrac{\text{사고사망자수}}{\text{상시근로자수}} \times 10{,}000$ —— 건설업

12 산업안전보건법령상 자율안전확인의 신고에 관한 설명으로 옳지 않은 것은?

① 자율안전확인대상기계등을 제조하는 자가 「산업표준화법」 제15조에 따른 인증을 받은 경우 고용노동부장관은 자율안전확인신고를 면제할 수 있다.

② 산업용 로봇, 혼합기, 파쇄기, 컨베이어는 자율안전확인대상기계등에 해당한다.

③ 자율안전확인대상기계등을 수입하는 자로서 자율안전확인신고를 하여야 하는 자는 수입하기 전에 신고서에 제품의 설명서, 자율안전확인대상기계등의 자율안전기준을 충족함을 증명하는 서류를 첨부하여 한국산업안전보건공단에 제출해야 한다.

④ 자율안전확인의 표시를 하는 경우 인체에 상해를 입힐 우려가 있는 재질이나 표면이 거친 재질을 사용해서는 안 된다.

⑤ 고용노동부장관은 신고된 자율안전확인대상기계등의 안전에 관한 성능이 자율안전기준에 맞지 아니하게 된 경우 신고한 자에게 1년 이내의 기간을 정하여 자율안전기준에 맞게 시정하도록 명할 수 있다.

답 ⑤

해설

자율안전확인신고

제91조(자율안전확인표시의 사용 금지 등) ① 고용노동부장관은 제89조제1항 각 호 외의 부분 본문에 따라 신고된 자율안전확인대상기계등의 안전에 관한 성능이 자율안전기준에 맞지 아니하게 된 경우에는 같은 항 각 호 외의 부분 본문에 따라 신고한 자에게 6개월 이내의 기간을 정하여 자율안전확인표시의 사용을 금지하거나 자율안전기준에 맞게 시정하도록 명할 수 있다.
② 고용노동부장관은 제1항에 따라 자율안전확인표시의 사용을 금지하였을 때에는 그 사실을 관보 등에 공고하여야 한다.
③ 제2항에 따른 공고의 내용, 방법 및 절차, 그 밖에 필요한 사항은 고용노동부령으로 정한다.

정답확인

산업안전보건법

보충학습

제77조(자율안전확인대상기계등) ① 법 제89조제1항 각 호 외의 부분 본문에서 "대통령령으로 정하는 것"이란 다음 각 호의 어느 하나에 해당하는 것을 말한다.

1. 다음 각 목의 어느 하나에 해당하는 기계 또는 설비
   가. 연삭기(研削機) 또는 연마기. 이 경우 휴대형은 제외한다.
   나. 산업용 로봇
   다. 혼합기
   라. 파쇄기 또는 분쇄기
   마. 식품가공용 기계(파쇄 · 절단 · 혼합 · 제면기만 해당한다)
   바. 컨베이어
   사. 자동차정비용 리프트
   아. 공작기계(선반, 드릴기, 평삭 · 형삭기, 밀링만 해당한다)
   자. 고정형 목재가공용 기계(둥근톱, 대패, 루타기, 띠톱, 모떼기 기계만 해당한다)
   차. 인쇄기
2. 다음 각 목의 어느 하나에 해당하는 방호장치
   가. 아세틸렌 용접장치용 또는 가스집합 용접장치용 안전기
   나. 교류 아크용접기용 자동전격방지기
   다. 롤러기 급정지장치
   라. 연삭기 덮개
   마. 목재 가공용 둥근톱 반발 예방장치와 날 접촉 예방장치

바. 동력식 수동대패용 칼날 접촉 방지장치
사. 추락 · 낙하 및 붕괴 등의 위험 방지 및 보호에 필요한 가설기자재(제74조제1항제2호아목의 가설기자재는 제외한다)로서 고용노동부장관이 정하여 고시하는 것
3. 다음 각 목의 어느 하나에 해당하는 보호구
가. 안전모(제74조제1항제3호가목의 안전모는 제외한다)
나. 보안경(제74조제1항제3호차목의 보안경은 제외한다)
다. 보안면(제74조제1항제3호카목의 보안면은 제외한다)
② 자율안전확인대상기계등의 세부적인 종류, 규격 및 형식은 고용노동부장관이 정하여 고시한다.

정답확인

산업안전보건법 시행령

13 산업안전보건법령상 공정안전보고서에 포함되어야 하는 사항을 모두 고른 것은?

ㄱ. 공정위험성 평가서	ㄴ. 안전운전계획
ㄷ. 비상조치계획	ㄹ. 공정안전자료

① ㄱ
② ㄴ, ㄹ
③ ㄷ, ㄹ
④ ㄱ, ㄴ, ㄷ
⑤ ㄱ, ㄴ, ㄷ, ㄹ

답 ⑤

해설

공정안전보고서에 포함사항

제44조(공정안전보고서의 내용) ① 법 제44조제1항 전단에 따른 공정안전보고서에는 다음 각 호의 사항이 포함되어야 한다.

1. 공정안전자료
2. 공정위험성 평가서
3. 안전운전계획
4. 비상조치계획
5. 그 밖에 공정상의 안전과 관련하여 고용노동부장관이 필요하다고 인정하여 고시하는 사항

② 제1항제1호부터 제4호까지의 규정에 따른 사항에 관한 세부 내용은 고용노동부령으로 정한다.

정답확인

산업안전보건법 시행령

14 **산업안전보건법령상 사업장의 상시근로자 수가 50명인 경우에 산업안전보건위원회를 구성해야 할 사업은?**

① 컴퓨터 프로그래밍, 시스템 통합 및 관리업

② 소프트웨어 개발 및 공급업

③ 비금속 광물제품 제조업

④ 정보서비스업

⑤ 금융 및 보험업

답 ③

해설

산업안전보건위원회 구성

산업안전보건위원회를 구성해야 할 사업의 종류 및 사업장의 상시근로자수(제34조 관련)

사업의 종류	사업장의 상시근로자 수
1. 토사석 광업 2. 목재 및 나무제품 제조업; 가구제외 3. 화학물질 및 화학제품 제조업; 의약품 제외(세제, 화장품 및 광택제 제조업과 화학섬유 제조업은 제외한다) 4. 비금속 광물제품 제조업 5. 1차 금속 제조업 6. 금속가공제품 제조업; 기계 및 가구 제외 7. 자동차 및 트레일러 제조업 8. 기타 기계 및 장비 제조업(사무용 기계 및 장비 제조업은 제외한다) 9. 기타 운송장비 제조업(전투용 차량 제조업은 제외한다)	상시근로자 50명 이상
10. 농업 11. 어업 12. 소프트웨어 개발 및 공급업 13. 컴퓨터 프로그래밍, 시스템 통합 및 관리업 13의2. 영상 · 오디오물 제공 서비스업 14. 정보서비스업 15. 금융 및 보험업 16. 임대업; 부동산 제외 17. 전문, 과학 및 기술 서비스업(연구개발업은 제외한다) 18. 사업지원 서비스업 19. 사회복지 서비스업	상시근로자 300명 이상
20. 건설업	공사금액 120억원 이상(「건설산업기본법 시행령」 별표 1의 종합공사를 시공하는 업종의 건설업종란 제1호에 따른 토목공사업의 경우에는 150억원 이상)
21. 제1호부터 제13호까지, 제13호의2 및 제14호부터 제20호까지의 사업을 제외한 사업	상시근로자 100명 이상

정답확인

산업안전보건법 시행령 [별표 9]

15 **산업안전보건법령상 사업주가 관리감독자에게 수행하게 하여야 하는 산업안전 및 보건에 관한 업무로 명시되지 않은 것은?**

① 산업재해에 관한 통계의 기록 및 유지에 관한 사항

② 사업장 내 관리감독자가 지휘·감독하는 작업과 관련된 기계·기구 또는 설비의 안전·보건 점검 및 이상 유무의 확인

③ 관리감독자에게 소속된 근로자의 작업복·보호구 및 방호장치의 점검과 그 착용·사용에 관한 교육·지도

④ 해당작업에서 발생한 산업재해에 관한 보고 및 이에 대한 응급조치

⑤ 해당작업의 작업장 정리·정돈 및 통로 확보에 대한 확인·감독

답 ①

해설

관리감독자 수행 업무

제15조(관리감독자의 업무 등) ① 법 제16조제1항에서 "대통령령으로 정하는 업무"란 다음 각 호의 업무를 말한다. 〈개정 2021. 11. 19.〉

1. 사업장 내 법 제16조제1항에 따른 관리감독자(이하 "관리감독자"라 한다)가 지휘 · 감독하는 작업(이하 이 조에서 "해당작업"이라 한다)과 관련된 기계 · 기구 또는 설비의 안전 · 보건 점검 및 이상 유무의 확인
2. 관리감독자에게 소속된 근로자의 작업복 · 보호구 및 방호장치의 점검과 그 착용 · 사용에 관한 교육 · 지도
3. 해당작업에서 발생한 산업재해에 관한 보고 및 이에 대한 응급조치
4. 해당작업의 작업장 정리 · 정돈 및 통로 확보에 대한 확인 · 감독
5. 사업장의 다음 각 목의 어느 하나에 해당하는 사람의 지도 · 조언에 대한 협조
   가. 법 제17조제1항에 따른 안전관리자(이하 "안전관리자"라 한다) 또는 같은 조 제5항에 따라 안전관리자의 업무를 같은 항에 따른 안전관리전문기관(이하 "안전관리전문기관"이라 한다)에 위탁한 사업장의 경우에는 그 안전관리전문기관의 해당 사업장 담당자
   나. 법 제18조제1항에 따른 보건관리자(이하 "보건관리자"라 한다) 또는 같은 조 제5항에 따라 보건관리자의 업무를 같은 항에 따른 보건관리전문기관(이하 "보건관리전문기관"이라 한다)에 위탁한 사업장의 경우에는 그 보건관리전문기관의 해당 사업장 담당자
   다. 법 제19조제1항에 따른 안전보건관리담당자(이하 "안전보건관리담당자"라 한다) 또는 같은 조 제4항에 따라 안전보건관리담당자의 업무를 안전관리전문기관 또는 보건관리전문기관에 위탁한 사업장의 경우에는 그 안전관리전문기관 또는 보건관리전문기관의 해당 사업장 담당자
   라. 법 제22조제1항에 따른 산업보건의(이하 "산업보건의"라 한다)
6. 법 제36조에 따라 실시되는 위험성평가에 관한 다음 각 목의 업무
   가. 유해 · 위험요인의 파악에 대한 참여
   나. 개선조치의 시행에 대한 참여
7. 그 밖에 해당작업의 안전 및 보건에 관한 사항으로서 고용노동부령으로 정하는 사항

② 관리감독자에 대한 지원에 관하여는 제14조제2항을 준용한다. 이 경우 "안전보건관리책임자"는 "관리감독자"로, "법 제15조제1항"은 "제1항"으로 본다.

정답확인

산업안전보건법 시행령

16 **산업안전보건법령상 도급승인 대상 작업에 관한 것으로 "급성 독성, 피부부식성 등이 있는 물질의 취급 등 대통령령으로 정하는 작업"에 관한 내용이다. ( )에 들어갈 내용을 순서대로 옳게 나열한 것은?**

> ○ 중량비율 (ㄱ)퍼센트 이상의 황산, 불화수소, 질산 또는 염화수소를 취급하는 설비를 개조·분해·해체·철거하는 작업 또는 해당 설비의 내부에서 이루어지는 작업. 다만, 도급인이 해당 화학물질을 모두 제거한 후 증명자료를 첨부하여 (ㄴ)에게 신고한 경우는 제외한다.
> ○ 그 밖에 「산업재해보상보험법」제8조제1항에 따른 (ㄷ)의 심의를 거쳐 고용노동부장관이 정하는 작업

① ㄱ : 1, ㄴ : 고용노동부장관, ㄷ : 산업재해보상보험 및 예방심의위원회

② ㄱ : 1, ㄴ : 한국산업안전보건공단 이사장, ㄷ : 산업재해보상보험 및 예방심의위원회

③ ㄱ : 2, ㄴ : 고용노동부장관, ㄷ : 산업재해보상보험 및 예방심의위원회

④ ㄱ : 2, ㄴ : 지방고용노동관서의 장, ㄷ : 산업안전보건심의위원회

⑤ ㄱ : 3, ㄴ : 고용노동부장관, ㄷ : 산업안전보건심의위원회

답 ①

해설

도급승인 대상 작업

제51조(도급승인 대상 작업) 법 제59조제1항 전단에서 "급성 독성, 피부 부식성 등이 있는 물질의 취급 등 대통령령으로 정하는 작업"이란 다음 각 호의 어느 하나에 해당하는 작업을 말한다.

1. 중량비율 1퍼센트 이상의 황산, 불화수소, 질산 또는 염화수소를 취급하는 설비를 개조 · 분해 · 해체 · 철거하는 작업 또는 해당 설비의 내부에서 이루어지는 작업. 다만, 도급인이 해당 화학물질을 모두 제거한 후 증명자료를 첨부하여 고용노동부장관에게 신고한 경우는 제외한다.
2. 그 밖에 「산업재해보상보험법」 제8조제1항에 따른 산업재해보상보험및예방심의위원회(이하 "산업재해보상보험및예방심의위원회"라 한다)의 심의를 거쳐 고용노동부장관이 정하는 작업

정답확인

산업안전보건법 시행령

17 산업안전보건법령상 보건관리자에 관한 설명으로 옳지 않은 것은?

① 상시근로자 300명 이상을 사용하는 사업장의 사업주는 보건관리자에게 그 업무만을 전담하도록 하여야 한다.

② 안전인증대상기계등과 자율안전확인대상기계등 중 보건과 관련된 보호구(保護具) 구입 시 적격품 선정에 관한 보좌 및 지도·조언은 보건관리자의 업무에 해당한다.

③ 외딴곳으로서 고용노동부장관이 정하는 지역에 있는 사업장의 사업주는 보건관리전문기관에 보건관리자의 업무를 위탁할 수 있다.

④ 보건관리자의 업무를 위탁할 수 있는 보건관리전문기관은 지역별 보건관리전문기관과 업종별·유해인자별 보건관리전문기관으로 구분한다.

⑤ 「의료법」에 따른 간호사는 보건관리자가 될 수 없다.

답 ⑤

해설

보건관리자

보건관리자의 자격(제21조 관련)

보건관리자는 다음 각 호의 어느 하나에 해당하는 사람으로 한다.

① 법 제143조제1항에 따른 산업보건지도사 자격을 가진 사람
② 「의료법」에 따른 의사
③ 「의료법」에 따른 간호사
④ 「국가기술자격법」에 따른 산업위생관리산업기사 또는 대기환경산업기사 이상의 자격을 취득한 사람
⑤ 「국가기술자격법」에 따른 인간공학기사 이상의 자격을 취득한 사람
⑥ 「고등교육법」에 따른 전문대학 이상의 학교에서 산업보건 또는 산업위생 분야의 학위를 취득한 사람(법령에 따라 이와 같은 수준 이상의 학력이 있다고 인정되는 사람을 포함한다)

정답확인

산업안전보건법 시행령 [별표 6]

18 산업안전보건법령상 안전보건관리규정(이하 "규정"이라 함)에 관한 설명으로 옳은 것은?

① 안전 및 보건에 관한 관리조직은 규정에 포함되어야 하는 사항이 아니다.

② 규정 중 취업규칙에 반하는 부분에 관하여는 규정으로 정한 기준이 취업규칙에 우선하여 적용된다.

③ 산업안전보건위원회가 설치되어 있지 아니한 사업장의 사업주가 규정을 작성할 때에는 지방고용노동관서의 장의 승인을 받아야 한다.

④ 사업주가 규정을 작성할 때에는 산업안전보건위원회의 심의·의결을 거쳐야 하나, 변경할 때에는 심의만 거치면 된다.

⑤ 규정을 작성해야 하는 사업의 사업주는 규정을 작성해야 할 사유가 발생한 날부터 30일 이내에 작성해야 한다.

답 ⑤

해설

안전보건관리규정

(1) 산업안전보건법

제25조(안전보건관리규정의 작성) ① 사업주는 사업장의 안전 및 보건을 유지하기 위하여 다음 각 호의 사항이 포함된 안전보건관리규정을 작성하여야 한다.

1. 안전 및 보건에 관한 관리조직과 그 직무에 관한 사항
2. 안전보건교육에 관한 사항
3. 작업장의 안전 및 보건 관리에 관한 사항
4. 사고 조사 및 대책 수립에 관한 사항
5. 그 밖에 안전 및 보건에 관한 사항

② 제1항에 따른 안전보건관리규정(이하 "안전보건관리규정"이라 한다)은 단체협약 또는 취업규칙에 반할 수 없다. 이 경우 안전보건관리규정 중 단체협약 또는 취업규칙에 반하는 부분에 관하여는 그 단체협약 또는 취업규칙으로 정한 기준에 따른다.

③ 안전보건관리규정을 작성하여야 할 사업의 종류, 사업장의 상시근로자 수 및 안전보건관리규정에 포함되어야 할 세부적인 내용, 그 밖에 필요한 사항은 고용노동부령으로 정한다.

제26조(안전보건관리규정의 작성 · 변경 절차) 사업주는 안전보건관리규정을 작성하거나 변경할 때에는 산업안전보건위원회의 심의 · 의결을 거쳐야 한다. 다만, 산업안전보건위원회가 설치되어 있지 아니한 사업장의 경우에는 근로자대표의 동의를 받아야 한다.

(2) 산업안전보건법 시행규칙

제25조(안전보건관리규정의 작성) ① 법 제25조제3항에 따라 안전보건관리규정을 작성해야 할 사업의 종류 및 상시근로자 수는 별표 2와 같다.

② 제1항에 따른 사업의 사업주는 안전보건관리규정을 작성해야 할 사유가 발생한 날부터 30일 이내에 별표 3의 내용을 포함한 안전보건관리규정을 작성해야 한다. 이를 변경할 사유가 발생한 경우에도 또한 같다.

③ 사업주가 제2항에 따라 안전보건관리규정을 작성할 때에는 소방 · 가스 · 전기 · 교통 분야 등의 다른 법령에서 정하는 안전관리에 관한 규정과 통합하여 작성할 수 있다.

19 **산업안전보건법령상 고용노동부장관이 안전관리전문기관 또는 보건관리전문기관의 지정을 취소하거나 6개월 이내의 기간을 정하여 그 업무의 정지를 명할 수 있도록 하는 규정이 준용되는 기관이 아닌 것은?**

① 안전보건교육기관

② 안전보건진단기관

③ 건설재해예방전문지도기관

④ 역학조사 실시 업무를 위탁받은 기관

⑤ 석면조사기관

답 ④

해설

안전관리전문기관등 지정 취소

제240조(지정취소 · 업무정지 등의 기준) ① 법 제163조제2항에 따른 지정 등의 취소 또는 업무 등의 정지 기준은 별표 26과 같다.

② 고용노동부장관 또는 지방고용노동관서의 장은 제1항의 기준에 따라 행정처분을 할 때에는 처분의 상대방의 고의 · 과실 여부와 그 밖의 사정을 고려하여 행정처분을 감경하거나 가중할 수 있다.

보충학습

(1) 지정취소에 해당되는 기관

① 안전보건진단기관
② 재해예방전문지도기관
③ 타워크레인 설치해체업
④ 안전인증기관
⑤ 안전검사기관
⑥ 자율안전검사기관
⑦ 석면조사기관
⑧ 석면해체제거업자
⑨ 작업환경측정기관
⑩ 특수건강진단기관
⑪ 교육기관

(2) 역학조사 : 한국산업안전보건공단에서 실시한다.

정답확인

산업안전보건법 시행규칙

참고

① 산업안전보건법 제141조 역학조사
② 2021년 3월 13일 출제

20 산업안전보건법령상 사업주가 작업환경측정을 할 때 지켜야 할 사항으로 옳은 것을 모두 고른 것은?

ㄱ. 작업환경측정을 하기 전에 예비조사를 할 것
ㄴ. 일출 후 일몰 전에 실시할 것
ㄷ. 모든 측정은 지역 시료채취방법으로 하되, 지역 시료채취방법이 곤란한 경우에는 개인 시료채취방법으로 실시할 것
ㄹ. 작업환경측정기관에 위탁하여 실시하는 경우에는 해당 작업환경측정기관에 공정별 작업내용, 화학물질의 사용실태 및 물질안전보건자료 등 작업환경측정에 필요한 정보를 제공할 것

① ㄱ, ㄹ
② ㄴ, ㄷ
③ ㄷ, ㄹ
④ ㄱ, ㄴ, ㄹ
⑤ ㄱ, ㄴ, ㄷ, ㄹ

답 ①

해설

작업환경측정

제189조(작업환경측정방법) ① 사업주는 법 제125조제1항에 따른 작업환경측정을 할 때에는 다음 각 호의 사항을 지켜야 한다.

1. 작업환경측정을 하기 전에 예비조사를 할 것
2. 작업이 정상적으로 이루어져 작업시간과 유해인자에 대한 근로자의 노출 정도를 정확히 평가할 수 있을 때 실시할 것
3. 모든 측정은 개인 시료채취방법으로 하되, 개인 시료채취방법이 곤란한 경우에는 지역 시료채취방법으로 실시할 것. 이 경우 그 사유를 별지 제83호서식의 작업환경측정 결과표에 분명하게 밝혀야 한다.
4. 법 제125조제3항에 따라 작업환경측정기관에 위탁하여 실시하는 경우에는 해당 작업환경측정기관에 공정별 작업내용, 화학물질의 사용실태 및 물질안전보건자료 등 작업환경측정에 필요한 정보를 제공할 것

② 사업주는 근로자대표 또는 해당 작업공정을 수행하는 근로자가 요구하면 제1항제1호에 따른 예비조사에 참석시켜야 한다.

③ 제1항에 따른 측정방법 외에 유해인자별 세부 측정방법 등에 관하여 필요한 사항은 고용노동부장관이 정한다.

정답확인

산업안전보건법 시행규칙

21 **산업안전보건법령상 같은 유해인자에 노출되는 근로자들에게 유사한 질병의 증상이 발생한 경우에 고용노동부장관은 근로자의 건강을 보호하기 위하여 사업주에게 특정 근로자에 대해 건강진단을 실시할 것을 명할 수 있다. 이에 해당하는 건강진단은?**

① 일반건강진단 ② 특수건강진단
③ 배치전건강진단 ④ 임시건강진단
⑤ 수시건강진단

답 ④

해설

임시건강진단

제131조(임시건강진단 명령 등) ① 고용노동부장관은 같은 유해인자에 노출되는 근로자들에게 유사한 질병의 증상이 발생한 경우 등 고용노동부령으로 정하는 경우에는 근로자의 건강을 보호하기 위하여 사업주에게 특정 근로자에 대한 건강진단(이하 "임시건강진단"이라 한다)의 실시나 작업전환, 그 밖에 필요한 조치를 명할 수 있다.
② 임시건강진단의 항목, 그 밖에 필요한 사항은 고용노동부령으로 정한다.

정답확인

산업안전보건법

보충학습

제207조(임시건강진단 명령 등) ① 법 제131조제1항에서 "고용노동부령으로 정하는 경우"란 특수건강진단 대상 유해인자 또는 그 밖의 유해인자에 의한 중독 여부, 질병에 걸렸는지 여부 또는 질병의 발생 원인 등을 확인하기 위하여 필요하다고 인정되는 경우로서 다음 각 호에 어느 하나에 해당하는 경우를 말한다.
1. 같은 부서에 근무하는 근로자 또는 같은 유해인자에 노출되는 근로자에게 유사한 질병의 자각 · 타각 증상이 발생한 경우
2. 직업병 유소견자가 발생하거나 여러 명이 발생할 우려가 있는 경우
3. 그 밖에 지방고용노동관서의 장이 필요하다고 판단하는 경우
② 임시건강진단의 검사항목은 별표 24에 따른 특수건강진단의 검사항목 중 전부 또는 일부와 건강진단 담당 의사가 필요하다고 인정하는 검사항목으로 한다.
③ 제2항에서 정한 사항 외에 임시건강진단의 검사방법, 실시방법, 그 밖에 필요한 사항은 고용노동부장관이 정한다.

정답확인

산업안전보건법 시행규칙

22 산업안전보건법령상 유해성·위험성 조사 제외 화학물질로 규정되어 있지 않은 것은?(단, 고용노동부장관이 공표하거나 고시하는 물질은 고려하지 않음)

① 「의료기기법」 제2조제1항에 따른 의료기기

② 「약사법」 제2조제4호 및 제7호에 따른 의약품 및 의약외품(醫藥外品)

③ 「건강기능식품에 관한 법률」 제3조제1호에 따른 건강기능식품

④ 「첨단재생의료 및 첨단바이오의약품 안전 및 지원에 관한 법률」 제2조제5호에 따른 첨단바이오의약품

⑤ 천연으로 산출된 화학물질

답 ④

해설

유해성·위험성 조사 제외 화학물질

제85조(유해성 · 위험성 조사 제외 화학물질) 법 제108조제1항 각 호 외의 부분 본문에서 "대통령령으로 정하는 화학물질"이란 다음 각 호의 어느 하나에 해당하는 화학물질을 말한다.

1. 원소
2. 천연으로 산출된 화학물질
3. 「건강기능식품에 관한 법률」 제3조제1호에 따른 건강기능식품
4. 「군수품관리법」 제2조 및 「방위사업법」 제3조제2호에 따른 군수품[「군수품관리법」 제3조에 따른 통상품(痛常品)은 제외한다]
5. 「농약관리법」 제2조제1호 및 제3호에 따른 농약 및 원제
6. 「마약류 관리에 관한 법률」 제2조제1호에 따른 마약류
7. 「비료관리법」 제2조제1호에 따른 비료
8. 「사료관리법」 제2조제1호에 따른 사료
9. 「생활화학제품 및 살생물제의 안전관리에 관한 법률」 제3조제7호 및 제8호에 따른 살생물물질 및 살생물제품
10. 「식품위생법」 제2조제1호 및 제2호에 따른 식품 및 식품첨가물
11. 「약사법」 제2조제4호 및 제7호에 따른 의약품 및 의약외품(醫藥外品)
12. 「원자력안전법」 제2조제5호에 따른 방사성물질
13. 「위생용품 관리법」 제2조제1호에 따른 위생용품
14. 「의료기기법」 제2조제1항에 따른 의료기기
15. 「총포 · 도검 · 화약류 등의 안전관리에 관한 법률」 제2조제3항에 따른 화약류
16. 「화장품법」 제2조제1호에 따른 화장품과 화장품에 사용하는 원료
17. 법 제108조제3항에 따라 고용노동부장관이 명칭, 유해성 · 위험성, 근로자의 건강장해 예방을 위한 조치 사항 및 연간 제조량 · 수입량을 공표한 물질로서 공표된 연간 제조량 · 수입량 이하로 제조하거나 수입한 물질
18. 고용노동부장관이 환경부장관과 협의하여 고시하는 화학물질 목록에 기록되어 있는 물질

정답확인

산업안전보건법 시행령

참고

2021년 3월 13일 출제

2022

23 **산업안전보건법령상 작업환경측정 또는 건강진단의 실시 결과만으로 직업성 질환에 걸렸는지를 판단하기 곤란한 근로자의 질병에 대하여 한국산업안전보건공단에 역학조사를 요청할 수 있는 자로 규정되어 있지 않은 자는?**

① 사업주

② 근로자대표

③ 보건관리자

④ 건강진단기관의 의사

⑤ 산업안전보건위원회의 위원장

답 ⑤

해설

역학조사

제222조(역학조사의 대상 및 절차 등) ① 공단은 법 제141조제1항에 따라 다음 각 호의 어느 하나에 해당하는 경우에는 역학조사를 할 수 있다.

1. 법 제125조에 따른 작업환경측정 또는 법 제129조부터 제131조에 따른 건강진단의 실시 결과만으로 직업성 질환에 걸렸는지를 판단하기 곤란한 근로자의 질병에 대하여 사업주 · 근로자대표 · 보건관리자(보건관리전문기관을 포함한다) 또는 건강진단기관의 의사가 역학조사를 요청하는 경우
2. 「산업재해보상보험법」 제10조에 따른 근로복지공단이 고용노동부장관이 정하는 바에 따라 업무상 질병 여부의 결정을 위하여 역학조사를 요청하는 경우
3. 공단이 직업성 질환의 예방을 위하여 필요하다고 판단하여 제224조제1항에 따른 역학조사평가위원회의 심의를 거친 경우
4. 그 밖에 직업성 질환에 걸렸는지 여부로 사회적 물의를 일으킨 질병에 대하여 작업장 내 유해요인과의 연관성 규명이 필요한 경우 등으로서 지방고용노동관서의 장이 요청하는 경우

② 제1항제1호에 따라 사업주 또는 근로자대표가 역학조사를 요청하는 경우에는 산업안전보건위원회의 의결을 거치거나 각각 상대방의 동의를 받아야 한다. 다만, 관할 지방고용노동관서의 장이 역학조사의 필요성을 인정하는 경우에는 그렇지 않다.

③ 제1항에서 정한 사항 외에 역학조사의 방법 등에 필요한 사항은 고용노동부장관이 정하여 고시한다.

정답확인

산업안전보건법 시행규칙

24 산업안전보건법령상 징역 또는 벌금에 처해질 수 있는 자는?

① 작업환경측정 결과를 해당 작업장 근로자에게 알리지 아니한 사업주

② 등록하지 아니하고 타워크레인을 설치·해체한 자

③ 석면이 포함된 건축물이나 설비를 철거하거나 해체하면서 고용노동부령으로 정하는 석면해체·제거의 작업기준을 준수하지 아니한 자

④ 역학조사 참석이 허용된 사람의 역학조사 참석을 방해한 자

⑤ 물질안전보건자료대상물질을 양도하면서 이를 양도받는 자에게 물질안전보건자료를 제공하지 아니한 자

답 ③

해설

징역 또는 벌금

① 과태료 법제175조제5항제13호 : 50만원 과태료
② 법제82조제2항. 등록한 자료 하여금 타워크레인을 설치하거나 해체하는 작업을 하도록 하여야 한다. 벌칙 제169조 제1호 : 3년 이하의 징역 또는 3천만원 이하의 벌금
과태료. 법제175조제4항제5호. 등록하지 않고 타워크레인을 설치해체하는자 : 1천만원 과태료
③ 법제123조 석면해체 제거작업기준의 준수
벌칙 제169조 제1호 : 3년 이하의 징역 또는 3천만원 이하의 벌금
④ 과태료. 법제175조제3항제4호 : 5천만원 이하 과태료
⑤ 과태료. 법제175조제5항제7호. 500만원 과태료
※ 과태료와 벌금을 구분해야 한다.
※ ②번 부분이 해석 차이에 따라 벌금도 되고 과태료도 되는 것처럼 보인다. 그러나 정답이 되는 가장 맞는것(혹은 가장 틀리는 것)은 ③번이다.

정답확인

산업안전보건법

2022

25 산업안전보건법령상 근로의 금지 및 제한에 관한 설명으로 옳은 것은?

① 사업주가 잠수 작업에 종사하는 근로자에게 1일 6시간, 1주 36시간 근로하게 하는 것은 허용된다.

② 사업주는 알코올중독의 질병이 있는 근로자를 고기압 업무에 종사하도록 해서는 안된다.

③ 사업주가 조현병에 걸린 사람에 대해 근로를 금지하는 경우에는 미리 보건관리자(의사가 아닌 보건관리자 포함), 산업보건의 또는 건강검진을 실시한 의사의 의견을 들어야 한다.

④ 사업주는 마비성 치매에 걸릴 우려가 있는 사람에 대해 근로를 금지해야 한다.

⑤ 사업주는 전염될 우려가 있는 질병에 걸린 사람이 있는 경우 전염을 예방하기 위한 조치를 한 후에도 그 사람의 근로를 금지해야 한다.

답 ②

해설

근로의 금지 및 제한

제139조(유해 · 위험작업에 대한 근로시간 제한 등) ① 사업주는 유해하거나 위험한 작업으로서 높은 기압에서 하는 작업 등 대통령령으로 정하는 작업에 종사하는 근로자에게는 1일 6시간, 1주 34시간을 초과하여 근로하게 해서는 아니 된다.
② 사업주는 대통령령으로 정하는 유해하거나 위험한 작업에 종사하는 근로자에게 필요한 안전조치 및 보건조치 외에 작업과 휴식의 적정한 배분 및 근로시간과 관련된 근로조건의 개선을 통하여 근로자의 건강 보호를 위한 조치를 하여야 한다.

정답확인

산업안전보건법

제220조(질병자의 근로금지) ① 법 제138조제1항에 따라 사업주는 다음 각 호의 어느 하나에 해당하는 사람에 대해서는 근로를 금지해야 한다.
1. 전염될 우려가 있는 질병에 걸린 사람. 다만, 전염을 예방하기 위한 조치를 한 경우는 제외한다.
2. 조현병, 마비성 치매에 걸린 사람
3. 심장 · 신장 · 폐 등의 질환이 있는 사람으로서 근로에 의하여 병세가 악화될 우려가 있는 사람
4. 제1호부터 제3호까지의 규정에 준하는 질병으로서 고용노동부장관이 정하는 질병에 걸린 사람

② 사업주는 제1항에 따라 근로를 금지하거나 근로를 다시 시작하도록 하는 경우에는 미리 보건관리자(의사인 보건관리자만 해당한다), 산업보건의 또는 건강진단을 실시한 의사의 의견을 들어야 한다.

제221조(질병자 등의 근로 제한) ① 사업주는 법 제129조부터 제130조에 따른 건강진단 결과 유기화합물 · 금속류 등의 유해물질에 중독된 사람, 해당 유해물질에 중독될 우려가 있다고 의사가 인정하는 사람, 진폐의 소견이 있는 사람 또는 방사선에 피폭된 사람을 해당 유해물질 또는 방사선을 취급하거나 해당 유해물질의 분진 · 증기 또는 가스가 발산되는 업무 또는 해당 업무로 인하여 근로자의 건강을 악화시킬 우려가 있는 업무에 종사하도록 해서는 안 된다.
② 사업주는 다음 각 호의 어느 하나에 해당하는 질병이 있는 근로자를 고기압 업무에 종사하도록 해서는 안 된다.
1. 감압증이나 그 밖에 고기압에 의한 장해 또는 그 후유증
2. 결핵, 급성상기도감염, 진폐, 폐기종, 그 밖의 호흡기계의 질병
3. 빈혈증, 심장판막증, 관상동맥경화증, 고혈압증, 그 밖의 혈액 또는 순환기계의 질병
4. 정신신경증, 알코올중독, 신경통, 그 밖의 정신신경계의 질병
5. 메니에르씨병, 중이염, 그 밖의 이관(耳管)협착을 수반하는 귀 질환
6. 관절염, 류마티스, 그 밖의 운동기계의 질병
7. 천식, 비만증, 바세도우씨병, 그 밖에 알레르기성 · 내분비계 · 물질대사 또는 영양장해 등과 관련된 질병

정답확인

산업안전보건법 시행규칙

Note

2023년도 4월 1일 필기문제

산업안전(보건)지도사 자격시험
제1차 시험문제지

제1과목 산업안전보건법령	총 시험시간 : 90분 (과목당 30분)	문제형별 A

수험번호	20230401	성 명	도서출판 세화

【수험자 유의사항】

1. 시험문제지 표지와 시험문제지 내 **문제형별의 동일여부** 및 시험문제지의 **총면수·문제번호 일련순서·인쇄상태** 등을 확인하시고, 문제지 표지에 수험번호와 성명을 기재하시기 바랍니다.
2. 답은 각 문제마다 요구하는 **가장 적합하거나 가까운 답 1개**만 선택하고, 답안카드 작성 시 시험문제지 **형별누락, 마킹착오**로 인한 불이익은 전적으로 **수험자에게 책임**이 있음을 알려 드립니다.
3. 답안카드는 국가전문자격 공통 표준형으로 문제번호가 1번부터 125번까지 인쇄되어 있습니다. 답안 마킹 시에는 반드시 **시험문제지의 문제번호와 동일한 번호**에 마킹하여야 합니다.
4. **감독위원의 지시에 불응하거나 시험 시간 종료 후 답안카드를 제출하지 않을 경우** 불이익이 발생할 수 있음을 알려 드립니다.
5. 시험문제지는 시험 종료 후 가져가시기 바랍니다.

【안 내 사 항】

1. 수험자는 **QR코드를 통해 가답안을 확인**하시기 바랍니다.
(※ 사전 설문조사 필수)
2. 시험 합격자에게 **'합격축하 SMS(알림톡) 알림 서비스'**를 제공하고 있습니다.

▲ 가답안 확인

- 수험자 여러분의 합격을 기원합니다 -

2023 산업안전보건법규 출제문제 분석표(NCS기준)

법령명(대분류)	단원(중분류)	세부내용(소분류)	출제년월일
산업안전보건법	제1장 총칙		
	제2장 안전보건관리체제 등		
	제3장 안전보건교육	제29조 근로자에 대한 안전보건교육	23. 4. 1
		제49조 안전보건개선계획의 수립 · 시행 명령	23. 4. 1
	제4장 유해 위험 방지 조치		
	제5장 도급 시 산업재해 예방	제58조 유해한 작업의 도급금지	23. 4. 1
	제6장 유해 위험기계 등에 대한 조치	제64조 도급에 따른 산업재해 예방조치	23. 4. 1
	제7장 유해 위험물질에 대한 조치		
	제8장 근로자 보건관리		
	제9장 산업안전지도사 및 산업보건지도사	제142조 산업안전지도사 등의 직무	23. 4. 1
	제10장 근로감독관 등		
	제11장 보칙	제164조 서류의 보존	23. 4. 1
	제12장 벌칙		
소계		24% 출제	6문제 출제

법령명(대분류)	단원(중분류)	세부내용(소분류)	출제년월일
산업안전보건법 시행령	제1장 총칙	제10조 공표 대상 사업장	23. 4. 1
	제2장 안전보건관리체제 등	제14조 안전보건관리책임자의 선임 등	23. 4. 1
	제3장 안전보건교육	제42조 유해위험방지계획서 제출 대상	23. 4. 1
	제4장 유해 위험 방지 조치	제43조 공정안전보고서의 제출 대상	23. 4. 1
	제5장 도급 시 산업재해 예방		
	제6장 유해 위험기계 등에 대한 조치	제72조 타워크레인 설치 · 해체업의 등록요건	23. 4. 1
	제7장 유해 위험물질에 대한 조치	제85조 유해성·위험성조사 제외 화학물질	23. 4. 1
	제8장 근로자 보건관리	제95조 작업환경측정기관의 지정 요건	23. 4. 1
	제9장 산업안전지도사 및 산업보건지도사		
	제10장 보칙		
	제11장 벌칙		
소계		28% 출제	7문제 출제

법령명(대분류)	단원(중분류)	세부내용(소분류)	출제년월일
산업안전보건법 시행규칙	제1장 총칙		
	제2장 안전보건관리체제 등	제4조 협조요청 [별표 1]	23. 4. 1
		제25조 안전보건관리규정의 세부내용 [별표 3]	23. 4. 1
	제3장 안전보건교육	제26조 교육시간 및 교육내용[별표 4]	23. 4. 1
	제4장 유해 위험 방지 조치	제30조 직무교육의 면제	23. 4. 1
	제5장 도급 시 산업재해 예방	제82조 도급 사업의 합동 안전·보건 점검	23. 4. 1
	제6장 유해 위험기계 등에 대한 조치	제107조 안전인증 대상기계 등	23. 4. 1
		제122조 자율안전확인 표시의 사용 금지 공고내용 등	23. 4. 1
		제125조 안전검사의 면제	23. 4. 1
		제141조 유해인자의 분류기준	23. 4. 1
	제7장 유해·위험물질에 대한 조치		
	제8장 근로자 보건관리	제189조 작업환경의 측정방법	23. 4. 1
		제198조 일반건강진단의 검사항목 및 실시방법 등	23. 4. 1
	제9장 산업안전지도사 및 산업보건지도사	제231조 지도사의 보수교육	23. 4. 1
	제10장 근로감독관 등		
	제11장 보칙		
소계		48% 출제	12문제출제

법령명(대분류)	단원(중분류)	세부내용(소분류)	출제년월일
산업안전보건 기준에 관한 규칙	제1편 총칙		
	제2편 안전기준		
	제3편 보건기준		
소계		0% 출제	0문제 출제

1. 산업안전보건법령

01 **산업안전보건법령상 산업재해발생건수 등의 공표대상 사업장에 해당하지 않는 것은?**

① 산업재해로 인한 사망자가 연간 2명 이상 발생한 사업장

② 사망만인율(死亡萬人率)이 규모별 같은 업종의 평균 사망만인율 이상인 사업장

③ 중대산업사고가 발생한 사업장

④ 사업주가 산업재해 발생 사실을 은폐한 사업장

⑤ 사업주가 산업재해 발생에 관한 보고를 최근 3년 이내 1회 이상 하지 않은 사업장

답 ⑤

해설

제10조(공표대상 사업장) ① 법 제10조제1항에서 "대통령령으로 정하는 사업장"이란 다음 각 호의 어느 하나에 해당하는 사업장을 말한다.

1. 산업재해로 인한 사망자(이하 "사망재해자"라 한다)가 연간 2명 이상 발생한 사업장
2. 사망만인율(死亡萬人率 : 연간 상시근로자 1만명당 발생하는 사망재해자 수의 비율을 말한다)이 규모별 같은 업종의 평균 사망만인율 이상인 사업장
3. 법 제44조제1항 전단에 따른 중대산업사고가 발생한 사업장
4. 법 제57조제1항을 위반하여 산업재해 발생 사실을 은폐한 사업장
5. 법 제57조제3항에 따른 산업재해의 발생에 관한 보고를 최근 3년 이내 2회 이상 하지 않은 사업장

② 제1항제1호부터 제3호까지의 규정에 해당하는 사업장은 해당 사업장이 관계수급인의 사업장으로서 법 제63조에 따른 도급인이 관계수급인 근로자의 산업재해 예방을 위한 조치의무를 위반하여 관계수급인 근로자가 산업재해를 입은 경우에는 도급인의 사업장(도급인이 제공하거나 지정한 경우로서 도급인이 지배·관리하는 제11조 각 호에 해당하는 장소를 포함한다. 이하 같다)의 법 제10조제1항에 따른 산업재해발생건수등을 함께 공표한다.

[표] 발생건수비교

중대재해 3가지	중대산업사고 정의	산업재해 발생건수 공표	안전관리자 교체, 증원	안전보건개선계획
사망자 1명 이상	위험 설비 또는 인근 지역 주민에게 피해를 입히는 누출, 화재, 폭발사고	사망자 연간 2명 이상	중대재해 연간2건 (단, 사망만인율이 평균 이상)	중대재해 발생 사업장
3개월 이상 부상자 동시 2명		사망만인율 평균 이상	연간재해율이 평균의 2배	산업재해율이 평균 2배 이상
부상자 또는 질병자 동시 10명		중대산업사고 발생 사업장	관리자가 3개월 이상 수행×	사업장 주변 피해 확산
		산업재해 발생사실 은폐 사업장	화학적 인자로 직업상 질병자가 연간 3명 이상 발생	직업성 질병자 연간 2명(1,000명 이상은 3명)
		3년이내 2회 보고 누락 사업장		

정답확인

산업안전보건법 시행령

02 산업안전보건법령상 상시근로자 100명인 사업장에 안전보건관리책임자를 두어야 하는 사업을 모두 고른 것은?

ㄱ. 식료품 제조업, 음료제조업
ㄴ. 1차금속 제조업
ㄷ. 농업
ㄹ. 금융 및 보험업

① ㄱ, ㄴ
② ㄴ, ㄷ
③ ㄷ, ㄹ
④ ㄱ, ㄴ, ㄹ
⑤ ㄱ, ㄴ, ㄷ, ㄹ

답 ①

해설

안전보건관리책임자를 두어야 하는 사업의 종류 및 사업장의 상시근로자수(제14조 제1항 관련)

사업의 종류	사업장의 상시근로자 수
1. 토사석 광업 2. 식료품 제조업, 음료 제조업 3. 목재 및 나무제품 제조업 ; 가구 제외 4. 펄프, 종이 및 종이제품 제조업 5. 코크스, 연탄 및 석유정제품 제조업 6. 화학물질 및 화학제품 제조업 ; 의약품 제외 7. 의료용 물질 및 의약품 제조업 8. 고무 및 플라스틱제품 제조업 9. 비금속 광물제품 제조업 10. 1차 금속 제조업 11. 금속가공제품 제조업 ; 기계 및 가구 제외 12. 전자부품, 컴퓨터, 영상, 음향 및 통신장비 제조업 13. 의료, 정밀, 광학기기 및 시계 제조업 14. 전기장비 제조업 15. 기타 기계 및 장비 제조업 16. 자동차 및 트레일러 제조업 17. 기타 운송장비 제조업 18. 가구 제조업 19. 기타 제품 제조업 20. 서적, 잡지 및 기타 인쇄물 출판업 21. 해체, 선별 및 원료 재생업 22. 자동차 종합 수리업, 자동차 전문 수리업	상시 근로자 50명 이상

사업의 종류	사업장의 상시근로자 수
23. 농업 24. 어업 25. 소프트웨어 개발 및 공급업 26. 컴퓨터 프로그래밍, 시스템 통합 및 관리업 26의2. 영상 · 오디오물 제공 서비스업 27. 정보서비스업 28. 금융 및 보험업 29. 임대업; 부동산 제외 30. 전문, 과학 및 기술 서비스업(연구개발업은 제외한다) 31. 사업지원 서비스업 32. 사회복지 서비스업	상시 근로자 300명 이상
33. 건설업	공사금액 20억원 이상
34. 제1호부터 제26호까지, 제26호의2 및 제27호부터제33호까지의 사업을 제외한 사업	상시 근로자 100명 이상

정답근거

산업안전보건법 시행령 [별표 2]

03 **산업안전보건법령상 사업주가 소속 근로자에게 정기적인 안전보건교육을 실시하여야 하는 사업에 해당하는 것은?(단, 다른 감면조건은 고려하지 않음)**

① 소프트웨어 개발 및 공급업

② 금융 및 보험업

③ 사업지원 서비스업

④ 사회복지 서비스업

⑤ 사진처리업

답 ⑤

해설

제29조(근로자에 대한 안전보건교육) ① 사업주는 소속 근로자에게 고용노동부령으로 정하는 바에 따라 정기적으로 안전보건교육을 하여야 한다.

② 사업주는 근로자를 채용할 때와 작업내용을 변경할 때에는 그 근로자에게 고용노동부령으로 정하는 바에 따라 해당 작업에 필요한 안전보건교육을 하여야 한다. 다만, 제31조제1항에 따른 안전보건교육을 이수한 건설 일용근로자를 채용하는 경우에는 그러하지 아니하다.〈개정 2020. 6. 9.〉

③ 사업주는 근로자를 유해하거나 위험한 작업에 채용하거나 그 작업으로 작업내용을 변경할 때에는 제2항에 따른 안전보건교육 외에 고용노동부령으로 정하는 바에 따라 유해하거나 위험한 작업에 필요한 안전보건교육을 추가로 하여야 한다.

④ 사업주는 제1항부터 제3항까지의 규정에 따른 안전보건교육을 제33조에 따라 고용노동부장관에게 등록한 안전보건교육기관에 위탁할 수 있다.

제30조(근로자에 대한 안전보건교육의 면제 등) ① 사업주는 제29조제1항에도 불구하고 다음 각 호의 어느 하나에 해당하는 경우에는 같은 항에 따른 안전보건교육의 전부 또는 일부를 하지 아니할 수 있다.

1. 사업장의 산업재해 발생 정도가 고용노동부령으로 정하는 기준에 해당하는 경우
2. 근로자가 제11조제3호에 따른 시설에서 건강관리에 관한 교육 등 고용노동부령으로 정하는 교육을 이수한 경우
3. 관리감독자가 산업 안전 및 보건 업무의 전문성 제고를 위한 교육 등 고용노동부령으로 정하는 교육을 이수한 경우

② 사업주는 제29조제2항 또는 제3항에도 불구하고 해당 근로자가 채용 또는 변경된 작업에 경험이 있는 등 고용노동부령으로 정하는 경우에는 같은 조 제2항 또는 제3항에 따른 안전보건교육의 전부 또는 일부를 하지 아니할 수 있다.

정답근거

산업안전보건법

산업안전보건법 시행령 [별표 1]

법의 일부를 적용하지 않는 사업 또는 사업장 및 적용 제외 법 규정(제2조제1항 관련)

대상 사업 또는 사업장	적용 제외 법 규정
1. 다음 각 목의 어느 하나에 해당하는 사업 가. 「광산안전법」 적용 사업(광업 중 광물의 채광·채굴·선광 또는 제련 등의 공정으로 한정하며, 제조공정은 제외한다) 나. 「원자력안전법」 적용 사업(발전업 중 원자력 발전설비를 이용하여 전기를 생산하는 사업장으로 한정한다) 다. 「항공안전법」 적용 사업(항공기, 우주선 및 부품 제조업과 창고 및 운송관련 서비스업, 여행사 및 기타 여행보조 서비스업 중 항공 관련 사업은 각각 제외한다) 라. 「선박안전법」 적용 사업(선박 및 보트 건조업은 제외한다)	제15조부터 제17조까지, 제20조제1호, 제21조(다른 규정에 따라 준용되는 경우는 제외한다), 제24조(다른 규정에 따라 준용되는 경우는 제외한다), 제2장제2절, 제29조(보건에 관한 사항은 제외한다), 제30조(보건에 관한 사항은 제외한다), 제31조, 제38조, 제51조(보건에 관한 사항은 제외한다), 제52조(보건에 관한 사항은 제외한다), 제53조(보건에 관한 사항은 제외한다), 제54조(보건에 관한 사항은 제외한다), 제55조, 제58조부터 제60조까지, 제62조, 제63조, 제64조(제1항제6호는 제외한다), 제65조, 제66조, 제72조, 제75조, 제88조, 제103조부터 제107조까지 및 제160조(제21조제4항 및 제88조제5항과 관련되는 과징금으로 한정한다)

2. 다음 각 목의 어느 하나에 해당하는 사업 가. 소프트웨어 개발 및 공급업 나. 컴퓨터 프로그래밍, 시스템 통합 및 관리업 다. 정보서비스업 라. 금융 및 보험업 마. 기타 전문서비스업 바. 건축기술, 엔지니어링 및 기타 과학기술 서비스업 사. 기타 전문, 과학 및 기술 서비스업(사진 처리업은 제외한다) 아. 사업지원 서비스업 자. 사회복지 서비스업	제29조(제3항에 따른 추가교육은 제외한다) 및 제30조
3. 다음 각 목의 어느 하나에 해당하는 사업으로서 상시 근로자 50명 미만을 사용하는 사업장 가. 농업 나. 어업 다. 환경 정화 및 복원업 라. 소매업; 자동차 제외 마. 영화, 비디오물, 방송프로그램 제작 및 배급업 바. 녹음시설 운영업 사. 방송업 아. 부동산업(부동산 관리업은 제외한다) 자. 임대업; 부동산 제외 차. 연구개발업 카. 보건업(병원은 제외한다) 타. 예술, 스포츠 및 여가관련 서비스업 파. 협회 및 단체 하. 기타 개인 서비스업(세탁업은 제외한다)	
4. 다음 각 목의 어느 하나에 해당하는 사업 가. 공공행정(청소, 시설관리, 조리 등 현업업무에 종사하는 사람으로서 고용노동부장관이 정하여 고시하는 사람은 제외한다), 국방 및 사회보장 행정 나. 교육 서비스업 중 초등·중등·고등 교육기관, 특수학교·외국인학교 및 대안학교(청소, 시설관리, 조리 등 현업업무에 종사하는 사람으로서 고용노동부장관이 정하여 고시하는 사람은 제외한다)	제2장 제1절·제2절 및 제3장(다른 규정에 따라 준용되는 경우는 제외한다.)
5. 다음 각 목의 어느 하나에 해당하는 사업 가. 초등·중등·고등 교육기관, 특수학교·외국인학교 및 대안학교 외의 교육서비스업(청소년수련시설 운영업은 제외한다) 나. 국제 및 외국기관 다. 사무직에 종사하는 근로자만을 사용하는 사업장(사업장이 분리된 경우로서 사무직에 종사하는 근로자만을 사용하는 사업장을 포함한다)	제2장제1절·제2절, 제3장 및 제5장제2절(제64조제1항제6호는 제외한다). 다만, 다른 규정에 따라 준용되는 경우는 해당 규정을 적용한다.
6. 상시 근로자 5명 미만을 사용하는 사업장	제2장제1절·제2절, 제3장(제29조제3항에 따른 추가교육은 제외한다), 제47조, 제49조, 제50조 및 제159조(다른 규정에 따라 준용되는 경우는 제외한다)

비고: 제1호부터 제6호까지의 규정에 따른 사업에 둘 이상 해당하는 사업의 경우에는 각각의 호에 따라 적용이 제외되는 규정은 모두 적용하지 않는다.

04 **산업안전보건법령상 안전관리전문기관에 대하여 6개월 이내의 기간을 정하여 업무정지명령을 할 수 있는 사유에 해당하지 않는 것은?**

① 지정받은 사항을 위반하여 업무를 수행한 경우

② 거짓이나 그 밖의 부정한 방법으로 지정을 받은 경우

③ 정당한 사유없이 안전관리 또는 보건관리 업무의 수탁을 거부한 경우

④ 안전관리 또는 보건관리 업무와 관련된 비치서류를 보존하지 않은 경우

⑤ 안전관리 또는 보건관리 업무 수행과 관련한 대가 외에 금품을 받은 경우

답 ②

해설

제21조(안전관리전문기관 등) ① 안전관리전문기관 또는 보건관리전문기관이 되려는 자는 대통령령으로 정하는 인력 · 시설 및 장비 등의 요건을 갖추어 고용노동부장관의 지정을 받아야 한다.

② 고용노동부장관은 안전관리전문기관 또는 보건관리전문기관에 대하여 평가하고 그 결과를 공개할 수 있다. 이 경우 평가의 기준 · 방법 및 결과의 공개에 필요한 사항은 고용노동부령으로 정한다.

③ 안전관리전문기관 또는 보건관리전문기관의 지정 절차, 업무 수행에 관한 사항, 위탁받은 업무를 수행할 수 있는 지역, 그 밖에 필요한 사항은 고용노동부령으로 정한다.

④ 고용노동부장관은 안전관리전문기관 또는 보건관리전문기관이 다음 각 호의 어느 하나에 해당할 때에는 그 지정을 취소하거나 6개월 이내의 기간을 정하여 그 업무의 정지를 명할 수 있다. 다만, 제1호 또는 제2호에 해당할 때에는 그 지정을 취소하여야 한다.

1. 거짓이나 그 밖의 부정한 방법으로 지정을 받은 경우
2. 업무정지 기간 중에 업무를 수행한 경우
3. 제1항에 따른 지정 요건을 충족하지 못한 경우
4. 지정받은 사항을 위반하여 업무를 수행한 경우
5. 그 밖에 대통령령으로 정하는 사유에 해당하는 경우

⑤ 제4항에 따라 지정이 취소된 자는 지정이 취소된 날부터 2년 이내에는 각각 해당 안전관리전문기관 또는 보건관리전문기관으로 지정받을 수 없다.

정답근거

산업안전보건법

보충학습

제28조(안전관리전문기관 등의 지정 취소 등의 사유) 법 제21조제4항제5호에서 "대통령령으로 정하는 사유에 해당하는 경우"란 다음 각 호의 경우를 말한다.

1. 안전관리 또는 보건관리 업무 관련 서류를 거짓으로 작성한 경우
2. 정당한 사유 없이 안전관리 또는 보건관리 업무의 수탁을 거부한 경우
3. 위탁받은 안전관리 또는 보건관리 업무에 차질을 일으키거나 업무를 게을리한 경우
4. 안전관리 또는 보건관리 업무를 수행하지 않고 위탁 수수료를 받은 경우
5. 안전관리 또는 보건관리 업무와 관련된 비치서류를 보존하지 않은 경우
6. 안전관리 또는 보건관리 업무 수행과 관련한 대가 외에 금품을 받은 경우
7. 법에 따른 관계 공무원의 지도 · 감독을 거부 · 방해 또는 기피한 경우

정답근거

산업안전보건법 시행령

05 **산업안전보건법령상 건설업체의 산업재해발생률 산출 계산식상 사업주의법 위반으로 인한 것이 아니라고 인정되는 재해에 의한 사고사망자로서 "사고사망자 수" 산정에서 제외되는 경우를 모두 고른 것은?**

ㄱ. 방화, 근로자간 또는 타인간의 폭행에 의한 경우
ㄴ. 태풍 등 천재지변에 의한 불가항력적인 재해의 경우
ㄷ. 「도로교통법」에 따라 도로에서 발생한 교통사고로서 해당 공사의 공사용 차량·장비에 의한 사고에 의한 경우
ㄹ. 야유회 중의 사고 등 건설작업과 직접 관련이 없는 경우

① ㄱ, ㄷ
② ㄴ, ㄹ
③ ㄱ, ㄴ, ㄷ
④ ㄱ, ㄴ, ㄹ
⑤ ㄱ, ㄴ, ㄷ, ㄹ

답 ④

해설

사고사망자 중 다음의 어느 하나에 해당하는 경우로서 사업주의 법 위반으로 인한 것이 아니라고 인정되는 재해에 의한 사고사망자는 사고사망자 수 산정에서 제외한다.
① 방화, 근로자간 또는 타인간의 폭행에 의한 경우
② 「도로교통법」에 따라 도로에서 발생한 교통사고에 의한 경우(해당 공사의 공사용 차량 · 장비에 의한 사고는 제외한다)
③ 태풍 · 홍수 · 지진 · 눈사태 등 천재지변에 의한 불가항력적인 재해의 경우
④ 작업과 관련이 없는 제3자의 과실에 의한 경우(해당 목적물 완성을 위한 작업자간의 과실은 제외한다)
⑤ 그 밖에 야유회, 체육행사, 취침 · 휴식 중의 사고 등 건설작업과 직접 관련이 없는 경우

정답근거

산업안전보건법 시행규칙 [별표 1]

06 **산업안전보건법령상 도급인의 안전조치 및 보건조치에 관한 설명으로 옳은 것은?**

① 건설업의 도급인은 작업장의 정기 안전·보건점검을 분기에 1회 이상 실시하여야 한다.

② 토사석 광업의 도급인은 3일에 1회 이상 작업장 순회점검을 실시하여야 한다.

③ 안전 및 보건에 관한 협의체는 도급인 및 그의 수급인 전원으로 구성해야 한다.

④ 안전 및 보건에 관한 협의체는 분기별 1회 이상 정기적으로 회의를 개최하고 그 결과를 기록·보존해야 한다.

⑤ 관계수급인의 공사금액을 포함한 해당 공사의 총공사금액이 10억원 이상인 건설업은 안전보건총괄책임자 지정 대상사업에 해당한다.

답 ③

해설

제64조(도급에 따른 산업재해 예방조치)① 도급인은 관계수급인 근로자가 도급인의 사업장에서 작업을 하는 경우 다음 각 호의 사항을 이행하여야 한다. 〈개정 2021. 5. 18.〉

1. 도급인과 수급인을 구성원으로 하는 안전 및 보건에 관한 협의체의 구성 및 운영
2. 작업장 순회점검
3. 관계수급인이 근로자에게 하는 제29조제1항부터 제3항까지의 규정에 따른 안전보건교육을 위한 장소 및 자료의 제공 등 지원
4. 관계수급인이 근로자에게 하는 제29조제3항에 따른 안전보건교육의 실시 확인
5. 다음 각 목의 어느 하나의 경우에 대비한 경보체계 운영과 대피방법 등 훈련
   가. 작업 장소에서 발파작업을 하는 경우
   나. 작업 장소에서 화재 · 폭발, 토사 · 구축물 등의 붕괴 또는 지진 등이 발생한 경우
6. 위생시설 등 고용노동부령으로 정하는 시설의 설치 등을 위하여 필요한 장소의 제공 또는 도급인이 설치한 위생시설 이용의 협조
7. 같은 장소에서 이루어지는 도급인과 관계수급인 등의 작업에 있어서 관계수급인 등의 작업시기 · 내용, 안전조치 및 보건조치 등의 확인
8. 제7호에 따른 확인 결과 관계수급인 등의 작업 혼재로 인하여 화재 · 폭발 등 대통령령으로 정하는 위험이 발생할 우려가 있는 경우 관계수급인 등의 작업시기 · 내용 등의 조정

② 제1항에 따른 도급인은 고용노동부령으로 정하는 바에 따라 자신의 근로자 및 관계수급인 근로자와 함께 정기적으로 또는 수시로 작업장의 안전 및 보건에 관한 점검을 하여야 한다.

③ 제1항에 따른 안전 및 보건에 관한 협의체 구성 및 운영, 작업장 순회점검, 안전보건교육 지원, 그 밖에 필요한 사항은 고용노동부령으로 정한다.

정답근거

산업안전보건법

제80조(도급사업 시의 안전 · 보건조치 등) ① 도급인은 법 제64조제1항제2호에 따른 작업장 순회점검을 다음 각 호의 구분에 따라 실시해야 한다.

1. 다음 각 목의 사업: 2일에 1회 이상
   가. 건설업
   나. 제조업
   다. 토사석 광업
   라. 서적, 잡지 및 기타 인쇄물 출판업
   마. 음악 및 기타 오디오물 출판업
   바. 금속 및 비금속 원료 재생업

2. 제1호 각 목의 사업을 제외한 사업: 1주일에 1회 이상
② 관계수급인은 제1항에 따라 도급인이 실시하는 순회점검을 거부 · 방해 또는 기피해서는 안 되며 점검 결과 도급인의 시정요구가 있으면 이에 따라야 한다.
③ 도급인은 법 제64조제1항제3호에 따라 관계수급인이 실시하는 근로자의 안전 · 보건교육에 필요한 장소 및 자료의 제공 등을 요청받은 경우 협조해야 한다.

제82조(도급사업의 합동 안전 · 보건점검) ① 법 제64조제2항에 따라 도급인이 작업장의 안전 및 보건에 관한 점검을 할 때에는 다음 각 호의 사람으로 점검반을 구성해야 한다.
1. 도급인(같은 사업 내에 지역을 달리하는 사업장이 있는 경우에는 그 사업장의 안전보건관리책임자)
2. 관계수급인(같은 사업 내에 지역을 달리하는 사업장이 있는 경우에는 그 사업장의 안전보건관리책임자)
3. 도급인 및 관계수급인의 근로자 각 1명(관계수급인의 근로자의 경우에는 해당 공정만 해당한다)
② 법 제64조제2항에 따른 정기 안전 · 보건점검의 실시 횟수는 다음 각 호의 구분에 따른다.
1. 다음 각 목의 사업: 2개월에 1회 이상
가. 건설업
나. 선박 및 보트 건조업
2. 제1호의 사업을 제외한 사업: 분기에 1회 이상

정답근거

산업안전보건법 시행규칙

보충학습

1. 산업안전 보건법 시행령

제52조(안전보건총괄책임자 지정 대상사업) 법 제62조제1항에 따른 안전보건총괄책임자(이하 "안전보건총괄책임자"라 한다)를 지정해야 하는 사업의 종류 및 사업장의 상시근로자 수는 관계수급인에게 고용된 근로자를 포함한 상시근로자가 100명(선박 및 보트 건조업, 1차 금속 제조업 및 토사석 광업의 경우에는 50명) 이상인 사업이나 관계수급인의 공사금액을 포함한 해당 공사의 총공사금액이 20억원 이상인 건설업으로 한다.

2. 산업안전보건법 시행규칙

제79조(협의체의 구성 및 운영) ① 법 제64조제1항제1호에 따른 안전 및 보건에 관한 협의체(이하 이 조에서 "협의체"라 한다)는 도급인 및 그의 수급인 전원으로 구성해야 한다.
② 협의체는 다음 각 호의 사항을 협의해야 한다.
1. 작업의 시작 시간
2. 작업 또는 작업장 간의 연락방법
3. 재해발생 위험이 있는 경우 대피방법
4. 작업장에서의 법 제36조에 따른 위험성평가의 실시에 관한 사항
5. 사업주와 수급인 또는 수급인 상호 간의 연락 방법 및 작업공정의 조정
③ 협의체는 매월 1회 이상 정기적으로 회의를 개최하고 그 결과를 기록 · 보존해야 한다.

07 **산업안전보건법령상 안전보건관리규정의 세부 내용 중 작업장 안전관리에 관한 사항에 해당하지 않는 것은?**

① 안전·보건관리에 관한 계획의 수립 및 시행에 관한 사항

② 기계·기구 및 설비의 방호조치에 관한 사항

③ 보호구의 지급 등에 관한 사항

④ 위험물질의 보관 및 출입 제한에 관한 사항

⑤ 안전표시·안전수칙의 종류 및 게시에 관한 사항

전항정답

해설

안전보건관리규정의 세부 내용(제25조 제2항 관련)

① 총칙
　㉮ 안전보건관리규정 작성의 목적 및 적용 범위에 관한 사항
　㉯ 사업주 및 근로자의 재해 예방 책임 및 의무 등에 관한 사항
　㉰ 하도급 사업장에 대한 안전 · 보건관리에 관한 사항
② 안전 · 보건 관리조직과 그 직무
　㉮ 안전 · 보건 관리조직의 구성방법, 소속, 업무 분장 등에 관한 사항
　㉯ 안전보건관리책임자(안전보건총괄책임자), 안전관리자, 보건관리자, 관리감독자의 직무 및 선임에 관한 사항
　㉰ 산업안전보건위원회의 설치 · 운영에 관한 사항
　㉱ 명예산업안전감독관의 직무 및 활동에 관한 사항
　㉲ 작업지휘자 배치 등에 관한 사항
③ 안전 · 보건교육
　㉮ 근로자 및 관리감독자의 안전 · 보건교육에 관한 사항
　㉯ 교육계획의 수립 및 기록 등에 관한 사항
④ 작업장 안전관리
　㉮ 안전 · 보건관리에 관한 계획의 수립 및 시행에 관한 사항
　㉯ 기계 · 기구 및 설비의 방호조치에 관한 사항
　㉰ 유해 · 위험기계등에 대한 자율검사프로그램에 의한 검사 또는 안전검사에 관한 사항
　㉱ 근로자의 안전수칙 준수에 관한 사항
　㉲ 위험물질의 보관 및 출입 제한에 관한 사항
　㉳ 중대재해 및 중대산업사고 발생, 급박한 산업재해 발생의 위험이 있는 경우 작업중지에 관한 사항
　㉴ 안전표지 · 안전수칙의 종류 및 게시에 관한 사항과 그 밖에 안전관리에 관한 사항
⑤ 작업장 보건관리
　㉮ 근로자 건강진단, 작업환경측정의 실시 및 조치절차 등에 관한 사항
　㉯ 유해물질의 취급에 관한 사항
　㉰ 보호구의 지급 등에 관한 사항
　㉱ 질병자의 근로 금지 및 취업 제한 등에 관한 사항
　㉲ 보건표지 · 보건수칙의 종류 및 게시에 관한 사항과 그 밖에 보건관리에 관한 사항
⑥ 사고 조사 및 대책 수립
　㉮ 산업재해 및 중대산업사고의 발생 시 처리 절차 및 긴급조치에 관한 사항
　㉯ 산업재해 및 중대산업사고의 발생원인에 대한 조사 및 분석, 대책 수립에 관한 사항
　㉰ 산업재해 및 중대산업사고 발생의 기록 · 관리 등에 관한 사항

⑦ 위험성평가에 관한 사항
㉮ 위험성평가의 실시 시기 및 방법, 절차에 관한 사항
㉯ 위험성 감소대책 수립 및 시행에 관한 사항

8. 보칙
㉮ 무재해운동 참여, 안전 · 보건 관련 제안 및 포상 · 징계 등 산업재해 예방을 위하여 필요하다고 판단하는 사항
㉯ 안전 · 보건 관련 문서의 보존에 관한 사항
㉰ 그 밖의 사항
사업장의 규모 · 업종 등에 적합하게 작성하며, 필요한 사항을 추가하거나 그 사업장에 관련되지 않는 사항은 제외할 수 있다.

정답확인

산업안전보건법 시행규칙 [별표 3]

08 산업안전보건법 제58조(유해한 작업의 도급금지) 규정의 일부이다. ( )에 들어갈 숫자로 옳은 것은?

> 제58조(유해한 작업의 도급금지) ①~④ 생략
> ⑤ 고용노동부장관은 제4항에 따른 유효기간이 만료되는 경우에 사업주가 유효기간의 연장을 신청하면 승인의 유효기간이 만료되는 날의 다음 날부터 ( )년의 범위에서 고용노동부령으로 정하는 바에 따라 그 기간의 연장을 승인할 수 있다.〈이하 생략〉

① 1　　② 2
③ 3　　④ 4
⑤ 5

답 ③

해설

제58조(유해한 작업의 도급금지) ① 사업주는 근로자의 안전 및 보건에 유해하거나 위험한 작업으로서 다음 각 호의 어느 하나에 해당하는 작업을 도급하여 자신의 사업장에서 수급인의 근로자가 그 작업을 하도록 해서는 아니 된다.

1. 도금작업
2. 수은, 납 또는 카드뮴을 제련, 주입, 가공 및 가열하는 작업
3. 제118조제1항에 따른 허가대상물질을 제조하거나 사용하는 작업

② 사업주는 제1항에도 불구하고 다음 각 호의 어느 하나에 해당하는 경우에는 제1항 각 호에 따른 작업을 도급하여 자신의 사업장에서 수급인의 근로자가 그 작업을 하도록 할 수 있다.

1. 일시 · 간헐적으로 하는 작업을 도급하는 경우
2. 수급인이 보유한 기술이 전문적이고 사업주(수급인에게 도급을 한 도급인으로서의 사업주를 말한다)의 사업 운영에 필수 불가결한 경우로서 고용노동부장관의 승인을 받은 경우

③ 사업주는 제2항제2호에 따라 고용노동부장관의 승인을 받으려는 경우에는 고용노동부령으로 정하는 바에 따라 고용노동부장관이 실시하는 안전 및 보건에 관한 평가를 받아야 한다.

④ 제2항제2호에 따른 승인의 유효기간은 3년의 범위에서 정한다.

⑤ 고용노동부장관은 제4항에 따른 유효기간이 만료되는 경우에 사업주가 유효기간의 연장을 신청하면 승인의 유효기간이 만료되는 날의 다음 날부터 3년의 범위에서 고용노동부령으로 정하는 바에 따라 그 기간의 연장을 승인할 수 있다. 이 경우 사업주는 제3항에 따른 안전 및 보건에 관한 평가를 받아야 한다.

⑥ 사업주는 제2항제2호 또는 제5항에 따라 승인을 받은 사항 중 고용노동부령으로 정하는 사항을 변경하려는 경우에는 고용노동부령으로 정하는 바에 따라 변경에 대한 승인을 받아야 한다.

⑦ 고용노동부장관은 제2항제2호, 제5항 또는 제6항에 따라 승인, 연장승인 또는 변경승인을 받은 자가 제8항에 따른 기준에 미달하게 된 경우에는 승인, 연장승인 또는 변경승인을 취소하여야 한다.

⑧ 제2항제2호, 제5항 또는 제6항에 따른 승인, 연장승인 또는 변경승인의 기준 · 절차 및 방법, 그 밖에 필요한 사항은 고용노동부령으로 정한다.

정답근거

산업안전보건법

09 산업안전보건법령상 타워크레인 설치·해체업의 등록 등에 관한 설명으로 옳지 않은 것은?

① 타워크레인 설치·해체업을 등록한 자가 등록한 사항 중 업체의 소재지를 변경할 때에는 변경등록을 하여야 한다.

② 타워크레인을 설치하거나 해체하려는 자가 「국가기술자격법」에 따른 비계 기능사의 자격을 가진 사람 3명을 보유하였다면, 타워크레인 설치·해체업을 등록할 수 있다.

③ 송수신기는 타워크레인 설치·해체업의 장비기준에 포함된다.

④ 타워크레인 설치·해체업을 등록하려는 자는 설치·해체업 등록신청서에 관련서류를 첨부하여 주된 사무소의 소재지를 관할하는 지방고용노동관서의 장에게 제출해야 한다.

⑤ 타워크레인 설치·해체업의 등록이 취소된 자는 등록이 취소된 날부터 2년 이내에는 타워크레인 설치·해체업으로 등록받을 수 없다.

답 ②

해설

제72조(타워크레인 설치 · 해체업의 등록요건) ① 법 제82조제1항 전단에 따라 타워크레인을 설치하거나 해체하려는 자가 갖추어야 하는 인력 · 시설 및 장비의 기준은 별표 22와 같다.

② 법 제82조제1항 후단에서 "대통령령으로 정하는 중요한 사항"이란 다음 각 호의 사항을 말한다.

1. 업체의 명칭(상호)
2. 업체의 소재지
3. 대표자의 성명

제73조(타워크레인 설치 · 해체업의 등록 취소 등의 사유) 법 제82조제4항에 따라 준용되는 법 제21조제4항제5호에서 "대통령령으로 정하는 사유에 해당하는 경우"란 다음 각 호의 어느 하나에 해당하는 경우를 말한다.

1. 법 제38조에 따른 안전조치를 준수하지 않아 벌금형 또는 금고 이상의 형의 선고를 받은 경우
2. 법에 따른 관계 공무원의 지도 · 감독을 거부 · 방해 또는 기피한 경우

정답근거

산업안전보건법 시행령

보충학습

산업안전보건법 시행령 [별표 22]

타워크레인 설치 · 해체업의 인력 · 시설 및 장비 기준(제72조제1항 관련)

① 인력기준: 다음 각 목의 어느 하나에 해당하는 사람 4명 이상을 보유할 것

㉮ 「국가기술자격법」에 따른 판금제관기능사 또는 비계기능사의 자격을 가진 사람

㉯ 법 제140조제2항에 따라 지정된 타워크레인 설치 · 해체작업 교육기관에서 지정된 교육을 이수하고 수료시험에 합격한 사람으로서 합격 후 5년이 지나지 않은 사람

㉰ 법 제140조제2항에 따라 지정된 타워크레인 설치 · 해체작업 교육기관에서 보수교육을 이수한 후 5년이 지나지 않은 사람

② 시설기준 : 사무실

③ 장비기준

㉮ 렌치류(토크렌치, 함마렌치 및 전동임팩트렌치 등 볼트, 너트, 나사 등을 죄거나 푸는 공구)

㉯ 드릴링머신(회전축에 드릴을 달아 구멍을 뚫는 기계)

㉰ 버니어캘리퍼스(자로 재기 힘든 물체의 두께, 지름 따위를 재는 기구)

㉱ 트랜싯(각도를 측정하는 측량기기로 같은 수준의 기능 및 성능의 측량기기를 갖춘 경우도 인정한다)

㉲ 체인블록 및 레버블록(체인 또는 레버를 이용하여 중량물을 달아 올리거나 수직·수평·경사로 이동시키는데 사용하는 기구)

㉳ 전기테스터기

㉴ 송수신기

10 산업안전보검법령상 안전검사를 면제할 수 있는 경우에 해당하지 않는 것은?

① 「방위사업법」 제28조제1항에 따른 품질보증을 받은 경우

② 「선박안전법」 제8조부터 제12조까지의 규정에 따른 검사를 받은 경우

③ 「에너지이용 합리화법」 제39조제4항에 따른 검사를 받은 경우

④ 「항만법」제26조제1항제3호에 따른 검사를 받은 경우

⑤ 「화학물관리법」제24조제3항 본문에 따른 정기검사를 받은 경우

답 ①

해설

제125조(안전검사의 면제) 법 제93조제2항에서 "고용노동부령으로 정하는 경우"란 다음 각 호의 어느 하나에 해당하는 경우를 말한다.

1. 「건설기계관리법」 제13조제1항제1호 · 제2호 및 제4호에 따른 검사를 받은 경우(안전검사 주기에 해당하는 시기의 검사로 한정한다)
2. 「고압가스 안전관리법」 제17조제2항에 따른 검사를 받은 경우
3. 「광산안전법」 제9조에 따른 검사 중 광업시설의 설치 · 변경공사 완료 후 일정한 기간이 지날 때마다 받는 검사를 받은 경우
4. 「선박안전법」 제8조부터 제12조까지의 규정에 따른 검사를 받은 경우
5. 「에너지이용 합리화법」 제39조제4항에 따른 검사를 받은 경우
6. 「원자력안전법」 제22조제1항에 따른 검사를 받은 경우
7. 「위험물안전관리법」 제18조에 따른 정기점검 또는 정기검사를 받은 경우
8. 「전기사업법」 제65조에 따른 검사를 받은 경우
9. 「항만법」 제26조제1항제3호에 따른 검사를 받은 경우
10. 「화재예방, 소방시설 설치 · 유지 및 안전관리에 관한 법률」 제25조제1항에 따른 자체점검 등을 받은 경우
11. 「화학물질관리법」 제24조제3항 본문에 따른 정기검사를 받은 경우

정답확인

산업안전보건법 시행규칙

11 산업안전보건법령상 유해하거나 위험한 기계·기구에 대한 방호조치에 관한 설명으로 옳지 않은 것은?

① 동력으로 작동하는 금속절단기에 날접촉 예방장치를 설치하여야 사용에 제공할 수 있다.

② 동력으로 작동하는 기계·기구로서 속도조절이 부분이 있는 것은 속도조절 부분에 덮개를 부착하거나 방호망을 설치하여야 양도할 수 있다.

③ 사업주는 방호조치가 정상적인 기능을 발휘할 수 있도록 방호조치와 관련되는 장치를 상시적으로 점검하고 정비하여야 한다.

④ 동력으로 작동하는 기계·기구의 방호조치를 해체하려는 경우 사업주의 허가를 받아야 한다.

⑤ 동력으로 작동하는 진공포장기에 구동부 방호 연동장치를 설치하지 않고 대여의 목적으로 진열한 자는 3년 이하의 지역 또는 3천만원 이하의 벌금에 처한다.

답 ⑤

해설

제98조(방호조치)

① 법 제80조제1항에 따라 영 제70조 및 영 별표 20의 기계 · 기구에 설치해야 할 방호장치는 다음 각 호와 같다.
1. 영 별표 20 제1호에 따른 예초기 : 날접촉 예방장치
2. 영 별표 20 제2호에 따른 원심기 : 회전체 접촉 예방장치
3. 영 별표 20 제3호에 따른 공기압축기 : 압력방출장치
4. 영 별표 20 제4호에 따른 금속절단기 : 날접촉 예방장치
5. 영 별표 20 제5호에 따른 지게차 : 헤드 가드, 백레스트(backrest), 전조등, 후미등, 안전벨트
6. 영 별표 20 제6호에 따른 포장기계 : 구동부 방호 연동장치

② 법 제80조제2항에서 "고용노동부령으로 정하는 방호조치"란 다음 각 호의 방호조치를 말한다.
1. 작동 부분의 돌기부분은 묻힘형으로 하거나 덮개를 부착할 것
2. 동력전달부분 및 속도조절부분에는 덮개를 부착하거나 방호망을 설치할 것
3. 회전기계의 물림점(롤러나 톱니바퀴 등 반대방향의 두 회전체에 물려 들어가는 위험점)에는 덮개 또는 울을 설치할 것

③ 제1항 및 제2항에 따른 방호조치에 필요한 사항은 고용노동부장관이 정하여 고시한다.

제99조(방호조치 해체 등에 필요한 조치)

① 법 제80조제4항에서 "고용노동부령으로 정하는 경우"란 다음 각 호의 경우를 말하며, 그에 필요한 안전조치 및 보건조치는 다음 각 호에 따른다.
1. 방호조치를 해체하려는 경우: 사업주의 허가를 받아 해체할 것
2. 방호조치 해체 사유가 소멸된 경우: 방호조치를 지체 없이 원상으로 회복시킬 것
3. 방호조치의 기능이 상실된 것을 발견한 경우: 지체 없이 사업주에게 신고할 것

② 사업주는 제1항제3호에 따른 신고가 있으면 즉시 수리, 보수 및 작업중지 등 적절한 조치를 해야 한다

정답근거

산업안전보건법 시행규칙

제80조(유해하거나 위험한 기계 · 기구에 대한 방호조치)

① 누구든지 동력(動力)으로 작동하는 기계 · 기구로서 대통령령으로 정하는 것은 고용노동부령으로 정하는 유해 · 위험 방지를 위한 방호조치를 하지 아니하고는 양도, 대여, 설치 또는 사용에 제공하거나 양도 · 대여의 목적으로 진열해서는 아니 된다.

② 누구든지 동력으로 작동하는 기계 · 기구로서 다음 각 호의 어느 하나에 해당하는 것은 고용노동부령으로 정하는 방호조치를 하지 아니하고는 양도, 대여, 설치 또는 사용에 제공하거나 양도 · 대여의 목적으로 진열해서는 아니 된다.
1. 작동 부분에 돌기 부분이 있는 것
2. 동력전달 부분 또는 속도조절 부분이 있는 것
3. 회전기계에 물체 등이 말려 들어갈 부분이 있는 것

③ 사업주는 제1항 및 제2항에 따른 방호조치가 정상적인 기능을 발휘할 수 있도록 방호조치와 관련되는 장치를 상시적으로 점검하고 정비하여야 한다.

④ 사업주와 근로자는 제1항 및 제2항에 따른 방호조치를 해체하려는 경우 등 고용노동부령으로 정하는 경우에는 필요한 안전조치 및 보건조치를 하여야 한다.

제170조(벌칙)

다음 각 호의 어느 하나에 해당하는 자는 1년 이하의 징역 또는 1천만원 이하의 벌금에 처한다. 〈개정 2020. 3. 31.〉

1. 제41조제3항(제166조의2에서 준용하는 경우를 포함한다)을 위반하여 해고나 그 밖의 불리한 처우를 한 자
2. 제56조제3항(제166조의2에서 준용하는 경우를 포함한다)을 위반하여 중대재해 발생 현장을 훼손하거나 고용노동부장관의 원인조사를 방해한 자
3. 제57조제1항(제166조의2에서 준용하는 경우를 포함한다)을 위반하여 산업재해 발생 사실을 은폐한 자 또는 그 발생 사실을 은폐하도록 교사(敎唆)하거나 공모(共謀)한 자
4. 제65조제1항, 제80조제1항 · 제2항 · 제4항, 제85조제2항 · 제3항, 제92조제1항, 제141조제4항 또는 제162조를 위반한 자
5. 제85조제4항 또는 제92조제2항에 따른 명령을 위반한 자
6. 제101조에 따른 조사, 수거 또는 성능시험을 방해하거나 거부한 자
7. 제153조제1항을 위반하여 다른 사람에게 자기의 성명이나 사무소의 명칭을 사용하여 지도사의 직무를 수행하게 하거나 자격증 · 등록증을 대여한 사람
8. 제153조제2항을 위반하여 지도사의 성명이나 사무소의 명칭을 사용하여 지도사의 직무를 수행하거나 자격증 · 등록증을 대여받거나 이를 알선한 사람

정답근거

산업안전보건법

12 산업안전보건법령상 주요 구조 부분을 변경하는 경우 안전인증을 받아야 하는 기계 및 설비에 해당하지 않는 것은?

① 컨베이어

② 프레스

③ 전단기 및 절곡기

④ 사출성형기

⑤ 롤러기

답 ①

해설

제107조(안전인증대상기계등) 법 제84조제1항에서 "고용노동부령으로 정하는 안전인증대상기계등"이란 다음 각 호의 기계 및 설비를 말한다.

1. 설치ㆍ이전하는 경우 안전인증을 받아야 하는 기계
   가. 크레인
   나. 리프트
   다. 곤돌라
2. 주요 구조 부분을 변경하는 경우 안전인증을 받아야 하는 기계 및 설비
   가. 프레스
   나. 전단기 및 절곡기(折曲機)
   다. 크레인
   라. 리프트
   마. 압력용기
   바. 롤러기
   사. 사출성형기(射出成形機)
   아. 고소(高所)작업대
   자. 곤돌라

정답근거

산업안전보건법 시행규칙

13 **산업안전보건법령상 상시근로자 30명인 도매업의 사업주가 일용근로자를 제외한 근로자에게 실시해야 하는 안전보건교육 교육과정별 교육시간 중 채용시 교육의 교육시간으로 옳은 것은?(단, 다른 감면조건은 고려하지 않음)**

① 30분 이상
② 1시간 이상
③ 2시간 이상
④ 3시간 이상
⑤ 4시간 이상

답 ⑤

해설

안전보건교육 교육과정별 교육시간(제26조 제1항 관련)

1. 근로자 안전보건교육(제26조 제1항 제28조 제1항 관련)

교육과정	교육대상		교육시간
가. 정기교육	사무직 종사 근로자		매반기 6시간 이상
	사무직 종사 근로자 외의 근로자	판매업무에 직접 종사하는 근로자	매반기 6시간 이상
		판매업무에 직접 종사하는 근로자 외의 근로자	매반기 12시간 이상
	관리감독자의 지위에 있는 사람		연간 16시간 이상
나. 채용 시 교육	일용근로자		1시간 이상
	일용근로자를 제외한 근로자		8시간 이상
다. 작업내용 변경 시 교육	일용근로자		1시간 이상
	일용근로자를 제외한 근로자		2시간 이상
라. 특별교육	별표 5 제1호라목 각 호(제39호는 제외한다)의 어느 하나에 해당하는 작업에 종사하는 일용근로자		2시간 이상
	별표 5 제1호라목제39호의 타워크레인 신호작업에 종사하는 일용근로자		8시간 이상
	별표 5 제1호라목 각 호의 어느 하나에 해당하는 작업에 종사하는 일용근로자를 제외한 근로자		- 16시간 이상(최초 작업에 종사하기 전 4시간 이상 실시하고 12시간은 3개월 이내에서 분할하여 실시가능) - 단기간 작업 또는 간헐적 작업인 경우에는 2시간 이상
마. 건설업 기초안전 보건교육	건설 일용근로자		4시간 이상

비고
1. 상시 근로자 50명 미만의 도매업과 숙박 및 음식점업은 위 표의 가목부터 라목까지의 규정에도 불구하고 해당 교육과정별 교육시간의 2분의 1 이상을 실시하여야 한다.
2. 근로자(관리감독자의 지위에 있는 사람은 제외한다)가 「화학물질관리법 시행규칙」 제37조제4항에 따른 유해화학물질 안전교육을 받은 경우에는 그 시간만큼 가목에 따른 해당 분기의 정기교육을 받은 것으로 본다.
3. 방사선작업종사자가 「원자력안전법 시행령」 제148조제1항에 따라 방사선작업종사자 정기교육을 받은 때에는 그 해당시간만큼 가목에 따른 해당 분기의 정기교육을 받은 것으로 본다.
4. 방사선 업무에 관계되는 작업에 종사하는 근로자가 「원자력안전법 시행령」 제148조제1항에 따라 방사선작업종사자 신규교육 중 직장교육을 받은 때에는 그 시간만큼 라목 중 별표 5 제1호라목 33에 따른 해당 근로자에 대한 특별교육을 받은 것으로 본다.

정답근거

산업안전보건법 시행규칙 [별표 4]

14 산업안전보건법령상 유해성·위험성 조사 제외 화학물질에 해당하는 것을 모두 고른 것은?(단, 고용노동부 장관이 공표하거나 고시하는 물질은 고려하지 않음)

ㄱ. 「농약관리법」 제2조제1호 및 제3호에 따른 농약 및 원제
ㄴ. 「마약류 관리에 관한 법률」 제2조제1호에 따른 마약류
ㄷ. 「사료관리법」 제2조제1호에 따른 사료
ㄹ. 「생활주변방사선 안전관리법」 제2조 제2호에 따른 원료물질

① ㄱ, ㄴ
② ㄷ, ㄹ
③ ㄱ, ㄴ, ㄷ
④ ㄴ, ㄷ, ㄹ
⑤ ㄱ, ㄴ, ㄷ, ㄹ

답 ③

해설

제85조(유해성 · 위험성 조사 제외 화학물질) 법 제108조제1항 각 호 외의 부분 본문에서 "대통령령으로 정하는 화학물질"이란 다음 각 호의 어느 하나에 해당하는 화학물질을 말한다.

1. 원소
2. 천연으로 산출된 화학물질
3. 「건강기능식품에 관한 법률」 제3조제1호에 따른 건강기능식품
4. 「군수품관리법」 제2조 및 「방위사업법」 제3조제2호에 따른 군수품[「군수품관리법」 제3조에 따른 통상품(痛常品)은 제외한다]
5. 「농약관리법」 제2조제1호 및 제3호에 따른 농약 및 원제
6. 「마약류 관리에 관한 법률」 제2조제1호에 따른 마약류
7. 「비료관리법」 제2조제1호에 따른 비료
8. 「사료관리법」 제2조제1호에 따른 사료
9. 「생활화학제품 및 살생물제의 안전관리에 관한 법률」 제3조제7호 및 제8호에 따른 살생물물질 및 살생물제품
10. 「식품위생법」 제2조제1호 및 제2호에 따른 식품 및 식품첨가물
11. 「약사법」 제2조제4호 및 제7호에 따른 의약품 및 의약외품(醫藥外品)
12. 「원자력안전법」 제2조제5호에 따른 방사성물질
13. 「위생용품 관리법」 제2조제1호에 따른 위생용품
14. 「의료기기법」 제2조제1항에 따른 의료기기
15. 「총포 · 도검 · 화약류 등의 안전관리에 관한 법률」 제2조제3항에 따른 화약류
16. 「화장품법」 제2조제1호에 따른 화장품과 화장품에 사용하는 원료
17. 법 제108조제3항에 따라 고용노동부장관이 명칭, 유해성 · 위험성, 근로자의 건강장해 예방을 위한 조치 사항 및 연간 제조량 · 수입량을 공표한 물질로서 공표된 연간 제조량 · 수입량 이하로 제조하거나 수입한 물질
18. 고용노동부장관이 환경부장관과 협의하여 고시하는 화학물질 목록에 기록되어 있는 물질

정답근거

산업안전보건법 시행령

15 산업안전보건법령상 자율안전확인의 신고에 관한 설명으로 옳지 않은 것은?

① 「산업표준화법」 제15조에 따른 인증을 받은 경우에는 자율안전확인의 신고를 면제할 수 있다.

② 롤러기 급정지장치는 자율안전확인대상기계 등에 해당한다.

③ 자율안전확인의 표시는 「국가표준기본법 시행령」 제15조의 7제1항에 따른 표시기준 및 방법에 따른다.

④ 자율안전확인 표시의 사용 금지 공고내용에 사업장 소재지가 포함되어야 한다.

⑤ 고용노동부장관은 자율안전확인표시의 사용을 금지한 날부터 20일 이내에 그 사실을 관보 등에 공고하여야 한다.

답 ⑤

해설

제122조(자율안전확인 표시의 사용 금지 공고내용 등) ① 지방고용노동관서의 장은 법 제91조제1항에 따라 자율안전확인 표시의 사용을 금지한 경우에는 이를 고용노동부장관에게 보고해야 한다.

② 고용노동부장관은 법 제91조제3항에 따라 자율안전확인표시 사용을 금지한 날부터 30일 이내에 다음 각 호의 사항을 관보나 인터넷 등에 공고해야 한다.

1. 자율안전확인대상기계등의 명칭 및 형식번호
2. 자율안전확인번호
3. 제조자(수입자)
4. 사업장 소재지
5. 사용금지 기간 및 사용금지 사유

정답근거

산업안전보건법 시행규칙

16 산업안전보건법령상 안전보건관리책임자 등에 대한 직무교육 중 신규교육이 면제되는 사람에 관한 내용이다. ( )에 들어갈 숫자로 옳은 것은?

> 「고등교육법」에 따른 이공계 전문대학 또는 이와 같은 수준 이상의 학교에서 학위를 취득하고, 해당 사업의 관리감독자로서의 업무를 (ㄱ)년(4년제 이공계 대학 학위 취득자는 1년) 이상 담당한 후 고용노동부장관이 지정하는 기관이 실시하는 교육(1998년 12월 31일까지의 교육만 해당한다)을 받고 정해진 시험에 합격한 사람. 다만, 관리감독자로 종사한 사업과 같은 업종(한국표준산업분류에 따른 대분류를 기준으로 한다)의 사업장이면서, 건설업의 경우를 제외하고는 상시근로자 (ㄴ)명 미만인 사업장에서만 안전관리자가 될 수 있다.

① ㄱ : 2, ㄴ : 200
② ㄱ : 2, ㄴ : 300
③ ㄱ : 3, ㄴ : 200
④ ㄱ : 3, ㄴ : 300
⑤ ㄱ : 5, ㄴ : 200

답 ④

해설

제30조(직무교육의 면제) ① 법 제32조제1항 각 호 외의 부분 단서에 따라 다음 각 호의 어느 하나에 해당하는 사람에 대해서는 직무교육 중 신규교육을 면제한다.

1. 법 제19조제1항에 따른 안전보건관리담당자
2. 영 별표 4 제6호에 해당하는 사람
3. 영 별표 4 제7호에 해당하는 사람

② 영 별표 4 제8호 각 목의 어느 하나에 해당하는 사람, 「기업활동 규제완화에 관한 특별조치법」 제30조제3항제4호 또는 제5호에 따라 안전관리자로 채용된 것으로 보는 사람, 보건관리자로서 영 별표 6 제2호 또는 제3호에 해당하는 사람이 해당 법령에 따른 교육기관에서 제29조제2항의 교육내용 중 고용노동부장관이 정하는 내용이 포함된 교육을 이수하고 해당 교육기관에서 발행하는 확인서를 제출하는 경우에는 직무교육 중 보수교육을 면제한다.

③ 제29조제1항 각 호의 어느 하나에 해당하는 사람이 고용노동부장관이 정하여 고시하는 안전·보건에 관한 교육을 이수한 경우에는 직무교육 중 보수교육을 면제한다

정답확인

산업안전보건법 시행규칙

보충학습

산업안전보건법 시행령 [별표 4] 안전관리자의 자격(제17조 관련)

안전관리자는 다음 각 호의 어느 하나에 해당하는 사람으로 한다.

① 법 제143조제1항에 따른 산업안전지도사 자격을 가진 사람
② 「국가기술자격법」에 따른 산업안전산업기사 이상의 자격을 취득한 사람
③ 「국가기술자격법」에 따른 건설안전산업기사 이상의 자격을 취득한 사람
④ 「고등교육법」에 따른 4년제 대학 이상의 학교에서 산업안전 관련 학위를 취득한 사람 또는 이와 같은 수준 이상의 학력을 가진 사람
⑤ 「고등교육법」에 따른 전문대학 또는 이와 같은 수준 이상의 학교에서 산업안전 관련 학위를 취득한 사람

⑥ 「고등교육법」에 따른 이공계 전문대학 또는 이와 같은 수준 이상의 학교에서 학위를 취득하고, 해당 사업의 관리감독자로서의 업무(건설업의 경우는 시공실무경력)를 3년(4년제 이공계 대학 학위 취득자는 1년) 이상 담당한 후 고용노동부장관이 지정하는 기관이 실시하는 교육(1998년 12월 31일까지의 교육만 해당한다)을 받고 정해진 시험에 합격한 사람. 다만, 관리감독자로 종사한 사업과 같은 업종(한국표준산업분류에 따른 대분류를 기준으로 한다)의 사업장이면서, 건설업의 경우를 제외하고는 상시근로자 300명 미만인 사업장에서만 안전관리자가 될 수 있다.

⑦ 「초 · 중등교육법」에 따른 공업계 고등학교 또는 이와 같은 수준 이상의 학교를 졸업하고, 해당 사업의 관리감독자로서의 업무(건설업의 경우는 시공실무경력)를 5년 이상 담당한 후 고용노동부장관이 지정하는 기관이 실시하는 교육(1998년 12월 31일까지의 교육만 해당한다)을 받고 정해진 시험에 합격한 사람. 다만, 관리감독자로 종사한 사업과 같은 종류인 업종(한국표준산업분류에 따른 대분류를 기준으로 한다)의 사업장이면서, 건설업의 경우를 제외하고는 별표 3 제28호 또는 제33호의 사업을 하는 사업장(상시근로자 50명 이상 1천명 미만인 경우만 해당한다)에서만 안전관리자가 될 수 있다.

⑦ 7의2. 「초 · 중등교육법」에 따른 공업계 고등학교를 졸업하거나 「고등교육법」에 따른 학교에서 공학 또는 자연과학 분야 학위를 취득하고, 건설업을제외한 사업에서 실무경력이 5년 이상인 사람으로서 고용노동부장관이 지정하는 기관이 실시하는 교육(2028년 12월 31일까지의 교육만 해당한다)을받고 정해진 시험에 합격한 사람. 다만, 건설업을 제외한 사업의 사업장이면서 상시근로자 300명 미만인 사업장에서만 안전관리자가 될 수 있다

⑧ 다음 각 목의 어느 하나에 해당하는 사람. 다만, 해당 법령을 적용받은 사업에서만 선임될 수 있다.

㉮ 「고압가스 안전관리법」 제4조 및 같은 법 시행령 제3조제1항에 따른 허가를 받은 사업자 중 고압가스를 제조 · 저장 또는 판매하는 사업에서 같은 법 제15조 및 같은 법 시행령 제12조에 따라 선임하는 안전관리 책임자

㉯ 「액화석유가스의 안전관리 및 사업법」 제5조 및 같은 법 시행령 제3조에 따른 허가를 받은 사업자 중 액화석유가스 충전사업 · 액화석유가스 집단공급사업 또는 액화석유가스 판매사업에서 같은 법 제34조 및 같은 법 시행령 제15조에 따라 선임하는 안전관리책임자

㉰ 「도시가스사업법」 제29조 및 같은 법 시행령 제15조에 따라 선임하는 안전관리 책임자

㉱ 「교통안전법」 제53조에 따라 교통안전관리자의 자격을 취득한 후 해당 분야에 채용된 교통안전관리자

㉲ 「총포·도검·화약류 등의 안전관리에 관한 법률」 제2조제3항에 따른 화약류를 제조·판매 또는 저장하는 사업에서 같은 법 제27조 및 같은 법 시행령 제54조 · 제55조에 따라 선임하는 화약류제조보안책임자 또는 화약류관리보안책임자

㉳ 「전기안전관리법」 제22조에 따라 전기사업자가 선임하는 전기안전관리자

⑨ 제16조제2항에 따라 전담 안전관리자를 두어야 하는 사업장(건설업은 제외한다)에서 안전 관련 업무를 10년 이상 담당한 사람

⑩ 「건설산업기본법」 제8조에 따른 종합공사를 시공하는 업종의 건설현장에서 안전보건관리책임자로 10년 이상 재직한 사람

⑪ 「건설기술 진흥법」에 따른 토목 · 건축 분야 건설기술인 중 등급이 중급 이상인 사람으로서 고용노동부장관이 지정하는 기관이 실시하는 산업안전교육(2025년 12월 31일까지의 교육만 해당한다)을 이수하고 정해진 시험에 합격한 사람

⑫ 「국가기술자격법」에 따른 토목산업기사 또는 건축산업기사 이상의 자격을 취득한 후 해당 분야에서의 실무경력이 다음 각 목의 구분에 따른 기간 이상인 사람으로서 고용노동부장관이 지정하는 기관이 실시하는 산업안전교육(2023년 12월 31일까지의 교육만 해당한다)을 이수하고 정해진 시험에 합격한 사람

㉮ 토목기사 또는 건축기사: 3년

㉯ 토목산업기사 또는 건축산업기사: 5년

17 산업안전보건법령상 서류의 보존기간이 3년인 것을 모두 고른 것은?

ㄱ. 산업보건의의 선임에 관한 서류
ㄴ. 산업재해의 발생 원인 등 기록
ㄷ. 산업안전보건위원회의 회의록
ㄹ. 신규화학물질의 유해성·위험성 조사에 관한 서류

① ㄱ, ㄷ
② ㄴ, ㄹ
③ ㄱ, ㄴ, ㄹ
④ ㄴ, ㄷ, ㄹ
⑤ ㄱ, ㄴ, ㄷ, ㄹ

답 ③

해설

제164조(서류의 보존) ① 사업주는 다음 각 호의 서류를 3년(제2호의 경우 2년을 말한다) 동안 보존하여야 한다. 다만, 고용노동부령으로 정하는 바에 따라 보존기간을 연장할 수 있다.

1. 안전보건관리책임자 · 안전관리자 · 보건관리자 · 안전보건관리담당자 및 산업보건의의 선임에 관한 서류
2. 제24조제3항 및 제75조제4항에 따른 회의록
3. 안전조치 및 보건조치에 관한 사항으로서 고용노동부령으로 정하는 사항을 적은 서류
4. 제57조제2항에 따른 산업재해의 발생 원인 등 기록
5. 제108조제1항 본문 및 제109조제1항에 따른 화학물질의 유해성 · 위험성 조사에 관한 서류
6. 제125조에 따른 작업환경측정에 관한 서류
7. 제129조부터 제131조까지의 규정에 따른 건강진단에 관한 서류

② 안전인증 또는 안전검사의 업무를 위탁받은 안전인증기관 또는 안전검사기관은 안전인증 · 안전검사에 관한 사항으로서 고용노동부령으로 정하는 서류를 3년 동안 보존하여야 하고, 안전인증을 받은 자는 제84조제5항에 따라 안전인증대상기계등에 대하여 기록한 서류를 3년 동안 보존하여야 하며, 자율안전확인대상기계등을 제조하거나 수입하는 자는 자율안전기준에 맞는 것임을 증명하는 서류를 2년 동안 보존하여야 하고, 제98조제1항에 따라 자율안전검사를 받은 자는 자율검사프로그램에 따라 실시한 검사 결과에 대한 서류를 2년 동안 보존하여야 한다.

③ 일반석면조사를 한 건축물 · 설비소유주등은 그 결과에 관한 서류를 그 건축물이나 설비에 대한 해체 · 제거작업이 종료될 때까지 보존하여야 하고, 기관석면조사를 한 건축물 · 설비소유주등과 석면조사기관은 그 결과에 관한 서류를 3년 동안 보존하여야 한다.

④ 작업환경측정기관은 작업환경측정에 관한 사항으로서 고용노동부령으로 정하는 사항을 적은 서류를 3년 동안 보존하여야 한다.

⑤ 지도사는 그 업무에 관한 사항으로서 고용노동부령으로 정하는 사항을 적은 서류를 5년 동안 보존하여야 한다.

⑥ 석면해체 · 제거업자는 제122조제3항에 따른 석면해체 · 제거작업에 관한 서류 중 고용노동부령으로 정하는 서류를 30년 동안 보존하여야 한다.

⑦ 제1항부터 제6항까지의 경우 전산입력자료가 있을 때에는 그 서류를 대신하여 전산입력자료를 보존할 수 있다.

정답확인

산업안전보건법

18 산업안전보건법령상 유해인자의 유해성·위험성 분류기준에 관한 설명으로 옳은 것을 모두 고른 것은?

ㄱ. 소음은 소음성난청을 유발할 수 있는 90데시벨(A) 이상의 시끄러운 소리이다.
ㄴ. 물과 상호작용을 하여 인화성 가스를 발생시키는 고체·액체 또는 혼합물은 물반응성 물질에 해당한다.
ㄷ. 20[℃], 표준압력(101.3[kPa])에서 공기와 혼합하여 인화되는 범위에 있는 가스는 인화성 가스에 해당한다.
ㄹ. 이상기압은 게이지 압력이 제곱센티미터당 1킬로그램 초과 또는 미만인 기압이다.

① ㄱ, ㄴ
② ㄷ, ㄹ
③ ㄱ, ㄴ, ㄷ
④ ㄴ, ㄷ, ㄹ
⑤ ㄱ, ㄴ, ㄷ, ㄹ

답 ④

해설

제141조(유해인자의 분류기준) 법 제104조에 따른 근로자에게 건강장해를 일으키는 화학물질 및 물리적 인자 등(이하 "유해인자"라 한다)의 유해성 · 위험성 분류기준은 별표 18과 같다

정답근거

산업안전보건법 시행규칙

보충학습

유해인자의 유해성 · 위험성 분류기준(제141조 관련)

1. 화학물질의 분류기준
  가. 물리적 위험성 분류기준
    1) 폭발성 물질 : 자체의 화학반응에 따라 주위환경에 손상을 줄 수 있는 정도의 온도·압력 및 속도를 가진 가스를 발생시키는 고체·액체 또는 혼합물
    2) 인화성 가스 : 20[℃], 표준압력(101.3[kPa])에서 공기와 혼합하여 인화되는 범위에 있는 가스와 54[℃] 이하 공기 중에서 자연발화하는 가스를 말한다.(혼합물을 포함한다)
    3) 인화성 액체 : 표준압력(101.3[kPa])에서 인화점이 93℃ 이하인 액체
    4) 인화성 고체 : 쉽게 연소되거나 마찰에 의하여 화재를 일으키거나 촉진할 수 있는 물질
    5) 에어로졸 : 재충전이 불가능한 금속·유리 또는 플라스틱 용기에 압축가스·액화가스 또는 용해가스를 충전하고 내용물을 가스에 현탁시킨 고체나 액상입자로, 액상 또는 가스상에서 폼·페이스트·분말상으로 배출되는 분사장치를 갖춘 것
    6) 물반응성 물질 : 물과 상호작용을 하여 자연발화되거나 인화성 가스를 발생시키는 고체·액체 또는 혼합물
    7) 산화성 가스 : 일반적으로 산소를 공급함으로써 공기보다 다른 물질의 연소를 더 잘 일으키거나 촉진하는 가스
    8) 산화성 액체 : 그 자체로는 연소하지 않더라도, 일반적으로 산소를 발생시켜 다른 물질을 연소시키거나 연소를 촉진하는 액체
    9) 산화성 고체 : 그 자체로는 연소하지 않더라도 일반적으로 산소를 발생시켜 다른 물질을 연소시키거나 연소를 촉진하는 고체
    10) 고압가스 : 20[℃], 200킬로파스칼(kpa) 이상의 압력 하에서 용기에 충전되어 있는 가스 또는 냉동액화가스 형태로 용기에 충전되어 있는 가스(압축가스, 액화가스, 냉동액화가스, 용해가스로 구분한다)
    11) 자기반응성 물질 : 열적(熱的)인 면에서 불안정하여 산소가 공급되지 않아도 강렬하게 발열·분해하기 쉬운 액체·고체 또는 혼합물
    12) 자연발화성 액체:적은 양으로도 공기와 접촉하여 5분 안에 발화할 수 있는 액체

13) 자연발화성 고체 : 적은 양으로도 공기와 접촉하여 5분 안에 발화할 수 있는 고체
14) 자기발열성 물질:주위의 에너지 공급 없이 공기와 반응하여 스스로 발열하는 물질(자기발화성 물질은 제외한다)
15) 유기과산화물 : 2가의 -O-O-구조를 가지고 1개 또는 2개의 수소 원자가 유기라디칼에 의하여 치환된 과산화수소의 유도체를 포함한 액체 또는 고체 유기물질
16) 금속 부식성 물질:화학적인 작용으로 금속에 손상 또는 부식을 일으키는 물질

나. 건강 및 환경 유해성 분류기준
1) 급성 독성 물질 : 입 또는 피부를 통하여 1회 투여 또는 24시간 이내에 여러 차례로 나누어 투여하거나 호흡기를 통하여 4시간 동안 흡입하는 경우 유해한 영향을 일으키는 물질
2) 피부 부식성 또는 자극성 물질 : 접촉 시 피부조직을 파괴하거나 자극을 일으키는 물질(피부 부식성 물질 및 피부 자극성 물질로 구분한다)
3) 심한 눈 손상성 또는 자극성 물질 : 접촉 시 눈 조직의 손상 또는 시력의 저하 등을 일으키는 물질(눈 손상성 물질 및 눈 자극성 물질로 구분한다)
4) 호흡기 과민성 물질 : 호흡기를 통하여 흡입되는 경우 기도에 과민반응을 일으키는 물질
5) 피부 과민성 물질 : 피부에 접촉되는 경우 피부 알레르기 반응을 일으키는 물질
6) 발암성 물질 : 암을 일으키거나 그 발생을 증가시키는 물질
7) 생식세포 변이원성 물질:자손에게 유전될 수 있는 사람의 생식세포에 돌연변이를 일으킬 수 있는 물질
8) 생식독성 물질 : 생식기능, 생식능력 또는 태아의 발생 · 발육에 유해한 영향을 주는 물질
9) 특정 표적장기 독성 물질(1회 노출) : 1회 노출로 특정 표적장기 또는 전신에 독성을 일으키는 물질
10) 특정 표적장기 독성 물질(반복 노출) : 반복적인 노출로 특정 표적장기 또는 전신에 독성을 일으키는 물질
11) 흡인 유해성 물질:액체 또는 고체 화학물질이 입이나 코를 통하여 직접적으로 또는 구토로 인하여 간접적으로, 기관 및 더 깊은 호흡기관으로 유입되어 화학적 폐렴, 다양한 폐 손상이나 사망과 같은 심각한 급성 영향을 일으키는 물질
12) 수생 환경 유해성 물질:단기간 또는 장기간의 노출로 수생생물에 유해한 영향을 일으키는 물질
13) 오존층 유해성 물질:「오존층 보호를 위한 특정물질의 제조규제 등에 관한 법률」 제2조제1호에 따른 특정물질

2. 물리적 인자의 분류기준
가. 소음 : 소음성난청을 유발할 수 있는 85데시벨(A) 이상의 시끄러운 소리
나. 진동 : 착암기, 손망치 등의 공구를 사용함으로써 발생되는 백랍병·레이노 현상·말초순환장애 등의 국소 진동 및 차량 등을 이용함으로써 발생되는 관절통·디스크·소화장애 등의 전신 진동
다. 방사선 : 직접·간접으로 공기 또는 세포를 전리하는 능력을 가진 알파선·베타선·감마선·엑스선·중성자선 등의 전자선
라. 이상기압 : 게이지 압력이 제곱센티미터당 1킬로그램 초과 또는 미만인 기압
마. 이상기온 : 고열·한랭·다습으로 인하여 열사병·동상·피부질환 등을 일으킬 수 있는 기온

3. 생물학적 인자의 분류기준
가. 혈액매개 감염인자:인간면역결핍바이러스, B형·C형간염바이러스, 매독바이러스 등 혈액을 매개로 다른 사람에게 전염되어 질병을 유발하는 인자
나. 공기매개 감염인자:결핵·수두·홍역 등 공기 또는 비말감염 등을 매개로 호흡기를 통하여 전염되는 인자
다. 곤충 및 동물매개 감염인자:쯔쯔가무시증, 렙토스피라증, 유행성출혈열 등 동물의 배설물 등에 의하여 전염되는 인자 및 탄저병, 브루셀라병 등 가축 또는 야생동물로부터 사람에게 감염되는 인자

※ 비고
제1호에 따른 화학물질의 분류기준 중 가목에 따른 물리적 위험성 분류기준별 세부 구분기준과 나목에 따른 건강 및 환경 유해성 분류기준의 단일물질 분류기준별 세부 구분기준 및 혼합물질의 분류기준은 고용노동부장관이 정하여 고시한다.

19 산업안전보건법령상 근로환경의 개선에 관한 설명으로 옳지 않은 것은?

① 도급인의 사업장에서 관계수급인 또는 관계수급인의 근로자가 작업을 하는 경우에는 도급인은 그 사업장에 소속된 사람 중 산업위생관리산업기사 이상의 자격을 가진 사람으로 하여금 작업환경측정을 하도록 하여야 한다.

② 사업주는 근로자대표가 요구하면 작업환경측정 시 근로자대표를 참석시켜야 한다.

③ 「의료법」에 따른 의원 또는 한의원은 작업환경측정기관으로 고용노동부장관의 승인을 받을 수 있다.

④ 한국산업안전보건공단은 작업환경측정 결과가 노출기준 미만인데도 직업병 유소견자가 발생한 경우에는 작업환경측정 신뢰성평가를 할 수 있다.

⑤ 사업주는 산업안전보건위원회 또는 근로자대표가 요구하면 작업환경측정 결과에 대한 설명회를 개최하여야 한다.

답 ③

해설

제95조(작업환경측정기관의 지정 요건) 법 제126조제1항에 따라 작업환경측정기관으로 지정받을 수 있는 자는 다음 각 호의 어느 하나에 해당하는 자로서 작업환경측정기관의 유형별로 별표 29에 따른 인력 · 시설 및 장비를 갖추고 법 제126조제2항에 따라 고용노동부장관이 실시하는 작업환경측정기관의 측정 · 분석능력 확인에서 적합 판정을 받은 자로 한다.

1. 국가 또는 지방자치단체의 소속기관
2. 「의료법」에 따른 종합병원 또는 병원
3. 「고등교육법」 제2조제1호부터 제6호까지의 규정에 따른 대학 또는 그 부속기관
4. 작업환경측정 업무를 하려는 법인
5. 작업환경측정 대상 사업장의 부속기관(해당 부속기관이 소속된 사업장 등 고용노동부령으로 정하는 범위로 한정하여 지정받으려는 경우로 한정한다)

정답근거

산업안전보건법 시행령

20 산업안전보건법령상 공정안전보고서에 관한 설명으로 옳지 않은 것은?

① 원유 정제처리업의 보유설비가 있는 사업장의 사업주는 공정안전보고서를 작성하여야 한다.

② 사업주가 공정안전보고서를 작성할 때, 산업안전보건위원회가 설치되어 있지 아니한 사업장의 경우에는 근로자대표의 의견을 들어야 한다.

③ 공정안전보고서에는 비상조치계획이 포함되어야 하고, 그 세부 내용에는 주민홍보계획을 포함해야 한다.

④ 원자력 설비는 공정안전보고서의 제출 대상인 유해하거나 위험한 설비에 해당한다.

⑤ 공정안전보고서 이행상태평가의 방법 등 이행상태평가에 필요한 세부적인 사항은 고용노동부장관이 정한다.

답 ④

해설

제43조(공정안전보고서의 제출 대상) ① 법 제44조제1항 전단에서 "대통령령으로 정하는 유해하거나 위험한 설비"란 다음 각 호의 어느 하나에 해당하는 사업을 하는 사업장의 경우에는 그 보유설비를 말하고, 그 외의 사업을 하는 사업장의 경우에는 별표 13에 따른 유해·위험물질 중 하나 이상의 물질을 같은 표에 따른 규정량 이상 제조·취급·저장하는 설비 및 그 설비의 운영과 관련된 모든 공정설비를 말한다.

1. 원유 정제처리업
2. 기타 석유정제물 재처리업
3. 석유화학계 기초화학물질 제조업 또는 합성수지 및 기타 플라스틱물질 제조업. 다만, 합성수지 및 기타 플라스틱물질 제조업은 별표 13 제1호 또는 제2호에 해당하는 경우로 한정한다.
4. 질소 화합물, 질소·인산 및 칼리질 화학비료 제조업 중 질소질 비료 제조
5. 복합비료 및 기타 화학비료 제조업 중 복합비료 제조(단순혼합 또는 배합에 의한 경우는 제외한다)
6. 화학 살균·살충제 및 농업용 약제 제조업[농약 원제(原劑) 제조만 해당한다]
7. 화약 및 불꽃제품 제조업

② 제1항에도 불구하고 다음 각 호의 설비는 유해하거나 위험한 설비로 보지 않는다.

1. 원자력 설비
2. 군사시설
3. 사업주가 해당 사업장 내에서 직접 사용하기 위한 난방용 연료의 저장설비 및 사용설비
4. 도매·소매시설
5. 차량 등의 운송설비
6. 「액화석유가스의 안전관리 및 사업법」에 따른 액화석유가스의 충전·저장시설
7. 「도시가스사업법」에 따른 가스공급시설
8. 그 밖에 고용노동부장관이 누출·화재·폭발 등의 사고가 있더라도 그에 따른 피해의 정도가 크지 않다고 인정하여 고시하는 설비

③ 법 제44조제1항 전단에서 "대통령령으로 정하는 사고"란 다음 각 호의 어느 하나에 해당하는 사고를 말한다.

1. 근로자가 사망하거나 부상을 입을 수 있는 제1항에 따른 설비(제2항에 따른 설비는 제외한다. 이하 제2호에서 같다)에서의 누출·화재·폭발 사고
2. 인근 지역의 주민이 인적 피해를 입을 수 있는 제1항에 따른 설비에서의 누출·화재·폭발 사고

제95조(작업환경측정기관의 지정 요건) 법 제126조제1항에 따라 작업환경측정기관으로 지정받을 수 있는 자는 다음 각 호의 어느 하나에 해당하는 자로서 작업환경측정기관의 유형별로 별표 29에 따른 인력·시설 및 장비를 갖추고 법 제126조제2항에 따라 고용노동부장관이 실시하는 작업환경측정기관의 측정·분석능력 확인에서 적합 판정을 받은 자로 한다.

1. 국가 또는 지방자치단체의 소속기관
2. 「의료법」에 따른 종합병원 또는 병원

3. 「고등교육법」 제2조제1호부터 제6호까지의 규정에 따른 대학 또는 그 부속기관
4. 작업환경측정 업무를 하려는 법인
5. 작업환경측정 대상 사업장의 부속기관(해당 부속기관이 소속된 사업장 등 고용노동부령으로 정하는 범위로 한정하여 지정받으려는 경우로 한정한다)

정답근거

산업안전보건법 시행령

21 **산업안전보건법령상 유해위험방지계획서 제출 대상인 건설공사에 해당하지 않는 것은?(단, 자체심사 및 확인업체의 사업주가 착공하려는 건설공사는 제외함)**

① 연면적 3천제곱미터 이상인 냉동·냉장 창고시설의 설비공사

② 최대지간(支間)길이(다리의 기둥과 기둥의 중심사이의 거리)가 50미터 이상인 다리의 건설등 공사

③ 지상높이가 31미터 이상인 건축물의 건설등 공사

④ 저수용량 2천만톤 이상의 용수 전용 댐의 건설등 공사

⑤ 깊이 10미터 이상인 굴착공사

답 ①

해설

제42조(유해위험방지계획서 제출 대상) ① 법 제42조제1항제1호에서 "대통령령으로 정하는 사업의 종류 및 규모에 해당하는 사업"이란 다음 각 호의 어느 하나에 해당하는 사업으로서 전기 계약용량이 300킬로와트 이상인 경우를 말한다.

1. 금속가공제품 제조업 ; 기계 및 가구 제외
2. 비금속 광물제품 제조업
3. 기타 기계 및 장비 제조업
4. 자동차 및 트레일러 제조업
5. 식료품 제조업
6. 고무제품 및 플라스틱제품 제조업
7. 목재 및 나무제품 제조업
8. 기타 제품 제조업
9. 1차 금속 제조업
10. 가구 제조업
11. 화학물질 및 화학제품 제조업
12. 반도체 제조업
13. 전자부품 제조업

② 법 제42조제1항제2호에서 "대통령령으로 정하는 기계 · 기구 및 설비"란 다음 각 호의 어느 하나에 해당하는 기계 · 기구 및 설비를 말한다. 이 경우 다음 각 호에 해당하는 기계 · 기구 및 설비의 구체적인 범위는 고용노동부장관이 정하여 고시한다. 〈개정 2021. 11. 19.〉

1. 금속이나 그 밖의 광물의 용해로
2. 화학설비
3. 건조설비
4. 가스집합 용접장치
5. 근로자의 건강에 상당한 장해를 일으킬 우려가 있는 물질로서 고용노동부령으로 정하는 물질의 밀폐 · 환기 · 배기를 위한 설비

③ 법 제42조제1항제3호에서 "대통령령으로 정하는 크기 높이 등에 해당하는 건설공사"란 다음 각 호의 어느 하나에 해당하는 공사를 말한다.

1. 다음 각 목의 어느 하나에 해당하는 건축물 또는 시설 등의 건설 · 개조 또는 해체(이하 "건설등"이라 한다) 공사
   가. 지상높이가 31미터 이상인 건축물 또는 인공구조물
   나. 연면적 3만제곱미터 이상인 건축물
   다. 연면적 5천제곱미터 이상인 시설로서 다음의 어느 하나에 해당하는 시설
      1) 문화 및 집회시설(전시장 및 동물원 · 식물원은 제외한다)
      2) 판매시설, 운수시설(고속철도의 역사 및 집배송시설은 제외한다)
      3) 종교시설
      4) 의료시설 중 종합병원
      5) 숙박시설 중 관광숙박시설

6) 지하도상가
7) 냉동 · 냉장 창고시설

2. 연면적 5천제곱미터 이상인 냉동 · 냉장 창고시설의 설비공사 및 단열공사
3. 최대 지간(支間)길이(다리의 기둥과 기둥의 중심사이의 거리)가 50미터 이상인 다리의 건설등 공사
4. 터널의 건설등 공사
5. 다목적댐, 발전용댐, 저수용량 2천만톤 이상의 용수 전용 댐 및 지방상수도 전용 댐의 건설등 공사
6. 깊이 10미터 이상인 굴착공사

정답근거

산업안전보건법 시행령

22 산업안전보건법령상 건강진단 및 건강관리에 관한 설명으로 옳지 않은 것은?

① 사업주가 「선원법」에 따른 건강진단을 실시한 경우에는 그 건강진단을 받은 근로자에 대하여 일반건강진단을 실시한 것으로 본다.

② 일반건강진단의 제1차 검사항목에 흉부방사선 촬영은 포함되지 않는다.

③ 사업주는 특수건강진단의 결과를 근로자의 건강 보호 및 유지 외의 목적으로 사용해서는 아니된다.

④ 일반건강진단, 특수건강진단, 배치전건강진단, 수시건강진단, 임시건강진단의 비용은 「국민건강보험법」에서 정한 기준에 따른다.

⑤ 사업주는 배치전건강진단을 실시하는 경우 근로자대표가 요구하면 근로자대표를 참석시켜야 한다.

답 ②

해설

제198조(일반건강진단의 검사항목 및 실시방법 등) ① 일반건강진단의 제1차 검사항목은 다음 각 호와 같다.

1. 과거병력, 작업경력 및 자각·타각증상(시진·촉진·청진 및 문진)
2. 혈압·혈당·요당·요단백 및 빈혈검사
3. 체중·시력 및 청력
4. 흉부방사선 촬영
5. AST(SGOT) 및 ALT(SGPT), γ-GTP 및 총콜레스테롤

② 제1항에 따른 제1차 검사항목 중 혈당·γ-GTP 및 총콜레스테롤 검사는 고용노동부장관이 정하는 근로자에 대하여 실시한다.

③ 제1항에 따른 검사 결과 질병의 확진이 곤란한 경우에는 제2차 건강진단을 받아야 하며, 제2차 건강진단의 범위, 검사항목, 방법 및 시기 등은 고용노동부장관이 정하여 고시한다.

④ 제196조 각 호 및 제200조 각 호에 따른 법령과 그 밖에 다른 법령에 따라 제1항부터 제3항까지의 규정에서 정한 검사항목과 같은 항목의 건강진단을 실시한 경우에는 해당 항목에 한정하여 제1항부터 제3항에 따른 검사를 생략할 수 있다.

⑤ 제1항부터 제4항까지의 규정에서 정한 사항 외에 일반건강진단의 검사방법, 실시방법, 그 밖에 필요한 사항은 고용노동부장관이 정한다.

정답근거

산업안전보건법 시행규칙

23 산업안전보건법령상 지도사 보수교육에 관한 설명이다. ( )에 들어갈 숫자로 옳은 것은?

고용노동부령으로 정하는 보수교육의 시간은 업무교육 및 직업윤리교육의 교육시간을 합산하여 총 (ㄱ)시간 이상으로 한다. 다만, 법 제145조 제4항에 따른 지도사 등록의 갱신기간 동안 시행규칙 제30조제1항에 따른 지도실적이 (ㄴ)년 이상인 지도사의 교육시간은 (ㄷ)시간 이상으로 한다.

① ㄱ : 10, ㄴ : 1, ㄷ : 5
② ㄱ : 10, ㄴ : 2, ㄷ : 10
③ ㄱ : 20, ㄴ : 1, ㄷ : 5
④ ㄱ : 20, ㄴ : 2, ㄷ : 10
⑤ ㄱ : 20, ㄴ : 2, ㄷ : 15

답 ④

해설

제231조(지도사 보수교육) ① 법 제145조제5항 단서에서 "고용노동부령으로 정하는 보수교육"이란 업무교육과 직업윤리교육을 말한다.

② 제1항에 따른 보수교육의 시간은 업무교육 및 직업윤리교육의 교육시간을 합산하여 총 20시간 이상으로 한다. 다만, 법 제145조제4항에 따른 지도사 등록의 갱신기간 동안 제230조제1항에 따른 지도실적이 2년 이상인 지도사의 교육시간은 10시간 이상으로 한다.

③ 공단이 보수교육을 실시하였을 때에는 그 결과를 보수교육이 끝난 날부터 10일 이내에 고용노동부장관에게 보고해야 하며, 다음 각 호의 서류를 5년간 보존해야 한다.

1. 보수교육 이수자 명단
2. 이수자의 교육 이수를 확인할 수 있는 서류

④ 공단은 보수교육을 받은 지도사에게 별지 제96호서식의 지도사 보수교육 이수증을 발급해야 한다.

⑤ 보수교육의 절차 · 방법 및 비용 등 보수교육에 필요한 사항은 고용노동부장관의 승인을 거쳐 공단이 정한다.

정답근거

산업안전보건법 시행규칙

24 **산업안전보건법령상 안전보건진단을 받아 안전보건개선계획을 수립할 대상으로 옳은 것을 모두 고른 것은?**

ㄱ. 유해인자의 노출기준을 초과한 사업장
ㄴ. 산업재해율이 같은 업종의 규모별 평균 산업재해율보다 높은 사업장
ㄷ. 사업주가 필요한 안전조치 또는 보건조치를 이행하지 아니하여 중대재해가 발생한 사업장
ㄹ. 상시근로자 1천명 이상 사업장으로서 직업성 질병자가 연간 3명 이상 발생한 사업장

① ㄱ, ㄴ
② ㄷ, ㄹ
③ ㄱ, ㄴ, ㄷ
④ ㄴ, ㄷ, ㄹ
⑤ ㄱ, ㄴ, ㄷ, ㄹ

답 ②

해설

제49조(안전보건개선계획의 수립 · 시행 명령) ① 고용노동부장관은 다음 각 호의 어느 하나에 해당하는 사업장으로서 산업재해 예방을 위하여 종합적인 개선조치를 할 필요가 있다고 인정되는 사업장의 사업주에게 고용노동부령으로 정하는 바에 따라 그 사업장, 시설, 그 밖의 사항에 관한 안전 및 보건에 관한 개선계획(이하 "안전보건개선계획"이라 한다)을 수립하여 시행할 것을 명할 수 있다. 이 경우 대통령령으로 정하는 사업장의 사업주에게는 제47조에 따라 안전보건진단을 받아 안전보건개선계획을 수립하여 시행할 것을 명할 수 있다.

1. 산업재해율이 같은 업종의 규모별 평균 산업재해율보다 높은 사업장
2. 사업주가 필요한 안전조치 또는 보건조치를 이행하지 아니하여 중대재해가 발생한 사업장
3. 대통령령으로 정하는 수 이상의 직업성 질병자가 발생한 사업장
4. 제106조에 따른 유해인자의 노출기준을 초과한 사업장

② 사업주는 안전보건개선계획을 수립할 때에는 산업안전보건위원회의 심의를 거쳐야 한다. 다만, 산업안전보건위원회가 설치되어 있지 아니한 사업장의 경우에는 근로자대표의 의견을 들어야 한다.

정답근거

산업안전보건법

제49조(안전보건진단을 받아 안전보건개선계획을 수립할 대상) 법 제49조제1항 각 호 외의 부분 후단에서 "대통령령으로 정하는 사업장"이란 다음 각 호의 사업장을 말한다.

1. 산업재해율이 같은 업종 평균 산업재해율의 2배 이상인 사업장
2. 법 제49조제1항제2호에 해당하는 사업장
3. 직업성 질병자가 연간 2명 이상(상시근로자 1천명 이상 사업장의 경우 3명 이상) 발생한 사업장
4. 그 밖에 작업환경 불량, 화재 · 폭발 또는 누출 사고 등으로 사업장 주변까지 피해가 확산된 사업장으로서 고용노동부령으로 정하는 사업장

정답근거

산업안전보건법 시행령

2023

25 산업안전보건법령상 산업안전지도사와 산업보건지도사의 직무에 공통적으로 해당되는 것은?

① 유해·위험의 방지대책에 관한 평가·지도

② 근로자 건강진단에 따른 사후관리 제도

③ 작업환경의 평가 및 개선 지도

④ 공정상의 안전에 관한 평가·지도

⑤ 안전보건개선계획서의 작성

답 ⑤

해설

제142조(산업안전지도사 등의 직무) ① 산업안전지도사는 다음 각 호의 직무를 수행한다.

1. 공정상의 안전에 관한 평가 · 지도
2. 유해 · 위험의 방지대책에 관한 평가 · 지도
3. 제1호 및 제2호의 사항과 관련된 계획서 및 보고서의 작성
4. 그 밖에 산업안전에 관한 사항으로서 대통령령으로 정하는 사항

② 산업보건지도사는 다음 각 호의 직무를 수행한다.

1. 작업환경의 평가 및 개선 지도
2. 작업환경 개선과 관련된 계획서 및 보고서의 작성
3. 근로자 건강진단에 따른 사후관리 지도
4. 직업성 질병 진단(「의료법」 제2조에 따른 의사인 산업보건지도사만 해당한다) 및 예방 지도
5. 산업보건에 관한 조사 · 연구
6. 그 밖에 산업보건에 관한 사항으로서 대통령령으로 정하는 사항

③ 산업안전지도사 또는 산업보건지도사(이하 "지도사"라 한다)의 업무 영역별 종류 및 업무 범위, 그 밖에 필요한 사항은 대통령령으로 정한다.

정답근거

산업안전보건법

제101조(산업안전지도사 등의 직무) ① 법 제142조제1항제4호에서 "대통령령으로 정하는 사항"이란 다음 각 호의 사항을 말한다.

1. 법 제36조에 따른 위험성평가의 지도
2. 법 제49조에 따른 안전보건개선계획서의 작성
3. 그 밖에 산업안전에 관한 사항의 자문에 대한 응답 및 조언

② 법 제142조제2항제6호에서 "대통령령으로 정하는 사항"이란 다음 각 호의 사항을 말한다.

1. 법 제36조에 따른 위험성평가의 지도
2. 법 제49조에 따른 안전보건개선계획서의 작성
3. 그 밖에 산업보건에 관한 사항의 자문에 대한 응답 및 조언

보충학습

산업안전보건법 시행령

Note

2024년도 3월 30일 필기문제

산업안전(보건)지도사 자격시험
제1차 시험문제지

제1과목 산업안전보건법령	총 시험시간 : 90분 (과목당 30분)	문제형별 A

수험번호	20240330	성 명	도서출판 세화

【수험자 유의사항】

1. 시험문제지 표지와 시험문제지 내 **문제형별의 동일여부** 및 시험문제지의 **총면수·문제번호 일련순서·인쇄상태** 등을 확인하시고, 문제지 표지에 수험번호와 성명을 기재하시기 바랍니다.
2. 답은 각 문제마다 요구하는 **가장 적합하거나 가까운 답 1개**만 선택하고, 답안카드 작성 시 시험문제지 **형별누락, 마킹착오**로 인한 불이익은 전적으로 **수험자에게 책임**이 있음을 알려 드립니다.
3. 답안카드는 국가전문자격 공통 표준형으로 문제번호가 1번부터 125번까지 인쇄되어 있습니다. 답안 마킹 시에는 반드시 **시험문제지의 문제번호와 동일한 번호**에 마킹하여야 합니다.
4. **감독위원의 지시에 불응하거나 시험 시간 종료 후 답안카드를 제출하지 않을 경우** 불이익이 발생할 수 있음을 알려 드립니다.
5. 시험문제지는 시험 종료 후 가져가시기 바랍니다.

【안 내 사 항】

1. 수험자는 **QR코드를 통해 가답안을 확인**하시기 바랍니다.
   (※ 사전 설문조사 필수)
2. 시험 합격자에게 **'합격축하 SMS(알림톡) 알림 서비스'**를 제공하고 있습니다.

▲ 가답안 확인

- 수험자 여러분의 합격을 기원합니다 -

2024 산업안전보건법규 출제문제 분석표(NCS기준)

법령명(대분류)	단원(중분류)	세부내용(소분류)	출제년월일
산업안전보건법	제1장 총칙		
	제2장 안전보건관리체제 등	제24조 산업안전보건위원회	2024.3.30
	제3장 안전보건교육	제29조 근로자에 대한 안전보건교육	2024.3.30
	제4장 유해 위험 방지 조치		
	제5장 도급 시 산업재해 예방	제58조 유해한 작업의 도급금지	2024.3.30
		제64조 도급에 따른 산업재해 예방조치	2024.3.30
	제6장 유해 위험기계 등에 대한 조치	제101조 기계등을 대여받는자의 조치	2024.3.30
	제7장 유해 위험물질에 대한 조치		
	제8장 근로자 보건관리	제139조 유해·위험작업에 대한 근로시간 제한 등	2024.3.30
	제9장 산업안전지도사 및 산업보건지도사	제154조 등록의 취소 등	2024.3.30
	제10장 근로감독관 등	제155조 근로감독관의 권한	2024.3.30
	제11장 보칙		
	제12장 벌칙	제170조 벌칙	2024.3.30
소계		36% 출제	9문제 출제

법령명(대분류)	단원(중분류)	세부내용(소분류)	출제년월일
산업안전보건법 시행령	제1장 총칙		
	제2장 안전보건관리체제 등	제14조 안전보건관리책임자의 선임 등[별표2]	2024.3.30
	제3장 안전보건교육		
	제4장 유해 위험 방지 조치		
	제5장 도급 시 산업재해 예방		
	제6장 유해 위험기계 등에 대한 조치	제77조 자율안전확인대상기계등	2024.3.30
	제7장 유해 위험물질에 대한 조치	제88조 허가 대상 유해물질	2024.3.30
	제8장 근로자 보건관리	제95조 작업환경측정기관의 지정 요건	2024.3.30
		제96조의2 휴게시설 설치 · 관리기준 준수 대상 사업장의 사업주	2024.3.30
		제98조 허가대상 유해물질 종류	2024.3.30
	제9장 산업안전지도사 및 산업보건지도사		
	제10장 보칙		
	제11장 벌칙		
소계		24% 출제	6문제 출제

법령명(대분류)	단원(중분류)	세부내용(소분류)	출제년월일
산업안전보건법 시행규칙	제1장 총칙		
	제2장 안전보건관리체제 등	제12조 안전관리자 등의 증원 · 교체임명 명령	2024.3.30
		제25조 안전보건관리규정의 작성[별표 2]	2024.3.30
	제3장 안전보건교육	제26조 교육시간 및 교육내용[별표 4]	2024.3.30
	제4장 유해 위험 방지 조치	제38조, 제39조, 제40조 안전보건표지의 제작	2024.3.30
		제67조 중대재해 발생 시 보고	2024.3.30
	제5장 도급 시 산업재해 예방		
	제6장 유해 위험기계 등에 대한 조치	제98조, 제99조 방호조치해체 등에 필요한 조치	2024.3.30
		제107조 안전인증대상기계등	2024.3.30
		제125조 안전검사의 면제	2024.3.30
	제7장 유해·위험물질에 대한 조치	제141조 유해인자의 분류기준	2024.3.30
		제196조 일반건강진단의 실시	2024.3.30
	제9장 산업안전지도사 및 산업보건지도사		
	제10장 근로감독관 등		
	제11장 보칙		
소계		40% 출제	10문제출제

법령명(대분류)	단원(중분류)	세부내용(소분류)	출제년월일
산업안전보건 기준에 관한 규칙	제1편 총칙		
	제2편 안전기준		
	제3편 보건기준		
소계		0% 출제	0문제 출제

1. 산업안전보건법령

01 산업안전보건법령상 산업안전보건위원회에 관한 내용으로 옳지 않은 것은?

① 사업주는 사업장의 안전 및 보건에 관한 중요 사항을 심의 · 의결하기 위하여 사업장에 근로자위원과 사용자위원이 같은 수로 구성되는 산업안전보건위원회 를 구성 · 운영하여야 한다.

② 사업주는 공정안전보고서를 작성할 때 산업안전보건위원회가 설치되어 있지 아니한 사업장의 경우에는 근로자대표의 의견을 들어야 한다.

③ 산업안전보건위원회의 회의는 근로자위원 및 사용자위원 각 과반수의 출석으로 개의(開議)하고 출석위원 과반수의 찬성으로 의결한다.

④ 사업주는 산업안전보건위원회 또는 근로자대표가 요구하면 작업환경측정 결과에 대한 설명회 등을 개최하여야 한다.

⑤ 사업주는 산업안전보건위원회가 요구할 때에는 개별 근로자의 건강진단 결과 를 본인의 동의가 없어도 공개할 수 있다.

답 ⑤

해설

산업안전보건위원회

제24조(산업안전보건위원회) ① 사업주는 사업장의 안전 및 보건에 관한 중요 사항을 심의 · 의결하기 위하여 사업장에 근로자위원과 사용자위원이 같은 수로 구성되는 산업안전보건위원회를 구성 · 운영하여야 한다.

② 사업주는 다음 각 호의 사항에 대해서는 제1항에 따른 산업안전보건위원회(이하 "산업안전보건위원회"라 한다)의 심의 · 의결을 거쳐야 한다.

1. 제15조제1항제1호부터 제5호까지 및 제7호에 관한 사항
2. 제15조제1항제6호에 따른 사항 중 중대재해에 관한 사항
3. 유해하거나 위험한 기계 · 기구 · 설비를 도입한 경우 안전 및 보건 관련 조치에 관한 사항
4. 그 밖에 해당 사업장 근로자의 안전 및 보건을 유지 · 증진시키기 위하여 필요한 사항

③ 산업안전보건위원회는 대통령령으로 정하는 바에 따라 회의를 개최하고 그 결과를 회의록으로 작성하여 보존하여야 한다.

④ 사업주와 근로자는 제2항에 따라 산업안전보건위원회가 심의 · 의결한 사항을 성실하게 이행하여야 한다.

⑤ 산업안전보건위원회는 이 법, 이 법에 따른 명령, 단체협약, 취업규칙 및 제25조에 따른 안전보건관리규정에 반하는 내용으로 심의 · 의결해서는 아니 된다.

⑥ 사업주는 산업안전보건위원회의 위원에게 직무 수행과 관련한 사유로 불리한 처우를 해서는 아니 된다.

⑦ 산업안전보건위원회를 구성하여야 할 사업의 종류 및 사업장의 상시근로자 수, 산업안전보건위원회의 구성 · 운영 및 의결되지 아니한 경우의 처리방법, 그 밖에 필요한 사항은 대통령령으로 정한다.

제15조(안전보건관리책임자) ① 사업주는 사업장을 실질적으로 총괄하여 관리하는 사람에게 해당 사업장의 다음 각 호의 업무를 총괄하여 관리하도록 하여야 한다.

1. 사업장의 산업재해 예방계획의 수립에 관한 사항
2. 제25조 및 제26조에 따른 안전보건관리규정의 작성 및 변경에 관한 사항
3. 제29조에 따른 안전보건교육에 관한 사항
4. 작업환경측정 등 작업환경의 점검 및 개선에 관한 사항

5. 제129조부터 제132조까지에 따른 근로자의 건강진단 등 건강관리에 관한 사항
6. 산업재해의 원인 조사 및 재발 방지대책 수립에 관한 사항
7. 산업재해에 관한 통계의 기록 및 유지에 관한 사항
8. 안전장치 및 보호구 구입 시 적격품 여부 확인에 관한 사항
9. 그 밖에 근로자의 유해 · 위험 방지조치에 관한 사항으로서 고용노동부령으로 정하는 사항

② 제1항 각 호의 업무를 총괄하여 관리하는 사람(이하 "안전보건관리책임자"라 한다)은 제17조에 따른 안전관리자와 제18조에 따른 보건관리자를 지휘 · 감독한다.

③ 안전보건관리책임자를 두어야 하는 사업의 종류와 사업장의 상시근로자 수, 그 밖에 필요한 사항은 대통령령으로 정한다.

제132조(건강진단에 관한 사업주의 의무) ① 사업주는 제129조부터 제131조까지의 규정에 따른 건강진단을 실시하는 경우 근로자대표가 요구하면 근로자대표를 참석시켜야 한다.

② 사업주는 산업안전보건위원회 또는 근로자대표가 요구할 때에는 직접 또는 제129조부터 제131조까지의 규정에 따른 건강진단을 한 건강진단기관에 건강진단 결과에 대하여 설명하도록 하여야 한다. 다만, 개별 근로자의 건강진단 결과는 본인의 동의 없이 공개해서는 아니 된다.

③ 사업주는 제129조부터 제131조까지의 규정에 따른 건강진단의 결과를 근로자의 건강 보호 및 유지 외의 목적으로 사용해서는 아니 된다.

④ 사업주는 제129조부터 제131조까지의 규정 또는 다른 법령에 따른 건강진단의 결과 근로자의 건강을 유지하기 위하여 필요하다고 인정할 때에는 작업장소 변경, 작업 전환, 근로시간 단축, 야간근로(오후 10시부터 다음 날 오전 6시까지 사이의 근로를 말한다)의 제한, 작업환경측정 또는 시설 · 설비의 설치 · 개선 등 고용노동부령으로 정하는 바에 따라 적절한 조치를 하여야 한다.

⑤ 제4항에 따라 적절한 조치를 하여야 하는 사업주로서 고용노동부령으로 정하는 사업주는 그 조치 결과를 고용노동부령으로 정하는 바에 따라 고용노동부장관에게 제출하여야 한다.

출제년도

2021년 출제

정답근거

산업안전보건법 제15조, 제24조, 제132조

02 산업안전보건법령상 산업재해 발생에 관한 설명으로 옳지 않은 것은?

① 고용노동부장관은 산업재해로 인한 사망자가 연간 2명 이상 발생한 사업장의 경우 산업재해를 예방하기 위하여 산업재해발생건수등을 공표하여야 한다.

② 중대재해가 발생한 사실을 알게 된 사업주가 사업장 소재지를 관할하는 지방 고용노동관서의 장에게 보고하는 방법에는 전화 · 팩스가 포함된다.

③ 사업주는 산업재해조사표에 근로자대표의 확인을 받아야 하지만, 근로자대표가 없는 경우에는 재해자 본인의 확인을 받아 산업재해조사표를 제출할 수 있다.

④ 고용노동부장관은 중대재해가 발생하였을 때에는 그 원인 규명 또는 산업재해 예방대책 수립을 위하여 그 발생 원인을 조사할 수 있다.

⑤ 사업주는 산업재해로 사망자가 발생한 경우에는 지체 없이 산업재해조사표를 작성하여 한국산업안전보건공단에 제출해야 한다.

답 ⑤

해설

산업재해 발생 보고

제3조(중대재해의 범위) 법 제2조제2호에서 "고용노동부령으로 정하는 재해"란 다음 각 호의 어느 하나에 해당하는 재해를 말한다.
1. 사망자가 1명 이상 발생한 재해
2. 3개월 이상의 요양이 필요한 부상자가 동시에 2명 이상 발생한 재해
3. 부상자 또는 직업성 질병자가 동시에 10명 이상 발생한 재해

제67조(중대재해 발생 시 보고) 사업주는 중대재해가 발생한 사실을 알게 된 경우에는 법 제54조제2항에 따라 지체 없이 다음 각 호의 사항을 사업장 소재지를 관할하는 지방고용노동관서의 장에게 전화 · 팩스 또는 그 밖의 적절한 방법으로 보고해야 한다.
1. 발생 개요 및 피해 상황
2. 조치 및 전망
3. 그 밖의 중요한 사항

제73조(산업재해 발생 보고 등) ① 사업주는 산업재해로 사망자가 발생하거나 3일 이상의 휴업이 필요한 부상을 입거나 질병에 걸린 사람이 발생한 경우에는 법 제57조제3항에 따라 해당 산업재해가 발생한 날부터 1개월 이내에 별지 제30호서식의 산업재해조사표를 작성하여 관할 지방고용노동관서의 장에게 제출(전자문서로 제출하는 것을 포함한다)해야 한다.

② 제1항에도 불구하고 다음 각 호의 모두에 해당하지 않는 사업주가 법률 제11882호 산업안전보건법 일부개정법률 제10조제2항의 개정규정의 시행일인 2014년 7월 1일 이후 해당 사업장에서 처음 발생한 산업재해에 대하여 지방고용노동관서의 장으로부터 별지 제30호서식의 산업재해조사표를 작성하여 제출하도록 명령을 받은 경우 그 명령을 받은 날부터 15일 이내에 이를 이행한 때에는 제1항에 따른 보고를 한 것으로 본다. 제1항에 따른 보고기한이 지난 후에 자진하여 별지 제30호서식의 산업재해조사표를 작성 · 제출한 경우에도 또한 같다. 〈개정 2022. 8. 18.〉
1. 안전관리자 또는 보건관리자를 두어야 하는 사업주
2. 법 제62조제1항에 따라 안전보건총괄책임자를 지정해야 하는 도급인
3. 법 제73조제2항에 따라 건설재해예방전문지도기관의 지도를 받아야 하는 건설공사도급인(법 제69조제1항의 건설공사도급인을 말한다. 이하 같다)
4. 산업재해 발생사실을 은폐하려고 한 사업주

③ 사업주는 제1항에 따른 산업재해조사표에 근로자대표의 확인을 받아야 하며, 그 기재 내용에 대하여 근로자대표의 이견이 있는 경우에는 그 내용을 첨부해야 한다. 다만, 근로자대표가 없는 경우에는 재해자 본인의 확인을 받아 산업재해조사표를 제출할 수 있다.

④ 제1항부터 제3항까지의 규정에서 정한 사항 외에 산업재해발생 보고에 필요한 사항은 고용노동부장관이 정한다.
⑤ 「산업재해보상보험법」 제41조에 따라 요양급여의 신청을 받은 근로복지공단은 지방고용노동관서의 장 또는 공단으로부터 요양신청서 사본, 요양업무 관련 전산입력자료, 그 밖에 산업재해예방업무 수행을 위하여 필요한 자료의 송부를 요청받은 경우에는 이에 협조해야 한다.

출제년도

2016년, 2017년 출제

보충학습

산업안전보건법 시행규칙

03 **산업안전보건법령상 상시근로자 수가 200명인 경우에 안전보건관리규정을 작성해야 하는 사업의 종류에 해당하는 것은?**

① 농업

② 정보서비스업

③ 부동산 임대업

④ 금융 및 보험업

⑤ 사업지원 서비스업

답 ③

해설

안전보건관리규정을 작성해야 할 사업의 종류 및 상시근로자 수(제25조 제1항 관련)

사업의 종류	상시근로자 수
1. 농업 2. 어업 3. 소프트웨어 개발 및 공급업 4. 컴퓨터 프로그래밍, 시스템 통합 및 관리업 4의2. 영상 · 오디오물 제공 서비스업 5. 정보서비스업 6. 금융 및 보험업 7. 임대업; 부동산 제외 8. 전문, 과학 및 기술 서비스업(연구개발업은 제외한다) 9. 사업지원 서비스업 10. 사회복지 서비스업	300명 이상
11. 제1호부터 제10호까지의 사업을 제외한 사업	100명 이상

출제년도

2015, 2017, 2019, 2022 출제

정답근거

산업안전보건법 시행규칙 [별표 2]

04 **산업안전보건법령상 근로자의 안전 및 보건에 유해하거나 위험한 작업으로서 사업주가 이를 도급하여 자신의 사업장에서 수급인의 근로자가 그 작업을 하도록 해서는 아니 되는 작업을 모두 고른 것은? (단, 제시된 내용 외의 다른 상황은 고려하지 않음)**

ㄱ. 도금작업
ㄴ. 수은을 제련, 주입, 가공 및 가열하는 작업
ㄷ. 카드뮴을 제련, 주입, 가공 및 가열하는 작업
ㄹ. 망간을 제련, 주입, 가공 및 가열하는 작업

① ㄱ
② ㄹ
③ ㄱ, ㄴ, ㄷ
④ ㄴ, ㄷ, ㄹ
⑤ ㄱ, ㄴ, ㄷ, ㄹ

답 ③

해설

도급금지 작업

제58조(유해한 작업의 도급금지) ① 사업주는 근로자의 안전 및 보건에 유해하거나 위험한 작업으로서 다음 각 호의 어느 하나에 해당하는 작업을 도급하여 자신의 사업장에서 수급인의 근로자가 그 작업을 하도록 해서는 아니 된다.

1. 도금작업
2. 수은, 납 또는 카드뮴을 제련, 주입, 가공 및 가열하는 작업
3. 제118조제1항에 따른 허가대상물질을 제조하거나 사용하는 작업

② 사업주는 제1항에도 불구하고 다음 각 호의 어느 하나에 해당하는 경우에는 제1항 각 호에 따른 작업을 도급하여 자신의 사업장에서 수급인의 근로자가 그 작업을 하도록 할 수 있다.

1. 일시 · 간헐적으로 하는 작업을 도급하는 경우
2. 수급인이 보유한 기술이 전문적이고 사업주(수급인에게 도급을 한 도급인으로서의 사업주를 말한다)의 사업 운영에 필수 불가결한 경우로서 고용노동부장관의 승인을 받은 경우

③ 사업주는 제2항제2호에 따라 고용노동부장관의 승인을 받으려는 경우에는 고용노동부령으로 정하는 바에 따라 고용노동부장관이 실시하는 안전 및 보건에 관한 평가를 받아야 한다.

④ 제2항제2호에 따른 승인의 유효기간은 3년의 범위에서 정한다.

⑤ 고용노동부장관은 제4항에 따른 유효기간이 만료되는 경우에 사업주가 유효기간의 연장을 신청하면 승인의 유효기간이 만료되는 날의 다음 날부터 3년의 범위에서 고용노동부령으로 정하는 바에 따라 그 기간의 연장을 승인할 수 있다. 이 경우 사업주는 제3항에 따른 안전 및 보건에 관한 평가를 받아야 한다.

⑥ 사업주는 제2항제2호 또는 제5항에 따라 승인을 받은 사항 중 고용노동부령으로 정하는 사항을 변경하려는 경우에는 고용노동부령으로 정하는 바에 따라 변경에 대한 승인을 받아야 한다.

⑦ 고용노동부장관은 제2항제2호, 제5항 또는 제6항에 따라 승인, 연장승인 또는 변경승인을 받은 자가 제8항에 따른 기준에 미달하게 된 경우에는 승인, 연장승인 또는 변경승인을 취소하여야 한다.

⑧ 제2항제2호, 제5항 또는 제6항에 따른 승인, 연장승인 또는 변경승인의 기준 · 절차 및 방법, 그 밖에 필요한 사항은 고용노동부령으로 정한다.

출제년도

2014, 2016, 2018, 2019, 2023년도 출제

정답근거

산업안전보건법

05 산업안전보건법령상 안전보건표지에 관한 설명으로 옳은 것은?

① 지시표지의 색채는 바탕은 파란색, 관련 그림은 흰색으로 한다.

② 방사성물질 경고의 경고표지는 바탕은 무색, 기본모형은 빨간색으로 한다.

③ 안전보건표지의 성질상 설치하거나 부착하는 것이 곤란한 경우에도 해당 물체 에 직접 도색할 수 없다.

④ 「외국인근로자의 고용 등에 관한 법률」 제2조에 따른 외국인근로자를 사용하 는 사업주는 안전보건표지를 고용노동부장관이 정하는 바에 따라 해당 외국인 근로자의 모국어와 영어로 작성하여야 한다.

⑤ 안전보건표지의 표시를 명확히 하기 위하여 필요한 경우에는 그 안전보건표지 의 주위에 표시사항을 글자로 덧붙여 적을 수 있으며, 이 경우 그 글자는 검정 색 바탕에 노란색 한글고덕체로 표기해야 한다.

답 ①

해설

안전보건 표지

제38조(안전보건표지의 종류 · 형태 · 색채 및 용도 등) ① 법 제37조제2항에 따른 안전보건표지의 종류와 형태는 별표 6과 같고, 그 용도 , 설치 · 부착 장소, 형태 및 색채는 별표 7과 같다.
② 안전보건표지의 표시를 명확히 하기 위하여 필요한 경우에는 그 안전보건표지의 주위에 표시사항을 글자로 덧붙여 적을 수 있다. 이 경우 글자는 흰색 바탕에 검은색 한글고딕체로 표기해야 한다.
③ 안전보건표지에 사용되는 색채의 색도기준 및 용도는 별표 8과 같고, 사업주는 사업장에 설치하거나 부착한 안전보건표지의 색도기준이 유지되도록 관리해야 한다.
④ 안전보건표지에 관하여 법 또는 법에 따른 명령에서 규정하지 않은 사항으로서 다른 법 또는 다른 법에 따른 명령에서 규정한 사항이 있으면 그 부분에 대해서는 그 법 또는 명령을 적용한다.

제39조(안전보건표지의 설치 등) ① 사업주는 법 제37조에 따라 안전보건표지를 설치하거나 부착할 때에는 별표 7의 구분에 따라 근로자가 쉽게 알아볼 수 있는 장소 · 시설 또는 물체에 설치하거나 부착해야 한다.
② 사업주는 안전보건표지를 설치하거나 부착할 때에는 흔들리거나 쉽게 파손되지 않도록 견고하게 설치하거나 부착해야 한다.
③ 안전보건표지의 성질상 설치하거나 부착하는 것이 곤란한 경우에는 해당 물체에 직접 도색할 수 있다.

제40조(안전보건표지의 제작) ① 안전보건표지는 그 종류별로 별표 9에 따른 기본모형에 의하여 별표 7의 구분에 따라 제작해야 한다.
② 안전보건표지는 그 표시내용을 근로자가 빠르고 쉽게 알아볼 수 있는 크기로 제작해야 한다.
③ 안전보건표지 속의 그림 또는 부호의 크기는 안전보건표지의 크기와 비례해야 하며, 안전보건표지 전체 규격의 30퍼센트 이상이 되어야 한다.
④ 안전보건표지는 쉽게 파손되거나 변형되지 않는 재료로 제작해야 한다.
⑤ 야간에 필요한 안전보건표지는 야광물질을 사용하는 등 쉽게 알아볼 수 있도록 제작해야 한다.

출제년도

2016, 2018년도 출제

합격정보

산업안전보건법 시행규칙

보충학습

산업안전보건법 시행규칙[별표 8]

안전보건표지의 색도기준 및 용도(제38조제3항 관련)

색채	색도기준	용도	사용례
빨간색	7.5R 4/14	금지	정지신호, 소화설비 및 그 장소, 유해행위의 금지
		경고	화학물질 취급장소에서의 유해·위험 경고
노란색	5Y 8.5/12	경고	화학물질 취급장소에서의 유해·위험경고 이외의 위험경고, 주의표지 또는 기계방호물
파란색	2.5PB 4/10	지시	특정 행위의 지시 및 사실의 고지
녹색	2.5G 4/10	안내	비상구 및 피난소, 사람 또는 차량의 통행표지
흰색	N9.5		파란색 또는 녹색에 대한 보조색
검은색	N0.5		문자 및 빨간색 또는 노란색에 대한 보조색

[참고]

1. 허용 오차 범위 H = ±2, V = ±0.3, C = ±1(H는 색상, V는 명도, C는 채도를 말한다.)
2. 위의 색도기준은 한국산업규격(KS)에 따른 색의 3속성에 의한 표시방법(KSA 0062 기술표준원 고시 제2008-0759)에 따른다.

06 산업안전보건법령상 안전보건관리책임자에 관한 설명으로 옳지 않은 것은?

① 안전보건관리책임자는 안전관리자와 보건관리자를 지휘 . 감독한다.

② 사업주가 안전보건관리책임자에게 총괄하여 관리하도록 하여야 하는 사항에는 해당 사업장의 「산업안전보건법」 제36조(위협성평가의 실시)에 따른 위험성평 가의 실시에 관한 사항도 포함된다.

③ 상시 근로자 수가 100명인 1차 금속 제조업의 사업장에는 안전보건관리책임자 를 두어야 한다.

④ 건설업의 경우 공사금액이 10억원인 사업장에는 안전보건관리책임자를 두어야 한다.

⑤ 사업주는 안전보건관리책임자의 선임에 관한 서류를 3년 동안 보존하여야 한다.

답 ④

해설

안전보건관리 책임자

제15조(안전보건관리책임자) ① 사업주는 사업장을 실질적으로 총괄하여 관리하는 사람에게 해당 사업장의 다음 각 호의 업무를 총괄하여 관리하도록 하여야 한다.

1. 사업장의 산업재해 예방계획의 수립에 관한 사항
2. 제25조 및 제26조에 따른 안전보건관리규정의 작성 및 변경에 관한 사항
3. 제29조에 따른 안전보건교육에 관한 사항
4. 작업환경측정 등 작업환경의 점검 및 개선에 관한 사항
5. 제129조부터 제132조까지에 따른 근로자의 건강진단 등 건강관리에 관한 사항
6. 산업재해의 원인 조사 및 재발 방지대책 수립에 관한 사항
7. 산업재해에 관한 통계의 기록 및 유지에 관한 사항
8. 안전장치 및 보호구 구입 시 적격품 여부 확인에 관한 사항
9. 그 밖에 근로자의 유해 · 위험 방지조치에 관한 사항으로서 고용노동부령으로 정하는 사항

② 제1항 각 호의 업무를 총괄하여 관리하는 사람(이하 "안전보건관리책임자"라 한다)은 제17조에 따른 안전관리자와 제18조에 따른 보건관리자를 지휘 · 감독한다.

③ 안전보건관리책임자를 두어야 하는 사업의 종류와 사업장의 상시근로자 수, 그 밖에 필요한 사항은 대통령령으로 정한다.

정답근거

산업안전보건법

제14조(안전보건관리책임자의 선임 등) ① 법 제15조제2항에 따른 안전보건관리책임자(이하 "안전보건관리책임자"라 한다)를 두어야 하는 사업의 종류 및 사업장의 상시근로자 수(건설공사의 경우에는 건설공사 금액을 말한다. 이하 같다)는 별표 2와 같다.

② 사업주는 안전보건관리책임자가 법 제15조제1항에 따른 업무를 원활하게 수행할 수 있도록 권한 · 시설 · 장비 · 예산, 그 밖에 필요한 지원을 해야 한다.

③ 사업주는 안전보건관리책임자를 선임했을 때에는 그 선임 사실 및 법 제15조제1항 각 호에 따른 업무의 수행내용을 증명할 수 있는 서류를 갖추어 두어야 한다.

안전보건관리책임자를 두어야 하는 사업의 종류 및 사업장의 상시근로자 수(제14조제1항 관련)

사업의 종류	사업장의 상시근로자 수
1. 토사석 광업 2. 식료품 제조업, 음료 제조업	상시 근로자 50명 이상
3. 목재 및 나무제품 제조업; 가구 제외 4. 펄프, 종이 및 종이제품 제조업 5. 코크스, 연탄 및 석유정제품 제조업 6. 화학물질 및 화학제품 제조업; 의약품 제외 7. 의료용 물질 및 의약품 제조업 8. 고무 및 플라스틱제품 제조업 9. 비금속 광물제품 제조업 10. 1차 금속 제조업 11. 금속가공제품 제조업; 기계 및 가구 제외 12. 전자부품, 컴퓨터, 영상, 음향 및 통신장비 제조업 13. 의료, 정밀, 광학기기 및 시계 제조업 14. 전기장비 제조업 15. 기타 기계 및 장비 제조업 16. 자동차 및 트레일러 제조업 17. 기타 운송장비 제조업 18. 가구 제조업 19. 기타 제품 제조업 20. 서적, 잡지 및 기타 인쇄물 출판업 21. 해체, 선별 및 원료 재생업 22. 자동차 종합 수리업, 자동차 전문 수리업	
23. 농업 24. 어업 25. 소프트웨어 개발 및 공급업 26. 컴퓨터 프로그래밍, 시스템 통합 및 관리업 26의2. 영상 · 오디오물 제공 서비스업 27. 정보서비스업 28. 금융 및 보험업 29. 임대업; 부동산 제외 30. 전문, 과학 및 기술 서비스업(연구개발업은 제외한다) 31. 사업지원 서비스업 32. 사회복지 서비스업	상시 근로자 300명 이상
33. 건설업	공사금액 20억원 이상
34. 제1호부터 제26호까지, 제26호의2 및 제27호부터제33호까지의 사업을 제외한 사업	상시 근로자 100명 이상

출제년도

2012, 2019, 2023년도 출제

정답근거

산업안전보건법 시행령 [별표 2]

07 산업안전보건법령상 안전관리자 및 보건관리자 등에 관한 설명으로 옳지 않은 것은?

① 지방고용노동관서의 장은 보건관리자가 질병으로 1개월 이상 직무를 수행할 수 없게 된 경우에는 사업주에게 보건관리자를 정수 이상으로 증원하게 할 것 을 명할 수 있다.

② 건설업을 제외한 사업으로서 상시근로자 300명 미만을 사용하는 사업장의 사 업주는 안전관리전문기관에 안전관리자의 업무를 위탁할 수 있다.

③ 전기장비 제조업 중 상시근로자 300명 이상을 사용하는 사업장의 사업주는 보 건관리자에게 보건관리자의 업무만을 전담하도록 하여야 한다.

④ 식료품 제조업 중 상시근로자 300명 이상을 사용하는 사업장의 사업주는 안전 관리자에게 안전관리자의 업무만을 전담하도록 하여야 한다.

⑤ 안전관리자와 보건관리자가 수행하는 업무에는 산업안전보건위원회 또는 안전 및 보건에 관한 노사협의체에서 심의 . 의결한 업무도 포함된다.

답 ①

해설

안전관리자 및 보건관리자

제12조(안전관리자 등의 증원 · 교체임명 명령) ① 지방고용노동관서의 장은 다음 각 호의 어느 하나에 해당하는 사유가 발생한 경우에는 법 제17조제4항 · 제18조제4항 또는 제19조제3항에 따라 사업주에게 안전관리자 · 보건관리자 또는 안전보건관리담당자(이하 이 조에서 "관리자"라 한다)를 정수 이상으로 증원하게 하거나 교체하여 임명할 것을 명할 수 있다. 다만, 제4호에 해당하는 경우로서 직업성 질병자 발생 당시 사업장에서 해당 화학적 인자(因子)를 사용하지 않은 경우에는 그렇지 않다. 〈개정 2021. 11. 19.〉

1. 해당 사업장의 연간재해율이 같은 업종의 평균재해율의 2배 이상인 경우
2. 중대재해가 연간 2건 이상 발생한 경우. 다만, 해당 사업장의 전년도 사망만인율이 같은 업종의 평균 사망만인율 이하인 경우는 제외한다.
3. 관리자가 질병이나 그 밖의 사유로 3개월 이상 직무를 수행할 수 없게 된 경우
4. 별표 22 제1호에 따른 화학적 인자로 인한 직업성 질병자가 연간 3명 이상 발생한 경우. 이 경우 직업성 질병자의 발생일은 「산업재해보상보험법 시행규칙」 제21조제1항에 따른 요양급여의 결정일로 한다.

② 제1항에 따라 관리자를 정수 이상으로 증원하게 하거나 교체하여 임명할 것을 명하는 경우에는 미리 사업주 및 해당 관리자의 의견을 듣거나 소명자료를 제출받아야 한다. 다만, 정당한 사유 없이 의견진술 또는 소명자료의 제출을 게을리한 경우에는 그렇지 않다.

③ 제1항에 따른 관리자의 정수 이상 증원 및 교체임명 명령은 별지 제4호서식에 따른다.

출제년도

2015, 2019년도 출제

정답근거

산업안전보건법 시행규칙

08 **산업안전보건법령상 관계수급인 근로자가 도급인의 사업장에서 작업을 하는 경우 도급인이 이행해야 하는 사항에 해당하는 것을 모두 고른 것은?**

ㄱ. 작업장 순회점검
ㄴ. 관계수급인이 「산업안전보건법」 제29조(근로자에 대한 안전보건교육) 제1항에 따라 근로자에게 정기적으로 하는 안전보건교육을 위한 장소 및 자료의 제공 등 지원
ㄷ. 도급인과 수급인을 구성원으로 하는 안전 및 보건에 관한 협의체의 구 성 및 운영
ㄹ. 작업 장소에서 발파작업을 하는 경우에 대비한 경보체계 운영과 대피방 법 등 훈련

① ㄱ
② ㄴ, ㄹ
③ ㄷ, ㄹ
④ ㄱ, ㄴ, ㄷ
⑤ ㄱ, ㄴ, ㄷ, ㄹ

답 ⑤

해설

도급에 따른 산업재해 예방조치

제64조(도급에 따른 산업재해 예방조치) ① 도급인은 관계수급인 근로자가 도급인의 사업장에서 작업을 하는 경우 다음 각 호의 사항을 이행하여야 한다. 〈개정 2021. 5. 18.〉

1. 도급인과 수급인을 구성원으로 하는 안전 및 보건에 관한 협의체의 구성 및 운영
2. 작업장 순회점검
3. 관계수급인이 근로자에게 하는 제29조제1항부터 제3항까지의 규정에 따른 안전보건교육을 위한 장소 및 자료의 제공 등 지원
4. 관계수급인이 근로자에게 하는 제29조제3항에 따른 안전보건교육의 실시 확인
5. 다음 각 목의 어느 하나의 경우에 대비한 경보체계 운영과 대피방법 등 훈련
   가. 작업 장소에서 발파작업을 하는 경우
   나. 작업 장소에서 화재 · 폭발, 토사 · 구축물 등의 붕괴 또는 지진 등이 발생한 경우
6. 위생시설 등 고용노동부령으로 정하는 시설의 설치 등을 위하여 필요한 장소의 제공 또는 도급인이 설치한 위생시설 이용의 협조
7. 같은 장소에서 이루어지는 도급인과 관계수급인 등의 작업에 있어서 관계수급인 등의 작업시기 · 내용, 안전조치 및 보건조치 등의 확인
8. 제7호에 따른 확인 결과 관계수급인 등의 작업 혼재로 인하여 화재 · 폭발 등 대통령령으로 정하는 위험이 발생할 우려가 있는 경우 관계수급인 등의 작업시기 · 내용 등의 조정

② 제1항에 따른 도급인은 고용노동부령으로 정하는 바에 따라 자신의 근로자 및 관계수급인 근로자와 함께 정기적으로 또는 수시로 작업장의 안전 및 보건에 관한 점검을 하여야 한다.

③ 제1항에 따른 안전 및 보건에 관한 협의체 구성 및 운영, 작업장 순회점검, 안전보건교육 지원, 그 밖에 필요한 사항은 고용노동부령으로 정한다.

출제년도

2023년도 출제

정답근거

산업안전보건법

09 **산업안전보건법령상 주요 구조 부분을 변경하는 경우 안전인증을 받아야 하는 기계 및 설비에 해당하지 않는 것은? (단, 안전인증을 면제받는 경우 는 고려하지 않음)**

① 원심기

② 프레스

③ 롤러기

④ 압력용기

⑤ 고소작업대

답 ①

해설

안전인증대상 기계

제107조(안전인증대상기계등) 법 제84조제1항에서 "고용노동부령으로 정하는 안전인증대상기계등"이란 다음 각 호의 기계 및 설비를 말한다.

1. 설치 · 이전하는 경우 안전인증을 받아야 하는 기계
   가. 크레인
   나. 리프트
   다. 곤돌라
2. 주요 구조 부분을 변경하는 경우 안전인증을 받아야 하는 기계 및 설비
   가. 프레스
   나. 전단기 및 절곡기(折曲機)
   다. 크레인
   라. 리프트
   마. 압력용기
   바. 롤러기
   사. 사출성형기(射出成形機)
   아. 고소(高所)작업대
   자. 곤돌라

출제년도

2017, 2019, 2023년도 출제

정답근거

산업안전보건법 시행규칙

2024

10 산업안전보건법령상 용어의 정의로 옳은 것은?

① "작업환경측정"이란 작업환경 실태를 파악하기 위하여 해당 근로자 또는 작업 장에 대하여 사업주가 유해인자에 대한 측정계획을 수립한 후 시료(試料)를 채 취하고 분석·평가하는 것을 말한다.

② "중대재해"란 근로자가 사망하거나 부상을 입을 수 있는 설비에서의 누출·화 재·폭발 사고를 말한다.

③ "건설공사발주자"란 건설공사를 도급하는 자로서 건설공사의 시공을 주도하여 총괄 · 관리하는 자를 말한다.

④ "산업재해"란 근로자가 업무에 관계되는 건설물·설비·원재료·가스·증기·분진 등에 의하거나 작업 또는 그 밖의 업무로 인하여 사망 또는 3일 이상의 휴업이 필요한 질병에 걸리는 것을 말한다.

⑤ "위험성평가"란 산업재해를 예방하기 위하여 잠재적 위험성을 발견하고 그 개 선대책을 수립할 목적으로 조사·평가하는 것을 말한다.

답 ①

해설

용어정의

제2조(정의) 이 법에서 사용하는 용어의 뜻은 다음과 같다. 〈개정 2020. 5. 26., 2023. 8. 8.〉

1. "산업재해"란 노무를 제공하는 사람이 업무에 관계되는 건설물 · 설비 · 원재료 · 가스 · 증기 · 분진 등에 의하거나 작업 또는 그 밖의 업무로 인하여 사망 또는 부상하거나 질병에 걸리는 것을 말한다.
2. "중대재해"란 산업재해 중 사망 등 재해 정도가 심하거나 다수의 재해자가 발생한 경우로서 고용노동부령으로 정하는 재해를 말한다.
3. "근로자"란 「근로기준법」 제2조제1항제1호에 따른 근로자를 말한다.
4. "사업주"란 근로자를 사용하여 사업을 하는 자를 말한다.
5. "근로자대표"란 근로자의 과반수로 조직된 노동조합이 있는 경우에는 그 노동조합을, 근로자의 과반수로 조직된 노동조합이 없는 경우에는 근로자의 과반수를 대표하는 자를 말한다.
6. "도급"이란 명칭에 관계없이 물건의 제조 · 건설 · 수리 또는 서비스의 제공, 그 밖의 업무를 타인에게 맡기는 계약을 말한다.
7. "도급인"이란 물건의 제조 · 건설 · 수리 또는 서비스의 제공, 그 밖의 업무를 도급하는 사업주를 말한다. 다만, 건설공사발주자는 제외한다.
8. "수급인"이란 도급인으로부터 물건의 제조 · 건설 · 수리 또는 서비스의 제공, 그 밖의 업무를 도급받은 사업주를 말한다.
9. "관계수급인"이란 도급이 여러 단계에 걸쳐 체결된 경우에 각 단계별로 도급받은 사업주 전부를 말한다.
10. "건설공사발주자"란 건설공사를 도급하는 자로서 건설공사의 시공을 주도하여 총괄 · 관리하지 아니하는 자를 말한다. 다만, 도급받은 건설공사를 다시 도급하는 자는 제외한다.
11. "건설공사"란 다음 각 목의 어느 하나에 해당하는 공사를 말한다.
    가. 「건설산업기본법」 제2조제4호에 따른 건설공사
    나. 「전기공사업법」 제2조제1호에 따른 전기공사
    다. 「정보통신공사업법」 제2조제2호에 따른 정보통신공사
    라. 「소방시설공사업법」에 따른 소방시설공사
    마. 「국가유산수리 등에 관한 법률」에 따른 국가유산 수리공사
12. "안전보건진단"이란 산업재해를 예방하기 위하여 잠재적 위험성을 발견하고 그 개선대책을 수립할 목적으로 조사 · 평가하는 것을 말한다.
13. "작업환경측정"이란 작업환경 실태를 파악하기 위하여 해당 근로자 또는 작업장에 대하여 사업주가 유해인자에 대한 측정계획을 수립한 후 시료(試料)를 채취하고 분석 · 평가하는 것을 말한다.

출제년도

2012, 2013, 2017, 2019, 2021년도 출제

정답근거

산업안전보건법

보충학습

사업장 위험성평가에 관한 지침

[시행 2025. 1. 2.] [고용노동부고시 제2024-76호, 2024. 12. 18., 일부개정]

제3조(정의) ① 이 고시에서 사용하는 용어의 뜻은 다음과 같다.
1. "유해 · 위험요인"이란 유해 · 위험을 일으킬 잠재적 가능성이 있는 것의 고유한 특징이나 속성을 말한다.
2. "위험성"이란 유해 · 위험요인이 사망, 부상 또는 질병으로 이어질 수 있는 가능성과 중대성 등을 고려한 위험의 정도를 말한다.
3. "위험성평가"란 사업주가 스스로 유해 · 위험요인을 파악하고 해당 유해 · 위험요인의 위험성 수준을 결정하여, 위험성을 낮추기 위한 적절한 조치를 마련하고 실행하는 과정을 말한다.
4. "근로자"란 기간제, 단시간, 파견 등 고용형태 및 국적과 관계없이 「산업안전보건법」 제2조제3호에 따른 근로자를 말한다.

② 그 밖에 이 고시에서 사용하는 용어의 뜻은 이 고시에 특별히 정한 것이 없으면 「산업안전보건법」(이하 "법"이라 한다), 같은 법 시행령(이하 "영"이라 한다), 같은 법 시행규칙(이하 "규칙"이라 한다) 및「산업안전보건기준에 관한 규칙」(이하 "안전보건규칙"이라 한다)에서 정하는 바에 따른다.

11 산업안전보건법령상 유해하거나 위험한 기계 · 기구에 대한 방호조치 등에 관 한 설명으로 옳은 것을 모두 고른 것은?

ㄱ. 진공포장기 - 래핑기를 제외한 포장기계에는 구동부 방호 연동장치를 설치해야 한다.
ㄴ. 회전기계에 물체 등이 말려 들어갈 부분이 있는 기계는 물림점을 묻 힘형으로 하여야 한다.
ㄷ. 예초기 및 금속절단기에는 날 접촉 예방장치를 설치해야 하고, 원심기 에는 회전체 접촉 예방장치를 설치해야 한다.
ㄹ. 근로자가 방호조치를 해체하려는 경우에는 사업주의 허가를 받아야 한다.

① ㄱ
② ㄱ, ㄴ
③ ㄴ, ㄷ
④ ㄷ, ㄹ
⑤ ㄱ, ㄷ, ㄹ

답 ④

해설

유해하거나 위험한 기계 등에 대한 방호조치

제98조(방호조치) ① 법 제80조제1항에 따라 영 제70조 및 영 별표 20의 기계 · 기구에 설치해야 할 방호장치는 다음 각 호와 같다.
1. 영 별표 20 제1호에 따른 예초기: 날접촉 예방장치
2. 영 별표 20 제2호에 따른 원심기: 회전체 접촉 예방장치
3. 영 별표 20 제3호에 따른 공기압축기: 압력방출장치
4. 영 별표 20 제4호에 따른 금속절단기: 날접촉 예방장치
5. 영 별표 20 제5호에 따른 지게차: 헤드 가드, 백레스트(backrest), 전조등, 후미등, 안전벨트
6. 영 별표 20 제6호에 따른 포장기계: 구동부 방호 연동장치

② 법 제80조제2항에서 "고용노동부령으로 정하는 방호조치"란 다음 각 호의 방호조치를 말한다.
1. 작동 부분의 돌기부분은 묻힘형으로 하거나 덮개를 부착할 것
2. 동력전달부분 및 속도조절부분에는 덮개를 부착하거나 방호망을 설치할 것
3. 회전기계의 물림점(롤러나 톱니바퀴 등 반대방향의 두 회전체에 물려 들어가는 위험점)에는 덮개 또는 울을 설치할 것

③ 제1항 및 제2항에 따른 방호조치에 필요한 사항은 고용노동부장관이 정하여 고시한다.

제99조(방호조치 해체 등에 필요한 조치) ① 법 제80조제4항에서 "고용노동부령으로 정하는 경우"란 다음 각 호의 경우를 말하며, 그에 필요한 안전조치 및 보건조치는 다음 각 호에 따른다.
1. 방호조치를 해체하려는 경우: 사업주의 허가를 받아 해체할 것
2. 방호조치 해체 사유가 소멸된 경우: 방호조치를 지체 없이 원상으로 회복시킬 것
3. 방호조치의 기능이 상실된 것을 발견한 경우: 지체 없이 사업주에게 신고할 것

② 사업주는 제1항제3호에 따른 신고가 있으면 즉시 수리, 보수 및 작업중지 등 적절한 조치를 해야 한다.

출제년도

① 2014, 2015, 2019, 2020, 2022년도 출제
② 2024 기계안전공학 단답형 출제

정답근거

산업안전보건법 시행규칙

12 산업안전보건법 시행규칙의 일부이다. (　　)에 들어갈 숫자로 옳은 것은?

■ 산업안전보건법 시행규칙 [별표 4]

안전보건교육 교육과정별 교육시간(제26조제1항 등 관련)

1. 근로자 안전보건교육(제26조제1항, 제28조제1항 관련)

교육과정	교육대상	교육시간
마. 건설업 기초안전 · 보건교육	건설 일용근로자	(　　)시간 이상

① 1　　② 2

③ 4　　④ 6

⑤ 8

답 ③

해설

안전보건교육 교육과정별 교육시간(제26조 제1항 등 관련)

<table>
<tr><th>교육과정</th><th colspan="2">교육대상</th><th>교육시간</th></tr>
<tr><td rowspan="3">가. 정기교육</td><td colspan="2">1) 사무직 종사 근로자</td><td>매반기 6시간 이상</td></tr>
<tr><td rowspan="2">2) 그 밖의 근로자</td><td>가) 판매업무에 직접 종사하는 근로자</td><td>매반기 6시간 이상</td></tr>
<tr><td>나) 판매업무에 직접 종사하는 근로자 외의 근로자</td><td>매반기 12시간 이상</td></tr>
<tr><td rowspan="3">나. 채용 시 교육</td><td colspan="2">1) 일용근로자 및 근로계약기간이 1주일 이하인 기간제근로자</td><td>1시간 이상</td></tr>
<tr><td colspan="2">2) 근로계약기간이 1주일 초과 1개월 이하인 기간제근로자</td><td>4시간 이상</td></tr>
<tr><td colspan="2">3) 그 밖의 근로자</td><td>8시간 이상</td></tr>
<tr><td rowspan="2">다. 작업내용 변경 시 교육</td><td colspan="2">1) 일용근로자 및 근로계약기간이 1주일 이하인 기간제근로자</td><td>1시간 이상</td></tr>
<tr><td colspan="2">2) 그 밖의 근로자</td><td>2시간 이상</td></tr>
<tr><td rowspan="2">라. 특별교육</td><td colspan="2">1) 일용근로자 및 근로계약기간이 1주일 이하인 기간제근로자: 별표 5 제1호라목(제39호는 제외한다)에 해당하는 작업에 종사하는 근로자에 한정한다.</td><td>2시간 이상</td></tr>
<tr><td colspan="2">2) 일용근로자 및 근로계약기간이 1주일 이하인 기간제근로자: 별표 5 제1호라목제39호에 해당하는 작업에 종사하는 근로자에 한정한다.</td><td>8시간 이상</td></tr>
</table>

	3) 일용근로자 및 근로계약기간이 1주일 이하인 기간제근로자를 제외한 근로자: 별표 5 제1호 라목에 해당하는 작업에 종사하는 근로자에 한정한다.	가) 16시간 이상(최초 작업에 종사하기 전 4시간 이상 실시하고 12시간은 3개월 이내에서 분할하여 실시 가능) 나) 단기간 작업 또는 간헐적 작업인 경우에는 2시간 이상
마. 건설업 기초안전 · 보건교육	건설 일용근로자	4시간 이상

출제년도

2012, 2014, 2015, 2016, 2018, 2020, 2021, 2023년도 출제

정답근거

산업안전보건법 시행규칙 [별표 4]

13 산업안전보건법령상 보건관리자에 대한 직무교육에 관한 내용이다. ( )에 들어갈 내용을 순서대로 옳게 나열한 것은? (단, 직무교육을 면제받는 경우 는 고려하지 않음)

> 사업주가 보건관리자에게 안전보건교육기관에서 직무와 관련한 안전보건 교육을 이수하도록 하여야 하는 경우, 의사인 보건관리자는 해당 직위에 선임된 후 (ㄱ) 이내에 직무를 수행하는 데 필요한 신규교육을 받아야 하며, 신규교육을 이수한 후 매 (ㄴ)이 되는 날을 기준으로 전후 (ㄷ) 사이에 고용노동부장관이 실시하는 안전보건에 관한 보수교육을 받아야 한다.

① ㄱ : 3개월, ㄴ : 1년, ㄷ : 3개월

② ㄱ : 3개월, ㄴ : 1년, ㄷ : 6개월

③ ㄱ : 3개월, ㄴ : 2년, ㄷ : 6개월

④ ㄱ : 1년, ㄴ : 1년, ㄷ : 3개월

⑤ ㄱ : 1년, ㄴ : 2년, ㄷ : 6개월

답 ⑤

해설

직무교육

제29조(안전보건관리책임자 등에 대한 직무교육) ① 법 제32조제1항 각 호 외의 부분 본문에 따라 다음 각 호의 어느 하나에 해당하는 사람은 해당 직위에 선임(위촉의 경우를 포함한다. 이하 같다)되거나 채용된 후 3개월(보건관리자가 의사인 경우는 1년을 말한다) 이내에 직무를 수행하는 데 필요한 신규교육을 받아야 하며, 신규교육을 이수한 후 매 2년이 되는 날을 기준으로 전후 6개월 사이에 고용노동부장관이 실시하는 안전보건에 관한 보수교육을 받아야 한다.

1. 법 제15조제1항에 따른 안전보건관리책임자
2. 법 제17조제1항에 따른 안전관리자(「기업활동 규제완화에 관한 특별조치법」 제30조제3항에 따라 안전관리자로 채용된 것으로 보는 사람을 포함한다)
3. 법 제18조제1항에 따른 보건관리자
4. 법 제19조제1항에 따른 안전보건관리담당자
5. 법 제21조제1항에 따른 안전관리전문기관 또는 보건관리전문기관에서 안전관리자 또는 보건관리자의 위탁 업무를 수행하는 사람
6. 법 제74조제1항에 따른 건설재해예방전문지도기관에서 지도업무를 수행하는 사람
7. 법 제96조제1항에 따라 지정받은 안전검사기관에서 검사업무를 수행하는 사람
8. 법 제100조제1항에 따라 지정받은 자율안전검사기관에서 검사업무를 수행하는 사람
9. 법 제120조제1항에 따른 석면조사기관에서 석면조사 업무를 수행하는 사람

② 제1항에 따른 신규교육 및 보수교육(이하 "직무교육"이라 한다)의 교육시간은 별표 4와 같고, 교육내용은 별표 5와 같다.

③ 직무교육을 실시하기 위한 집체교육, 현장교육, 인터넷원격교육 등의 교육 방법, 직무교육 기관의 관리, 그 밖에 교육에 필요한 사항은 고용노동부장관이 정하여 고시한다.

출제년도

2013, 2014, 2015, 2019년도 출제

정답근거

산업안전보건법 시행규칙

14 **산업안전보건법령상 기계등을 대여받은 자가 그 설치·해체 작업이 이루어 지는 동안 작업과정 전반(全般)을 영상으로 기록하여 대여기간 동안 보관하 여야 하는 기계등에 해당하는 것은?**

① 파워 셔블
② 타워크레인
③ 고소작업대
④ 버킷굴착기
⑤ 콘크리트 펌프

답 ②

해설

영상기록

제101조(기계등을 대여받는 자의 조치) ① 법 제81조에 따라 기계등을 대여받는 자는 그가 사용하는 근로자가 아닌 사람에게 해당 기계등을 조작하도록 하는 경우에는 다음 각 호의 조치를 해야 한다. 다만, 해당 기계등을 구입할 목적으로 기종(機種)의 선정 등을 위하여 일시적으로 대여받는 경우에는 그렇지 않다.

1. 해당 기계등을 조작하는 사람이 관계 법령에서 정하는 자격이나 기능을 가진 사람인지 확인할 것
2. 해당 기계등을 조작하는 사람에게 다음 각 목의 사항을 주지시킬 것
   가. 작업의 내용
   나. 지휘계통
   다. 연락 · 신호 등의 방법
   라. 운행경로, 제한속도, 그 밖에 해당 기계등의 운행에 관한 사항
   마. 그 밖에 해당 기계등의 조작에 따른 산업재해를 방지하기 위하여 필요한 사항

② 타워크레인을 대여받은 자는 다음 각 호의 조치를 해야 한다.

1. 타워크레인을 사용하는 작업 중에 타워크레인 장비 간 또는 타워크레인과 인접 구조물 간 충돌위험이 있으면 충돌방지장치를 설치하는 등 충돌방지를 위하여 필요한 조치를 할 것
2. 타워크레인 설치 · 해체 작업이 이루어지는 동안 작업과정 전반(全般)을 영상으로 기록하여 대여기간 동안 보관할 것

③ 해당 기계등을 대여하는 자가 제100조제2호 각 목의 사항을 적은 서면을 발급하지 않는 경우 해당 기계등을 대여받은 자는 해당 사항에 대한 정보 제공을 요구할 수 있다.

④ 기계등을 대여받은 자가 기계등을 대여한 자에게 해당 기계등을 반환하는 경우에는 해당 기계등의 수리 · 보수 및 점검 내역과 부품교체 사항 등이 있는 경우 해당 사항에 대한 정보를 제공해야 한다.

출제년도

2019년도 출제

정답근거

산업안전보건법 시행규칙

15 **산업안전보건법령상 안전검사대상기계등에 대해 안전검사를 면제할 수 있는 경우가 아닌 것은?**

① 「고압가스 안전관리법」 제17조제2항에 따른 검사를 받은 경우

② 「원자력안전법」 제22조제1항에 따른 검사를 받은 경우

③ 「에너지이용 합리화법」 제39조 제4항에 따른 검사를 받은 경우

④ 「전기용품 및 생활용품 안전관리법」 제8조에 따른 안전검사를 받은 경우

⑤ 「위험물안전관리법」 제18조에 따른 정기점검 또는 정기검사를 받은 경우

답 ④

해설

안전검사 면제

제125조(안전검사의 면제) 법 제93조제2항에서 "고용노동부령으로 정하는 경우"란 다음 각 호의 어느 하나에 해당하는 경우를 말한다.

1. 「건설기계관리법」 제13조제1항제1호 · 제2호 및 제4호에 따른 검사를 받은 경우(안전검사 주기에 해당하는 시기의 검사로 한정한다)
2. 「고압가스 안전관리법」 제17조제2항에 따른 검사를 받은 경우
3. 「광산안전법」 제9조에 따른 검사 중 광업시설의 설치 · 변경공사 완료 후 일정한 기간이 지날 때마다 받는 검사를 받은 경우
4. 「선박안전법」 제8조부터 제12조까지의 규정에 따른 검사를 받은 경우
5. 「에너지이용 합리화법」 제39조제4항에 따른 검사를 받은 경우
6. 「원자력안전법」 제22조제1항에 따른 검사를 받은 경우
7. 「위험물안전관리법」 제18조에 따른 정기점검 또는 정기검사를 받은 경우
8. 「전기사업법」 제65조에 따른 검사를 받은 경우
9. 「항만법」 제26조제1항제3호에 따른 검사를 받은 경우
10. 「화재예방, 소방시설 설치 · 유지 및 안전관리에 관한 법률」 제25조제1항에 따른 자체점검 등을 받은 경우
11. 「화학물질관리법」 제24조제3항 본문에 따른 정기검사를 받은 경우

출제년도

2019년도 출제

정답근거

산업안전보건법 시행규칙

제93조(안전검사) ① 유해하거나 위험한 기계 · 기구 · 설비로서 대통령령으로 정하는 것(이하 "안전검사대상기계등"이라 한다)을 사용하는 사업주(근로자를 사용하지 아니하고 사업을 하는 자를 포함한다. 이하 이 조, 제94조, 제95조 및 제98조에서 같다)는 안전검사대상기계등의 안전에 관한 성능이 고용노동부장관이 정하여 고시하는 검사기준에 맞는지에 대하여 고용노동부장관이 실시하는 검사(이하 "안전검사"라 한다)를 받아야 한다. 이 경우 안전검사대상기계등을 사용하는 사업주와 소유자가 다른 경우에는 안전검사대상기계등의 소유자가 안전검사를 받아야 한다.
② 제1항에도 불구하고 안전검사대상기계등이 다른 법령에 따라 안전성에 관한 검사나 인증을 받은 경우로서 고용노동부령으로 정하는 경우에는 안전검사를 면제할 수 있다.
③ 안전검사의 신청, 검사 주기 및 검사합격 표시방법, 그 밖에 필요한 사항은 고용노동부령으로 정한다. 이 경우 검사 주기는 안전검사대상기계등의 종류, 사용연한(使用年限) 및 위험성을 고려하여 정한다.

보충학습

산업안전보건법

16 산업안전보건법령상 일반건강진단을 실시한 것으로 보는 건강진단에 해당 하지 않는 것은?

① 「선원법」에 따른 건강진단

③ 「항공안전법」에 따른 신체검사

② 「학교보건법」에 따른 건강검사

④ 「국민건강보험법」에 따른 건강검진

⑤ 「교육공무원법」에 따른 신체검사

답 ⑤

해설

일반건강진단 실시 인정 진단

제196조(일반건강진단 실시의 인정) 법 제129조제1항 단서에서 "고용노동부령으로 정하는 건강진단"이란 다음 각 호 어느 하나에 해당하는 건강진단을 말한다.

1. 「국민건강보험법」에 따른 건강검진
2. 「선원법」에 따른 건강진단
3. 「진폐의 예방과 진폐근로자의 보호 등에 관한 법률」에 따른 정기 건강진단
4. 「학교보건법」에 따른 건강검사
5. 「항공안전법」에 따른 신체검사
6. 그 밖에 제198조제1항에서 정한 법 제129조제1항에 따른 일반건강진단(이하 "일반건강진단"이라 한다)의 검사항목을 모두 포함하여 실시한 건강진단

출제년도

2021년도 출제

정답근거

산업안전보건법 시행규칙

17 산업안전보건법령상 자율안전확인대상기계등에 해당하는 것을 모두 고른 것은?

ㄱ. 용접용 보안면
ㄴ. 고정형 목재가공용 모떼기 기계
ㄷ. 롤러기 급정지장치
ㄹ. 추락 및 감전 위험방지용 안전모
ㅁ. 휴대형 연마기
ㅂ. 차광(遮光) 및 비산물(飛散物) 위험방지용 보안경

① ㄱ, ㅁ
② ㄴ, ㄷ
③ ㄱ, ㄹ, ㅁ, ㅂ
④ ㄴ, ㄷ, ㄹ, ㅂ
⑤ ㄱ, ㄴ, ㄷ, ㄹ, ㅁ, ㅂ

답 ②

해설

자율안전확인대상 기계

제77조(자율안전확인대상기계등) ① 법 제89조제1항 각 호 외의 부분 본문에서 "대통령령으로 정하는 것"이란 다음 각 호의 어느 하나에 해당하는 것을 말한다.

1. 다음 각 목의 어느 하나에 해당하는 기계 또는 설비
   가. 연삭기(研削機) 또는 연마기. 이 경우 휴대형은 제외한다.
   나. 산업용 로봇
   다. 혼합기
   라. 파쇄기 또는 분쇄기
   마. 식품가공용 기계(파쇄 · 절단 · 혼합 · 제면기만 해당한다)
   바. 컨베이어
   사. 자동차정비용 리프트
   아. 공작기계(선반, 드릴기, 평삭 · 형삭기, 밀링만 해당한다)
   자. 고정형 목재가공용 기계(둥근톱, 대패, 루타기, 띠톱, 모떼기 기계만 해당한다)
   차. 인쇄기
2. 다음 각 목의 어느 하나에 해당하는 방호장치
   가. 아세틸렌 용접장치용 또는 가스집합 용접장치용 안전기
   나. 교류 아크용접기용 자동전격방지기
   다. 롤러기 급정지장치
   라. 연삭기 덮개
   마. 목재 가공용 둥근톱 반발 예방장치와 날 접촉 예방장치
   바. 동력식 수동대패용 칼날 접촉 방지장치
   사. 추락 · 낙하 및 붕괴 등의 위험 방지 및 보호에 필요한 가설기자재(제74조제1항제2호아목의 가설기자재는 제외한다)로서 고용노동부장관이 정하여 고시하는 것
3. 다음 각 목의 어느 하나에 해당하는 보호구
   가. 안전모(제74조제1항제3호가목의 안전모는 제외한다)
   나. 보안경(제74조제1항제3호차목의 보안경은 제외한다)
   다. 보안면(제74조제1항제3호카목의 보안면은 제외한다)

② 자율안전확인대상기계등의 세부적인 종류, 규격 및 형식은 고용노동부장관이 정하여 고시한다.

출제년도

2014, 2015, 2017, 2019, 2021년도 출제

정답근거

산업안전보건법 시행령

2024

18 **산업안전보건법령상 유해인자의 유해성 · 위험성 분류기준 중 물리적 인자 의 분류기준으로 옳지 않은 것은?**

① 소음 : 소음성난청을 유발할 수 있는 85데시벨(A) 이상의 시끄러운 소리

② 진동 : 착암기, 손망치 등의 공구를 사용함으로써 발생되는 백랍병·레이노 현상·말초순환장애 등의 국소 진동 및 차량 등을 이용함으로써 발생되는 관절통·디스크·소화장애 등의 전신 진동

③ 방사선 : 직접·간접으로 공기 또는 세포를 전리하는 능력을 가진 알파선·베타선·감마선·엑스선·중성자선 등의 전자선

④ 에어로졸 : 재충전이 가능한 금속·유리 또는 플라스틱 용기에 압축가스·액화 가스 또는 용해가스를 충전하고 내용물을 가스에 현탁시킨 고체나 액상입자로, 액상 또는 가스상에서 폼·페이스트·분말상으로 배출되는 분사장치를 갖춘 것

⑤ 이상기온 : 고열·한랭·다습으로 인하여 열사병·동상·피부질환 등을 일으킬 수 있는 기온

답 ④

해설

유해인자의 유해성 · 위험성 분류기준(제141조 관련)

1. 화학물질의 분류기준

가. 물리적 위험성 분류기준

1) 폭발성 물질: 자체의 화학반응에 따라 주위환경에 손상을 줄 수 있는 정도의 온도 · 압력 및 속도를 가진 가스를 발생시키는 고체 · 액체 또는 혼합물

2) 인화성 가스: 20℃, 표준압력(101.3㎪)에서 공기와 혼합하여 인화되는 범위에 있는 가스와 54℃ 이하 공기 중에서 자연발화하는 가스를 말한다.(혼합물을 포함한다)

3) 인화성 액체: 표준압력(101.3㎪)에서 인화점이 93℃ 이하인 액체

4) 인화성 고체: 쉽게 연소되거나 마찰에 의하여 화재를 일으키거나 촉진할 수 있는 물질

5) 에어로졸: 재충전이 불가능한 금속 · 유리 또는 플라스틱 용기에 압축가스 · 액화가스 또는 용해가스를 충전하고 내용물을 가스에 현탁시킨 고체나 액상입자로, 액상 또는 가스상에서 폼 · 페이스트 · 분말상으로 배출되는 분사장치를 갖춘 것

6) 물반응성 물질: 물과 상호작용을 하여 자연발화되거나 인화성 가스를 발생시키는 고체 · 액체 또는 혼합물

7) 산화성 가스: 일반적으로 산소를 공급함으로써 공기보다 다른 물질의 연소를 더 잘 일으키거나 촉진하는 가스

8) 산화성 액체: 그 자체로는 연소하지 않더라도, 일반적으로 산소를 발생시켜 다른 물질을 연소시키거나 연소를 촉진하는 액체

9) 산화성 고체: 그 자체로는 연소하지 않더라도 일반적으로 산소를 발생시켜 다른 물질을 연소시키거나 연소를 촉진하는 고체

10) 고압가스: 20℃, 200킬로파스칼(kpa) 이상의 압력 하에서 용기에 충전되어 있는 가스 또는 냉동액화가스 형태로 용기에 충전되어 있는 가스(압축가스, 액화가스, 냉동액화가스, 용해가스로 구분한다)

11) 자기반응성 물질: 열적(熱的)인 면에서 불안정하여 산소가 공급되지 않아도 강렬하게 발열 · 분해하기 쉬운 액체 · 고체 또는 혼합물

12) 자연발화성 액체: 적은 양으로도 공기와 접촉하여 5분 안에 발화할 수 있는 액체

13) 자연발화성 고체 : 적은 양으로도 공기와 접촉하여 5분 안에 발화할 수 있는 고체

14) 자기발열성 물질: 주위의 에너지 공급 없이 공기와 반응하여 스스로 발열하는 물질(자기발화성 물질은 제외한다)

15) 유기과산화물: 2가의 -O-O-구조를 가지고 1개 또는 2개의 수소 원자가 유기라디칼에 의하여 치환된 과산화수소의 유도체를 포함한 액체 또는 고체 유기물질

16) 금속 부식성 물질: 화학적인 작용으로 금속에 손상 또는 부식을 일으키는 물질

나. 건강 및 환경 유해성 분류기준

1) 급성 독성 물질: 입 또는 피부를 통하여 1회 투여 또는 24시간 이내에 여러 차례로 나누어 투여하거나 호흡기를 통하여 4시간 동안 흡입하는 경우 유해한 영향을 일으키는 물질
2) 피부 부식성 또는 자극성 물질: 접촉 시 피부조직을 파괴하거나 자극을 일으키는 물질(피부 부식성 물질 및 피부 자극성 물질로 구분한다)
3) 심한 눈 손상성 또는 자극성 물질: 접촉 시 눈 조직의 손상 또는 시력의 저하 등을 일으키는 물질(눈 손상성 물질 및 눈 자극성 물질로 구분한다)
4) 호흡기 과민성 물질: 호흡기를 통하여 흡입되는 경우 기도에 과민반응을 일으키는 물질
5) 피부 과민성 물질: 피부에 접촉되는 경우 피부 알레르기 반응을 일으키는 물질
6) 발암성 물질: 암을 일으키거나 그 발생을 증가시키는 물질
7) 생식세포 변이원성 물질: 자손에게 유전될 수 있는 사람의 생식세포에 돌연변이를 일으킬 수 있는 물질
8) 생식독성 물질: 생식기능, 생식능력 또는 태아의 발생·발육에 유해한 영향을 주는 물질
9) 특정 표적장기 독성 물질(1회 노출): 1회 노출로 특정 표적장기 또는 전신에 독성을 일으키는 물질
10) 특정 표적장기 독성 물질(반복 노출): 반복적인 노출로 특정 표적장기 또는 전신에 독성을 일으키는 물질
11) 흡인 유해성 물질: 액체 또는 고체 화학물질이 입이나 코를 통하여 직접적으로 또는 구토로 인하여 간접적으로, 기관 및 더 깊은 호흡기관으로 유입되어 화학적 폐렴, 다양한 폐 손상이나 사망과 같은 심각한 급성 영향을 일으키는 물질
12) 수생 환경 유해성 물질: 단기간 또는 장기간의 노출로 수생생물에 유해한 영향을 일으키는 물질
13) 오존층 유해성 물질: 「오존층 보호를 위한 특정물질의 제조규제 등에 관한 법률」 제2조제1호에 따른 특정물질

2. 물리적 인자의 분류기준

가. 소음: 소음성난청을 유발할 수 있는 85데시벨(A) 이상의 시끄러운 소리
나. 진동: 착암기, 손망치 등의 공구를 사용함으로써 발생되는 백랍병·레이노 현상·말초순환장애 등의 국소 진동 및 차량 등을 이용함으로써 발생되는 관절통·디스크·소화장애 등의 전신 진동
다. 방사선: 직접·간접으로 공기 또는 세포를 전리하는 능력을 가진 알파선·베타선·감마선·엑스선·중성자선 등의 전자선
라. 이상기압: 게이지 압력이 제곱센티미터당 1킬로그램 초과 또는 미만인 기압
마. 이상기온: 고열·한랭·다습으로 인하여 열사병·동상·피부질환 등을 일으킬 수 있는 기온

3. 생물학적 인자의 분류기준

가. 혈액매개 감염인자: 인간면역결핍바이러스, B형·C형간염바이러스, 매독바이러스 등 혈액을 매개로 다른 사람에게 전염되어 질병을 유발하는 인자
나. 공기매개 감염인자: 결핵·수두·홍역 등 공기 또는 비말감염 등을 매개로 호흡기를 통하여 전염되는 인자
다. 곤충 및 동물매개 감염인자: 쯔쯔가무시증, 렙토스피라증, 유행성출혈열 등 동물의 배설물 등에 의하여 전염되는 인자 및 탄저병, 브루셀라병 등 가축 또는 야생동물로부터 사람에게 감염되는 인자

※ 비고

제1호에 따른 화학물질의 분류기준 중 가목에 따른 물리적 위험성 분류기준별 세부 구분기준과 나목에 따른 건강 및 환경 유해성 분류기준의 단일물질 분류기준별 세부 구분기준 및 혼합물질의 분류기준은 고용노동부장관이 정하여 고시한다.

2024

출제년도

① 2019년도 출제
② 2020년도 출제
③ 2023년도 출제

정답근거

산업안전보건법 시행규칙 [별표 18]

19 **산업안전보건법령상 제조 등이 금지되는 유해물질로서 대체물질이 개발되 지 아니하여 고용노동부장관의 허가를 받아서 제조·사용할 수 있는 '허가 대상 유해물질'에 해당하는 것은? (단, 제시된 내용 외의 다른 상황은 고려 하지 않음)**

① B-나프틸아민[91-59-8]과 그 염(B-Naphthylamine and its salts)

② 4-니트로디페 닐[92-93-3]과 그 염(4-Nitrodiphenyl and its salts)

③ 염화비닐(Vinyl chloride; 75-01-4)

④ 폴리클로리네이티드 터페닐(Polychlorinated terphenyls; 61788-33-8 등)

⑤ 황린(黃燐)[12185-10-3] 성냥(Yellow phosphorus match)

답 ③

해설

허가 대상 유해물질 종류

제88조(허가 대상 유해물질) 법 제118조제1항 전단에서 "대체물질이 개발되지 아니한 물질 등 대통령령으로 정하는 물질"이란 다음 각 호의 물질을 말한다. 〈개정 2020. 9. 8.〉

1. α-나프틸아민[134-32-7] 및 그 염(α-Naphthylamine and its salts)
2. 디아니시딘[119-90-4] 및 그 염(Dianisidine and its salts)
3. 디클로로벤지딘[91-94-1] 및 그 염(Dichlorobenzidine and its salts)
4. 베릴륨(Beryllium; 7440-41-7)
5. 벤조트리클로라이드(Benzotrichloride; 98-07-7)
6. 비소[7440-38-2] 및 그 무기화합물(Arsenic and its inorganic compounds)
7. 염화비닐(Vinyl chloride; 75-01-4)
8. 콜타르피치[65996-93-2] 휘발물(Coal tar pitch volatiles)
9. 크롬광 가공(열을 가하여 소성 처리하는 경우만 해당한다)(Chromite ore processing)
10. 크롬산 아연(Zinc chromates; 13530-65-9 등)
11. o-톨리딘[119-93-7] 및 그 염(o-Tolidine and its salts)
12. 황화니켈류(Nickel sulfides; 12035-72-2, 16812-54-7)
13. 제1호부터 제4호까지 또는 제6호부터 제12호까지의 어느 하나에 해당하는 물질을 포함한 혼합물(포함된 중량의 비율이 1퍼센트 이하인 것은 제외한다)
14. 제5호의 물질을 포함한 혼합물(포함된 중량의 비율이 0.5퍼센트 이하인 것은 제외한다)
15. 그 밖에 보건상 해로운 물질로서 산업재해보상보험및예방심의위원회의 심의를 거쳐 고용노동부장관이 정하는 유해물질

출제년도

2016, 2018, 2022년도 출제

정답근거

산업안전보건법 시행령

보충학습

제87조(제조 등이 금지되는 유해물질) 법 제117조제1항 각 호 외의 부분에서 "대통령령으로 정하는 물질"이란 다음 각 호의 물질을 말한다. 〈개정 2020. 9. 8.〉

1. β-나프틸아민[91-59-8]과 그 염(β-Naphthylamine and its salts)
2. 4-니트로디페닐[92-93-3]과 그 염(4-Nitrodiphenyl and its salts)
3. 백연[1319-46-6]을 포함한 페인트(포함된 중량의 비율이 2퍼센트 이하인 것은 제외한다)

4. 벤젠[71-43-2]을 포함하는 고무풀(포함된 중량의 비율이 5퍼센트 이하인 것은 제외한다)
5. 석면(Asbestos; 1332-21-4 등)
6. 폴리클로리네이티드 터페닐(Polychlorinated terphenyls; 61788-33-8 등)
7. 황린(黃燐)[12185-10-3] 성냥(Yellow phosphorus match)
8. 제1호, 제2호, 제5호 또는 제6호에 해당하는 물질을 포함한 혼합물(포함된 중량의 비율이 1퍼센트 이하인 것은 제외한다)
9. 「화학물질관리법」 제2조제5호에 따른 금지물질(같은 법 제3조제1항제1호부터 제12호까지의 규정에 해당하는 화학물질은 제외한다)
10. 그 밖에 보건상 해로운 물질로서 산업재해보상보험및예방심의위원회의 심의를 거쳐 고용노동부장관이 정하는 유해물질

20 **산업안전보건법령상 작업환경측정기관으로 지정 받을 수 있는 자에 해당하 지 않는 것은?**

① 지방자치단체의 소속기관

② 「의료법」에 따른 종합병원

③ 「고등교육법」 제2조제1호에 따른 대학

④ 작업환경측정 업무를 하려는 법인

⑤ 「산업안전보건법」에 따라 자격증을 취득한 산업보건지도사

답 ⑤

해설

작업환경 측정기관 지정 요건

제95조(작업환경측정기관의 지정 요건) 법 제126조제1항에 따라 작업환경측정기관으로 지정받을 수 있는 자는 다음 각 호의 어느 하나에 해당하는 자로서 작업환경측정기관의 유형별로 별표 29에 따른 인력 · 시설 및 장비를 갖추고 법 제126조제2항에 따라 고용노동부장관이 실시하는 작업환경측정기관의 측정 · 분석능력 확인에서 적합 판정을 받은 자로 한다.

1. 국가 또는 지방자치단체의 소속기관
2. 「의료법」에 따른 종합병원 또는 병원
3. 「고등교육법」 제2조제1호부터 제6호까지의 규정에 따른 대학 또는 그 부속기관
4. 작업환경측정 업무를 하려는 법인
5. 작업환경측정 대상 사업장의 부속기관(해당 부속기관이 소속된 사업장 등 고용노동부령으로 정하는 범위로 한정하여 지정받으려는 경우로 한정한다)

출제년도

2021, 2023년도 출제

정답근거

산업안전보건법 시행령

21 **산업안전보건법령상 휴게실 설치·관리기준 준수대상 사업장에 관한 규정 의 일부이다. [ ]에 들어갈 숫자를 옳게 나열한 것은?**

> 시행령 제96조의2(휴게시설 설치 · 관리기준 준수 대상 사업장의 사업주) 법 제128조의2제2항에서 "사업의 종류 및 사업장의 상시 근로자 수 등 대통령령으로 정하는 기준에 해당하는 사업장"이란 다음 각 호의 어느 하나에 해당하는 사업장을 말한다.
> 1. 상시근로자(관계수급인의 근로자를 포함한다. 이하 제2호에서 같다) [ㄱ]명 이상을 사용하는 사업장(건설업의 경우에는 관계수급인의 공사금액을 포함한 해당 공사의 총공사금액이 [ㄴ]억원 이상인 사 업장으로 한정한다)
> 2. 생략

① ㄱ : 10, ㄴ : 20　② ㄱ : 10, ㄴ : 120
③ ㄱ : 20, ㄴ : 10　④ ㄱ : 20, ㄴ : 20
⑤ ㄱ : 20, ㄴ : 120

답 ④

해설

휴게실 설치 기준

제96조의2(휴게시설 설치 · 관리기준 준수 대상 사업장의 사업주) 법 제128조의2제2항에서 “사업의 종류 및 사업장의 상시 근로자 수 등 대통령령으로 정하는 기준에 해당하는 사업장”이란 다음 각 호의 어느 하나에 해당하는 사업장을 말한다.

1. 상시근로자(관계수급인의 근로자를 포함한다. 이하 제2호에서 같다) 20명 이상을 사용하는 사업장(건설업의 경우에는 관계수급인의 공사금액을 포함한 해당 공사의 총공사금액이 20억원 이상인 사업장으로 한정한다)
2. 다음 각 목의 어느 하나에 해당하는 직종(「통계법」 제22조제1항에 따라 통계청장이 고시하는 한국표준직업분류에 따른다)의 상시근로자가 2명 이상인 사업장으로서 상시근로자 10명 이상 20명 미만을 사용하는 사업장(건설업은 제외한다)
   가. 전화 상담원
   나. 돌봄 서비스 종사원
   다. 텔레마케터
   라. 배달원
   마. 청소원 및 환경미화원
   바. 아파트 경비원
   사. 건물 경비원

정답근거

산업안전보건법 시행령

22 **산업안전보건법령상 1일 6시간을 초과하여 근무할 수 없는 작업은?**

① 갱(坑) 내에서 하는 작업

② 잠함(沽函) 또는 잠수 작업 등 높은 기압에서 하는 작업

③ 현저히 덥고 뜨거운 장소에서 하는 작업

④ 강렬한 소음이 발생하는 장소에서 하는 작업

⑤ 라듐방사선이나 엑스선, 그 밖의 유해 방사선을 취급하는 작업

답 ②

해설

근로시간 제한

제139조(유해 · 위험작업에 대한 근로시간 제한 등) ① 사업주는 유해하거나 위험한 작업으로서 높은 기압에서 하는 작업 등 대통령령으로 정하는 작업에 종사하는 근로자에게는 1일 6시간, 1주 34시간을 초과하여 근로하게 해서는 아니 된다.
② 사업주는 대통령령으로 정하는 유해하거나 위험한 작업에 종사하는 근로자에게 필요한 안전조치 및 보건조치 외에 작업과 휴식의 적정한 배분 및 근로시간과 관련된 근로조건의 개선을 통하여 근로자의 건강 보호를 위한 조치를 하여야 한다.

정답근거

산업안전보건법

제99조(유해 · 위험작업에 대한 근로시간 제한 등) ① 법 제139조제1항에서 "높은 기압에서 하는 작업 등 대통령령으로 정하는 작업"이란 잠함(潛函) 또는 잠수 작업 등 높은 기압에서 하는 작업을 말한다.
② 제1항에 따른 작업에서 잠함 · 잠수 작업시간, 가압 · 감압방법 등 해당 근로자의 안전과 보건을 유지하기 위하여 필요한 사항은 고용노동부령으로 정한다.
③ 법 제139조제2항에서 "대통령령으로 정하는 유해하거나 위험한 작업"이란 다음 각 호의 어느 하나에 해당하는 작업을 말한다.
1. 갱(坑) 내에서 하는 작업
2. 다량의 고열물체를 취급하는 작업과 현저히 덥고 뜨거운 장소에서 하는 작업
3. 다량의 저온물체를 취급하는 작업과 현저히 춥고 차가운 장소에서 하는 작업
4. 라듐방사선이나 엑스선, 그 밖의 유해 방사선을 취급하는 작업
5. 유리 · 흙 · 돌 · 광물의 먼지가 심하게 날리는 장소에서 하는 작업
6. 강렬한 소음이 발생하는 장소에서 하는 작업
7. 착암기(바위에 구멍을 뚫는 기계) 등에 의하여 신체에 강렬한 진동을 주는 작업
8. 인력(人力)으로 중량물을 취급하는 작업
9. 납 · 수은 · 크롬 · 망간 · 카드뮴 등의 중금속 또는 이황화탄소 · 유기용제, 그 밖에 고용노동부령으로 정하는 특정 화학물질의 먼지 · 증기 또는 가스가 많이 발생하는 장소에서 하는 작업

출제년도

2012, 2015년도 출제

정답근거

산업안전보건법 시행령

23 **산업안전보건법령상 1년 이하의 징역 또는 1천만원 이하의 벌금에 처해질 수 있는 자는?**

① 물질안전보건자료대상물질을 양도하면서 양도받는 자에게 물질안전보건자료를 제공하지 아니한 자

② 자격대여행위의 금지를 위반하여 다른 사람에게 지도사자격증을 대여한 사람

③ 중대재해 발생 사실을 보고하지 아니하거나 거짓으로 보고한 사업주

④ 정당한 사유 없이 역학조사를 거부·방해하거나 기피한 근로자

⑤ 물질안전보건자료의 일부 비공개 승인 신청 시 영업비밀과 관련되어 보호사유 를 거짓으로 작성하여 신청한 자

답 ②

해설

1년 이하의 징역 또는 1천만원 이하의 벌금사항

제170조(벌칙) 다음 각 호의 어느 하나에 해당하는 자는 1년 이하의 징역 또는 1천만원 이하의 벌금에 처한다. 〈개정 2020. 3. 31.〉

1. 제41조제3항(제166조의2에서 준용하는 경우를 포함한다)을 위반하여 해고나 그 밖의 불리한 처우를 한 자
2. 제56조제3항(제166조의2에서 준용하는 경우를 포함한다)을 위반하여 중대재해 발생 현장을 훼손하거나 고용노동부장관의 원인조사를 방해한 자
3. 제57조제1항(제166조의2에서 준용하는 경우를 포함한다)을 위반하여 산업재해 발생 사실을 은폐한 자 또는 그 발생 사실을 은폐하도록 교사(敎唆)하거나 공모(共謀)한 자
4. 제65조제1항, 제80조제1항 · 제2항 · 제4항, 제85조제2항 · 제3항, 제92조제1항, 제141조제4항 또는 제162조를 위반한 자
5. 제85조제4항 또는 제92조제2항에 따른 명령을 위반한 자
6. 제101조에 따른 조사, 수거 또는 성능시험을 방해하거나 거부한 자
7. 제153조제1항을 위반하여 다른 사람에게 자기의 성명이나 사무소의 명칭을 사용하여 지도사의 직무를 수행하게 하거나 자격증 · 등록증을 대여한 사람
8. 제153조제2항을 위반하여 지도사의 성명이나 사무소의 명칭을 사용하여 지도사의 직무를 수행하거나 자격증 · 등록증을 대여받거나 이를 알선한 사람

출제년도

2019년도 출제

합격정보

산업안전보건법

24 산업안전보건법령상 근로감독관 등에 관한 설명으로 옳지 않은 것은?

① 근로감독관은 기계·설비등에 대한 검사에 필요한 한도에서 무상으로 제품 · 원재료 또는 기구를 수거할 수 있다.

② 근로감독관은 「산업안전보건법」에 따른 명령의 시행을 위하여 근로자에게 출 석을 명할 수 있다. ③ 근로자는 사업장의 「산업안전보건법」 위반 사실을 근로감독관에게 신고할 수 있다.

④ 한국산업안전보건공단 소속 직원이 지도업무 등을 하였을 때에는 그 결과를 근 로감독관 및 사업주에게 즉시 보고하여야 한다.

⑤ 「의료법」에 따른 한의사는 5일의 입원치료가 필요한 부상이 환자의 업무와 관 련성이 있다고 판단할 경우 치료과정에서 알게 된 정보를 고용노동부장관에게 신고할 수 있다.

답 ④

해설

근로감독관

제155조(근로감독관의 권한) ① 「근로기준법」 제101조에 따른 근로감독관(이하 "근로감독관"이라 한다)은 이 법 또는 이 법에 따른 명령을 시행하기 위하여 필요한 경우 다음 각 호의 장소에 출입하여 사업주, 근로자 또는 안전보건관리책임자 등(이하 "관계인"이라 한다)에게 질문을 하고, 장부, 서류, 그 밖의 물건의 검사 및 안전보건 점검을 하며, 관계 서류의 제출을 요구할 수 있다.

1. 사업장
2. 제21조제1항, 제33조제1항, 제48조제1항, 제74조제1항, 제88조제1항, 제96조제1항, 제100조제1항, 제120조제1항, 제126조제1항 및 제129조제2항에 따른 기관의 사무소
3. 석면해체 · 제거업자의 사무소
4. 제145조제1항에 따라 등록한 지도사의 사무소

② 근로감독관은 기계 · 설비등에 대한 검사를 할 수 있으며, 검사에 필요한 한도에서 무상으로 제품 · 원재료 또는 기구를 수거할 수 있다. 이 경우 근로감독관은 해당 사업주 등에게 그 결과를 서면으로 알려야 한다.

③ 근로감독관은 이 법 또는 이 법에 따른 명령의 시행을 위하여 관계인에게 보고 또는 출석을 명할 수 있다.

④ 근로감독관은 이 법 또는 이 법에 따른 명령을 시행하기 위하여 제1항 각 호의 어느 하나에 해당하는 장소에 출입하는 경우에 그 신분을 나타내는 증표를 지니고 관계인에게 보여 주어야 하며, 출입 시 성명, 출입시간, 출입 목적 등이 표시된 문서를 관계인에게 내주어야 한다.

제156조(공단 소속 직원의 검사 및 지도 등) ① 고용노동부장관은 제165조제2항에 따라 공단이 위탁받은 업무를 수행하기 위하여 필요하다고 인정할 때에는 공단 소속 직원에게 사업장에 출입하여 산업재해 예방에 필요한 검사 및 지도 등을 하게 하거나, 역학조사를 위하여 필요한 경우 관계자에게 질문하거나 필요한 서류의 제출을 요구하게 할 수 있다.

② 제1항에 따라 공단 소속 직원이 검사 또는 지도업무 등을 하였을 때에는 그 결과를 고용노동부장관에게 보고하여야 한다.

③ 공단 소속 직원이 제1항에 따라 사업장에 출입하는 경우에는 제155조제4항을 준용한다. 이 경우 "근로감독관"은 "공단 소속 직원"으로 본다.

합격정보

산업안전보건법

25 **산업안전보건법령상 지도사의 위반행위에 대해서 지도사 등록을 필수적으 로 취소하여야 하는 경우를 모두 고른 것은?**

ㄱ. 부정한 방법으로 갱신등록을 한 경우
ㄴ. 업무정지 기간 중에 업무를 수행한 경우
ㄷ. 업무 관련 서류를 거짓으로 작성한 경우
ㄹ. 직무의 수행과정에서 고의로 인하여 중대재해가 발생한 경우
ㅁ. 보증보험에 가입하지 아니하거나 그 밖에 필요한 조치를 하지 아니한 경우

① ㄱ, ㅁ
② ㄷ, ㄹ
③ ㄱ, ㄴ, ㄷ
④ ㄴ, ㄹ, ㅁ
⑤ ㄱ, ㄴ, ㄷ, ㄹ, ㅁ

답 ③

해설

지도사 등록 취소

제154조(등록의 취소 등) 고용노동부장관은 지도사가 다음 각 호의 어느 하나에 해당하는 경우에는 그 등록을 취소하거나 2년 이내의 기간을 정하여 그 업무의 정지를 명할 수 있다. 다만, 제1호부터 제3호까지의 규정에 해당할 때에는 그 등록을 취소하여야 한다.

1. 거짓이나 그 밖의 부정한 방법으로 등록 또는 갱신등록을 한 경우
2. 업무정지 기간 중에 업무를 수행한 경우
3. 업무 관련 서류를 거짓으로 작성한 경우
4. 제142조에 따른 직무의 수행과정에서 고의 또는 과실로 인하여 중대재해가 발생한 경우
5. 제145조제3항제1호부터 제5호까지의 규정 중 어느 하나에 해당하게 된 경우
6. 제148조제2항에 따른 보증보험에 가입하지 아니하거나 그 밖에 필요한 조치를 하지 아니한 경우
7. 제150조제1항을 위반하거나 같은 조 제2항에 따른 기명·날인 또는 서명을 하지 아니한 경우
8. 제151조, 제153조제1항 또는 제162조를 위반한 경우

합격정보

산업안전보건법

제142조(산업안전지도사 등의 직무) ① 산업안전지도사는 다음 각 호의 직무를 수행한다.

1. 공정상의 안전에 관한 평가·지도
2. 유해·위험의 방지대책에 관한 평가·지도
3. 제1호 및 제2호의 사항과 관련된 계획서 및 보고서의 작성
4. 그 밖에 산업안전에 관한 사항으로서 대통령령으로 정하는 사항

② 산업보건지도사는 다음 각 호의 직무를 수행한다.

1. 작업환경의 평가 및 개선 지도
2. 작업환경 개선과 관련된 계획서 및 보고서의 작성
3. 근로자 건강진단에 따른 사후관리 지도
4. 직업성 질병 진단(「의료법」 제2조에 따른 의사인 산업보건지도사만 해당한다) 및 예방 지도
5. 산업보건에 관한 조사·연구
6. 그 밖에 산업보건에 관한 사항으로서 대통령령으로 정하는 사항

③ 산업안전지도사 또는 산업보건지도사(이하 "지도사"라 한다)의 업무 영역별 종류 및 업무 범위, 그 밖에 필요한 사항은 대통령령으로 정한다.

제145조(지도사의 등록) ① 지도사가 그 직무를 수행하려는 경우에는 고용노동부령으로 정하는 바에 따라 고용노동부장관에게 등록하여야 한다.

② 제1항에 따라 등록한 지도사는 그 직무를 조직적·전문적으로 수행하기 위하여 법인을 설립할 수 있다.

③ 다음 각 호의 어느 하나에 해당하는 사람은 제1항에 따른 등록을 할 수 없다.
1. 피성년후견인 또는 피한정후견인
2. 파산선고를 받고 복권되지 아니한 사람
3. 금고 이상의 실형을 선고받고 그 집행이 끝나거나(집행이 끝난 것으로 보는 경우를 포함한다) 집행이 면제된 날부터 2년이 지나지 아니한 사람
4. 금고 이상의 형의 집행유예를 선고받고 그 유예기간 중에 있는 사람
5. 이 법을 위반하여 벌금형을 선고받고 1년이 지나지 아니한 사람
6. 제154조에 따라 등록이 취소(이 항 제1호 또는 제2호에 해당하여 등록이 취소된 경우는 제외한다)된 후 2년이 지나지 아니한 사람

④ 제1항에 따라 등록을 한 지도사는 고용노동부령으로 정하는 바에 따라 5년마다 등록을 갱신하여야 한다.
⑤ 고용노동부령으로 정하는 지도실적이 있는 지도사만이 제4항에 따른 갱신등록을 할 수 있다. 다만, 지도실적이 기준에 못 미치는 지도사는 고용노동부령으로 정하는 보수교육을 받은 경우 갱신등록을 할 수 있다.
⑥ 제2항에 따른 법인에 관하여는 「상법」 중 합명회사에 관한 규정을 적용한다.

제148조(손해배상의 책임) ① 지도사는 직무 수행과 관련하여 고의 또는 과실로 의뢰인에게 손해를 입힌 경우에는 그 손해를 배상할 책임이 있다.
② 제145조제1항에 따라 등록한 지도사는 제1항에 따른 손해배상책임을 보장하기 위하여 대통령령으로 정하는 바에 따라 보증보험에 가입하거나 그 밖에 필요한 조치를 하여야 한다.

제150조(품위유지와 성실의무 등) ① 지도사는 항상 품위를 유지하고 신의와 성실로써 공정하게 직무를 수행하여야 한다.
② 지도사는 제142조제1항 또는 제2항에 따른 직무와 관련하여 작성하거나 확인한 서류에 기명 · 날인하거나 서명하여야 한다.

제151조(금지 행위) 지도사는 다음 각 호의 행위를 해서는 아니 된다.
1. 거짓이나 그 밖의 부정한 방법으로 의뢰인에게 법령에 따른 의무를 이행하지 아니하게 하는 행위
2. 의뢰인에게 법령에 따른 신고 · 보고, 그 밖의 의무를 이행하지 아니하게 하는 행위
3. 법령에 위반되는 행위에 관한 지도 · 상담

제153조(자격대여행위 및 대여알선행위 등의 금지) ① 지도사는 다른 사람에게 자기의 성명이나 사무소의 명칭을 사용하여 지도사의 직무를 수행하게 하거나 그 자격증이나 등록증을 대여해서는 아니 된다.
② 누구든지 지도사의 자격을 취득하지 아니하고 그 지도사의 성명이나 사무소의 명칭을 사용하여 지도사의 직무를 수행하거나 자격증 · 등록증을 대여받아서는 아니 되며, 이를 알선하여서도 아니 된다.

제162조(비밀 유지) 다음 각 호의 어느 하나에 해당하는 자는 업무상 알게 된 비밀을 누설하거나 도용해서는 아니 된다. 다만, 근로자의 건강장해를 예방하기 위하여 고용노동부장관이 필요하다고 인정하는 경우에는 그러하지 아니하다.
1. 제42조에 따라 제출된 유해위험방지계획서를 검토하는 자
2. 제44조에 따라 제출된 공정안전보고서를 검토하는 자
3. 제47조에 따른 안전보건진단을 하는 자
4. 제84조에 따른 안전인증을 하는 자
5. 제89조에 따른 신고 수리에 관한 업무를 하는 자
6. 제93조에 따른 안전검사를 하는 자
7. 제98조에 따른 자율검사프로그램의 인정업무를 하는 자
8. 제108조제1항 및 제109조제1항에 따라 제출된 유해성 · 위험성 조사보고서 또는 조사 결과를 검토하는 자
9. 제110조제1항부터 제3항까지의 규정에 따라 물질안전보건자료 등을 제출받는 자
10. 제112조제2항 · 제5항 및 제112조의2제2항에 따라 대체자료의 승인, 연장승인 여부를 검토하는 자 및 제112조제10항에 따라 물질안전보건자료의 대체자료를 제공받은 자
11. 제129조부터 제131조까지의 규정에 따라 건강진단을 하는 자
12. 제141조에 따른 역학조사를 하는 자
13. 제145조에 따라 등록한 지도사

출제년도

2014년도 출제

보충학습

산업안전보건법 제142조, 제145조, 제148조, 제150조, 제151조, 제153조, 제162조

Note

2025년도 3월 29일 필기문제

산업안전(보건)지도사 자격시험
제1차 시험문제지

제1과목 산업안전보건법령	총 시험시간 : 90분 (과목당 30분)	문제형별 A

수험번호	20250329	성 명	도서출판 세화

【수험자 유의사항】

1. 시험문제지 표지와 시험문제지 내 **문제형별의 동일여부** 및 시험문제지의 **총면수·문제번호 일련순서·인쇄상태** 등을 확인하시고, 문제지 표지에 수험번호와 성명을 기재하시기 바랍니다.
2. 답은 각 문제마다 요구하는 **가장 적합하거나 가까운 답 1개**만 선택하고, 답안카드 작성 시 시험문제지 **형별누락, 마킹착오**로 인한 불이익은 전적으로 **수험자에게 책임**이 있음을 알려 드립니다.
3. 답안카드는 국가전문자격 공통 표준형으로 문제번호가 1번부터 125번까지 인쇄되어 있습니다. 답안 마킹 시에는 반드시 **시험문제지의 문제번호와 동일한 번호**에 마킹하여야 합니다.
4. **감독위원의 지시에 불응하거나 시험 시간 종료 후 답안카드를 제출하지 않을 경우** 불이익이 발생할 수 있음을 알려 드립니다.
5. 시험문제지는 시험 종료 후 가져가시기 바랍니다.

【안 내 사 항】

1. 수험자는 QR코드를 통해 가답안을 확인하시기 바랍니다.
   (※ 사전 설문조사 필수)
2. 시험 합격자에게 '합격축하 SMS(알림톡) 알림 서비스'를 제공하고 있습니다.

▲ 가답안 확인

- 수험자 여러분의 합격을 기원합니다 -

2025 산업안전보건법규 출제문제 분석표(NCS기준)

법령명(대분류)	단원(중분류)	세부내용(소분류)	출제년월일
산업안전보건법	제1장 총칙	제2조 용어정의	25.3.29.
	제2장 안전보건관리체제 등	제15조(안전보건관리책임자)	25.3.29.
		제21조(안전관리전문기관 등)	25.3.29.
	제3장 안전보건교육		
	제4장 유해 · 위험 방지 조치		
	제5장 도급 시 산업재해 예방	제64조(도급에 따른 산업재해 예방조치)	25.3.29.
	제6장 유해 · 위험 기계 등에 대한 조치		
	제7장 유해 · 위험물질에 대한 조치		
	제8장 근로자 보건관리		
	제9장 산업안전지도사 및 산업보건지도사		
	제10장 근로감독관 등		
	제11장 보칙		
	제12장 벌칙		
소계		16% 출제	4문제 출제

법령명(대분류)	단원(중분류)	세부내용(소분류)	출제년월일
산업안전보건법 시행령	제1장 총칙	제10조(공표대상 사업장)	25.3.29.
	제2장 안전보건관리체제 등	제35조(산업안전보건위원회의 구성)	25.3.29.
	제3장 안전보건교육		
	제4장 유해 · 위험 방지 조치		
	제5장 도급 시 산업재해 예방		
	제6장 유해 · 위험 기계 등에 대한 조치	제70조(방호조치를 해야 하는 유해하거나 위험한 기계 · 기구) [별표 20]	25.3.29.
		제71조(대여자 등이 안전조치 등을 해야 하는 기계 · 기구 등) [별표 21]	25.3.29.
		제74조(안전인증대상기계등)	25.3.29.
	제7장 유해 · 위험물질에 대한 조치	제85조(유해성 · 위험성 조사 제외 화학물질)	25.3.29.
	제8장 근로자 보건관리		
	제9장 산업안전지도사 및 산업보건지도사	제108조(손해배상을 위한 보증보험 가입 등)	25.3.29.
	제10장 보칙		
	제11장 벌칙	제119조(과태료의 부과기준)	25.3.29.
소계		32% 출제	8문제 출제

법령명(대분류)	단원(중분류)	세부내용(소분류)	출제년월일
산업안전보건법 시행규칙	제1장 총칙	제3조(중대재해의 범위)	25.3.29.
	제2장 안전보건관리체제 등	제17조(안전관리 · 보건관리전문기관의 평가 기준 등)	25.3.29.
		제25조(안전보건관리규정의 작성) [별표 2]	25.3.29.
		제26조(교육시간 및 교육내용 등)	25.3.29.
	제3장 안전보건교육	제31조(안전보건교육기관 등록신청 등)	25.3.29.
	제4장 유해 · 위험 방지 조치	제50조(공정안전보고서의 세부 내용 등)	25.3.29.
	제5장 도급 시 산업재해 예방	제79조(협의체의 구성 및 운영)	25.3.29.
	제6장 유해 · 위험 기계 등에 대한 조치	제119조(신고의 면제)	25.3.29.
		제125조(안전검사의 면제)	25.3.29.
	제7장 유해 · 위험물질에 대한 조치	제141조(유해인자의 분류기준) [별표 18]	25.3.29.
	제8장 근로자 보건관리	제202조(특수건강진단의 실시 시기 및 주기 등) [별표 23]	25.3.29.
		제220조(질병자의 근로금지)	25.3.29.
		제222조(역학조사의 대상 및 절차 등)	25.3.29.
소계		52% 출제	13문제출제

법령명(대분류)	단원(중분류)	세부내용(소분류)	출제년월일
산업안전보건기준에 관한 규칙	제1편 총칙		
	제2편 안전기준		
	제3편 보건기준		
	제4편 특수형태근로종사자 등에 대한 안전조치 및 보건조치		
소계		0% 출제	0문제 출제

1. 산업안전보건법령

01 산업안전보건법령상 용어에 관한 설명으로 옳지 않은 것은?

① 「국가유산수리 등에 관한 법률」에 따른 국가유산 수리공사는 "건설공사"에 해당 한다.

② 근로자의 과반수로 조직된 노동조합이 없는 경우 근로자의 과반수를 대표하는 자가 "근로자대표"이다.

③ "관계수급인"이란 도급이 여러 단계에 걸쳐 체결된 경우에 각 단계별로 도급받은 사업주 전부를 말한다.

④ 도급받은 건설공사를 다시 도급하는 자는 "건설공사발주자"가 아니다.

⑤ 건설공사발주자는 "도급인"에 해당한다.

답 ⑤

해설

용어정의

1. "산업재해"란 노무를 제공하는 사람이 업무에 관계되는 건설물 · 설비 · 원재료 · 가스 · 증기 · 분진 등에 의하거나 작업 또는 그 밖의 업무로 인하여 사망 또는 부상하거나 질병에 걸리는 것을 말한다.
2. "중대재해"란 산업재해 중 사망 등 재해 정도가 심하거나 다수의 재해자가 발생한 경우로서 고용노동부령으로 정하는 재해를 말한다.
3. "근로자"란 「근로기준법」 제2조제1항제1호에 따른 근로자를 말한다.
4. "사업주"란 근로자를 사용하여 사업을 하는 자를 말한다.
5. "근로자대표"란 근로자의 과반수로 조직된 노동조합이 있는 경우에는 그 노동조합을, 근로자의 과반수로 조직된 노동조합이 없는 경우에는 근로자의 과반수를 대표하는 자를 말한다.
6. "도급"이란 명칭에 관계없이 물건의 제조 · 건설 · 수리 또는 서비스의 제공, 그 밖의 업무를 타인에게 맡기는 계약을 말한다.
7. "도급인"이란 물건의 제조 · 건설 · 수리 또는 서비스의 제공, 그 밖의 업무를 도급하는 사업주를 말한다. 다만, 건설공사발주자는 제외한다.
8. "수급인"이란 도급인으로부터 물건의 제조 · 건설 · 수리 또는 서비스의 제공, 그 밖의 업무를 도급받은 사업주를 말한다.
9. "관계수급인"이란 도급이 여러 단계에 걸쳐 체결된 경우에 각 단계별로 도급받은 사업주 전부를 말한다.
10. "건설공사발주자"란 건설공사를 도급하는 자로서 건설공사의 시공을 주도하여 총괄 · 관리하지 아니하는 자를 말한다. 다만, 도급받은 건설공사를 다시 도급하는 자는 제외한다.
11. "건설공사"란 다음 각 목의 어느 하나에 해당하는 공사를 말한다.
    가. 「건설산업기본법」 제2조제4호에 따른 건설공사
    나. 「전기공사업법」 제2조제1호에 따른 전기공사
    다. 「정보통신공사업법」 제2조제2호에 따른 정보통신공사
    라. 「소방시설공사업법」에 따른 소방시설공사
    마. 「국가유산수리 등에 관한 법률」에 따른 국가유산 수리공사
12. "안전보건진단"이란 산업재해를 예방하기 위하여 잠재적 위험성을 발견하고 그 개선대책을 수립할 목적으로 조사 · 평가하는 것을 말한다.
13. "작업환경측정"이란 작업환경 실태를 파악하기 위하여 해당 근로자 또는 작업장에 대하여 사업주가 유해인자에 대한 측정계획을 수립한 후 시료(試料)를 채취하고 분석 · 평가하는 것을 말한다.

정답확인

산업안전보건법 제2조(정의)

출제빈도

2012, 2013, 2017, 2019, 2021, 2024

02 산업안전보건법령상 산업재해 중 중대재해에 해당하는 것을 모두 고른 것은?

ㄱ. 사망자가 1명 이상 발생한 재해
ㄴ. 직업성 질병자가 동시에 5명 이상 발생한 재해
ㄷ. 3개월 이상의 요양이 필요한 부상자가 동시에 2명 이상 발생한 재해

① ㄱ
② ㄴ
③ ㄱ, ㄷ
④ ㄴ, ㄷ
⑤ ㄱ, ㄴ, ㄷ

답 ③

해설

중대재해의 종류 3가지

제3조(중대재해의 범위) 법 제2조제2호에서 "고용노동부령으로 정하는 재해"란 다음 각 호의 어느 하나에 해당하는 재해를 말한다.
1. 사망자가 1명 이상 발생한 재해
2. 3개월 이상의 요양이 필요한 부상자가 동시에 2명 이상 발생한 재해
3. 부상자 또는 직업성 질병자가 동시에 10명 이상 발생한 재해

[표] 발생건수비교

중대재해 3가지	중대산업사고 정의	산업재해 발생건수 공표	안전관리자 교체, 증원	안전보건개선계획
사망자 1명 이상	위험 설비 또는 인근 지역 주민에게 피해를 입히는 누출, 화재, 폭발사고	사망자 연간 2명 이상	중대재해 연간2건 (단, 사망만인율이 평균 이상)	중대재해 발생 사업장
3개월 이상 부상자 동시 2명		사망만인율 평균 이상	연간재해율이 평균의 2배	산업재해율이 평균 2배 이상
부상자 또는 질병자 동시 10명		중대산업사고 발생 사업장	관리자가 3개월 이상 수행×	사업장 주변 피해 확산
		산업재해 발생사실 은폐 사업장	화학적 인자로 작업상 질병자가 연간 3명 이상 발생	직업성 질병자 연간 2명(1,000명 이상은 3명)
		3년이내 2회 보고 누락 사업장		

정답확인

산업안전보건법 시행규칙

출제빈도

2015, 2022
3차면접 단골 출제문제

03 산업안전보건법령상 산업재해 발생건수 등의 공표대상 사업장이 아닌 것은?

① 사망재해자가 연간 1명 발생한 사업장

② 「산업안전보건법」 제44조제1항 전단에 따른 중대산업사고가 발생한 사업장

③ 「산업안전보건법」 제57조제1항을 위반하여 산업재해 발생 사실을 은폐한 사업장

④ 사망만인율(死亡萬人)이 규모별 같은 업종의 평균 사망만인율 이상인 사업장

⑤ 「산업안전보건법」 제57조제3항에 따른 산업재해의 발생에 관한 보고를 최근 3년 이내 2회 하지 않은 사업장

답 ①

해설

산업재해 발생건수 등의 공표대상 사업장

제10조(공표대상 사업장) ① 법 제10조제1항에서 "대통령령으로 정하는 사업장"이란 다음 각 호의 어느 하나에 해당하는 사업장을 말한다.

1. 산업재해로 인한 사망자(이하 "사망재해자"라 한다)가 연간 2명 이상 발생한 사업장
2. 사망만인율(死亡萬人率: 연간 상시근로자 1만명당 발생하는 사망재해자 수의 비율을 말한다)이 규모별 같은 업종의 평균 사망만인율 이상인 사업장
3. 법 제44조제1항 전단에 따른 중대산업사고가 발생한 사업장
4. 법 제57조제1항을 위반하여 산업재해 발생 사실을 은폐한 사업장
5. 법 제57조제3항에 따른 산업재해의 발생에 관한 보고를 최근 3년 이내 2회 이상 하지 않은 사업장

② 제1항제1호부터 제3호까지의 규정에 해당하는 사업장은 해당 사업장이 관계수급인의 사업장으로서 법 제63조에 따른 도급인이 관계수급인 근로자의 산업재해 예방을 위한 조치의무를 위반하여 관계수급인 근로자가 산업재해를 입은 경우에는 도급인의 사업장(도급인이 제공하거나 지정한 경우로서 도급인이 지배·관리하는 제11조 각 호에 해당하는 장소를 포함한다. 이하 같다)의 법 제10조제1항에 따른 산업재해발생건수등을 함께 공표한다.

[표] 발생건수비교

중대재해 3가지	중대산업사고 정의	산업재해 발생건수 공표	안전관리자 교체, 증원	안전보건개선계획
사망자 1명 이상	위험 설비 또는 인근 지역 주민에게 피해를 입히는 누출, 화재, 폭발사고	사망자 연간 2명 이상	중대재해 연간2건 (단, 사망만인율이 평균 이상)	중대재해 발생 사업장
3개월 이상 부상자 동시 2명		사망만인율 평균 이상	연간재해율이 평균의 2배	산업재해율이 평균 2배 이상
부상자 또는 질병자 동시 10명		중대산업사고 발생 사업장	관리자가 3개월 이상 수행×	사업장 주변 피해 확산
		산업재해 발생사실 은폐 사업장	화학적 인자로 작업상 질병자가 연간 3명 이상 발생	직업성 질병자 연간 2명(1,000명 이상은 3명)
		3년이내 2회 보고 누락 사업장		

정답확인

산업안전보건법 시행령 제10조

출제빈도

2015, 2018, 2021, 2023

04 산업안전보건법령상 안전보건관리책임자에 관한 설명으로 옳은 것은?

① 안전보건교육에 관한 사항 중 안전에 관한 기술적인 사항에 관하여 안전관리자가 지도·조언하는 경우 안전보건관리책임자는 이에 상응하는 적절한 조치를 하 여야 한다.

② 안전장치 및 보호구 구입 시 적격품 여부 확인에 관한 사항은 안전보건관리 책임자의 업무가 아니다.

③ 안전보건관리책임자가 있는 경우 「건설기술 진흥법」에 따른 안전관리책임자 및 안전관리담당자를 각각 둔 것으로 본다.

④ 안전관리자와 보건관리자는 안전보건관리책임자의 지휘·감독을 받지 아니한다.

⑤ 안전 및 보건에 관하여 사업주를 보좌하고 관리감독자에게 지도. 조언하는 업무를 수행하는 것은 안전보건관리책임자의 업무에 해당한다.

답 ①

해설

안전보건관리 책임자

(1) 산업안전보건법

제15조(안전보건관리책임자) ① 사업주는 사업장을 실질적으로 총괄하여 관리하는 사람에게 해당 사업장의 다음 각 호의 업무를 총괄하여 관리하도록 하여야 한다.

1. 사업장의 산업재해 예방계획의 수립에 관한 사항
2. 제25조 및 제26조에 따른 안전보건관리규정의 작성 및 변경에 관한 사항
3. 제29조에 따른 안전보건교육에 관한 사항
4. 작업환경측정 등 작업환경의 점검 및 개선에 관한 사항
5. 제129조부터 제132조까지에 따른 근로자의 건강진단 등 건강관리에 관한 사항
6. 산업재해의 원인 조사 및 재발 방지대책 수립에 관한 사항
7. 산업재해에 관한 통계의 기록 및 유지에 관한 사항
8. 안전장치 및 보호구 구입 시 적격품 여부 확인에 관한 사항
9. 그 밖에 근로자의 유해 · 위험 방지조치에 관한 사항으로서 고용노동부령으로 정하는 사항

② 제1항 각 호의 업무를 총괄하여 관리하는 사람(이하 "안전보건관리책임자"라 한다)은 제17조에 따른 안전관리자와 제18조에 따른 보건관리자를 지휘 · 감독한다.

③ 안전보건관리책임자를 두어야 하는 사업의 종류와 사업장의 상시근로자 수, 그 밖에 필요한 사항은 대통령령으로 정한다.

(2) 산업안전보건법 시행령

제14조(안전보건관리책임자의 선임 등) ① 법 제15조제2항에 따른 안전보건관리책임자(이하 "안전보건관리책임자"라 한다)를 두어야 하는 사업의 종류 및 사업장의 상시근로자 수(건설공사의 경우에는 건설공사 금액을 말한다. 이하 같다)는 별표 2와 같다.

② 사업주는 안전보건관리책임자가 법 제15조제1항에 따른 업무를 원활하게 수행할 수 있도록 권한 · 시설 · 장비 · 예산, 그 밖에 필요한 지원을 해야 한다.

③ 사업주는 안전보건관리책임자를 선임했을 때에는 그 선임 사실 및 법 제15조제1항 각 호에 따른 업무의 수행내용을 증명할 수 있는 서류를 갖추어 두어야 한다.

(3) 산업안전보건법 시행규칙

제9조(안전보건관리책임자의 업무) 법 제15조제1항제9호에서 "고용노동부령으로 정하는 사항"이란 법 제36조에 따른 위험성평가의 실시에 관한 사항과 안전보건규칙에서 정하는 근로자의 위험 또는 건강장해의 방지에 관한 사항을 말한다.

출제빈도

2012, 2013, 2016, 2018, 2020

05 산업안전보건법령상 산업안전보건위원회에 관한 설명으로 옳은 것은?

① 명예산업안전감독관이 위촉되어 있는 사업장의 경우 근로자대표가 지명하는 1명 이상의 명예산업안전감독관을 포함하여 사용자위원을 구성할 수 있다.

② 해당 사업장에 선임되어 있지 않은 산업보건의도 사용자위원이 될 수 있다.

③ 상시근로자 50명을 사용하는 사업장에서는 '해당 사업의 대표자가 지명하는 9명 이내의 해당 사업상 부서의 장'을 제외하고 사용자위원을 구성할 수 있다.

④ 산업안전보건위원회는 취업규칙에 구속받지 않고 심의·의결할 수 있다.

⑤ 산업재해에 관한 통계의 기록 및 유지에 관한 사항은 산업안전보건위원회의 심의·의결사항이 아니다.

답 ③

해설

산업안전보건 위원회

(1) 산업안전보건법

제24조(산업안전보건위원회) ① 사업주는 사업장의 안전 및 보건에 관한 중요 사항을 심의 · 의결하기 위하여 사업장에 근로자위원과 사용자위원이 같은 수로 구성되는 산업안전보건위원회를 구성 · 운영하여야 한다.

② 사업주는 다음 각 호의 사항에 대해서는 제1항에 따른 산업안전보건위원회(이하 "산업안전보건위원회"라 한다)의 심의 · 의결을 거쳐야 한다.

1. 제15조제1항제1호부터 제5호까지 및 제7호에 관한 사항
2. 제15조제1항제6호에 따른 사항 중 중대재해에 관한 사항
3. 유해하거나 위험한 기계 · 기구 · 설비를 도입한 경우 안전 및 보건 관련 조치에 관한 사항
4. 그 밖에 해당 사업장 근로자의 안전 및 보건을 유지 · 증진시키기 위하여 필요한 사항

③ 산업안전보건위원회는 대통령령으로 정하는 바에 따라 회의를 개최하고 그 결과를 회의록으로 작성하여 보존하여야 한다.

④ 사업주와 근로자는 제2항에 따라 산업안전보건위원회가 심의 · 의결한 사항을 성실하게 이행하여야 한다.

⑤ 산업안전보건위원회는 이 법, 이 법에 따른 명령, 단체협약, 취업규칙 및 제25조에 따른 안전보건관리규정에 반하는 내용으로 심의 · 의결해서는 아니 된다.

⑥ 사업주는 산업안전보건위원회의 위원에게 직무 수행과 관련한 사유로 불리한 처우를 해서는 아니 된다.

⑦ 산업안전보건위원회를 구성하여야 할 사업의 종류 및 사업장의 상시근로자 수, 산업안전보건위원회의 구성 · 운영 및 의결되지 아니한 경우의 처리방법, 그 밖에 필요한 사항은 대통령령으로 정한다.

(2) 산업안전보건법 시행령

제35조(산업안전보건위원회의 구성) ① 산업안전보건위원회의 근로자위원은 다음 각 호의 사람으로 구성한다.

1. 근로자대표
2. 명예산업안전감독관이 위촉되어 있는 사업장의 경우 근로자대표가 지명하는 1명 이상의 명예산업안전감독관
3. 근로자대표가 지명하는 9명(근로자인 제2호의 위원이 있는 경우에는 9명에서 그 위원의 수를 제외한 수를 말한다) 이내의 해당 사업장의 근로자

② 산업안전보건위원회의 사용자위원은 다음 각 호의 사람으로 구성한다. 다만, 상시근로자 50명 이상 100명 미만을 사용하는 사업장에서는 제5호에 해당하는 사람을 제외하고 구성할 수 있다.

1. 해당 사업의 대표자(같은 사업으로서 다른 지역에 사업장이 있는 경우에는 그 사업장의 안전보건관리책임자를 말한다. 이하 같다)
2. 안전관리자(제16조제1항에 따라 안전관리자를 두어야 하는 사업장으로 한정하되, 안전관리자의 업무를 안전관리전문기관에 위탁한 사업장의 경우에는 그 안전관리전문기관의 해당 사업장 담당자를 말한다) 1명
3. 보건관리자(제20조제1항에 따라 보건관리자를 두어야 하는 사업장으로 한정하되, 보건관리자의 업무를 보건관리전문기관에 위탁한 사업장의 경우에는 그 보건관리전문기관의 해당 사업장 담당자를 말한다) 1명
4. 산업보건의(해당 사업장에 선임되어 있는 경우로 한정한다)
5. 해당 사업의 대표자가 지명하는 9명 이내의 해당 사업장 부서의 장

③ 제1항 및 제2항에도 불구하고 법 제69조제1항에 따른 건설공사도급인(이하 "건설공사도급인"이라 한다)이 법 제64조제1항제1호에 따른 안전 및 보건에 관한 협의체를 구성한 경우에는 산업안전보건위원회의 위원을 다음 각 호의 사람을 포함하여 구성할 수 있다.

1. 근로자위원 : 도급 또는 하도급 사업을 포함한 전체 사업의 근로자대표, 명예산업안전감독관 및 근로자대표가 지명하는 해당 사업장의 근로자
2. 사용자위원 : 도급인 대표자, 관계수급인의 각 대표자 및 안전관리자

출제빈도

2014, 2016

06 **산업안전보건법령상 관계수급인 근로자가 도급인의 사업장에서 작업을 하는 경우 도급인이 이행하여야 할 사항이 아닌 것은?**

① 작업장 순회점검

② 보호구 착용의 지시 등 관계수급인 근로자의 작업행동에 관한 직접적인 조치

③ 작업 장소에서 지진 등이 발생한 경우에 대비한 경보체계 운영과 대피방법 등 훈련

④ 관계수급인이 근로자에게 하는 「산업안전보건법」 제29조제3항에 따른 안전 보건교육의 실시 확인

⑤ 같은 장소에서 이루어지는 도급인과 관계수급인 등의 작업에 있어서 관계수급인 등의 작업시기·내용, 안전조치 및 보건조치 등의 확인

답 ②

해설

도급인이 이행하여야 할 사항

제64조(도급에 따른 산업재해 예방조치) ① 도급인은 관계수급인 근로자가 도급인의 사업장에서 작업을 하는 경우 다음 각 호의 사항을 이행하여야 한다.

1. 도급인과 수급인을 구성원으로 하는 안전 및 보건에 관한 협의체의 구성 및 운영
2. 작업장 순회점검
3. 관계수급인이 근로자에게 하는 제29조제1항부터 제3항까지의 규정에 따른 안전보건교육을 위한 장소 및 자료의 제공 등 지원
4. 관계수급인이 근로자에게 하는 제29조제3항에 따른 안전보건교육의 실시 확인
5. 다음 각 목의 어느 하나의 경우에 대비한 경보체계 운영과 대피방법 등 훈련
   가. 작업 장소에서 발파작업을 하는 경우
   나. 작업 장소에서 화재 · 폭발, 토사 · 구축물 등의 붕괴 또는 지진 등이 발생한 경우
6. 위생시설 등 고용노동부령으로 정하는 시설의 설치 등을 위하여 필요한 장소의 제공 또는 도급인이 설치한 위생시설 이용의 협조
7. 같은 장소에서 이루어지는 도급인과 관계수급인 등의 작업에 있어서 관계수급인 등의 작업시기 · 내용, 안전조치 및 보건조치 등의 확인
8. 제7호에 따른 확인 결과 관계수급인 등의 작업 혼재로 인하여 화재 · 폭발 등 대통령령으로 정하는 위험이 발생할 우려가 있는 경우 관계수급인 등의 작업시기 · 내용 등의 조정

② 제1항에 따른 도급인은 고용노동부령으로 정하는 바에 따라 자신의 근로자 및 관계수급인 근로자와 함께 정기적으로 또는 수시로 작업장의 안전 및 보건에 관한 점검을 하여야 한다.

③ 제1항에 따른 안전 및 보건에 관한 협의체 구성 및 운영, 작업장 순회점검, 안전보건교육 지원, 그 밖에 필요한 사항은 고용노동부령으로 정한다.

정답확인

산업안전보건법

출제빈도

2023, 2024

07 **산업안전보건법령상 도급인과 수급인을 구성원으로 하는 안전 및 보건에 관한 협의체에 관한 설명으로 옳은 것은?**

① 도급인 및 그의 수급인 대표로 구성해야 한다.

② 수급인 상호 간의 작업공정의 조정은 협의사항이다.

③ 사업주와 수급인 간의 연락 방법은 협의사항이 아니다.

④ 작업의 시작 시간은 협의사항이 아니다.

⑤ 분기별 1회 이상 정기적으로 회의를 개최하고 그 결과를 기록·보존해야 한다.

답 ②

해설

협의체 구성

제79조(협의체의 구성 및 운영) ① 법 제64조제1항제1호에 따른 안전 및 보건에 관한 협의체(이하 이 조에서 "협의체"라 한다)는 도급인 및 그의 수급인 전원으로 구성해야 한다.

② 협의체는 다음 각 호의 사항을 협의해야 한다.

1. 작업의 시작 시간
2. 작업 또는 작업장 간의 연락방법
3. 재해발생 위험이 있는 경우 대피방법
4. 작업장에서의 법 제36조에 따른 위험성평가의 실시에 관한 사항
5. 사업주와 수급인 또는 수급인 상호 간의 연락 방법 및 작업공정의 조정

③ 협의체는 매월 1회 이상 정기적으로 회의를 개최하고 그 결과를 기록 · 보존해야 한다.

정답확인

산업안전보건법 시행규칙

출제빈도

2014, 2017, 2020, 2021

08 산업안전보건법령상 안전관리전문기관 또는 보건관리전문기관의 지정을 취소 하여야 하는 경우는?

① 지정받은 사항을 위반하여 업무를 수행한 경우

② 안전관리 또는 보건관리 업무와 관련된 비치서류를 보존하지 않은 경우

③ 정당한 사유 없이 안전관리 또는 보건관리 업무의 수탁을 거부한 경우

④ 업무정지 기간 중에 업무를 수행한 경우

⑤ 안전관리 또는 보건관리 업무 수행과 관련한 대가 외에 금품을 받은 경우

답 ④

해설

전문기관의 지정 취소 사유

(1) 산업안전보건법

제21조(안전관리전문기관 등) ① 안전관리전문기관 또는 보건관리전문기관이 되려는 자는 대통령령으로 정하는 인력 · 시설 및 장비 등의 요건을 갖추어 고용노동부장관의 지정을 받아야 한다.

② 고용노동부장관은 안전관리전문기관 또는 보건관리전문기관에 대하여 평가하고 그 결과를 공개할 수 있다. 이 경우 평가의 기준 · 방법 및 결과의 공개에 필요한 사항은 고용노동부령으로 정한다.

③ 안전관리전문기관 또는 보건관리전문기관의 지정 절차, 업무 수행에 관한 사항, 위탁받은 업무를 수행할 수 있는 지역, 그 밖에 필요한 사항은 고용노동부령으로 정한다.

④ 고용노동부장관은 안전관리전문기관 또는 보건관리전문기관이 다음 각 호의 어느 하나에 해당할 때에는 그 지정을 취소하거나 6개월 이내의 기간을 정하여 그 업무의 정지를 명할 수 있다. 다만, 제1호 또는 제2호에 해당할 때에는 그 지정을 취소하여야 한다.

1. 거짓이나 그 밖의 부정한 방법으로 지정을 받은 경우
2. 업무정지 기간 중에 업무를 수행한 경우
3. 제1항에 따른 지정 요건을 충족하지 못한 경우
4. 지정받은 사항을 위반하여 업무를 수행한 경우
5. 그 밖에 대통령령으로 정하는 사유에 해당하는 경우

⑤ 제4항에 따라 지정이 취소된 자는 지정이 취소된 날부터 2년 이내에는 각각 해당 안전관리전문기관 또는 보건관리전문기관으로 지정받을 수 없다.

(2) 산업안전보건법 시행령

제28조(안전관리전문기관 등의 지정 취소 등의 사유) 법 제21조제4항제5호에서 "대통령령으로 정하는 사유에 해당하는 경우"란 다음 각 호의 경우를 말한다.

1. 안전관리 또는 보건관리 업무 관련 서류를 거짓으로 작성한 경우
2. 정당한 사유 없이 안전관리 또는 보건관리 업무의 수탁을 거부한 경우
3. 위탁받은 안전관리 또는 보건관리 업무에 차질을 일으키거나 업무를 게을리한 경우
4. 안전관리 또는 보건관리 업무를 수행하지 않고 위탁 수수료를 받은 경우
5. 안전관리 또는 보건관리 업무와 관련된 비치서류를 보존하지 않은 경우
6. 안전관리 또는 보건관리 업무 수행과 관련한 대가 외에 금품을 받은 경우
7. 법에 따른 관계 공무원의 지도 · 감독을 거부 · 방해 또는 기피한 경우

출제빈도

2016, 2020, 2022

09 산업안전보건법령상 안전보건교육에 관한 설명으로 옳지 않은 것은?

① 사업주는 소속 근로자에게 고용노동부령으로 정하는 바에 따라 정기적으로 안전 보건교육을 하여야 한다.

② 건설 일용근로자에 대한 건설업 기초안전보건교육의 교육시간은 4시간 이상이다.

③ 사업주가 건설업 기초안전보건교육을 이수한 건설 일용근로자를 채용하는 경우 에는 해당 작업에 필요한 안전보건교육을 하지 않아도 된다.

④ 사업주가 근로자에 대한 안전보건교육을 자체적으로 실시하는 경우에 해당 사업장의 산업보건의는 교육을 할 수 있는 사람에 해당되지 않는다.

⑤ 관리감독자에 대한 안전보건교육 중 정기교육의 교육시간은 연간 16시간 이상 이다.

답 ④

해설

안전보건교육

제26조(교육시간 및 교육내용 등) ① 법 제29조제1항부터 제3항까지의 규정에 따라 사업주가 근로자에게 실시해야 하는 안전보건교육의 교육시간은 별표 4와 같고, 교육내용은 별표 5와 같다. 이 경우 사업주가 법 제29조제3항에 따른 유해하거나 위험한 작업에 필요한 안전보건교육(이하 "특별교육"이라 한다)을 실시한 때에는 해당 근로자에 대하여 법 제29조제2항에 따라 채용할 때 해야 하는 교육(이하 "채용 시 교육"이라 한다) 및 작업내용을 변경할 때 해야 하는 교육(이하 "작업내용 변경 시 교육"이라 한다)을 실시한 것으로 본다.
② 제1항에 따른 교육을 실시하기 위한 교육방법과 그 밖에 교육에 필요한 사항은 고용노동부장관이 정하여 고시한다.
③ 사업주가 법 제29조제1항부터 제3항까지의 규정에 따른 안전보건교육을 자체적으로 실시하는 경우에 교육을 할 수 있는 사람은 다음 각 호의 어느 하나에 해당하는 사람으로 한다.

1. 다음 각 목의 어느 하나에 해당하는 사람
   가. 법 제15조제1항에 따른 안전보건관리책임자
   나. 법 제16조제1항에 따른 관리감독자
   다. 법 제17조제1항에 따른 안전관리자(안전관리전문기관에서 안전관리자의 위탁업무를 수행하는 사람을 포함한다)
   라. 법 제18조제1항에 따른 보건관리자(보건관리전문기관에서 보건관리자의 위탁업무를 수행하는 사람을 포함한다)
   마. 법 제19조제1항에 따른 안전보건관리담당자(안전관리전문기관 및 보건관리전문기관에서 안전보건관리담당자의 위탁업무를 수행하는 사람을 포함한다)
   바. 법 제22조제1항에 따른 산업보건의
2. 공단에서 실시하는 해당 분야의 강사요원 교육과정을 이수한 사람
3. 법 제142조에 따른 산업안전지도사 또는 산업보건지도사(이하 "지도사"라 한다)
4. 산업안전보건에 관하여 학식과 경험이 있는 사람으로서 고용노동부장관이 정하는 기준에 해당하는 사람

산업안전보건법 시행규칙 [별표 4]

안전보건교육 교육과정별 교육시간(제26조제1항 등 관련)

1. 근로자 안전보건교육(제26조제1항, 제28조제1항 관련)

교육과정	교육대상		교육시간
가. 정기교육	1) 사무직 종사 근로자		매반기 6시간 이상
	2) 그 밖의 근로자	가) 판매업무에 직접 종사하는 근로자	매반기 6시간 이상
		나) 판매업무에 직접 종사하는 근로자 외의 근로자	매반기 12시간 이상
나. 채용 시 교육	1) 일용근로자 및 근로계약기간이 1주일 이하인 기간제근로자		1시간 이상
	2) 근로계약기간이 1주일 초과 1개월 이하인 기간제근로자		4시간 이상
	3) 그 밖의 근로자		8시간 이상
다. 작업내용 변경 시 교육	1) 일용근로자 및 근로계약기간이 1주일 이하인 기간제근로자		1시간 이상
	2) 그 밖의 근로자		2시간 이상
라. 특별교육	1) 일용근로자 및 근로계약기간이 1주일 이하인 기간제근로자 : 별표 5 제1호라목(제39호는 제외한다)에 해당하는 작업에 종사하는 근로자에 한정한다.		2시간 이상
	2) 일용근로자 및 근로계약기간이 1주일 이하인 기간제근로자 : 별표 5 제1호라목제39호에 해당하는 작업에 종사하는 근로자에 한정한다.		8시간 이상
	3) 일용근로자 및 근로계약기간이 1주일 이하인 기간제근로자를 제외한 근로자 : 별표 5 제1호라목에 해당하는 작업에 종사하는 근로자에 한정한다.		가) 16시간 이상(최초 작업에 종사하기 전 4시간 이상 실시하고 12시간은 3개월 이내에서 분할하여 실시 가능) 나) 단기간 작업 또는 간헐적 작업인 경우에는 2시간 이상
마. 건설업 기초안전·보건교육	건설 일용근로자		4시간 이상

1의2. 관리감독자 안전보건교육(제26조제1항 관련)

교육과정	교육시간
가. 정기교육	연간 16시간 이상
나. 채용 시 교육	8시간 이상
다. 작업내용 변경 시 교육	2시간 이상
라. 특별교육	16시간 이상(최초 작업에 종사하기 전 4시간 이상 실시하고, 12시간은 3개월 이내에서 분할하여 실시 가능)
	단기간 작업 또는 간헐적 작업인 경우에는 2시간 이상

정답확인

산업안전보건법 시행규칙

출제빈도

2015

10 산업안전보건법령상 안전보건교육기관에 관한 설명으로 옳은 것은?

① 보건관리자가 고용노동부장관이 정하여 고시하는 안전·보건에 관한 교육을 이수한 경우에는 직무교육 중 신규교육을 면제한다.

② 안전보건교육기관이 해당 업무를 폐지한 경우 지체 없이 근로자안전보건교육기관 등록증 또는 직무교육기관 등록증을 지방고용노동청장에게 반납해야 한다.

③ 고용노동부장관은 안전보건교육기관이 등록한 사항을 위반하여 업무를 수행한 경우에는 그 등록을 취소하여야 한다.

④ 지방고용노동관서의 장은 건설업 기초안전보건교육기관 등록 취소 등을 한 경우에는 그 사실을 한국산업인력공단에 통보해야 한다.

⑤ 안전보건교육기관 등록이 취소된 자는 등록이 취소된 날부터 3년 이내에는 해당 안전보건교육기관으로 등록할 수 없다.

답 ②

해설

안전보건 교육기관

(1) 산업안전보건법 시행규칙

제30조(직무교육의 면제) ① 법 제32조제1항 각 호 외의 부분 단서에 따라 다음 각 호의 어느 하나에 해당하는 사람에 대해서는 직무교육 중 신규교육을 면제한다.

1. 법 제19조제1항에 따른 안전보건관리담당자
2. 영 별표 4 제6호에 해당하는 사람
3. 영 별표 4 제7호에 해당하는 사람

② 영 별표 4 제8호 각 목의 어느 하나에 해당하는 사람, 「기업활동 규제완화에 관한 특별조치법」 제30조제3항제4호 또는 제5호에 따라 안전관리자로 채용된 것으로 보는 사람, 보건관리자로서 영 별표 6 제2호 또는 제3호에 해당하는 사람이 해당 법령에 따른 교육기관에서 제29조제2항의 교육내용 중 고용노동부장관이 정하는 내용이 포함된 교육을 이수하고 해당 교육기관에서 발행하는 확인서를 제출하는 경우에는 직무교육 중 보수교육을 면제한다.

③ 제29조제1항 각 호의 어느 하나에 해당하는 사람이 고용노동부장관이 정하여 고시하는 안전 · 보건에 관한 교육을 이수한 경우에는 직무교육 중 보수교육을 면제한다.

제31조(안전보건교육기관 등록신청 등) ① 영 제40조제1항 및 제3항에 따라 안전보건교육기관으로 등록하려는 자는 다음 각 호의 구분에 따라 관련 서류를 첨부하여 주된 사무소의 소재지를 관할하는 지방고용노동청장에게 제출해야 한다.

1. 영 제40조제1항에 따라 근로자안전보건교육기관으로 등록하려는 자: 별지 제9호서식의 근로자안전보건교육기관 등록 신청서에 다음 각 목의 서류를 첨부
   가. 영 제40조제1항에 따른 법인 또는 산업안전보건관련 학과가 있는 「고등교육법」 제2조에 따른 학교에 해당함을 증명하는 서류
   나. 영 별표 10에 따른 인력기준을 갖추었음을 증명할 수 있는 자 격증(국가기술자격증은 제외한다), 졸업증명서, 경력증명서 또는 재직증명서 등 서류
   다. 영 별표 10에 따른 시설 및 장비 기준을 갖추었음을 증명할 수 있는 서류와 시설 · 장비 명세서
   라. 최초 1년간의 교육사업계획서
2. 영 제40조제3항에 따라 직무교육기관으로 등록하려는 자: 별지 제10호서식의 직무교육기관 등록 신청서에 다음 각 목의 서류를 첨부
   가. 영 제40조제3항 각 호의 어느 하나에 해당함을 증명하는 서류

나. 영 별표 12에 따른 인력기준을 갖추었음을 증명할 수 있는 자격증(국가기술자격증은 제외한다), 졸업증명서, 경력증명서 또는 재직증명서 등 서류
다. 영 별표 12에 따른 시설 및 장비 기준을 갖추었음을 증명할 수 있는 서류와 시설·장비 명세서
라. 최초 1년간의 교육사업계획서
② 제1항에 따른 신청서를 제출받은 지방고용노동청장은 「전자정부법」 제36조제1항에 따른 행정정보의 공동이용을 통하여 다음 각 호의 서류를 확인해야 한다. 다만, 신청인이 제1호 및 제3호의 서류의 확인에 동의하지 않는 경우에는 그 사본을 첨부하도록 해야 한다.
1. 국가기술자격증
2. 법인등기사항증명서(법인만 해당한다)
3. 사업자등록증(개인만 해당한다)
③ 지방고용노동청장은 제1항에 따른 등록 신청이 영 제40조제1항 또는 제3항에 따른 등록 요건에 적합하다고 인정되면 그 신청서를 받은 날부터 20일 이내에 별지 제11호서식 또는 별지 제12호서식의 근로자안전보건교육기관 등록증 또는 직무교육기관 등록증을 신청인에게 발급해야 한다.
④ 제3항에 따라 등록증을 발급받은 사람이 등록증을 분실하거나 등록증이 훼손된 경우에는 재발급 신청을 할 수 있다.
⑤ 법 제33조제1항에 따라 안전보건교육기관이 등록받은 사항을 변경하려는 경우에는 별지 제9호서식 또는 별지 제10호서식의 변경등록 신청서에 변경내용을 증명하는 서류와 등록증을 첨부하여 지방고용노동청장에게 제출해야 한다. 이 경우 변경등록신청서의 처리에 관하여는 제3항을 준용한다.
⑥ 안전보건교육기관이 해당 업무를 폐지하거나 등록이 취소된 경우 지체 없이 제3항 및 제5항에 따른 등록증을 지방고용노동청장에게 반납해야 한다.
⑦ 제1항부터 제6항까지에서 규정한 사항 외에 교육 과정 편성, 교육방법 등 안전보건교육기관의 운영 등에 필요한 사항은 고용노동부장관이 정하여 고시한다. 〈신설 2023. 9. 27.〉

(2) 산업안전보건법

제21조(안전관리전문기관 등) ① 안전관리전문기관 또는 보건관리전문기관이 되려는 자는 대통령령으로 정하는 인력·시설 및 장비 등의 요건을 갖추어 고용노동부장관의 지정을 받아야 한다.
② 고용노동부장관은 안전관리전문기관 또는 보건관리전문기관에 대하여 평가하고 그 결과를 공개할 수 있다. 이 경우 평가의 기준·방법 및 결과의 공개에 필요한 사항은 고용노동부령으로 정한다.
③ 안전관리전문기관 또는 보건관리전문기관의 지정 절차, 업무 수행에 관한 사항, 위탁받은 업무를 수행할 수 있는 지역, 그 밖에 필요한 사항은 고용노동부령으로 정한다.
④ 고용노동부장관은 안전관리전문기관 또는 보건관리전문기관이 다음 각 호의 어느 하나에 해당할 때에는 그 지정을 취소하거나 6개월 이내의 기간을 정하여 그 업무의 정지를 명할 수 있다. 다만, 제1호 또는 제2호에 해당할 때에는 그 지정을 취소하여야 한다.
1. 거짓이나 그 밖의 부정한 방법으로 지정을 받은 경우
2. 업무정지 기간 중에 업무를 수행한 경우
3. 제1항에 따른 지정 요건을 충족하지 못한 경우
4. 지정받은 사항을 위반하여 업무를 수행한 경우
5. 그 밖에 대통령령으로 정하는 사유에 해당하는 경우
⑤ 제4항에 따라 지정이 취소된 자는 지정이 취소된 날부터 2년 이내에는 각각 해당 안전관리전문기관 또는 보건관리전문기관으로 지정받을 수 없다.

11 산업안전보건법령상 유해·위험 방지를 위한 방호조치가 필요한 기계·기구가 아닌 것은?

① 절곡기(曲機)

② 공기압축기

③ 지게차

④ 금속절단기

⑤ 원심기

답 ①

해설

유해 · 위험 방지를 위한 방호조치가 필요한 기계 · 기구(제70조 관련)

1. 예초기
2. 원심기
3. 공기압축기
4. 금속절단기
5. 지게차
6. 포장기계(진공포장기, 래핑기로 한정한다)

정답확인

산업안전보건법 시행령[별표 20]

출제빈도

2016

보충학습

산업안전보건법 시행규칙

제98조(방호조치) ① 법 제80조제1항에 따라 영 제70조 및 영 별표 20의 기계 · 기구에 설치해야 할 방호장치는 다음 각 호와 같다.

1. 영 별표 20 제1호에 따른 예초기 : 날접촉 예방장치
2. 영 별표 20 제2호에 따른 원심기 : 회전체 접촉 예방장치
3. 영 별표 20 제3호에 따른 공기압축기 : 압력방출장치
4. 영 별표 20 제4호에 따른 금속절단기 : 날접촉 예방장치
5. 영 별표 20 제5호에 따른 지게차 : 헤드 가드, 백레스트(backrest), 전조등, 후미등, 안전벨트
6. 영 별표 20 제6호에 따른 포장기계 : 구동부 방호 연동장치

② 법 제80조제2항에서 "고용노동부령으로 정하는 방호조치"란 다음 각 호의 방호조치를 말한다.

1. 작동 부분의 돌기부분은 묻힘형으로 하거나 덮개를 부착할 것
2. 동력전달부분 및 속도조절부분에는 덮개를 부착하거나 방호망을 설치할 것
3. 회전기계의 물림점(롤러나 톱니바퀴 등 반대방향의 두 회전체에 물려 들어가는 위험점)에는 덮개 또는 울을 설치할 것

③ 제1항 및 제2항에 따른 방호조치에 필요한 사항은 고용노동부장관이 정하여 고시한다.

12 **산업안전보건법령상 '대여자 등이 안전조치 등을 해야 하는 기계·기구 · 설비 및 건축물 등'에 해당하는 것을 모두 고른 것은?(단, 고용노동부장관이 정하여 고시하는 기계·기구 · 설비 및 건축물 등은 고려하지 않음)**

ㄱ. 압력용기	ㄴ. 어스드릴
ㄷ. 사출성형기(射山成形)	ㄹ. 파워셔블

① ㄱ, ㄷ
② ㄱ, ㄹ
③ ㄴ, ㄹ
④ ㄱ, ㄴ, ㄷ
⑤ ㄴ, ㄷ, ㄹ

답 ③

해설

대여자 등이 안전조치 등을 해야 하는 기계 · 기구 · 설비 및 건축물 등(제71조 관련)

1. 사무실 및 공장용 건축물
2. 이동식 크레인
3. 타워크레인
4. 불도저
5. 모터 그레이더
6. 로더
7. 스크레이퍼
8. 스크레이퍼 도저
9. 파워 셔블
10. 드래그라인
11. 클램셸
12. 버킷굴착기
13. 트렌치
14. 항타기
15. 항발기
16. 어스드릴
17. 천공기
18. 어스오거
19. 페이퍼드레인머신
20. 리프트
21. 지게차
22. 롤러기
23. 콘크리트 펌프
24. 고소작업대
25. 그 밖에 산업재해보상보험및예방심의위원회 심의를 거쳐 고용노동부장관이 정하여 고시하는 기계, 기구, 설비 및 건축물 등

정답확인

산업안전보건법 시행령[별표 21]

13 **산업안전보건법령상 유해성·위험성 조사 제외 화학물질이 아닌 것은? (단, 고용노동부장관이 공표하거나 고시하는 물질은 고려하지 않음)**

① 천연으로 산출된 화학물질

② 「마약류 관리에 관한 법률」 제2조제1호에 따른 마약류

③ 「군수품관리법」 제3조에 따른 통상품

④ 「총포·도검·화약류 등의 안전관리에 관한 법률」 제2조제3항에 따른 화약류

⑤ 「약사법」 제2조제4호 및 제7호에 따른 의약품 및 의약외품(醫藥品)

답 ③

해설

유해성 · 위험성 조사 제외 화학물질

제85조(유해성 · 위험성 조사 제외 화학물질) 법 제108조제1항 각 호 외의 부분 본문에서 "대통령령으로 정하는 화학물질"이란 다음 각 호의 어느 하나에 해당하는 화학물질을 말한다.

1. 원소
2. 천연으로 산출된 화학물질
3. 「건강기능식품에 관한 법률」 제3조제1호에 따른 건강기능식품
4. 「군수품관리법」 제2조 및 「방위사업법」 제3조제2호에 따른 군수품[「군수품관리법」 제3조에 따른 통상품(痛常品)은 제외한다]
5. 「농약관리법」 제2조제1호 및 제3호에 따른 농약 및 원제
6. 「마약류 관리에 관한 법률」 제2조제1호에 따른 마약류
7. 「비료관리법」 제2조제1호에 따른 비료
8. 「사료관리법」 제2조제1호에 따른 사료
9. 「생활화학제품 및 살생물제의 안전관리에 관한 법률」 제3조제7호 및 제8호에 따른 살생물물질 및 살생물제품
10. 「식품위생법」 제2조제1호 및 제2호에 따른 식품 및 식품첨가물
11. 「약사법」 제2조제4호 및 제7호에 따른 의약품 및 의약외품(醫藥外品)
12. 「원자력안전법」 제2조제5호에 따른 방사성물질
13. 「위생용품 관리법」 제2조제1호에 따른 위생용품
14. 「의료기기법」 제2조제1항에 따른 의료기기
15. 「총포 · 도검 · 화약류 등의 안전관리에 관한 법률」 제2조제3항에 따른 화약류
16. 「화장품법」 제2조제1호에 따른 화장품과 화장품에 사용하는 원료
17. 법 제108조제3항에 따라 고용노동부장관이 명칭, 유해성 · 위험성, 근로자의 건강장해 예방을 위한 조치 사항 및 연간 제조량 · 수입량을 공표한 물질로서 공표된 연간 제조량 · 수입량 이하로 제조하거나 수입한 물질
18. 고용노동부장관이 환경부장관과 협의하여 고시하는 화학물질 목록에 기록되어 있는 물질

정답확인

산업안전보건법 시행령

출제빈도

2016, 2021, 2022, 2023

14 산업안전보건법령상 유해인자의 유해성·위험성 분류기준 중 물리적 위험성 분류기준에 관한 설명으로 옳지 않은 것은?

① 자연발화성 고체는 적은 양으로도 공기와 접촉하여 5분 안에 발화할 수 있는 고체이다.

② 20℃, 200킬로파스칼(kPa) 이상의 압력 하에서 용기에 충전되어 있는 가스는 고압가스에 해당한다.

③ 20℃, 표준압력(101.3kPa)에서 공기와 혼합하여 인화되는 범위에 있는 가스는 인화성 가스에 해당한다.

④ 유기과산화물은 2가의 -O-O- 구조를 가지고 5개의 수소 원자가 유기라디칼에 의하여 치환된 과산화수소의 유도체를 포함한 고체 유기물질이다.

⑤ 인화성 액체는 표준압력(101.3kPa)에서 인화점이 93℃ 이하인 액체이다.

답 ④

해설

화학물질의 분류기준

(1) 물리적 위험성 분류기준

① 폭발성 물질 : 자체의 화학반응에 따라 주위환경에 손상을 줄 수 있는 정도의 온도 · 압력 및 속도를 가진 가스를 발생시키는 고체 · 액체 또는 혼합물

② 인화성 가스 : 20℃, 표준압력(101.3㎪)에서 공기와 혼합하여 인화되는 범위에 있는 가스와 54℃ 이하 공기 중에서 자연발화하는 가스를 말한다.(혼합물을 포함한다)

보충학습1

인화성 가스 (Flammable Gas)

① 정의 : 공기(특히 산소)와 혼합되었을 때 발화원(열, 불꽃 등)에 의해 쉽게 연소하거나 폭발하는 가스.

② 특징

스스로 연소하며 에너지를 방출함.

발화점(자체적으로 점화되기 위한 온도)과 폭발 한계 농도가 존재함.

③ 예시

메탄 (CH_4) : 천연가스.

프로판 (C_3H_8) : 가정용 연료.

수소 (H_2) : 에너지 저장 매체로 사용.

④ 위험성

불완전 연소 시 일산화탄소(CO)와 같은 독성 물질 생성 가능.

폭발 위험이 있음.

③ 인화성 액체 : 표준압력(101.3kPh)에서 인화점*이 93℃ 이하인 액체

* 인화점(Flash Point)은 물질(특히 액체)이 발화원(불꽃 또는 스파크 등)에 의해 점화될 수 있는 최소 온도를 의미하며 인화점에 도달하면 액체는 증기를 방출하며, 이 증기가 산소와 혼합되어 연소 가능함

보충학습2

가솔린(인화점 : -43℃)이 밀폐된 용기에서 잘 휘발되지 않는 이유

① 가솔린은 휘발성이 강해 증기압을 빠르게 형성함 (증기압: 액체가 기체로 변하려는 압력)
② 말통처럼 밀폐된 용기 안에서는 초기에는 가솔린이 증발하여 기체 상태의 가솔린 분자가 용기 안에 채워짐
③ 일정 시간이 지나면 증발 속도와 응축 속도가 같아지는 균형 상태에 도달하여 더 이상 증발이 진행되지 않음

④ 인화성 고체: 쉽게 연소*되거나 마찰에 의하여 화재를 일으키거나 촉진할 수 있는 물질
 * 연소가 지속되려면 연소점(Fire Point)에 도달해야 하며, 이는 인화점보다 약간 더 높은 온도이다.
⑤ 에어로졸 : 재충전이 불가능한 금속 · 유리 또는 플라스틱 용기에 압축가스 · 액화가스 또는 용해가스를 충전하고 내용물을 가스에 현탁시킨 고체나 액상입자로, 액상 또는 가스상에서 폼 · 페이스트 · 분말상으로 배출되는 분사장치를 갖춘 것
⑥ 물반응성 물질 : 물과 상호작용을 하여 자연발화되거나 인화성 가스를 발생시키는 고체 · 액체 또는 혼합물
⑦ 산화성 가스 : 일반적으로 산소를 공급함으로써 공기보다 다른 물질의 연소를 더 잘 일으키거나 촉진하는 가스

구분	인화성 가스	산화성 가스
주요 역할	스스로 연소하거나 폭발 가능	다른 물질의 연소를 촉진
반응 방식	산소와 혼합되어 발화원에 의해 연소	산화 반응을 통해 열 또는 폭발 유발
위험성	발화원의 존재 시 화재나 폭발 가능	화재를 격렬하게 만들거나 특정 조건에서 폭발 가능
연소 여부	스스로 연소 가능	스스로 연소하지 않음
예시	메탄, 프로판, 수소	산소, 이산화질소, 플루오르

⑧ 산화성 액체 : 그 자체로는 연소하지 않더라도, 일반적으로 산소를 발생시켜 다른 물질을 연소시키거나 연소를 촉진하는 액체
⑨ 산화성 고체 : 그 자체로는 연소하지 않더라도 일반적으로 산소를 발생시켜 다른 물질을 연소시키거나 연소를 촉진하는 고체

물질	특징
질산칼륨(KNO_3)	화약의 주요 성분으로, 강력한 산화제로 사용됩니다.
염소산칼륨($KClO_3$)	불꽃놀이와 폭죽 제조에 사용되며, 고온에서 산소를 방출해 연소를 촉진합니다.
과염소산암모늄(NH_4ClO_4)	로켓 연료 및 폭발물에서 산화제로 사용됩니다.
과망간산칼륨($KMnO_4$)	강력한 산화제이며, 특정 조건에서 가열하면 산소를 방출합니다.
벤조일 퍼옥사이드	유기 화학 반응에서 사용되는 강력한 산화제로, 열과 마찰에 민감합니다.

⑩ 고압가스 : 20℃, 200킬로파스칼(kpa) 이상의 압력 하에서 용기에 충전되어 있는 가스 또는 냉동액화가스 형태로 용기에 충전되어 있는 가스(압축가스,액화가스, 냉동액화가스, 용해가스로 구분한다)
⑪ 자기반응성 물질 : 열적(熱的)인 면에서 불안정하여 산소가 공급되지 않아도 강렬하게 발열 · 분해하기 쉬운 액체 · 고체 또는 혼합물
⑫ 자연발화성 액체 : 적은 양으로도 공기와 접촉하여 5분 안에 발화할 수 있는 액체
⑬ 자연발화성 고체 : 적은 양으로도 공기와 접촉하여 5분 안에 발화할 수 있는 고체
⑭ 자기발열성 물질 : 주위의 에너지 공급 없이 공기와 반응하여 스스로 발열하는 물질(자기발화성 물질은 제외한다)

⑮ 유기과산화물 : 2가의 -O-O- 구조를 가지고 1개 또는 2개의 수소 원자가 유기라디칼에 의하여 치환된 과산화수소의 유도체를 포함한 액체 또는 고체유기물질
⑯ 금속 부식성 물질 : 화학적인 작용으로 금속에 손상 또는 부식을 일으키는 물질

정답확인

산업안전보건법 시행규칙 [별표 18]

출제빈도

2019

15 산업안전보건법령상 자율안전확인에 관한 설명으로 옳지 않은 것은?

① 자율안전확인의 표시를 하는 경우 인체에 상해를 입힐 우려가 있는 재질이나 표면이 거친 재질을 사용해서는 안 된다.

② 「농업기계화촉진법」 제9조에 따른 검정을 받은 경우에도 자율안전확인의 신고를 하여야 한다.

③ 한국산업안전보건공단은 자율안전확인대상기계등에 대한 자율안전확인의 신고를 받은 날부터 15일 이내에 자율안전확인 신고증명서를 신고인에게 발급해야 한다.

④ 연구·개발을 목적으로 자율안전확인대상기계등을 제조·수입하는 경우에는 자율안전확인의 신고를 면제할 수 있다.

⑤ 자동차정비용 리프트와 컨베이어는 자율안전확인대상기계등에 해당한다.

답 ②

해설

자율안전확인

제119조(신고의 면제) 법 제89조제1항제3호에서 "고용노동부령으로 정하는 경우"란 다음 각 호의 어느 하나에 해당하는 경우를 말한다.

1. 「농업기계화촉진법」 제9조에 따른 검정을 받은 경우
2. 「산업표준화법」 제15조에 따른 인증을 받은 경우
3. 「전기용품 및 생활용품 안전관리법」 제5조 및 제8조에 따른 안전인증 및 안전검사를 받은 경우
4. 국제전기기술위원회의 국제방폭전기기계 · 기구 상호인정제도에 따라 인증을 받은 경우

정답확인

산업안전보건법 시행규칙

출제빈도

2016

16 산업안전보건법령상 안전인증에 관한 설명으로 옳지 않은 것은?

① 프레스 및 전단기 방호장치는 안전인증대상기계등에 해당한다.

② 안전인증을 받은 유해·위험기계등을 제조·수입·양도·대여하는 자는 안전 인증표시를 임의로 변경하거나 제거해서는 아니 된다.

③ 안전인중이 취소된 자는 안전인증이 취소된 날부터 1년 이내에는 취소된 유해·위험기계등에 대하여 안전인증을 신청할 수 없다.

④ 곤돌라는 설치·이전하는 경우뿐만 아니라 주요 구조 부분을 변경하는 경우에도 안전인증을 받지 않아도 된다.

⑤ 제품심사의 경우 처리기간 내에 심사를 끝낼 수 없는 부득이한 사유가 있을 때에는 안전인증기관은 15일의 범위에서 심사기간을 연장할 수 있다.

답 ④

해설

안전인증

제107조(안전인증대상기계등) 법 제84조제1항에서 "고용노동부령으로 정하는 안전인증대상기계등"이란 다음 각 호의 기계 및 설비를 말한다.

1. 설치 · 이전하는 경우 안전인증을 받아야 하는 기계
   가. 크레인
   나. 리프트
   다. 곤돌라
2. 주요 구조 부분을 변경하는 경우 안전인증을 받아야 하는 기계 및 설비
   가. 프레스
   나. 전단기 및 절곡기(折曲機)
   다. 크레인
   라. 리프트
   마. 압력용기
   바. 롤러기
   사. 사출성형기(射出成形機)
   아. 고소(高所)작업대
   자. 곤돌라

정답확인

산업안전보건법 시행규칙

출제빈도

2017, 2019, 2023, 2024

17 산업안전보건법령상 안전검사대상기계등에 대한 안전검사를 면제할 수 있는 경우를 모두 고른 것은?

ㄱ. 「광산안전법」에 따른 검사 중 광업시설의 설치·변경공사 완료 후 일정한 기간이 지날 때마다 받는 검사를 받은 경우
ㄴ. 「소방시설 설치 및 관리에 관한 법률」에 따른 자체점검을 받은 경우
ㄷ. 「화학물질관리법」에 따른 정기검사를 받은 경우
ㄹ. 「위험물안전관리법」에 따른 정기점검 또는 정기검사를 받은 경우

① ㄱ, ㄴ
② ㄷ, ㄹ
③ ㄱ, ㄴ, ㄷ
④ ㄴ, ㄷ, ㄹ
⑤ ㄱ, ㄴ, ㄷ, ㄹ

답 ⑤

해설

안전검사의 면제

제125조(안전검사의 면제) 법 제93조제2항에서 "고용노동부령으로 정하는 경우"란 다음 각 호의 어느 하나에 해당하는 경우를 말한다.

1. 「건설기계관리법」 제13조제1항제1호 · 제2호 및 제4호에 따른 검사를 받은 경우(안전검사 주기에 해당하는 시기의 검사로 한정한다)
2. 「고압가스 안전관리법」 제17조제2항에 따른 검사를 받은 경우
3. 「광산안전법」 제9조에 따른 검사 중 광업시설의 설치 · 변경공사 완료 후 일정한 기간이 지날 때마다 받는 검사를 받은 경우
4. 「선박안전법」 제8조부터 제12조까지의 규정에 따른 검사를 받은 경우
5. 「에너지이용 합리화법」 제39조제4항에 따른 검사를 받은 경우
6. 「원자력안전법」 제22조제1항에 따른 검사를 받은 경우
7. 「위험물안전관리법」 제18조에 따른 정기점검 또는 정기검사를 받은 경우
8. 「전기안전관리법」 제11조에 따른 검사를 받은 경우
9. 「항만법」 제33조제1항제3호에 따른 검사를 받은 경우
10. 「소방시설 설치 및 관리에 관한 법률」 제22조제1항에 따른 자체점검을 받은 경우
11. 「화학물질관리법」 제24조제3항 본문에 따른 정기검사를 받은 경우

정답확인

산업안전보건법 시행규칙

출제빈도

2020, 2023

18 산업안전보건법령상 작업환경측정 및 작업환경측정기관에 관한 설명으로 옳은 것은?

① 사업주는 작업환경측정 중 시료의 분석만을 작업환경측정기관에 위탁할 수는 없다.

② 사업주는 근로자대표가 요구하더라도 작업환경측정의 예비조사에 그를 참석시키지 아니할 수 있다.

③ 사업주는 작업환경측정 결과에 대한 신뢰성을 평가한 후 그 결과를 관할 지방 고용노동관서의 장에게 보고하여야 한다.

④ 「의료법」에 따른 병원이 종합병원이 아닌 경우 작업환경측정기관으로 지정받을 수 없다.

⑤ 작업환경측정기관에 대한 평가는 서면조사 및 방문조사의 방법으로 실시한다.

답 ⑤

해설

작업환경 측정

(1) 산업안전보건법

제125조(작업환경측정) ① 사업주는 유해인자로부터 근로자의 건강을 보호하고 쾌적한 작업환경을 조성하기 위하여 인체에 해로운 작업을 하는 작업장으로서 고용노동부령으로 정하는 작업장에 대하여 고용노동부령으로 정하는 자격을 가진 자로 하여금 작업환경측정을 하도록 하여야 한다.
② 제1항에도 불구하고 도급인의 사업장에서 관계수급인 또는 관계수급인의 근로자가 작업을 하는 경우에는 도급인이 제1항에 따른 자격을 가진 자로 하여금 작업환경측정을 하도록 하여야 한다.
③ 사업주(제2항에 따른 도급인을 포함한다. 이하 이 조 및 제127조에서 같다)는 제1항에 따른 작업환경측정을 제126조에 따라 지정받은 기관(이하 "작업환경측정기관"이라 한다)에 위탁할 수 있다. 이 경우 필요한 때에는 작업환경측정 중 시료의 분석만을 위탁할 수 있다.
④ 사업주는 근로자대표(관계수급인의 근로자대표를 포함한다. 이하 이 조에서 같다)가 요구하면 작업환경측정 시 근로자대표를 참석시켜야 한다.
⑤ 사업주는 작업환경측정 결과를 기록하여 보존하고 고용노동부령으로 정하는 바에 따라 고용노동부장관에게 보고하여야 한다. 다만, 제3항에 따라 사업주로부터 작업환경측정을 위탁받은 작업환경측정기관이 작업환경측정을 한 후 그 결과를 고용노동부령으로 정하는 바에 따라 고용노동부장관에게 제출한 경우에는 작업환경측정 결과를 보고한 것으로 본다.
⑥ 사업주는 작업환경측정 결과를 해당 작업장의 근로자(관계수급인 및 관계수급인 근로자를 포함한다. 이하 이 항, 제127조 및 제175조제5항제15호에서 같다)에게 알려야 하며, 그 결과에 따라 근로자의 건강을 보호하기 위하여 해당 시설·설비의 설치·개선 또는 건강진단의 실시 등의 조치를 하여야 한다.
⑦ 사업주는 산업안전보건위원회 또는 근로자대표가 요구하면 작업환경측정 결과에 대한 설명회 등을 개최하여야 한다. 이 경우 제3항에 따라 작업환경측정을 위탁하여 실시한 경우에는 작업환경측정기관에 작업환경측정 결과에 대하여 설명하도록 할 수 있다.
⑧ 제1항 및 제2항에 따른 작업환경측정의 방법·횟수, 그 밖에 필요한 사항은 고용노동부령으로 정한다.

제126조(작업환경측정기관) ① 작업환경측정기관이 되려는 자는 대통령령으로 정하는 인력·시설 및 장비 등의 요건을 갖추어 고용노동부장관의 지정을 받아야 한다.
② 고용노동부장관은 작업환경측정기관의 측정·분석 결과에 대한 정확성과 정밀도를 확보하기 위하여 작업환경측정기관의 측정·분석능력을 확인하고, 작업환경측정기관을 지도하거나 교육할 수 있다. 이 경우 측정·분석능력의 확인, 작업환경측정기관에 대한 교육의 방법·절차, 그 밖에 필요한 사항은 고용노동부장관이 정하여 고시한다.
③ 고용노동부장관은 작업환경측정의 수준을 향상시키기 위하여 필요한 경우 작업환경측정기관을 평가하고 그 결과(제2항에 따른 측정·분석능력의 확인 결과를 포함한다)를 공개할 수 있다. 이 경우 평가기준·방법 및 결과의 공개, 그 밖에 필요한 사항은 고용노동부령으로 정한다.
④ 작업환경측정기관의 유형, 업무 범위 및 지정 절차, 그 밖에 필요한 사항은 고용노동부령으로 정한다.
⑤ 작업환경측정기관에 관하여는 제21조제4항 및 제5항을 준용한다. 이 경우 "안전관리전문기관 또는 보건관리전문기관"은 "작업환경측정기관"으로 본다.

(2) 산업안전보건법 시행규칙

제17조(안전관리 · 보건관리전문기관의 평가 기준 등) ① 공단이 법 제21조제2항에 따라 안전관리전문기관 또는 보건관리전문기관을 평가하는 기준은 다음 각 호와 같다.

1. 인력 · 시설 및 장비의 보유 수준과 그에 대한 관리능력
2. 기술지도의 충실성을 포함한 안전관리 · 보건관리 업무 수행능력
3. 안전관리 · 보건관리 업무를 위탁한 사업장의 만족도

② 공단은 안전관리전문기관 또는 보건관리전문기관에 대한 평가를 위하여 필요한 경우 안전관리전문기관 또는 보건관리전문기관에 자료의 제출을 요구할 수 있다. 이 경우 안전관리전문기관 또는 보건관리전문기관은 특별한 사정이 없는 한 요구받은 자료를 공단에 제출해야 한다.

③ 안전관리전문기관 또는 보건관리전문기관에 대한 평가는 서면조사 및 방문조사의 방법으로 실시한다.

④ 공단은 안전관리전문기관 또는 보건관리전문기관에 대한 평가를 실시한 경우 그 평가 결과를 해당 안전관리전문기관 또는 보건관리전문기관에 서면으로 통보해야 한다.

⑤ 제4항에 따라 평가 결과를 통보받은 평가대상기관은 평가 결과를 통보받은 날부터 7일 이내에 서면으로 공단에 이의신청을 할 수 있다. 이 경우 공단은 이의신청을 받은 날부터 14일 이내에 이의신청에 대한 처리결과를 해당 기관에 서면으로 알려야 한다.

⑥ 공단은 제5항에 따른 이의신청에 대한 결과를 반영하여 안전관리전문기관 또는 보건관리전문기관에 대한 평가 결과를 고용노동부장관에게 보고해야 한다.

⑦ 고용노동부장관 및 공단은 안전관리전문기관 또는 보건관리전문기관에 대한 평가 결과를 인터넷 홈페이지에 각각 공개해야 한다.

⑧ 제1항부터 제7항까지의 규정에서 정한 사항 외에 평가의 기준, 절차 · 방법 및 이의신청 절차 등에 관하여 필요한 사항은 공단이 정하여 공개해야 한다.

정답확인

산업안전보건법

19 **산업안전보건법령상 상시근로자 수 300명 이상의 사업 중 안전보건관리규정을 작성해야 하는 사업이 아닌 것은?**

① 부동산임대업

② 정보서비스업

③ 금융 및 보험업

④ 사업지원 서비스업

⑤ 사회복지 서비스업

답 ①

해설

안전보건관리규정을 작성해야 할 사업의 종류 및 상시근로자 수(제25조제1항 관련)

사업의 종류	상시근로자 수
1. 농업 2. 어업 3. 소프트웨어 개발 및 공급업 4. 컴퓨터 프로그래밍, 시스템 통합 및 관리업 4의2. 영상·오디오물 제공 서비스업 5. 정보서비스업 6. 금융 및 보험업 7. 임대업; 부동산 제외 8. 전문, 과학 및 기술 서비스업(연구개발업은 제외한다) 9. 사업지원 서비스업 10. 사회복지 서비스업	300명 이상
11. 제1호부터 제4호까지, 제4호의2 및 제5호부터 제10호까지의 사업을 제외한 사업	100명 이상

정답확인

산업안전보건법 시행규칙 [별표 2]

출제빈도

2024

20 특수건강진단의 시기 및 주기에 관한 산업안전보건법 시행규칙 [별표 23]의 일부이다. (   )에 들어갈 숫자로 옳은 것은? (단, 특수건강진단 주기의 예외 규정은 고려하지 않음)

대상 유해인자	시기(배치 후 첫 번째 특수건강진단)	주기
벤젠	(ㄱ)개월 이내	6개월
석면, 면 분진	12개월 이내	(ㄴ)개월

① ㄱ : 1, ㄴ : 12
② ㄱ : 2, ㄴ : 12
③ ㄱ : 2, ㄴ : 24
④ ㄱ : 3, ㄴ : 12
⑤ ㄱ : 3, ㄴ : 24

답 ②

해설

특수건강진단의 시기 및 주기(제202조제1항 관련)

구분	대상 유해인자	시기(배치 후 첫 번째 특수 건강진단)	주기
1	N,N-디메틸아세트아미드 디메틸포름아미드	1개월 이내	6개월
2	벤젠	2개월 이내	6개월
3	1,1,2,2-테트라클로로에탄 사염화탄소 아크릴로니트릴 염화비닐	3개월 이내	6개월
4	석면, 면 분진	12개월 이내	12개월
5	광물성 분진 목재 분진 소음 및 충격소음	12개월 이내	24개월
6	제1호부터 제5호까지의 대상 유해인자를 제외한 별표 22의 모든 대상 유해인자	6개월 이내	12개월

정답확인

산업안전보건법 시행규칙 [별표 23]

출제빈도

2017

21 **산업안전보건법령상 작업환경측정 또는 건강진단의 실시 결과만으로 직업성 질환에 걸렸는지를 판단하기 곤란한 근로자의 질병에 대하여 한국산업안전 보건공단에 역학조사를 요청할 수 있는 자로 규정되어 있지 않은 자는?**

① 사업주

② 근로자대표

③ 건강진단기관의 의사

④ 역학조사평가위원회 위원장

⑤ 보건관리자(보건관리전문기관 포함)

답 ④

해설

역학조사

제222조(역학조사의 대상 및 절차 등) ① 공단은 법 제141조제1항에 따라 다음 각 호의 어느 하나에 해당하는 경우에는 역학조사를 할 수 있다.

1. 법 제125조에 따른 작업환경측정 또는 법 제129조부터 제131조에 따른 건강진단의 실시 결과만으로 직업성 질환에 걸렸는지를 판단하기 곤란한 근로자의 질병에 대하여 사업주 · 근로자대표 · 보건관리자(보건관리전문기관을 포함한다) 또는 건강진단기관의 의사가 역학조사를 요청하는 경우
2. 「산업재해보상보험법」 제10조에 따른 근로복지공단이 고용노동부장관이 정하는 바에 따라 업무상 질병 여부의 결정을 위하여 역학조사를 요청하는 경우
3. 공단이 직업성 질환의 예방을 위하여 필요하다고 판단하여 제224조제1항에 따른 역학조사평가위원회의 심의를 거친 경우
4. 그 밖에 직업성 질환에 걸렸는지 여부로 사회적 물의를 일으킨 질병에 대하여 작업장 내 유해요인과의 연관성 규명이 필요한 경우 등으로서 지방고용노동관서의 장이 요청하는 경우

② 제1항제1호에 따라 사업주 또는 근로자대표가 역학조사를 요청하는 경우에는 산업안전보건위원회의 의결을 거치거나 각각 상대방의 동의를 받아야 한다. 다만, 관할 지방고용노동관서의 장이 역학조사의 필요성을 인정하는 경우에는 그렇지 않다.

③ 제1항에서 정한 사항 외에 역학조사의 방법 등에 필요한 사항은 고용노동부장관이 정하여 고시한다.

정답확인

산업안전보건법 시행규칙

출제빈도

2022

22 산업안전보건법령상 산업안전지도사(이하 '지도사'라 함)에 관한 설명으로 옳지 않은 것은?

① 산업안전에 관한 사항으로서 안전보건개선계획서의 작성은 지도사의 직무에 해당 한다.

② 직무 수행을 위하여 지도사 등록을 한 자는 5년마다 등록을 갱신하여야 한다.

③ 지도사는 직무 수행과 관련하여 보증보험금으로 손해배상을 한 경우에는 그 날부터 15일 이내에 다시 보증보험에 가입해야 한다.

④ 금고 이상의 실형을 선고받고 그 집행이 끝난 날부터 2년이 지나지 아니한 사람은 지도사 등록을 할 수 없다.

⑤ 지도사가 직무의 조직적·전문적 수행을 위하여 설립하는 법인에 관하여는 「상법」 중 합명회사에 관한 규정을 적용한다.

답 ③

해설

보증보험

제108조(손해배상을 위한 보증보험 가입 등) ① 법 제145조제1항에 따라 등록한 지도사(같은 조 제2항에 따라 법인을 설립한 경우에는 그 법인을 말한다. 이하 이 조에서 같다)는 법 제148조제2항에 따라 보험금액이 2천만원(법 제145조제2항에 따른 법인인 경우에는 2천만원에 사원인 지도사의 수를 곱한 금액) 이상인 보증보험에 가입해야 한다.
② 지도사는 제1항의 보증보험금으로 손해배상을 한 경우에는 그 날부터 10일 이내에 다시 보증보험에 가입해야 한다.
③ 손해배상을 위한 보증보험 가입 및 지급에 관한 사항은 고용노동부령으로 정한다.

정답확인

산업안전보건법 시행령

출제빈도

2020

23 산업안전보건법령상 질병자의 근로 금지 · 제한 및 유해·위험작업에 대한 근로 시간 제한에 관한 설명으로 옳은 것을 모두 고른 것은?

ㄱ. 사업주는 마비성 치매에 걸린 사람에 대해서 「의료법」에 따른 의사의 진단에 따라 근로를 금지해야 한다.
ㄴ. 사업주는 「의료법」에 따른 의사의 진단에 따라 정신신경증의 질병이 있는 근로자를 고기압 업무에 종사하도록 해서는 안 된다.
ㄴ. 사업주는 유해하거나 위험한 작업으로서 잠함(函) 또는 잠수 작업 등 높은 기압에서 하는 작업에 종사하는 근로자에게는 1일 6시간, 1주 30시 간을 초과하여 근로하게 해서는 아니 된다.

① ㄱ　　② ㄷ
③ ㄱ, ㄴ　　④ ㄴ, ㄷ
⑤ ㄱ, ㄴ, ㄷ

답 ③

해설

질병자 근로금지

(1) 산업안전보건법

제139조(유해 · 위험작업에 대한 근로시간 제한 등) ① 사업주는 유해하거나 위험한 작업으로서 높은 기압에서 하는 작업 등 대통령령으로 정하는 작업에 종사하는 근로자에게는 1일 6시간, 1주 34시간을 초과하여 근로하게 해서는 아니 된다.

② 사업주는 대통령령으로 정하는 유해하거나 위험한 작업에 종사하는 근로자에게 필요한 안전조치 및 보건조치 외에 작업과 휴식의 적정한 배분 및 근로시간과 관련된 근로조건의 개선을 통하여 근로자의 건강 보호를 위한 조치를 하여야 한다.

(2) 산업안전보건법 시행규칙

제220조(질병자의 근로금지) ① 법 제138조제1항에 따라 사업주는 다음 각 호의 어느 하나에 해당하는 사람에 대해서는 근로를 금지해야 한다.

1. 전염될 우려가 있는 질병에 걸린 사람. 다만, 전염을 예방하기 위한 조치를 한 경우는 제외한다.
2. 조현병, 마비성 치매에 걸린 사람
3. 심장 · 신장 · 폐 등의 질환이 있는 사람으로서 근로에 의하여 병세가 악화될 우려가 있는 사람
4. 제1호부터 제3호까지의 규정에 준하는 질병으로서 고용노동부장관이 정하는 질병에 걸린 사람

② 사업주는 제1항에 따라 근로를 금지하거나 근로를 다시 시작하도록 하는 경우에는 미리 보건관리자(의사인 보건관리자만 해당한다), 산업보건의 또는 건강진단을 실시한 의사의 의견을 들어야 한다.

제221조(질병자 등의 근로 제한) ① 사업주는 법 제129조부터 제130조에 따른 건강진단 결과 유기화합물 · 금속류 등의 유해물질에 중독된 사람, 해당 유해물질에 중독될 우려가 있다고 의사가 인정하는 사람, 진폐의 소견이 있는 사람 또는 방사선에 피폭된 사람을 해당 유해물질 또는 방사선을 취급하거나 해당 유해물질의 분진 · 증기 또는 가스가 발산되는 업무 또는 해당 업무로 인하여 근로자의 건강을 악화시킬 우려가 있는 업무에 종사하도록 해서는 안 된다.

② 사업주는 다음 각 호의 어느 하나에 해당하는 질병이 있는 근로자를 고기압 업무에 종사하도록 해서는 안 된다.
1. 감압증이나 그 밖에 고기압에 의한 장해 또는 그 후유증
2. 결핵, 급성상기도감염, 진폐, 폐기종, 그 밖의 호흡기계의 질병
3. 빈혈증, 심장판막증, 관상동맥경화증, 고혈압증, 그 밖의 혈액 또는 순환기계의 질병
4. 정신신경증, 알코올중독, 신경통, 그 밖의 정신신경계의 질병
5. 메니에르씨병, 중이염, 그 밖의 이관(耳管)협착을 수반하는 귀 질환
6. 관절염, 류마티스, 그 밖의 운동기계의 질병
7. 천식, 비만증, 바세도우씨병, 그 밖에 알레르기성 · 내분비계 · 물질대사 또는 영양장해 등과 관련된 질병
③ 사업주는 다음 각 호의 어느 하나에 해당하는 경우에는 미리 보건관리자(의사인 보건관리자만 해당한다), 산업보건의 또는 건강진단을 실시한 의사의 의견을 들어야 한다.
1. 제1항 또는 제2항에 따라 근로를 제한하려는 경우
2. 제1항 또는 제2항에 따라 근로가 제한된 근로자 중 건강이 회복된 근로자를 다시 근로하게 하려는 경우

출제빈도

2013, 2016, 2018, 2019, 2020, 2022

24 산업안전보건법령상 공정안전보고서에 포함해야 할 비상조치계획의 세부 내용으로 규정된 것은?

① 주민홍보계획

② 변경요소 관리계획

③ 도급업체 안전관리계획

④ 각종 건물·설비의 배치도

⑤ 자체감사 및 사고조사계획

답 ①

해설

공정안전보건성의 세부내용 4가지

제50조(공정안전보고서의 세부 내용 등) ① 영 제44조에 따라 공정안전보고서에 포함해야 할 세부내용은 다음 각 호와 같다.

1. 공정안전자료
   가. 취급 · 저장하고 있거나 취급 · 저장하려는 유해 · 위험물질의 종류 및 수량
   나. 유해 · 위험물질에 대한 물질안전보건자료
   다. 유해하거나 위험한 설비의 목록 및 사양
   라. 유해하거나 위험한 설비의 운전방법을 알 수 있는 공정도면
   마. 각종 건물 · 설비의 배치도
   바. 폭발위험장소 구분도 및 전기단선도
   사. 위험설비의 안전설계 · 제작 및 설치 관련 지침서
2. 공정위험성평가서 및 잠재위험에 대한 사고예방 · 피해 최소화 대책(공정위험성평가서는 공정의 특성 등을 고려하여 다음 각 목의 위험성평가 기법 중 한 가지 이상을 선정하여 위험성평가를 한 후 그 결과에 따라 작성해야 하며, 사고예방 · 피해최소화 대책은 위험성평가 결과 잠재위험이 있다고 인정되는 경우에만 작성한다)
   가. 체크리스트(Check List)
   나. 상대위험순위 결정(Dow and Mond Indices)
   다. 작업자 실수 분석(HEA)
   라. 사고 예상 질문 분석(What-if)
   마. 위험과 운전 분석(HAZOP)
   바. 이상위험도 분석(FMECA)
   사. 결함 수 분석(FTA)
   아. 사건 수 분석(ETA)
   자. 원인결과 분석(CCA)
   차. 가목부터 자목까지의 규정과 같은 수준 이상의 기술적 평가기법
3. 안전운전계획
   가. 안전운전지침서
   나. 설비점검 · 검사 및 보수계획, 유지계획 및 지침서
   다. 안전작업허가
   라. 도급업체 안전관리계획
   마. 근로자 등 교육계획
   바. 가동 전 점검지침
   사. 변경요소 관리계획
   아. 자체감사 및 사고조사계획
   자. 그 밖에 안전운전에 필요한 사항

4. 비상조치계획
 가. 비상조치를 위한 장비 · 인력 보유현황
 나. 사고발생 시 각 부서 · 관련 기관과의 비상연락체계
 다. 사고발생 시 비상조치를 위한 조직의 임무 및 수행 절차
 라. 비상조치계획에 따른 교육계획
 마. 주민홍보계획
 바. 그 밖에 비상조치 관련 사항

② 공정안전보고서의 세부내용별 작성기준, 작성자 및 심사기준, 그 밖에 심사에 필요한 사항은 고용노동부장관이 정하여 고시한다.

정답확인

산업안전보건법 시행규칙

출제빈도

2021

25 **산업안전보건법령상 위반행위에 대한 과태료 금액이 다른 하나는?(단, 가중 및 감경규정은 고려하지 않음)**

① 「산업안전보건법」 제137조제3항을 위반하여 건강관리카드를 타인에게 양도 하거나 대여한 경우

② 「산업안전보건법」 제17조제1항을 위반하여 안전관리자를 선임하지 않은 경우

③ 「산업안전보건법」 제68조제1항을 위반하여 안전보건조정자를 두지 않은 경우

④ 「산업안전보건법」 제109조제1항에 따른 유해성·위험성 조사 결과 또는 유해성·위험성 평가에 필요한 자료를 제출하지 않은 경우

⑤ 「산업안전보건법」 제10조제3항 후단을 위반하여 관계수급인에 관한 자료를 거짓 으로 제출한 경우

답 ⑤

해설

과태료 부과기준(개별기준)

위반행위	근거 법조문	세부내용	과태료 금액(만원)		
			1차 위반	2차 위반	3차 이상위반
① 법 제10조제3항 후단을 위반하여 관계수급인에 관한 자료를 제출하지 않거나 거짓으로 제출한 경우	법 제175조제4항제1호		1,000	1,000	1,000
② 법 제17조제1항, 제18조제1항 또는 제19조제1항 본문을 위반하여 안전관리자, 보건관리자 또는 안전보건관리담당자를 두지 않거나 이들로 하여금 업무를 수행하도록 하지 않은 경우	법 제175조제5항제1호	1) 안전관리자를 선임하지 않은 경우	500	500	500
		2) 선임된 안전관리자로 하여금 안전관리자의 업무를 수행하도록 하지 않은 경우	300	400	500
		3) 보건관리자를 선임하지 않은 경우	500	500	500
		4) 선임된 보건관리자로 하여금 보건관리자의 업무를 수행하도록 하지 않은 경우	300	400	500

정답확인

산업안전보건법 시행령 [별표 35]

2025

적 억 국가자격시험답안지[전문자격팀] 5지 (1p)1P 전 2015.0901

(   )년도 제(   )회 (   )국가전문자격시험 답안카드

성 명

교시(차수) 기재란			
( )교시·차	①	②	③

문제지 형별 기재란		
( )형	Ⓐ	Ⓑ

선 택 과 목 1

선 택 과 목 2

수 험 번 호							
⓪	⓪	⓪	⓪	⓪	⓪	⓪	⓪
①	①	①	①	①	①	①	①
②	②	②	②	②	②	②	②
③	③	③	③	③	③	③	③
④	④	④	④	④	④	④	④
⑤	⑤	⑤	⑤	⑤	⑤	⑤	⑤
⑥	⑥	⑥	⑥	⑥	⑥	⑥	⑥
⑦	⑦	⑦	⑦	⑦	⑦	⑦	⑦
⑧	⑧	⑧	⑧	⑧	⑧	⑧	⑧
⑨	⑨	⑨	⑨	⑨	⑨	⑨	⑨

감독위원 확인
(인)

1	① ② ③ ④ ⑤	21	① ② ③ ④ ⑤	41	① ② ③ ④ ⑤	61	① ② ③ ④ ⑤	81	① ② ③ ④ ⑤	101	① ② ③ ④ ⑤	121	① ② ③ ④ ⑤
2	① ② ③ ④ ⑤	22	① ② ③ ④ ⑤	42	① ② ③ ④ ⑤	62	① ② ③ ④ ⑤	82	① ② ③ ④ ⑤	102	① ② ③ ④ ⑤	122	① ② ③ ④ ⑤
3	① ② ③ ④ ⑤	23	① ② ③ ④ ⑤	43	① ② ③ ④ ⑤	63	① ② ③ ④ ⑤	83	① ② ③ ④ ⑤	103	① ② ③ ④ ⑤	123	① ② ③ ④ ⑤
4	① ② ③ ④ ⑤	24	① ② ③ ④ ⑤	44	① ② ③ ④ ⑤	64	① ② ③ ④ ⑤	84	① ② ③ ④ ⑤	104	① ② ③ ④ ⑤	124	① ② ③ ④ ⑤
5	① ② ③ ④ ⑤	25	① ② ③ ④ ⑤	45	① ② ③ ④ ⑤	65	① ② ③ ④ ⑤	85	① ② ③ ④ ⑤	105	① ② ③ ④ ⑤	125	① ② ③ ④ ⑤
6	① ② ③ ④ ⑤	26	① ② ③ ④ ⑤	46	① ② ③ ④ ⑤	66	① ② ③ ④ ⑤	86	① ② ③ ④ ⑤	106	① ② ③ ④ ⑤		
7	① ② ③ ④ ⑤	27	① ② ③ ④ ⑤	47	① ② ③ ④ ⑤	67	① ② ③ ④ ⑤	87	① ② ③ ④ ⑤	107	① ② ③ ④ ⑤		
8	① ② ③ ④ ⑤	28	① ② ③ ④ ⑤	48	① ② ③ ④ ⑤	68	① ② ③ ④ ⑤	88	① ② ③ ④ ⑤	108	① ② ③ ④ ⑤		
9	① ② ③ ④ ⑤	29	① ② ③ ④ ⑤	49	① ② ③ ④ ⑤	69	① ② ③ ④ ⑤	89	① ② ③ ④ ⑤	109	① ② ③ ④ ⑤		
10	① ② ③ ④ ⑤	30	① ② ③ ④ ⑤	50	① ② ③ ④ ⑤	70	① ② ③ ④ ⑤	90	① ② ③ ④ ⑤	110	① ② ③ ④ ⑤		
11	① ② ③ ④ ⑤	31	① ② ③ ④ ⑤	51	① ② ③ ④ ⑤	71	① ② ③ ④ ⑤	91	① ② ③ ④ ⑤	111	① ② ③ ④ ⑤		
12	① ② ③ ④ ⑤	32	① ② ③ ④ ⑤	52	① ② ③ ④ ⑤	72	① ② ③ ④ ⑤	92	① ② ③ ④ ⑤	112	① ② ③ ④ ⑤		
13	① ② ③ ④ ⑤	33	① ② ③ ④ ⑤	53	① ② ③ ④ ⑤	73	① ② ③ ④ ⑤	93	① ② ③ ④ ⑤	113	① ② ③ ④ ⑤		
14	① ② ③ ④ ⑤	34	① ② ③ ④ ⑤	54	① ② ③ ④ ⑤	74	① ② ③ ④ ⑤	94	① ② ③ ④ ⑤	114	① ② ③ ④ ⑤		
15	① ② ③ ④ ⑤	35	① ② ③ ④ ⑤	55	① ② ③ ④ ⑤	75	① ② ③ ④ ⑤	95	① ② ③ ④ ⑤	115	① ② ③ ④ ⑤		
16	① ② ③ ④ ⑤	36	① ② ③ ④ ⑤	56	① ② ③ ④ ⑤	76	① ② ③ ④ ⑤	96	① ② ③ ④ ⑤	116	① ② ③ ④ ⑤		
17	① ② ③ ④ ⑤	37	① ② ③ ④ ⑤	57	① ② ③ ④ ⑤	77	① ② ③ ④ ⑤	97	① ② ③ ④ ⑤	117	① ② ③ ④ ⑤		
18	① ② ③ ④ ⑤	38	① ② ③ ④ ⑤	58	① ② ③ ④ ⑤	78	① ② ③ ④ ⑤	98	① ② ③ ④ ⑤	118	① ② ③ ④ ⑤		
19	① ② ③ ④ ⑤	39	① ② ③ ④ ⑤	59	① ② ③ ④ ⑤	79	① ② ③ ④ ⑤	99	① ② ③ ④ ⑤	119	① ② ③ ④ ⑤		
20	① ② ③ ④ ⑤	40	① ② ③ ④ ⑤	60	① ② ③ ④ ⑤	80	① ② ③ ④ ⑤	100	① ② ③ ④ ⑤	120	① ② ③ ④ ⑤		

마킹주의	바르게 마킹 : ● 잘 못 마킹 : ⊗, ⊙, ⓥ, ◎, ①, ⊖

(예 시)

성 명
홍 길 동

교시(차수) 기재란			
( )교시·차	①	②	③

문제지 형별 기재란		
( )형	Ⓐ	Ⓑ

선 택 과 목 1

선 택 과 목 2

수 험 번 호							
0	1	3	2	9	8	0	1
●	⓪	⓪	⓪	⓪	⓪	●	⓪
①	●	①	①	①	①	①	●
②	②	②	●	②	②	②	②
③	③	●	③	③	③	③	③
④	④	④	④	④	④	④	④
⑤	⑤	⑤	⑤	⑤	⑤	⑤	⑤
⑥	⑥	⑥	⑥	⑥	⑥	⑥	⑥
⑦	⑦	⑦	⑦	⑦	⑦	⑦	⑦
⑧	⑧	⑧	⑧	⑧	●	⑧	⑧
⑨	⑨	⑨	⑨	●	⑨	⑨	⑨

감독위원 확인
김 감㊞ 독

수험자 유의사항

1. 시험 중에는 통신기기(휴대전화 · 소형 무전기 등) 및 전자기기(초소형 카메라 등)를 소지하거나 사용할 수 없습니다.
2. 부정행위 예방을 위해 시험문제지에도 수험번호와 성명을 반드시 기재하시기 바랍니다.
3. **시험시간이 종료되면 즉시 답안작성을 멈춰야** 하며, 종료시간 이후 계속 답안을 작성하거나 감독위원의 답안카드 제출지시에 불응할 때에는 당해 시험이 무효처리 됩니다.
4. 기타 감독위원의 정당한 지시에 불응하여 타 수험자의 시험에 방해가 될 경우 퇴실조치 될 수 있습니다.

답안카드 작성 시 유의사항

1. 답안카드 기재 · 마킹 시에는 **반드시 검정색 사인펜을 사용**해야 합니다.
2. 답안카드를 잘못 작성했을 시에는 카드를 교체하거나 수정테이프를 사용하여 수정할 수 있습니다. 그러나 불완전한 수정처리로 인해 발생하는 전산자동판독불가 등 불이익은 수험자의 귀책사유입니다.
   – 수정테이프 이외의 수정액, 스티커 등은 사용 불가
   – 답안카드 왼쪽(성명 · 수험번호 등)을 제외한 '답안란'만 수정테이프로 수정 가능
3. 성명란은 수험자 본인의 성명을 정자체로 기재합니다.
4. 해당차수(교시)시험을 기재하고 해당 란에 마킹합니다.
5. 시험문제지 형별기재란은 시험문제지 형별을 기재하고, 우측 형별마킹난은 해당 형별을 마킹합니다.
6. 수험번호란은 숫자로 기재하고 아래 해당번호에 마킹합니다.
7. 시험문제지 형별 및 수험번호 등 마킹착오로 인한 불이익은 전적으로 수험자의 귀책사유입니다.
8. 감독위원의 날인이 없는 답안카드는 무효처리 됩니다.
9. 상단과 우측의 검은색 띠(▮▮▮) 부분은 낙서를 금지합니다.

부정행위 처리규정

시험 중 다음과 같은 행위를 하는 자는 당해 시험을 무효처리하고 자격별 관련 규정에 따라 일정기간 동안 시험에 응시할 수 있는 자격을 정지합니다.

1. 시험과 관련된 대화, 답안카드 교환, 다른 수험자의 답안 · 문제지를 보고 답안 작성, 대리시험을 치르거나 치르게 하는 행위, 시험문제 내용과 관련된 물건을 휴대하거나 이를 주고받는 행위
2. 시험장 내외로부터 도움을 받아 답안을 작성하는 행위, 공인어학성적 및 응시자격서류를 허위기재하여 제출하는 행위
3. 통신기기(휴대전화 · 소형 무전기 등) 및 전자기기(초소형 카메라 등)를 휴대하거나 사용하는 행위
4. 다른 수험자와 성명 및 수험번호를 바꾸어 작성 · 제출하는 행위
5. 기타 부정 또는 불공정한 방법으로 시험을 치르는 행위

저자약력

정재수(靑波 : 鄭再琇)

인하대학교 공학박사/GTCC명예교육학 박사/한양대학교 공학석사/공학사/문학사/각종국가고시 출제, 검토, 채점, 감독, 면접위원역임/매경TV/EBS/KBS라디오 출연 및 강사/중소기업진흥공단 강사/대한산업안전협회 강사/호원대학교/신성대학교/대림대학교/수원대학교 외래교수/울산대학교/군산대학교/한경대학교 등 특강/한국폴리텍Ⅱ대학 산학협력단장, 평생교육원장, 산학기술연구소장, 디자인센터장/한국폴리텍 대학 교수/한국폴리텍대학남인천캠퍼스 학장/대한민국산업현장 교수/(사)대한민국에너지상생포럼 집행위원장/(사)한국안전돌봄서비스협회 회장/(사)대한민국 청렴코리아 공동대표/협성대학교 IPP 추진기획단 특별위원/인천광역시 새마을문고 및 직장·공장 회장/GTCC대학교 겸임교수/ISO 국제선임심사원/산업안전 우수 숙련기술자/한국방송통신대학교 및 한국 폴리텍 대학 공동 선정 동영상 강의

저서

- 산업안전공학(도서출판 세화)
- 건설안전기술사(도서출판 세화)
- 건설안전기사(필기, 실기 필답형, 실기 작업형)(도서출판 세화)
- 산업보건지도사 시리즈(도서출판 세화)
- 공업고등학교안전교재(서울교과서)
- 한국방송통신대학과 한국폴리텍대학 선정 동영상 촬영
- 기계안전기술사(도서출판 세화)
- 산업안전기사(필기, 실기 필답형, 실기 작업형)(도서출판 세화)
- 산업안전지도사 시리즈(도서출판 세화)
- 산업안전보건(한국산업인력공단)
- 산업안전보건동영상(한국산업인력공단) 등 60여권 저술

상훈

대한민국 근정 포장/국무총리 표창/행정자치부 장관표창/
300만 인천광역시민상 수상 및 효행표창 등 7회 수상/인천광역시 교육감 상 수상/남동구 자원봉사상 수상
Vision2010교육혁신대상수상/2018년 대한민국청렴대상수상/30년이상봉사 새마을기념장 수상/몽골올스 주지사 표창 수상

출강기업(무순)

삼성(전자, 건설, 중공업, 조선, 물산)/현대(건설, 자동차, 중공업, 제철)/대우(건설, 자동차, 조선), SK(정유, 건설)/GS건설/에스원(S1)/두산(건설, 중공업), 동부(반도체), POSCO건설, 멀티캠퍼스, e-mart, CJ 등 100여기업/이상 안전자격증특강

산업안전(보건)지도사 – 과년도 문제(14개년)

([Ⅰ] 산업안전보건법령)

6판 7쇄 발행	**2025. 5. 11.**	2판 3쇄 발행	2022. 3. 01.
5판 6쇄 발행	2025. 1. 21.	1판 2쇄 발행	2022. 2. 10.
4판 5쇄 발행	2023. 10. 5.	1판 1쇄 발행	2021. 5. 10.
3판 4쇄 발행	2023. 3. 30.		

지은이 정재수
펴낸이 박 용
펴낸곳 도서출판 세화
주소 경기도 파주시 회동길 325-22(서패동 469-2)
영업부 (031)955-9331~2
편집부 (031)955-9333
FAX (031)955-9334
등록 1978. 12. 26 (제 1-338호)

정가 **27,000원**
ISBN 978-89-317-1331-2 13530

파손된 책은 교환하여 드립니다.
본 도서의 내용 문의 및 궁금한 점은 더 정확한 정보를 위하여 저자분에게 문의하시고, 저희 홈페이지 수험서 자료실이나 저자 이메일에 문의바랍니다.
저자 정재수(jjs90681@naver.com)

산업안전, 건설안전, 기술사, 지도사 등 안전자격증취득 준비는 이렇게 하세요

기초부터 차근차근 다져나가는 것이 중요합니다.
이론 습득을 정확히 한 후 과년도 기출문제 풀이와 출제예상문제로 반복훈련하십시오.

기사 · 산업기사

단계	구분	교재	내용
STEP 1	기초 이론	기사 산업기사 필기	과목별 필수요점 및 이론 학습과 출제예상문제 풀이로 개념잡고 최근 과년도 기출문제 풀이로 유형잡는 필기 수험 완벽 대비서
STEP 2	기출 문제 풀이	기사 산업기사 필기과년도	과년도 기출문제를 상세한 백과사전식 문제풀이로 필기 수험 출제경향을 미리 알고 대비할 수 있는 최고 · 최상의 수험준비서
STEP 3	실기 대비	실기 필답형	요점 및 예상문제 합격작전과 과년도기출문제 풀이로 준비하는 실기 필답형시험 완벽 대비서
STEP 4	실전 테스트	실기 작업형	요점 및 예상문제 합격작전과 과년도기출문제 풀이로 준비하는 실기 작업형시험 완벽 대비서

지도사 · 기술사

단계	구분	교재	내용
STEP 1	공통 필수	1차 필기	과목별 필수요점과 출제예상문제 풀이 및 과년도 기출문제 풀이로 준비하는 1차 필기시험 완벽 대비서
STEP 2	전공 필수	2차 필기	전공별 필수요점과 출제예상문제 풀이 및 과년도 기출문제 풀이로 준비하는 2차 필기시험 완벽 대비서 (기술사 STEP 1, 2 동시)
STEP 3	실기	3차 면접	각 자격증별 면접의 시작부터 면접 사례까지, 심층면접 대비를 위한 면접합격 가이드

건설안전

「일품」 건설안전기사 필기, 건설안전산업기사 필기

2색 컬러 B5_합격요점 포함 [필기수험 대비 01]

- 본서의 요점정리는 간단하고 명료하게 구체적으로 표현을 했다.
- 본서는 최근 심도있게 거론이 되고 있는 출제예상문제를 빠짐없이 수록하여 타 교재와 차별화가 되도록 구성하였다.
- 건설안전기사(산업기사) 자격 취득의 결론은 본서의 요점과 예상문제 합격작전으로 합격을 보장할 수 있도록 엮었다.
- 최근까지 출제된 과년도 출제 문제를 수록하여 수험준비에 만전을 기하였다.

「일품」 건설안전기사필기 과년도, 건설안전산업기사필기 과년도

2색 컬러 B5_계산문제총정리, 미공개문제 포함 [필기수험 대비 02]

- 제1회의 해설에서 이해하지 못했다면 제2, 제3의 문제해설을 통하여 반드시 이해할 수 있도록 하였다.
- 한 문제(1항목)를 이해하여 열 문제(10항목)를 해결할 수 있게 구성하였다.
- 건설안전기사(산업기사) 자격취득의 결론은 본서의 문제와 해설의 합격작전으로 합격을 보장할 수 있도록 엮었다.
- 최근까지 출제된 과년도 출제 문제를 수록하여 수험준비에 만전을 기하였다.

「일품」 건설안전(산업)기사실기필답형, 건설안전(산업)기사실기작업형

2색 컬러 B5_최종정리 포함 [실기수험 대비 01] | _전면컬러 B5 [실기수험 대비 02]

- 본서의 요점정리는 간단하고 명료하게 구체적으로 표현을 했다.
- 본문의 요점에서 이해하지 못했다면 예상문제 합격작전에서 반드시 이해할 수 있도록 하였다.
- 한 문제(1항목)를 이해하면 열 문제(10항목)를 해결할 수 있도록 구성하였다.
- 참고 및 고시 등을 수록하여 단원마다 중요점을 재강조하였다.
- 본서는 최근 심도있게 거론이 되고 출제가 예상되는 모든 문제를 빠짐없이 수록하여 타 교재와 차별화가 되도록 구성하였다.
- 건설안전 자격취득의 결론은 본서의 요점과 예상문제 합격작전이 합격을 보장한다.

산업안전지도사

「일품」 산업안전지도사 1차 필기

총 3단계로 구성 _1색 B5 [1차 필기수험 대비]

- [I] 산업안전보건법령, [II] 산업안전 일반, [III] 기업진단 · 지도, 산업안전지도사(과년도)
- 본서의 요점정리는 간단하고 명료하게 구체적으로 표현을 했다.
- 본문의 요점에서 이해하지 못했다면 출제예상문제에서 반드시 이해할 수 있도록 하였다.
- 본서는 최근 심도있게 거론이 되고 있는 출제예상문제를 빠짐없이 수록하여 타 교재와 차별화가 되도록 구성하였다.
- 산업안전지도사 자격 취득의 결론은 본서의 요점과 예상문제 합격작전으로 합격을 보장할 수 있도록 엮었다.

「일품」 산업안전지도사 2차 전공필수 및 3차 면접

총 4과목 중 택1 _1색 B5 [2차 전공필수수험 대비]

- 본서의 요점정리는 간단하고 명료하게 구체적으로 표현을 했다.
- 본문의 요점에서 이해하지 못했다면 출제예상문제에서 반드시 이해할 수 있도록 하였다.
- 산업안전지도사 자격 취득의 결론은 본서의 요점과 예상문제 · 실전모의시험 합격작전으로 합격을 보장할 수 있도록 엮었다.